VMware Horizon 虚拟桌面应用指南

王春海　著

中国铁道出版社有限公司
CHINA RAILWAY PUBLISHING HOUSE CO., LTD.

内 容 简 介

虚拟桌面是支持企业实现桌面系统远程动态访问与数据中心统一托管的技术，随着互联网的深度普及和业务的分布扩散，其需求将会越来越强烈。本书主要介绍 VMware Horizon 7.11 虚拟桌面的安装、配置和管理。从项目规划和产品选型开始，介绍服务器产品安装，以及不同操作系统下虚拟桌面的安装配置，然后翔实地阐述了使用 NVIDIA 专业显卡配置 vGPU 虚拟桌面，以及搭建 AutoCAD、3D MAX 等虚拟桌面应用环境的方法；针对实践中出现的实时应用程序交互问题，书中还介绍了 VMware App Volumes 系统；最后本书归纳了 Horizon 升级方案以及常见问题。

本书主要面向企业级系统集成工程师和企事业信息中心工程师，旨在帮助其系统掌握 VMware Horizon 虚拟桌面的设计、搭建和应用。

图书在版编目(CIP)数据

VMware Horizon 虚拟桌面应用指南/王春海著. —北京：中国铁道出版社有限公司, 2020.10
ISBN 978-7-113-27195-4

Ⅰ.①V… Ⅱ.①王… Ⅲ.①虚拟处理机-指南 Ⅳ.①TP317-62

中国版本图书馆 CIP 数据核字(2020)第 156656 号

书　　名： VMware Horizon 虚拟桌面应用指南
VMware Horizon XUNI ZHUOMIAN YINGYONG ZHINAN
作　　者： 王春海

责任编辑： 鲍　闻　　**读者热线：**（010）51873026　　**邮箱：** 176303036@qq.com
封面设计： MXK DESIGN STUDIO
责任校对： 孙　玫
责任印制： 赵星辰

出版发行： 中国铁道出版社有限公司（100054，北京市西城区右安门西街 8 号）
印　　刷： 国铁印务有限公司
版　　次： 2020 年 10 月第 1 版　2020 年 10 月第 1 次印刷
开　　本： 787 mm×1 092 mm 1/16　**印张：** 29.25　**字数：** 620 千
书　　号： ISBN 978-7-113-27195-4
定　　价： 99.00 元

前　言

近几年，在虚拟化市场上，服务器虚拟化一直是企业应用的重点。2019 年以来，企业对远程办公的需求越来越强烈，虚拟桌面应用迎来一个发展的高潮。鉴于这种情况，面向企业和用户的桌面虚拟化图书成为市场的宠儿。但从现实情况来看，市场上桌面虚拟化方面的图书数量较少，而且质量良莠不齐。

要为企业规划实施虚拟桌面，需要根据企业的现状、用户的规模、用户的需求、企业的预算及承受能力进行综合的评估，还要考虑用户的使用感受、用户的外围设备（打印机、智能卡、U 盘、可移动设备）、管理员的负担、终端的替换、数据的管理，以及虚拟桌面与传统 PC 之间的优缺点等。

本书站在企业的立场上，面向企业级系统集成工程师，介绍桌面虚拟化的相关知识，并为企业设计桌面虚拟化方案。

VMware Horizon 7 的特点及优势

- Horizon 7 是一款非常稳定的产品，市场潜力巨大。Horizon 7 的即时克隆功能，可以让用户在 2 s 内克隆生成并启动新的桌面，这是其他厂家无法实现的。
- Horizon 7 支持 Windows、Linux 等操作系统的桌面虚拟化，还支持 Windows 应用程序虚拟化。Horizon 客户端支持 Windows、Linux、Mac 等多种操作系统，支持 PC、终端、瘦客户机，支持 Android/iOS 系统的手机和平板电脑。
- Horizon 7.11.0 是第一个基于 HTML 5 方式进行管理的版本。之前的 Horizon 7.10.0 只有有限的 HTML 5 管理方式。
- Horizon 7.11.0 及以前的产品基于 Flash 的方式进行管理。从 2020 年开始，许多浏览器都会禁用 Flash，以前基于 Flash 管理的产品都需要升级换代。
- 学习 Horizon 7 的其他版本时，也可以参考本书内容，安装配置方法与操作步骤基本相同。

全书学习地图

本书以 Horizon 7.11.0 版本为例，介绍 VMware 桌面虚拟化产品。

本书主要介绍 VMware Horizon 7.11 虚拟桌面的安装、配置、管理的相关知识，面向企业级系统集成工程师。本书从项目规划、产品选型开始，介绍虚拟桌面基础架构中服务器的选择、交换机与存储设备的选择，以及 Active Directory 服务器、DHCP 服务器、KMS 服务器等安装配置，在此基础上，介绍 Horizon 应用服务器、Composer 服务器、安全服务器等产品的安装，并进一步介绍了 Windows 7、Windows 10、Linux 等虚拟桌面的安装配置。然后，面向高端用户，介绍使用 NVIDIA 专业显卡配置 vGPU 虚拟桌面，并搭建 AutoCAD、3D MAX 等虚拟桌面应用环境的方法。接下来，针对实时应用程序交互问题，本书介绍了 VMware App Volumes 系统。最后，本书对 Horizon 升级等问题进行了介绍。

自我介绍

本人王春海，1993 年开始学习计算机，1995 年开始从事网络方面的工作。1996—1998 年曾经主持河北省国税局、河北省地税局、石家庄市铁路分局的广域网组网工作。2000 年后长期从事政府与企事业单位的虚拟化数据中心规划设置、安装配置、网络升级改造与维护工作，经验丰富，在多年的工作中，解决过许多疑难问题。

笔者从 2000 年开始学习使用 VMware 的第一个产品 VMware Workstation 1.0，到现在已有 20 年的时间，VMware Workstation 的版本也升级到了 15.0。从 VMware GSX Server 1.0 到 VMware GSX Server 3.0 和 VMware Server，从 VMware ESX Server 3.0 到最新的 vSphere 7.0，应用过不同软件的每个版本。2004 年开始，为许多地方政府、企业成功部署 VMware GSX Server（后来改名为 VMware Server）和 VMware ESXi（VMware ESX Server），这些部署至今仍在使用。

早在 2003 年，笔者编写并出版了业内第一本虚拟机方面的专著《虚拟机配置与应用完全手册》（主要讲述 VMware Workstation 3 的内容），在随后的几年又陆续出版了《虚拟机技术与应用——配置管理与实验》《虚拟机深入应用实践》等多本虚拟化方面的图书，部分图书输出到了我国台湾地区，例如《VMware 虚拟机实用宝典》由台湾博硕公司出版繁体中文版，《深入学习 VMware vSphere 6》由台湾佳魁资讯股份有限公司出版繁体中文版。

此外，笔者还熟悉 Microsoft 系列虚拟机、虚拟化技术，熟悉 Windows 操作系统、Microsoft 的 Exchange、ISA 与 Forefront TMG 等服务器产品。2009—2018 年，连续荣获微软最有价值专家（MVP）称号。

提问与反馈

由于笔者撰写水平有限，并且本书涉及的系统与知识点很多，尽管写作时力求完善，但仍难免有不妥之处，诚恳地期望广大读者和各位专家不吝指教。

笔者在博客（http://blog.51cto.com/wangchunhai）中发表了与 VMware 虚拟化、Windows 网络相关的一些文章，如果读者遇到了问题，可以使用百度搜索笔者的名字，再加上问题的关键字，看是否有相关的文章。例如：如果使用 Horizon 虚拟桌面碰到黑屏问题，可以用百度搜索“王春海 黑屏”。有时候，你的问题笔者也碰到过，相关的解决方法会发表在我的博客上。

每一名技术人员都会与不同的客户打交道。要全面地为客户解决问题，需要了解客户的现状、需求等。同样，如果在学习的过程中碰到问题，你在和其他人交流时，也应该详细表达清楚你的问题。读者在学习过程中遇到的问题，可以加入笔者创建的虚拟化技术群（QQ 群号为 297419570）进行交流。

笔者还录制了 VMware 虚拟化、Horizon 虚拟桌面的视频，有需要的读者可以到 51CTO 学院（http://edu.51cto.com/lecturer/user_id-225186.html）浏览学习，本书读者购买教学视频最多可以享受 7 折优惠，读者可直接通过 QQ 联系笔者获得优惠券。

感谢我的家人，感谢我的朋友，感谢每一位帮助我的人！

谢谢大家，感谢每一位读者！你们的认可，是我最大的动力！

王春海

2020 年 4 月

目　录

第 1 章　Horizon 虚拟桌面企业应用案例概述

第 2 章　VMware vSphere 与 vSAN 安装配置

第 3 章 Active Directory 服务器安装配置

第 4 章 Horizon Server 安装配置

第 5 章　创建链接克隆的虚拟桌面

第 6 章　创建即时克隆的虚拟桌面

第 7 章 基于 RDSH 的应用程序虚拟化

第 8 章 使用 NVIDIA RTX 8000 配置 vGPU 的虚拟桌面

第 9 章 使用 VMware App Volumes

第 10 章 Horizon 升级、替换证书与 UAG 使用

附录 A Autodesk 网络许可管理

附录 B 为 Horizon 虚拟桌面配置动态远程访问

第 1 章　Horizon 虚拟桌面企业应用案例概述

VMware Horizon 虚拟桌面具有比较丰富的功能和良好的性能，支持众多的客户端与终端设备。与 VMware 其他产品结合，可以满足众多企业用户的需求。

本章以 Horizon 虚拟桌面在几个企业的应用为例，对 Horizon 进行介绍。

1.1　某商务咨询公司 Horizon 虚拟桌面应用

某商务咨询公司现有 80 名员工使用 VMware Horizon 虚拟桌面，终端采用 DELL Wyse P25 5030 终端（终端外形如图 1-1-1 所示），服务器采用 Intel 2U 四节点服务器 1 台（2U 机架式服务器，最大支持 4 节点，配置了 4 个节点），服务器安装了 VMware ESXi 6.7 及 vSAN，采用 VMware Horizon 7.10.0 虚拟化软件，Active Directory 采用 Windows Server 2016 操作系统，Horizon 连接服务器、Composer 服务器运行在安装了 Windows Server 2016 操作系统的虚拟机中。

图 1-1-1　DELL Wyse P25 5030 终端机

1.1.1　VMware vSAN 环境介绍

Intel 2U 四节点安装 VMware ESXi 6.7.0 U3，使用 VMware vSAN 组成分布式存储。

（1）当前一共 4 台服务器，每台服务器配置 1 块 16 GB 的 SATA 接口的 DOM 盘安装 ESXi，每台主机配置 1 个磁盘组，每个磁盘组配置 1 块 Intel DC P3600 2 TB PCI-E 的 SSD 用作缓存磁盘，6 块 1.2 TB 的 2.5 英寸 10 000 r/min 的磁盘用作容量磁盘。安装配置完 vSAN 后，vSAN 存储总容量为 26.2 TB，如图 1-1-2 所示。

图 1-1-2　ESXi 系统盘及 vSAN 存储盘

（2）在 vSAN 群集中有 4 个节点主机，每台主机有 1 个磁盘组，每个磁盘组有 1 块 1.02 TB 的 SSD、6 块 1.09 TB 的 HDD，如图 1-1-3 所示。

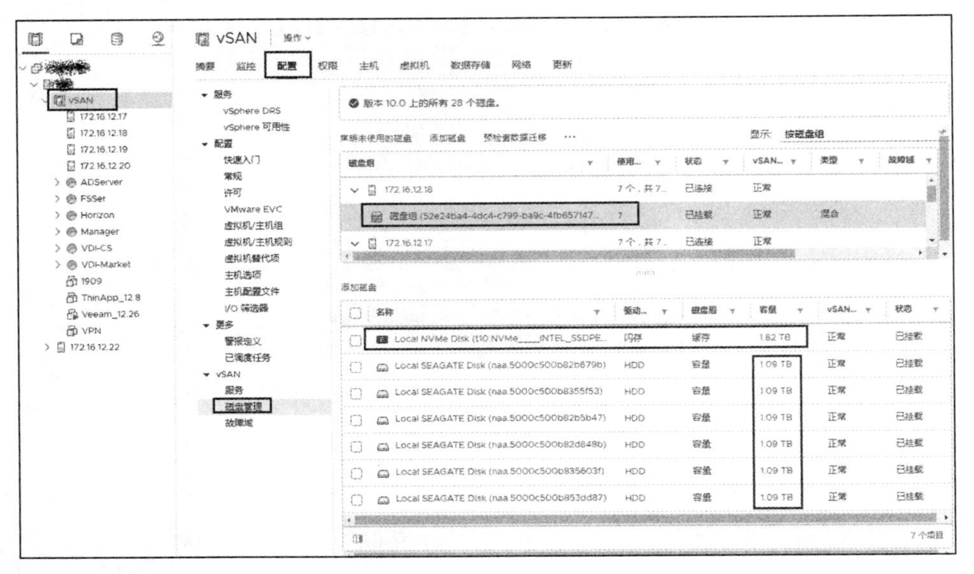

图 1-1-3 磁盘管理

（3）在 vSAN 群集中，配置了 2 台 Active Directory 的服务器（IP 地址为 172.16.12.2 和 172.16.12.3）、2 台文件服务器（IP 地址分别为 172.16.12.31 和 172.16.12.32）、一台 Horizon Composer 服务器（IP 地址为 172.16.12.6）、3 台 Horizon 连接服务器（IP 地址分别为 172.16.12.4，172.16.12.5 和 172.16.12.29）、2 台 Horizon 安全服务器（IP 地址分别为 172.16.12.7 和 172.16.12.8），如图 1-1-4 所示。

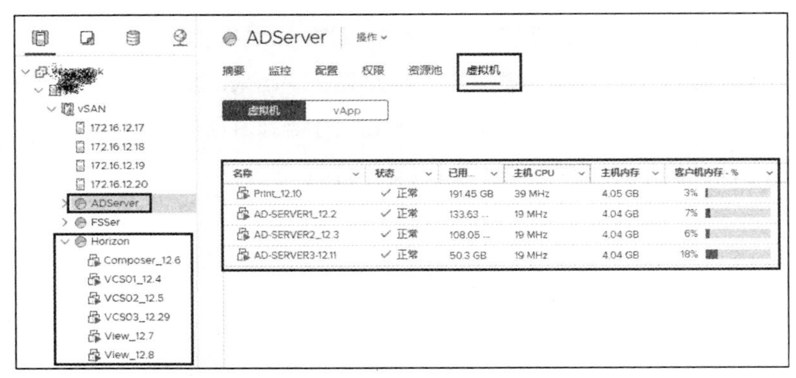

图 1-1-4 Active Directory 与 Horizon 相关服务器

（4）在 Active Directory 服务器的“Active Directory 用户和计算机”中，为每个用户配置了“配置文件路径”，每个用户的配置文件路径以 UNC 网络路径的方式保存在文件服务器中，如图 1-1-5 所示。

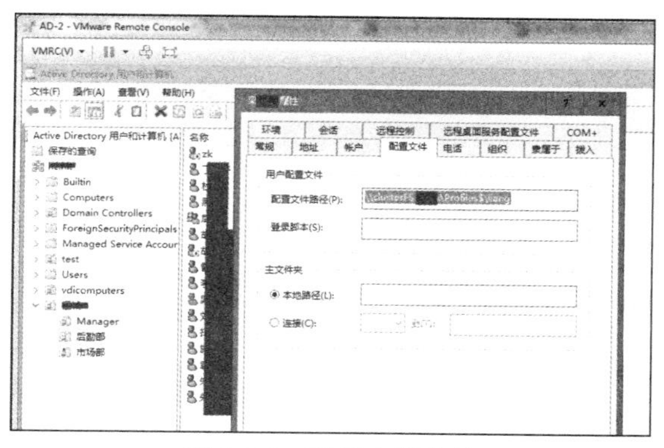

图 1-1-5　配置文件路径

（5）在“组策略”管理中，为用户所在的 OU 创建策略，启用并配置“文件夹重定向”功能，如图 1-1-6 所示。

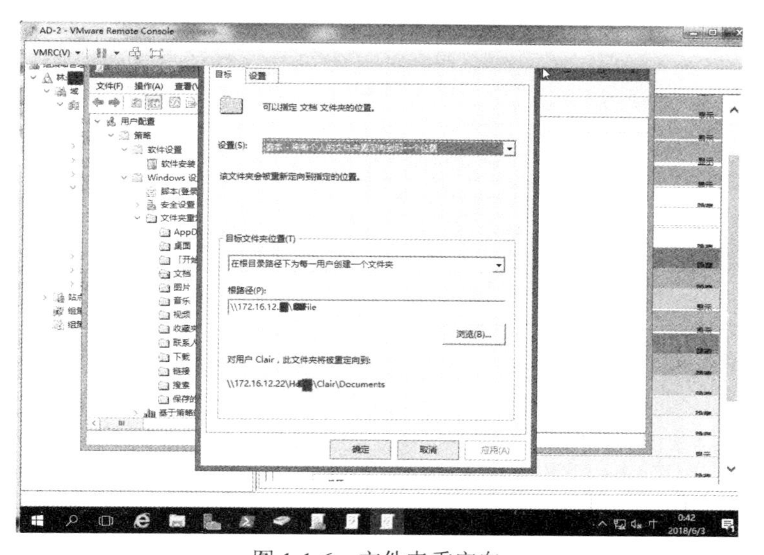

图 1-1-6　文件夹重定向

1.1.2　Horizon 虚拟桌面运行情况

对于系统集成人员来说，可能比较关注的是虚拟桌面的性能、运行速度以及对系统资源的占用；对于网管来说，关注的是虚拟桌面部署的难易程度以及后期的管理与维护；而对于最终用户来说，关注的是虚拟桌面的使用体验以及对外围设备，如打印机、U 盘、加密狗的支持与兼容。运行在 VMware vSphere 与 vSAN 平台上的 Horizon，对于虚拟机的性能毋庸置疑。Horizon 虚拟桌面支持多种类型的终端与瘦客户机，支持 Windows、Linux、Mac 等多种操作系统，也支持主流的手机与平板电脑。本节介绍当前环境中虚拟桌面的数量、在高峰时间（上午 10 点到 11 点半，下午 2 点半到 5 点）虚拟桌面占用的

CPU、内存等计算资源。还会显示高峰时间主机的系统使用率。

（1）登录 Horizon Administrator，在“资源→计算机”中可以看到生成的虚拟桌面计算机，如图 1-1-7 所示。当前一共部署了 80 个虚拟桌面计算机。

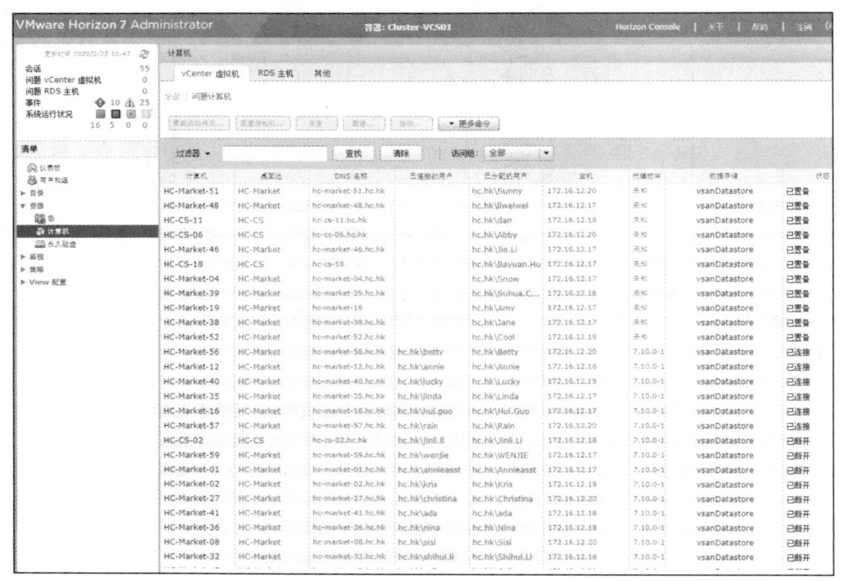

图 1-1-7　虚拟桌面计算机

（2）当前共用 VDI-CS、VDI-Market 两个桌面池，每个桌面池保存在一个同名的资源池中。登录到 vSphere Client，在导航器中选中 vSAN（根节点），在右侧“虚拟机”选项卡中查看所有的虚拟机，并根据“主机 CPU”使用进行降序排序，如图 1-1-8 所示。

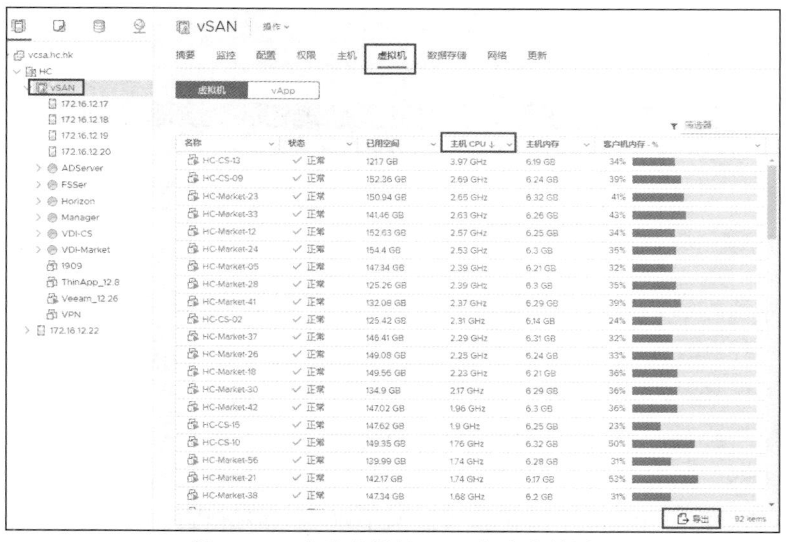

图 1-1-8　查看虚拟机 CPU 与内存使用

（3）将所有正在运行的虚拟机导出并整理成表格，统计发现，在高峰时间 CPU 使用率最高的为 4.05 GHz，最低的为 119 MHz（还有一些虚拟机 CPU 使用率在 100 MHz 以下是开机无用户使用或使用率比较低的）。CPU 使用率在 1 GHz 到 4.05 GHz 的虚拟机一共有 34 台，如表 1-1-1 所列。

表 1-1-1　高峰时间虚拟桌面 CPU 与内存使用率统计

序号	名　称	已用空间/GB	主机 CPU/GHz	主机内存/GB	客户机内存使用率/%
1	HC-Market-28	125.26	4.05	6.28	40
2	HC-Market-41	132.08	3.73	6.3	57
3	HC-Market-05	147.34	3.41	6.23	41
4	HC-CS-04	143.7	2.91	6.31	28
5	HC-Market-24	154.4	2.57	6.3	44
6	HC-Market-37	146.41	2.33	6.33	37
7	HC-Market-18	149.56	2.27	6.22	49
8	HC-Market-58	108.79	2.21	6.28	30
9	HC-Market-23	150.94	2.19	6.31	41
10	HC-CS-15	147.62	2.15	6.25	26
11	HC-Market-42	147.02	2.11	6.28	30
12	HC-Market-22	142.24	2.11	6.24	35
13	HC-Market-38	147.34	2.09	6.2	33
14	HC-Market-36	154.09	2.03	6.19	40
15	HC-Market-12	152.63	2.03	6.25	26
16	HC-Market-31	148.87	1.98	6.2	31
17	HC-Market-21	142.17	1.94	6.18	34
18	HC-Market-30	134.9	1.92	6.29	39
19	HC-CS-13	121.7	1.9	6.17	41
20	HC-Market-35	151.14	1.76	6.32	30
21	HC-Market-13	125.53	1.66	6.26	39
22	HC-CS-03	151.73	1.6	6.2	35
23	HC-CS-01	151.36	1.54	6.18	25
24	HC-Market-49	140.7	1.5	6.2	47
25	HC-CS-02	125.42	1.4	6.14	22
26	HC-CS-10	149.35	1.34	6.3	60
27	HC-Market-01	129.37	1.3	6.3	16
28	HC-Market-16	146.42	1.28	6.29	50
29	HC-Market-56	139.99	1.2	6.26	43
30	HC-Market-32	149.13	1.16	6.18	21

续表

序号	名　　称	已用空间/GB	主机 CPU/GHz	主机内存/GB	客户机内存使用率/%
31	HC-Market-27	142.86	1.14	6.25	37
32	HC-Market-33	141.46	1.14	6.25	42
33	HC-Market-08	127.73	1.02	6.18	24
34	HC-Market-40	151.89	1.02	6.18	22

主机 CPU 在 1 GHz 以下的虚拟机共有 26 台，如表 1-1-2 所列。

表 1-1-2　主机 CPU 在 1 GHz 以下的虚拟机的内存使用率统计

序号	名　　称	已用空间/GB	主机 CPU/MHz	主机内存/GB	客户机内存使用率/%
1	HC-CS-09	152.36	897	6.24	38
2	HC-CS-14	99.07	897	6.15	20
3	HC-Market-14	150.43	877	6.28	27
4	HC-Market-11	143.43	857	6.18	17
5	HC-Market-25	135.6	817	6.23	16
6	HC-CS-20	137.41	738	6.2	30
7	HC-Market-03	147	738	6.28	18
8	HC-Market-02	150.28	698	6.27	9
9	HC-Market-15	110.94	658	6.28	14
10	HC-Market-50	149.58	618	6.31	17
11	HC-CS-17	104.36	618	6.12	10
12	HC-CS-12	146.89	558	6.21	14
13	HC-CS-19	120.49	558	6.23	21
14	HC-Market-26	149.08	538	6.24	28
15	HC-Market-09	130.08	498	6.2	35
16	HC-CS-05	100.87	458	6.32	11
17	HC-Market-34	145.62	418	6.16	24
18	HC-Market-47	136.78	418	6.21	22
19	HC-Market-57	154.36	418	6.3	31
20	HC-Market-46	103.33	418	6.13	11
21	HC-Market-10	90.62	399	6.12	10
22	HC-Market-51	139.05	319	6.24	19
23	HC-Market-53	125.81	299	6.12	14
24	HC-Market-06	146.27	139	6.18	36
25	HC-Market-59	145.44	139	6.23	11
26	HC-Market-07	118.89	119	6.16	9

说明：在当前项目中，每台虚拟机分配了 6 GB 内存。在“主机内存”一列统计的是

每台虚拟机占用的主机内存；在“客户机内存使用率”一列显示的是每台虚拟机系统中使用的内存（进入虚拟机，打开“任务管理器”，在“性能→内存”中占用的内存）。在虚拟化项目中，如果为虚拟机分配了较多的 CPU，但没有使用这么多，并不会从主机占用 CPU 的资源。CPU 资源是共享的。但内存资源是独占的，只要为虚拟机分配了内存，并且虚拟机启动，就会从主机占用这些分配的资源。

（4）在导航器中选中群集，在“主机”选项卡中，可以查看每台主机的 CPU 与内存消耗百分比，如图 1-1-9 所示。CPU 消耗百分比最高的为 40%，最低的为 29%；内存消耗最高的为 65%，最低的为 57%。

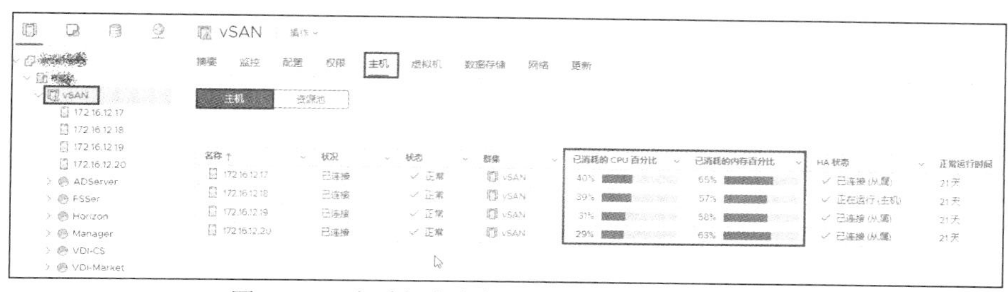

图 1-1-9　查看每台主机 CPU 与内存消耗百分比

（5）在导航器中选中一台主机，在“摘要”中可以查看每台主机的处理器类型、处理器数量和主频，以及该主机总资源情况，如图 1-1-10 所示。从图中可以看出，每台主机配置了 2 个 CPU，每个 CPU 主频是 2.0 GHz，每个 CPU 是 14 个核心，支持超线程。每台主机总的 CPU 容量＝2.0 GHz×2×14＝56 GHz。

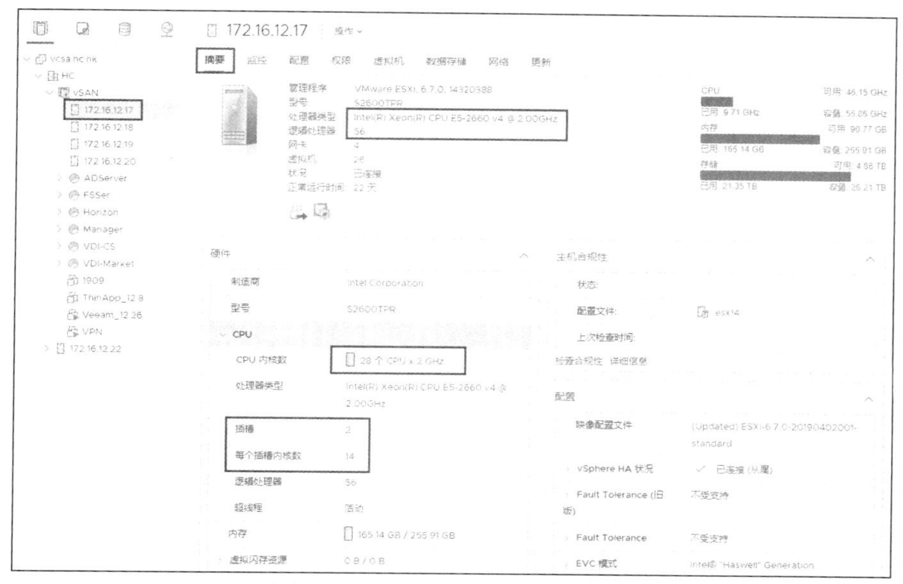

图 1-1-10　查看每台主机资源情况

（6）当所有员工登录并使用 Horizon 虚拟桌面时，在 vSAN 管理界面的“监控→vSAN→性能→虚拟机”中查看 24 小时 IOPS 与吞吐量，其读取 IOPS 最高为 1645，写入 IOPS 最高 822.5，如图 1-1-11 所示。

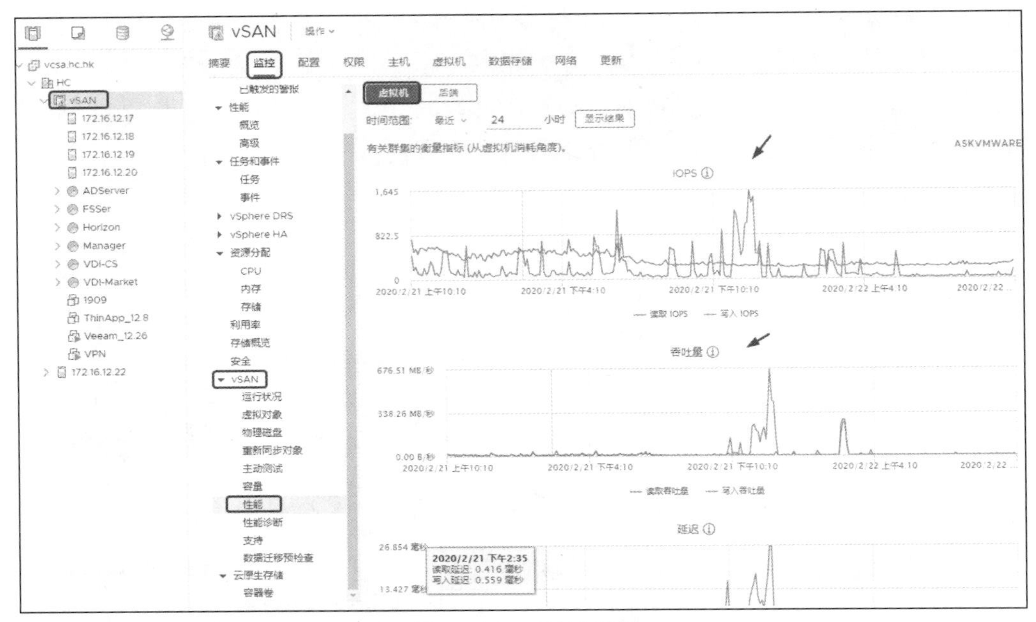

图 1-1-11　vSAN 消耗

1.1.3　虚拟桌面使用情况

在公司内部，每个员工使用图 1-1-1 所示的 DELL Wyse P25 5030（以下简称 DELL 5030）终端登录虚拟桌面，大多数员工使用 1 台显示器。也有部分员工使用 2 台显示器，其中 1 台显示器使用 DVI 接口连接，另一台显示器使用 Display 接口，或者使用 Display 转 VGA 或转 DVI 接口连接到第 2 台显示器。大多数员工使用办公室的网络打印机和网络扫描仪，财务的员工除了使用网络打印机和网络扫描仪外，有的还接了 USB 接口的打印机，DELL 5030 终端都很好地支持这一功能。

在使用过程中，如果虚拟桌面死机，员工可以在瘦终端登录界面重新启动虚拟桌面。

员工在家如果要登录虚拟桌面，可以使用自己的笔记本电脑、台式机（Windows 或 Mac 操作系统），也可以使用手机、平板，通过登录 Horizon 安全服务器，连接到自己的虚拟桌面。

公司的出口有两条线路，一条是 500Mbit/s 的电信宽带，申请的是动态公网 IP 地址，通过“花生壳”动态域名解析绑定到动态的外网 IP 地址，在安全服务器中指定花生壳提供的域名访问虚拟桌面。

公司虚拟桌面使用 64 位的 Windows 10 操作系统，安装 Office 2019、企业微信、Chrome

浏览器等软件。每当 Windows 发布新的版本时，例如 Windows 10 的 1903、1909 等版本，都会生成新的模板并重构虚拟桌面。

有的应用程序每月发布新的版本，必须升级，例如企业微信。对于这种应用，为员工编写好自动安装的批处理程序，员工连接到内部共享文件服务器双击批处理程序完成安装。员工的虚拟桌面没有本地管理员权限，编写的批处理程序可以帮助员工以域管理员身份运行指定的安装程序并完成应用程序的升级。

使用过程中出现的问题主要有以下几种。

（1）Windows 10 虚拟机黑屏。在用户使用一段时间之后，出现虚拟桌面黑屏的现象。用户重置虚拟桌面之后可以继续使用。因为在配置 Windows 10 虚拟桌面的时候，进行了深度优化，估计这个问题可能是过度优化造成的。重新配置了模板并重构虚拟桌面后问题解决。

（2）虚拟桌面中部分应用程序尤其是 Chrome 浏览器出现“停止工作”的问题。这个问题在安装了 KB4284848 之后解决。

（3）在使用了 3 个月之后，有一次发现 Horizon 连接服务器某个进程（VMware Horizon View java）的 CPU 占用率 97.7%（如图 1-1-12 所示），重新启动 Horizon 连接服务器解决。

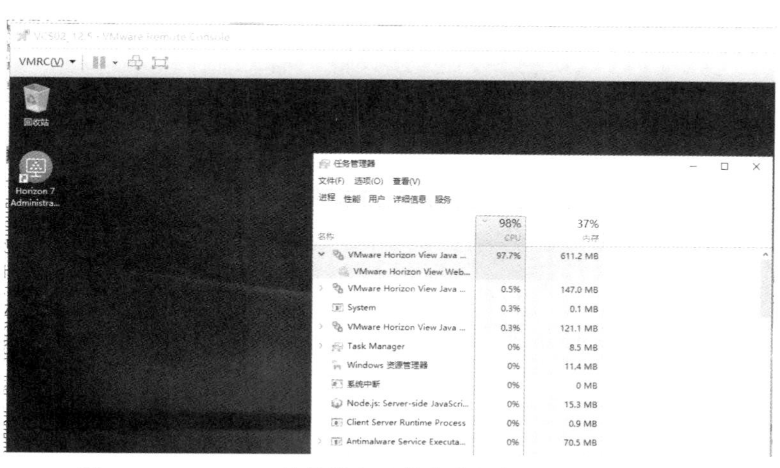

图 1-1-12　Horizon 连接服务器某个进程占用 CPU 资源过高

1.1.4　项目说明

在当前应用案例中，企业最初采用超微 2028TR-HTR 服务器（如图 1-1-13 所示），这是一台 2U 机架式服务器（最大支持 4 节点，配置了 3 个节点）。每个节点主机配置了 1 块 64 GB SATA 的 DOM 盘（如图 1-1-14 所示）并安装了 ESXi 6.5.0，虚拟桌面使用 Horizon 7.5 的版本，虚拟桌面使用 Windows 10 1803 的版本（每台虚拟机分配 6 个 vCPU、6 GB 内存）。最初是 60 多名员工使用虚拟桌面。因为每节点配置 1 块 1.2 TB 的 SSD、2 块 6 TB

的 HDD，合计共 3 块 1.2 TB 的 SSD、6 块 6 TB 的 HDD，采用 vSAN 之后实际可用容量约 18 TB。后来员工数量增加，存储性能有点跟不上。如果再加一个节点，也只能是添加 2 块容量磁盘，对性能的提升有限。经过综合考虑，决定采购一台新的 2U 四节点的主机，采用 24 个 2.5 英寸盘位，并且每节点配置 1 块 PCI-E 接口的 1.6 TB 的 NVME 接口的固态硬盘，这样可以充分地发挥 vSAN 的性能。

图 1-1-13　2U 四节点服务器

图 1-1-14　DOM 盘

整个升级也比较简单，此次升级也一同升级 vSphere 到 6.7 的版本。主要步骤如下。

（1）将当前环境 vCenter Server 6.5 升级到 6.7。

（2）新采购服务器安装 VMware ESXi 6.7，并添加到现有 vSAN 群集。将新的服务器的磁盘组添加到 vSAN 中。

（3）将原来的 3 个节点主机，分别一台一台进入维护模式，并迁移所有数据。每当一台主机数据迁移完成并进入维护模式后，从群集中移除主机。此操作在每天下班之后进行，每天下班前迁移一台主机数据，第二天上班前主机数据迁移完成，上班后移除主机。这样三天之后原有节点主机下架。

在后来的使用过程中，将 Horizon 的版本从 7.5 升级到 7.10。

无论是升级 vSphere，还是升级 Horizon，在升级过程中业务没有中断，虚拟机使用不受影响。

1.2　某设计院 RTX　8000 虚拟桌面应用

某设计院计划采用虚拟桌面，要求虚拟桌面运行 Windows 10 操作系统，应用软件有 Lumion 6.0、草图大师 2019、3D Max 2018、Vray 3.6、AutoCAD 2019 等软件，要求每台虚拟机需要 6 个 vCPU、16 GB 内存、2 GB 显存（使用 NVIDIA Grid 显卡）。要求并发 48 个用户。

为了实现用户的需求，配置 2 台服务器。一台物理服务器用于基础应用，包括管理 2 台 ESXi 主机的 vCenter Server，为虚拟桌面提供身份验证的 Active Directory 服务器，管理虚拟桌面的 Horizon 连接服务器、Composer 服务器等，另一台高端服务器配置了 2 块

RTX 8000 GPU 显卡，用于承载虚拟桌面。两台服务器信息如下。

（1）服务器 1 是客户原有的 1 台 DELL R720，通过扩容后，配置为 1 个 E5-2650 v2 的 CPU、64 GB 内存、2 端口 10 Gbit/s 网卡、8 块 4 TB NL-SAS（RAID-5），安装 VMware ESXi 6.7.0-15160138 版本，如图 1-2-1 所示。

图 1-2-1　管理服务器

该服务器用于管理，在这台主机上配置 vCenter Server、Active Directory、NVIDIA License Server、Horizon View 连接服务器、Horizon Composer 服务器等虚拟机。

（2）第 2 台服务器为新采购的服务器 DELL R940xa，配置了 2 个 Intel Gold 6254 CPU、1 024 GB 内存、1 块 240 GB SSD（安装 ESXi 6.7.0 15160138）、2 块 3.2 TB 三星 PM1725 A 的 PCI-E SSD（分别放置 24 个配置了 RTX 8000-2Q vGPU 的 Windows 10 虚拟机）。配置了 2 块 RTX 8000 的显卡，服务器配置 2 个 2 000 W 电源，以及 GPU 显卡安装套件。服务器配置如图 1-2-2 所示。

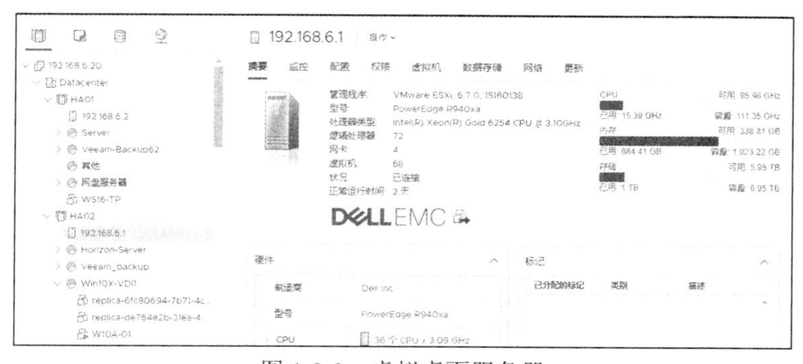

图 1-2-2　虚拟桌面服务器

在安装配置好 vCenter Server 与 ESXi 之后，在第 1 台服务器安装配置了 Active Directory 虚拟机、Horizon 连接服务器、Composer 服务器等虚拟机，第 2 台安装 Windows 10 虚拟机并分配 RTX 8000-2Q 配置文件。在模板虚拟机中安装 NVIDIA 驱动程序、Horizon Agent、Horizon Direct Agent，以及 AutoCAD 等软件。然后使用 Horizon 7.11 生成 48 个克隆链接的虚拟桌面。部署完成后，在“资源→计算机”中看到部署的 Windows 10 桌面，如图 1-2-3 所示。

在 vSphere Client 导航中，在左侧选择“HAO2→Win10X-2Q”，在右侧“虚拟机→虚拟机”中查看生成的虚拟机。可以显示“DNS 名称”，查看启动的虚拟机 DNS 名称，如

图 1-2-4 所示。在右下角显示 50 items，表示当前有 50 个对象（其中有 48 个是虚拟桌面，每个存储池有一个克隆链接的虚拟机的基础镜像。

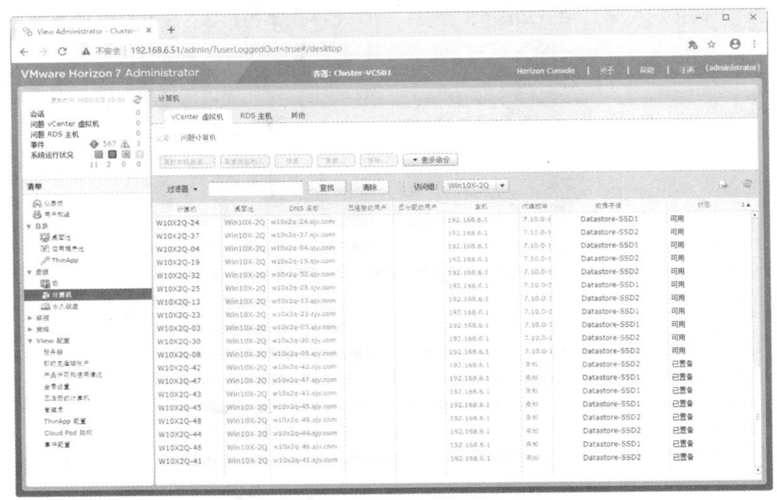

图 1-2-3　部署好的 Windows 10 虚拟桌面

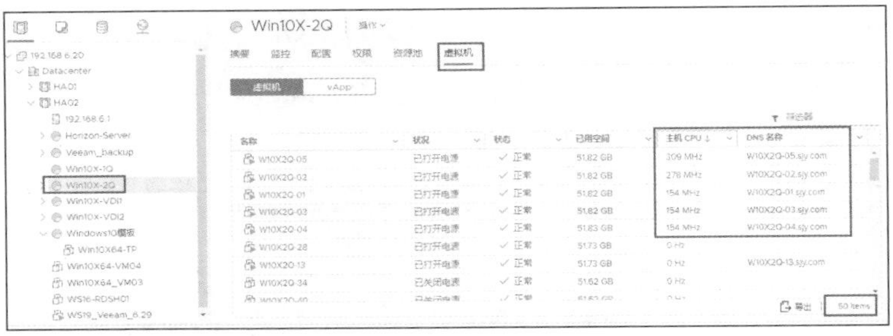

图 1-2-4　查看生成的虚拟机

使用 Horizon Client 登录到其中的一个虚拟桌面，使用 Heaven Benchmark 4.0 基准测试，FPS、Score 得分分别是 61.3、1543，如图 1-2-5 所示。

图 1-2-5　Heaven Benchmark 4.0 基准测试得分

在运行 Heaven Benchmark 4.0 基准测试时，将测试软件最小化，查看“任务管理器→性能”，查看虚拟机 CPU 与 GPU 使用率，如图 1-2-6 所示。在这个截图中还能看到当前虚拟机安装的主要软件。

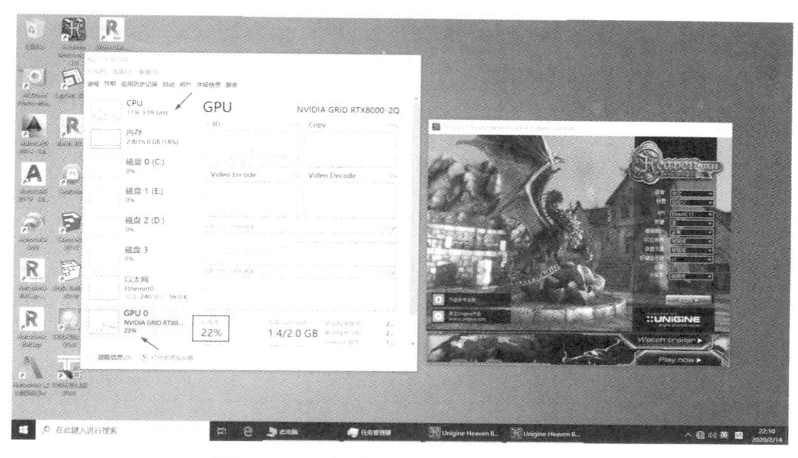

图 1-2-6　查看 CPU 与 GPU 使用率

在用户使用高峰期，所有桌面都开启的情况下，IP 地址为 192.168.6.1 的虚拟化主机的资源占用如图 1-2-7 所示。

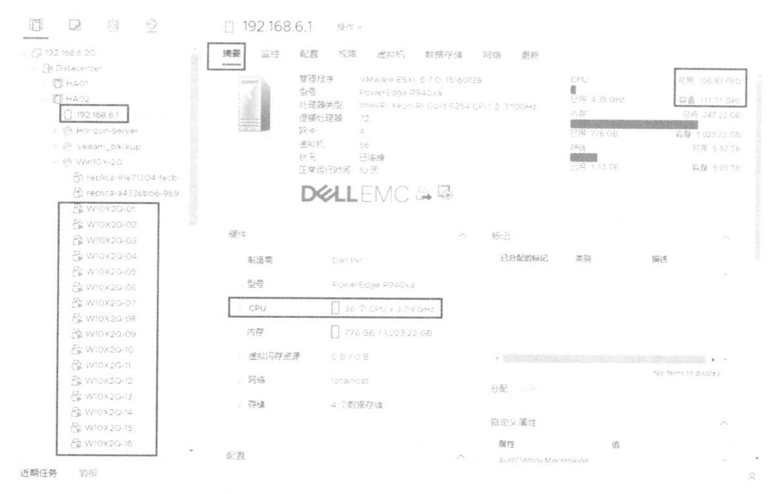

图 1-2-7　查看 GPU 主机资源占用

当前主机配置了 2 块 Intel Gold 6254 CPU，这个 CPU 是 18 个核心 36 线程，CPU 的主频是 3.09 GHz，当前主机的 CPU 资源合计为 3.09 GHz×18×2≈111.31 GHz。在当前项目中，统计虚拟机不同状态下 CPU 的使用如表 1-2-1 所示。其中最后一列“最大数量（并发）”是根据第 2 列的数值估算而来。例如当前主机总 CPU 资源是 111.31 GHz，以不超过主机 CPU 占用率 80%得出 88 GHz 左右的数值，当使用图形软件渲染时其 CPU 最高不超过 4 GHz，可以并发运行 22 台。

表 1-2-1　虚拟机不同状态的 CPU 占用率

虚　拟　机	频　　率	单　　位	最大数量（并发）
静态运行时	92	MHz	1 100
死机出错时	22.73	GHz	4 或 5
死机出错时	22.8	GHz	4 或 5
死机出错时	22.83	GHz	4 或 5
测试软件渲染时	3.65	GHz	20～30
一般运行时	154	MHz	720
一般运行时	216	MHz	460
一般运行时	247	MHz	440
运行时	494	MHz	200
运行时	185	MHz	640

当前项目中，安装 RTX 8000 显卡的 ESXi 主机配置了 2 块容量为 3.2 TB 的三星 PM1725A PCIE 接口的固态硬盘，每块固态硬盘放置 24 个虚拟桌面，可以满足虚拟桌面对存储的性能与容量要求。

说明：有关本案例的详细情况请参见本书后面的章节。

1.3　高校实验室即时克隆虚拟桌面应用

某高校一个专业实验室现有 4 台配置较高的服务器和 7 台配置较低的服务器，每台服务器运行 Windows Server 或 Linux 操作系统，安装了实验教学所需的软件。由于实验课程科目较多，服务器数量较小，所以在每台主机安装了一个或多个实验软件。这也导致了一个问题：并不是所有的软件都需要一直运行，但因为主机数量少，所以只能同时安装、同时运行，这导致每台服务器主机 CPU 使用率居高不下。新的教学计划需要安装更多的应用，这需要安装新的教学软件，但已经没有空闲的主机。如果采用以前的方式只能采购服务器，但采购新的服务器费用较高、周期较长。即使再购买新服务器，仍然会进入同样的怪圈：安装新软件运行在主机上，上课时使用，不上课时仍然运行；软件并不是每天都需要，可能有的周一用，有的周二用，有的周三用，但只要安装在计算机主机上，24 小时就只能被动运行，效率较低。

由于上述这些原因，准备使用虚拟化技术解决这个问题。使用虚拟化技术，将现有配置较高的服务器组成群集，创建多台虚拟机，每台虚拟机安装一个或多个需要同时运行、同时使用的软件。例如，原来 20 台服务器、安装了 40 个软件，则虚拟化后则可能创建 40 台虚拟机、每台虚拟机只安装一个软件。这样上课时用到哪个软件就启动对应的虚拟机，不用的软件所在的虚拟机则不启动，这保证了资源的合理分配与充分使用。

经过多方面考虑，采用 VMware 虚拟化与 vSAN 技术，将服务器本地硬盘组成分布式软件共享存储来解决。

1.3.1　使用虚拟化与 vSAN 解决服务器数量不足问题

最初采用 2 台联想 3850 X6（2015 年购买）、2 台 HP DL580 G7（2004 年购买）一共 4 台 4U 服务器组成 vSAN 群集，但在使用一段时间之后发现 2 台 HP DL580 G7 的 RAID 卡与 vSAN 兼容性不好，存储提供程序经常脱机，后来又使用了 2 台 2U 的数腾备份一体机（2U 机架式服务器）将其格式化并安装 ESXi 6.5 加入 vSAN 群集，最终由联想 3850 X6、数腾备份一体机共 4 台提供存储资源，由 6 台服务器共同提供计算资源，组成 vSAN 群集。由 6 台服务器组成 vSAN 群集的拓扑如图 1-3-1 所示，各服务器的配置如表 1-3-1 所示。

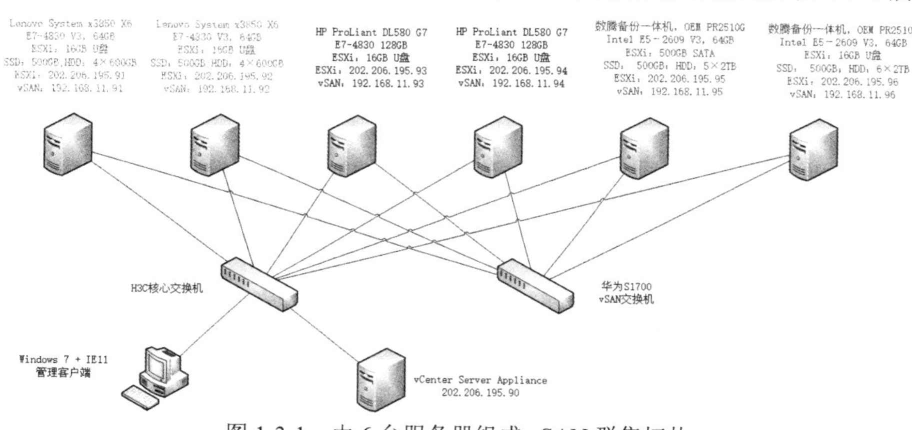

图 1-3-1　由 6 台服务器组成 vSAN 群集拓扑

表 1-3-1　由 6 台服务器组成的 vSAN 群集各服务器型号和配置

序号	服务器品牌型号	CPU	内存/GB	网　卡	硬　盘
1	联想 3850 X6	4 块 E7-4830 v3，2.1 GHz	64	集成 4 端口 1 Gbit/s	4 块 600 GB 的 2.5 英寸 10 000 r/min
2	联想 3850 X6	4 块 E7-4830 v3，2.1 GHz	64	集成 4 端口 1 Gbit/s	4 块 600 GB 的 2.5 英寸 10 000 r/min
3	HP DL580 G7	4 块 E7-4830，2.13 GHz	128	集成 4 端口 1 Gbit/s	无硬盘（原硬盘拆下装到联想 3850 X6）
4	HP DL580 G7	4 块 E7-4830，2.13 GHz	128	集成 4 端口 1 Gbit/s	无硬盘（原硬盘拆下安装到联想 3850 X6）
5	OEM PR2510G	2 块 E5-2609 v3，1.93 GHz	64	1 块 2 端口 1 Gbit/s 网卡，2 块 1 Gbit/s 网卡	5 块 2 TB 3.5 英寸 7200 r/min SATA 硬盘
6	OEM PR2510G	2 块 E5-2609 v3，1.93 GHz	64	2 块 2 端口 1 Gbit/s 网卡	6 块 2TB 3.5 英寸 7200 r/min SATA 硬盘

在本次项目改造中，一共使用（购买）4 块 500 GB 的 Intel 545S 固态硬盘、5 个 16 GB 的 U 盘安装 ESXi。虚拟化之后，总 CPU 资源为 381.37 GHz，内存 512 GB，存储空间 25.91 TB，可以满足现在以及未来两三年的实验教学需求，为实验教学节省了大量资金。

在安装配置好 vSphere vSAN 之后，由 6 台主机组成群集，其中 202.206.195.91，202.206.195.92，202.206.195.95，202.206.195.96 共 4 台主机提供存储资源，6 台主机提供计算与网络资源，如图 1-3-2 所示。

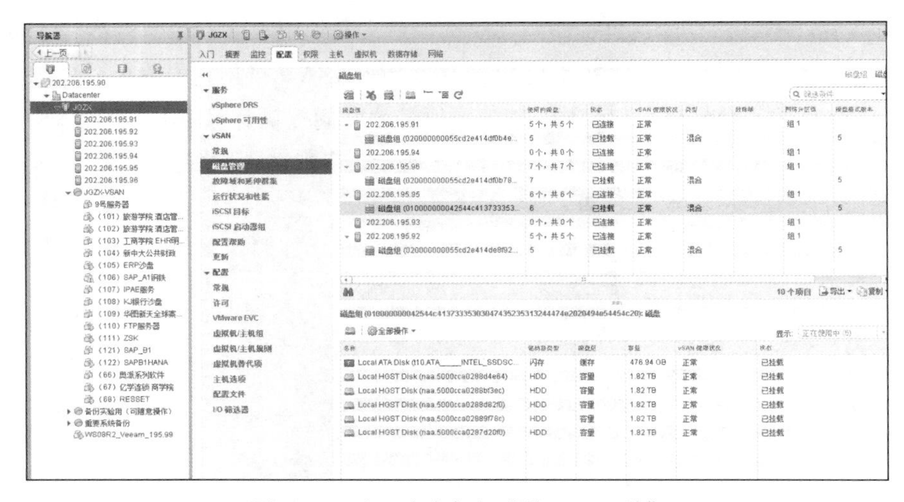

图 1-3-2　由 6 台主机组成的 vSAN 群集

1.3.2　使用虚拟桌面解决机房机器配置太低问题

在使用一段时间之后，整个群集中 CPU 使用率较低，但内存有些不足。若将表 1-3-1 中的两台联想 3850 X6 扩充到 256 GB 内存，将这两台联想 3850 X6 的内存拆下装到序号 5、6 的两台服务器中，这两台扩容到 128 GB。在扩容之后，剩余的 CPU、内存及存储资源将较多。当时有一个机房暂时还没有升级，机房的机器速度很慢。因为前期使用 vSphere 虚拟化效果比较好，管理员安装了 VMware Horizon 7.5.0，使用 Horizon 的即时克隆功能，创建了 3 个桌面池，每个桌面池最多 50 台虚拟机。实现了虚拟机的即用即开。

说明： 大学上实验课，上午、下午各是两大节课，8:00~9:30 是上午第一节课，9:45~12:10 是上午第二节课。14:00~15:30 是下午第一节课，15:45~18:10 是下午第二节课。

机房使用虚拟机就存在一个问题，如果采用普通的技术，需要 3 个不同系统的时候，每个用户需同时开 3 个虚拟桌面，这样占用的资源就非常多。而使用即时克隆，保留 1 个开机的虚拟桌面设置，当有新的用户登录的时候，在 2s 内实现开新桌面的创建与开机启动。当虚拟桌面不用时立刻删除。

1.3.3　虚拟桌面配置信息

下面是 Horizon 7 虚拟桌面的配置信息。

配置 3 个模板，每个模板都安装 64 位的 Windows 7 操作系统，每台虚拟机分配 100 GB 的硬盘空间，4 个 CPU，4GB 内存。每个模板安装的软件不同。

（1）模板 1：EViews5、SAS8、SPSS13、SPSS19、AMOS17、Office 2010、FlexSim、VensimPLE、VS2010、蓝芯多媒体、360 安全卫士。

（2）模板 2：用友 U810、SQL2005、蓝芯多媒体教学、经贸大学认证客户端、Office 2010、

（3）模板 3：360 安全卫士、Office 2010。

生成 3 个桌面池，每个桌面池都使用即时克隆链接，浮动桌面池。这三个桌面池信息如表 1-3-2 所示。

表 1-3-2　学生机房即时克隆虚拟桌面信息

父虚拟机名称	VLAN	虚拟桌面名称	访问组	虚拟机文件夹	资源池
Win7X64-SYS01	4	上课系统	SYS001	JGZX_SYS01_JG312	JGZX_312
Win7X64-SYS02	4	U810	SYS002	JGZX_U810	JGZX_U810
Win7X64-SYS03	4	考试系统	SYS003	JGZX_KSST	JGZX_KSST

其中 Win7-SYS01 桌面池数量设置如图 1-3-3 所示。

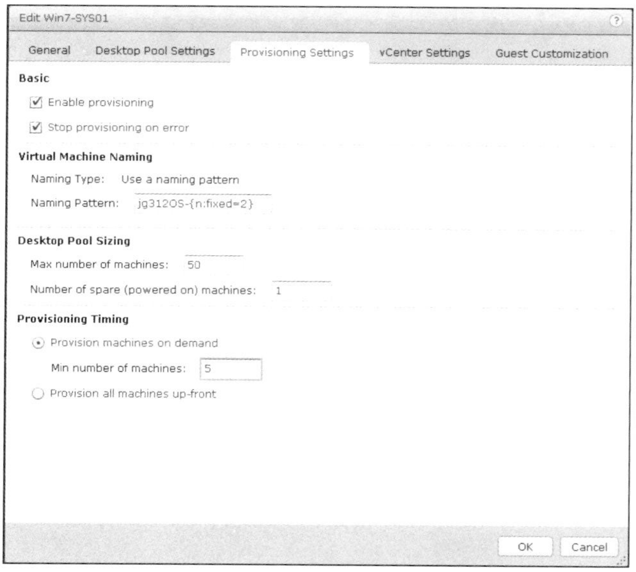

图 1-3-3　桌面池数量

当虚拟桌面启动时如图 1-3-4 所示。

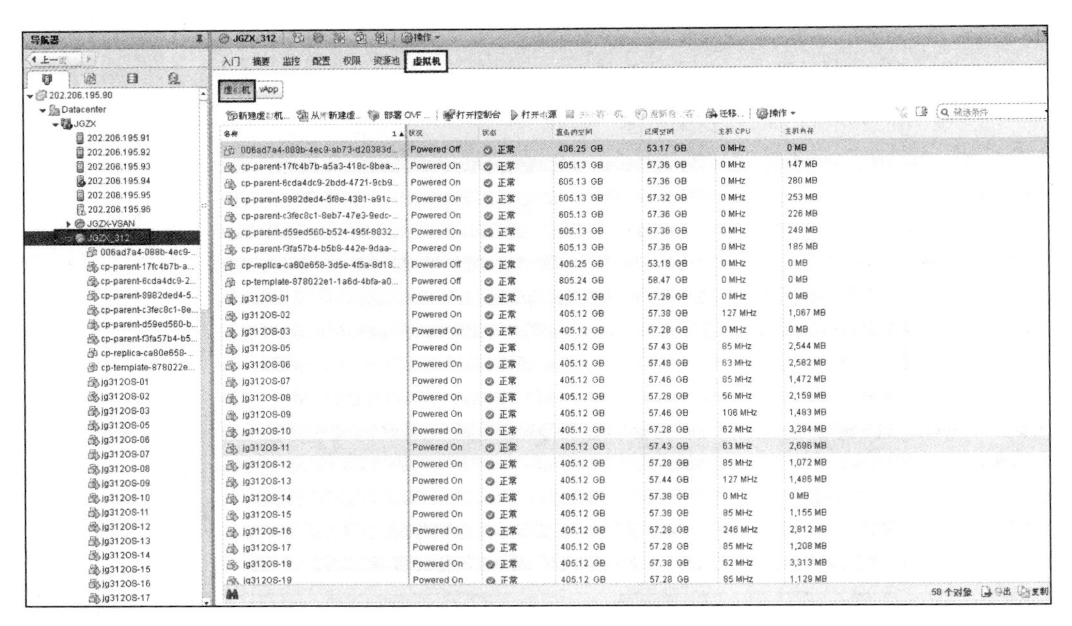

图 1-3-4　桌面池虚拟机启动时截图

在 Horizon Administrator 中的“资源→计算机”中可看生成的虚拟桌面，如图 1-3-5 所示。

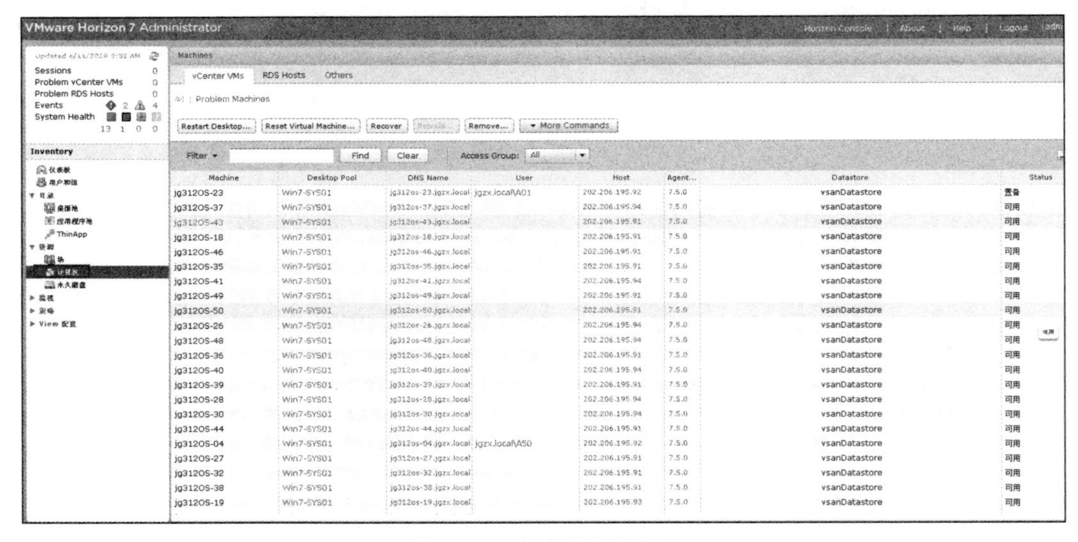

图 1-3-5　生成的虚拟桌面

在机房的计算机上，安装 Horizon Client 软件，为每台计算机设置一个账号，学生上课时启动 Horizon Client 软件，输入用户名密码，登录到 Horizon Client，选择系统，如图 1-3-6 所示。

图 1-3-6　Horizon Client 登录后界面

双击“U810”运行模板 1 所安装的软件；双击“上课系统”运行模板 2 所安装的软件，双击“考试系统”运行模板 3 所安装的软件。图 1-3-7 所示为运行 U810 虚拟桌面进入系统后的截图。

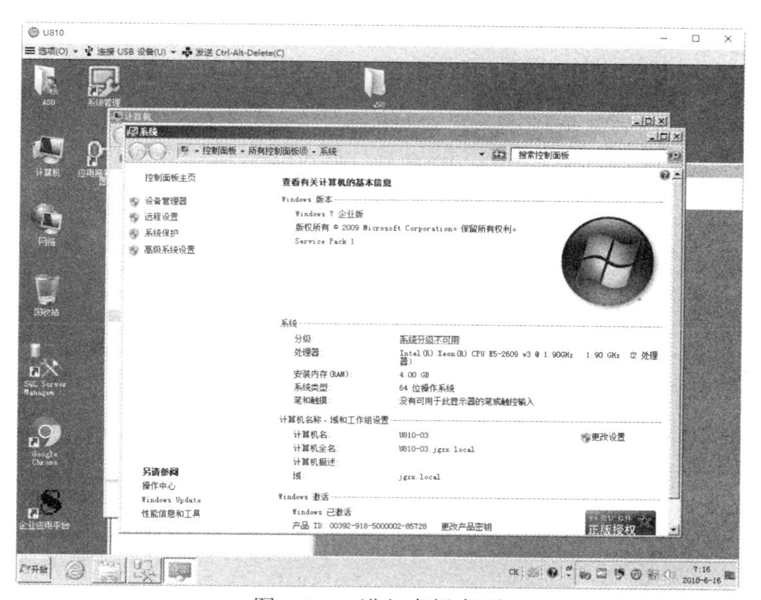

图 1-3-7　进入虚拟桌面

当用户注销时，虚拟桌面会立刻删除。当用户双击进入一个新的虚拟桌面时，即时克隆的虚拟桌面在 2s 左右完成虚拟桌面的生成、创建和启动。

1.4　Horizon 虚拟桌面功能概述

VMware Horizon 虚拟桌面具有比较丰富的功能、具有良好的性能，支持众多的客户端与终端设备，能够与 VMware 相关产品很好地结合，可以满足众多企业用户的需求。VMware 虚拟桌面支持 3 种方式：

（1）完全克隆的虚拟桌面，每个用户一台独立的虚拟机，每个用户的 C 盘都是从一个模板虚拟机完全克隆出来。克隆出来的虚拟机之间没有关系，与原来的模板也没有关系。因这种方式比较浪费空间，用得较少。

（2）克隆链接的虚拟桌面，有一个共用的基础 C 盘，其他用户的 C 盘是基于这个 C 盘克隆链接的方式扩展出来的。在这种方式下，每台虚拟机还可以根据需要配置一个个人数据磁盘（默认盘符为 D），以及一个用于临时文件与交换文件的磁盘（默认是第一个可用盘符，一般是 E），其中 D、E 是独立的。

（3）即时克隆的虚拟桌面，这种情况一般是用于非永久临时会话的虚拟桌面，使用的时候生成（一般 2 s 内生成并启动），不用的时候关机就自动删除。

用户可以根据需要进行选择。大多数企业用户使用第（2）种。

关于虚拟机的应用程序，有以下几种安装方式：

（1）在模板虚拟机中安装好，如果以后增加应用程序，在模板虚拟机中添加新的应用程序，或者安装新的版本，关闭虚拟机，创建新的快照，然后在桌面池中选择新的虚拟机快照，重构虚拟桌面，重新生成 C 盘，用户数据 D 盘不受影响。

（2）操作系统与应用程序分离。在 C 盘安装操作系统、最基本的软件如浏览器、输入法、Office 软件等。对于需要经常升级的程序，例如 ERP、微信、QQ，这种用 App volumes 加载。以后每当升级程序或添加软件时，在一个模板虚拟机中更新就行，更新之后，直接附加到虚拟机中。以前也使用 ThinApp 打包，但 ThinAPP 兼容性不好，应用范围受限。

1.4.1 企业实施虚拟桌面需要考虑的问题

下面简单介绍一下传统 PC 与虚拟桌面的使用情况。

传统 PC，每个员工人均一台。有的工作站带操作系统，有的不带。带操作系统的，一般是最新的 Windows 操作系统（家庭版或专业版）。企业办公，一般需要使用 Windows 7 或 Windows 10 的专业版或企业版。

在新机器到位之后，开箱，连线，接打印机、扫描仪等外围设备，有的使用部门的网络打印机，或者使用办公室其他员工的网络打印机。

连接好之后，安装应用程序，例如浏览器、Office、WinRAR、输入法、驱动程序，企业的 ERP 等软件。如果使用 B/S 架构的 OA 等软件，可能还需要安装一系列的插件。

员工会安装 QQ、微信等软件。企业可能会要求员工安装企业微信、企业 QQ 等软件。

当然，还会安装杀毒软件，如果单位统一提供，登录杀毒软件进行部署。如果单位没有统一提供，一般可安装 360 杀毒、360 安全卫士，或者火绒等安全产品。

那么虚拟桌面是怎么配置使用的呢？参照物理 PC，虚拟桌面应该安装以下系统及应用。

（1）操作系统。例如 Windows 7、Windows 10。

（2）应用程序。例如输入法、浏览器、Office、企业微信、QQ 等。

（3）连接外围设备，并且安装驱动程序。

（4）用户的配置数据。例如输入法的设置、自定义的词组等；应用程序的设置，例如 Office 的设置、浏览器的设置等；以及其他的设置。

（5）用户的文档数据，例如用户的 Word 文档、Excel 表格、PPT 文件，以及其他文件等。

上面介绍的这些是虚拟桌面操作系统、应用程序、文档数据等。如果在企业实施虚拟桌面，还需要考虑以下的问题。

（1）企业初次部署虚拟桌面的数量，以及最终虚拟桌面的数量。例如，企业现有 500 员工，初期先配置 50 或 100 个桌面，后期全部用虚拟桌面。要根据虚拟桌面的数量，以及用户保存的数据量的大小，为虚拟桌面选择服务器、存储设备（共享存储或分布式软件共享存储设备）、网络设备。

（2）每个虚拟桌面虚拟机的配置，以及要安装的操作系统。对于一般的企业用户，为虚拟机分配 4～6 个 vCPU、4~8 GB 内存即可满足需求。对于财务部门，或者需要处理较大的 Excel 表格的用户，需要分配 6～8 个 CPU、8 GB 以上内存。对于图形处理的用户，一般需要分配 6 个 CPU、8 GB 以上内存。另外，还要配置显卡，如 NVIDIA GRID 系列的显卡 RTX 6000、V100 等。

（3）虚拟桌面客户端计算机的选择。使用虚拟桌面，优先推荐选择专用的终端，其次是瘦客户机，再次是使用原来的 PC，通过安装虚拟桌面客户端的方式使用。

1.4.2　不同位置的人对虚拟桌面的考虑

在企业实施虚拟桌面的问题上，处在不同位置的人有不同的考虑。

1）对于企业老板来说，主要考虑企业实施虚拟桌面能带来什么好处，需要投入多少资金。

（1）资金费用问题。员工的 PC 使用年限较长，速度越来越慢，需要更新。如果还是使用传统的 PC，投入多少。使用虚拟桌面，投入多少。

（2）节省的费用：首先是终端功率在 10 W 以下，而传统的 PC 耗电在 100 W 以上。企业全部换成终端，每年节省的电费就是一笔不小的数目。传统 PC，每年的硬件维修、维护费用也不低。例如更换硬盘、电源、主板等。

2）对于网络管理员来说，主要考虑以下问题。

（1）虚拟桌面部署是否简单方便，后期的维护是否简单。

（2）使用虚拟桌面能否使原来的管理工作更加简洁、高效。

（3）是否给虚拟桌面终端用户以本地管理员的权限。

（4）打印机的管理方式、打印机的驱动程序安装等。

3）对于最终用户，即使用虚拟桌面的员工来说，他们可能是最不愿意用虚拟桌面的人。他们会考虑以下几点。

（1）使用是否方便。速度是否比原来慢。

（2）对外围设备，例如 USB 接口的打印机、扫描仪、银行转账用的 U 盘，或者其他设备是否支持。

（3）能否支持多显示器。

1.4.3 Horizon 支持的操作系统

Horizon 支持 Windows、Linux 操作系统。通常情况下，如果在企业中部署虚拟桌面，通常选择版本较新的 Horizon 7 与较新的 Windows 或 Linux 操作系统。如果已经部署了 Horizon 虚拟桌面，在升级 Horizon 7 到更高版本，或者升级虚拟桌面操作系统的时候，就要看产品是否兼容。表 1-4-1 列出 Horizon 7 不同版本与非 Windows 10 系统的桌面虚拟化的支持情况，表 1-4-2 列出了 Horizon 7 不同版本与非 Windows 10 的其他 Windows 操作系统的应用程序虚拟化的支持情况，表 1-4-3 列出了 Horizon 7 不同版本与 Windows 10 不同版本的支持情况。

表 1-4-1 Horizon 7 不同版本与非 Windows 10 系统的桌面虚拟化支持情况

操作系统版本 \ Horizon 版本	7.0.x、7.1、7.2	7.3、7.4、7.5.x、7.6	7.7、7.8、7.9、7.10、7.11、7.12
Windows 7 SP1（专业版和企业版）(64 位和 32 位)	完全支持	完全支持	完全支持
Windows 2019 Server 64 位（标准版和数据中心版）	不支持	不支持	完全支持
Windows Server 2016（标准版和 数据中心版）（64 位）	完全支持（仅链接克隆和完整克隆）	完全支持	完全支持
Windows Server 2012 R2（标准版和数据中心版）(64 位)	完全支持（仅链接克隆和完整克隆）	完全支持	完全支持
Windows Server 2012（数据中心版）(64 位)	不支持	不支持	不支持
Windows Server 2008 R2（数据中心版)）(64 位)	完全支持；仅链接克隆和完整克隆	完全支持	完全支持（7.12 不支持）

说明：Horizon 7.12 不支持 Windows Server 2008 R2。

表 1-4-2 Horizon 7 非 Windows 10 支持的应用程序虚拟化功能（RDSH）

Windows 版本 \ Horizon 版本	7.0.x、7.1、7.2	7.3、7.4、7.5.x、7.6	7.7、7.8、7.9、7.10、7.11、7.12
Windows 2019 Server 64 位（标准版和数据中心版）	不支持	不支持	完全支持

续表

Horizon 版本 / Windows 版本	7.0.x、7.1、7.2	7.3、7.4、7.5.x、7.6	7.7、7.8、7.9、7.10、7.11、7.12
Windows Server 2016（标准版和数据中心版）（64 位）	完全支持	完全支持	完全支持
Windows Server 2012 R2（标准版和数据中心版）（64 位）	完全支持	完全支持	完全支持
Windows Server 2012（数据中心版）（64 位）	完全支持	完全支持	完全支持
Windows Server 2008 R2（数据中心版）（64 位）	完全支持	完全支持	完全支持（7.12 不支持）

说明： Horizon 7.12 不支持 Windows Server 2008 R2。

表 1-4-3　Horizon 7 Windows 10 支持的功能

Horizon 版本 / Windows 10 版本	Horizon Agent 7.12、7.11、7.10	Horizon Agent 7.9、7.8	Horizon Agent 7.5.2、7.5.3	Horizon Agent 7.7、7.6、7.5.1、7.5、7.4.1	Horizon Agent 7.5、7.4.1、7.4、7.3.2	Horizon Agent 7.2、7.1、7.0.x
Windows 10 1803 半年通道（专业版、教育版、企业版）	支持	支持	支持	支持	支持	不支持
Windows 10 1809 半年通道（专业版、教育版、企业版）	支持	支持	支持	支持	不支持	不支持
Windows 10 1809 LTSC（企业版）	支持	支持	支持	支持	不支持	不支持
Windows 10 1903 SAC（专业版、教育版、企业版）	支持	支持	支持	不支持	不支持	不支持
Windows 10 1909 SAC（专业版、教育版、企业版）	支持	不支持	支持	不支持	不支持	不支持

Horizon 7 除了支持 Windows 操作系统，还支持 Linux 操作系统。当前 Horizon 7 Agent 支持的 Linux 操作系统（64 位）版本如下：

- Ubuntu 16.04 和 18.04；
- RHEL 6.6、6.7、6.8、6.9、6.10、7.2、7.3、7.4、7.5、7.6、7.7 和 8.0；
- CentOS 6.6、6.7、6.8、6.9、6.10、7.2、7.3、7.4、7.5、7.6、7.7 和 8.0；
- NeoKylin 6 Update 1；

- SLED 12.x SP1/SP2/SP3；
- SLES 12.x SP1/SP2/SP3。

1.4.4 Horizon 功能组件

Horizon 虚拟桌面最终用户可启动 Horizon Client，登录 Horizon 连接服务器（如果是通过 Internet 访问，则登录 Horizon 安全服务器）。Horizon 连接服务器与 Windows Active Directory 集成，可提供对 VMware vSphere 服务器、物理 PC 或 Microsoft RDS 主机上托管的远程桌面的访问权限。Horizon Client 还提供了对 Microsoft RDS 主机上远程应用程序的访问权限。

Horizon 产品由 Horizon Connection Server（连接服务器）、Horizon Agent（Horizon 代理程序，包括 32 位与 64 位的 Windows 与 Linux 客户端）、Horizon Client（包括 Windows、Linux、Android、iPad、iPhone、Mac 以及 Web 客户端）、Horizon Composer、vCenter Server 组成。VMware Horizon 各功能组件如图 1-4-1 所示。

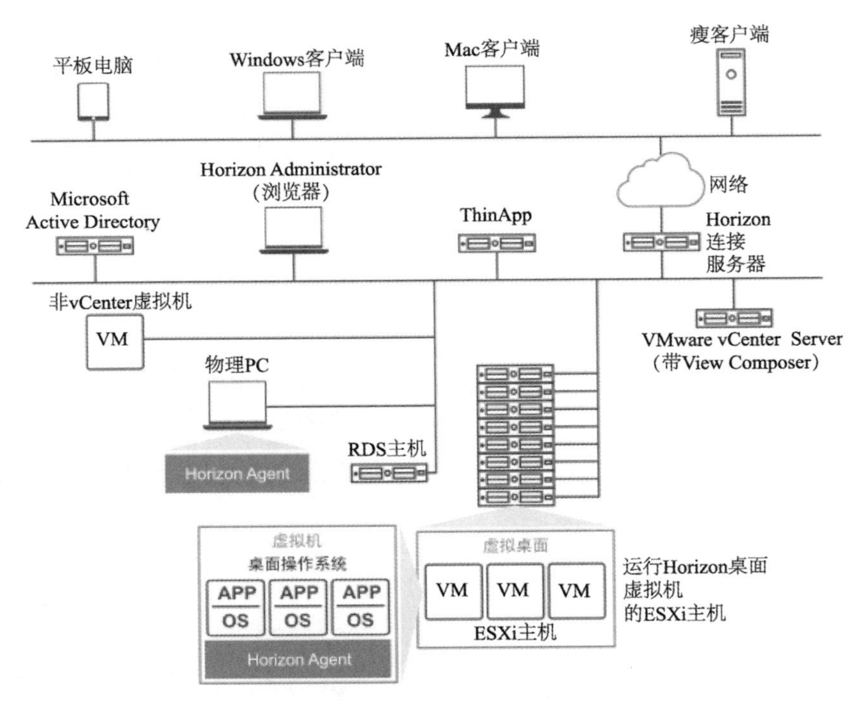

图 1-4-1 VMware Horizon 各功能组件

下面参照图 1-4-1 介绍 Horizon 体系结构中各组件的名称及意义。

（1）客户端设备

使用 Horizon 7 的一大优势，在于最终用户可以在任何地点使用任何设备访问远程桌面和应用程序。用户可以通过笔记本电脑、PC、终端、瘦客户机、Mac、平板电脑或手机访问其个性化虚拟桌面或远程应用程序。

说明：终端，是指支持 Horizon PCoIP 协议的专用计算机，这些计算机使用定制的系统，开机之后进入设备连接界面，只需要输入 Horizon 连接服务器（局域网内）或 Horizon 安全服务器（广域网）的地址及端口（默认使用 TCP 的 443 端口时可以不用输入，如果修改了连接服务器或安全服务器的端口需要添加），在随后的界面输入用户名和密码即可登录到 Horizon 虚拟桌面，如图 1-4-2 至图 1-4-4 所示。

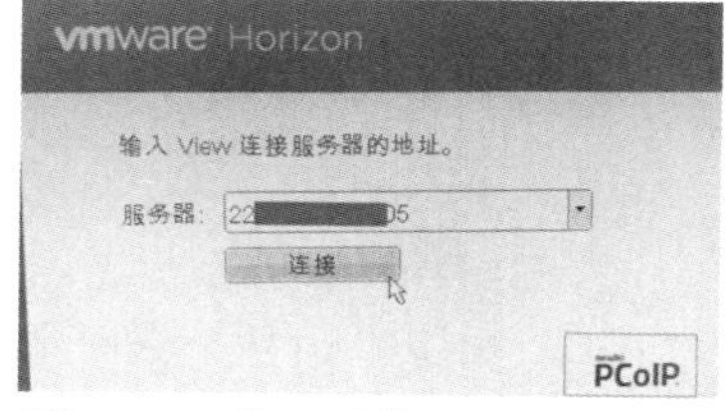

图 1-4-2　输入连接服务器的地址

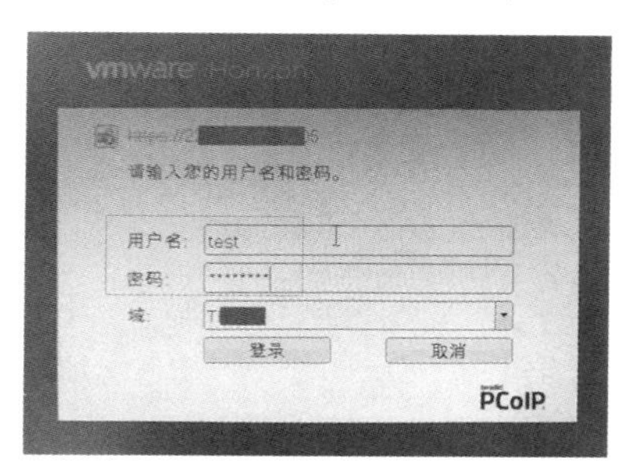

图 1-4-3　输入用户名密码登录

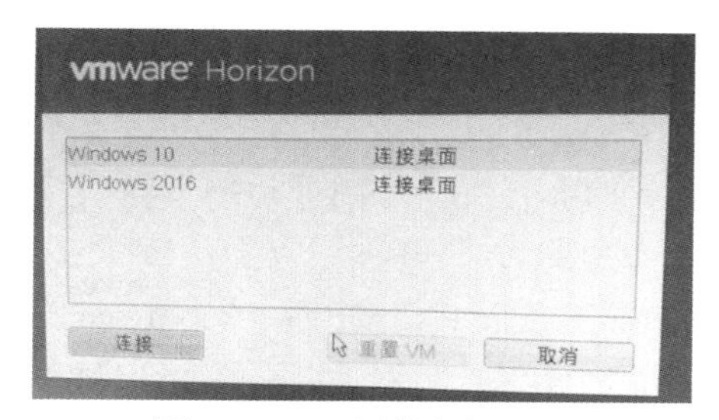

图 1-4-4　可用的虚拟桌面

瘦客户机，实际上是使用低功耗 CPU、配置较低的 x86 架构的计算机，运行经过精简或定制的 Windows 操作系统，安装 Horizon Client 软件。瘦客户机与传统的计算机从架构上来说没有区别，也需要在瘦客户机安装打印机驱动、Horizon Client 软件，然后使用 Horizon Client 登录到虚拟桌面。理论上，瘦客户机的兼容性最好，但瘦客户机的管理也比较麻烦，等于维护两套系统（虚拟桌面、瘦客户机）。瘦客户机系统感染病毒或者出问题时，也须重新安装系统。不像终端，终端系统是固化在硬件中的，只要终端硬件不出问题，终端可以一直使用下去。

如果使用瘦客户机或者传统的 PC 作为 Horizon Client，管理员需要对其进行配置，使 Horizon Client 程序成为用户在设备上唯一能直接启动的应用程序。将传统 PC 作为瘦客户端桌面使用，可以使硬件的使用寿命延长 3~5 年。例如，通过在瘦客户端桌面中使用 Horizon 7，可以在较旧的硬件上使用 Windows 10 等较新的操作系统。

如果使用 HTML Access 功能，最终用户即可在浏览器中打开远程桌面，无须在客户端系统或设备上安装任何应用程序。但这种情况一般是临时使用，不能长期使用。

（2）Horizon 连接服务器

该软件服务充当客户端连接的 Broker。Horizon 连接服务器通过 Windows Active Directory 对用户进行身份验证，并将请求定向到相应的虚拟机、物理 PC 或 Windows RDS 主机。

Horizon 连接服务器提供了以下管理功能：

- 用户身份验证。
- 授权用户访问特定的桌面和池。
- 将通过 VMware ThinApp 打包的应用程序分配给特定桌面和池。
- 管理远程桌面和应用程序会话。
- 在用户和远程桌面及应用程序之间建立安全连接。
- 支持单点登录。
- 设置和应用策略。

在企业防火墙内，需要安装和配置一个至少包含两个 Horizon 连接服务器实例的组。其配置数据存储在一个嵌入式 LDAP 目录内，并且在组内各成员之间复制。

在企业防火墙外部，可以在 DMZ 中安装 Horizon 连接服务器并将其配置为安全服务器。DMZ 中的安全服务器可与企业防火墙内的 Horizon 连接服务器进行通信。安全服务器可确保唯一能够访问企业数据中心的远程桌面和应用程序流量是通过严格验证的用户产生的流量。用户只能访问被授权访问的资源。

安全服务器提供了一个功能子集，且无须包含在 Active Directory 域中。可以将 Horizon 连接服务器安装在 Windows Server 2008 R2 及其以后 Server 版本的物理服务器中，但最好是安装在 VMware 虚拟机上。

注意：可创建不使用连接服务器的 Horizon 7 设置。如果在远程虚拟机桌面上安装 Horizon 7 Agent Direct Connect 插件，客户端可直接连接到虚拟机。所有远程桌面功能（包括 PCoIP、HTML Access、RDP、USB 重定向和会话管理）都以相同方式工作，就像用户已通过连接服务器进行连接一样。为虚拟桌面配置 NVIDIA vGPU 显卡，在安装 NVIDIA 驱动程序后、生成虚拟桌面前，可以使用 Horizon Client 直接登录到模板虚拟机以指定 NVIDIA License 服务器地址，以完成最后的配置。

（3）Horizon Client

用于访问远程桌面和应用程序的客户端软件可以在平板电脑，Windows、Linux 或 Mac 系统的 PC、瘦客户端以及更多平台上运行。

登录后，用户可以在授权其使用的远程桌面和应用程序列表中选择。身份验证需要使用 Active Directory 凭据、UPN、智能卡 PIN、RSA SecurID 或其他双因素身份验证令牌。

管理员可以将 Horizon Client 配置为允许最终用户选择显示协议。协议包括用于远程桌面的 PCoIP、Blast Extreme 和 Microsoft RDP。PCoIP 和 Blast Extreme 的速度和显示质量可与物理 PC 相媲美。

（4）VMware Horizon 用户 Web 门户

通过客户端设备上的 Web 浏览器，最终用户可以连接至远程桌面，运行应用程序，自动启动 Horizon Client（如果已安装），或下载 Horizon Client 安装程序，如图 1-4-5 所示。

当打开浏览器并输入一个 Horizon 连接服务器实例的 URL 地址时，将会显示网页，其中包含 VMware 下载网站链接，用于下载 Horizon Client。但网页上的链接是可配置的。例如，管理员可将链接配置为指向一个内部 Web 服务器，也可在自己的 Horizon 连接服务器上对可用的客户端版本加以限制。

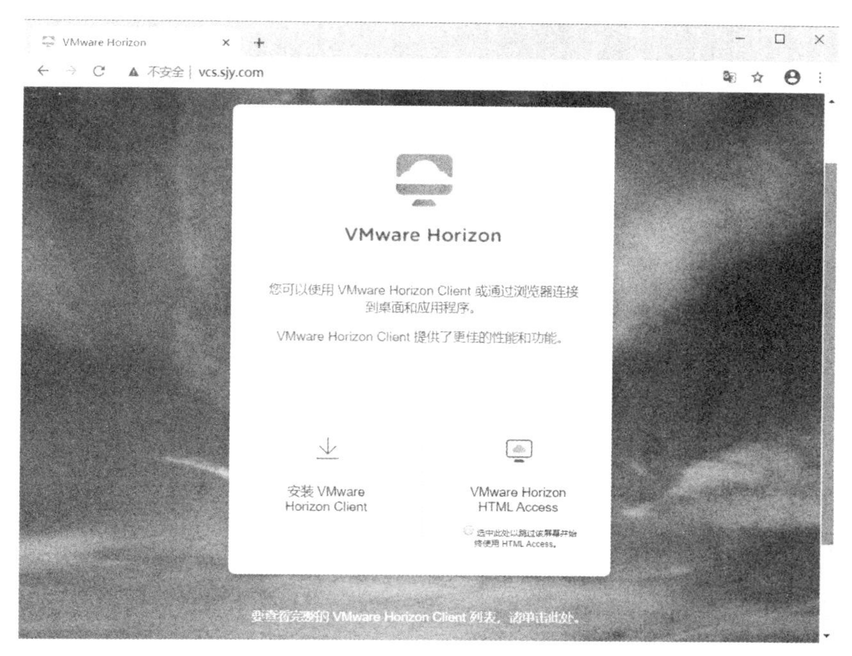

图 1-4-5　VMware Horizon Web 门户

如果使用 HTML Access 功能，网页还会显示一个用于在支持的浏览器内部访问远程桌面的链接。使用此功能，不会在客户端系统或设备上安装 Horizon Client 应用程序。

（5）Horizon Agent

可以在所有用作远程桌面和应用程序源的虚拟机、物理系统和 Microsoft RDS 主机上安装 Horizon Agent 服务。在虚拟机上，此代理通过与 Horizon Client 进行通信来提供连接监视、虚拟打印、Horizon Persona Management 和访问本地连接的 USB 设备等功能。

如果桌面源本身是一台虚拟机，首先应当在该虚拟机上安装 Horizon Agent 服务，然后再将其作为模板或链接克隆的父虚拟机使用。从该虚拟机创建池时，该代理将自动安装到每个远程桌面上。

管理员可以在安装代理时选择单点登录选项。使用单点登录后，用户只会在连接 Horizon 连接服务器时收到登录提示，下一次连接远程桌面或应用程序时便不会收到提示。

（6）Horizon Administrator

Horizon Administrator 是一款基于 Web 的应用程序，随 Horizon Connection Server 一起安装。它是 Horizon Connection Server 的管理界面。管理员可使用 Horizon Administrator

配置 Horizon Connection Server，部署和管理桌面，控制用户身份验证，启动和检查系统事件并进行分析活动。管理员还可以使用 Horizon Administrator 管理与 Horizon Connection Server 关联的安全服务器。

说明： 从 Horizon 7.11 开始，可以使用基于 HTML 的界面管理 Horizon Administrator，但传统的基于 Flash 的管理界面仍然会保留。从下一个大的版本（8.0）开始，将不会提供基于 Flash 的管理界面。

（7）View Composer

View Composer 是一项可选服务，当计划从单个集中式基础映像部署多个链接克隆桌面时，才应当安装该服务。链接克隆桌面映像可优化对存储空间的使用。管理员对主映像进行更改并应用到用户桌面，不会对用户设置、数据和应用程序产生影响。

View Composer 是 Horizon Connection Server 的一项功能，但其服务会直接在 vCenter 管理的虚拟机上运行。View Composer 可以从指定的父虚拟机创建链接克隆池。这种方法可节约多达 90%的存储成本。

每个链接克隆都像一个独立的桌面，带有唯一的主机名和 IP 地址，但不同的是，链接克隆与父虚拟机共享一个基础映像，因此存储需求明显减少。

也可以使用 View Composer 创建自动链接克隆 Microsoft RDS 主机场，这会为最终用户提供发布的应用程序。一项 View Composer 服务只能基于一个 vCenter Server 实例运行。vCenter Server 实例也只能与一个 View Composer 服务相关联。

说明： View Composer 是一个可选组件。如果计划置备即时克隆，不需要安装 View Composer。

（8）Horizon Security Server

Horizon Security Server（安全服务器）为连接 Horizon Connection Server 以访问内部网络的外部 Internet 用户提供额外的安全层。Security Server 可处理 SSL 功能。如果 Horizon 桌面处于企业内部，处于企业外部（例如 Internet）的用户使用 Horizon 桌面，则需要配置安全服务器。当然，如果不使用安全服务器，Internet 用户通过 VPN 连接，登录到内部，再通过 Horizon 连接服务器访问虚拟桌面也是一个方法。

如果用户有多条 Internet 出口（例如，电信、网通等多个出口），而 Internet 用户有时是电信线路，有时是网通线路，如果希望让 Internet 用户选择较快的线路连接，则需要通过安全服务器，每个安全服务器只能指定一个线路（实际上是指定一个外网的 IP 地址）。

（9）vCenter Server

vCenter Server 可充当连接到网络的 VMware ESXi 服务器的中心管理员。其提供了配置、置备和管理数据中心中的虚拟机的中央点。

除了使用这些虚拟机作为虚拟机桌面池的源之外，还可以使用虚拟机托管 Horizon

的服务器组件，包括 Horizon 连接服务器实例、Active Directory 服务器、Microsoft RDS 主机和 vCenter Server 实例。

推荐将 Horizon Composer 和 vCenter Server 安装在不同的服务器上。

（10）Active Directory

Horizon 利用现有的 Microsoft Active Directory 基础架构进行用户身份验证和管理。

（11）ESX 主机

Horizon 部署中的每台 ESX 主机都具有 Horizon 虚拟桌面的虚拟机。

（12）虚拟机

虚拟机是 Horizon 虚拟桌面的基础。Horizon 桌面虚拟机必须位于 ESX 主机内，并带有 Windows 操作系统。

（13）ThinApp 虚拟化应用程序、ThinApp 应用程序存储库

ThinApp 可创建虚拟化应用程序软件包，可以将其放置在桌面上，或通过桌面快捷方式指向该软件包，以便从共享驱动器运行流式传输应用程序。ThinApp 打包的程序受限，现在用兼容性更好的 App Volumes 代替。

1.4.5　Horizon 支持的显示协议

显示协议可以图形界面的形式向最终用户显示数据中心内的远程桌面或应用程序。管理员可以根据所拥有的客户端设备类型，选择 VMware 提供的 Blast Extreme、PCoIP（PC-over-IP）或 Microsoft RDP（远程桌面协议）。

在 Horizon Administrator 配置中，可以通过设置策略来控制使用哪种协议，也可以让最终用户在登录桌面时选择协议。

说明：对于某些类型的客户端来说，既不使用 PCoIP，也不使用 RDP 远程显示协议。例如，如果用户使用 HTML Access 功能提供的 HTML Access 客户端，则采用 Blast Extreme 协议，而非 PCoIP 或 RDP。类似地，如果用户使用远程 Linux 桌面，则使用 Blast Extreme。

1.4.6　使用托管的应用程序

除了访问远程桌面外，还可以使用 Horizon Client 安全访问基于 Windows 的远程应用程序。使用此功能，在启动 Horizon Client 并登录到 Horizon server 后，除了远程桌面外，用户还可看到其有权使用的所有远程应用程序。选择某个应用程序将在本地客户端设备上为其打开一个窗口，该应用程序的外观和行为就像是在本地安装的一样，如图 1-4-6 所示。

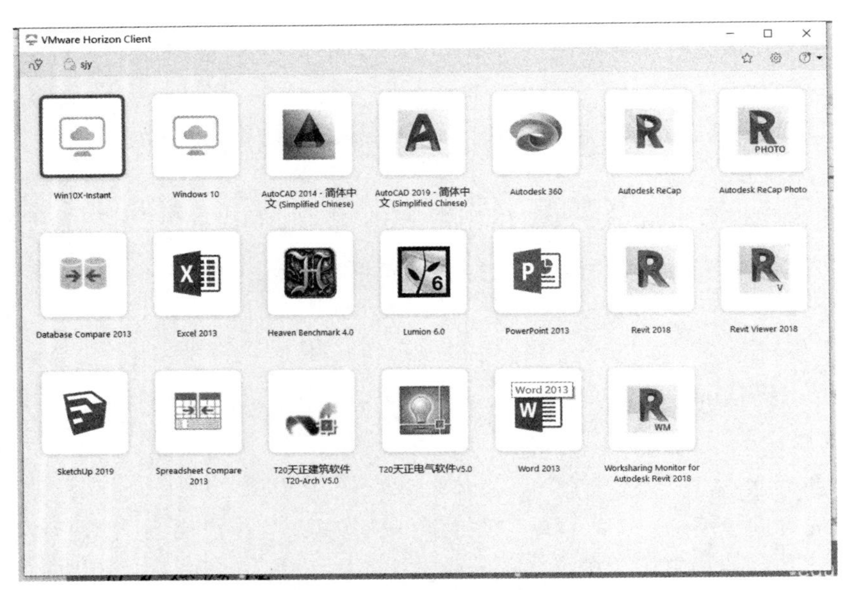

图 1-4-6　RDS 托管的应用程序

说明：终端不支持 RDS 托管的应用程序，终端只支持完整的虚拟桌面。PC、手机、平板电脑支持 RDS 托管的应用程序。

1.4.7　结合使用 USB 设备与远程桌面和应用程序

管理员可以配置从远程桌面使用各种 USB 设备的能力，如使用 U 盘、数字相机、VoIP（IP 语音）设备和打印机。此功能称为 USB 重定向，它支持使用 RDP 或 PCoIP 显示协议。远程桌面最多可容纳 128 个 USB 设备。

管理员还可以重定向本地连接的 U 盘和 USB 接口的可移动硬盘以便在 RDS 桌面和应用程序中使用。RDS 桌面和应用程序中不支持其他类型的 USB 设备，包括其他类型的存储设备。

在已在单用户计算机上部署的桌面池中使用此功能时，已附加到本地客户端系统的大多数 USB 设备在远程桌面中变为可用。终端用户甚至可以从远程桌面连接并管理 iPad。例如，可使 iPad 与安装在远程桌面中的 iTunes 同步。在一些客户端设备（如 Windows 和 Mac OS X 计算机）上，USB 设备列在 Horizon Client 的菜单中。此菜单可用于连接设备和断开设备的连接。

在大多数情况下，无法在客户端系统中和远程桌面或应用程序中同时使用 USB 设备。只有几种类型的 USB 设备可以在远程桌面和本地计算机之间共享。这些设备包括智能卡读卡器和人机接口设备（如键盘和鼠标）。

管理员可指定最终用户连接的 USB 设备类型。对于客户端系统上包含多种设备类型（例如，包含一个视频输入设备和一个存储设备）的复合设备，管理员可通过拆分设备，允许连接其中一个设备（如视频输入设备），而禁止连接另一个（如存储设备）。

注意：在用于虚拟桌面的父虚拟机安装 Horizon Agent 代理时，如果需要使用终端连接的 USB 接口的打印机，需要事先安装“USB 重定向”功能。

1.4.8　将实时音频-视频功能用于网络摄像头和麦克风

通过实时音频-视频功能，用户可以在远程桌面上使用本地计算机的网络摄像头或麦克风。实时音频-视频功能可兼容标准的会议应用程序和基于浏览器的视频应用程序，支持标准网络摄像头、音频 USB 设备和模拟音频输入。

最终用户可在其虚拟桌面上运行 Skype、Google Hangouts 和其他在线会议应用程序。该功能可将视频和音频数据重定向到远程桌面，其占用的带宽远小于 USB 重定向。使用实时音频-视频，网络摄像头图像和音频输入在客户端上进行编码，然后被发送到远程桌面。在远程桌面上，虚拟网络摄像头和虚拟麦克风对流进行解码和播放，以便可以供第三方应用程序使用。

无须进行特殊配置，但是管理员可以为远程桌面设置 GPO 和注册表项，以配置帧速率和图像分辨率或完全关闭此功能。默认情况下，帧速率为 15 帧/s，分辨率为 320×240 像素。管理员还可使用客户端配置设置，以根据需要设置首选网络摄像头或音频设备。

说明：此功能仅适用于某些类型的客户端。

1.4.9　使用 3D 图形应用程序

随 PCoIP 显示协议一起提供的软件加速和硬件加速图形功能支持远程桌面用户运行 Google Earth、CAD 和其他图形密集型应用程序的 3D 应用程序。

（1）NVIDIA GRID vGPU（共享 GPU 硬件加速）：该功能在 vSphere 6.0 和更高版本提供，其允许多台虚拟机共享 ESXi 主机上的物理 GPU（图形处理单元）。如果需要高端硬件加速的工作站图形，可以使用该功能。

（2）虚拟专用图形加速（vDGA）：该功能在 vSphere 5.5 和更高版本中提供，其将 ESXi 主机上的单个物理 GPU 专用于单台虚拟机。如果需要高端硬件加速的工作站图形，可以使用该功能。

（3）虚拟共享图形加速（vSGA）：该功能在 vSphere 5.1 和更高版本中提供，其允许多台虚拟机共享 ESXi 主机上的物理 GPU。您可以将 3D 应用程序用于设计、建模和多媒体。

（4）软 3D：软件加速的图形在 vSphere 5.0 和更高版本中提供，其允许用户运行 DirectX 9 和 OpenGL 2.1 应用程序，而无须使用物理 GPU。对于要求不高的 3D 应用程序（如 Windows Aero 主题、Microsoft Office 2010 和 Google Earth）可以使用该功能。

说明： 对于这些功能，最多支持 2 个显示器，并且屏幕最大分辨率为 1 920 × 1 200 像素。

1.4.10 从远程桌面打印

借助虚拟打印功能，部分客户端系统中的最终用户可从远程桌面使用本地或网络打印机，而不必在远程桌面操作系统中安装额外的打印驱动程序。也可以通过基于位置的打印功能将远程桌面映射到与终端客户端设备距离最近的打印机。

使用虚拟打印时，打印机被添加到某一台本地计算机后，将自动添加到远程桌面的可用打印机列表，无须进行进一步配置。在此功能可以使用的打印机上，可以设置数据压缩、打印质量、双面打印和色彩等属性的首选项。拥有管理员特权的用户仍然可以在远程桌面上安装打印机驱动程序，且不会与虚拟打印组件发生冲突。

要将打印作业发送给 USB 打印机，可以使用 USB 重定向功能或虚拟打印功能。

IT 组织可以通过基于位置的打印将远程桌面映射到与终端客户端设备最近的打印机。以医生为例，无论他在医院的哪个房间打印文档，其打印作业都会发送到最近的一台打印机。使用此功能需要在远程桌面上安装正确的打印机驱动程序。

可以使用 Active Directory 组策略为用户发布共享打印机并指定驱动程序。对于支持的打印机，无须在模板虚拟机中提前安装好驱动程序。

1.4.11 显示器和屏幕分辨率

可以将远程桌面扩展到多个显示器。如果具有高分辨率显示器，用户可以使用高分辨率查看远程桌面或应用程序。

用户可以选择“所有显示器”显示模式以在多个显示器上显示远程桌面。如果使用“所有显示器”模式并单击“最小化”按钮，在最大化窗口时，窗口将恢复为“所有显示器”模式。类似地，如果使用“全屏”模式并最小化窗口，在最大化窗口时，窗口将在一个显示器上恢复为“全屏”模式。

不管使用何种显示协议，都可以将多个显示器用于远程桌面。如果让 Horizon Client 使用所有显示器，当用户最大化应用程序窗口时，窗口将只在包含它的显示器上扩展为整个屏幕。

Horizon Client 支持下列显示器配置：

（1）如果使用两个显示器，它们不需要处于相同的模式。例如，如果使用连接外接显示器的笔记本电脑，则外接显示器既可以使用纵向模式也可以使用横向模式。

（2）只有在使用两个显示器并且总高度低于 4 096 像素时，才能并排放置、两两堆叠或垂直堆叠显示器。

（3）要使用 3D 呈现功能，必须使用 VMware Blast 或 PCoIP 显示协议。用户最多可以使用两个显示器，最大分辨率为 1920×1200 像素。对于“4K 分辨率”（3840×2160 像素），仅支持一个显示器。

（4）使用 VMware Blast 显示协议或 PCoIP 显示协议，可以支持分辨率为“4K”（3 840 ×2 160 像素）的远程桌面屏幕。支持的“4K 显示器”的数量取决于桌面虚拟机的硬件版本和 Windows 版本。

1.5　虚拟桌面硬件选型

要在为企业规划设计虚拟桌面硬件选项，可以根据企业的现状、需求、数量、预算等方面综合考虑。本例通过几个案例，介绍中小企业虚拟桌面硬件选型。

1.5.1　案例 1：适合 200 个一般办公需求的虚拟桌面

某企业，需要 200 个虚拟桌面，一般办公需求，单位现在使用的 PC，操作系统有 Windows XP、Windows 7、Windows 10 等不同的操作系统，使用虚拟桌面后准备统一升级到 64 位 Windows 7 或 Windows 10 操作系统，应用软件有 Office 2013、企业微信、企业 QQ、ERP 客户端等。个人软件有 QQ、微信等。单位使用网络打印机或网络扫描仪（通过 Active Directory 为用户指定网络打印机），单机使用 USB 打印机的很少。财务部门需要用银行 U 盾转账。

经过和企业信息部门沟通，准备规划的虚拟桌面信息如下。

（1）操作系统：分别部署 Windows 7 与 Windows 10 操作系统，并根据部门或用户的需求，为用户分配对应的操作系统。后期都会升级到 Windows 10。

（2）硬盘空间：虚拟桌面配置 3 个磁盘。其中磁盘 1 是系统磁盘，划分 100 GB，用来安装操作系统与所有软件、输入法、常用工具软件、浏览器；磁盘 2 是数据盘，保存用户数据与设置，每个用户 100 GB；磁盘 3 用于交换文件与临时文件，划分 16 GB。

（3）配置 3 个不同的桌面池，每个桌面池有不同的配置，为不同部门分配。

桌面池 1：64 位 Windows 7 企业版，4 个 vCPU、6 GB 内存，无 USB 访问权限，无本地文件访问权限，无虚拟桌面本地管理员权限，适合普通用户。

桌面池 2：64 位 Windows 7 企业版，6 个 vCPU，8 GB 内存，有 USB 访问权限、本地文件访问权限，有虚拟桌面本地管理员权限，适合财务部门用户。

桌面池 3：64 位 Windows 10 企业版，8 个 vCPU，12 GB 内存，有 USB 访问权限、本地文件访问权限，无虚拟桌面本地管理员权限。适合要处理较多文档、较多 Excel 文件的文员。

针对上述要求，根据企业预算，推荐虚拟桌面产品选型如表 1-5-1 所示。

表 1-5-1　200 用户虚拟桌面产品选型

序号	项　目	内 容 描 述	数量	单位
1	**虚拟化主机 4 台，每台主机配置如下**			
1.1	分布式服务器硬件平台	DELL R740XD，2 个 Intel Xeon Gold 5218（16 核/32 线程，2.3 GHz），24 条 32 GB 内存，HBA 330 控制器，24 个 2.5 英寸盘位，2 个 750 W 电源，导轨，4 端口 1 Gbit/s BASE-T 网卡	1	台
1.2	系统硬盘	256GB SATA 2.5 英寸 SSD	1	块
1.3	数据缓存硬盘	Intel DC P3700，1.6 TB ，NVME SSD	2	块
1.4	数据存储硬盘	2.5 英寸　10 000 r/min　SAS，2.4 TB	10	块
1.5	万兆网卡	Intel X520 2 端口　10 Gbit/s SFP+网卡	2	块
2	**数据中心万兆交换机**			
2.1	华为全万兆交换机 S6720S-26Q-SI	产品参数：提供 24 个 10 Gbit/s SFP+端口，2 个 40 Gbit/s QSFP+端口。交换容量 2.56 TB；包转发率 480 Mpps	2	台
2.2	华为全万兆交换机 S6720S-26Q-LI	产品参数：提供 24 个 10 Gbit/s SFP+端口，2 个 40 Gbit/s QSFP+端口。交换容量 1.26 TB；包转发率 480 Mpps	2	台
2.3	万兆直连线	1 m、3 m、5 m、7 m 万兆直连线	20	条
2.4	QSFP-40G 连接线	QSFP+-40G-高速电缆，3 m	4	条
3	**虚拟化软件系统**			
3.1	桌面虚拟化软件	VMware Horizon 高级版（包含 vSphere/vCenter for Desktop，vSAN/一年基础服务），10 用户包	20	套

说明：

（1）使用 VMware vSphere 6.7 与 vSAN 组成基础架构平台，使用 Horizon 7.10 或 7.11 实现虚拟桌面。

（2）配置 4 台服务器，每台服务器配置 2 个 Intel Xeon Gold 5218 的 CPU，768 GB 内存，使用 2 块 PCI-E SSD、10 块 HDD 组成 2 个磁盘组。4 台主机总内存容量 3 TB，存储总容量 96 TB（vSAN 实际使用相当于 RAID-10），实际数据保存容量上限为 48 TB。在 4 台主机组成 vSAN 的前提下，要保证一台的冗余，所以实际可用容量不超过 75%，实际保存数量 = 96 TB × 50% × 75% ≈ 34.5 TB。这一配置足以满足当前需求。

（3）本项目一共配置了 4 台交换机，其中 2 台 S6720S-26Q-SI 采用堆叠配置，用于虚拟机流量与 ESXi 主机管理流量；两台 S6720S-26Q-LI 采用堆叠配置，只用于 vSAN 流量。项目规划拓扑如图 1-5-1 所示。

（4）关于虚拟桌面的终端没有推荐。企业可以根据实际情况，选择是继续使用单位原有 PC，还是采购新的终端或瘦客户机。关于使用 PC、终端、瘦客户机等连接到虚拟桌面的操作，将在后面的章节介绍。

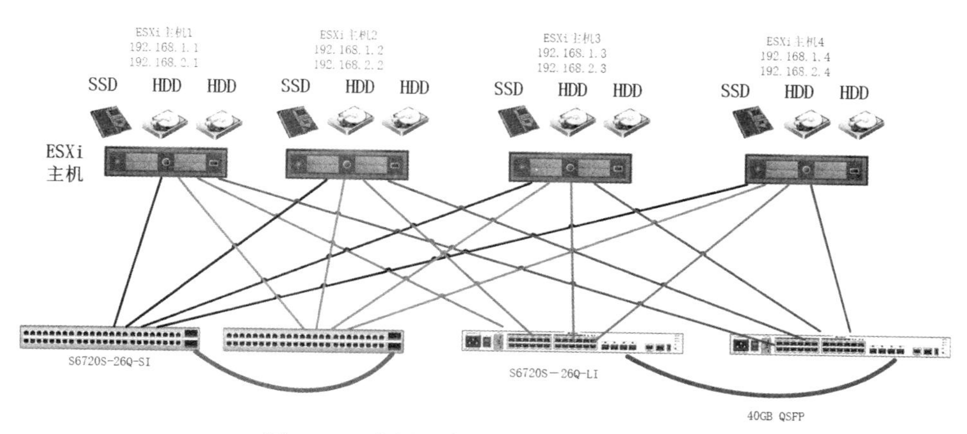

图 1-5-1 案例 1 桌面虚拟化服务器拓扑图

1.5.2 案例 2：适合 250 个办公、50 个图形设计需求的虚拟桌面

某企业，需要 300 个虚拟桌面，其中 250 个用于一般办公使用，50 个用于满足图形设计需求。此应用需要可以看到案例 1 的升级或扩展需求，产品选型如表 1-5-2 所示。

表 1-5-2 300 个用户虚拟桌面需求

序号	项 目	内容描述	数量	单位
1	虚拟化主机 5 台，每台主机配置如下			
1.1	分布式服务器硬件平台	DELL R740 XD，2 个 Intel Xeon Gold 6136（12 核/24 线程，3.0 Ghz，150 W），12×64 GB，HBA 330 SAS 控制器，24 个 2.5 英寸盘位，14 块 2.5 英寸 2.4 TB 10 000 r/min SAS 磁盘，2 个 1 100 W 电源，导轨。2 端口 1 000 Mbit/s，2 端口 10 Gbit/s SFP+网卡，GPU 安装套件	1	台
1.2	系统硬盘	256 GB SATA 2.5 英寸 SSD	1	块
1.3	数据缓存硬盘	Intel DC P3700，1.6 TB，NVME SSD	2	块
1.4	Nvidia T4 显卡	320 个 TURING TENSOR CORE，2 560 个 NVIDIA CUDA 核心，16 GB GDDR6，单 PCI 插槽，70 W	1	块
1.5	网卡	Intel X520 2 端口 10 Gbit/s SFP+网卡	1	块
2	数据中心万兆交换机			
2.1	华为全万兆交换机 S6720S-26Q-SI	产品参数：提供 24 个 10 Gbit/s SFP+端口，2 个 40Gbit/s QSFP+端口。交换容量 2.56 TB；包转发率 480 Mpps	2	台
2.2	华为全万兆交换机 S6720S-26Q-LI	产品参数：提供 24 个 10Gbit/s SFP+端口，2 个 40Gbit/s QSFP+端口。交换容量 1.26 TB；包转发率 480 Mpps	2	台
2.3	万兆直连线	1 m、3 m、5 m、7 m 万兆直连线	20	条
2.4	QSFP-40G 连接线	QSFP+-40G-高速电缆-3 m	4	条
3	虚拟化软件系统			
3.1	NVIDIA 软件	NVIDIA Quadro vDWS 永久许可，含 5 年 SUMS 订阅	50	套
3.2	Horizon View	VMware Horizon 高级版（包含 vSphere/vCenter for Desktop，vSAN/一年基础服务），10 用户包	25	套

说明：

（1）案例 2 是案例 1 的升级版，两者网络拓扑、架构相同。都使用 vSphere、vSAN 与 Horizon。

（2）表 1-5-2 是一个参考，在实际选择中可以根据用户的需求、预算进行增减。例如本案例每台服务器采用主频 3.0 GHz、12 核以上的 CPU。也可以换成与之接近的 Intel Gold 6246（3.3GHz，12 核/24 线程）、Intel Gold 6240（2.6 GHz，18 核/36 线程）。

（3）每台服务器配置一块 NVIDIA T4 显卡，该显卡单插槽，16 GB 显存。如果为每个虚拟桌面分配 1 GB 显存（使用 T4-1Q 配置文件），每块显卡支持 16 台虚拟机，5 台主机可以支持到 80 个虚拟桌面；如果为每个虚拟桌面分配 2 GB 显存（使用 T4-2Q 配置文件），每块显卡支持 8 台虚拟机，5 台主机可以支持到 40 个虚拟桌面。

1.5.3 案例 3：100 用户一般办公需求

某企业，规划设计 120 个用户虚拟桌面，初期有 80 用户使用。虚拟桌面运行 64 位 Windows 10 企业版，4 个 CPU、6 GB 内存。运行软件主要是 Office 2019、企业微信、企业 QQ、QQ、微信、Chrome 浏览器、PDF 文档阅读器。因为企业放交换机、路由器的设备间比较小，不能放多台服务器，综合考虑，为企业选择了 2U 四节点的服务器。硬件产品选型如表 1-5-3 所示。

表 1-5-3 占用空间较小的 100 用户虚拟桌面硬件选型

序号	项 目	内 容 描述	数量	单位
1	2U 4 节点主机 1 台，24 个 2.5 英寸盘位，配 24 个 2.4 TB SAS 磁盘，配置 4 节点，每节点配置如下			
1.1	节点主机	2 个 Intel Xeon E5-2640 v4（10 核/20 线程，2.4 GHz），256 GB 内存，6 块 2.5 英寸 2.4 TB 10 000 r/min SAS 磁盘，2 端口 10 Gbit/s SFP+网卡	1	台
1.2	系统硬盘	16 GB SATA DOM 盘	1	块
1.3	数据缓存硬盘	Intel DC P3600，2 TB，NVME SSD	2	块
2	网络交换机			
2.1	S6720S-26Q-SI	提供 24 个 10 Gbit/s SFP+端口，2 个 40 Gbit/s QSFP+端口。交换容量 2.56 TB；包转发率 480 Mpps	1	台
2.2	S5720S-28X-LI-AC	24 个 10/100/1000Mbit/s Base-T 端口，4 个万兆 SFP+端口	4	台
2.3	万兆直连线	1 m、3 m、5 m、7 m 万兆直连线	15	条

说明：

（1）市场上可供选择的 2U 四节点主机，DELL、HP、联想、超微、Intel 都有对应的服务器，请大家根据需要选择。CPU 选择 E5-2640 v4 及以上的 CPU 即可满足需求。

（2）表 1-5-3 所列的服务器的 CPU 是推荐型号，根据实际情况可以选择其他的 CPU。

（3）ESXi 系统安装在 16 GB 的 DOM 盘中。

（4）当前服务器配置有 4 节点，每个节点配置 1 个磁盘组，每个磁盘组一块 1.6 TB 或 2 TB 的 PCI-E 接口的固态硬盘，6 块 2.4TB 2.5 英寸 10 000 r/min 的磁盘。

1.5.4 案例 4：50 用户一般企业需求

上面的几个案例都是采用 4 台服务器组成的 vSAN 群集，如果需要数量更多的虚拟桌面，既可以为每台服务器增加配置（例如添加内存，添加固态硬盘与容量磁盘以组成新的磁盘组），也可以通过添加服务器来支持更多的虚拟桌面。对于中小微企业如果需要更少的虚拟桌面，可以采用单台服务器的方式实现，此种配置如表 1-5-4 所示。

表 1-5-4 单台服务器实现虚拟桌面配置清单

序号	项 目	内 容 描 述	数量	单位
1	虚拟化主机 1 台，配置如下			
1.1	虚拟化主机	DELL R740XD，2 个 Intel Xeon Gold 5218（16 核/32 线程，2.3 GHz），512 GB 内存，H730 RAID 控制器，24 个 2.5 英寸盘位，2 个 750 W 电源，导轨	1	台
1.2	系统与数据缓硬盘	2.5 英寸 10 000 r/min SAS 磁盘，2.4 TB	13	块
1.3	数据缓存硬盘	Intel DC P3600，1.6 TB，NVME SSD	1	块

说明：

（1）服务器配置 13 块数据磁盘，其中 12 块使用 RAID-50 方式划分为 2 个卷，第 1 个卷大小为 10 GB，用来安装 ESXi 系统，剩余的空间划分为另一个卷，用来存放虚拟机。剩下一块磁盘用作全局热备使用。

（2）PCI-E SSD 用于父虚拟机的镜像。

（3）网络设备可以使用企业原有设备，也可以根据需要添加。

1.5.5 案例 5：48 用户图形处理虚拟桌面需求

某企业设计部门需要使用图形渲染、图像设计的虚拟桌面，要求虚拟桌面操作系统运行 64 位 Windows 10 专业工作站版，使用 Lumion 6.0、草图大师 2019、3D Max 2018＋VR3.6、AutoCAD 2014/2019 等软件，CPU 主频 3.0 GHz 以上，每台虚拟机 6 个 vCPU、8 GB 以上内存，并发用户 48 个。

在本次项目需求中，当前配置的 48 个虚拟桌面用于一般的中轻度渲染和处理图形图像，对于较重的图形处理能力，单位还有专业的图形工作站。员工平常还是使用自己的计算机。经过和用户讨论分析，确定如下的方案。

项目使用两台服务器，一台服务器用于管理，另一台用于虚拟桌面。网络拓扑如图 1-5-2 所示。

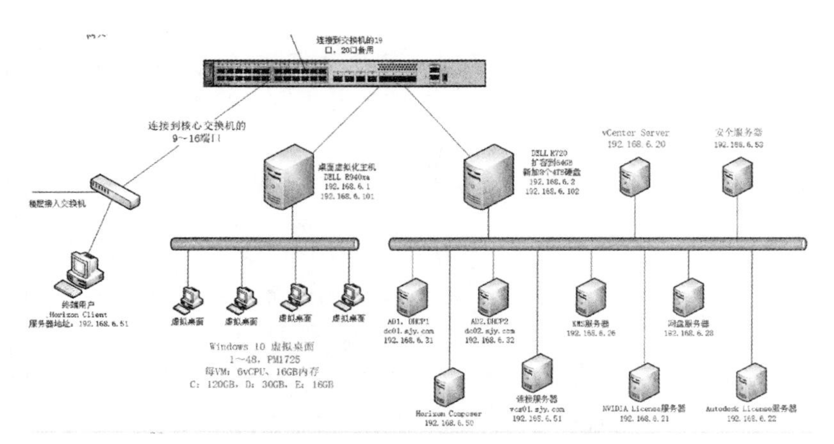

图 1-5-2　48 用户图形虚拟桌面拓扑图

在图 1-5-2 中，用于管理的服务器是一台 DELL R720，是企业原有的服务器，通过添加内存、添加硬盘用于虚拟桌面的管理服务器，用于放置 Active Directory 服务器、Horizon 连接服务器、安全服务器、Composer 服务器、NVIDIA License Server 服务器、Autodesk License Server 服务器，用于 Windows 与 Office 激活的 KMS 服务器，以及为虚拟桌面配置的网盘服务器。

用于虚拟桌面的是一台 DELL R940xa 的服务器，该服务器配置 2 个 Intel Gold 6154 的 CPU，1 TB 内存，2 块 NVIDIA RTX 8000 显卡、2 块 3.2 TB 三星 PM1725A PCI-E 接口的固态硬盘。

2 台服务器通过 10 Gbit/s 网卡连接到 1 台华为 S5720s-28X 的 4 个 10 Gbit/s 端口上。

关于项目的更多内容在后文有详细介绍。本项目硬件选型如表 1-5-5 所示。

表 1-5-5　适合 48 用户图形处理虚拟桌面产品选项

序号	项　目	内 容 描 述	数量	单位
1	虚拟化主机、显卡、交换机			
1.1	GPU 主机	DELL R940xa，2 个 Intel Xeon Gold 6254（18 核/36 线程/3.1 GHz），16 条 64 GB DDR 4-2666 内存（1 TB 内存），1 块 256 GB 2.5 英寸 SSD，2 个 2 000 W 电源，导轨，LED 面板，GPU 安装套件，2.5 英寸盘位，2×1 Gbit/s+2×10 Gbit/s 端口（含多模模块）	1	台
1.2	NVIDIA 显卡	RTX 8000，48 GB 显存，4 608 个 NVIDIA CUDA 核心，576 个 TENSOR CORE	2	块
1.3	固态硬盘	三星 PM1725A PCI-E NVME SSD，3.2 TB	2	块
2	虚拟化软件系统			
2.1	NVIDIA 软件	Quadro vDWS Perpetual License, 1 CCU，永久授权	50	个
2.2	NVIDIA 软件	Quadro vDWS Production SUMS 3 year 1CCU，3 年原厂服务（电话、邮件、升级、驱动版本）	50	套
2.3	Horizon 软件	VMware Horizon 7.0 10 用户包	5	套

说明：

（1）每块 RTX 8000 配置 48 GB 显存，为每台虚拟机分配 2 GB 显存，每块显卡最大支持 24 台虚拟机。2 块显卡支持 48 台虚拟机。

（2）操作系统安装在 256 GB SSD，虚拟桌面分散保存在 2 块三星 SSD 上，以获得较高的性能。

（3）虚拟桌面中的数据以网盘访问的方式保存在另一台服务器的虚拟机中。

1.6　Horizon 虚拟桌面规划与实施主要流程与注意事项

如果要为企业虚拟桌面管理，可以参考如下的内容。

（1）了解企业的需求、现状、预算，了解现在桌面管理所遇到的问题。

（2）如果有条件，可以根据企业的需求，为企业搭建测试环境，提供测试终端，让企业员工实际测试使用一段时间虚拟桌面，根据员工的使用反馈，提出改进方法。

（3）当企业确定实施虚拟桌面之后，根据企业虚拟桌面的数量、配置，为企业进行软件、硬件选型，这包括虚拟桌面服务器配置、数量，连接服务器的交换机配置、数量，以及连接方法。还要规划虚拟桌面服务器与企业现有网络的连接方法。要考虑虚拟桌面所用的产品和版本。在进行硬件选型时，要考虑后期的维修、维护，以及后面的扩容。

（4）在进行网络规划时，要考虑后期的扩容。

当服务器、网络设备到位之后，实施的主要流程与步骤如下。

（1）根据规划的网络拓扑图，将交换机与服务器连接到位。

（2）根据规划配置交换机，如为交换机配置堆叠、划分 VLAN 等。

（3）打开物理服务器的电源，进入 RAID 配置界面，根据需要配置 RAID。如果为 Horizon 虚拟桌面规划，则使用 vSphere 与 vSAN，通常将每块硬盘配置为 JBOD 模式或 No RAID 模式。在配置了 RAID 之后，保存设置，重新启动服务器，为服务器安装 VMware ESXi。

说明：在使用 vSAN 的时候，联想 SR650 的 RAID 卡支持 JBOD 模式，DELL 服务器支持 No RAID 模式，HP 服务器支持 HBA 卡模式。

（4）安装 VMware ESXi 完成后，重新启动服务器，系统启动完成后，按 F2 键进入系统界面后，为 ESXi 管理选择网卡，并设置管理地址、子网掩码、网关与 DNS 等参数。

（5）登录 ESXi Server，配置 ESXi 主机是否正常。

（6）安装 vCenter Server。将 vCenter Server 安装在第一台 ESXi 主机中。

（7）使用 vSphere Client 登录到 vCenter Server，创建数据中心、群集，将 ESXi 主机添加到群集。

（8）为 ESXi 主机配置网络，例如用于虚拟机流量的虚拟交换机及端口组，用于 vSAN

流量的虚拟交换机和端口组，并为 vSAN 配置 VMkernel。

（9）启用 vSAN。

（10）创建虚拟机，例如创建 Windows Server 2016 或 Windows Server 2019 的虚拟机，安装 VMware Tools，然后将虚拟机转换为模板。

（11）从模板部署基础应用服务器，例如 Active Directory 服务器、DHCP 服务器、KMS 服务器。并进行相应的配置。

（12）从模板部署 Horizon 连接服务器、Horizon Composer 服务器、Horizon 安全服务器，并安装对应的组件。

（13）创建 Windows 10（或 Windows 7，或其他虚拟桌面操作系统例如 Linux、Windows Server 2019 等）父虚拟机，在父虚拟机中安装操作系统、VMware Tools、应用软件，安装 Horizon Agent。配置完成后关闭虚拟机，创建快照。

（14）登录 Horizon Administrator，创建桌面池，生成虚拟桌面。

（15）在客户端计算机安装 Horizon Client，登录测试虚拟桌面。

截止到本书完稿前，Horizon 的主版本是 7.12，在此之前的版本有 7.11、7.10、7.9、7.8 到 7.0 的版本，vSphere 主流应用有 6.0、6.5、6.7。如果是新上的虚拟桌面项目，可以选择较新的版本，例如 vSphere 6.7.0 与 Horizon 7.11，如果是在现有 vSphere 虚拟化环境中新实施 Horizon 虚拟桌面项目，Horizon 的版本要与 vSphere 的版本相匹配。

vSphere 与 Horizon 兼容列表如表 1-6-1 所示，其中左侧第一列对应的是 Horizon 版本，其中列对应的是 vSphere 6.x 的对应版本。

关于虚拟化服务器产品选型、交换机配置、RAID 配置，以及 ESXi 的安装等，本书不作太多的介绍。如果有这方面的需求，可以参考《VMware vSAN 超融合企业应用实战》一书。

关于虚拟桌面的案例，本章就介绍到这里。具体的安装配置请看后面的内容。

表 1-6-1　vSphere 与 Horizon 兼容列表

vSphere / Horizon	6.7 U3	6.7 U2	6.7 U1	6.7.0	6.5 U3	6.5 U2	6.5 U1	6.5.0	6.0 U3	6.0.0 U2	6.0.0 U1	6.0.0
7.12.0	Y	Y	Y	Y	Y	Y	Y	Y	Y	Y	Y	
7.11.0	Y	Y	Y	Y	Y	Y	Y	Y	Y	Y	Y	Y
7.10.1	Y	Y	Y	Y	Y	Y	Y	Y	Y	Y	Y	Y
7.10.0	Y	Y	Y	Y	Y	Y	Y	Y	Y	Y	Y	Y
7.9.0	Y	Y	Y	Y	Y	Y	Y	Y	Y	Y	Y	Y
7.8.0	Y	Y	Y	Y	Y	Y	Y	Y	Y	Y	Y	Y
7.7.0	Y	Y	Y	Y	Y	Y	Y	Y	Y	Y	Y	Y
7.6.0	Y	Y	Y	Y	Y	Y	Y	Y	Y	Y	Y	Y

续表

vSphere / Horizon	6.7 U3	6.7 U2	6.7 U1	6.7.0	6.5 U3	6.5 U2	6.5 U1	6.5.0	6.0 U3	6.0.0 U2	6.0.0 U1	6.0.0
7.5.4	Y	Y	Y	Y	Y	Y	Y	Y	Y	Y	Y	Y
7.5.3	Y	Y	Y	Y	Y	Y	Y	Y	Y	Y	Y	Y
7.5.2	Y	Y	Y	Y	Y	Y	Y	Y	Y	Y	Y	Y
7.5.1	Y		Y	Y	Y	Y	Y	Y	Y	Y	Y	Y
7.5.0			Y	Y	Y	Y	Y	Y	Y	Y	Y	Y
7.4.0				Y	Y	Y	Y	Y	Y	Y	Y	Y
7.3.3					Y	Y	Y	Y	Y	Y	Y	Y
7.3.2					Y	Y	Y	Y	Y	Y	Y	Y
7.2.0					Y	Y	Y	Y	Y	Y	Y	Y
7.1.0					Y	Y	Y	Y	Y	Y	Y	Y
7.0.3								Y	Y	Y	Y	Y
7.0.2								Y	Y	Y	Y	Y
7.0.1										Y	Y	Y
7.0.0									Y	Y	Y	Y

第 2 章　VMware vSphere 与 vSAN 安装配置

VMware Horizon 虚拟桌面适合大规模部署使用。借助 VMware vSphere 虚拟化产品对物理服务器的优秀管理能力，借助 vSAN 软件分布式共享存储解决方案，Horizon 虚拟桌面可以轻松实现从几百用户到几千用户的扩展。以 4 台服务器组成的 vSphere 虚拟化环境为例，在每台服务器配置 2 个 Intel Xeon Gold 5218 的 CPU、512GB 内存、1 块系统磁盘、2 块 PCI-E 缓存磁盘、14 块 2.5 英寸 10 000r/min 的 SAS 磁盘时，以每台虚拟机分配 4 个 vCPU、8 GB 内存、100 GB 系统磁盘、100 GB 容量磁盘为例，虚拟机安装 64 位 Windows 7 或 Windows 10 操作系统，在组成 4 节点标准 vSAN 群集的前提下，4 台主机可以提供 200~250 个并发虚拟桌面。如果需要更高的密度，服务器 CPU 更换为 Intel Xeon Gold 6240、内存扩容到 1 024 TB、配置 4 块 PCI-E 固态硬盘作为缓存磁盘、24 块 2.5 英寸 SAS 磁盘作为容量磁盘，每台服务器可以支持并发 60~80 个虚拟桌面。在使用 vSphere 6.7 版本时，一个 vCenter Server 可以管理多个数据中心，一个数据中心可以管理多个群集，每个 vSAN 群集最多可以有 64 台主机。从这一点来看，使用 VMware vSphere、vSAN、Horizon，可以在一个群集中支持几千个虚拟桌面。

本章介绍支持 Horizon 虚拟桌面的基础架构服务器 vSphere（vCenter Server、ESXi）与 vSAN 的安装配置。

2.1　某 5 节点标准 vSAN 群集实验环境介绍

本章通过一个由 5 台主机组成的标准 vSAN 实验环境为例，完整地介绍标准 vSAN 的规划、安装配置，并介绍虚拟机存储策略、vSphere 网络的配置。

2.1.1　实验主机配置

为了详细介绍标准 vSAN 群集，本章准备了 5 台主机组成实验环境，这 5 台主机配置如表 2-1-1 所列。

在本实验中，4 台配置了 16 GB 内存，1 台配置了 32 GB 内存（在这台 PC 部署 vCenter Server），每台配置了一块 SATA 用于 ESXi 系统安装，每台配置了一块 120 GB 的固态硬盘用作缓存，另外配置了 2 块 HDD 用作容量磁盘。

表 2-1-1 5 节点标准 vSAN 群集实验主机配置

参数＼主机	主机 1	主机 2	主机 3	主机 4	主机 5
CPU	i7-4790	i7-4790	i7-4790	i7-4790	i7-4790K
内存（GB）	16	16	16	16	32
系统盘（SATA）	1 TB	1 TB	1 TB	1 TB	250 GB
缓存盘（SATA）	120 GB SSD	120 GB SSD	120 GB SSD	120 GB SSD	120 GB SSD
容量盘	2 块 2 TB	1 块 1 TB，1 块 2 TB	2 块 2 TB	1 块 1 TB，1 块 2 TB	2 块 2 TB
集成网卡	172.18.96.41	172.18.96.42	172.18.96.43	172.18.96.44	172.18.96.45
2 端口网卡	172.18.93.141	172.18.93.142	172.18.93.143	172.18.93.144	172.18.93.145

2.1.2 实验主机网络配置

本次实验用到 2 台以太网交换机，这 2 台交换机使用 2 条光纤以链路聚合方式连接到一起。每台主机有一块集成的网卡，每台主机另外安装了一块 2 端口网卡。集成的网卡连接到 S5700-24TP-SI 交换机的 Access 端口用于 ESXi 主机管理，配置标准交换机 vSwitch0，设置管理地址依次是 172.18.96.41～172.18.96.45。另外安装的 2 端口网卡连接到 S5720S-20P-SI 的 Trunk 端口，用于 vSAN 流量与虚拟机的流量。其中为 vSAN 流量的 VMkernel 配置的 IP 地址分别是 172.18.93.141～172.18.93.145。这 5 台主机连接拓扑如图 2-1-1 所示。

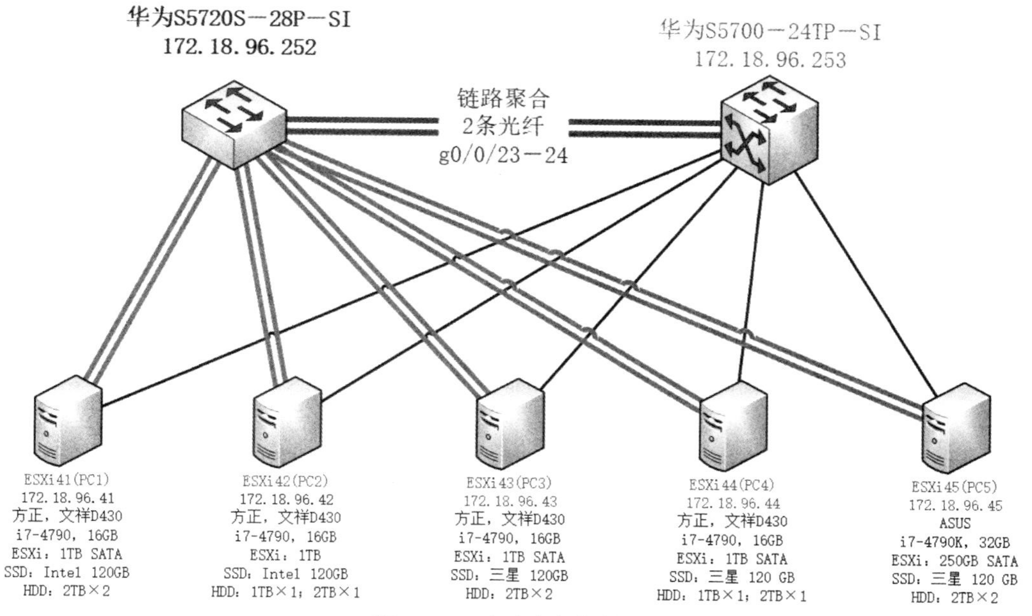

图 2-1-1 实验主机拓扑图

5 台实验主机的 2 端口网卡连接到 S5720S-28P-SI 交换机的端口 1～端口 10，5 台实验主机集成的网卡连接到 S5700-24TP-SI 的端口 1～端口 5。华为 S5720S-28P-SI 交换机端口划分如表 2-1-2 所列，华为 S5700-24TP-SI 交换机端口划分如表 2-1-3 所列。

表 2-1-2　华为 S5720S-28P-SI 交换机端口划分

交换机端口	IP	VLAN	备　　注
g0/0/1-2	允许所有 VLAN	Trunk	PC1，ESXi41
g0/0/3-4	允许所有 VLAN	Trunk	PC2，ESXi42
g0/0/5-6	允许所有 VLAN	Trunk	PC3，ESXi43
g0/0/7-8	允许所有 VLAN	Trunk	PC4，ESXi44
g0/0/9-10	允许所有 VLAN	Trunk	PC5，ESXi45
g0/0/11-12	允许所有 VLAN	Trunk	
g0/0/13-24	172.18.96.0/24	2006	
g0/0/25-26			未配置
g0/0/27-28	允许所有 VLAN	Eth-Trunk1	链路聚合，光纤

表 2-1-3　华为 S5700-24TP-SI 交换机端口划分

交换机端口	IP	VLAN	备　　注
g0/0/1	172.18.96.0/24	2006	PC1，ESXi41，集成网卡
g0/0/2	172.18.96.0/24	2006	PC2，ESXi42，集成网卡
g0/0/3	172.18.96.0/24	2006	PC3，ESXi43，集成网卡
g0/0/4	172.18.96.0/24	2006	PC4，ESXi44，集成网卡
g0/0/5	172.18.96.0/24	2006	PC5，ESXi45，集成网卡
g0/0/6	172.18.96.0/24	2006	
G0/0/7-8	172.18.96.0/24	2006	
G0/0/9-10	172.18.91.0/24	2001	
G0/0/11-12	172.18.92.0/24	2002	
G0/0/13-14	172.18.93.0/24	2003	
G0/0/15-22	允许所有 VLAN	Trunk	
G0/0/23-24	Eth-Trunk1	Eth-Trunk 1	连接到 S5720S 的 27、28 口

华为 S5720S-28P-SI 的交换机主要配置如下。

```
<S5720S-28P>dis cur
sysname S5720S-28P
vlan batch  2001 to 2006
telnet server enable
interface Vlanif2001
 ip address 172.18.91.252 255.255.255.0
 dhcp select global
interface Vlanif2002
```

```
 ip address 172.18.92.252 255.255.255.0
 dhcp select global
interface Vlanif2003
 ip address 172.18.93.252 255.255.255.0
 dhcp select global
interface Vlanif2004
 ip address 172.18.94.252 255.255.255.0
 dhcp select global
interface Vlanif2005
 ip address 172.18.95.252 255.255.255.0
 dhcp select global
interface Vlanif2006
ip address 172.18.96.252 255.255.255.0
 dhcp select global
interface Eth-Trunk1
 port link-type trunk
 port trunk allow-pass vlan 2 to 4094
 mode lacp
interface GigabitEthernet0/0/1
 port link-type trunk
 port trunk allow-pass vlan 2 to 4094
 loopback-detect enable
interface GigabitEthernet0/0/12
 port link-type trunk
 port trunk allow-pass vlan 2 to 4094
 loopback-detect enable
interface GigabitEthernet0/0/13
 port link-type access
 port default vlan 2006
 loopback-detect enable
interface GigabitEthernet0/0/24
 port link-type access
 port default vlan 2006
 loopback-detect enable
interface GigabitEthernet0/0/27
 eth-trunk 1
interface GigabitEthernet0/0/28
 eth-trunk 1
```

交换机的每个端口、链路聚合的 MTU 都设置为 9216。

华为 S5700-24TP-SI 交换机主要配置如下。

```
<S5700-24TP-SI>dis cur
sysname S5700-24TP-SI
vlan batch 2001 to 2006
interface Vlanif2001
 ip address 172.18.91.253 255.255.255.0
 dhcp select global
```

```
interface Vlanif2002
 ip address 172.18.92.253 255.255.255.0
 dhcp select global
interface Vlanif2003
 ip address 172.18.93.253 255.255.255.0
 dhcp select global
interface Vlanif2004
 ip address 172.18.94.253 255.255.255.0
 dhcp select global
interface Vlanif2005
 ip address 172.18.95.253 255.255.255.0
 dhcp select global
interface Vlanif2006
 description Server
 ip address 172.18.96.253 255.255.255.0
 dhcp select global
interface Eth-Trunk1
 port link-type trunk
 port trunk allow-pass vlan 2 to 4094
 mode lacp
 jumboframe enable 9216
interface GigabitEthernet0/0/1
 port link-type access
 port default vlan 2006
 jumboframe enable 9216
interface GigabitEthernet0/0/8
 port link-type access
 port default vlan 2006
 jumboframe enable 9216
interface GigabitEthernet0/0/9
 port link-type access
 port default vlan 2001
 jumboframe enable 9216
interface GigabitEthernet0/0/11
 port link-type access
 port default vlan 2002
 jumboframe enable 9216
interface GigabitEthernet0/0/13
 port link-type access
 port default vlan 2003
 jumboframe enable 9216
interface GigabitEthernet0/0/15
 port link-type trunk
 port trunk allow-pass vlan 2 to 4094
 jumboframe enable 9216
interface GigabitEthernet0/0/22
 port link-type trunk
 port trunk allow-pass vlan 2 to 4094
```

```
 jumboframe enable 9216
interface GigabitEthernet0/0/23
 combo-port fiber
 eth-trunk 1
interface GigabitEthernet0/0/24
 combo-port fiber
 eth-trunk 1
```

2.1.3 vCenter 与 ESXi 的 IP 地址规划

本次实验中 5 台 ESXi 主机、vCenter Server 的 IP 地址规划如表 2-1-4 所列。

表 2-1-4 标准 vSAN 群集主机与 vCenter Server Appliance 的 IP 地址规划

主机或虚拟机名称	ESXi 管理 IP 地址	vSAN 流量 IP 地址	说　明
esx41	172.18.96.41	172.18.93.141	ESXi 主机 1，安装 ESXi 6.7.0
esx42	172.18.96.42	172.18.93.142	ESXi 主机 2，安装 ESXi 6.7.0
esx43	172.18.96.43	172.18.93.143	ESXi 主机 3，安装 ESXi 6.7.0
esx44	172.18.96.44	172.18.93.144	ESXi 主机 4，安装 ESXi 6.7.0
esx45	172.18.96.45	172.18.93.145	ESXi 主机 5，安装 ESXi 6.7.0，放置 vCenter Server Appliance 6.7
vcsa-96.10	vc.heinfo.edu.cn 172.18.96.10		vCenter Server Appliance 6.7.0

本次实验用到了 ESXi 安装程序、vCenter Server 安装程序，还有 Windows 10 操作系统的安装程序，具体所用软件清单如表 2-1-5 所列。

表 2-1-5 标准 vSAN 群集实验软件清单

软件名称	安装文件名	文件大小	说　明
ESXi 安装程序	VMware-VMvisor-Installer-6.7.0.update02-13006603.x86_64.iso	311 MB	用于大多数的服务器、安装了支持 ESXi 网卡的 PC
vCenter Server	VMware-VCSA-all-6.7.0-13010631.iso	3.96 GB	vCenter Server Appliance 安装程序
集成 RTL8111 网卡驱动程序的定制版本	ESXi-6.7.0-u2-13006603-RTL8168_8111	312 MB	用于 RTL8111 系列网卡的 PC
64 位 Windows 10 安装程序	cn_windows_10_business_editions_version_1903_x64_dvd_e001dd2c.iso	4.48 GB	在虚拟机中安装 64 位 Windows 10
32 位 Windows 10 安装程序	cn_windows_10_business_editions_version_1903_x86_dvd_645a847f.iso	3.25 GB	在虚拟机中安装 32 位 Windows 10

2.2 安装 ESXi 与 vCenter Server

在规划完成并且硬件到位之后，依次安装每台 ESXi 主机。ESXi 主机的详细安装本书不做过多介绍，只介绍关键步骤。

2.2.1 安装 ESX45 主机

在本次实验中，标记为 ESX45 的主机配置比较高，首先安装好这台主机，然后再在这台主机安装 vCenter Server Appliance 6.7。另外 4 台主机可以在安装 ESXi45 与 vCenter Server Appliance 的间隙安装。

说明：在做实验的过程中，这 5 台主机上的所有数据都将被清除。如果仿照本书进行类似的实验，在安装 ESXi 之前应备份主机上的数据到其他安全的位置。

（1）使用工具 U 盘启动计算机，清除系统磁盘、缓存磁盘、容量磁盘的分区，如图 2-2-1 所示。当前这台实验主机有 1 块 250 GB（实际容量约 232 GB）的硬盘、1 块 120 GB（实际容量约 111.79 GB）的固态硬盘、2 块 2 TB（实际容量约 1.82 TB）的磁盘。

（2）清除分区之后重新启动计算机，再次用工具 U 盘启动，在选择安装系统的对话框中，选择容量大小为 250 GB（实际容量约 232 GB）的硬盘，如图 2-2-2 所示。

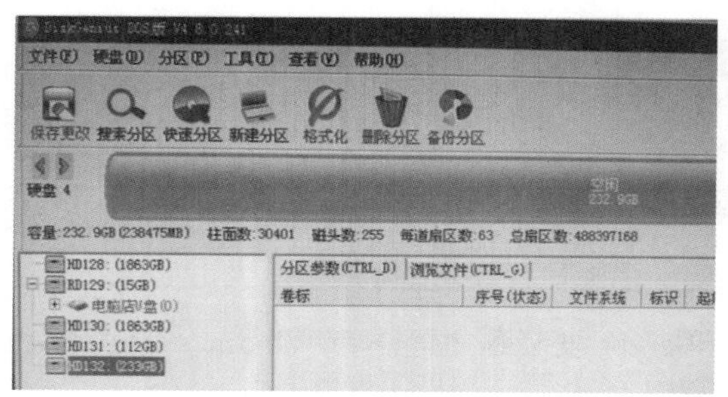

图 2-2-1 清除实验中用到的磁盘的分区

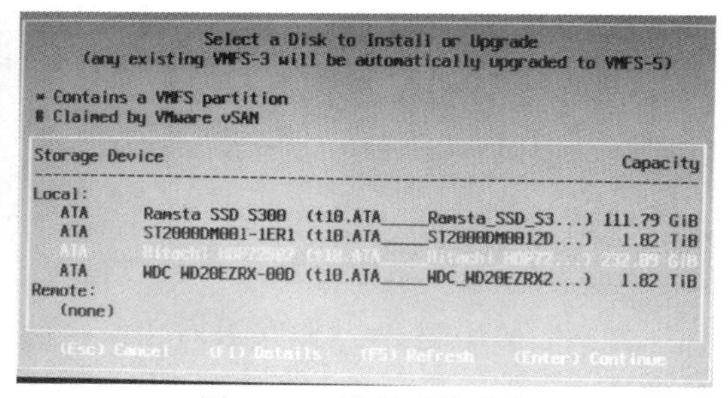

图 2-2-2 选择系统磁盘

（3）安装完成之后重新启动计算机，按 Del 键进入 BIOS 设置界面，在“启动→启动选项#1”中，将 250 GB 的磁盘设置为最先引导的设备，如图 2-2-3 所示。

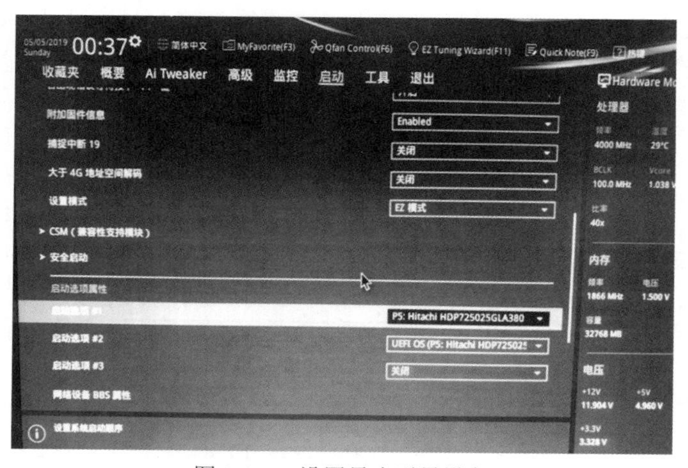

图 2-2-3 设置最先引导设备

（4）进入系统，设置管理地址为 172.18.96.45，如图 2-2-4 所示。在选择网卡时，选择主板集成的网卡为管理网卡，如图 2-2-5 所示。

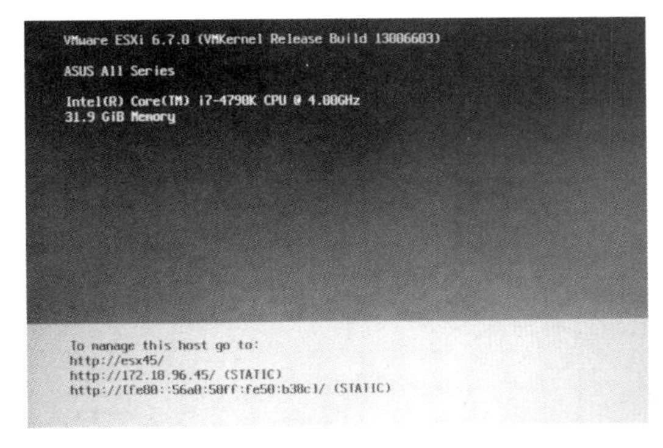

图 2-2-4　设置管理地址

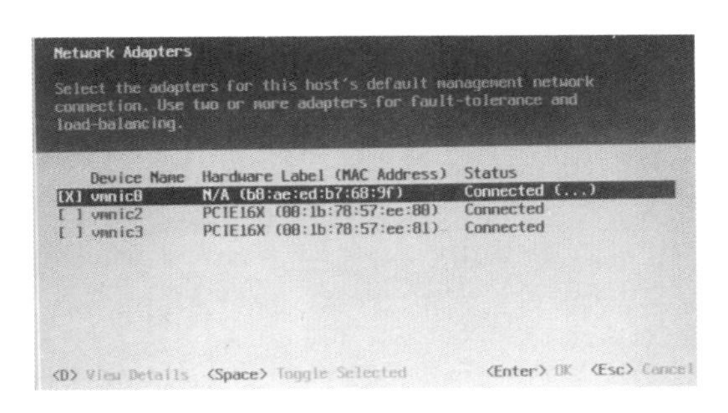

图 2-2-5　选择管理网卡

2.2.2　安装其他主机

另外 4 台主机除了配置的容量磁盘不一样外，其他的配置相同。以其中一台为例进行介绍。

（1）使用工具 U 盘启动计算机，清除系统磁盘、容量磁盘、缓存磁盘上的所有分区（启动 U 盘除外），如图 2-2-6 所示。

（2）在安装 ESXi 的时候选择容量大小为 1 TB 的硬盘，如图 2-2-7 所示。本次在实验的时候选择 1TB 的硬盘用作系统盘，在实际的生产环境中选择小容量 SSD 或 SATA DOM 做系统盘。

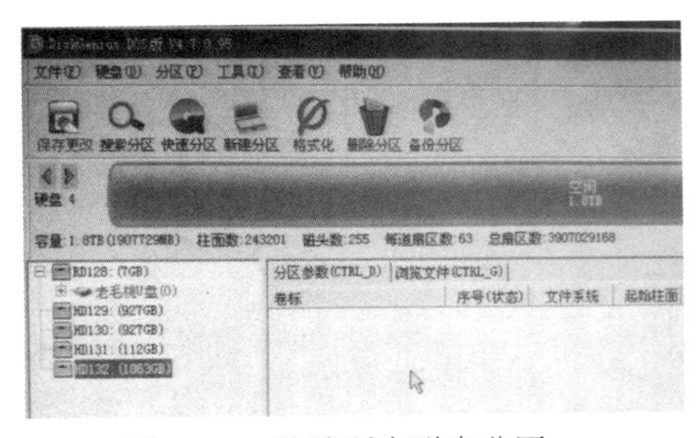

图 2-2-6　清除所有磁盘分区

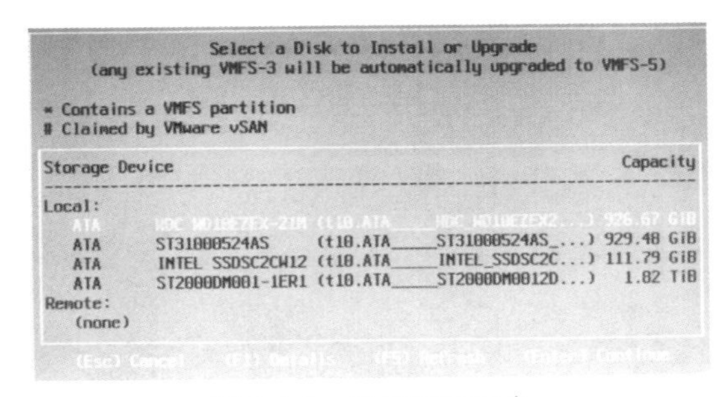

图 2-2-7　选择系统磁盘

（3）安装完成之后重新启动计算机，按 Del 键进入 BIOS 设置，选择图 2-2-7 中的 1 TB 的硬盘作为第一个引导设备，如图 2-2-8 所示。

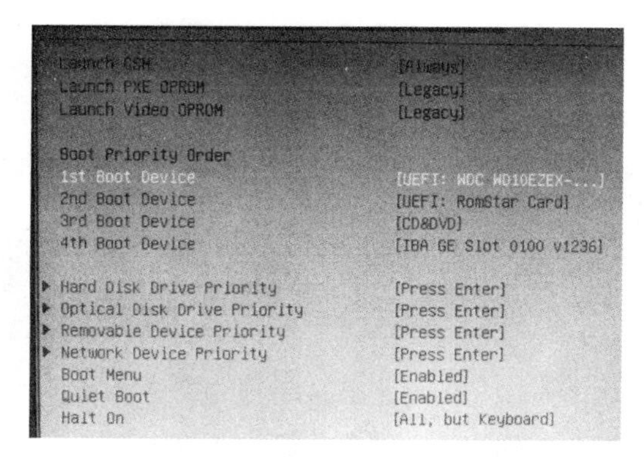

图 2-2-8 选择第一个引导设备硬盘

（4）再次进入系统之后，为 ESXi 选择管理网卡（与图 2-2-5 相同），设置每台 ESXi 的管理地址分别是 172.18.96.41、172.18.96.42、172.18.96.43、172.18.96.44，如图 2-2-9 至图 2-2-12 所示。

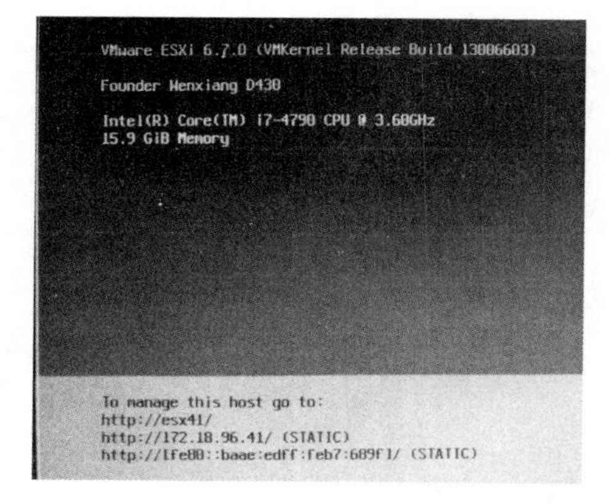

图 2-2-9 ESX41

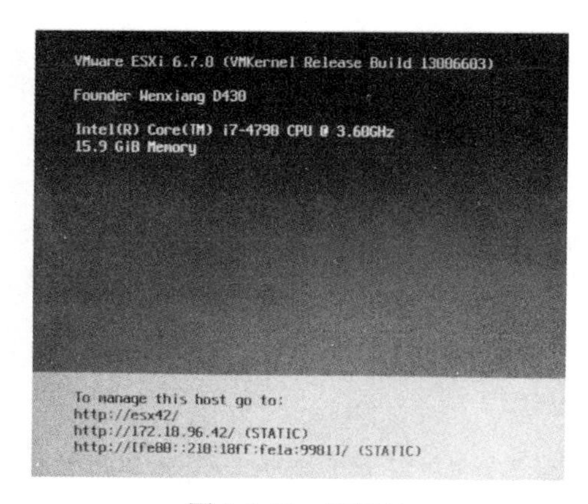

图 2-2-10 ESX42

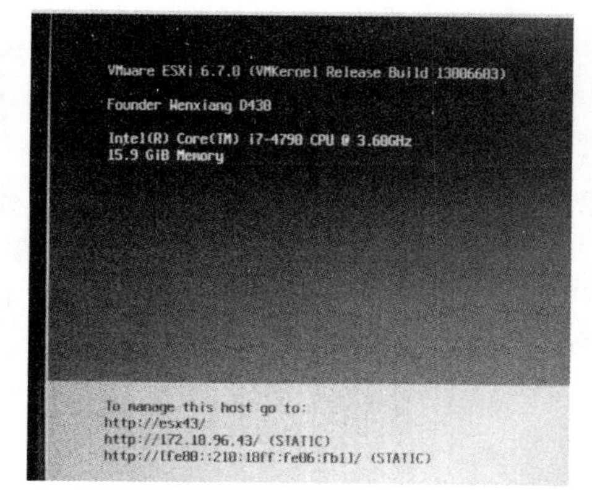

图 2-2-11 ESX43

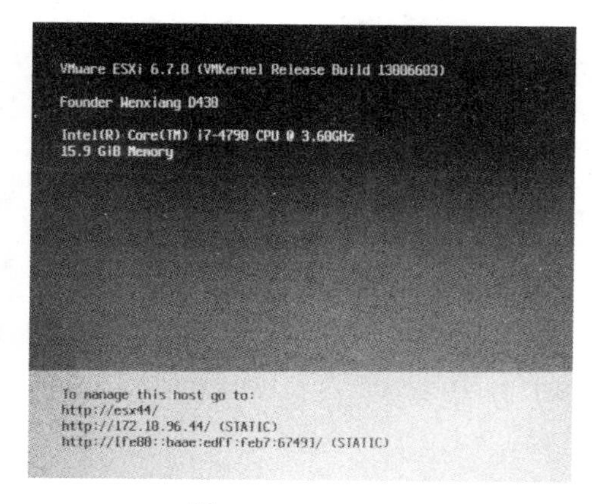

图 2-2-12 ESX44

注意：如果 ESXi 主机启动出错并且出现 “UEFI Secure Boot failed” 的错误信息（如图 2-2-13 所示），应重新启动计算机并进入 BIOS 设置，将 UEFI 引导模式改为 Legacy 模式。

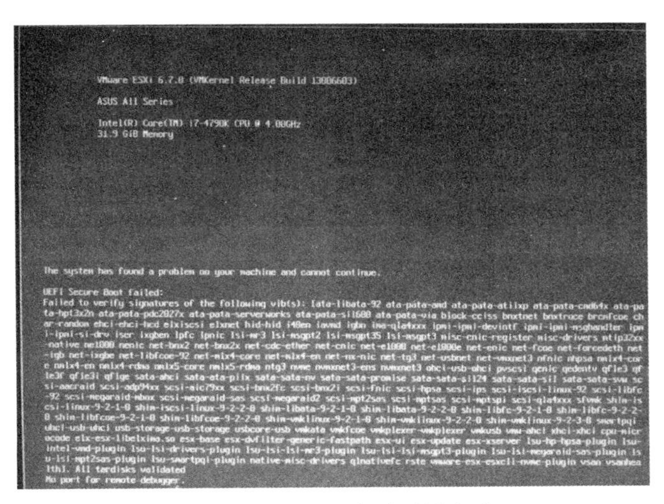

图 2-2-13　UEFI 启动引导失败

2.2.3　安装 vCenter Server Appliance 6.7

安装 ESX45 之后，在网络中的一台 Windows 计算机中加载 vCenter Server Appliance 6.7.0 的 ISO 镜像文件，运行安装程序，将 vCenter Server Appliance 6.7 部署到 172.18.96.45 的计算机中。以下介绍关键步骤。

（1）在网络中的一台 Windows 计算机中（本实验中所用计算机操作系统为 Windows 10 1809），加载 VMware-VCSA-all-6.7.0-13010631.iso 的镜像文件，执行光盘\vcsa-ui-installer\win32\目录中的 installer.exe 程序，进入安装界面，在右上角选择 “简体中文”，然后单击 “安装” 链接开始安装，如图 2-2-14 所示。

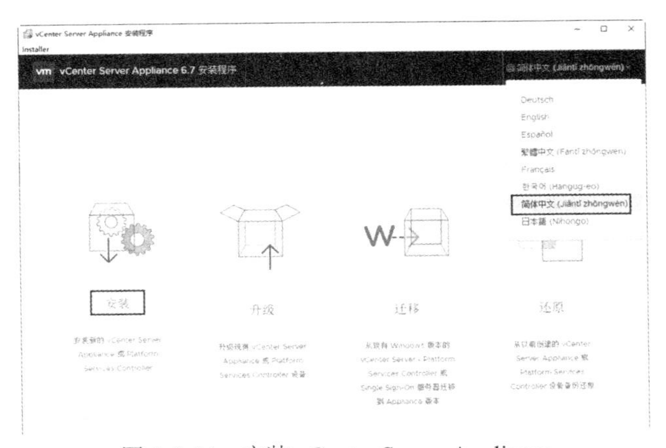

图 2-2-14　安装 vCenter Server Appliance

（2）在“选择部署类型”中选择“嵌入式 Platform Services Controller”。

（3）在“设备部署目标”对话框输入要承载的 ESXi 主机。在本示例中为 172.18.96.45 的 ESXi 主机，输入这台主机的用户名及密码，如图 2-2-15 所示。

图 2-2-15 设备部署目标

（4）在“设置设备虚拟机”对话框设置要部署设备的虚拟机名称、root 密码，如图 2-2-16 所示。本示例名称为 vc.heinfo.edu.cn_96.10。密码需要同时包括大写字母、小写字母、数字、特殊符号并且长度至少为 8 位、最多为 20 位，不允许使用空格。

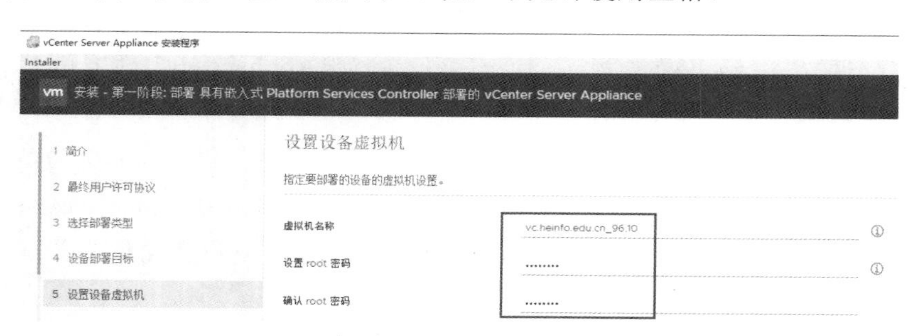

图 2-2-16 设置设备虚拟机

（5）在“选择部署大小”中为此具有嵌入式 Platform Services Controller 部署的 vCenter Server 选择部署大小。本示例选择部署大小为“小型”，存储大小为“大型”。

（6）在“选择数据存储”对话框为此 vCenter 选择存储位置，在此单击选择“安装在包含目标主机的新 vSAN 群集上”。

（7）在“选择数据存储”对话框中选择“安装在包含目标主机的新 vSAN 群集上”，数据中心名称和群集名称保持默认（以后可以随时修改）。

（8）在“声明磁盘以供 vSAN 使用”，声明“缓存层”磁盘与“容量层”磁盘。在本示例中，自动将容量为 120 GB 的 SSD 声明为缓存层磁盘，将 2 块 2 TB 的磁盘为容量层磁盘，如图 2-2-17 所示。

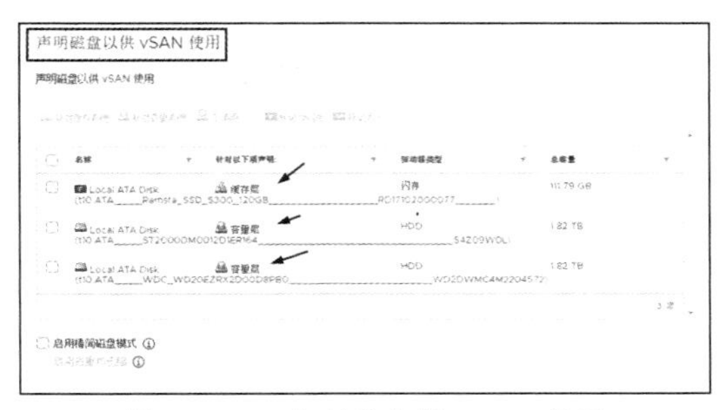

图 2-2-17　声明磁盘供 vSAN 使用

（9）在“配置网络设置”对话框中为将要部署的 vCenter 配置网络参数。在本示例中，vCenter Server 的 FQDN 名称使用 IP 地址 172.18.96.10，FQDN 为 vc.heinfo.edu.cn，DNS 地址为 172.18.96.1，如图 2-2-18 所示。在本示例中，IP 地址为 172.18.96.1 的计算机是 DNS 服务器，域名是 heinfo.edu.cn，名为 vc 的 A 记录已经在 heinfo.edu.cn 的区域中注册并指向 172.18.96.10，如图 2-2-19 所示。

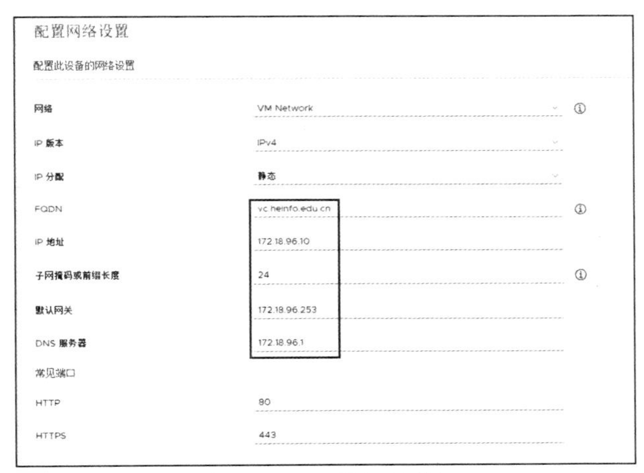

图 2-2-18　配置网络设置

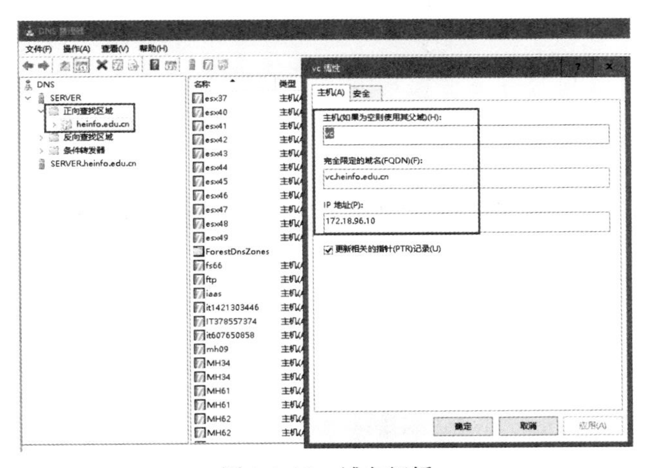

图 2-2-19　域名解析

（10）在“即将完成第 1 阶段”对话框中显示了部署详细信息，检查无误之后单击“完成”按钮，如图 2-2-20 所示。

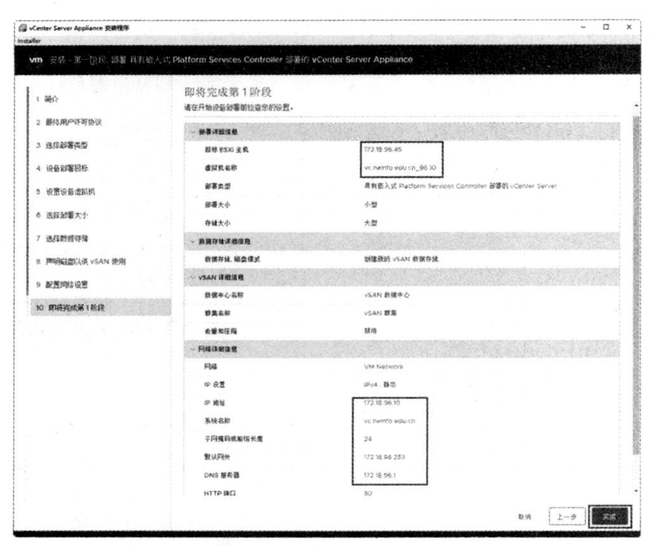
图 2-2-20 即将完成第一阶段部署

（11）开始部署 vCenter Server Appliance，直到部署完成，如图 2-2-21 所示。单击“继续”按钮开始第二阶段部署。

图 2-2-21 第一阶段部署完成

（12）在“SSO 配置”对话框设置 SSO 域名（在此设置为 vsphere.local）、用户名（默认为 administrator）和密码。

（13）在“即将完成”中显示第二阶段的设置，检查无误之后单击“完成”按钮，如图 2-2-22 所示。

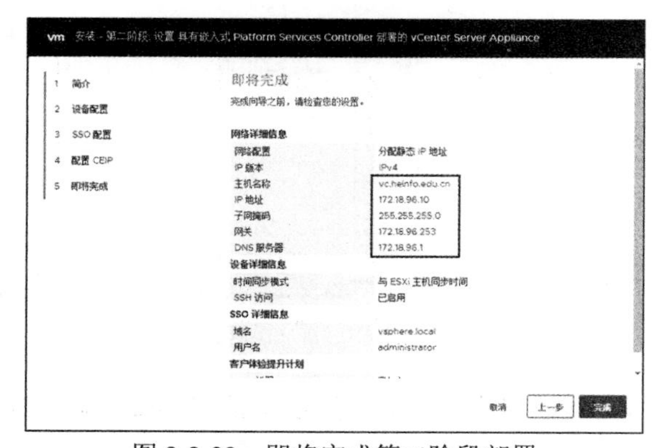
图 2-2-22 即将完成第二阶段部署

（14）单击“完成”按钮之后开始设置 vCenter Server Appliance，设置完成之后显示 vSphere Web Client 登录页面和设备入门页面，如图 2-2-23 所示。至此 vCenter Server Appliance 部署完成。单击展开“vSAN 配置指令”可以看到后续的任务。

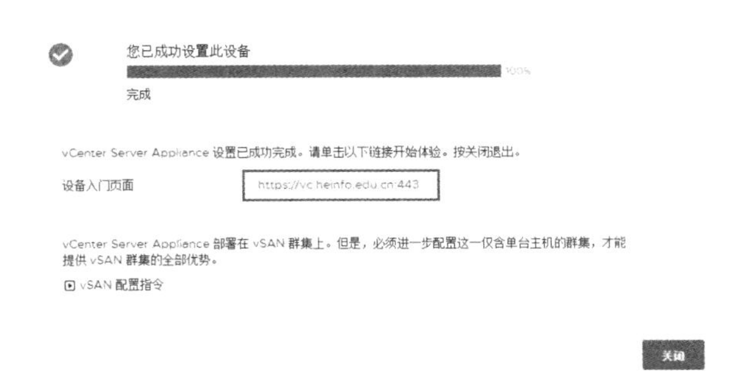

图 2-2-23　部署 vcsa 完成

部署完成后登录 vSphere Web Client 页面，第一次登录时需要添加 vCenter Server、ESXi，添加 vCenter 与 ESXi 许可证等，并创建数据中心和群集。

安装 vCenter Server 之后的操作内容主要有以下几点。

（1）修改 SSO 与 root 密码为永不过期。

（2）登录 vCenter，信任根证书，添加许可证，将 ESXi 主机添加到 vCenter Server。

（3）为启用 vSAN 配置网络。

（4）启用 vSAN，添加磁盘组到 vSAN。

（5）修复 vCenter Server Appliance 虚拟机。

（6）为虚拟机流量创建端口组。

（7）创建虚拟机、配置模板等。

2.2.4　添加主机到 vCenter Server

使用浏览器登录到 vCenter Server，添加其他主机到群集中，步骤如下。

（1）用鼠标右键单击“vSAN 群集”，在弹出的快捷菜单中选择“添加主机”命令，如图 2-2-24 所示。

（2）在“将新主机和现有主机添加到您的群集”对话框中，将要添加的主机添加到列表中，如图 2-2-25 所示。这是 vSphere Client 的新功能，可以批量添加主机。以前 vSphere Web Client 只能一次添加一台主机。如果每台主机的管理员账户密码相同，可以选中“对所有主机使用相同凭据”。

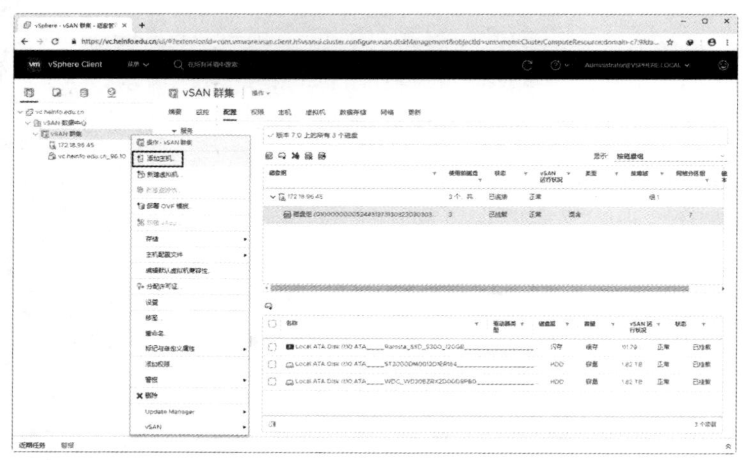

图 2-2-24　添加主机

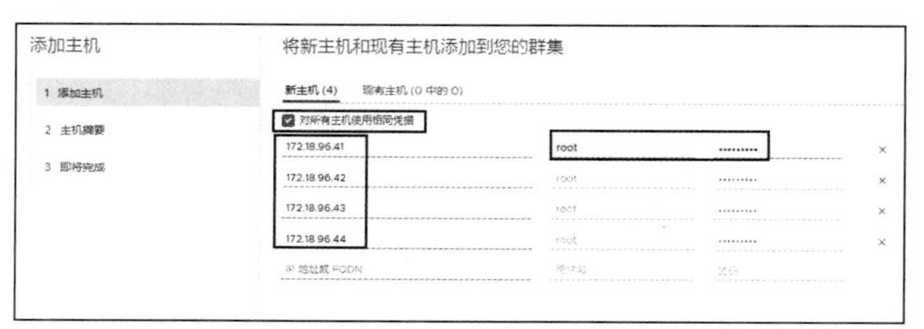

图 2-2-25　将主机添加到群集

（3）在“安全警示”对话框中选中所有主机，单击“确定”按钮，如图 2-2-26 所示。

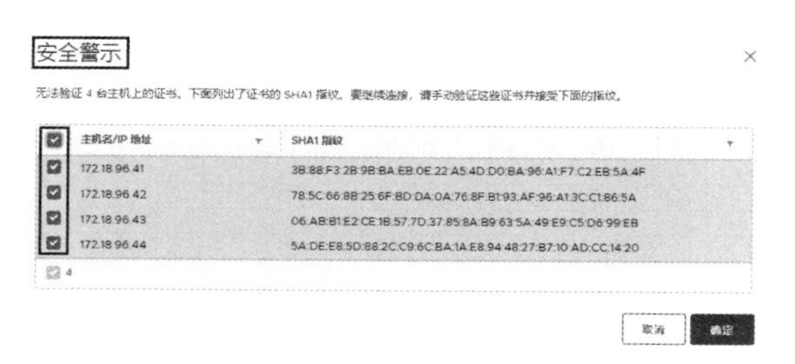

图 2-2-26　安全警示

（4）在“主机摘要”对话框中显示了将要添加的主机版本、型号，如图 2-2-27 所示。

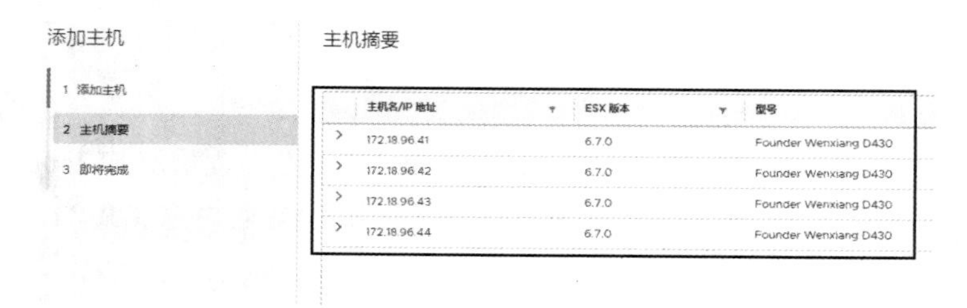

图 2-2-27　主机摘要

（5）在“检查并完成”对话框中提示将主机添加到群集后，新添加的主机将进入维护模式，如图 2-2-28 所示。确认无误之后单击“完成”按钮。

图 2-2-28　检查并完成

（6）添加之后如图 2-2-29 所示。新添加的主机处于维护模式。

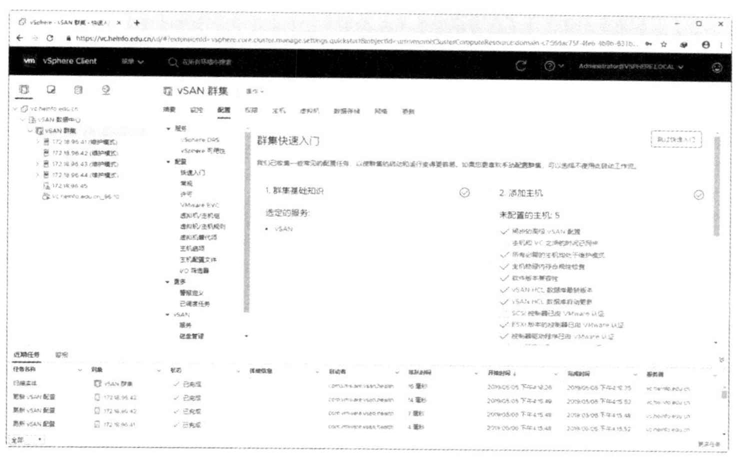

图 2-2-29　主机添加到群集

（7）在导航器中选中每台主机，在“配置→系统→时间配置”中，为每台主机启用 NTP 并指定 NTP 服务器，本示例中使用交换机作为 NTP 服务器，其中 IP 地址为 172.18.96.44 的主机配置如图 2-2-30 所示。其他主机与此配置相同。

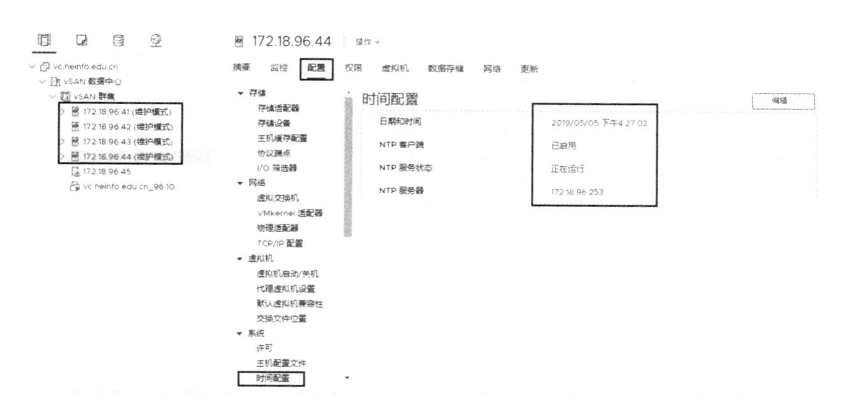

图 2-2-30 为 ESXi 主机配置 NTP

2.3 启用 vSAN 群集

在安装好 ESXi 与 vCenter Server 并将 ESXi 添加到 vCenter Server 之后，下面的任务是为 vSAN 流量创建虚拟交换机、启用 vSAN 流量、启用 vSAN 并向 vSAN 中添加磁盘组。

2.3.1 创建分布式交换机

本节为 5 台主机的 vSAN 流量配置 VMkernel。在本实验环境中，用于 vSAN 流量的 2 端口网卡接到一台独立的物理交换机的 Trunk 端口，并且主机数量达到 5 台，为了简化配置，可以为 vSAN 流量配置一台分布式交换机，并在此分布式交换机为每台主机配置用于 vSAN 流量的 VMkernel。

（1）使用 vSphere Client 登录到 vCenter Server，单击“ ”图标，用鼠标右键单击“vSAN 数据中心”，在弹出的快捷菜单中选择“Distributed Switch→新建 Distributed Switch”命令，如图 2-3-1 所示。

（2）在“新建 Distributed Switch”对话框的“名称和位置→名称”处输入新建交换机的名称，在此使用默认值 DSwitch，如图 2-3-2 所示。

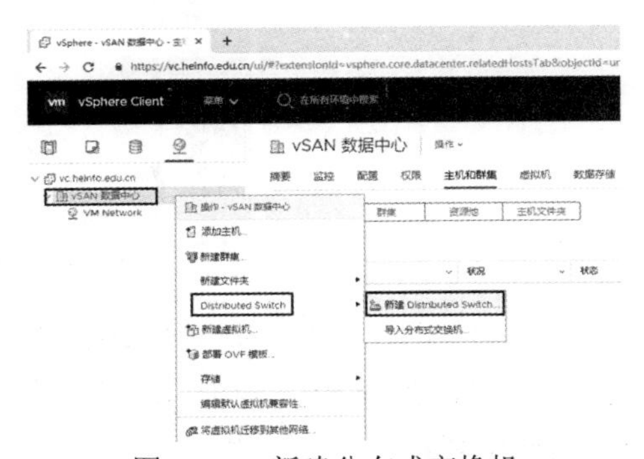

图 2-3-1　新建分布式交换机

图 2-3-2　设置交换机名称

（3）在“选择版本”对话框选择“6.6.0 - ESXi 6.7 及更高版本”，如图 2-3-3 所示。

（4）在“配置设置”对话框的“上行链路数”中选择 2（每台主机使用了 2 个 1 Gbit/s 端口），不选中“创建默认端口组”复选框，如图 2-3-4 所示。

图 2-3-3　选择分布式交换机的版本

图 2-3-4　编辑设置

（5）在“即将完成”对话框中显示了新建分布式虚拟交换机的信息，检查无误之后单击“FINISH”按钮，如图 2-3-5 所示。

图 2-3-5　即将完成

2.3.2　为分布式交换机分配上行链路

在创建分布式虚拟交换机后需要添加上行链路，操作方法和步骤如下。

（1）在 vSphere Client 的“网络”界面中，用鼠标右键单击新建的虚拟交换机 DSwitch，在弹出的快捷菜单中选择“添加和管理主机”命令，如图 2-3-6 所示。

（2）在“添加和管理主机→选择任务”对话框中选择“添加主机”单选按钮，如图 2-3-7 所示。

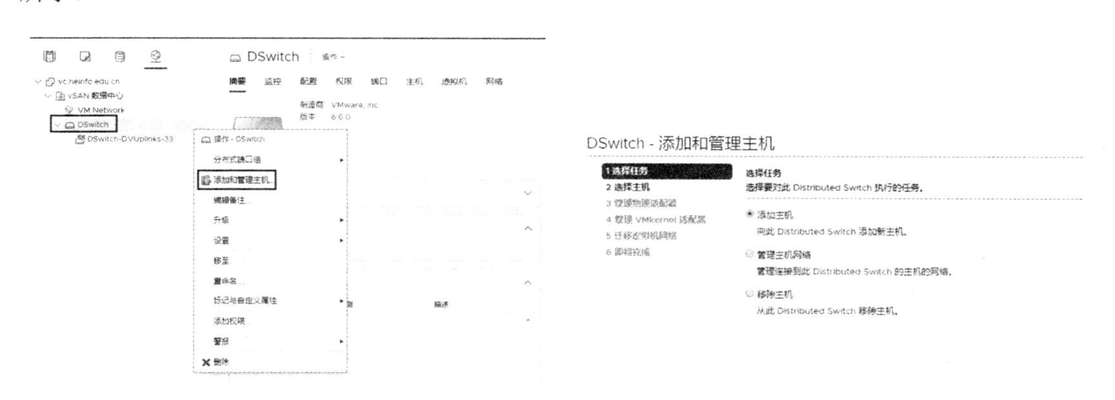

图 2-3-6　添加和管理主机　　　　图 2-3-7　添加主机

（3）在“选择主机”对话框中单击“新主机”链接，在弹出的“选择新主机”对话框中选中所有的主机，如图 2-3-8 所示。

（4）在“选择主机”对话框的“主机”列表中显示了添加的主机，如图 2-3-9 所示。

图 2-3-8　选择新主机　　　　图 2-3-9　主机列表

（5）在“管理物理适配器”对话框中为此分布式虚拟交换机添加或移除物理网卡。在“主机/物理网络适配器”中选中每个未分配的端口，单击“分配上行链路”链接（如图 2-3-10 所示），在弹出的“选择上行链路”对话框选择上行链路 1 或上行链路 2，如图 2-3-11 所示。如果每台主机的网络配置相同，可以选中“将此上行链路分配应用于其余主机”复选框。当每台主机的配置不同时不要选中这一项，而是每台主机手动选择。

图 2-3-10　分配上行链路　　　　图 2-3-11　选择上行链路

（6）在“主机/物理网络适配器”列表中为每台主机剩余的 2 个端口分配上行链路 1、上行链路 2，分配之后如图 2-3-12 所示。注意：不要将已经分配给 vSwitch0 的 vmnic0 重新分配到上行链路 1 或上行链路 2。

（7）在“管理 VMkernel 网络适配器”对话框中，单击“NEXT”按钮，如图 2-3-13 所示。

（8）在“迁移虚拟机网络”对话框中单击“NEXT”按钮，如图 2-3-14 所示。

（9）在“即将完成”对话框中单击“FINISH”按钮完成上行链路分配，如图 2-3-15 所示。

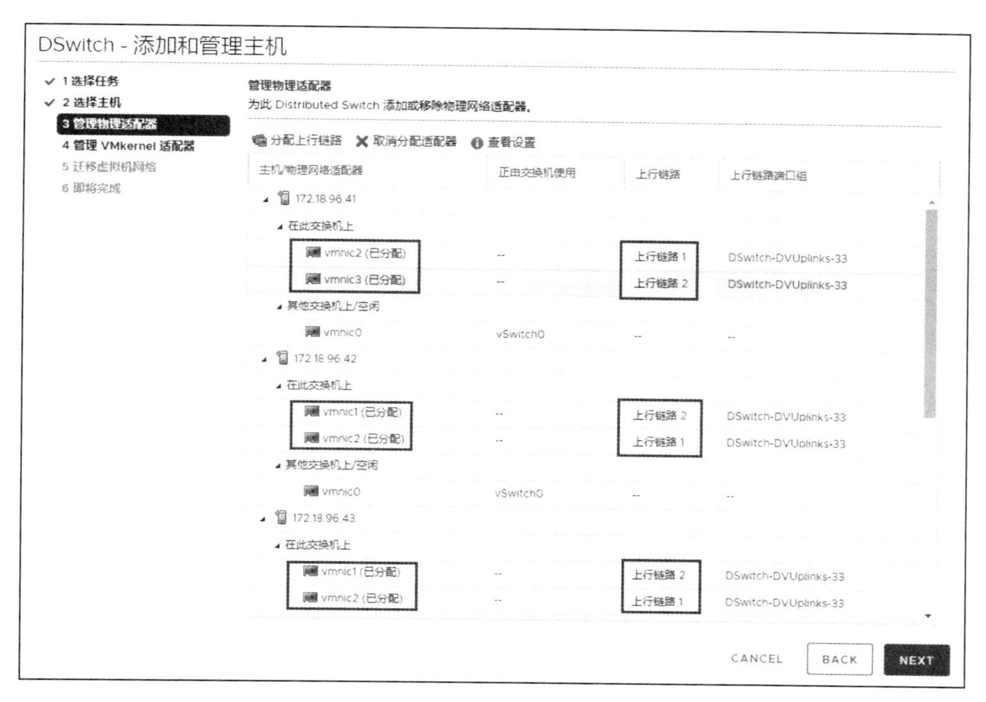

图 2-3-12　分配上行链路

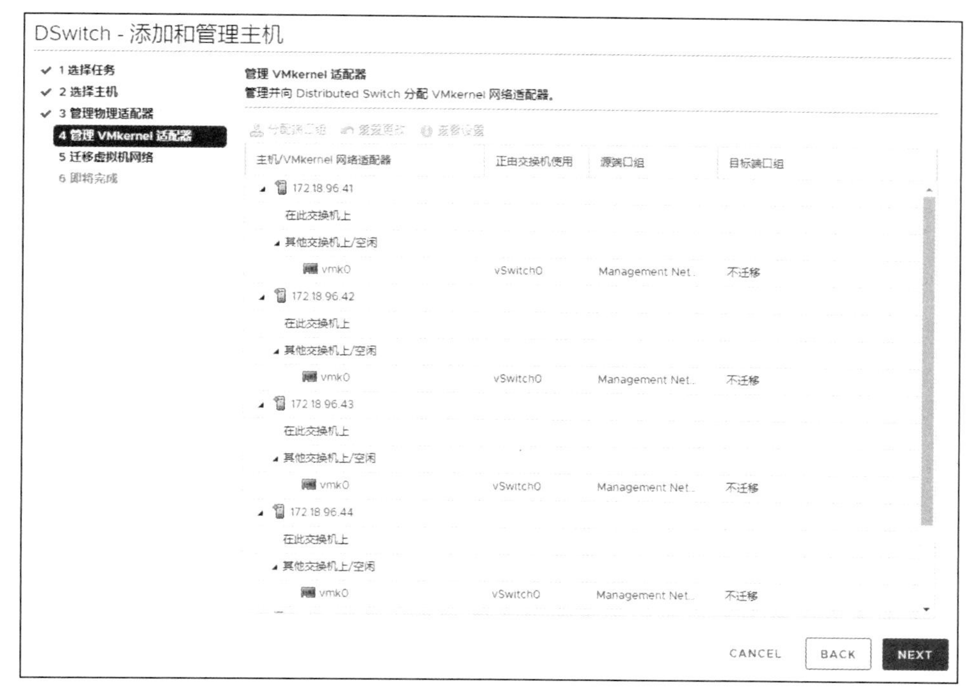

图 2-3-13　管理 VMkernel 适配器

图 2-3-14 迁移虚拟机网络　　　　图 2-3-15 即将完成

2.3.3 创建分布式端口组

在创建分布式交换机、为分布式交换机分配上行链路之后，需要创建分布式端口组。本示例中创建名为 vlan2003、vlan id 为 2003 的分布式端口组，该端口组可以用于虚拟机流量和 vSAN 流量。

（1）在 vSphere Client 的“网络”选项中，用鼠标右键单击名为 DSwitch 的分布式交换机，在弹出的快捷菜单中选择“分布式端口组→新建分布式端口组”命令，如图 2-3-16 所示。

（2）在“名称和位置”对话框的“名称”处输入新建端口组的名称，本示例为 vlan2003，如图 2-3-17 所示。

图 2-3-16 新建分布式端口组　　　　图 2-3-17 设置端口组名称

（3）在“配置设置”对话框的“VLAN 类型”下拉列表中选择 VLAN，在 VLAN ID 中输入 2003，如图 2-3-18 所示。

（4）在“即将完成”对话框中显示了新建端口组的名称及其他参数，检查无误之后单击“FINISH”按钮，如图 2-3-19 所示。

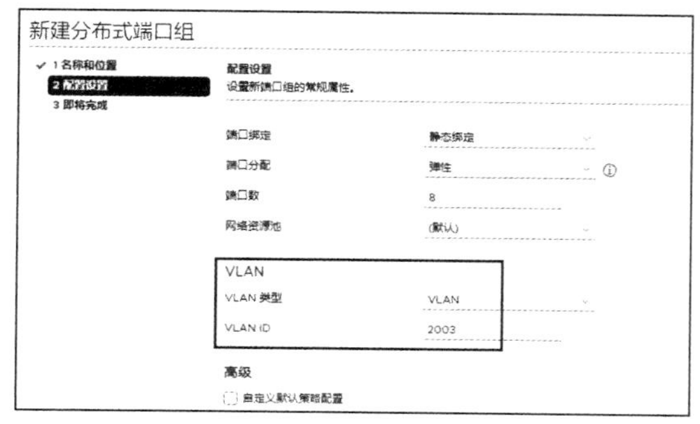

图 2-3-18　配置设置

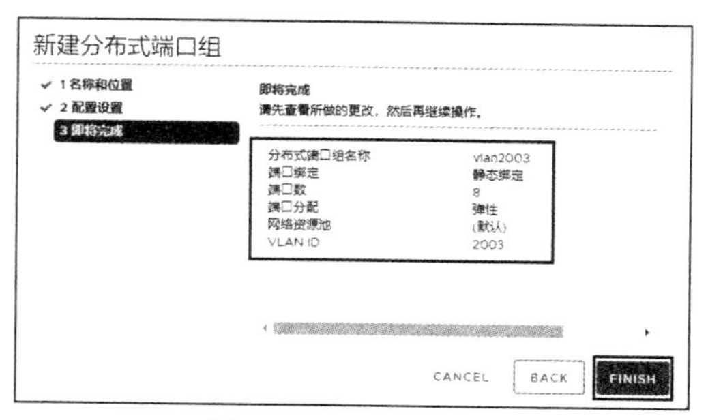

图 2-3-19　即将完成

2.3.4　修改 MTU 为 9000

在本实验环境中已经为物理交换机配置了巨型帧支持。默认创建的虚拟交换机的 MTU 值为 1500，本示例中将其修改为 9000。注意，在 vSAN 中启用巨型帧之后，如果没有特别的需求不要再进行修改，以后新添加的节点主机也应该启用巨型帧。在启用 vSAN 之后修改 MTU 参数可能会导致 vSAN 流量中断，造成虚拟机离线的故障。

（1）在 vSphere Client 中的“网络”选项卡中单击 DSwitch，在“配置→设置→属性”中看到 MTU 为 1 500 字节，如图 2-3-20 所示。单击“编辑”按钮。

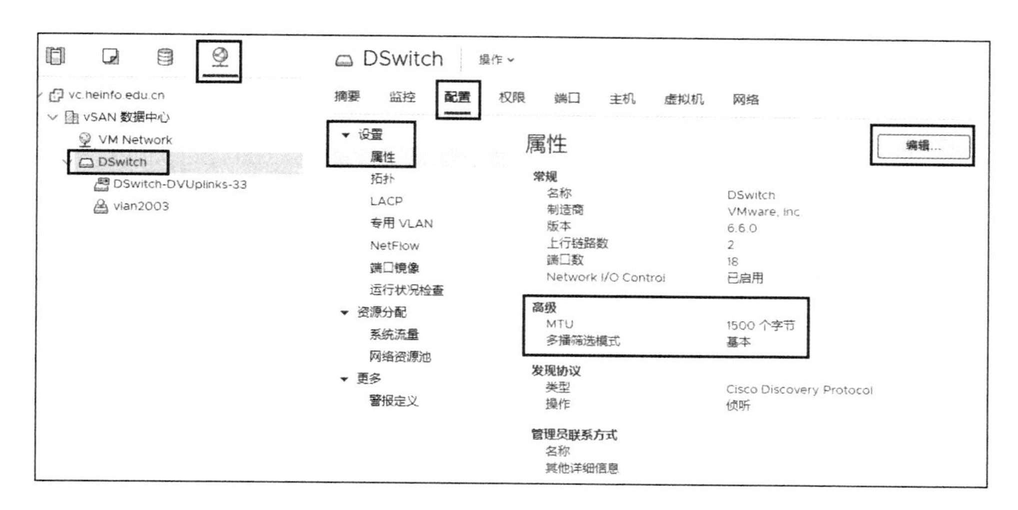

图 2-3-20　编辑

（2）在“DSwitch -编辑设置”对话框的“高级”选项中修改 MTU 为 9000，单击“OK”按钮完成设置，如图 2-3-21 所示。使用域名登录 vCenter Server 有时候不会出现左侧的“常规、高级”等选项，如果出现这种情况，应该换用 vCenter 的 IP 地址登录 vCenter Server，在本示例中 vCenter Server 登录方式为 https://172.18.96.10/ui。

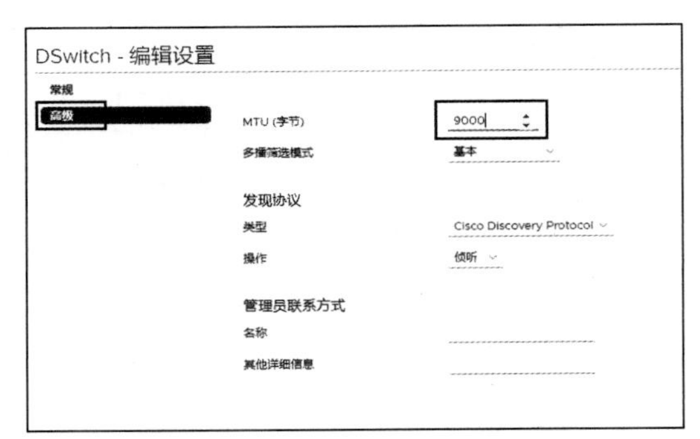

图 2-3-21　修改 MTU

（3）修改 MTU 之后在“DSwitch→配置→设置→属性”中看到，MTU 已经更改为 9 000 字节，如图 2-3-22 所示。

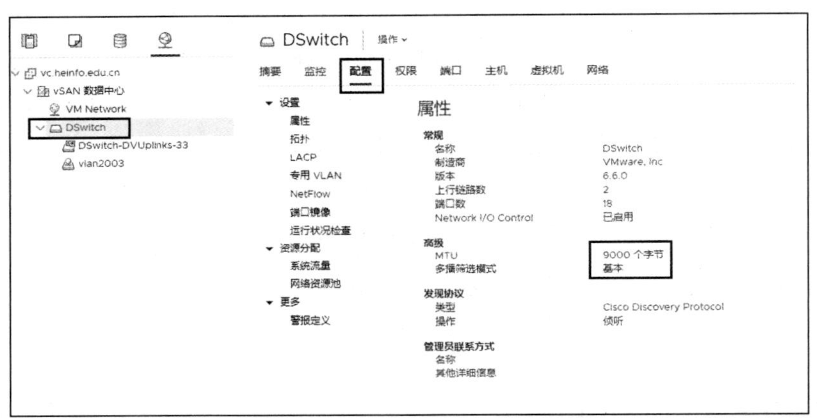

图 2-3-22　MTU 已经更改

2.3.5　为 vSAN 流量添加 VMkernel

下面为每台主机添加一个用于 vSAN 流量的 VMkernel。根据本实验的规划，vSAN 流量使用 VLAN 2003 的网段，故需要在启用了 vlan 2003 的端口组上配置。

（1）在 vSphere Client 的“网络”选项卡中，用鼠标右键单击 DSwitch 分布式交换机名为 vlan2003 的端口组，在弹出的快捷菜单中选择“添加 VMkernel 适配器”，如图 2-3-23 所示。

（2）在“选择主机”对话框中添加 172.18.96.41～172.18.96.45 的所有主机，如图 2-3-24 所示。

（3）在“配置 VMkernel 适配器”对话框的“可用服务”中选择 vSAN，如图 2-3-25 所示。在 MTU 中可以看到从交换机获取的 MTU 为 9000。

（4）在“IPv4 设置”对话框中为每台主机设置新配置的 VMkernel 的 IP 地址。本示例选择“使用静态 IPv4 设置”，在为第一台 ESXi 主机添加了 VMkernel 的 IP 地址、子网掩码后，如果其他主机的 VMkernel 的地址也是连续分配的，配置向导会自动填充其他地址，如图 2-3-26 所示。

图 2-3-23　添加 VMkernel 适配器

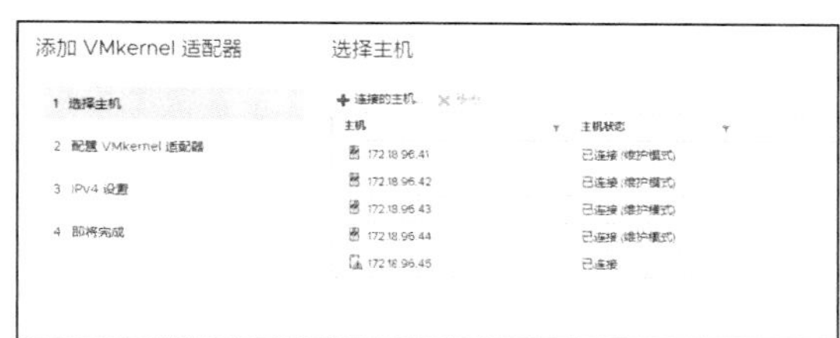

图 2-3-24　选择要添加 VMkernel 的主机

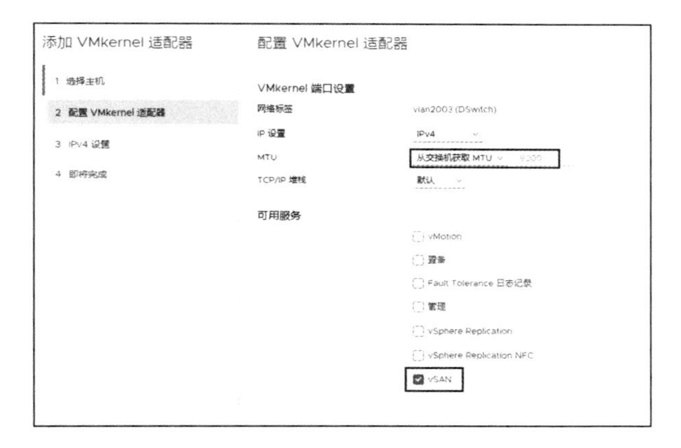

图 2-3-25　启用 vSAN

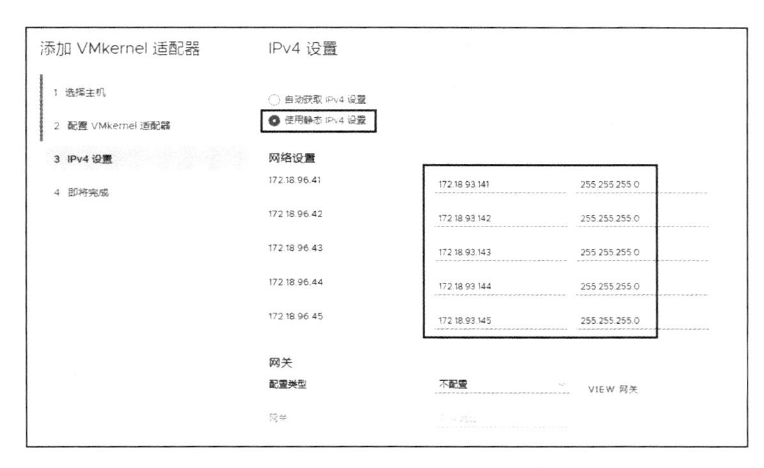

图 2-3-26　为每台主机配置 VMkernel 的 IP 地址

（5）在“即将完成”对话框显示了每台主机的 IP 地址及新添加的 VMkernel 的 IP 地址，检查无误之后单击“完成”按钮，如图 2-3-27 所示。

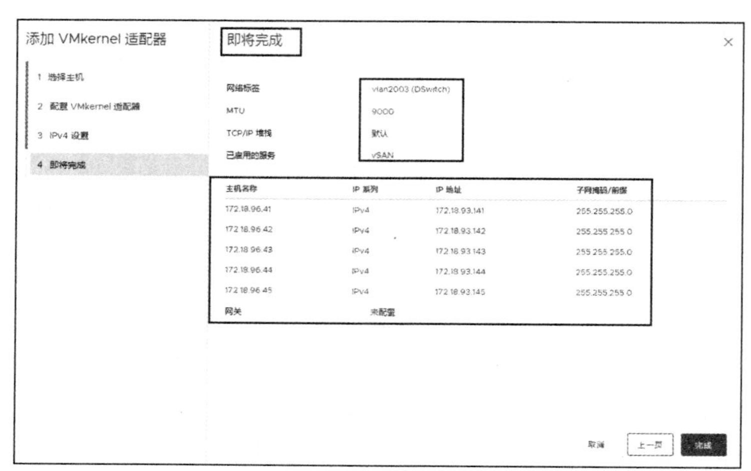

图 2-3-27　即将完成

（6）为每台主机添加了用于 vSAN 的 VMkernel 之后，在导航器中选中 ESXi 主机，在右侧的“配置→网络→VMkernel 适配器”中单击名为 vmk1 的设备，可以看到新配置的 VMkernel 的 IP 地址及启用的 vSAN 服务，如图 2-3-28 所示。

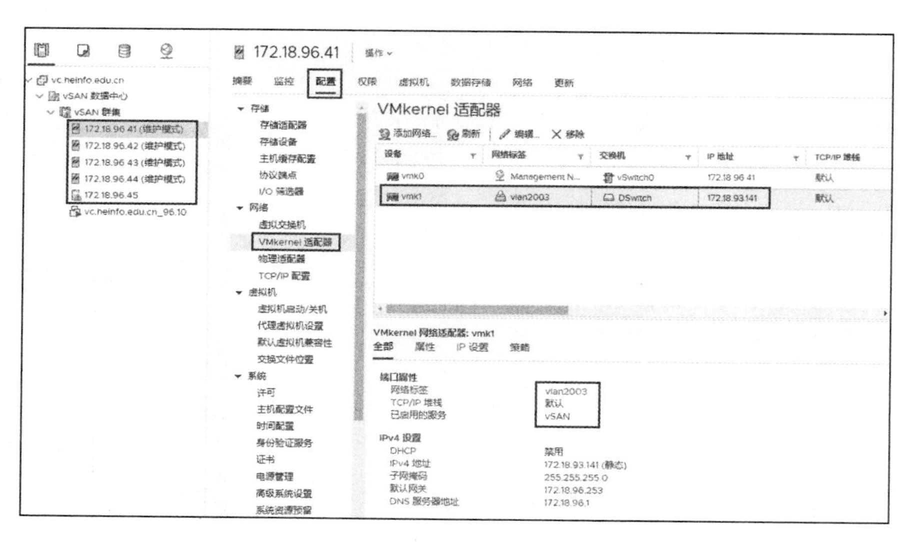

图 2-3-28　检查 VMkernel

最后为每台主机启用 VMotion 流量与置备流量。当网络中主机数量较少时，VMotion 流量、置备流量、管理流量可以使用同一个 VMkernel。

（1）在 vSphere Client 的导航器中选中一台主机，在“配置→网络→VMkernel 适配器”

中选中名为 vmk0 的 VMkernel，单击“编辑”按钮，如图 2-3-29 所示。

（2）在“vmk0-编辑设置”对话框中确认选中“VMotion”“置备”“管理”复选框，如图 2-3-30 所示。单击“OK”按钮完成设置。

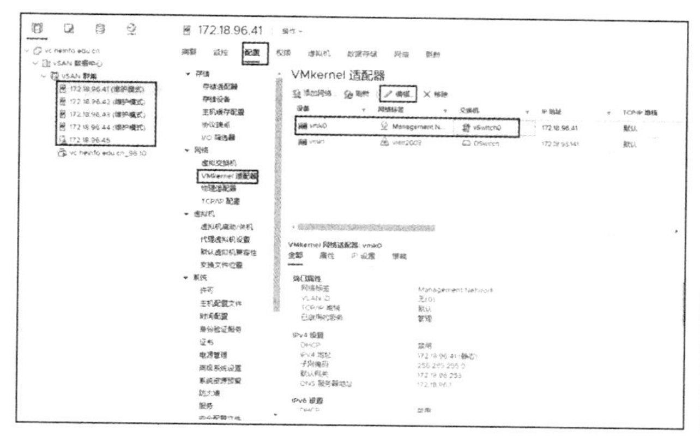

图 2-3-29　编辑 vmk0

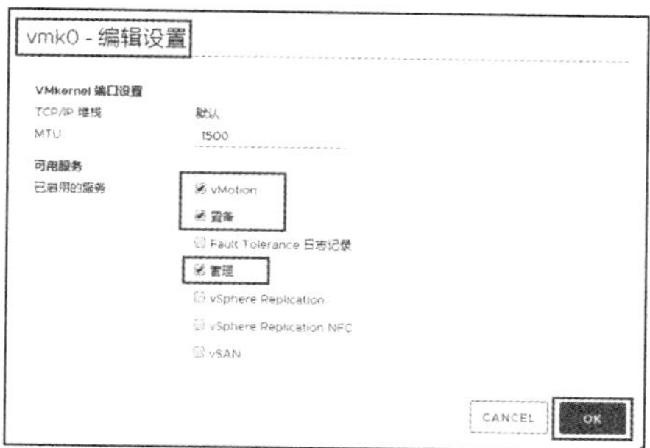

图 2-3-30　启用 VMotion 与置备流量

（3）为网络中的每台 ESXi 主机进行相同的配置，配置完成之后一一进行检查，如图 2-3-31 所示。

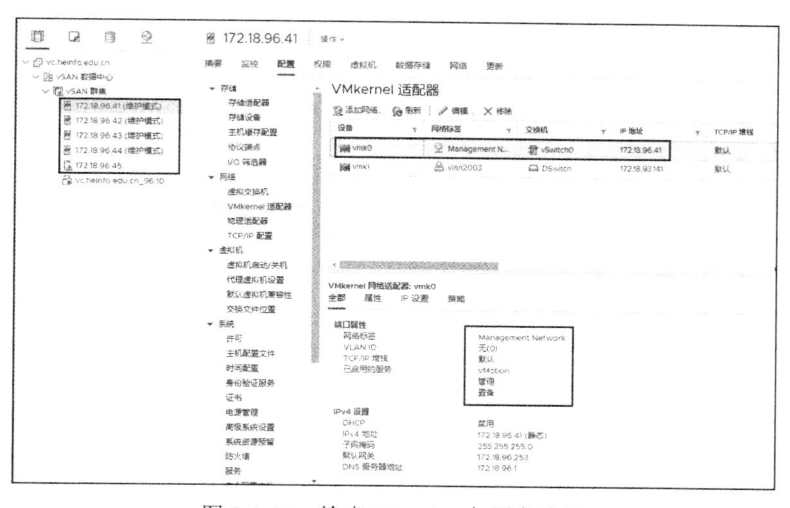

图 2-3-31　检查 VMotion 与置备流量

说明：在同一个群集中，相同的流量应该使用相同的网段并且确保不同主机之间可以互相通信。如果同一流量选择了不同网段的 VMkernel，有可能造成相对应的服务无法使用。

2.3.6　向标准 vSAN 群集中添加磁盘组

在启用 vSAN 流量之后可以配置磁盘组。

（1）在 vSphere Client 的“主机和群集”选项中单击名为“vSAN 群集”的群集，在“配置→vSAN→磁盘管理”中看到当前只有 IP 地址为 172.18.96.45 的主机有一个磁盘组。另外 4 台主机各有 3 个磁盘（显示 0 个使用，表示这 3 个磁盘都未分配）。单击“🖴”按钮声明未使用的磁盘以供 vSAN 使用，如图 2-3-32 所示。

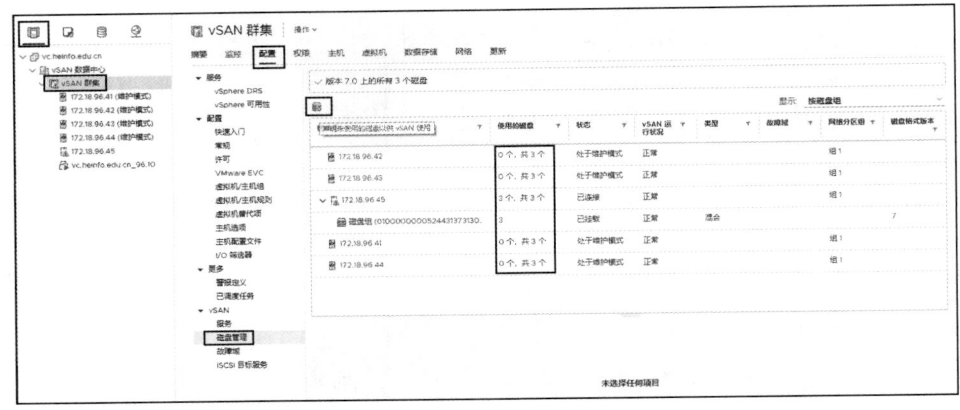

图 2-3-32　声明磁盘

（2）在“声明未使用的磁盘以供 vSAN 使用”对话框的“磁盘型号/序列号”中为闪存磁盘声明为“缓存层”，将 HDD 声明为“容量层”，在右上角“已声明的容量”和“已声明的缓存”中显示了已经声明为容量磁盘和缓存磁盘的总容量。单击右侧的“滑动”条向下翻页，将未使用的每块磁盘都进行声明，如图 2-3-33 所示。声明之后单击“确定”按钮。

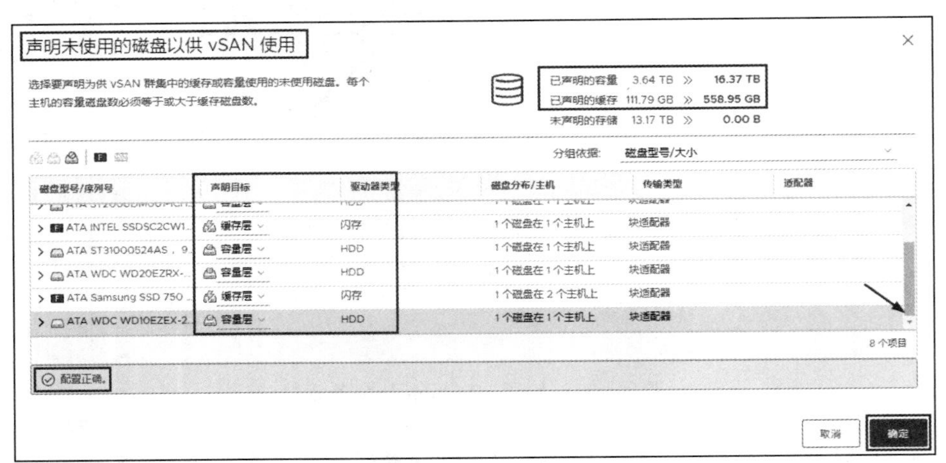

图 2-3-33　声明未使用的磁盘

（3）添加磁盘之后，在“配置→磁盘管理”中看到每台主机都配置了一个磁盘组，在“vSAN 运行状况”中看到每台主机状况正常，在“网络分区组”中同一个群集都在“组 1”正确，在“磁盘格式版本”中显示了 vSAN 磁盘的格式，当前版本为 7，如图 2-3-34 所示。

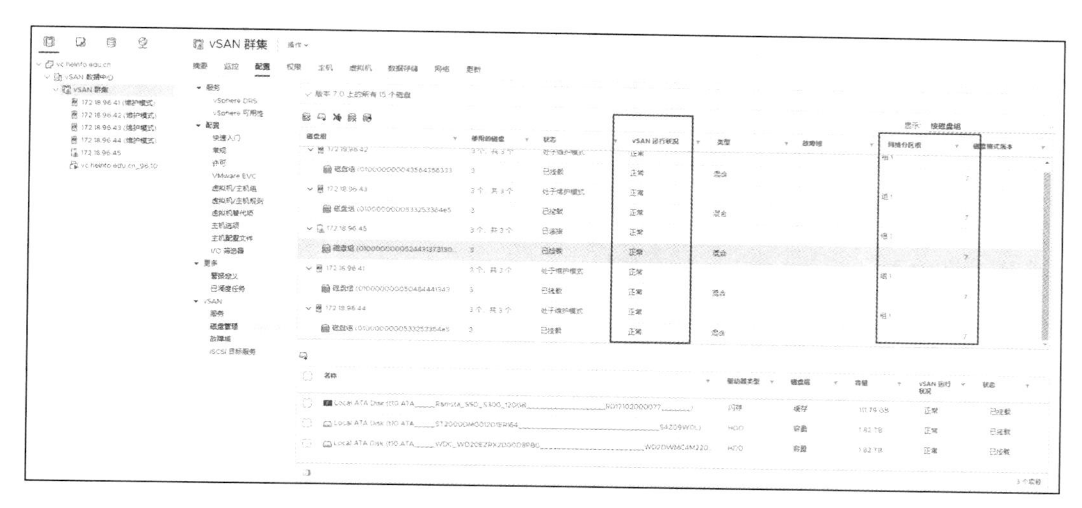

图 2-3-34　磁盘管理

2.3.7　将 ESXi 主机批量退出维护模式

当前有 4 台主机处于维护模式。在启用 vSAN 流量并添加了磁盘组之后，将这 4 台主机退出维护模式。

（1）在导航器中选中 vSAN 群集，在右侧单击“主机”选项卡，在“主机”列表中显示了选中群集中所有的主机，选中 172.18.96.41～172.18.96.44 共 4 台处于维护模式的主机，用鼠标右键单击，在弹出的快捷菜单中选择“维护模式→退出维护模式”命令，如图 2-3-35 所示。

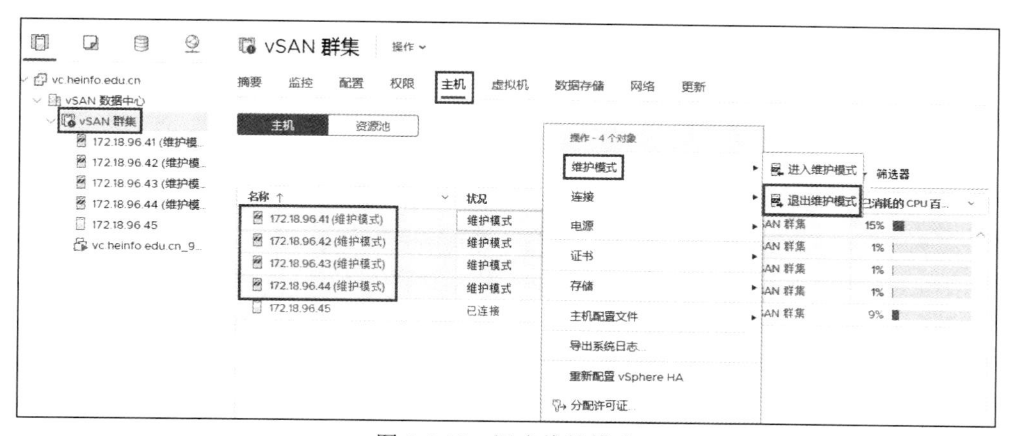

图 2-3-35　退出维护模式

（2）在弹出的“退出维护模式”对话框单击“是”按钮，如图 2-3-36 所示。

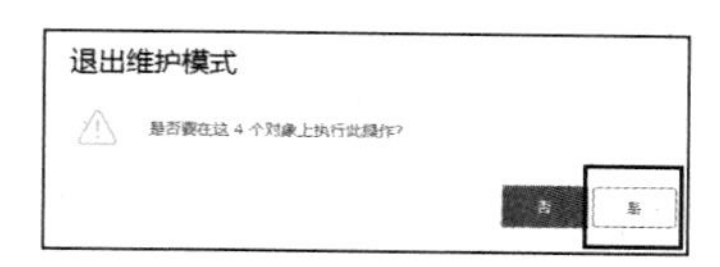

图 2-3-36　确认退出维护模式

（3）主机退出维护模式，如图 2-3-37 所示。

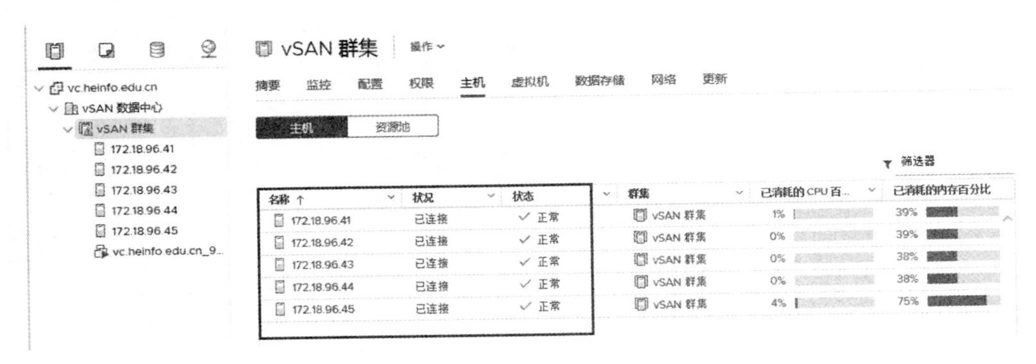

图 2-3-37　主机状态正常

2.3.8　修复 vCenter Server Appliance

当 vSAN 群集中主机状态正常并配置了磁盘组之后，修复 vCenter Server Appliance，因为当前的 vCenter Server 的磁盘并无冗余。

（1）在 vSphere Client 中用鼠标右键单击 vCenter Server 的虚拟机，在弹出的快捷菜单中选择“虚拟机策略→编辑虚拟机存储策略”命令，如图 2-3-38 所示。

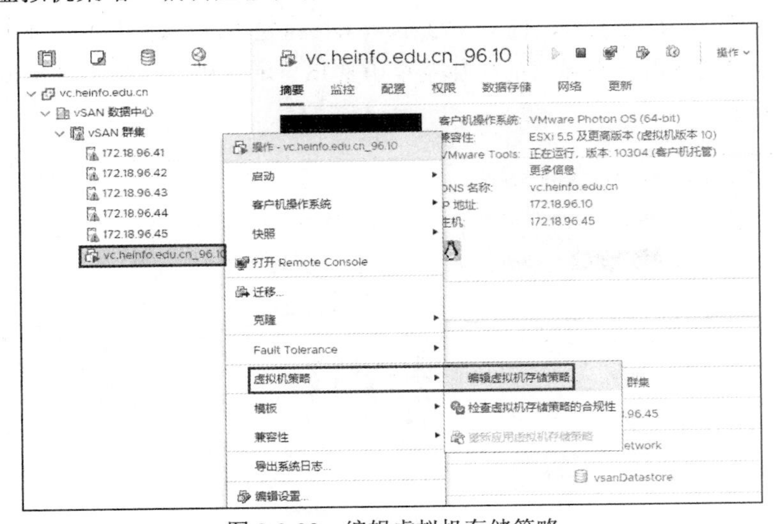

图 2-3-38　编辑虚拟机存储策略

（2）在“编辑虚拟机存储策略”对话框中的“虚拟机存储策略”下拉列表中选择“vSAN Default Storage Policy”（vSAN 默认存储策略），单击“确定”按钮，如图 2-3-39 所示。

（3）在“监控→vSAN→重新同步对象”中显示了 vCenter Server 虚拟机的磁盘正在其他磁盘组重建，如图 2-3-40 所示。

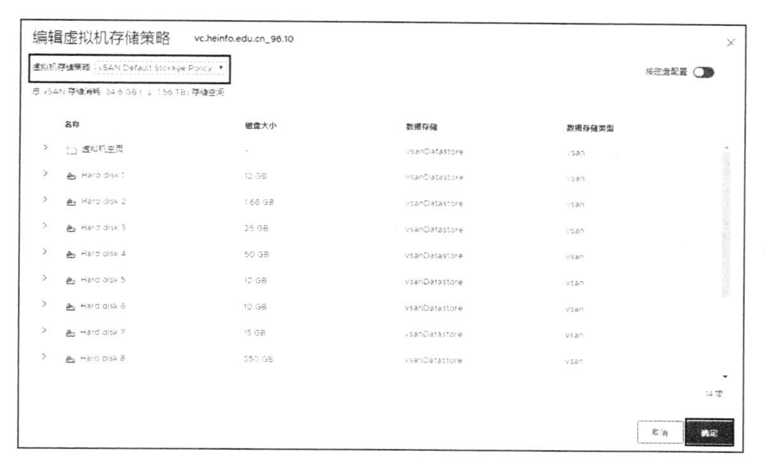

图 2-3-39 编辑虚拟机存储策略

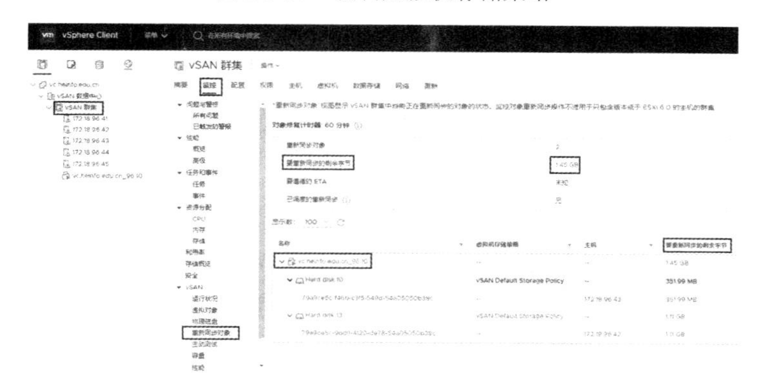

图 2-3-40 重建虚拟机磁盘

（4）重新同步完成之后，在“监控→vSAN→虚拟对象”中选中 vCenter 的虚拟机，在“放置和可用性”中显示“正常”，如图 2-3-41 所示。

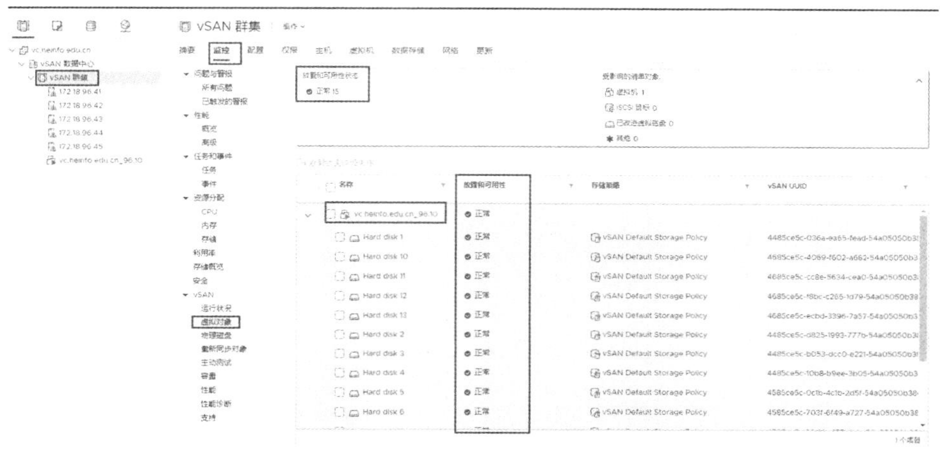

图 2-3-41 虚拟对象

2.4 vSAN 群集后续配置

在启用 vSAN 群集之后，后续任务一般是为群集启用 HA、DRS、EVC。如果 ESXi 主机与 vSAN 存储使用同一个 RAID 阵列卡，建议删除系统卷所在 VMFS 存储卷。

2.4.1 卸载并删除系统卷本地存储设备

在 vSAN 群集中，ESXi 主机的系统磁盘与 vSAN 磁盘使用同一阵列卡时，系统磁盘在安装 ESXi 的时候被格式化为 VMFS（本地磁盘），而 vSAN 磁盘组成 vSAN 存储。

vSAN 和非 vSAN 工作负载在处理磁盘管理 IO、重试和报错等物理存储方面，采用的是不同的管理方式。

如果 vSAN 和非 vSAN 磁盘用于在同一存储控制器上执行大容量操作，或控制器采用 JBOD+RAID 混合模式，则会因磁盘误报故障而导致 vSAN 群集中的数据不可用。在最坏的情况下，还可能导致 vSAN 群集中的数据丢失。为避免冲突或有关 vSAN 基础架构的问题，当同一存储控制器同时支持 vSAN 和非 vSAN 磁盘时，在安装好 ESXi 系统之后，可删除本地 VMFS 存储，然后再配置 vSAN。

在当前的 vSAN 环境有 5 台主机，每台主机有一块 SATA 硬盘安装了 ESXi 并被格式化为本地 VMFS 卷。在实际的生产环境中这些本地 VMFS 卷的空间较小，为了避免在这些卷上创建、保存虚拟机引发问题，可以卸载并删除这些安装了 ESXi 系统的 VMFS 卷。删除这些 VMFS 卷不影响 ESXi 主机的重新引导、系统使用。

（1）在 vSphere Client 导航器中选中 vSAN 群集，在“数据存储”选项卡的“数据存储”列表中显示了当前主机所有的存储，在本示例中有一个名为 vsanDatastore 的 vSAN 存储，另外 5 个本地 VMFS 卷，用鼠标选中一个卷例如名称为 datastore1 的卷，在弹出的快捷菜单中选择“卸载数据存储”命令，如图 2-4-1 所示。

（2）在“卸载数据存储 | datastore1”对话框中选择存储所在的主机，单击“确定”按钮，如图 2-4-2 所示。

图 2-4-1 卸载数据存储

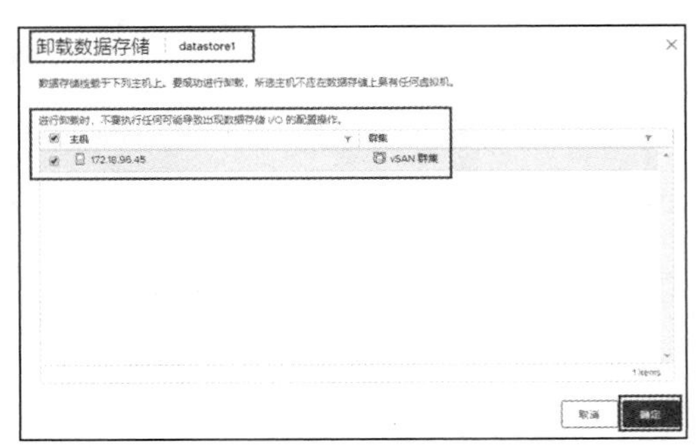

图 2-4-2 选择所在主机

（3）当存储卸载后，存储名称后面添加（不可访问）的标识信息。参照步骤（1）、（2），卸载另外 4 台主机的本地存储，名称依次为 datastore1(1)、datastore1(2)、datastore1(3)、datastore1(4)，卸载完成后，先用鼠标同时选中这 5 个存储，然后用鼠标右键单击，在弹出的快捷菜单中选择“删除数据存储”命令（如图 2-4-3 所示）。

（4）在“确认删除数据存储”对话框中单击“是”按钮，如图 2-4-4 所示。

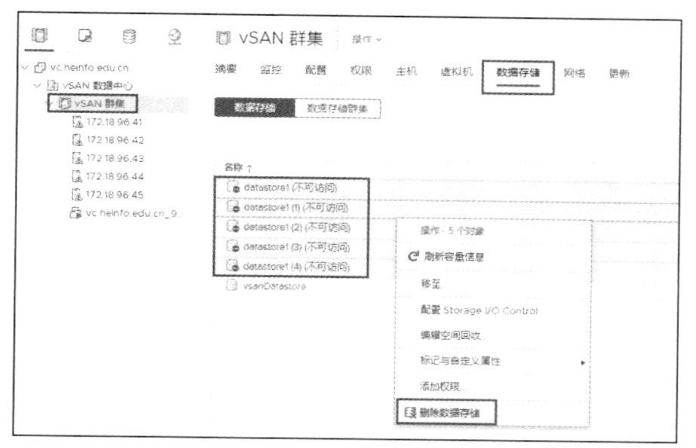

图 2-4-3 删除数据存储

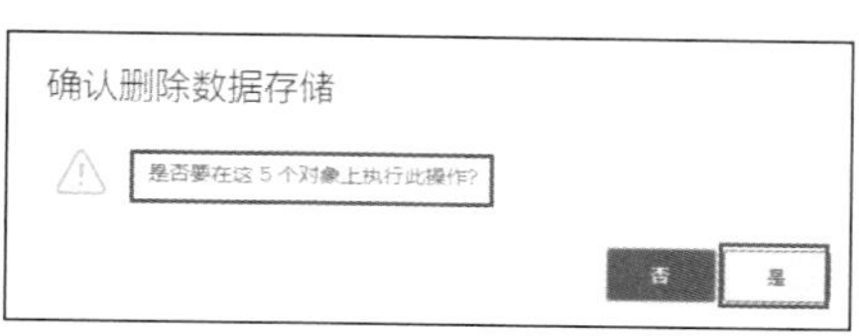

图 2-4-4 确认删除数据存储

（5）删除之后在数据存储中只剩下名为 vsanDatastore 的 vSAN 存储设备，如图 2-4-5 所示。以后数据上传以及虚拟机都会保存在 vSAN 存储设备上。

图 2-4-5 vSAN 数据存储

2.4.2 修复 CVE-2018-3646 问题

在启用 vSAN 群集之后，群集中每台主机前面都有一个黄色的感叹号，表示有警告信息。在导航器中选择一台主机，在“摘要”中可以查看具体的警报信息，如图 2-4-6 所示。警报信息内容为 This host is potentially vulnerable to issues described in CVE-2018-3646, please refer to https://kb.vmware.com/s/article/55636 for details and VMware recommendations KB 55636。

解决 CVE-2018-3646 问题需要针对在 Intel 硬件上运行的主机的特定于 Hypervisor 的缓解措施。VMware 为 CVE-2018-3646 提供了特定于虚拟机管理程序的缓解措施。

vCenter Server 6.0 Update 3h 版本和 ESXi 6.0 修补程序版本 ESXi600-201808001，vCenter Server 6.5 Update 2c 版本和 ESXi 6.5 修补程序版本 ESXi650-201808001，vCenter Server 6.7.0d 版本和 ESXi 6.7 修补程序版本 ESXi670-201808001 引入了 ESXi 高级配置选项 VMkernel.Boot. hyperthreadingMitigation，将此项设置为“已启用”后重新启动 ESXi 主机生效。启用此选项后，将根据需要限制同一超线程核心同时使用多个逻辑处理器以缓解安全漏洞。此新选项可缓解 CVE-2018-3646 中所述的漏洞。如果不启用这个参数而不是想取消这个警告提示，可以在 ESXi 高级系统设置中将 UserVars.SuppressHyperthread

Warning 的值设置为 1 取消此警示。在 vSphere 6.7.0 U2 的版本中可以在图 2-4-6 中单击“取消警告”链接取消这个提示。本节以 172.18.96.41 为例，介绍通过修改 VMkernel.Boot.hyperthreadingMitigation 参数解决这一安全问题，其他主机也要进行同样的操作。

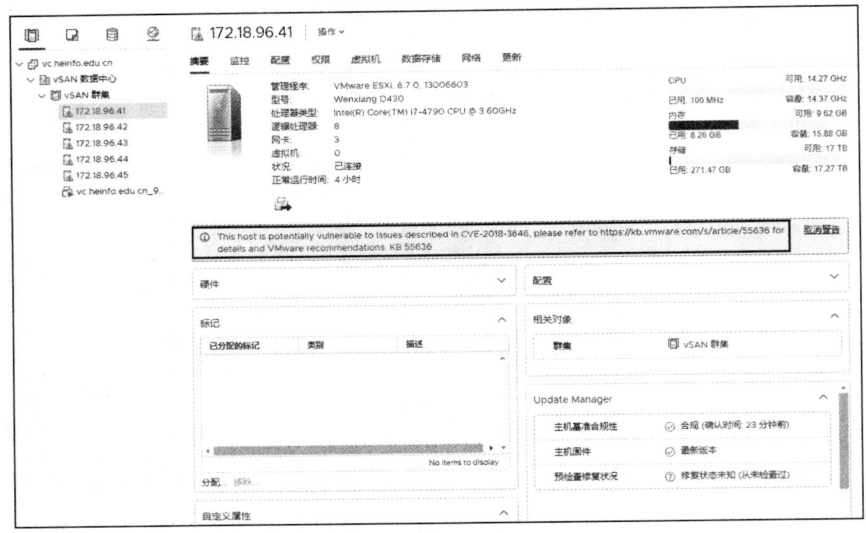

图 2-4-6　警报信息

（1）在 vSphere Client 的导航器中选中 ESXi 主机，在“配置→高级系统设置”中单击“编辑”按钮，如图 2-4-7 所示。

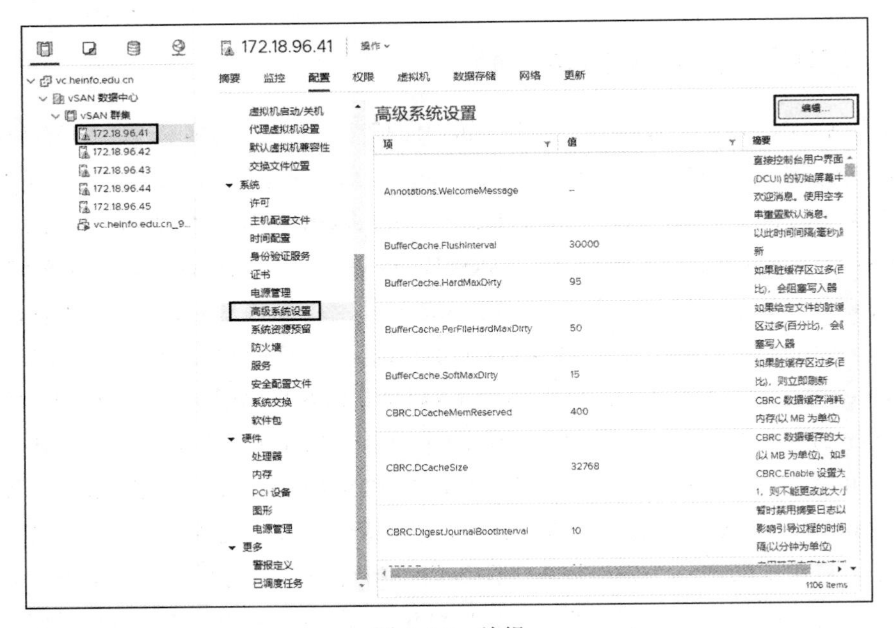

图 2-4-7　编辑

（2）搜索 VMkernel.Boot.hyperthreadingMitigation，将此项设置为“true”，如图 2-4-8 所示。

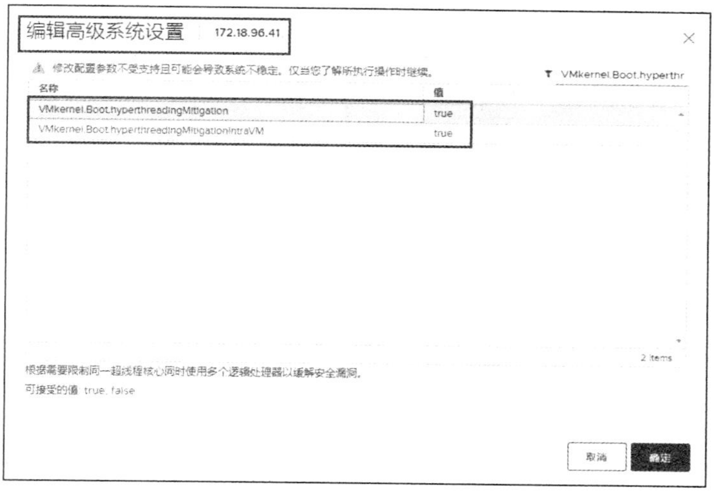

图 2-4-8　限制超线程使用

（3）修改完成后重新引导 172.18.96.41 的主机，如图 2-4-9 所示。注意，当前环境中只有 172.18.96.45 的主机运行了虚拟机，所以重新启动计算机时可以不将主机置于维护模式。如果在生产环境中，或者当前主机运行着虚拟机，应将主机置于维护模式之后再重新启动，等 ESXi 主机再次进入系统后退出维护模式。

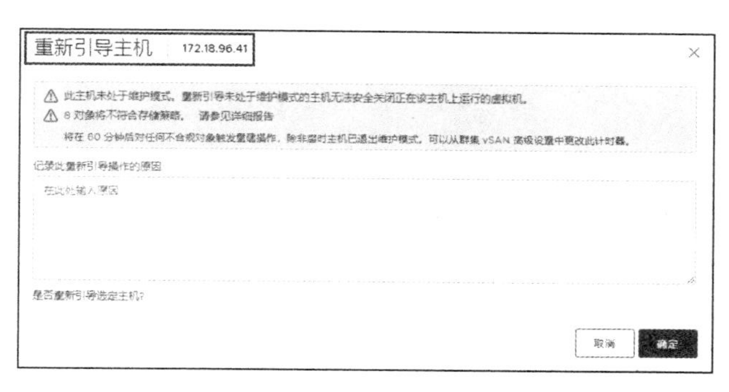

图 2-4-9　重新引导主机

（4）等 172.18.96.41 重新上线之后，依次修改剩余的主机，修改之后重新启动。需要注意，在 vSAN 环境中，如果需要重新启动主机，不要同时启动多台主机，正确的做法是将其中的一台置于维护模式之后，将置于维护模式的主机重新启动，完成重新启动并再次上线之后，将主机退出维护模式之后再操作下一台主机。

（5）在修改了 172.18.96.45 的主机后，因为这台主机运行着 vCenter Server，需要将 vCenter Server 虚拟机迁移到其他主机。用鼠标右键单击 vCenter Server 的虚拟机，在弹出的快捷菜单中选择“迁移”命令，如图 2-4-10 所示。

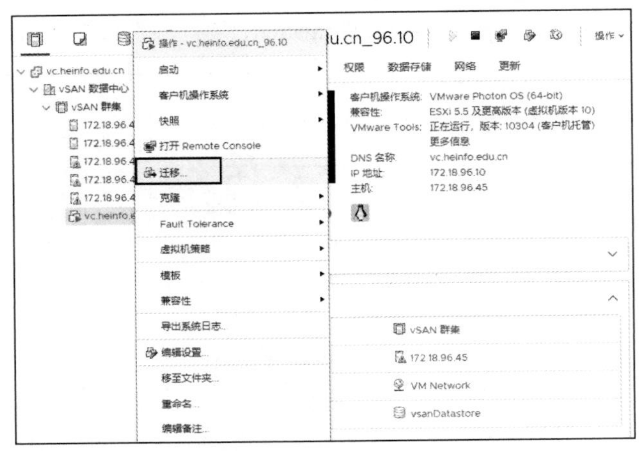

图 2-4-10　迁移虚拟机

（6）在“vc.heinfo.edu.cn_96.10-迁移”对话框中选择“仅更改计算资源”，如图 2-4-11 所示。

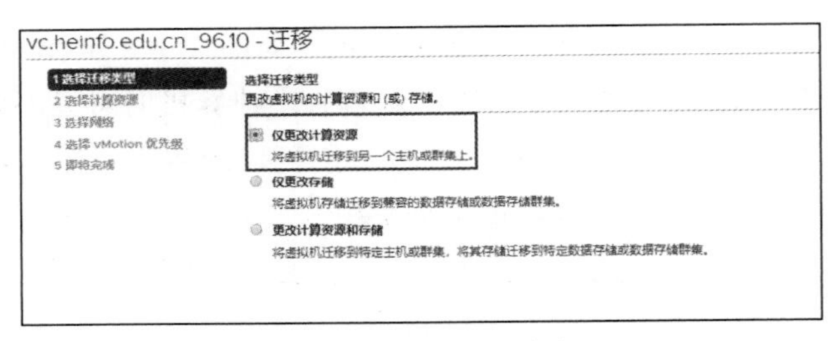

图 2-4-11　仅更改计算资源

（7）在“选择计算资源”对话框选择已经完成参数修改的主机，本示例选择 172.18.96.41（可以看每台主机前面是否有黄色的感叹号，或者看每台主机的“状态”信息），如图 2-4-12 所示。

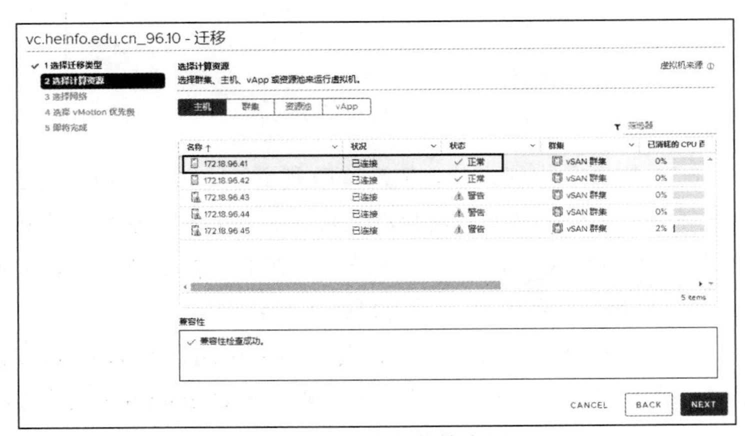

图 2-4-12　选择计算资源

（8）在“选择网络”对话框中选择用于虚拟机的目标网络，如图 2-4-13 所示。

图 2-4-13　选择网络

（9）在“选择 vMotion 优先级”对话框选择“安排优先级高的 vMotion（建议）”单选按钮，如图 2-4-14 所示。

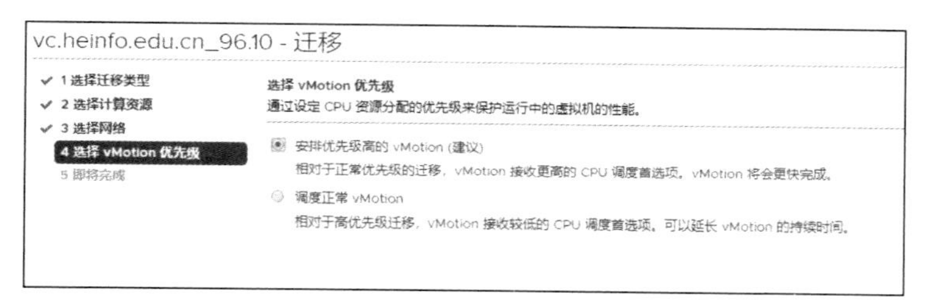

图 2-4-14　选择 vMotion 优先级

（10）在“即将完成”对话框单击“FINISH”按钮，如图 2-4-15 所示。

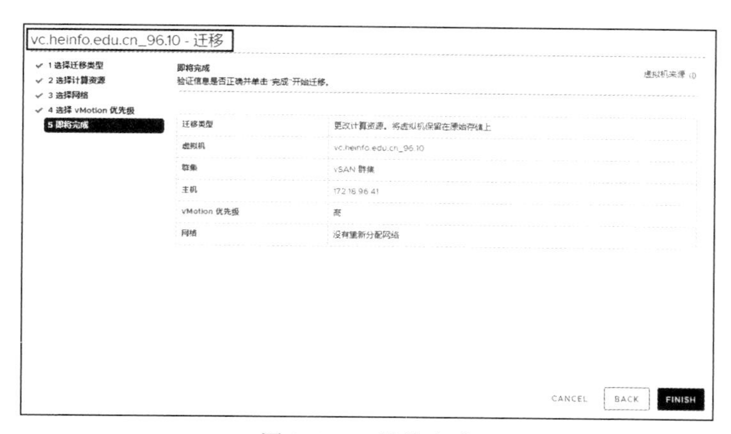

图 2-4-15　即将完成

（11）当 vCenter Server 虚拟机迁移到 172.18.96.41 的主机后，将 172.18.96.45 置于维护模式，在“vSAN 数据迁移”中选择“确保可访问性”，如图 2-4-16 所示。单击“请参见详细报告”链接，可以查看受到影响的组件。

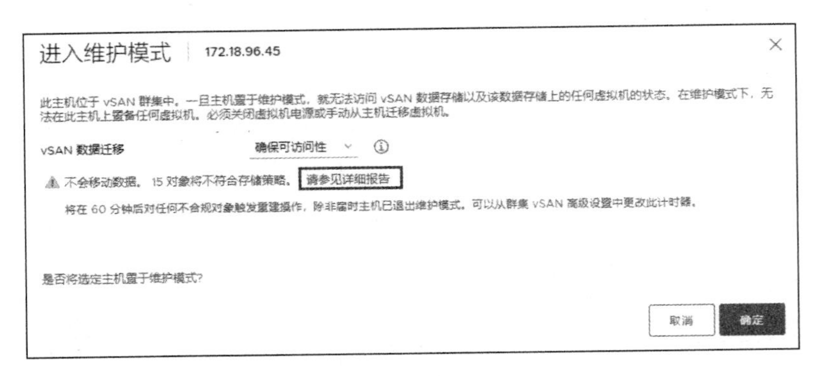

图 2-4-16　置于维护模式

（12）将 172.18.96.45 置于维护模式之后，用鼠标右键单击 172.18.96.45 的主机，在弹出的快捷菜单中单击“电源→重新引导”命令，如图 2-4-17 所示。

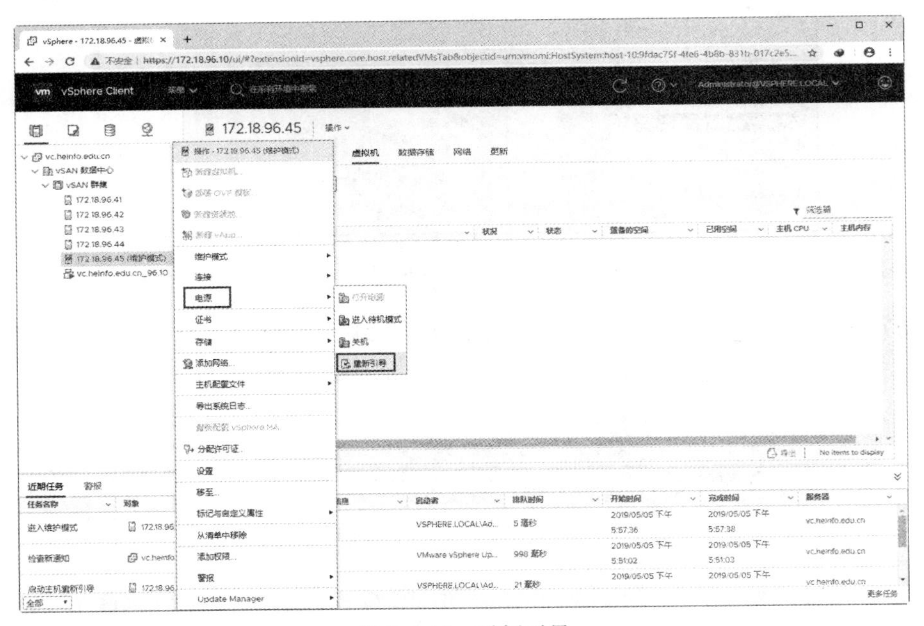

图 2-4-17　重新引导

（13）172.18.96.45 重新引导完成并再次上线之后，用鼠标右键单击 172.18.96.45 的主机，在弹出的快捷菜单中选择“维护模式→退出维护模式”命令，如图 2-4-18 所示。这样 CVE-2018-3646 提示修复。

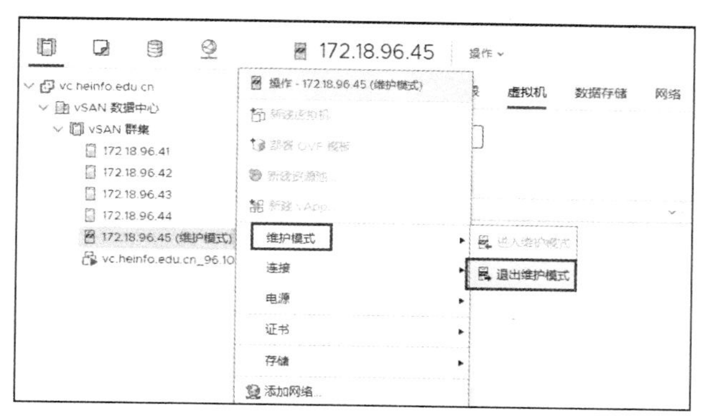

图 2-4-18　退出维护模式

2.4.3　启用 HA、DRS 与 EVC

最后为群集启用 HA、DRS 与 EVC，以获得高可靠性、动态资源调度和 VMotion 兼容性（EVC）。

（1）在 vSphere Client 的导航器中单击 vSAN 群集，在“配置→服务→vSphere 可用性”中可以看到，当前 vSphere HA 是关闭状态，单击“编辑”按钮，如图 2-4-19 所示。当前主机 172.18.96.41 前面有红色的提示是由于当前主机运行 vCenter Server，而这台主机只有 16 GB 内存，这是内存不足的报警。在实际的生产环境中每台主机都有足够的资源不会出现这种情况。在稍后的操作中将 vCenter Server 虚拟机迁移到 172.18.96.45 这个警告将消失。或者在配置 HA 与 DRS 之后，vSphere 会自动迁移 vCenter Server 到 172.18.96.45 主机。

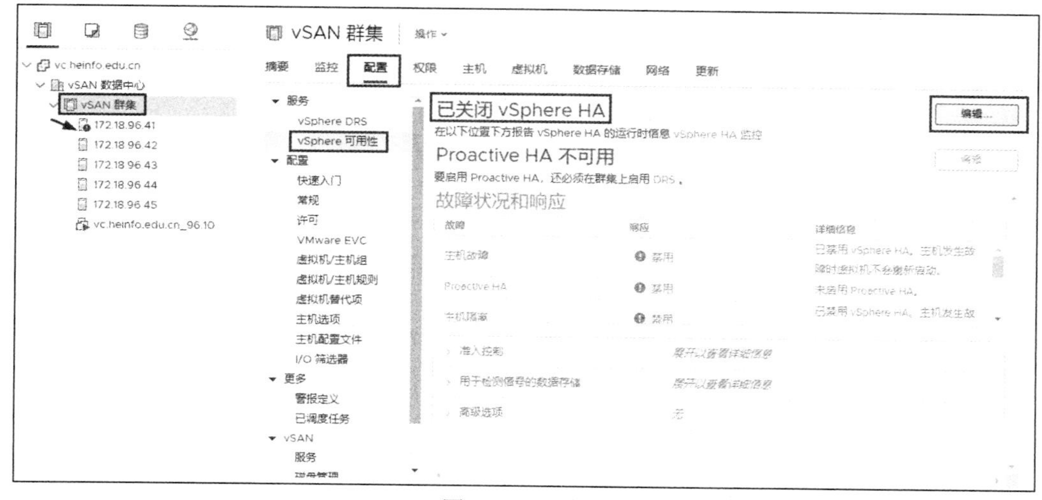

图 2-4-19　编辑

（2）在“编辑群集设置”中启用 vSphere HA 和主机监控，如图 2-4-20 所示。

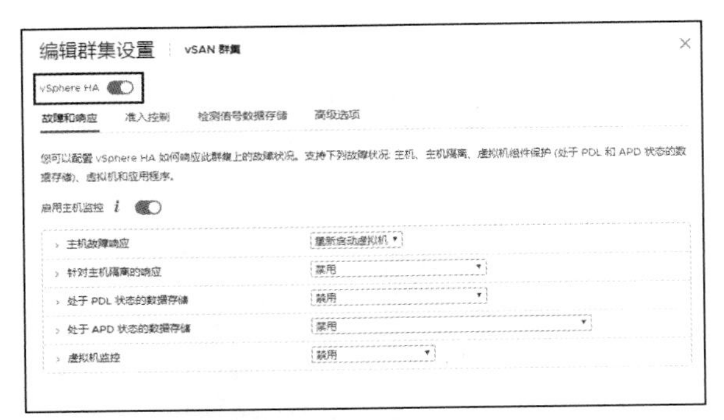

图 2-4-20　启用 vSphere HA

（3）在“配置→vSphere DRS”中单击“编辑”按钮，打开“编辑群集设置”，启用 vSphere DRS，如图 2-4-21 所示。

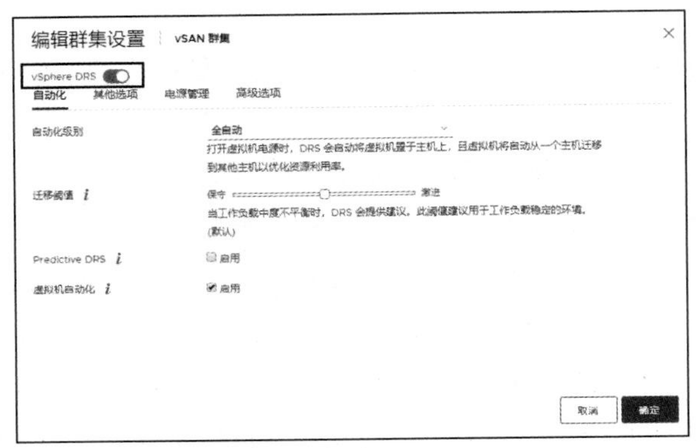

图 2-4-21　启用 vSphere DRS

（4）默认情况下 EVC 禁用，在“配置→VMware EVC”中单击“编辑”按钮，如图 2-4-22 所示。

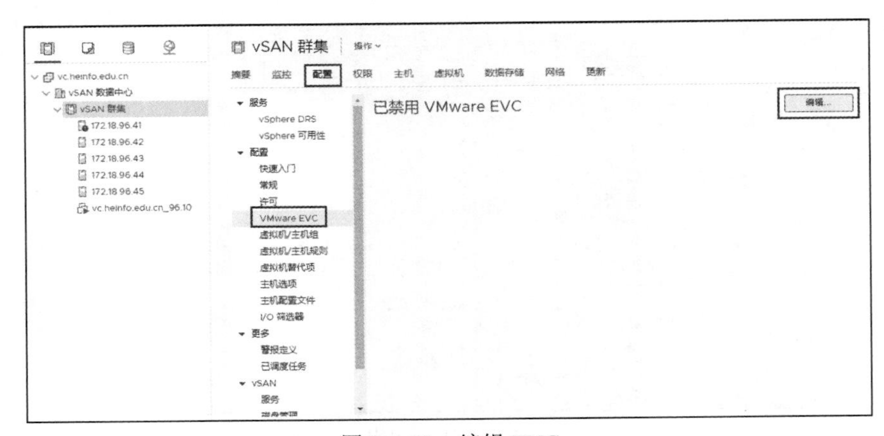

图 2-4-22　编辑 EVC

（5）在“更改 EVC 模式”中选择“为 Intel 主机启用 EVC”单选按钮，并在 VMware

EVC 模式中选择合适的选项，当选择合适时在“兼容性”列表中显示“验证成功”，如图 2-4-24 所示。

（6）如果选择错误会提示“主机的 CPU 硬盘不支持群集当前的增强型 VMotion 兼容性模式。主机缺少该模式所需的功能”，如图 2-4-24 所示。

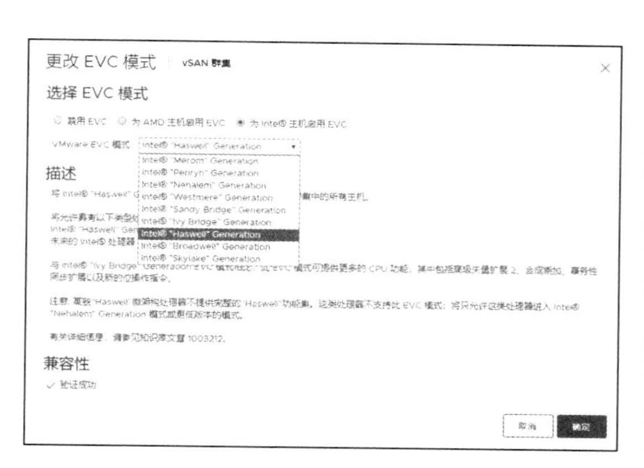

图 2-4-23　选择正确的 EVC 模式

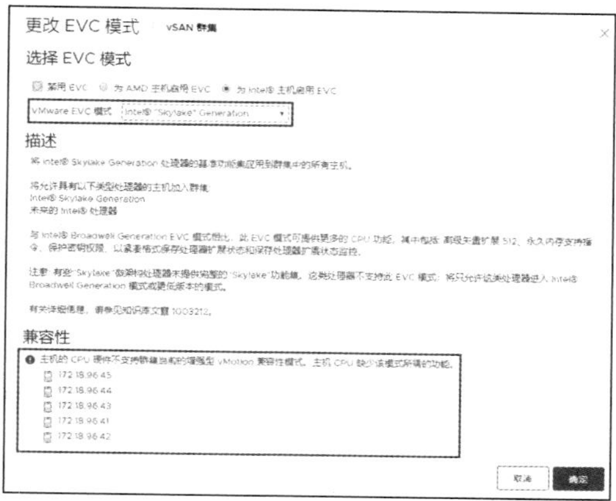

图 2-4-24　EVC 选择不正确

（7）如果要查看每台主机的 EVC 模式，在导航器中选择主机，在“摘要”选项卡的“配置→EVC”选项中查看主机支持的 EVC 模式，最后一行为当前主机 CPU 所能支持的最高项，如图 2-4-25 所示。在同一个群集中 EVC 的配置是以群集中支持的 EVC 最低的主机为基准的。

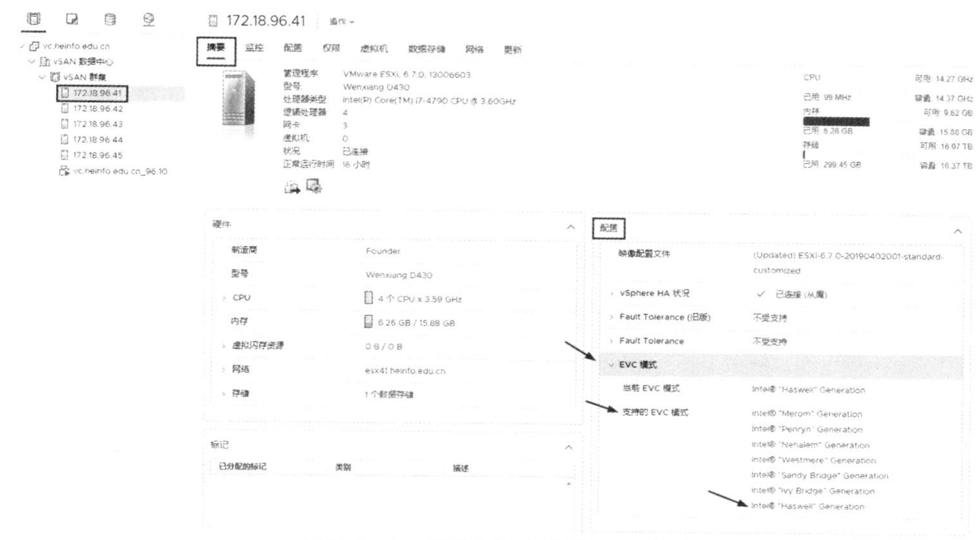

图 2-4-25　查看主机支持的 EVC 模式

（8）启用 EVC 之后如图 2-4-26 所示。

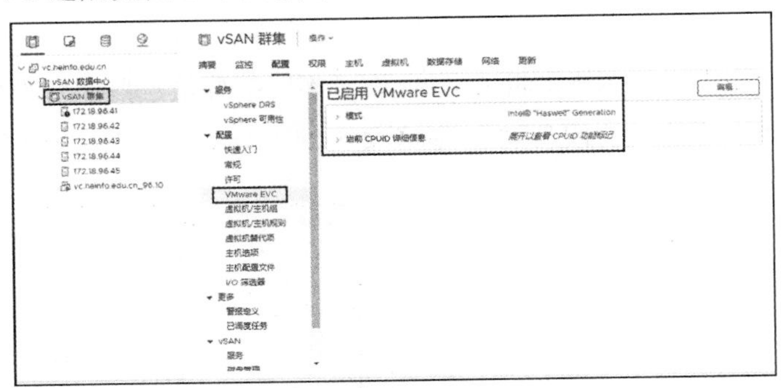

图 2-4-26　已启用 EVC

（9）在启用 HA 与 DRS 之后，vCenter Server 的虚拟机会迁移回 172.18.96.45（该主机资源足够），迁移之后如图 2-4-27 所示。

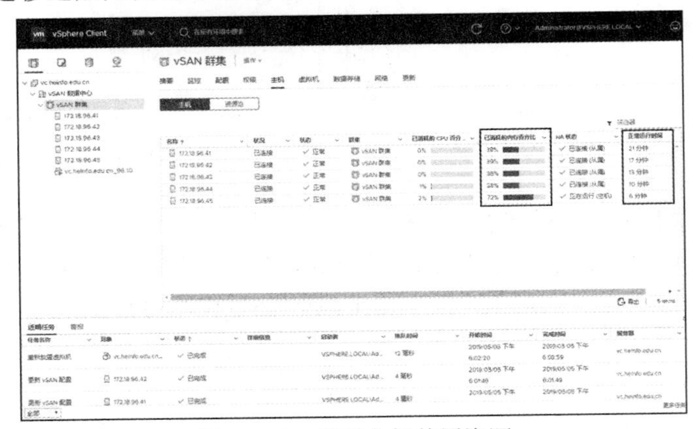

图 2-4-27　查看主机使用资源

（10）在“vSAN 群集→主机”列表中，如果希望显示其他的参数例如主机内存大小，可以单击显示列并在弹出的“显示/隐藏列”下拉列表中选择要显示的内容，或者取消要显示的内容，如图 2-4-28 所示。

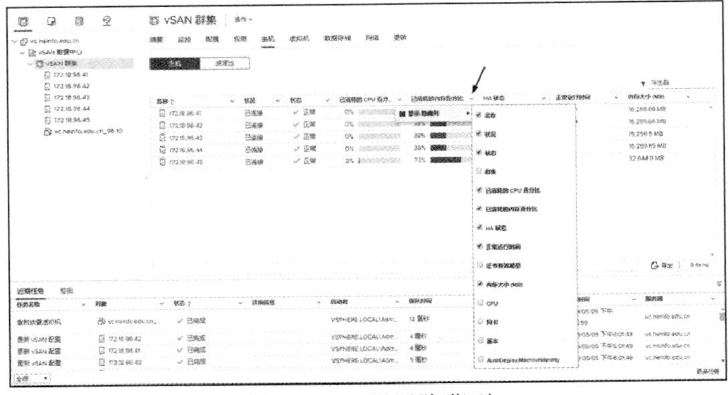

图 2-4-28　显示隐藏列

2.5 为生产环境配置业务虚拟机

在搭建好虚拟化环境之后，如果是生产环境，就需要创建业务所用的虚拟机。此时需要注意以下两点。

（1）规划业务虚拟机所使用的网络。通常情况下要做到管理与应用分离，即管理 ESXi 主机的网络与提供服务的网络最好在不同的网段。这就需要为虚拟机规划单独的网段（VLAN）。

（2）虚拟化环境中提供业务的虚拟机的来源有两种：一种是使用 P2V 工具将原来的物理机迁移到虚拟化环境中；另一种是新上业务，为业务系统配置新的虚拟机。

在规划虚拟化环境之前，应该考虑现有的网络环境。一般情况下不对现有的网络环境做大的变动，尤其是正在运行的业务系统的 IP 地址，这些都要保留不变。所以，为了做到管理与业务系统分离，可以为 ESXi 的管理新规划一个 VLAN。例如，大多数单位的服务器使用了 192.168.0.0/24 或 192.168.1.0/24 的地址段，在为 ESXi 主机规划新的管理地址时，可以避开这两个地址段，还要避免单位中工作站计算机使用的地址段。如果单位虚拟化规模较少，采用虚拟化之后运行的虚拟机数量较小，ESXi 主机的管理与虚拟机的流量可以仍然沿用现有的地址段，只要使用当前网络中空闲的 IP 地址即可。

在本节中演示的是管理网络与虚拟机网络相分离。当前 ESXi 主机与 vCenter Server 使用 172.18.96.0/24 的地址段。当时配置的时候，网络中交换机配置了 VLAN2001～VLAN2006 的地址段，本示例中为虚拟化环境配置这些网段并在虚拟机中分配。

2.5.1 在虚拟交换机中添加端口组

在当前实验环境中，每台主机有 3 个上行链路连接到物理交换机，其中第一个上行链路用于 ESXi 主机的管理，第二、第三个上行链路用于 vSAN 流量与虚拟机的流量。在实际的生产环境中要根据实际情况进行规划，但配置的方法、步骤都类似。在本示例中在第二、第三个上行链路虚拟交换机创建端口组，用于虚拟机流量。

（1）使用 vSphere Client 登录到 vCenter Server，在导航器中选择 ESXi 主机，在“配置→网络→虚拟交换机”中查看所选主机上配置的虚拟交换机以及虚拟交换机的端口组，如图 2-5-1 所示。

（2）在本示例中需要在名为 DSwitch 的分布式交换机上添加端口组。在导航器中单击“🌐”图标，用鼠标右键单击 DSwitch，在弹出的快捷菜单中选择“分布式端口组→新建分布式端口组”命令，如图 2-5-2 所示。

（3）在“名称和位置”对话框的“名称”处输入新建端口组的名称，本示例为 vlan2001，如图 2-5-3 所示。

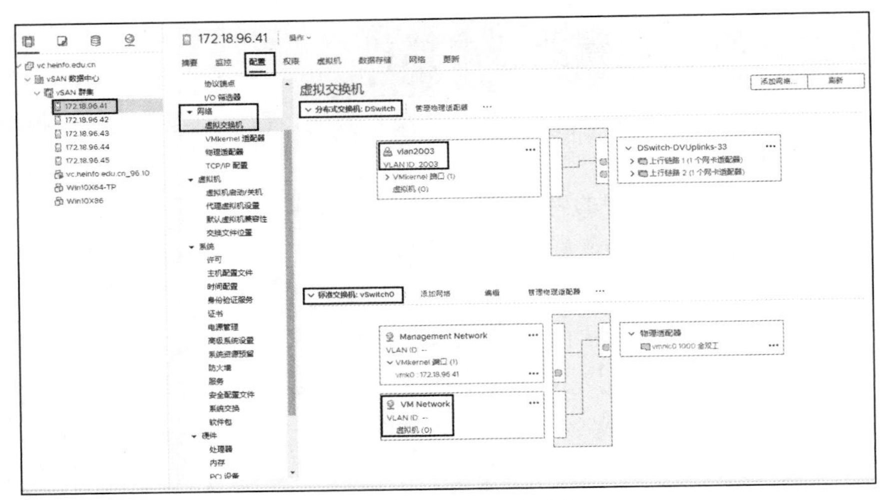

图 2-5-1 查看虚拟交换机

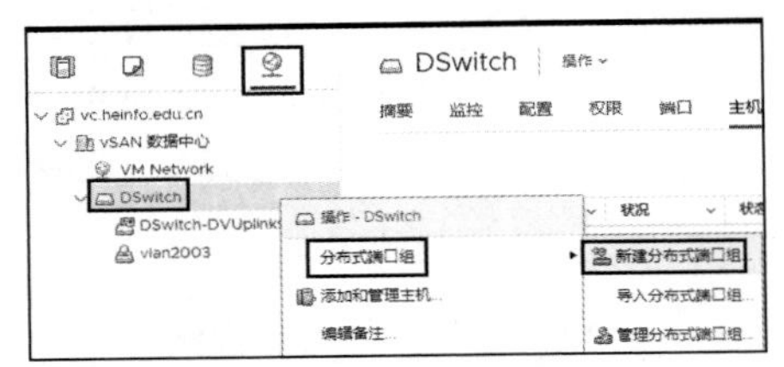

图 2-5-2 新建分布式端口组

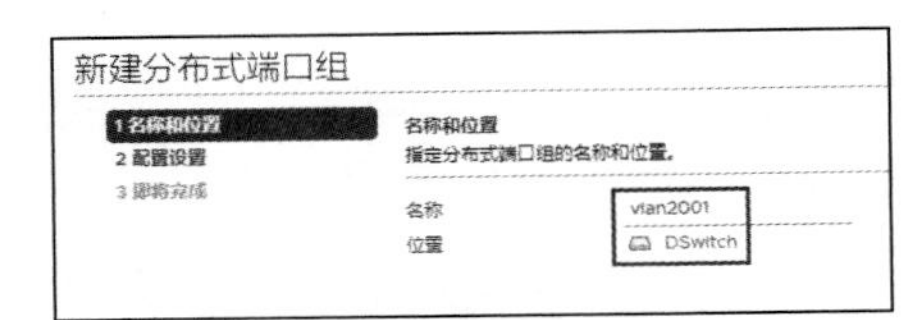

图 2-5-3 设置端口组名称

（4）在“配置设置”对话框的“VLAN 类型”下拉列表中选择 VLAN，在 VLAN ID 中输入 2001，如图 2-5-4 所示。

（5）在“即将完成”对话框显示了新建端口组的名称及其他参数，检查无误之后单击“FINISH”按钮，如图 2-5-5 所示。

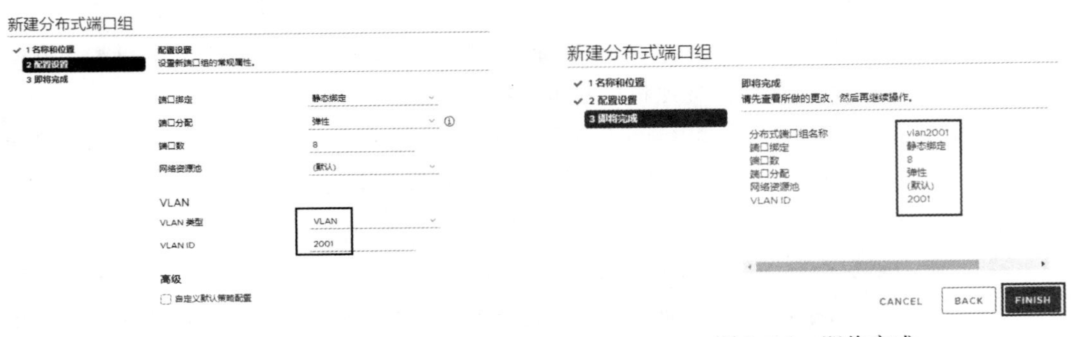

图 2-5-4 配置设置

图 2-5-5 即将完成

参照步骤（1）~（5），创建名为 vlan2002、VLAN ID 为 2002 的端口组。其他的端口组根据需要创建。需要注意，在虚拟交换机创建的端口组，在物理交换机上应该有对应的 VLAN ID。

在分布式交换机上创建端口组时，只需要创建一次即可。如果是在标准虚拟机上创建端口组，需要在每台主机创建。

如果要为虚拟机选择不同的 VLAN，可以修改虚拟机的配置，在“网络适配器”中单击下拉列表选择“浏览”（如图 2-5-6 所示），在弹出的“选择网络”对话框中选择端口组即可，如图 2-5-7 所示。

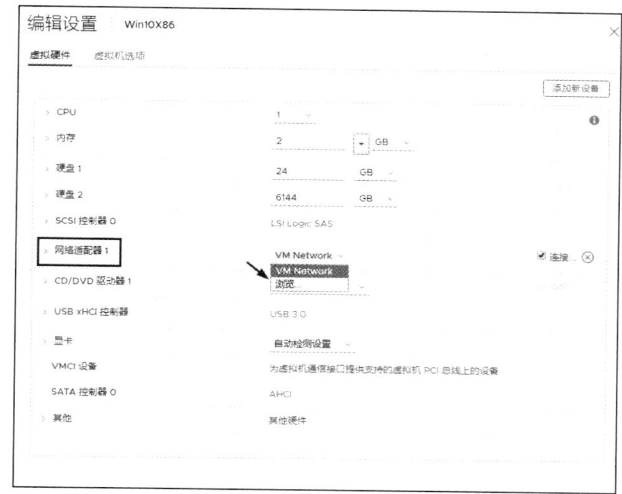

图 2-5-6　编辑设置

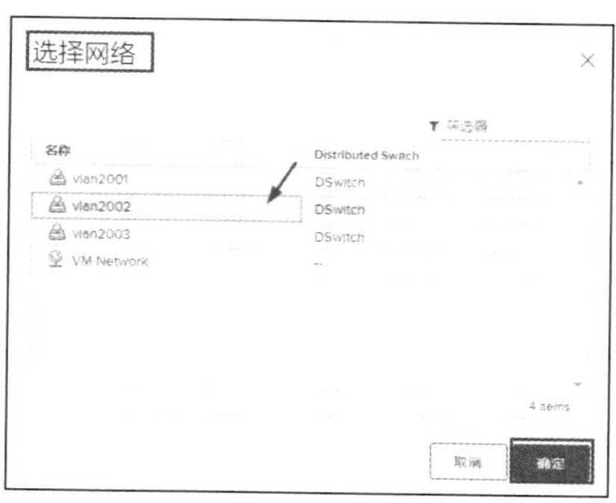

图 2-5-7　选择网络

2.5.2　为企业规划虚拟机模板

“模板”是 VMware 为虚拟机提供的一项功能，可以让用户在其中一台安装好操作系统、应用软件并进行了适当配置的虚拟机的基础上，很方便地“克隆”出多台虚拟机，这减轻了管理员的负担。在配置好 vSphere 虚拟化环境后，通常将企业经常用的操作系统和应用环境配置为虚拟机模板，在需要的时候直接从模板部署虚拟机。

在使用模板之前，需要安装样板虚拟机，并且将该虚拟机转化（或克隆）成“模板”，以后再需要此类虚拟机时，可以以此为模板派生或克隆出多台虚拟机。

VMware ESXi 支持安装了 VMware Tools 的 Windows 及 Linux 等操作系统作为模板。

管理员可以为常用的操作系统创建一个模板备用。对于管理员来说，并且同一类系统创建一个模板即可通用。对于大多数情况下，可供创建模板有以下这些。

（1）WS03R2 模板，安装 32 位的 Windows Server 2003 R2 企业版，该模板可以满足需要 Windows Server 2003 标准版、企业版，Windows Server 2003 R2 标准版、企业版与 Web 版的需求。

（2）WS08X86 模板，安装 32 位的 Windows Server 2008 企业版，该模板可满足 32 位 Windows Server 2008 标准版、企业版的需求。

（3）WS08R2 模板，安装 Windows Server 2008 R2 企业版（只有 64 位版本），该模板可以满足 64 位 Windows Server 2008 与 Windows Server 2008 R2 的需求。

（4）WS12R2 模板，安装 Windows Server 2012 R2 数据中心版，该模板可以满足 64 位 Windows Server 2012、Windows Server 2012 R2 的需求。

（5）WS16 模板，安装 Windows Server 2016 数据中心版，该模板可以满足 64 位 Windows Server 2016 的需求。

（6）WS19 模板，安装 Windows Server 2019 数据中心版，该模板可以满足 64 位 Windows Server 2016 的需求。

（7）Linux 模板，安装符合企业需求的 Linux 操作系统，例如 CentOS、Ubuntu 等。如果需要多种不同的 Linux 发行版，模板名称可以根据安装的操作系统设置名称为 RHEL-TP、CentOS7X64-TP、Ubuntu-TP 等。

此外还需要创建一些安装了工作站操作系统的虚拟机模板。例如 Windows XP、Windows 7、Windows 10 等操作系统的虚拟机环境。

在创建模板虚拟机时，要考虑所创建的虚拟机的用途，并考虑将来虚拟机的扩展性。例如，如果创建的模板虚拟机的 C 盘空间太小，在许多时候可能不能满足需要。通常情况下，为 Windows XP、Windows 2003 等虚拟机的 C 盘分配 40～60 GB 空间可以满足需求，为 Windows 7、Windows 10、Windows Server 2008 R2、Windows Server 2016、Windows Server 2019 等操作系统的 C 盘分配 80～120 GB 可以满足需求。在虚拟化环境中，不建议为虚拟硬盘划分多个分区，建议创建多个硬盘、每个硬盘划分一个分区。大多数情况下，为模板虚拟机分配一个硬盘，并且在这一个硬盘上安装操作系统。从模板部署虚拟机后，如果需要数据分区，应该修改虚拟机的配置，添加虚拟机硬盘，将数据保存在第 2 块硬盘上。使用这种多硬盘的优点是可以随时根据需要，增加或扩展虚拟机硬盘的空间，方便后期的使用与管理。

关于创建虚拟机、在虚拟机中安装操作系统、将虚拟机转换为模板、从模板置备虚拟机在上一章已经有过介绍。本节不介绍这些内容。

在本实验环境中，分别创建 Windows Server 2019 与 Cent OS 7 的虚拟机模板。下面介绍关键的步骤。

（1）使用 vSphere Client 登录到 vCenter，新建虚拟机，设置虚拟机名称为 WS19-TP，如图 2-5-8 所示。

图 2-5-8　设置虚拟机名称

（2）在“自定义硬件”中，为 Windows Server 2019 虚拟机分配 2 个 CPU、4 GB 内存、显示选择自动检测设置，网卡使用 VMXNET3，CPU 与内存启用热插拔功能，如图 2-5-9 所示。

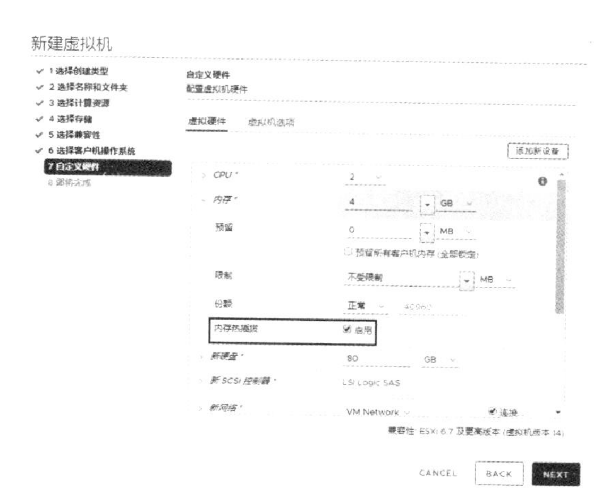

图 2-5-9　自定义硬件

（3）创建虚拟机完成后，在虚拟机中安装 Windows Server 2019 数据中心版。安装完成后，安装 VMware Tools，如图 2-5-10 所示。

（4）对于 Windows Server 操作系统，需要进行优化。执行 gpedit.msc，在“本地计算机策略→计算机配置→Windows 设置→安全设置→账户策略→密码策略”中，将“密码最长使用期限”从默认的 42 天改为 0，如图 2-5-11 所示。

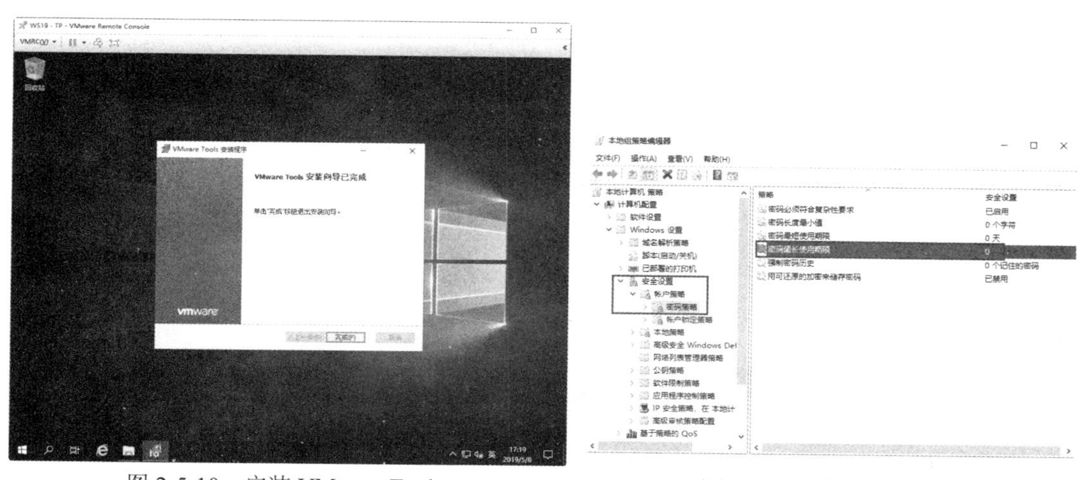

图 2-5-10　安装 VMware Tools　　　图 2-5-11　密码永不过期

（5）在“本地计算机策略→计算机配置→Windows 设置→安全设置→本地策略→安全选择”中，将“交互式登录：无须按 Ctrl + Alt + Del”设置为“已启用”，如图 2-5-12 所示。

（6）在“计算机管理”的“存储→磁盘管理”中，将光驱盘符从默认的 D 调整为一个比较靠后的盘符，例如为 G，这样将为以后的数据盘或其他磁盘预留 D、E、F 等盘符，如图 2-5-13 所示。

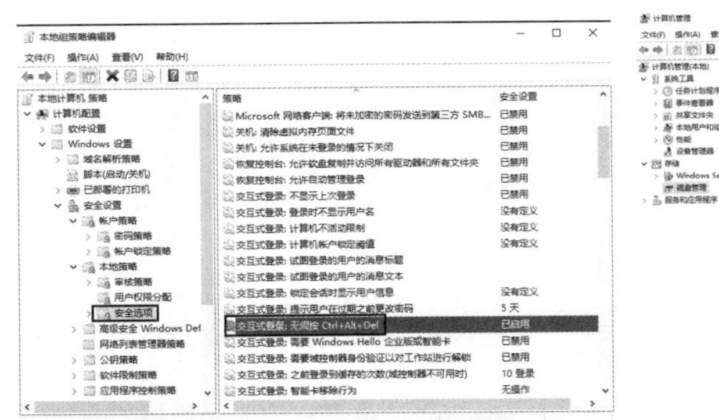

图 2-5-12　交互式登录

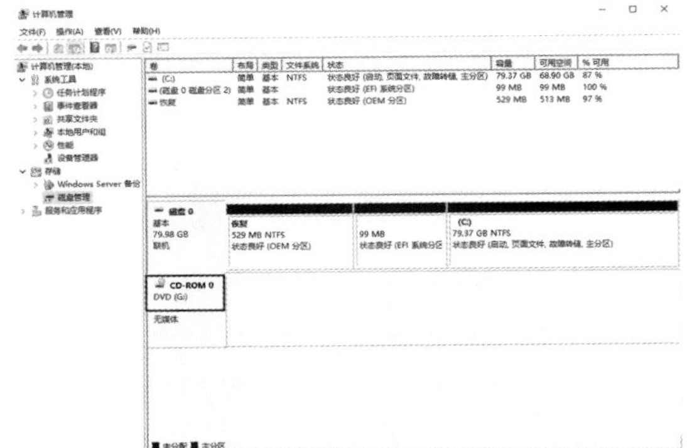

图 2-5-13　修改光驱盘符

（7）修改完成后重新启动虚拟机，再次进入操作系统后打开网络和连接，查看网卡信息是否是 VMXNET3，该网卡支持 10 Gbit/s，如图 2-5-14 所示。

（8）在企业网络中，需要为 Windows 配置 KMS 服务器用来激活网络中的 Windows 操作系统和 Office 软件。本节中的 Windows Server 2019 也是通过 KMS 激活的，如图 2-5-14 所示。最后在这台服务器中安装常用软件，安装完成后关闭虚拟机，将这台计算机转换为模板。

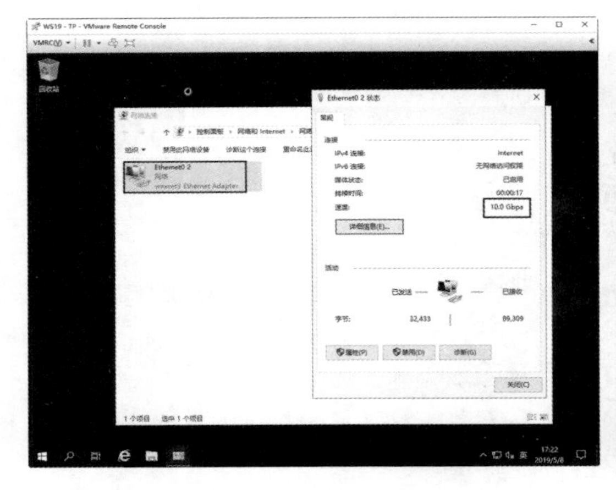

图 2-5-14　检查网卡

图 2-5-15　激活 Windows

创建 Cent OS 7 虚拟机的主要步骤如下。

（1）在 vSphere Client 中新建虚拟机，设置虚拟机名称为 CentOS7X64-TP，如图 2-5-16 所示。

（2）在“选择客户机操作系统”对话框选择 Linux、CentOS 7（64 位），如图 2-5-17 所示。

（3）在“自定义硬件”中为 Linux 的虚拟机分配 2 个 CPU、2 GB 内存、60 GB 虚拟硬盘，显卡选择“自动检测设置”，启用 CPU 与内存的热插拔功能，如图 2-5-18 所示。

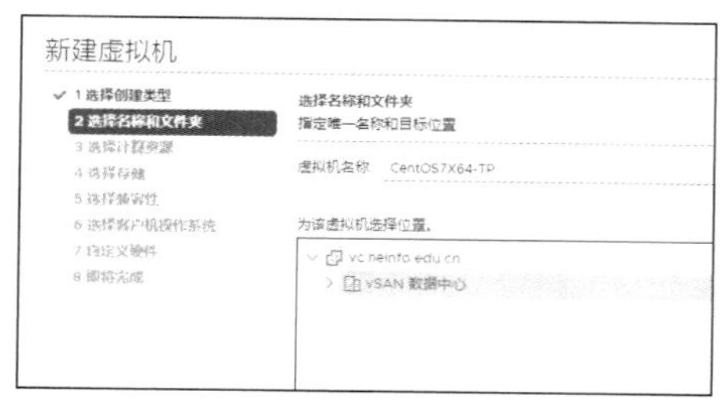

图 2-5-16　设置虚拟机名称

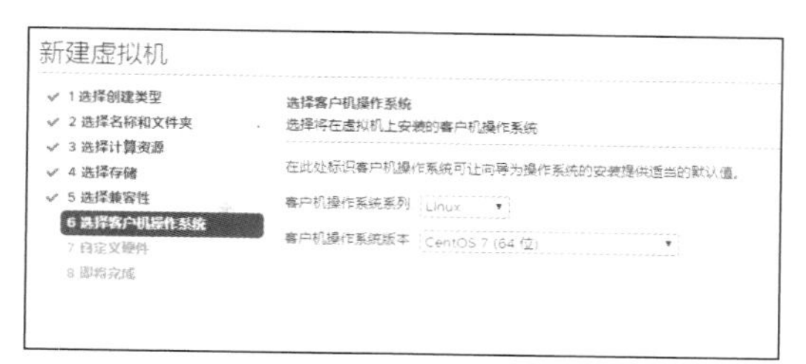

图 2-5-17　选择客户机操作系统

（4）创建完虚拟机之后，打开虚拟机的电源，加载 Cent OS 7 的 ISO 启动虚拟机，进入 Cent OS 7 的安装界面，如图 2-5-19 所示。

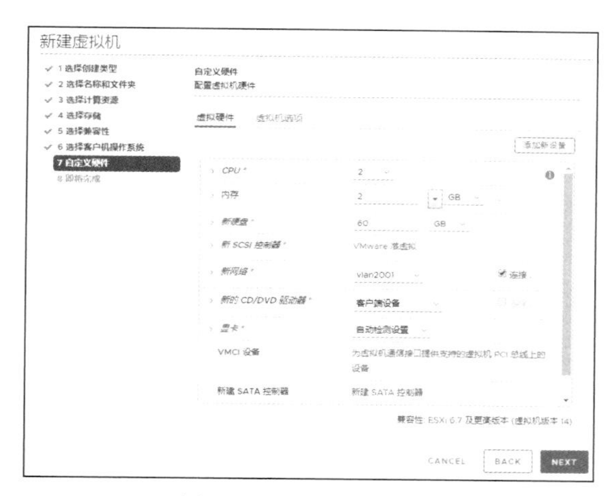

图 2-5-18　自定义硬件

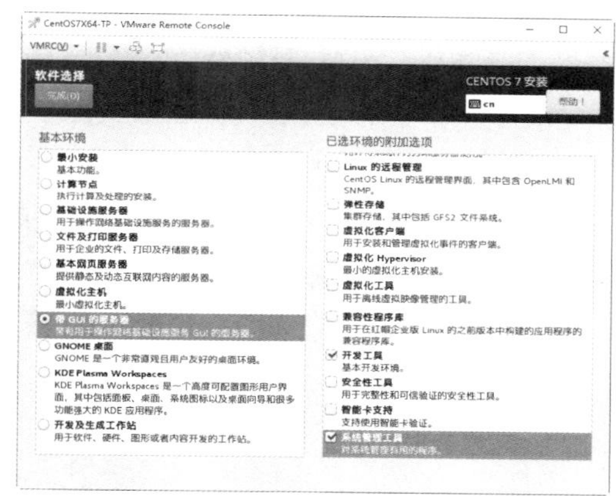

图 2-5-19　选择组件进行安装

（5）根据需要选择安装组件，然后开始安装 Linux（如图 2-5-20 所示），直到安装完成（如图 2-5-21 所示）。安装完成后关闭 Linux 虚拟机，将其转换为模板。

图 2-5-20　安装 Linux

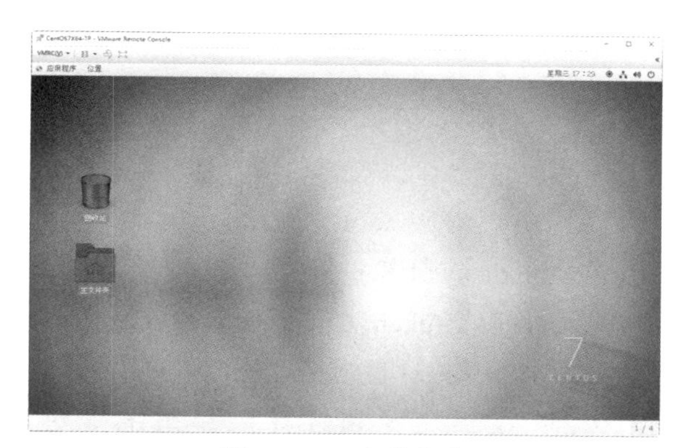

图 2-5-21　安装完成

如果要查看虚拟机和模板，可以在 vSphere Client 导航器中选中数据中心或 vCenter

Server 根目录，然后单击“”图标，在“虚拟机→文件夹中的虚拟机模板”中查看当前环境中的模板，如图 2-5-22 所示。

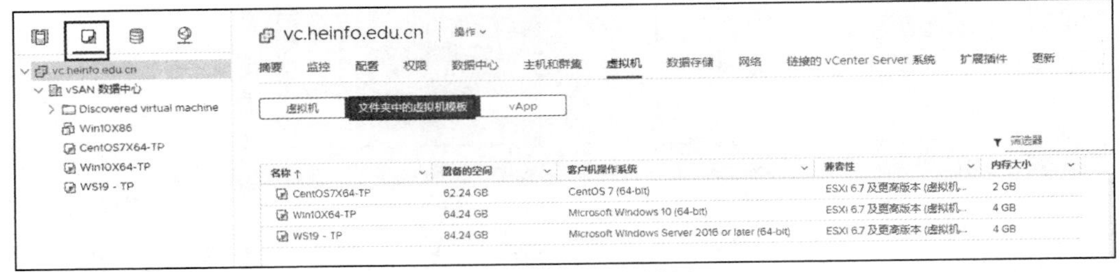

图 2-5-22　虚拟机模板

用鼠标右键单击模板，在弹出的快捷菜单中可以进行从此模板新建虚拟机、将模板转换为虚拟机、克隆为模板等操作，如图 2-5-23 所示。

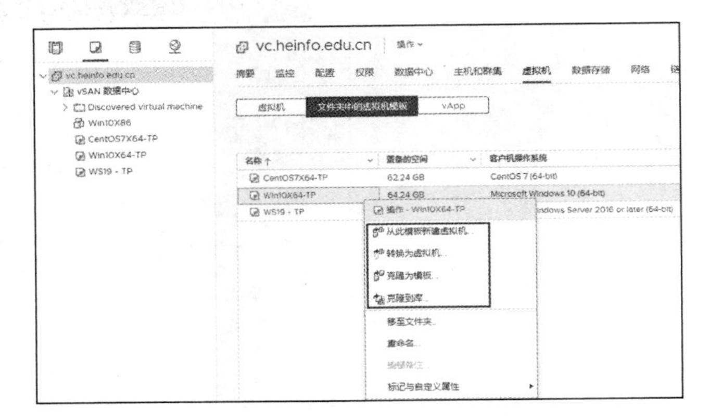

图 2-5-23　对模板操作

下面从实际需求的角度介绍模板的使用。

2.5.3　创建自定义规范

从模板创建虚拟机的时候，可以定制计算机的名称和 IP 地址，这需要使用自定义规范。本节分别为 Windows 与 Linux 的虚拟机创建自定义规范。首先为分配 vlan2001 的 IP 地址的 Windows 计算机创建自定义规范。

（1）使用 vSphere Client 登录到 vCenter Server，在“主页”菜单中选择“策略和配置文件”，在“虚拟机自定义规范”中单击“新建”链接，如图 2-5-24 所示。

（2）在“名称和目标操作系统”对话框的“名称”中，设置规范名称为 Windows-VLAN2001，在“目标客户机操作系统”中选择 Windows，选中“生成新的安全身份（SID）”复选框，如图 2-5-25 所示。

（3）在“注册信息”对话框中输入所有者名称和所有者组织，如图 2-5-26 所示。

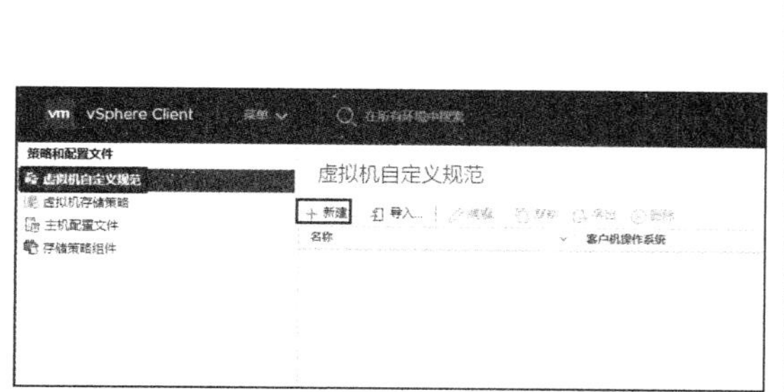

图 2-5-24　新建自定义规范

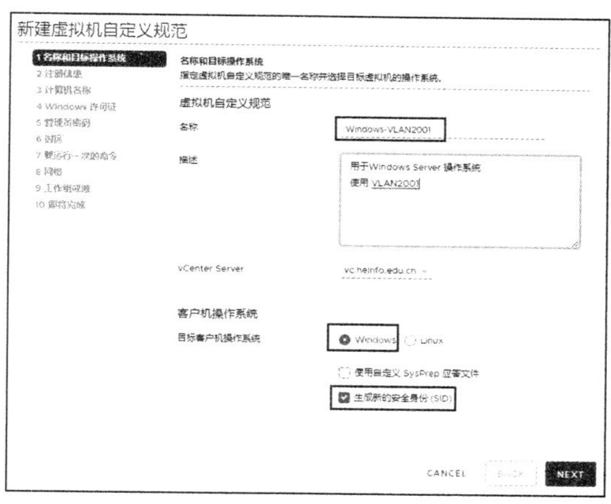

图 2-5-25　设置规范名称

（4）在“计算机名称”对话框中选择“在克隆/部署向导中输入名称”单选按钮，如图 2-5-27 所示。

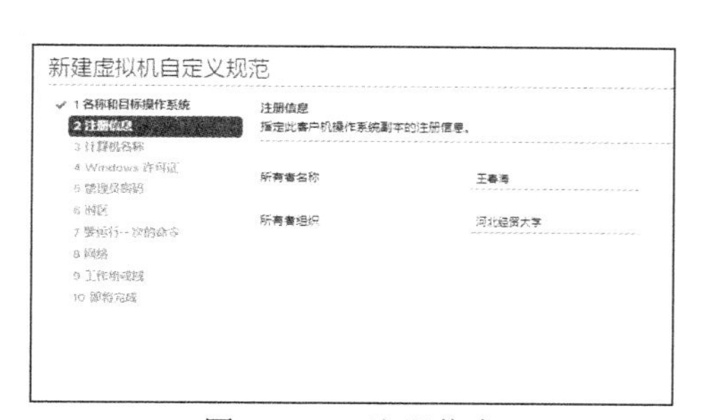

图 2-5-26　注册信息

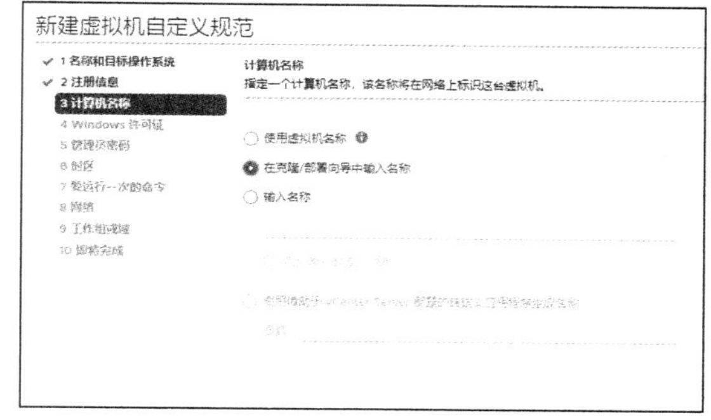

图 2-5-27　计算机名称

（5）在“Windows 许可证”中选择“包括服务器许可证信息（需要用来自定义服务器客户机操作系统）”复选框，最大连接数根据需要设置，例如设置为 200。产品密钥一行留空，这样将使用模板虚拟机的序列号，如图 2-5-28 所示。

（6）在“管理员密码”对话框中设置虚拟机的 Administrator 账户的密码，如图 2-5-29 所示。对于 Windows Server 2008 R2 及其以后操作系统的部署，在从模板部署成功之后都需要重新设置密码。所以在此设置的密码意义不大。

（7）在“时区”对话框选择“北京，重庆，香港特别行政区，乌鲁木齐”时区，如图 2-5-30 所示。

（8）在“要运行一次的命令”对话框保留默认值。

（9）在“网络”对话框选择“手动选择自定义设置”单选按钮，单击“⋮”按钮编辑网络设置，如图 2-5-31 所示。

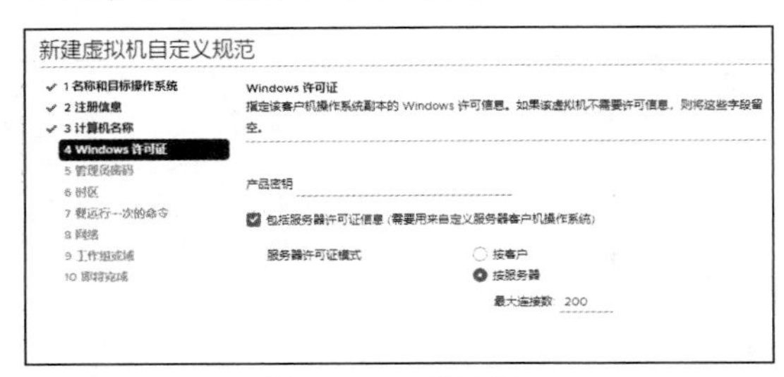

图 2-5-28　许可证

图 2-5-29　设置管理员密码

图 2-5-30　时区

图 2-5-31　编辑网络设置

（10）在“编辑网络”对话框的“IPv4”选项卡中，选择“当使用规范时，提示用户输入 IPv4 地址”单选按钮，在“子网和网关”选项中输入 vlan2001 网段的子网掩码、默认网关、备用网关地址，如图 2-5-32 所示。

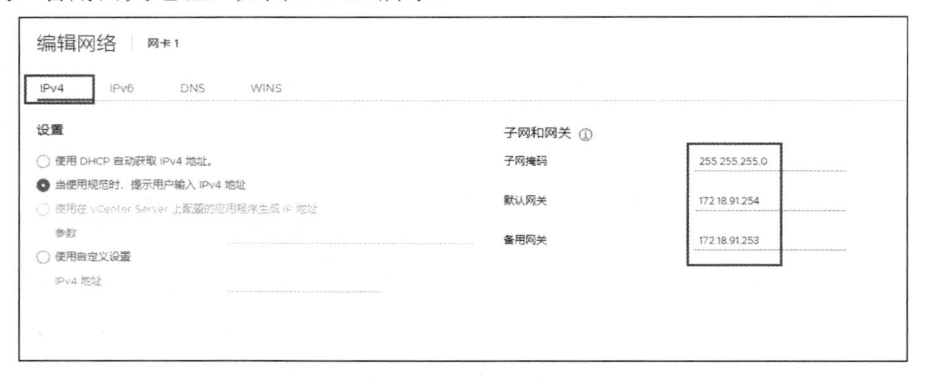

图 2-5-32　IPv4 设置

（11）在“IPv6”选项卡中选择“不使用 IPv6”。在“DNS”选项卡中，设置 DNS 地址和添加 DNS 后缀，本示例中 DNS 服务器地址是 172.18.96.1、172.18.96.4，DNS 后缀是 heinfo.edu.cn，如图 2-5-33 所示。设置完成后单击“确定”按钮。

（12）在“工作组或域”对话框中选择“工作组”，如图 2-5-34 所示。如果当前计算机需要加入域，应选择“Windows 服务器域”，并输入域名、域管理员的账户和密码。

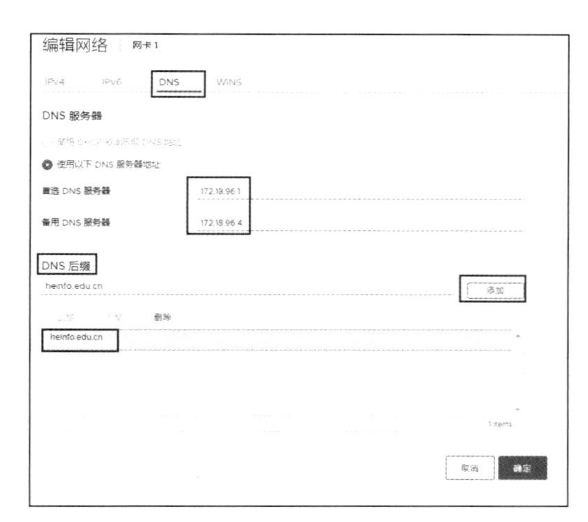

图 2-5-33　编辑网络

图 2-5-34　工作组或域

（13）在“即将完成”对话框中显示了创建的自定义规范的信息，检查无误之后单击“FINISH”按钮，如图 2-5-35 所示。

图 2-5-35　创建自定义规范完成

在为 VLAN2001 创建了自定义规范后，还可以将该规范复制为一个新规范，通过修改规范为其他 vlan 服务。

（1）在“虚拟机自定义规范”对话框中选中名为 Windows-VLAN2001 的规范，单击“复制”按钮，如图 2-5-36 所示。

（2）在弹出的“复制虚拟机自定义规范”对话框的“名称”栏中显示新的规范命令，本示例命名为 Windows-VLAN2002，如图 2-5-37 所示。单击“确定”按钮。

图 2-5-36　复制规范

图 2-5-37　为新规范命名

（3）选中新复制的规范，单击“编辑”按钮，如图 2-5-38 所示。

（4）在“Windows-VLAN2002-编辑”对话框中单击“网络”，然后单击“⋮”按钮编辑网络设置，如图 2-5-39 所示。

图 2-5-38　编辑规范

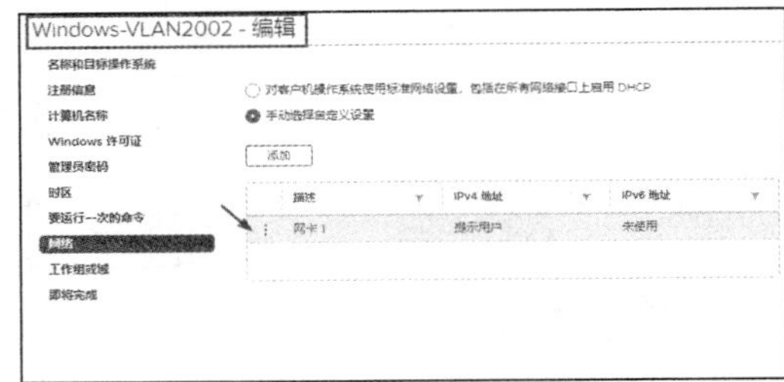

图 2-5-39　编辑网络

（5）在“编辑网络”对话框的“IPv4”选项卡中的“子网和网关”中，将子网掩码、默认网关和备用网关改为 VLAN2002 的设置，如图 2-5-40 所示。设置完成后单击“确定”按钮。

在修改了 Windows-VLAN2002 的自定义规范之后，为 Linux 操作系统创建规范。

（1）在“新建虚拟机自定义规范”对话框的“名称”中输入 Linux，在“目标客户机操作系统”选择 Linux，如图 2-5-41 所示。

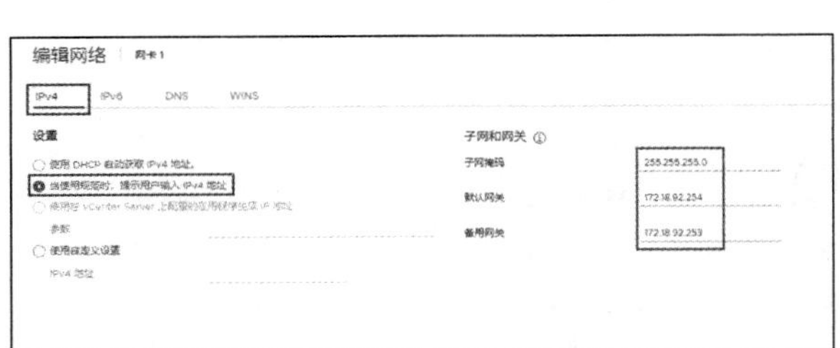

图 2-5-40　修改网关地址为 VLAN2002 的网关地址

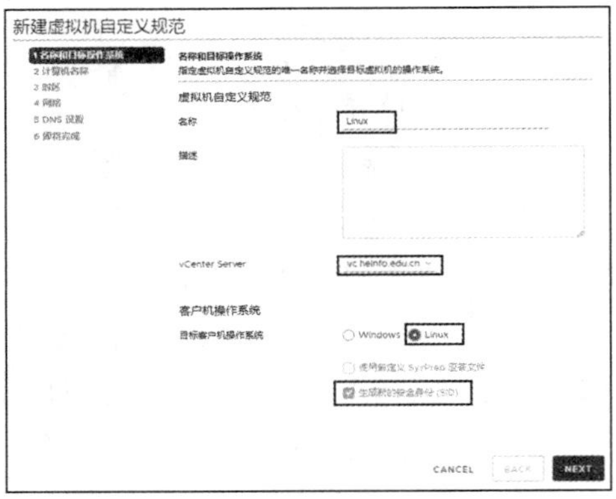

图 2-5-41　为 Linux 创建自定义规范

（2）在“计算机名称”对话框中选择“在克隆/部署向导中输入名称”单选按钮，如图 2-5-42 所示。

（3）在“时区”对话框的“区域”中选择亚洲，在“位置”下拉列表中选择上海，如图 2-5-43 所示。

（4）在“网络”对话框选择“手动选择自定义设置”，单击“⋮”按钮编辑网络设置。

（5）在“编辑网络”对话框的“IPv4”选项卡中，选择“当使用规范时，提示用户输入 IPv4 地址”单选按钮，在“子网和网关”选项中输入 vlan2003 网段的子网掩码、默认网关、备用网关地址，如图 2-5-44 所示。本示例中将把 Linux 部署在 VLAN2003 的网段中。

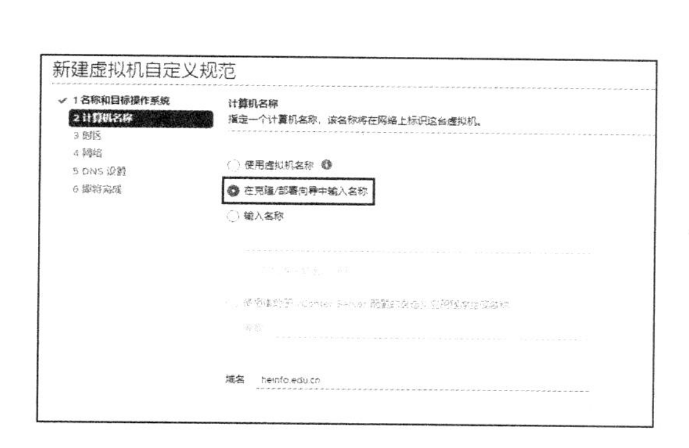

图 2-5-42　计算机名称

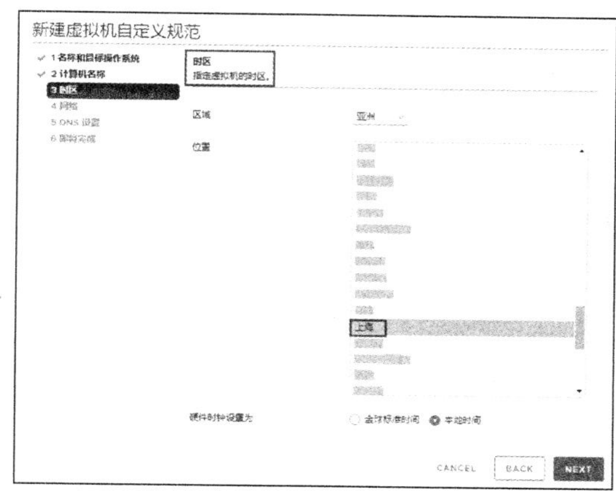

图 2-5-43　时区

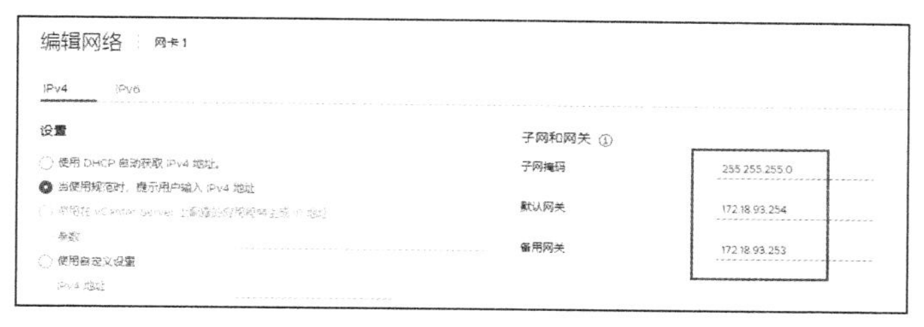

图 2-5-44　IPv4 设置

（6）在“DNS 设置”对话框中，设置 DNS 地址和添加 DNS 搜索路径，本示例中 DNS 服务器地址是 172.18.96.1，DNS 搜索路径是 heinfo.edu.cn，如图 2-5-45 所示。设置完成后单击“确定”按钮。

（7）在“即将完成”对话框中显示了创建的自定义规范的信息，检查无误之后单击“Finish”按钮，如图 2-5-46 所示。

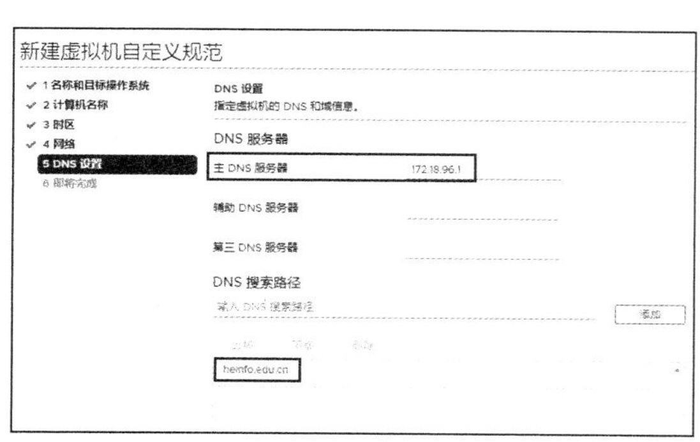

图 2-5-45　DNS 设置

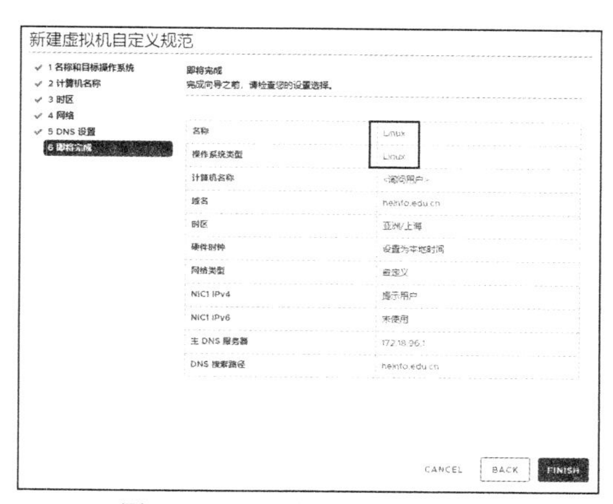

图 2-5-46　创建自定义规范完成

2.5.4 从模板定制置备虚拟机

作者总结在企业中使用虚拟化的经验发现，虽然在为企业规划虚拟化环境时，已经预留了足够的资源（规划时是根据企业当前的实际使用需求的 5～10 倍资源来进行规划），但使用不久发现，资源尤其是内存报警。除了一些无用的虚拟机运行占用资源外，另一个主要的原因就是客户在创建虚拟机时为虚拟机超量分配了资源。例如，一些单位的应用，在物理机运行时，其物理机是 2 个 CPU、32 GB 内存，实际使用中 CPU 使用率在 5% 以下，内存在 4 GB 以下、硬盘使用空间在 200 GB 以下。将这种配置的物理机使用 P2V 工具虚拟化后，为虚拟机分配 4 个 vCPU、8 GB 内存、500 GB 硬盘已经足够，但用户还是按照使用物理机情况进行分配，动辄为虚拟机分配 16 或 32 个 CPU，32 GB 甚至 64 GB、128GB 内存，这严重浪费了虚拟化的资源。在虚拟化中，CPU 过量分配，如果虚拟机使用的 CPU 很低，不使用的 CPU 资源实际上并不占用主机 CPU 资源。但为虚拟机分配的内存即使虚拟机用不了，只要虚拟机启动，这些内存也会从 ESXi 主机总的内存资源池中分配出去。

为了避免过度分配资源，为虚拟机分配 CPU、内存与硬盘空间时，建议内存与硬盘空间按照最高使用量的 2 倍进行分配，CPU 可以适当多分配一些，但也不要过度。为虚拟机分配 4～8 个 CPU 可以满足大多数的需求。同时，由于虚拟机支持内存、硬盘、CPU 的热插拔，当资源不够时可以通过修改虚拟机的配置来增加这些参数，所以完全没必要超量配置虚拟机。下面通过具体的需求介绍从模板置备虚拟机的方法。

示例：当前配置了 Windows Server 2019 的虚拟机，模板虚拟机有一个硬盘，大小为 80 GB，有一个分区并安装了 Windows Server 2019 的操作系统。

需求：用户需要配置一台 Windows Server 2019 的虚拟机，安装 SQL Server 数据库，要求为虚拟机配置 8 个 CPU、128 GB 内存，数据盘需要 500 GB 的硬盘空间。

Windows 操作系统运行的时候，交换文件占用的空间一般是内存容量的 1～1.5 倍，交换文件默认保存在系统磁盘。在使用 Windows 的虚拟机时要考虑这个问题。如果虚拟机内存为 128 GB，系统文件的空间应该在 80 GB 的基础上扩展 128～192 GB，所以系统磁盘需要在 208～272 GB，取整可以扩大到 300 GB。数据磁盘需要 500 GB，初期可以分配 800～1 000 GB。考虑到后期的容量扩充可能超过 2 TB，在创建数据磁盘的时候应使用 GPT 分区。

（1）在 vSphere Client 中用鼠标右键单击某个数据中心、群集或某台主机，在弹出的快捷菜单中选择“新建虚拟机”命令，如图 2-5-47 所示。

（2）在“选择创建类型”对话框中选择“从模板部署”，如图 2-5-48 所示。

（3）在“选择模板”对话框中的“数据中心”选项组中，选择名为 WS19-TP 的模板，如图 2-5-49 所示。

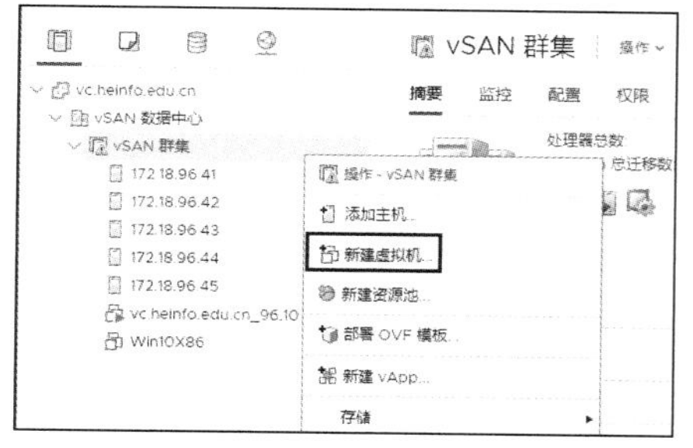

图 2-5-47　新建虚拟机

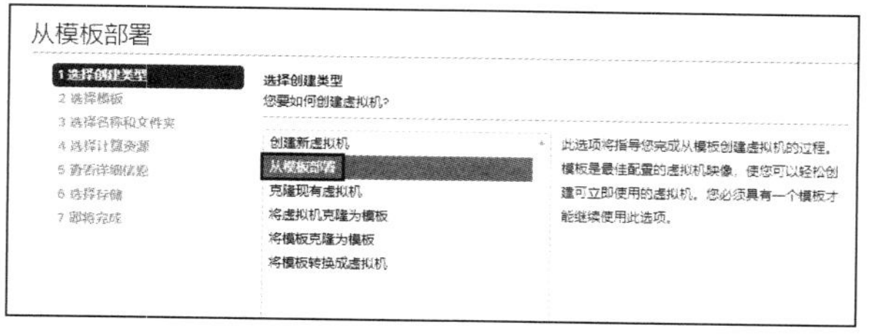

图 2-5-48　从模板部署

（4）在“选择名称和文件夹”对话框的“虚拟机名称”文本框中输入虚拟机的名称，本示例为 WS19_SQL_91.101，如图 2-5-50 所示。这表示创建的是一台操作系统为 Windows Server 2019、准备安装 SQL Server 数据库、计算机的 IP 地址为 172.18.91.101。

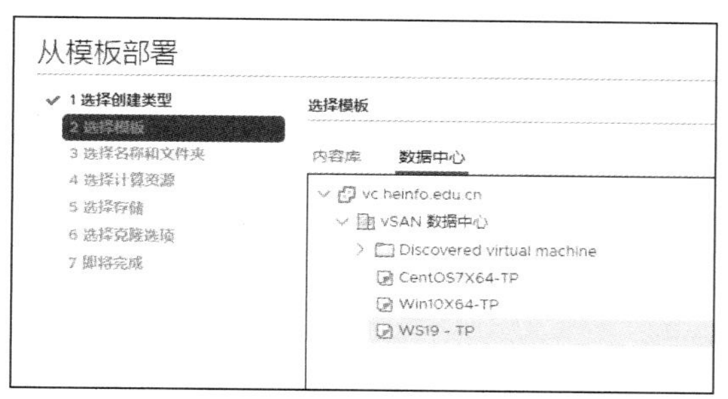

图 2-5-49　选择模板

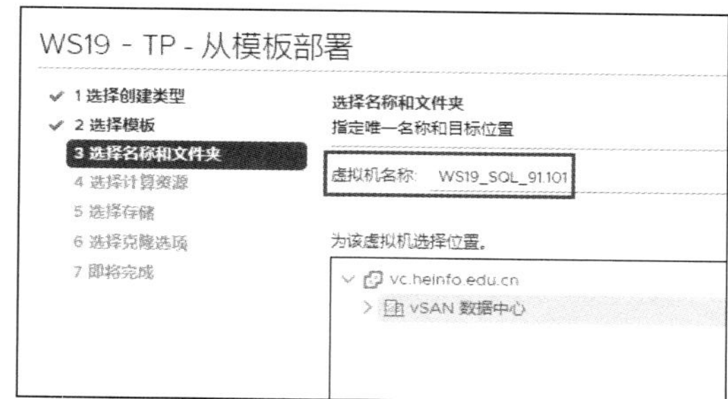

图 2-5-50　设置虚拟机名称

（5）在“选择克隆选项”对话框中选择“自定义操作系统”“自定义此虚拟机的硬件”“创建后打开虚拟机电源”复选框，如图 2-5-51 所示。

（6）在“自定义客户机操作系统”对话框中选择名为 Windows-VLAN2001 的自定义规范，如图 2-5-52 所示。

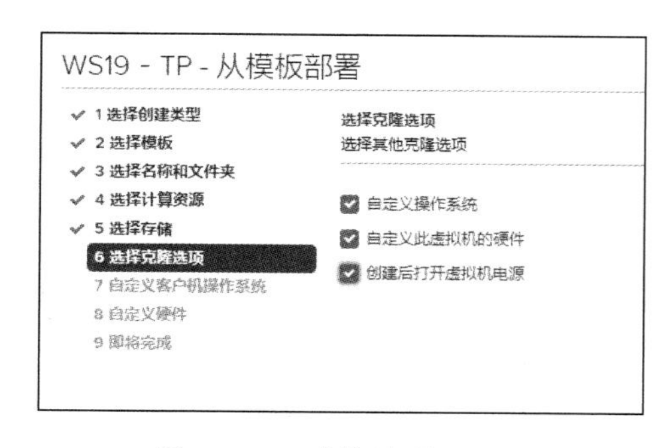

图 2-5-51　克隆选项

图 2-5-52　选择自定义规范

（7）在“用户设置”对话框的“计算机名称”中设置计算机名称，本示例为 SQLSer01，在“网络适配器设置”中的 IPv4 地址中输入为虚拟机规划的 IP 地址 172.18.91.101，如

图 2-5-53 所示。

（8）在“自定义硬件”对话框中，为虚拟机选择 2 个 CPU、4 GB 内存，修改 Hard Disk1 参数为 300 GB，修改 Network adapter 1 为 VLAN2001，然后单击“添加新设备→硬盘”，添加一个新硬盘并设置新硬盘大小为 800 GB，如图 2-5-54 所示。

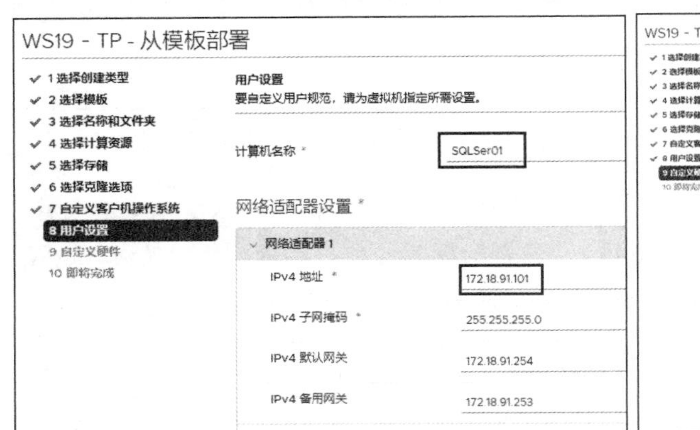

图 2-5-53 设置计算机名称和 IP 地址

图 2-5-54 自定义虚拟机硬件

（9）在“即将完成”对话框中显示了从模板新建虚拟机的选项，检查无误之后单击“FINISH”按钮，如图 2-5-55 所示。

（10）当虚拟机置备完成后，打开虚拟机控制台，在第一次登录时直接使用空密码登录，此时系统提示需要更改密码，如图 2-5-56 所示。为新置备的虚拟机设置新的管理员密码。

图 2-5-55 即将完成

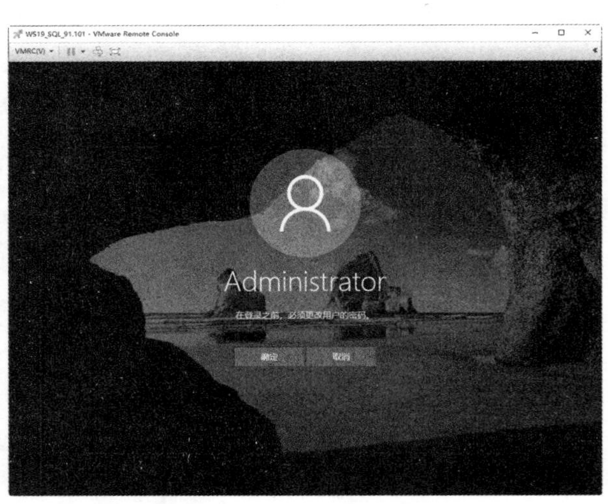

图 2-5-56 初次登录须更改密码

（11）进入系统之后打开“控制面板→系统和安全→系统”查看计算机名称是置备虚拟机时指定的名称，打开“网络连接详细信息”查看 IP 地址也是置备虚拟机时规划的 IP 地址，如图 2-5-57 所示。

（12）在“运行”中执行 diskmgmt.msc 进入“磁盘管理”界面，此时可看到两块磁盘，一块是 300 GB 的磁盘，另一块为 800 GB 的磁盘。磁盘 0 是从 80 GB 扩展 300 GB，所以在 C 分区后面有 220 GB 的空闲空间，磁盘 1 是新添加的还没有配置，所以是脱机状态，如图 2-5-58 所示。

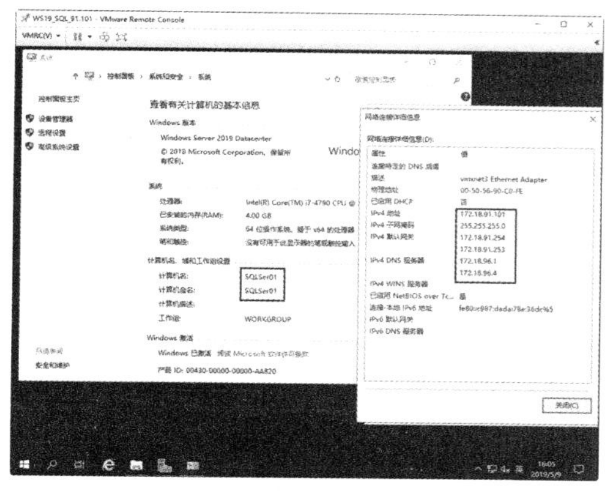

图 2-5-57　查看计算机名称和 IP 地址

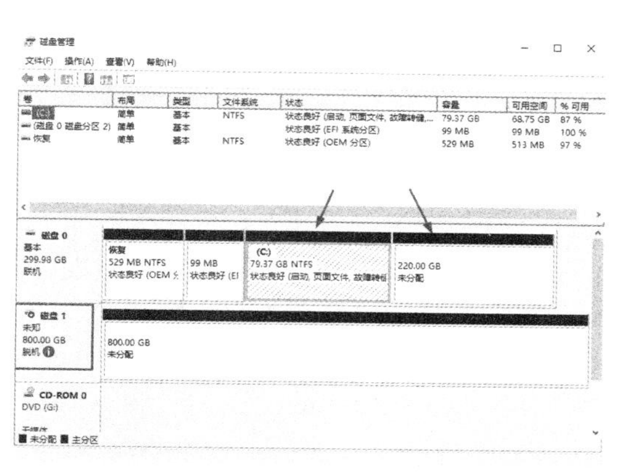

图 2-5-58　系统部署完现状

（13）用鼠标右键单击 C 盘，在弹出的快捷菜单中选择“扩展卷”命令，然后按照向导将 C 盘扩展到 300GB。

（14）用鼠标右键单击“磁盘 1”，在弹出的快捷菜单中选择“联机”命令；等磁盘联机之后再次用鼠标右键单击，在弹出的快捷菜单中选择“初始化磁盘”命令，在弹出的“初始化磁盘”对话框中为所选磁盘选择 GPT 分区，如图 2-5-59 所示。

（15）在初始化磁盘之后为磁盘 1 新建卷并为其分配盘符为 D，如图 2-5-60 所示，这是扩展 C 盘、创建 D 盘之后的截图。

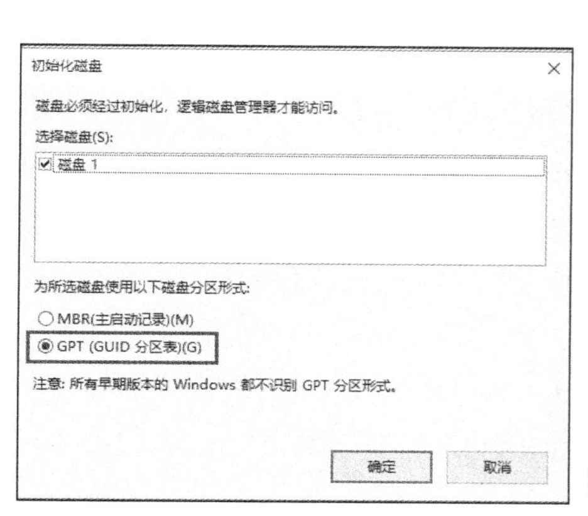

图 2-5-59 使用 GPT 分区初始化磁盘

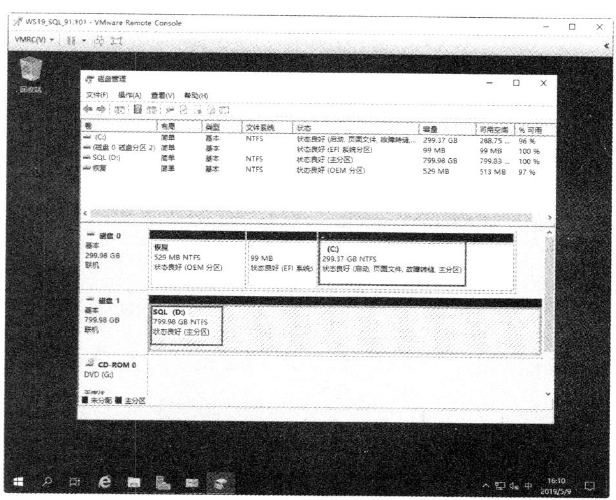

图 2-5-60　配置完磁盘之后截图

2.5.5 在虚拟机运行期间增加内存、CPU 与扩展硬盘空间

需求：使用一段时间之后发现 CPU、内存不足，硬盘也需要进一步扩容，当硬盘容量在 2 TB 以内时，可以在第 2 块磁盘扩容。当容量超过 2 TB 后，将当前数据磁盘扩容到 2 TB 后，添加新的磁盘组成扩展卷方式进行扩容。在配置模板的时候，为虚拟机启用了 CPU 与内存的热插拔，则在虚拟机中运行的时候可以添加内存和 CPU。需要注意，在添加 CPU 的时候只能添加 CPU 的插槽数量（相当于物理机的 CPU 个数），不能修改 CPU 的内核数（每 CPU 内核）。

（1）在 vSphere Client 中用鼠标右键单击名为 WS19_SQL_91.101 的虚拟机，在弹出的快捷菜单中选择“编辑设置”，单击 CPU 选项前的箭头展开 CPU 选项，可以看到“CPU 热插拔”右侧的“启用 CPU 热添加”已经选中。当前虚拟机配置为 2 个 vCPU（插槽数为 1，每个插槽内核数为 2），如图 2-5-61 所示。

（2）检查查看 CPU、内存、硬盘的配置，当前为 2 个 CPU、4 GB 内存、硬盘 1 容量为 300 GB、硬盘 2 容量为 800 GB，如图 2-5-62 所示。

图 2-5-61　CPU 选项　　　　图 2-5-62　当前虚拟机配置

（3）本示例中将为虚拟机中的 D 盘从 800 GB 扩展到 3 TB。将硬盘 2 容量修改为 2 TB，再添加一块硬盘，新添加的硬盘容量设置为 1 TB，同时修改 CPU 为 4，内存为 6 GB，如图 6-63 所示。修改完成后单击“确定”按钮完成设置。

（4）打开虚拟机控制台，在“计算机管理”中展开到“存储→磁盘管理”，可以看到修改虚拟机配置之后的参数，如图 2-5-64 所示。

（5）将硬盘 2 联机、初始化（使用 GPU 分区），然后扩展 D 盘的空间，将磁盘 1 后面的 1248 GB、磁盘 2 的 1023.98 GB 扩展到 D 盘，扩展之后 D 盘为 3 TB，如图 2-5-65 所示。

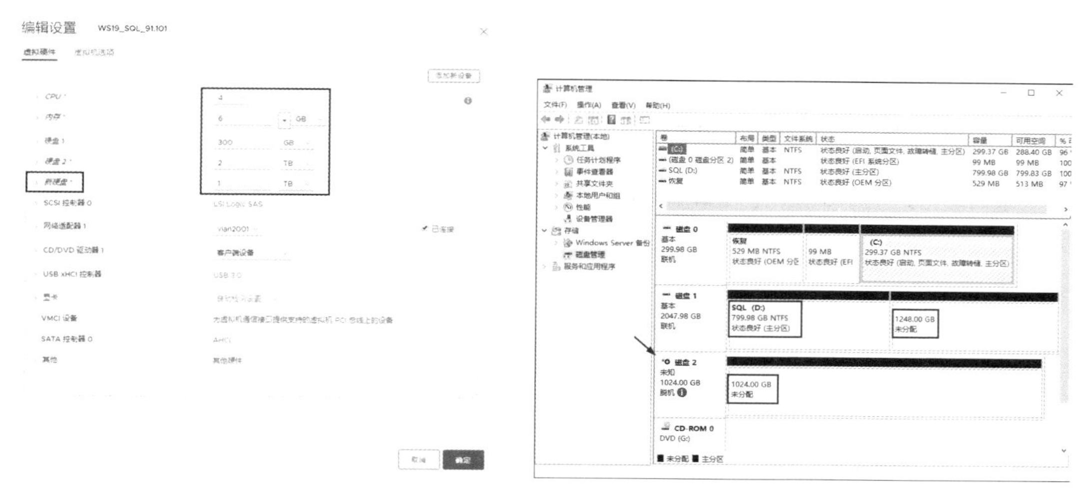

图 2-5-63　修改虚拟机配置　　　图 2-5-64　扩展硬盘之后参数

（6）打开“任务管理器”查看扩展 CPU、内存之后的参数，如图 2-5-66 所示。可以看到 CPU 与内存已经扩充。

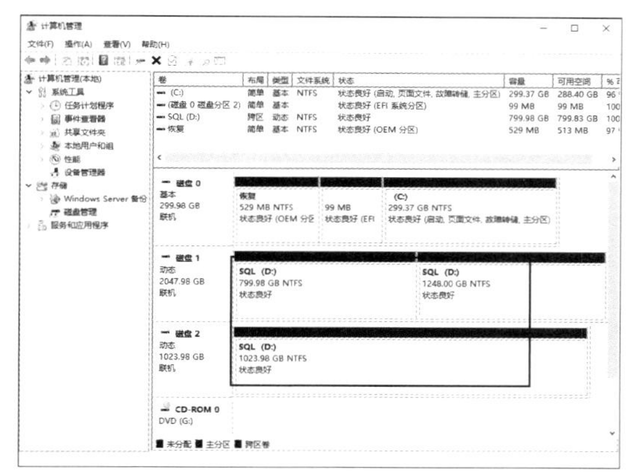

图 2-5-65　扩展 D 盘

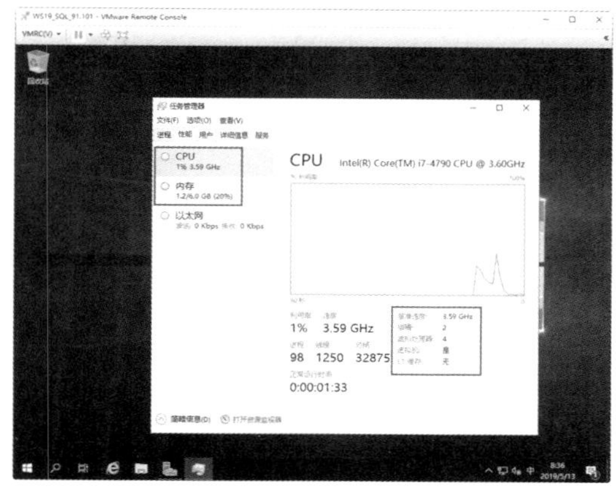

图 2-5-66　查看 CPU 与内存

2.5.6　资源池

资源池是灵活管理资源的逻辑抽象。资源池可以分组为层次结构，用于对可用的 CPU 和内存资源按层次结构进行分区。

每个独立主机和每个 DRS 群集都具有一个（不可见的）根资源池，此资源池对该主机或群集的资源进行分组。根资源池之所以不显示，是因为主机（或群集）与根资源池的资源总是相同的。

用户可以创建根资源池的子资源池，也可以创建用户创建的任何子资源池的子资源池。每个子资源池都拥有部分父级资源，然而子资源池也可以具有各自的子资源池层次结构，每个层次结构代表更小部分的计算容量。

一个资源池可包含多个子资源池和/或虚拟机。用户可以创建共享资源的层次结构。处于较高级别的资源池称为父资源池。处于同一级别的资源池和虚拟机称为同级。群集本身表示 root 资源池。如果不创建子资源池，则只存在根资源池。

对于每个资源池，均可指定预留、限制、份额，以及是否可扩展。随后该资源池的资源将可用于子资源池和虚拟机。

在虚拟化环境中，主机和群集所提供的资源在大多数的情况下都是足够的，所以不会出现资源争用的情况。只有当主机和群集提供的资源不够时，分配到每台虚拟机的资源是由虚拟机的配置、虚拟机所在资源池的份额、资源池中虚拟机的数量按比例分配。本节先介绍资源池的创建，以及将虚拟机移入资源池的方法，然后介绍出现资源争用下资源的分配方式。

在生产环境中，一般是根据虚拟机的用途或所在部门创建资源池，简单来说，可以将资源池看成“文件夹”，将虚拟机分类放在不同的资源池中，方便管理与维护。

（1）在当前的演示环境中 5 台主机组成 vSAN 群集，在群集中有 4 台虚拟机，如图 2-5-67 所示。

（2）用鼠标右键单击 vSAN 群集，在弹出的快捷菜单中选择“新建资源池”命令，如图 2-5-68 所示。

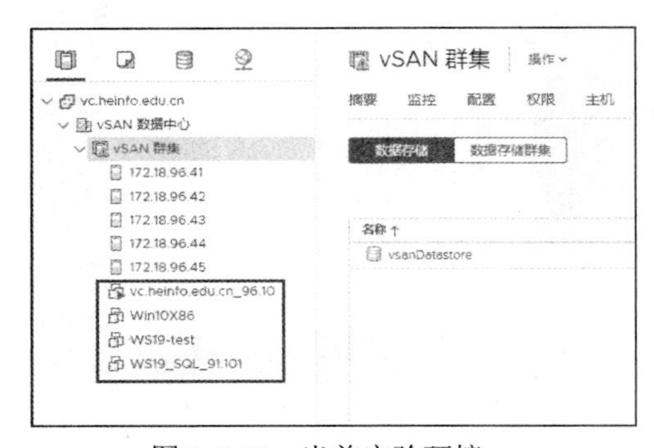

图 2-5-67　当前实验环境

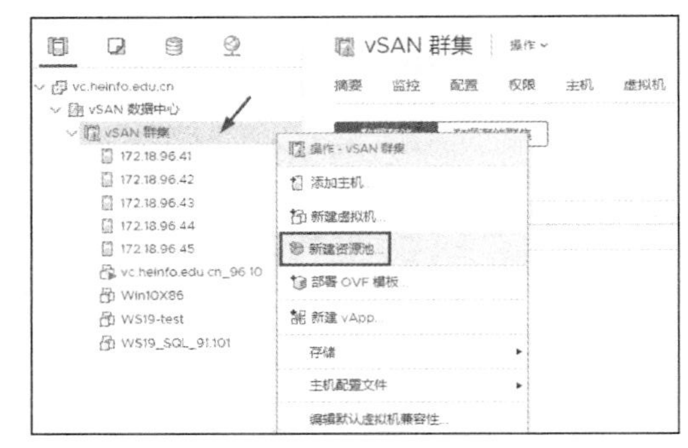

图 2-5-68　新建资源池

（3）在“新建资源池”对话框的“名称”文本框中为新建资源池命名，本示例中创建的第一个资源池名为 manage。资源池中的资源是 CPU 和内存，可以为资源配置份额：低、正常、高、自定义，其中低、正常、高的分配比较为 1∶2∶4。还可以为资源设置预留和限制。在“预留”选项中为此资源池指定保证的 CPU 或内存分配量，默认值为 0。在设置了非零预留后将从父级（主机或资源池）的未预留资源中减去，这些资源被认为是预留资源，无论虚拟机是否与该资源池关联。在“限制”选项中指定此资源池的 CPU 或内存分配量的上限，默认为无限制。本示例中 CPU 与内存都使用默认值，如图 2-5-69 所示。

（4）创建资源池之后，可以用鼠标选中虚拟机将其拖动到资源池中，如图 2-5-70 所示，这是将名为 vc.heinfo.edu.cn_96.10 的虚拟机移入名为 manage 的资源池。这个资源池用来放置管理用的虚拟机。

图 2-5-69　创建名为 manage 的资源池　　　　图 2-5-70　将虚拟机移动到资源池

（5）参照步骤（2）、（3），再次创建名为 Server 与 Test 的资源池，将 Win10X86、WS19_SQL_91.101 移入名为 Server 的资源池，将 WS19-test 移入名为 Test 的资源池，如图 2-5-71 所示。

图 2-5-71　创建多个资源池

（6）图 2-5-72 是某 vSphere 虚拟化环境根据用途创建的多个资源池，将同一个应用放在同一个资源池中。

（7）除了可以为资源池设置份额与限制外，还可以为虚拟机设置份额。修改虚拟机的配置，在 CPU 与内存选项中有“份额”设置，默认为正常，可以在低、正常、高、自定义之间设置，如图 2-5-73 所示。可以为每台虚拟机的 CPU、内存分别设置份额。

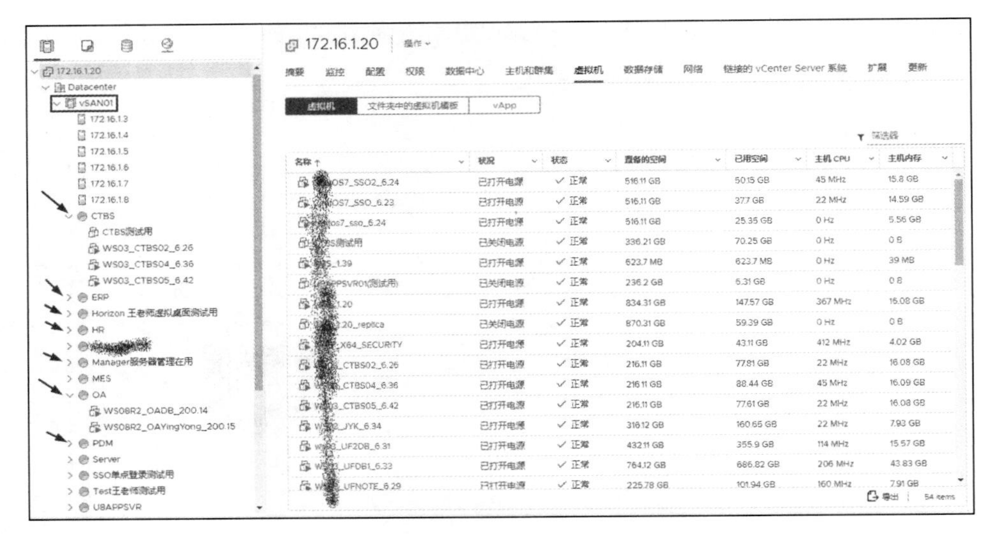

图 2-5-72　某虚拟化环境中资源池

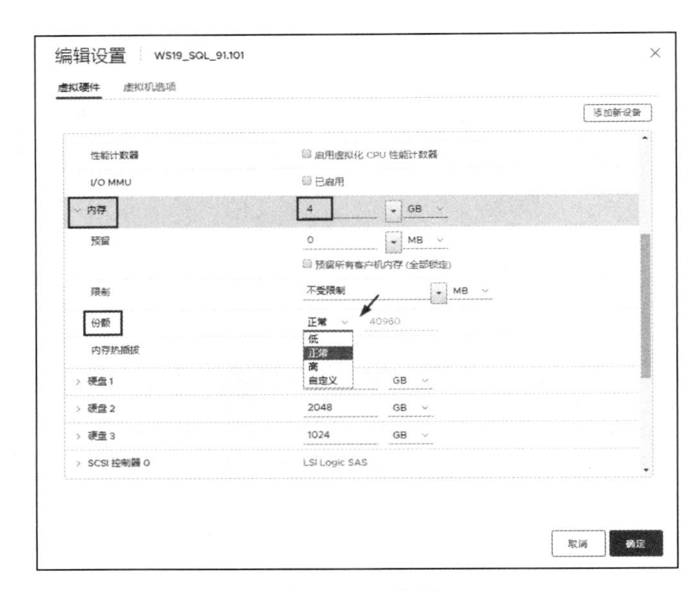

图 2-5-73　份额

第3章　Active Directory 服务器安装配置

为企业设置虚拟桌面是一个系统的工程，包括硬件、软件、网络规划等一系列的内容。在为企业实施虚拟桌面之前，除了进行硬件选型、网络规划之外，为虚拟桌面需要的服务与 IP 地址进行规划。本章通过案例的方式介绍虚拟桌面相关服务器 IP 地址总体规划，以及虚拟桌面所需要的基础应用服务器 Active Directory 与 DHCP 服务器的安装配置。

3.1　虚拟桌面用到的服务与应用

VMware Horizon 虚拟桌面底层需要 VMware vSphere（vCenter Server、ESXi），身份认证需要 Active Directory，虚拟桌面账户权限与策略可以使用 Active Directory 组策略配置。虚拟桌面所用的其他应用还需要 DHCP、DNS、KMS，虚拟桌面的管理与配置需要使用 Horizon 连接服务器、安全服务器、Composer。Horizon 需要用到的服务器如下。

（1）Active Directory 服务器，这是基础架构服务器，用来对虚拟桌面进行授权。虚拟桌面的用户是使用 Active Directory 账户进行访问。如果使用 Horizon 虚拟桌面，企业需要有 Active Directory 服务器。如果企业没有 Active Directory 服务器，需要规划配置。无论规模大小，推荐配置 2 台 Active Directory 服务器。

（2）DHCP 与 DNS 服务器。虚拟桌面虚拟机的 IP 地址等参数需要通过 DHCP 获得和分配。如果虚拟桌面数量较多，可以为虚拟桌面 IP 地址配置多个 C 类地址池。推荐配置 2 台 DHCP 服务器。DHCP 与 DNS 可以与 Active Directory 部署在同一台虚拟机中。

（3）Windows KMS 服务器：虚拟桌面操作系统通常是 Windows 7 的企业版或专业版，Windows 10 的企业版、专业版、专业工作站版、教育版、专业教育版等版本，虚拟桌面通常还需要安装 Office。Windows 与 Office 需要通过网络中的 KMS 服务器激活。不能使用 MAK 密钥对 Windows 操作系统激活。因为虚拟桌面需要重构，如果使用 MAK 密钥，很容易达到 MAK 密钥所允许的激活上限。一般情况下网络中配置一台 KMS Server 即可。在从桌面池置备新的虚拟桌面时要求 KMS Server 在线，在虚拟桌面生成后，KMS 服务器偶尔出现问题不会影响虚拟桌面的使用。

（4）NVIDIA License 服务器：如果虚拟桌面需要进行图形、图像处理，需要使用支持 GPU 虚拟化的显卡，例如 NVIDIA 系列 GPU 显卡，该显卡需要配置 License Server。如果虚拟桌面数量较小，可以配置一台 NVIDIA License 服务器；如果虚拟桌面数据较多，需要配置 2 台 NVIDIA License 服务器用于冗余。

（5）Autodesk 网络激活服务器。如果虚拟桌面需要使用 Autodesk 的系列产品，例如 AutoCAD 等，可以使用 Autodesk 网络激活服务器激活。如果虚拟桌面数量较小，可以配置一台网络激活服务器，如果虚拟桌面数据较多，需要配置 3 台网络激活服务器。

（6）Horizon Connection 服务器（Horizon 连接服务器），Horizon 连接服务器是 Horizon 虚拟桌面的必需产品，Horizon 用来管理、配置虚拟桌面。当虚拟桌面数量较小时可以配置一台 Horizon 连接服务器；如果虚拟桌面数量较多，需要配置 2 到多台 Horizon 连接服务器。如果虚拟桌面只用于局域网内部，在用户数量较少时可以只配置一台。虚拟桌面同时用于局域网内部以及 Internet 访问时，如果 Internet 对外提供的服务端口是 443 等，为了使用方便，也需要配置多台 Horizon 连接服务器。当 Horizon 虚拟桌面提供 Internet 用户访问时，需要配置 Horizon 安全服务器，每台 Horizon 安全服务器只能与一台 Horizon 连接服务器"配对"使用。但一台 Horizon 连接服务器可以同时与多台 Horizon 安全服务器"配对"使用。

（7）Horizon 安全服务器，Horizon 安全服务器用于将虚拟桌面发布到 Internet。如果企业有多条外线，每一条外线（或每一个不同的公网 IP 地址）需要配置一台 Horizon 安全服务器。

（8）Composer 服务器。Horizon Composer 服务器用于创建"克隆链接"的虚拟桌面，克隆链接的虚拟桌面可以共享使用系统磁盘（C 盘）的空间，这可以极大节省虚拟桌面对存储空间的需求。

（9）App Volumes：App Volumes 可以将应用程序与操作系统分离。在网络中通常配置 1 台 App Volumes 服务器即可。

（10）JMP Server：JMP 是 Just-in-Time Management Platform 的简称，安装 JMP Server 并配置 JMP 设置后，可以使用 VMware Horizon Console 中的 JMP Integrated Workflow 功能开始定义 JMP 分配。

Horizon 虚拟桌面 IP 地址的规划原则如下。

（1）虚拟化基础架构服务器 VMware vCenter Server、VMware ESXi，以及 ESXi 主机底层管理 IP 地址（例如 DELL 服务器的 iDRAC、联想 SR 服务器的 iMM、HP 服务器的 iLO），需要规划使用一个 VLAN。

（2）基础应用服务器，Active Directory、Composer、Horizon 连接服务器、Horizon 安全服务器、App Volumes 使用另一个 VLAN。

（3）虚拟桌面：每 150~200 个虚拟桌面使用一个单独的 VLAN。

下面通过案例介绍 Horizon 相关服务器 IP 地址的规划。本示例中使用 172.16.0.0/12 的地址段，在实际的使用中管理员可以根据自己企业的实际情况进行设置。在本示例中，Active Directory 域名为 heuet.com。vSphere 虚拟化主机 ESXi、vCenter Server、vSAN 流量的 IP 地址规划示例如表 3-1-1 所列，Active Directory 服务器、Horizon 相关服务器、虚拟桌面、终端计算机 IP 地址规划示例如表 3-1-2 所列。

表 3-1-1 vSphere 虚拟化主机 ESXi、vCenter Server、vSAN 流量的 IP 地址规划示例

主机/虚拟机	IP 地址	备 注
ESXi01	172.16.1.1	第 1 台物理主机 ESXi 管理地址
ESXi02	172.16.1.2	第 2 台物理主机 ESXi 管理地址
ESXi03	172.16.1.3	第 3 台物理主机 ESXi 管理地址
ESXi04	172.16.1.4	第 4 台物理主机 ESXi 管理地址
ESXi05	172.16.1.5	第 5 台物理主机 ESXi 管理地址
ESXi06	172.16.1.6	第 6 台物理主机 ESXi 管理地址
ESXixx	172.16.1.7～19	ESXi 服务器预留
vcsa_1.20	172.16.1.20	vCenter Server
WS16-MG-FTP_1.29	172.16.1.29	管理机，同时用于备份 vCenter Server 的服务器
ESXi01-iDRAC	172.16.1.101	第 1 台服务器底层管理地址
ESXi02-iDRAC	172.16.1.102	第 2 台服务器底层管理地址
ESXi03-iDRAC	172.16.1.103	第 3 台服务器底层管理地址
ESXi04-iDRAC	172.16.1.104	第 4 台服务器底层管理地址
ESXi05-iDRAC	172.16.1.105	第 5 台服务器底层管理地址
ESXi06-iDRAC	172.16.1.106	第 6 台服务器底层管理地址
ESXi01-vSAN	172.16.200.1	每台 ESXi 主机 vSAN 流量 IP 地址，vSAN 流量网卡单独使用 2 台交换机，不与其他互通
ESXi02-vSAN	172.16.200.2	
ESXi03-vSAN	172.16.200.3	
ESXi04-vSAN	172.16.200.4	
ESXi05-vSAN	172.16.200.5	
ESXi06-vSAN	172.16.200.6	

说明：(1) 当前规划中，ESXi 服务器规划使用了 20 个 IP 地址，可以满足大多数企业虚拟化、虚拟桌面规模的需求。

(2) 172.16.1.29 的虚拟机安装 Windows Server 2016 系统，除了用作 vCenter Server Appliance 备份的 FTP 服务器，还可以开放远程桌面，用于远程用户登录到此虚拟机，远程管理虚拟化环境。

(3)为每台服务器配置底层管理地址(HP 服务器为 iLO,联想 SR 服务器系列为 iMM，DELL 服务器为 iDRAC，其他服务器也有相应的底层管理功能)。

(4) 为 vSAN 流量规划单独的 IP 地址。并且 vSAN 流量使用单独的 2 台交换机，不与其他网络连接。

表 3-1-2　Active Directory 服务器、Horizon 服务器、虚拟桌面、终端计算机 IP 地址规划示例

主机/虚拟机	IP 地址	备　注
DC01.heuet.com	172.16.2.1	Active Directory、DHCP1
DC02.heuet.com	172.16.2.2	Active Directory、DHCP2
fs01.heuet.com	172.16.2.3	文件服务器 1，保存虚拟桌面用户数据
fs02.heuet.com	172.16.12.4	文件服务器 2，保存虚拟桌面用户数据
fs03.heuet.com	172.16.12.5	文件服务器 3，保存虚拟桌面用户数据
kms.heuet.com	172.16.12.6	KMS 服务器，用来激活 Windows 与 Office
Composer_2.20	172.16.2.20	Composer 服务器、SQL Server 数据库服务器，为 Composer、Horizon 事件、JMP Server、App Volumes 提供数据库
vcs01.heuet.com_2.21	172.16.2.21	连接服务器 1，用于局域网内使用
vcs02.heuet.com_2.22	172.16.2.22	连接服务器 2，与安全服务器 1 配对
vcs03.heuet.com_2.23	172.16.2.23	连接服务器 3，与安全服务器 2 配对
Horizon01_2.24	172.16.2.24	安全服务器 1，与连接服务器 2 配对
Horizon02_2.25	172.16.2.25	安全服务器 2，与连接服务器 3 配对
虚拟桌面池 1	172.16.3.0/24	虚拟桌面池 1
虚拟桌面池 2	172.16.4.0/24	虚拟桌面池 2
虚拟桌面池 3	172.16.5.0/24	虚拟桌面池 3
部门 1 终端地址	172.16.8.0/24	终端或瘦客户端地址池 1
部门 2 终端地址	172.16.9.0/24	终端或瘦客户端地址池 2
部门 3 终端地址	172.16.10.0/24	终端或瘦客户端地址池 3

说明：（1）在本示例中规划了 2 台 Active Directory 服务器。这 2 台 Active Directory 同时配置为 DHCP。也可以使用物理交换机用作 DHCP。

（2）本示例配置了 3 台文件服务器，用来给虚拟桌面提供共享文件夹，保存虚拟桌面用户数据。这 3 台文件服务器可以使用 DFS 分布式文件系统进行配置管理，为虚拟桌面提供统一访问，提供一个访问入口。通过 Active Directory 域账户实现权限管理。

（3）配置一台单独的 KMS 服务器用来激活 Windows 与 Office。也可以在其中的一台 Active Directory 服务器中安装配置 KMS 服务。

（4）本示例配置了 3 台连接服务器、2 台安全服务器。如果虚拟桌面只在局域网中使用，只配置一台 Horizon 连接服务器即可满足需求。

（5）Horizon Composer 服务器虚拟机，同时是一台 SQL Server 数据库服务器，可以为 Horizon 需要用到数据库服务的其他应用，例如 Horizon Administrator 事件数据库、JMP Server 服务器、APP Volumes 服务器提供数据库服务。

（6）为每个桌面池规划使用一个 VLAN，本示例中为 172.16.3.0/24~172.16.5.0/24 的地址段，如果需要更多的虚拟桌面，可以使用 172.16.6.0/24、172.16.7.0/24 的地址段。

（7）不同部门登录虚拟桌面的终端机、瘦客户机规划使用 172.16.8.0/24 ~

172.16.15.0/24 的 IP 地址段。

3.2 Horizon 实验环境介绍

要学习 Horizon 桌面，需要的实验环境如下。

（1）操作系统及软件

- Windows Server 2008 R2 或更高版本的 Active Directory。
- DHCP（可以是 Windows Server 或三层交换机提供的）。

（2）vSphere 环境

- vCenter Server 6.0/6.5/6.7。
- 使用传统存储的 vSphere 环境或使用 vSAN 存储的 vSphere 环境。
- 千兆交换机，最好是支持 VLAN 的、三层可网管交换机。

在生产环境中配置 Horizon 虚拟桌面，通常都是使用多台服务器（共享存储或 vSAN）提供底层虚拟化环境。如果是学习 Horizon 虚拟桌面，只要有一台配置较高的服务器安装 ESXi，再在 ESXi 中安装 vCenter Server 等即可满足最基本的条件。无论是使用单台服务器组成实验环境，还是多台服务器组成的生产环境，Horizon 虚拟桌面的安装配置都是相同的，主要步骤如下。

（1）硬件选型：这包括硬件产品选型、网络设备选择。

（2）虚拟化软件及版本：vSphere 版本、Horizon 版本。

（3）网络 IP 地址规划。

（4）基础服务器安装配置：Active Directory、DHCP、KMS。

（5）Horizon 相关服务器安装配置。

（6）创建模板虚拟机，在模板虚拟机中安装操作系统、应用软件、Horizon Agent。

（7）生成虚拟桌面。

（8）客户端测试。

根据本书章节的规划，本章将介绍 Active Directory 服务器与 DHCP 服务器的安装配置。

3.2.1 Horizon 实验拓扑介绍

为了方便读者参考书中的步骤进行对照学习，第 3 章至第 7 章使用同一台服务器组成一个完整而详细实验环境进行介绍。虽然只使用一台服务器完成全部实验，但这并不影响读者全面学习 Horizon 虚拟桌面的知识，只要掌握了这些内容，在单台或多台 vSphere 环境的虚拟化环境中都可以安装配置 Horizon。本节实验拓扑如图 3-2-1 所示。

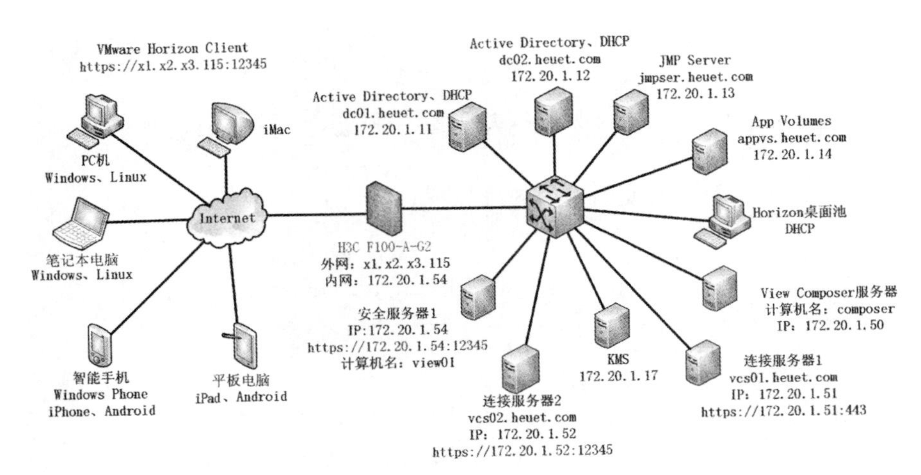

图 3-2-1 Horizon 实验拓扑

图 3-2-1 中相关服务器（虚拟机）的名称、配置、IP 地址、功能与作用如表 3-2-1 所示。

表 3-2-1 实验中所用服务器规划

主机/虚拟机	虚拟机配置 CPU/内存	IP 地址	备 注
ESXi01	20 核/256 GB	172.20.1.1	ESXi 服务器地址
DC01.heuet.com	2 核/4 GB	172.20.1.11	Active Directory、DHCP1
DC02.heuet.com	2 核/4 GB	172.20.1.12	Active Directory、DHCP2
JMPSer.heuet.com_1.13	4 核/8 GB	172.20.1.13	Horizon JMP Server
APPVS.heuet.com_1.14	4 核/8 GB	172.20.1.14	APP Volumes Server
KMS_1.17	2 核/2 GB	172.20.1.17	KMS 服务器
vc-1.20	4 核/16 GB	172.20.1.20	vCenter Server
Composer_1.50	4 核/8 GB	172.20.1.50	Composer 服务器、SQL Server 数据库服务器
vcs01.heuet.com_1.51	2 核/4 GB	172.20.1.51	连接服务器 1，用于局域网内使用
vcs02.heuet.com_1.52	2 核/4 GB	172.20.1.52	连接服务器 2，与安全服务器 1 配对
vcs02.heuet.com_1.53	2 核/4 GB	172.20.1.53	连接服务器 3，与安全服务器 2 配对（预留）
Horizon01_1.54	2 核/4 GB	172.20.1.54	安全服务器 1，与连接服务器 2 配对
Horizon02_1.55	2 核/4 GB	172.20.1.55	安全服务器 2，与连接服务器 3 配对（预留）
虚拟桌面池 1	4 核/6 GB	172.20.1.100-150	虚拟桌面池 1
虚拟桌面池 2		172.20.1.100-150	虚拟桌面池 2
虚拟桌面池 3		172.20.1.100-150	虚拟桌面池 3
局域网测试端计算机		172.20.1.200-210	终端或瘦客户端地址池 1
广域网测试端计算机			终端或瘦客户端地址池 2
H3C 防火墙		172.20.1.254	防火墙局域网地址
H3C 防火墙		x1.x2.x3.115	防火墙外网地址

本次实验中用到 ESXi 主机组通过 H3C 防火墙访问外网，ESXi 主机与 H3C 防火墙连

接方式如图 3-2-2 所示。

说明：H3C F100-A-G2 防火墙用来将虚拟桌面发布到 Internet。

当前的实验环境中，vCenter Server 版本为 6.5.0-5318154（如图 3-2-3 所示），ESXi 系统版本为 6.5.0-5310538（如图 3-2-4 所示）。读者只要 vCenter Server 与 ESXi 版本都是 6.0.0 的都可以参考本书内容完成实验。

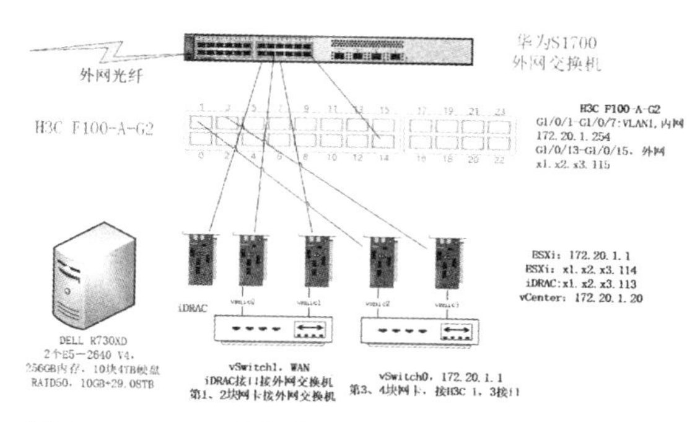

图 3-2-2　ESXi 主机与防火墙、交换机连接示意图

图 3-2-3　查看 vCenter Server 版本

图 3-2-4　查看 ESXi 主机版本

当前服务器配置了 4 块 1 Gbit/s 的网卡，其中端口 1（网卡名称为 vmnic0）、端口 2（网卡名称为 vmnic1）两块网卡配置为 vSwitch1，端口 3（网卡名称为 vmnic2）、端口 4（网卡名称为 vmnic3）两块网卡配置为 vSwitch0。在 vSwitch0 虚拟交换机上创建的 VMkernel 的 IP 地址为 172.20.1.1，用于在局域网中管理 ESXi 主机，如图 3-2-5 所示；在 vSwitch1 虚拟交换机上创建的 VMkernel 的 IP 地址为 x1.x2.x3.114，用于通过 Internet 直接管理此 ESXi 主机，如图 3-2-6 所示。在大多数的情况下，ESXi 主机上的虚拟机都使用 vSwitch0 所属的虚拟交换机的端口组，虚拟机使用的 IP 地址是 172.20.1.0/24 网段的地址。

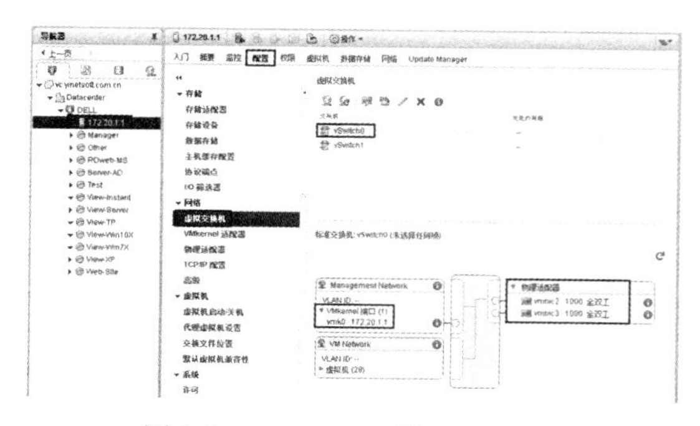

图 3-2-5　vSwitch0 及 VMkernel

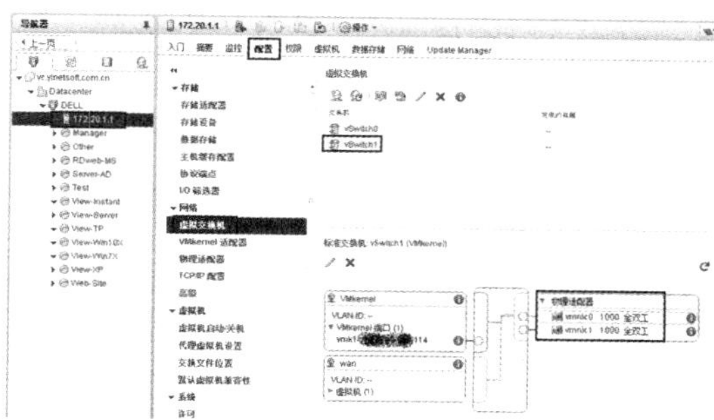

图 3-2-6　vSwitch1 及 VMkernel

3.2.2 准备 Horizon 虚拟机

在介绍了实验环境之后，根据表 3-2-1 所规划的虚拟机列表，一一准备各实验用的虚拟机。Active Directory、Horizon 相关服务器操作系统推荐使用 Windows Server 2016 或 Windows Server 2019 数据中心版，本书中采用 Windows Server 2019 数据中心版。

为了简化实验的步骤，准备一台名为 WS19-TP 的虚拟机，安装 Windows Server 2019 数据中心版，安装 VMware Tools、WinRAR、输入法，其他软件不需要安装。然后将该虚拟机转换为模板，再从模板创建虚拟机。Windows Server 2019 模板虚拟机的配置如下。

（1）为虚拟机分配 2 个 CPU、4 GB 内存、100 GB 硬盘空间，使用 VMXNET3 虚拟网卡。并且启用 CPU 与内存的热添加功能，如图 3-2-7 至图 3-2-9 所示。在“虚拟机选项→引导选项→固件”中选择“BIOS（建议）”，如图 3-2-10 所示。

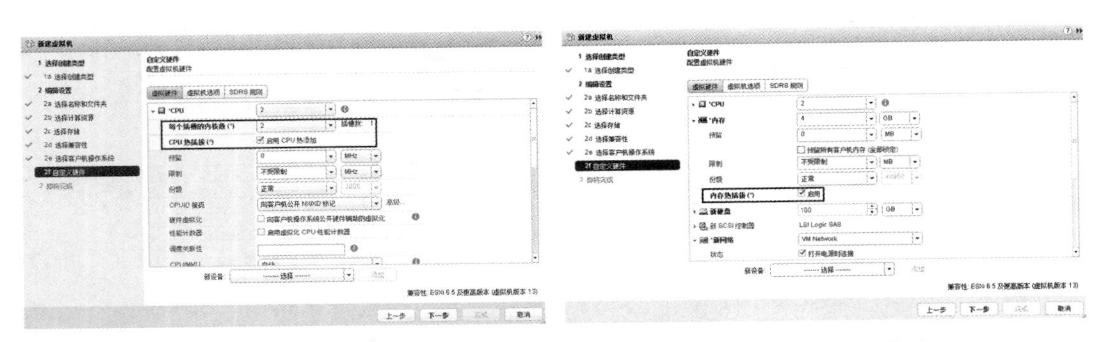

图 3-2-7　CPU 设置　　图 3-2-8　内存设置

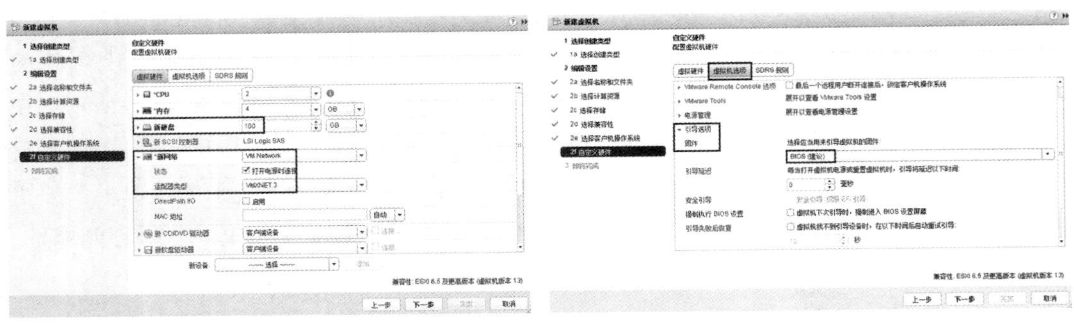

图 3-2-9　硬盘与网卡选择　　图 3-2-10　引导选项

（2）启动虚拟机，加载 Windows Server 2019 的 ISO 镜像文件（本示例中文件名为 cn_windows_server_2019_x64_dvd_4de40f33.iso），启动虚拟机，安装 Windows Server 2019 数据中心版（带桌面体检），如图 3-2-11 所示。

（3）安装完操作系统之后，设置密码后进入桌面，安装 VMware Tools，执行 gpedit.msc，修改密码永不过期，然后在虚拟机中进行必要的设置，这些可以参考第 2 章的相关内容。

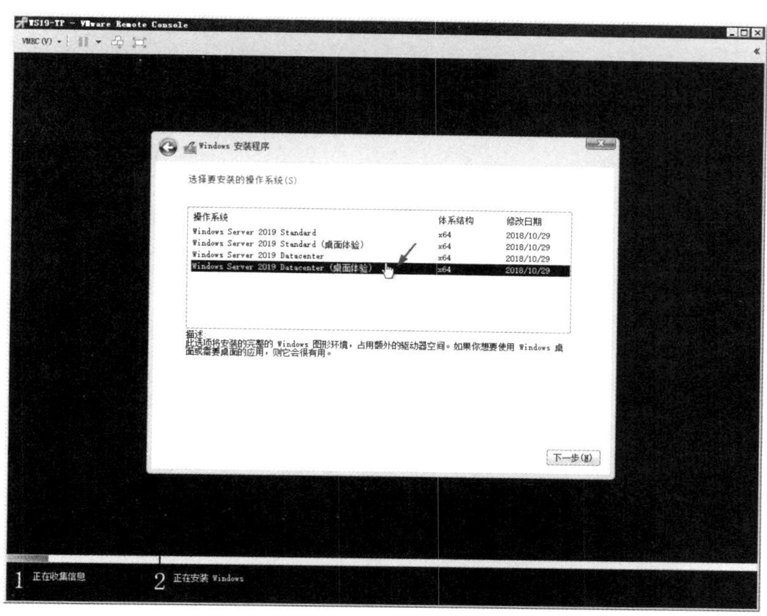

图 3-2-11　安装 Windows Server 2019 数据中心版

（4）在虚拟机进行必要的配置后，关闭虚拟机，将虚拟机转换为模板。

（5）登录到 vCenter Server，先创建 4 个资源池，名称分别为 Horizon-Server（用来放置 Horizon 与 Active Directory 虚拟机）、Horizon-TP（用来放置虚拟桌面父虚拟机）、VDI-Instant（用来放置即时克隆的虚拟桌面虚拟机）、VDI-Win10X（用来放置克隆链接的 Windows 10 虚拟机），如图 3-2-12 所示。

（6）根据表 3-2-1 所列，从 WS19-TP 的模板部署名为 DC01.heuet.com_1.11、DC02.heuet.com_1.12 的虚拟机。虚拟机配置根据表 3-2-1 所列进行规划。置备之后虚拟机列表如图 3-2-13 所示。

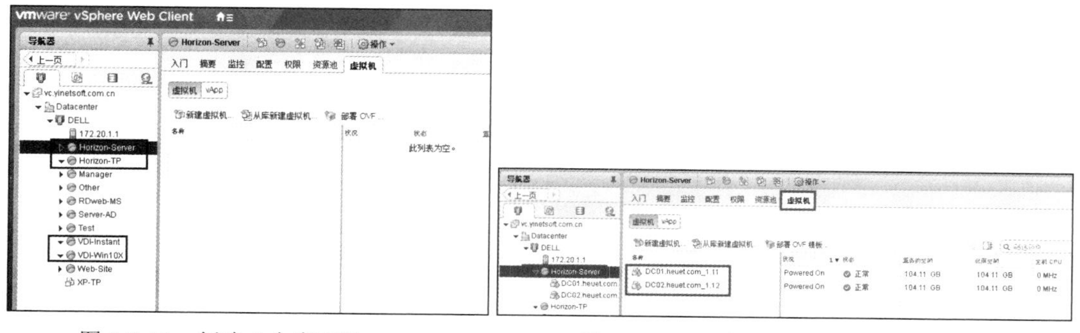

图 3-2-12　创建 4 个桌面池　　　图 3-2-13　置备 Active Directory 虚拟机

在准备后用于 Active Directory 的 2 台虚拟机之后，下面介绍 Active Directory 服务器与 DHCP 服务器的安装配置。

3.3 为 Horizon 桌面准备 Active Directory

从 Windows Server 2012 开始，Active Directory 域服务配置向导取代 Active Directory 域服务安装向导，作为在安装域控制器时指定设置的用户界面（UI）选项。Active Directory 域服务配置向导在完成添加角色向导后开始。

在安装 Active Directory 域服务中，UI 过程显示如何启动添加角色向导以安装 AD DS 服务器角色二进制文件，然后运行 Active Directory 域服务配置向导完成域控制器安装。下面介绍在 Windows Server 2019 中，升级到 Active Directory 的操作步骤。

3.3.1 准备网络中第 1 台 Active Directory 服务器

在生产环境中需要配置 2 台 Active Directory 服务器以提供冗余。根据表 3-2-1 所列，Active Directory 域名为 heuet.com，第一台 Active Directory 服务器的计算机名称为 dc01，第 2 台 Active Directory 服务器的计算机名称为 dc02。本节先介绍网络中第一台 Active Directory 服务器的安装。

在升级到 Active Directory 服务器之前，先检查计算机的名称和 IP 地址是否与表 3-2-1 所列相同，如果不同应根据规划进行修改。

（1）打开名为 dc01.heuet.com_1.11 虚拟机的控制台界面，如图 3-3-1 所示。

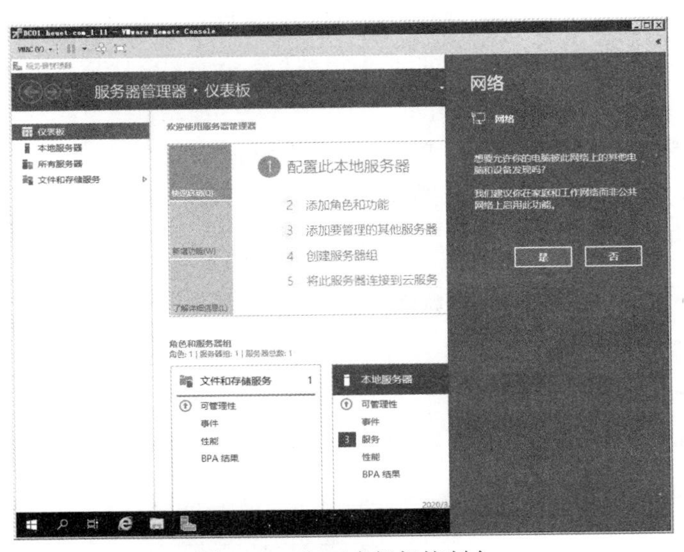

图 3-3-1　打开虚拟机控制台

（2）打开“以太网属性”对话框，双击“Internet 协议版本 4”，在“Internet 协议版本 4（TCP/IPv4）属性”对话框中，设置 IP 地址、子网掩码、网关，并将 DNS 设置为与本机 IP 地址一致，在本例中第 1 台为 172.20.1.11，如图 3-3-2 所示。

（3）在“控制面板→系统和安全→系统”中查看计算机名称是否为 DC01，如图 3-3-3 所示。

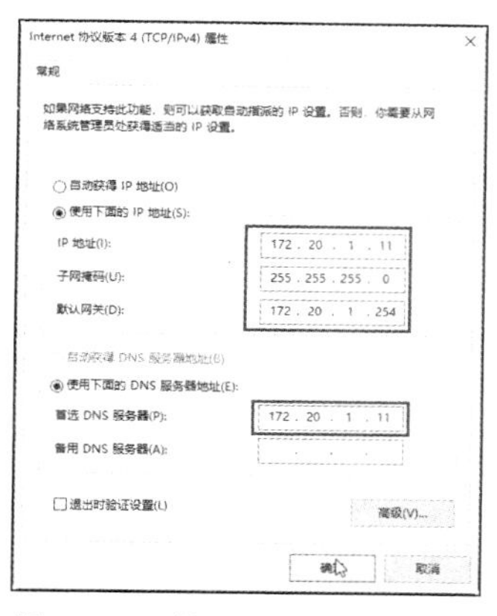

图 3-3-2　设置 IP 地址与 DNS

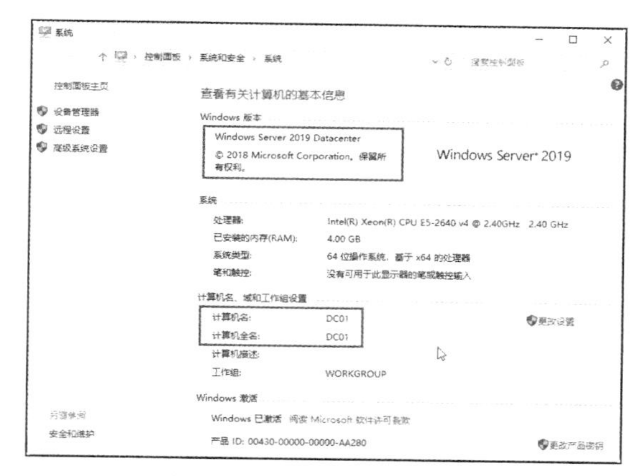

图 3-3-3　检查计算机名称

说明： 计算机名称是从模板部署虚拟机时使用 VMware 自定义向导设置的，如果在从模板部署虚拟机的时候没有重置计算机的 SID 及计算机名称，需要在虚拟机中进入 c:\windows\system32\sysprep，执行 sysprep /generalize /reboot 命令重新生成新的 SID，然后再修改计算机名称。

在检查设置 IP 地址、DNS 地址并检查（或修改）计算机名达到规划要求后，运行 Active Directory 域向导，将计算机升级到 Active Directory，主要步骤如下。

（1）在“服务器管理器→仪表板”中，单击“添加角色和功能”，如图 3-3-4 所示。

（2）在“选择安装类型”对话框中，选择“基于角色或基于功能的安装”单选按钮，如图 3-3-5 所示。

图 3-3-4　添加角色和功能

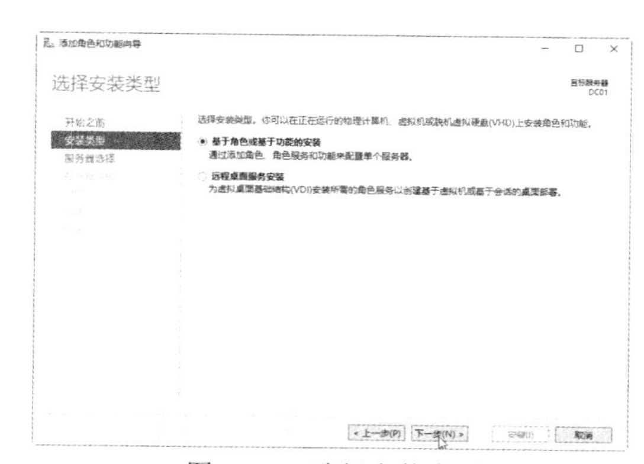

图 3-3-5　选择安装类型

（3）在“选择目标服务器”对话框中，选择“从服务器池中选择服务器”单选按钮，并选择 DC01，如图 3-3-6 所示。当在服务器池中有多台服务器中，可以在此选择要在哪台服务器上安装角色或功能。

（4）在“选择服务器角色”对话框的“角色”列表中单击“Active Directory 域服务”（如图 3-3-7 所示），随后会弹出“添加 Active Directory 域服务 所需的功能”对话框，单击“添加功能”按钮添加。

（5）在“选择功能”对话框，选择要安装的一个或多个功能，如图 3-3-8 所示。在此不选择安装其他功能。

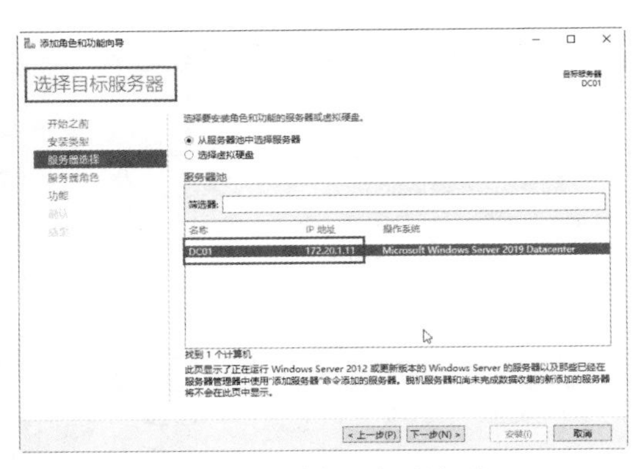

图 3-3-6　选择目标服务器

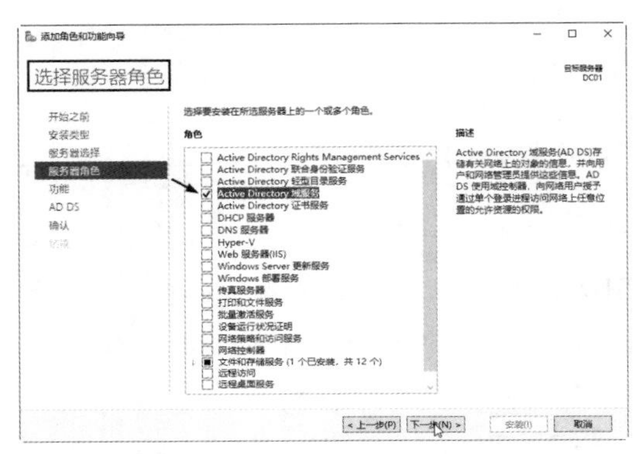

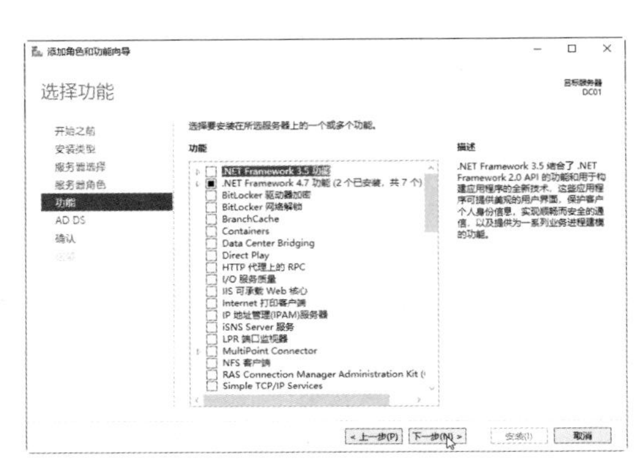

图 3-3-7　选择服务器角色　　　　图 3-3-8　选择功能

（6）在“Active Directory 域服务”对话框中显示了 Active Directory 介绍及注意事项，如图 3-3-9 所示。

（7）在“确认安装所选内容”对话框中单击“安装”按钮，如图 3-3-10 所示。选中“如果需要，自动重新启动目标服务器”复选框，如果在安装所选内容的角色或功能，需要重新启动，则会自动重新启动服务器。

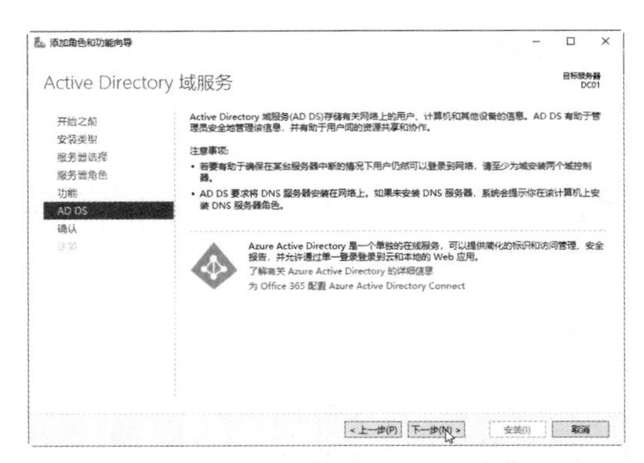

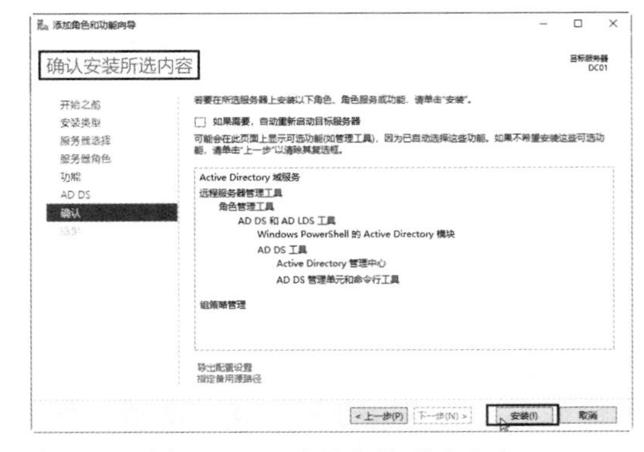

图 3-3-9　Active Directory 域服务　　　　图 3-3-10　确认安装所选内容

（8）在“安装进度”对话框显示了安装的进度，如图 3-3-11 所示。

（9）安装完成后，单击 “将此服务器提升为域控制器”链接，如图 3-3-12 所示。

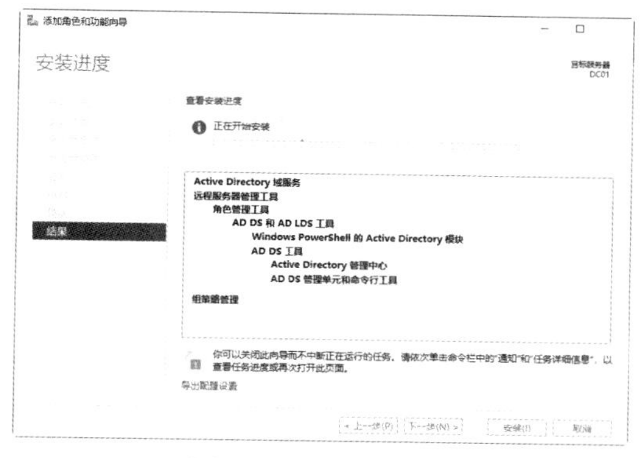

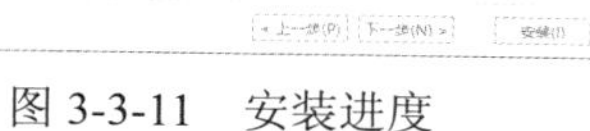
图 3-3-11　安装进度

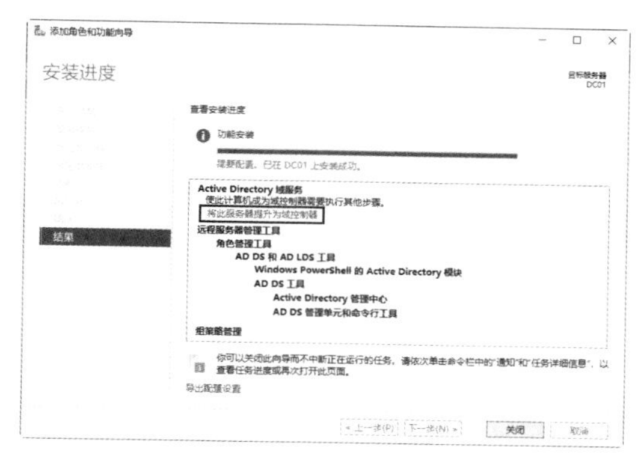

图 3-3-12　将此服务器提升为域控制器

（10）在“部署配置”对话框的“选择部署操作”选项中单击“添加新林”单选按钮，在“根域名”文本框中，输入新创建的 Active Directory 域名，在此命名为 heuet.com，如图 3-3-13 所示。

（11）在“域控制器选择”对话框的“林功能级别”与“域功能级别”列表中选择新林和根域的功能级别，在此均选择“Windows Server 2016”，在“指定域控制器功能”选项中选中“域名系统（DNS）服务器”复选框，然后在“键入目录服务还原模式（DSRM）密码”的选项组中，输入两次 Active Directory 还原模式密码，如图 3-3-14 所示。

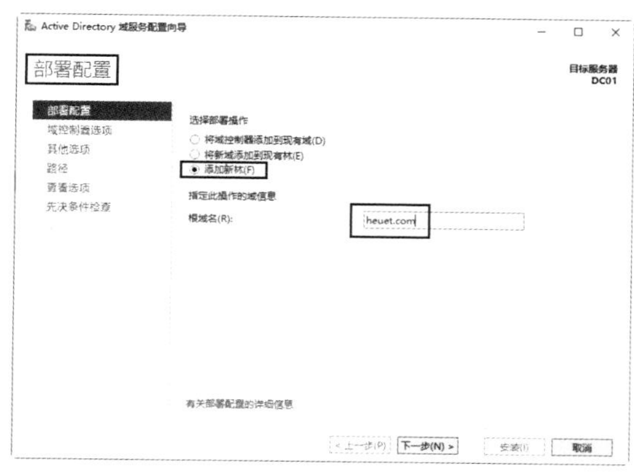

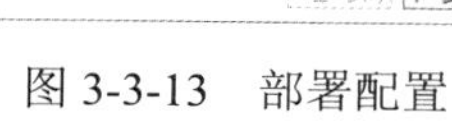
图 3-3-13　部署配置

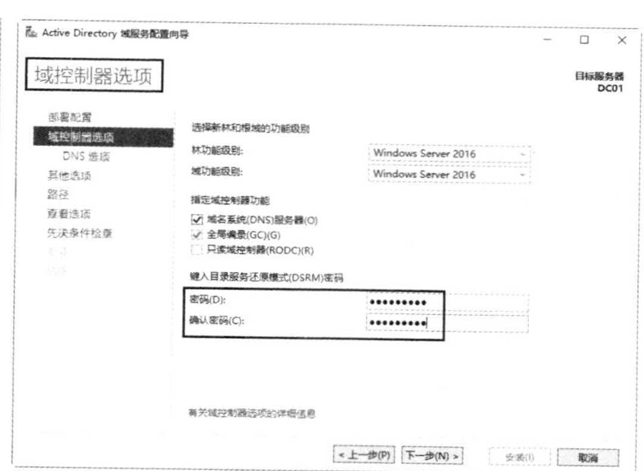

图 3-3-14　域控制器选择

（12）在“DNS 选项”中，显示了 DNS 信息，单击“下一步”按钮，如图 3-3-15 所示。

（13）在“其他选项”对话框中，显示了域的 NetBIOS 名称，如图 3-3-16 所示。

（14）在“路径”对话框，显示了数据库文件夹、日志文件夹、SYSVOL 文件夹的默认位置，如图 3-3-17 所示。

（15）在“查看选项”对话框中，显示了配置 Active Directory 的选项，确认无误之后单击“下一步”按钮，如果需要修改依次单击“上一步”按钮返回并逐一修改，如图 3-3-18 所示。

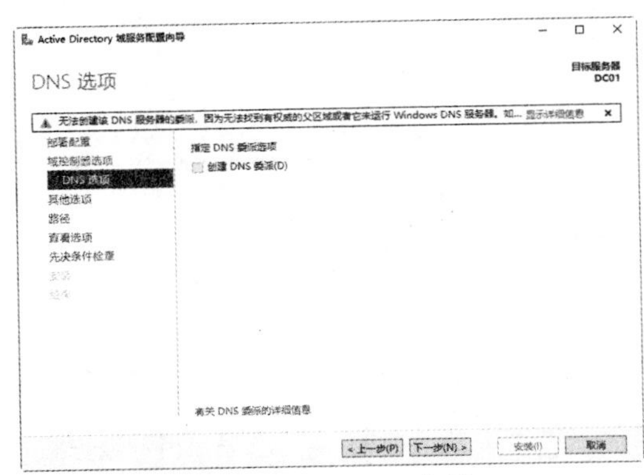

图 3-3-15　DNS 选项

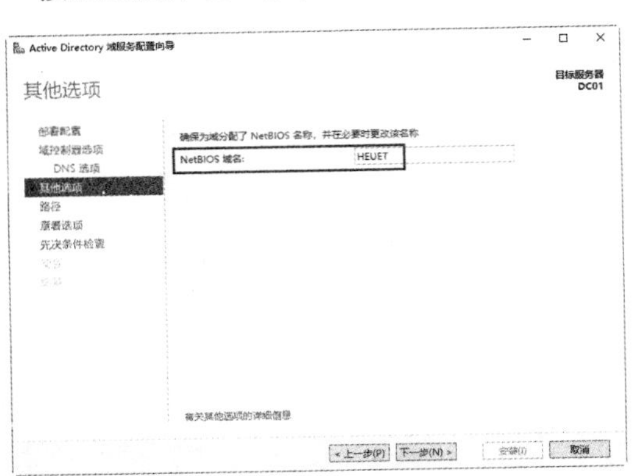

图 3-3-16　NetBIOS 名称

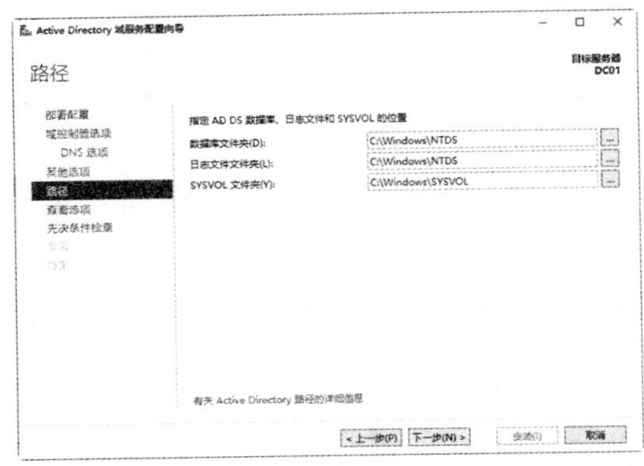

图 3-3-17　路径

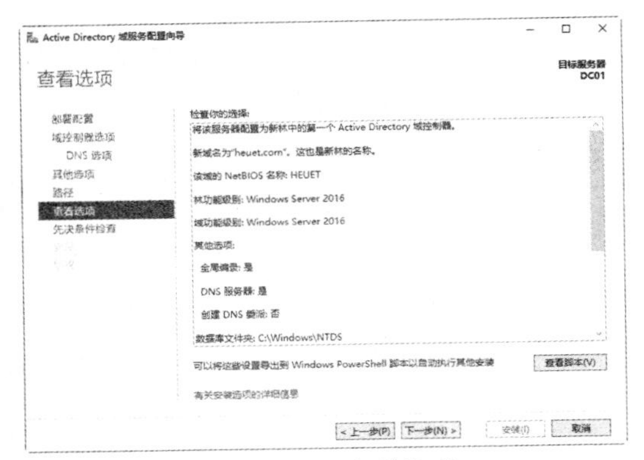

图 3-3-18　查看选项

（16）在“先决条件检查”对话框中，安装向导会在此计算机上验证安装 Active Directory 的先决条件，当所有先决条件检查通过后，单击“安装”按钮，如图 3-3-19 所示。

（17）之后会开始安装，直到安装完成，如图 3-3-20 所示。

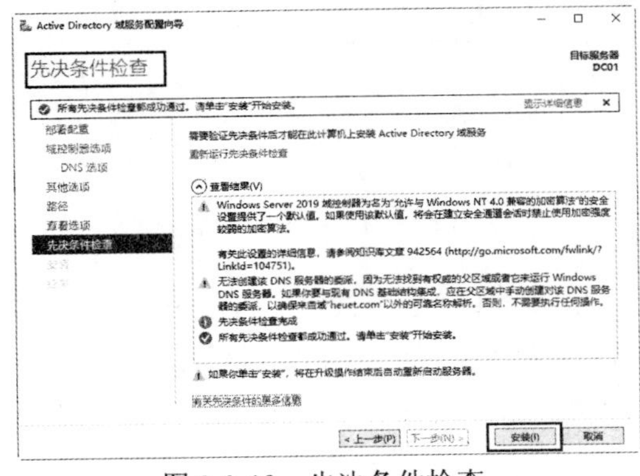

图 3-3-19　先决条件检查

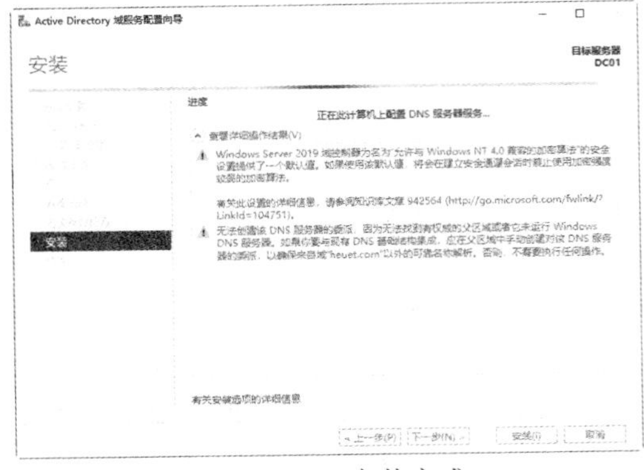

图 3-3-20　安装完成

（18）在配置完成之后，向导会提示“即将注销你的登录”，如图 3-3-21 所示。在注销之后，将完成 Active Directory 的配置。

图 3-3-21　注销当前登录完成配置

3.3.2　准备第 2 台 Active Directory 服务器

在配置好第 1 台 Active Directory 服务器之后，将规划中的第 2 台 Active Directory 添加到当前域成为额外域控制器，主要步骤如下。

（1）打开名为 dc02.heuet.com_1.12 虚拟机的控制台，以 Administrator 账号登录。

（2）检查第 2 台 Active Directory 服务器的 IP 地址，本示例中 IP 地址为 172.20.1.12，DNS 设置为第 1 台 Active Directory 服务器的 IP 地址，本示例为 172.20.1.11，如图 3-3-22 所示。

（3）在“控制面板→系统和安全→系统”中查看计算机名称是否为 DC02，如图 3-3-23 所示。

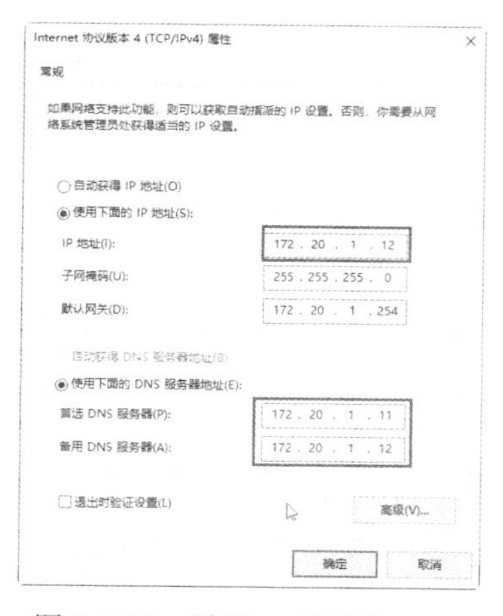

图 3-3-22　设置 IP 地址与 DNS

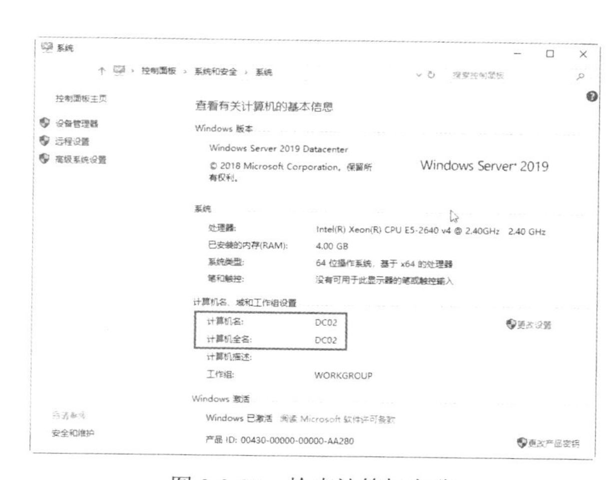

图 3-3-23　检查计算机名称

参照第 3.3.1 节“准备网络中第 1 台 Active Directory 服务器”中步骤（1）～（9）的内容，为当前计算机添加“Active Directory 域服务”。然后执行如下的操作。

（1）在“部署配置”对话框的“选择部署操作”选项中单击“将域控制器添加到现有域”单选按钮，在“域”文本框中，输入 Active Directory 域名，本示例为 heuet.com，然后单击“更改”按钮，在弹出的“部署操作的凭据”对话框中输入 heuet.com 的 Administrator 账户名和密码，如图 3-3-24 所示。

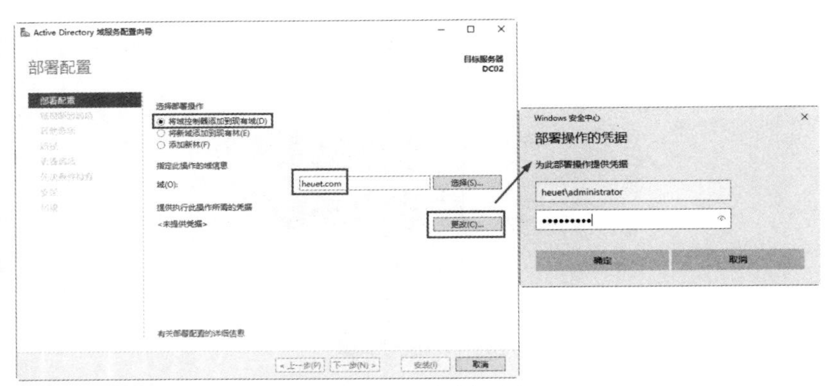

图 3-3-24　部署配置

（2）在“其他选项”对话框中，指定从介质安装选项，在“复制自”右侧的下列列表中选择 DC01.heuet.com，如图 3-3-25 所示。

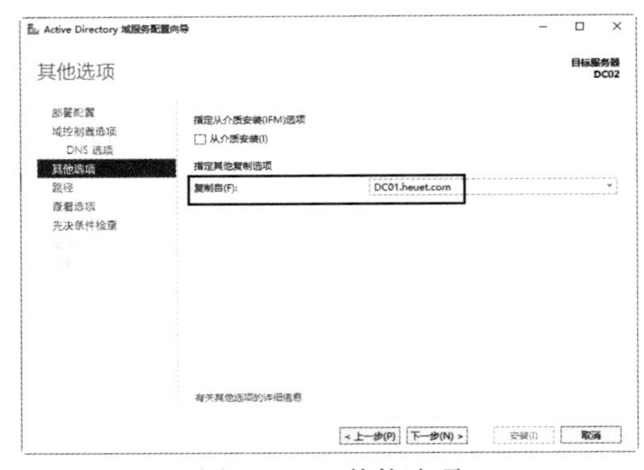

图 3-3-25　其他选项

其他选项与部署网络中第 1 台 Active Directory 服务器相同，这些内容不再介绍。

3.3.3　为 Horizon 桌面创建组织单位

在配置好 Active Directory 之后，下面的任务是在“Active Directory 用户和计算机”管理程序中根据单位的组织架构创建“组织单位”，然后在组织单位中创建部门，在部门中创建用户和用户组。

说明：组织单位，英文单词是 Organizational Unit，或简称 OU，是对 Active Directory 的细分，包含用户、组、计算机或其他组织单位。

例如：作者单位为河北经贸大学信息技术学院，学院有办公室、实验室、计算机系、电子系、网络工程系统、软件工程系等 6 个部门。如果用 Active Directory 管理，则可以在“Active Directory 用户和计算机”根目录中先创建 heinfo 的组织单位（表示河北经贸大学信息技术学院），然后再在 heinfo 组织单位中分别创建办公室、实验室、计算机系、电子系、网络工程系统、软件工程系等 6 个组织单位，再在每个组织单位中根据用户账户对应每位教职工。

在使用 VMware Horizon 虚拟桌面时，会根据虚拟桌面的数量生成新的虚拟机，这些计算机在默认情况下，会添加到“Active Directory 用户和计算机→Computers”容器（组建单位）中。为了管理方便，也为了与传统 PC 相区分，管理员应当专门为 Horizon 桌面规划组织单位。

在本次实验中，规划的组织单位和用途如表 3-3-1 所列。

表 3-3-1 实验中规划的组织单位名称和用途

组织单位名称和目录结构	用　　途
heinfo	一般为单位名称的简称，在“Active Directory 用户和计算机”根目录创建
heinfo\克隆链接组	为 Active Directory 创建测试用户账户、测试用户组，用于克隆链接虚拟桌面
heinfo\即时克隆组	创建测试用户账户，用于即时克隆虚拟桌面
VDI-Win10X	用来保存“克隆链接”虚拟桌面的计算机
VDI-Instant	用来保存“即时克隆”虚拟桌面的计算机

说明：在本示例的规划中，将不同用途的虚拟桌面的“计算机账户”和“域用户账号”创建在不同的组织单位中，这可以根据不同的组织单位，创建不同的 GPO 进行管理。

这样可以避免将组策略设置应用于虚拟桌面所在域中的其他 Windows 服务器或工作站，也可以为使用不同虚拟桌面的域用户设置不同的登录权限。

例如：在表 3-3-1 所示的规划中，使用 Horizon 创建 2 个桌面池，其中桌面池 1 生成的计算机放置在“VDI-Win10X”的组织单位中，设置允许“heinfo\克隆链接组”组织单位中的域用户账号登录；桌面池 2 生成的计算机放置在“VDI-Instant”的组织单位中，设置允许“heinfo\即时克隆组”组织单位中的域用户登录。有“heinfo\克隆链接组”“heinfo\即时克隆组”“VDI-Win10X”“VDI-Instant”4 个组织单位，每个组织单位都可以创建“组策略”，并根据需要进行配置（后文通过具体的实例进行介绍）。

根据表 3-3-1 的规划，在“Active Directory 用户和计算机”中创建组织单位。步骤如下。

（1）以管理员身份（Administrator 账户）登录服务器，打开“服务器管理器”，在“工具”菜单中打开“Active Directory 用户和计算机”控制台，如图 3-3-26 所示。在“Active Directory 用户和计算机”中的 heuet.com（域名）下的“Users”中保存域中的用户组和用户。可以在“Users”中创建新的用户和用户组，也可以在 heuet.com 域下面创建 OU（组织单元），再在 OU 中创建用户或用户组。

（2）打开“Active Directory 用户和计算机”窗口，选择当前的域，如图 3-3-27 所示，用鼠标右键单击，从快捷菜单中选择“新建→组织单位”命令，弹出“新建对象-组织单位”对话框，如图 3-3-28 所示。输入组织的单位名称（本例为“heinfo”），单击“确定”按钮完成创建操作。

（3）然后选中 heinfo，在右侧的空白位置用鼠标右击，在弹出的快捷菜单中选择“新建→组织单位”命令，如图 3-3-29 所示，创建名为即时克隆组的组织单位。

（4）参考上一步的操作，在 heinfo 中创建名为克隆链接组的组织单位，创建完成后如图 3-3-30 所示。

（5）然后参照第（2）步的操作，再在“heuet.com”中创建 VDI-Win10X、VDI-Instant 的组织单位，创建后如图 3-3-31 所示。

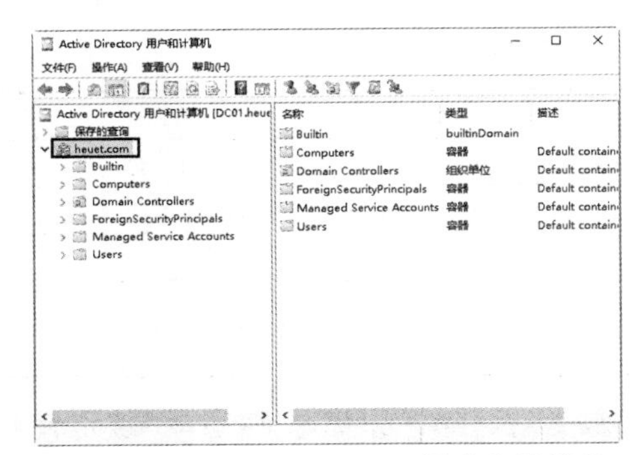

图 3-3-26　Active Directory 用户和计算机

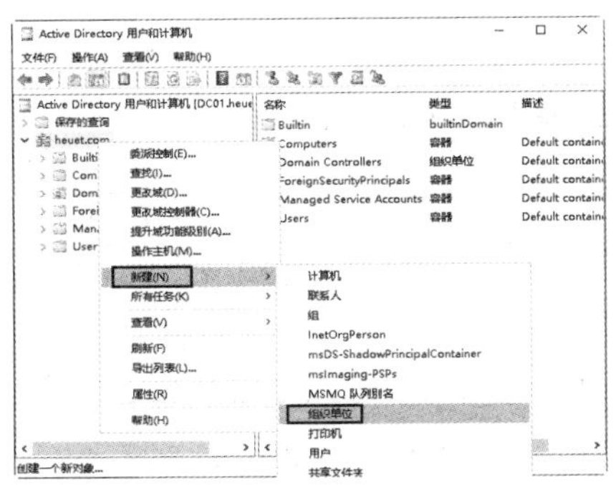

图 3-3-27　创建组织单位

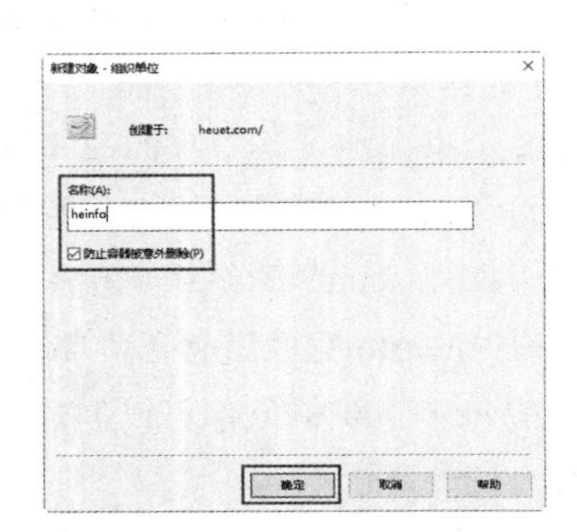

图 3-3-28　创建名为“heinfo”的组织单位

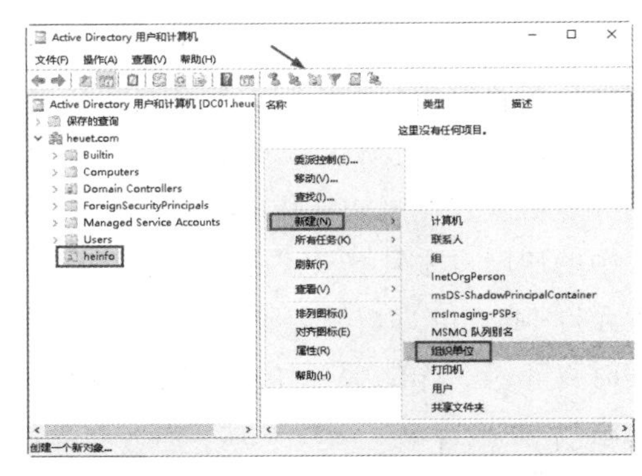

图 3-3-29　在“heinfo”组织单位中创建组织单位

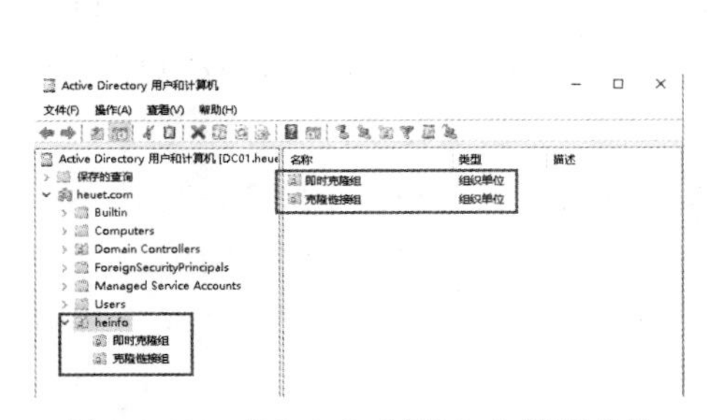

图 3-3-30　在 heinfo 创建 2 个组织单位

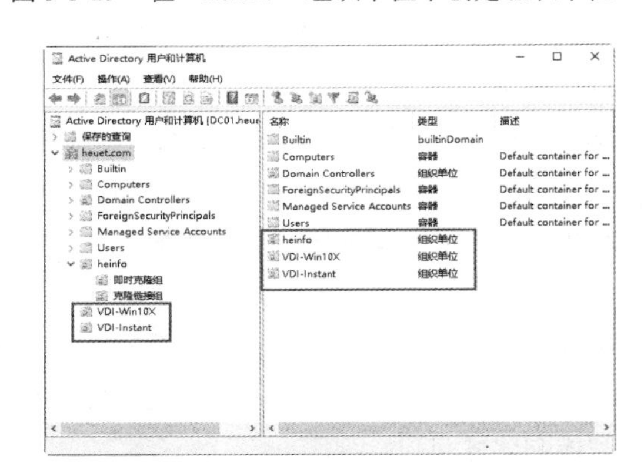

图 3-3-31　为虚拟桌面池创建组织单位

3.3.4　为 Horizon 桌面创建用户

要登录到 Horizon 虚拟桌面，需要在 Active Directory 中创建域账户。在实际的环境中要在 Active Directory 用户和计算机中创建用户账户，然后再将域用户账号（或域用户组）分配给虚拟桌面。

在“Active Directory 用户和计算机”中，为 Horizon 桌面创建测试用户。下面将创建几个账户，主要步骤如下。

（1）定位到“heinfo→即时克隆组”组织单位，在右侧的空白位置右击，在弹出的快捷菜单中选择“新建→用户”命令，如图 3-3-32 所示。

（2）在“新建对象-用户”对话框中，在“姓名”中输入用户的中文名称，例如张三，在“用户登录名”处输入英文的名称，例如 zhangsan，如图 3-3-33 所示。

图 3-3-32　新建用户

图 3-3-33　设置用户名

（3）在“创建对象-用户”对话框中，默认设置为选中“用户下次登录时须更改密码”复选框，这样用户下次登录的时候将重新设置密码，如图 3-3-34 所示。如果是测试账户，可以取消选择“用户下次登录时须登录密码”复选框，同时可以选中“用户不能更改密码”“密码永不过期”复选框。注意，默认情况下，需要设置一个复杂密码。单击“完成”按钮，完成用户的创建。

（4）参照（1）～（3）的步骤，在“heinfo→即时克隆组”中创建名为李四（用户登录名为 lisi）的用户，在“heinfo→克隆链接组”中分别创建名为王五（用户登录名为 wangwu）、赵六（用户登录名为 zhaoliu）的用户，创建后的用户如图 3-3-35 所示。

图 3-3-34　设置复杂密码

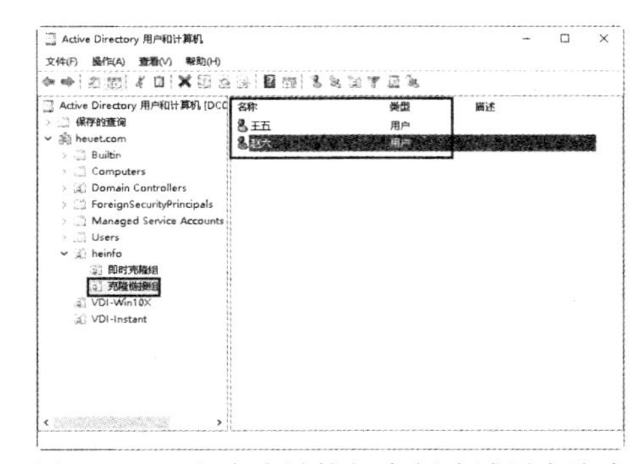

图 3-3-35　在克隆链接组中创建域用户账户

为了管理方便，在每个组织单位中创建一个“用户组”，将同一组织单位中的所有用户添加到这个用户组中。

（1）在“Active Directory 用户和计算机”中，定位到“heinfo→即时克隆组”，在右侧空白窗格中用鼠标右键单击，在弹出的快捷菜单中选择“新建→组”命令，如图 3-3-36 所示。

（2）在弹出的“新建对象-组”对话框的“组名”中输入新建的用户组的名称，本示例为“即时克隆组”，如图 3-3-37 所示。单击“确定”按钮完成创建。注意：用户组可以用中文名称，也可用英文名称。

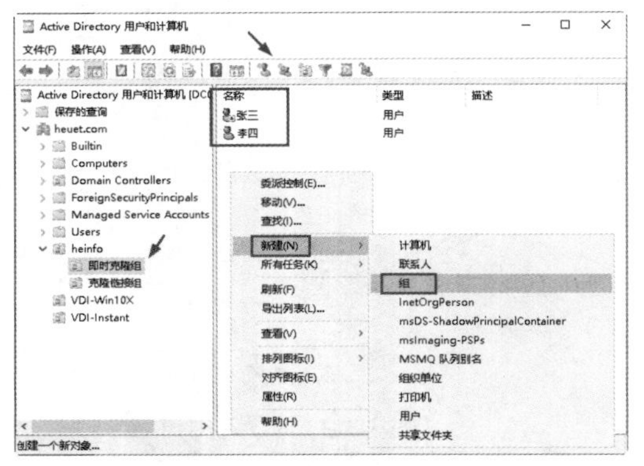

图 3-3-36 新建组

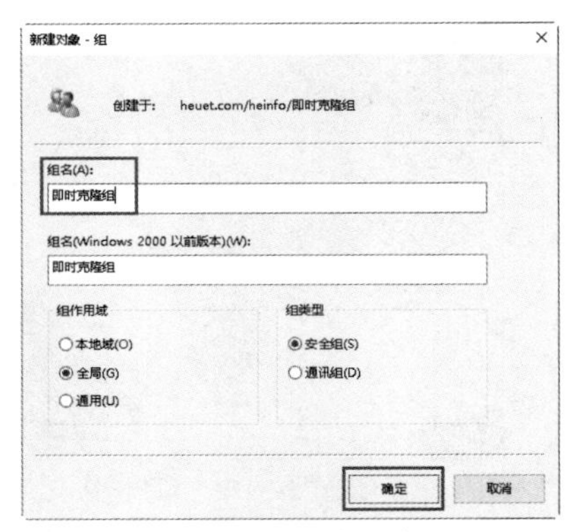

图 3-3-37 创建用户组

（3）创建了用户组之后，用鼠标双击新建的用户组，或者用鼠标右键单击新建的组（本示例中为即时克隆组），在弹出的菜单中选择“属性”命令，如图 3-3-38 所示，即可打开“即时克隆组 属性”对话框。

（4）在“即时克隆组 属性”对话框的“成员”选项卡中单击“添加”按钮，如图 3-3-39 所示。

图 3-3-38 用户组属性

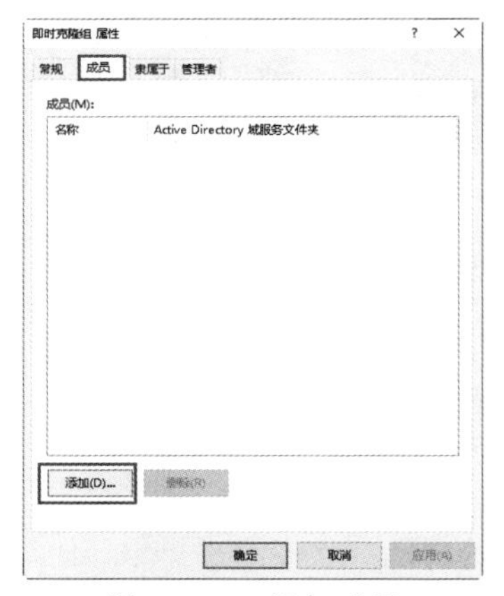

图 3-3-39 添加成员

（5）在弹出的“选择用户、联系人、计算机、服务账户或组”对话框中单击“立即查找”按钮，在“搜索结果”列表中选择“heinfo-即时克隆组”中的用户，本示例为张三、李四，选中之后单击“确定”按钮，如图 3-3-40 所示。

（6）此时，“插入对象名称来选择”下拉列表中已经添加张三、李四的域用户账号，如图 3-3-41 所示。单击“确定”按钮。

（7）在“即时克隆组属性→成员”中，添加的用户显示在“成员”列表中，如图 3-3-42 所示。单击“确定”按钮完成添加。

（8）参照（1）至（7）的步骤，在“heinfo-克隆链接组”中创建名为“克隆链接组”的用户组，并将王五、赵六添加到“克隆链接组”中，如图 3-3-43 所示。

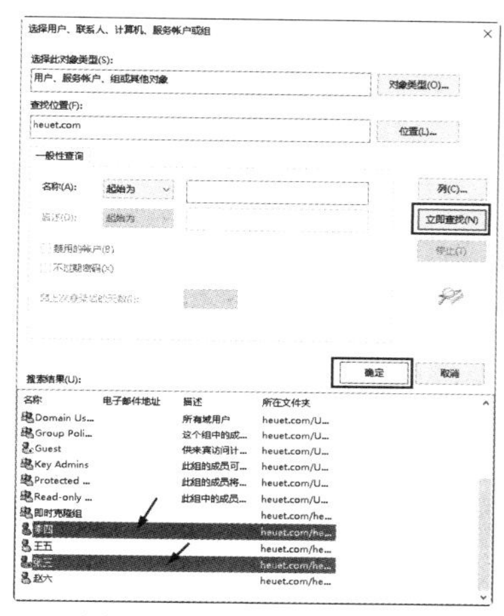

图 3-3-40　搜索查找用户

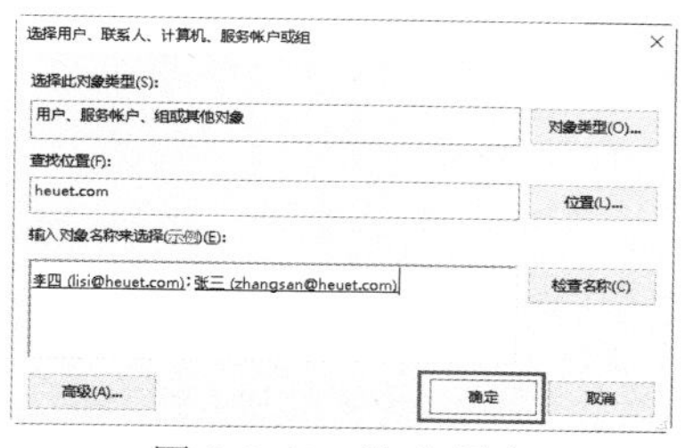

图 3-3-41　选中用户

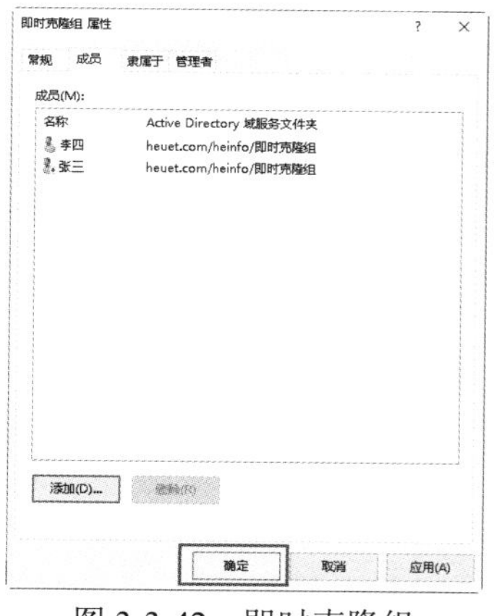

图 3-3-42　即时克隆组

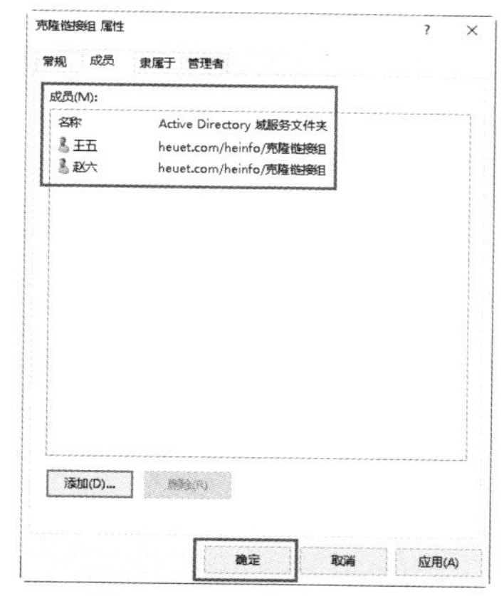

图 3-3-43　克隆链接组

3.3.5　配置受限制的组策略

在默认情况下，登录到虚拟桌面的 Active Directory 用户账户，对登录的虚拟桌面只有“普通用户”权限，这是大多数企业虚拟桌面的配置策略。如果要让指定的 Active Directory 用户账号对登录的虚拟桌面有“本地管理员”权限（或其他权限），可以在“受限制的组”组策略配置。

在本书的规划设置中，克隆链接的桌面池中的虚拟机，登录的域用户是普通用户，不具有本地管理员权限。完全克隆的桌面池中的虚拟机，登录的域用户具有本地管理员的权限。

在创建生成 VMware Horizon 的虚拟桌面时，VMware Horizon 管理工具，可以支持"链接克隆"桌面与完整克隆的桌面。

使用"链接克隆"虚拟桌面需要部署"父虚拟机"，在准备父虚拟机时，父虚拟机可以不必加入 Active Directory，在使用 Horizon 管理员，创建链接克隆虚拟桌面时，会将新创建的虚拟机自动加入 Active Directory。要登录到 Horizon 桌面，需要使用 Active Directory 用户登录，并且用户必须是 Horizon 桌面本地"远程桌面"用户组的成员或本地"管理员用户组"成员。此时，就可以使用 Active Directory 中"受限制的组"策略，将用户或用户组添加到每个 Horizon 桌面（在使用 Horizon 管理员部署虚拟桌面后会自动加入域中）的本地远程桌面用户组（或本地管理员组）中。

说明：在创建非链接克隆虚拟机（完整虚拟机）时，需要使用虚拟机模板，并需要使用 vCenter Server 的部署规范，此时用于虚拟桌面的虚拟机模板，需要提前加入 Active Directory，并将需要登录到 Horizon 桌面的用户加入虚拟机模板的"远程桌面用户组"或"本地管理员组"。

"受限制的组（Restricted Groups）"策略会设置域中计算机的本地组成员关系，使之与"受限制的组"策略中定义的成员关系列表设置相匹配。Horizon 桌面用户组的成员始终会添加到每个加入域的 Horizon 桌面的本地远程桌面用户组中。添加新用户时，管理员只需要将其添加到 Horizon 桌面用户组中。

（1）在 Active Directory 服务器中，在"服务器管理器→工具"中选择"组策略管理"，定位到"域→heuet.com→VDI-Instant"，右击"VDI-Instant"，在弹出的快捷菜单中选择"在这个域中创建 GPO 并在此处链接"命令，在弹出的"新建 GPO"对话框的"名称"栏输入新建的 GPO 名称，本例为"Instant-GPO"，如图 3-3-44 所示。

（2）在创建 GPO 后，右击新建的策略，在弹出的快捷菜单中选择"编辑"命令，如图 3-3-45 所示。

图 3-3-44　创建 GPO

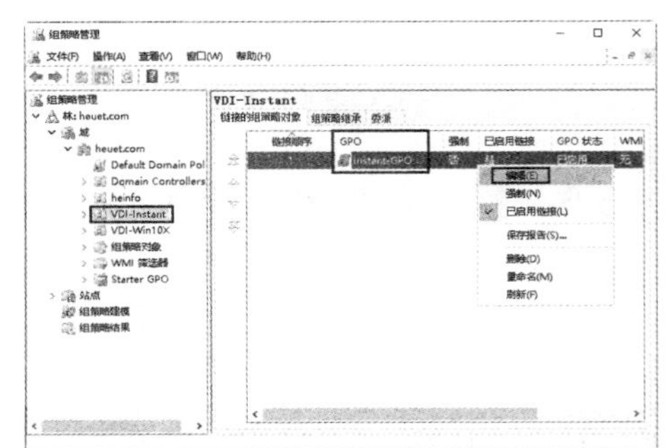

图 3-3-45　编辑

（3）打开“组策略管理编辑器”对话框后，定位到“计算机配置→策略→Windows 设置→安全设置→受限制的组”，在右侧空白位置右击，在弹出的快捷菜单中选择“添加组”，如图 3-3-46 所示。

（4）在弹出的“添加组”对话框中，单击“浏览”按钮，在弹出的“选择组”对话框中，查找选择“Remote Desktop Users”（远程桌面用户组），如图 3-3-48 所示。

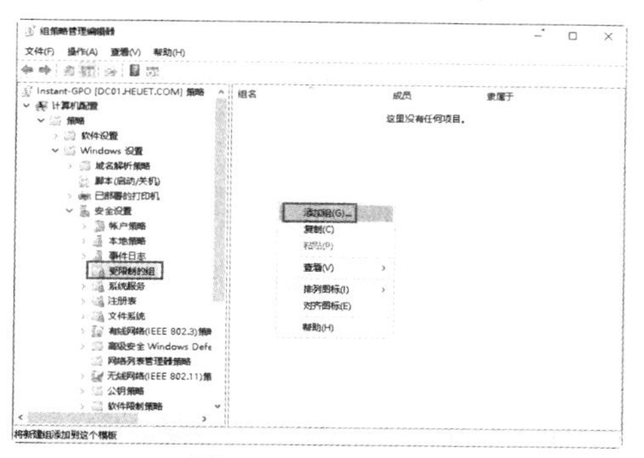

图 3-3-46　添加组

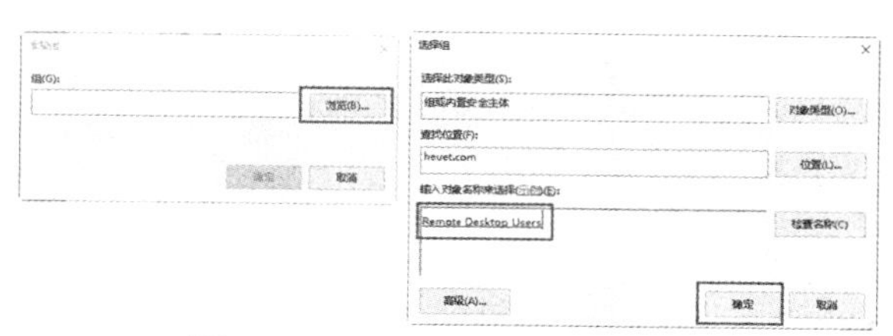

图 3-3-47　添加远程桌面用户组

（5）在弹出的“Remote Desktop Users 属性”对话框中，单击“添加”按钮，在弹出的“添加成员”对话框中单击“浏览”按钮，如图 3-3-48 所示。

（6）在“选择用户、服务账户或组”对话框中，添加“即时克隆组”，如图 3-3-49 所示。

（7）添加之后返回到“Remote Desktop Users 属性”对话框，从图中可以看到已经将用户组添加到列表中，单击“确定”按钮完成设置，如图 3-3-50 所示。

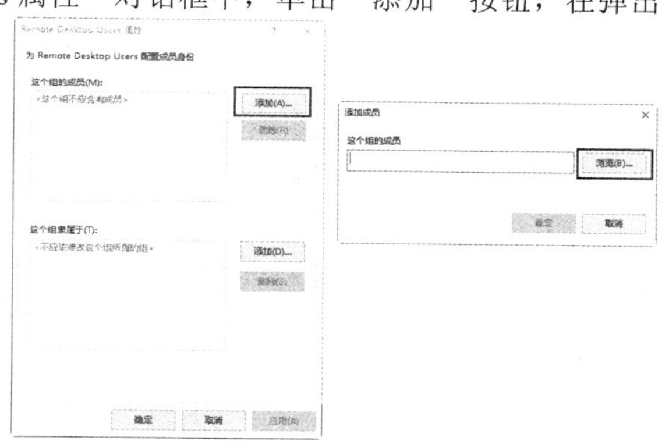

图 3-3-48　添加组

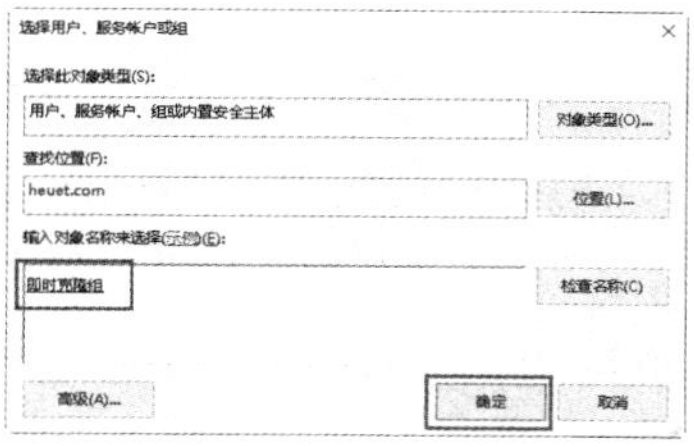

图 3-3-49 添加用户组

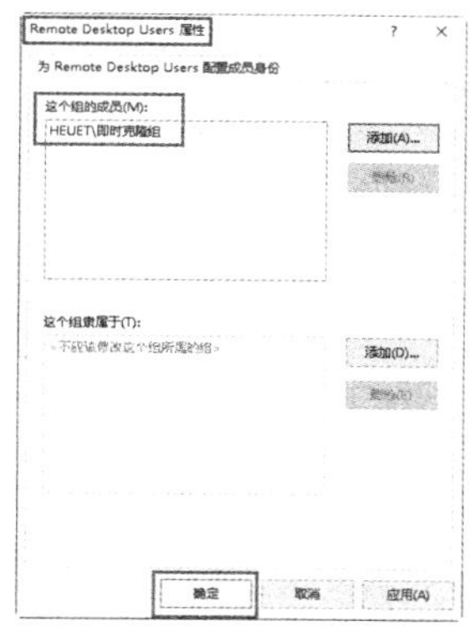

图 3-3-50　添加到远程桌面用户组中

通过上面的设置，在使用虚拟桌面时，指定的用户能登录虚拟桌面，但并不能向虚拟桌面中安装或删除软件、修改配置。因为指定的域用户并没有 Horizon 桌面的“本地管理员组”权限。如果你允许域中指定的用户，具有 Horizon 桌面的管理员权限，可以参照步骤（1）～（7），添加“Administrators”组，如图 3-3-51 所示。添加之后如图 3-3-52 所示。

图 3-3-51　添加 Administrators 组

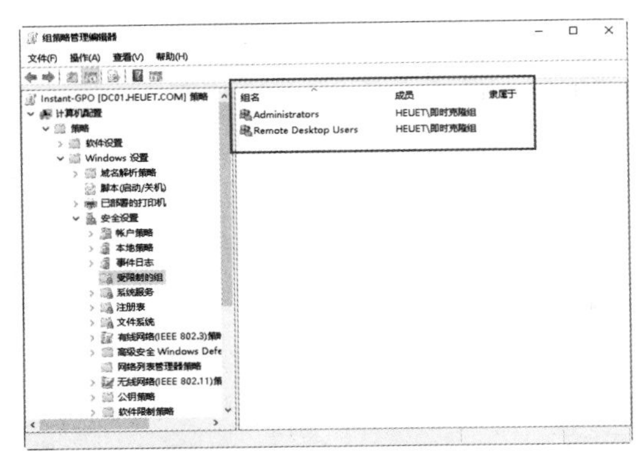

图 3-3-52　添加受限制组之后的截图

3.4　配置文件服务器

Horizon 虚拟桌面可以实现操作系统、应用程序、用户配置和用户数据的分离。如何保存数据，或者将数据保存在何处，在实施虚拟桌面之前应该规划到位。本节介绍虚拟桌面类型以及对应的数据保存方式，读者根据实际情况进行选择。

3.4.1　介绍虚拟桌面的数据保存方式

Horizon 主要有 3 种桌面：完全克隆的虚拟桌面、克隆链接的虚拟桌面、即时克隆的虚拟桌面。这三种虚拟桌面的数据保存方式在默认情况下如下。为了介绍得更加形象，假设用作模板的虚拟机名称为 A，生成的虚拟桌面的虚拟机为 C1、C2、C3 等虚拟机。则虚拟机的关系如下。

（1）完全克隆的虚拟桌面。在完全克隆的虚拟桌面中，每个虚拟桌面虚拟机是从一个模板虚拟机 A（模板只有一个 C 盘）克隆过来的。生成完全克隆的虚拟桌面 C1、C2、C3 等虚拟机之后，不同虚拟桌面（C1、C2、C3）之间的 C 盘没有关系。所以，完全克隆的虚拟桌面只有一个 C 盘。用户的数据保存在 C 盘。如果重新生成完全克隆的虚拟桌面，保存在 C 盘里面的数据会丢失。

（2）克隆链接的虚拟桌面。克隆链接的虚拟桌面，是从模板虚拟机 A 克隆出一台虚拟机 B，然后再以 B 为基准创建克隆链接的虚拟机 C1、C2、C3。每一台虚拟机的 C 盘实际是是由两个虚拟磁盘“组合”而来的，例如 C1 的虚拟机的 C 盘是（B+C1），如果将 B 删除，则生成的克隆链接的虚拟机都将不能使用。在虚拟机运行时，C 盘上的变化数据都保存在每台虚拟机克隆链接之后的磁盘中。在克隆链接的虚拟机中，每台虚拟机通常还会创建一个 D 盘、一个 E 盘，其中 D 盘用来保存用户的数据，包括用户的桌面数据、收藏夹数据、下载的文件、用户设置等，等于将用户的设置重定向到了 D 盘。E 盘用来保存计算机运行过程中产生的临时文件。如果重新生成虚拟机的 C 盘，用户的数据不丢失，因为用户的数据保存在 D 盘。

（3）即时克隆的虚拟桌面。即时克隆（Instant Clone）是一种创新的虚机启动技术，它不再是从磁盘镜像来启动虚拟机，而是从系统中一台已经运行的父虚拟机中直接创建（vmFork）一台新的子虚拟机。子虚拟机不需要有物理镜像，在一开始的时候重用父虚拟机的内存，所以子虚拟机跟父虚拟机是一模一样的。这特别适合于桌面虚拟化这种应用场景，因为大部分桌面系统的操作系统都是一样的，上面跑的软件也几乎一样，办公环境就是 Office，浏览器软件是 IE 或 Chrome，所不同的只是个人的数据和 Windows 环境设置。即时克隆虚拟机也只有一个 C 盘，在初始的时候和父虚拟机一样。即时克隆虚拟桌面的默认设置是在需要时立刻创建（1～2 s 的时间生成全新的虚拟桌面，从速度上像容器技术）。虚拟桌面在不需要时（关机、注销）释放（删除）。所以在即时克隆的虚拟桌面中，默认是无法保存数据的。

通过 Horizon 支持的三种虚拟桌面的介绍可以看到，默认情况下只有“克隆链接”的虚拟桌面有单独的数据保存位置，即时克隆的虚拟桌面默认是无法保存数据的。如果要为即时克隆的虚拟桌面保存数据，就需要使用其他技术，例如使用 Active Directory 中域用户的“文件夹重定向”功能，或者为每个用户指定保存数据的共享文件夹。也可以使用 APP Volumes 为指定用户配置的可写的数据磁盘。本节介绍通过配置文件服务器、使用 Active Directory 的“文件夹重定向”或“配置文件路径”的方式，保存用户数据。

3.4.2　将第 2 台 Active 服务器配置为文件服务器

在生产环境中，如果为用户保存数据，可以配置专门的文件共享服务器，也可以使用共享存储提供的文件服务。在本示例中，将第 2 台 Active Directory 域服务器同时做文件服务器，为每个 Horizon 用户提供存储空间。在实际的生产环境中，需要为 Horizon 桌面规划专门的文件服务器，可以根据情况规划一到多台，并且使用 Windows Server 的分布式文件系统实现数据的同步与冗余。

在当前的实验环境中，第 2 台 Active Directory 域服务器只有一个 C 盘，修改该虚拟机的设置，添加一个容量为 500 GB 的虚拟机硬盘，如图 3-4-1 所示。

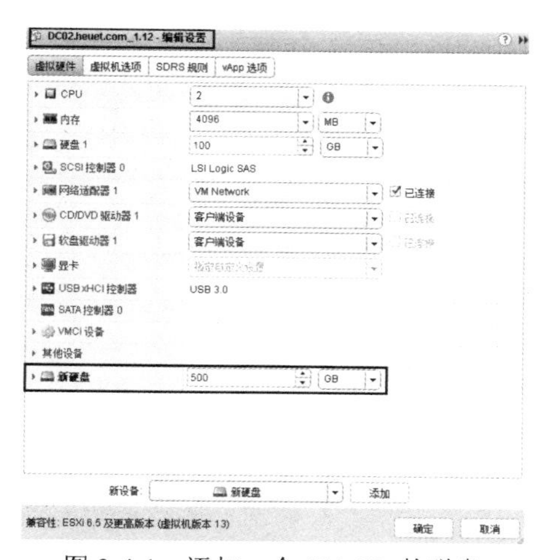

图 3-4-1　添加一个 500 GB 的磁盘

然后打开 dc02.heuet.com_1.12 这台虚拟机的控制台，以管理员账户进入系统，将添加的磁盘分区格式化，然后安装文件服务器，主要步骤如下。

（1）在“计算机管理→磁盘管理”中，将新添加的硬盘联机、用 GPU 分区初始化，并且格式化为 NTFS 模式、指定盘符为 D。配置之后如图 3-4-2 所示。

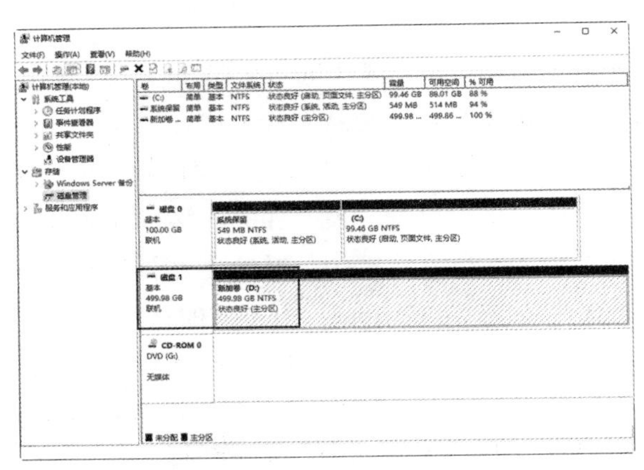

图 3-4-2　格式化

说明：将文件服务器的数据磁盘格式化为 GPT 分区，可以在后期使用动态卷功能扩展 D 盘，并且容量可以超过 2 TB。如果格式化为 MBR 分区，分区的容量上限为 2 TB。

（2）找一个空间比较大的磁盘，例如 D 盘，在根目录创建一个文件夹，名称为“User-Data”，将“d:\User-Data”创建共享，设置共享名为 user-data$，共享权限为 Everyone“完全控制”，如图 3-4-3 所示。

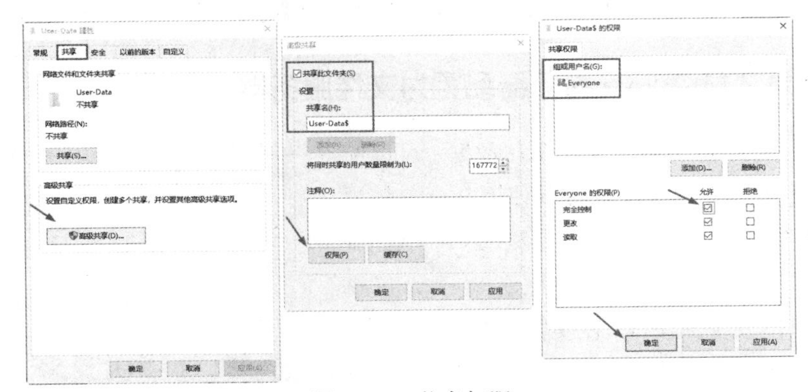

图 3-4-3　共享权限

（3）D:\User-Data 的“安全”权限使用默认值，如图 3-4-4 所示。

（4）打开“服务器管理器”，添加用户和功能，在“选择服务器角色”对话框中，为当前计算机安装“文件和 iSCSI 服务”，并选择安装“文件服务器”“文件服务器资源管理器”“重复数据删除”等组件，如图 3-4-5 所示。

说明：在安装了“重复数据删除”组件后，可以在数据磁盘（本示例为 D 盘）启用“重复数据删除”功能，重复的数据在 D 盘只保留一份，这样将可以极大地节省磁盘空间。

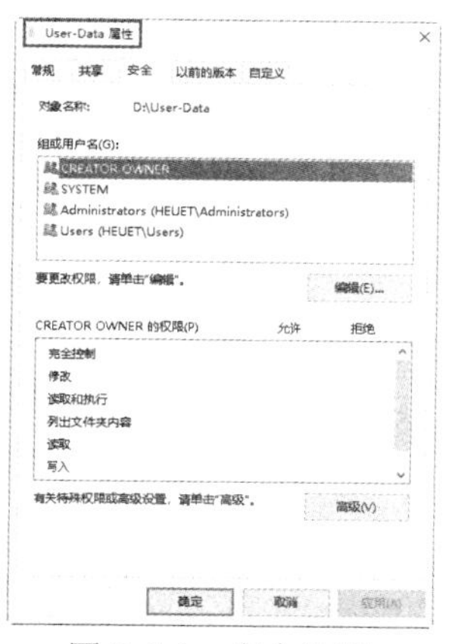

图 3-4-4　安全权限

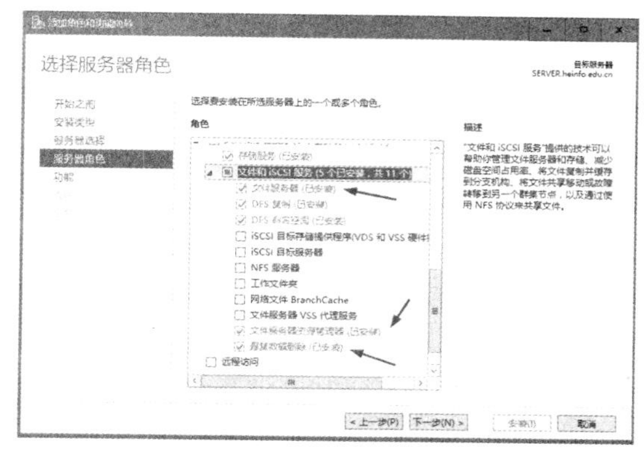

图 3-4-5　安装文件服务器

（5）安装完成后单击“关闭”按钮，如图 3-4-6 所示。

（6）安装完成后，打开“服务器管理器→文件和存储服务→卷”，在 D 盘上单击鼠标右键，在弹出的快捷菜单中选择“配置重复数据删除”命令，如图 3-4-7 所示。

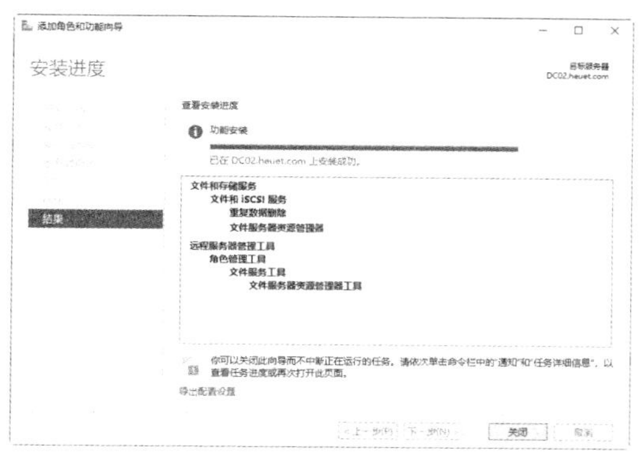

图 3-4-6　安装完成

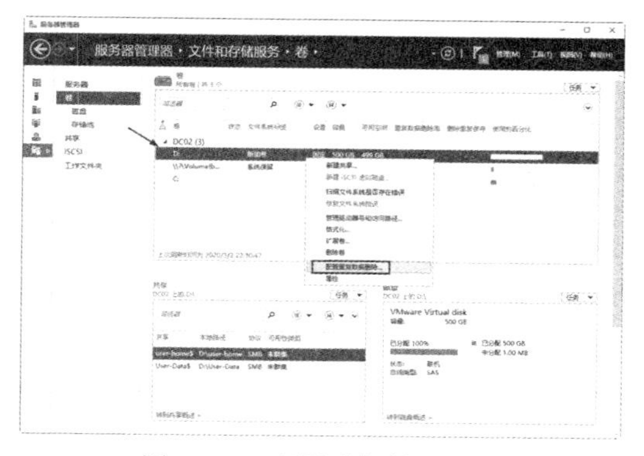

图 3-4-7　配置重复数据删除

（7）在“新加卷删除重复设置”对话框的“重复数据删除”下拉列表中选择“一般用途文件服务器”，如图 3-4-8 所示，然后单击“确定”按钮启用重复数据删除功能。

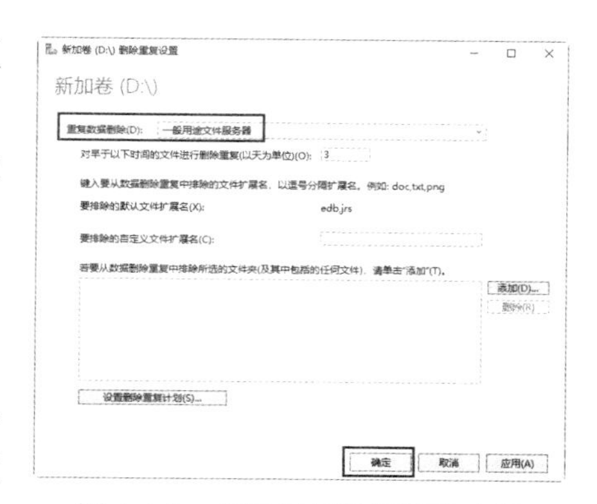

图 3-4-8　启用重复数据删除功能

3.4.3　配置文件夹重定向

使用“文件夹重定向”功能，可以将用户的“桌面、我的文档、应用程序设置、收藏夹”等数据，重定向到共享文件夹。文件夹重定向是“组策略”中的一项功能，针对“组织单位”进行配置。在下面的操作中，将为“heuet.com →heinfo→即时克隆组”创建组策略，为“即时克隆组”组织单位中的用户指定“文件夹重定向”，该组织单位中的每个用户的数据被重定向到\\dc02\User-Data$的同名子目录中。

（1）在 Active Directory 域服务器上，打开“组策略管理”，为即时克隆组组织单位创建名为 Instant-users-gpo 的组策略，然后用鼠标右键单击，在弹出的快捷菜单中选择“编辑”命令，如图 3-4-9 所示。

（2）在“组策略管理编辑器”中，在“用户配置→策略→Windows 设置→文件夹重定向”中，可以根据需要修改并重定向“AppData(Roaming)、桌面、开始菜单、文档、图片、音乐、视频、收藏夹、下载、链接、搜索、保存路径”等不同选项的文件夹，例如为“桌面”启用了文件夹重定向功能，将文件夹重定向到\\dc02\users-data$后。例如用户张三（用户登录名为 zhangsan），则会自动将“桌面”重定向到\\dc02\users-data$\zhangsan\Desktop 目录中，如图 3-4-10 所示。

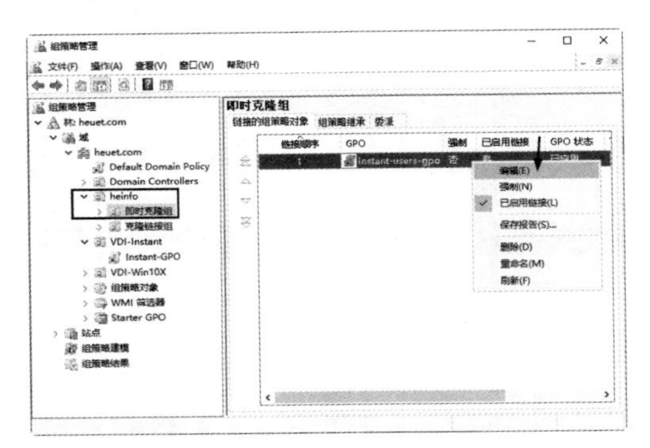

图 3-4-9　创建并链接组策略

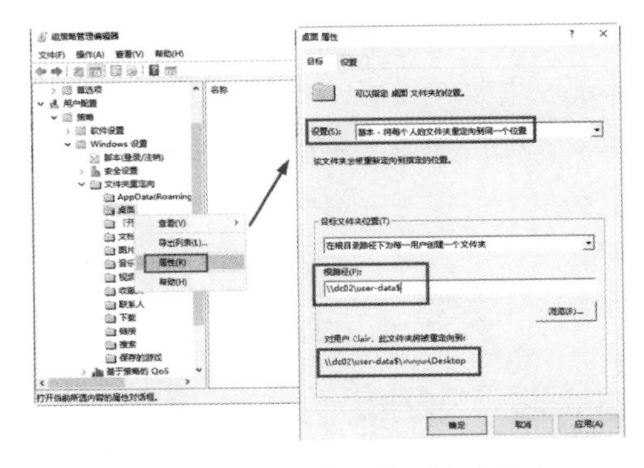

图 3-4-10　重定向“桌面”文件夹

（3）其他文件夹，例如“文档、下载、收藏夹”等，都可以重定向到\\dc02\users-data$文件夹，如图 3-4-11 至图 3-4-13 所示。

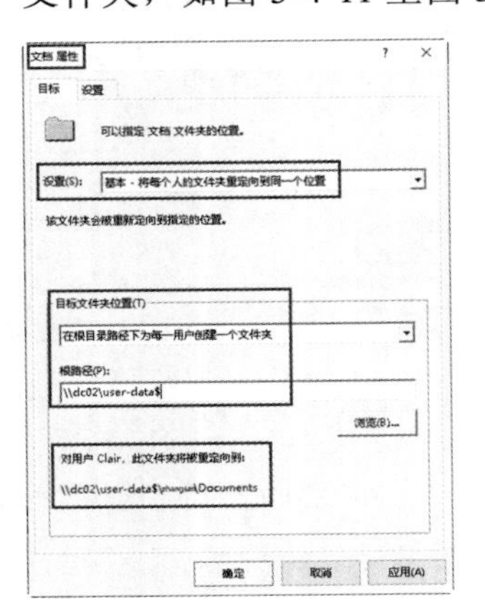

图 3-4-11　开始菜单

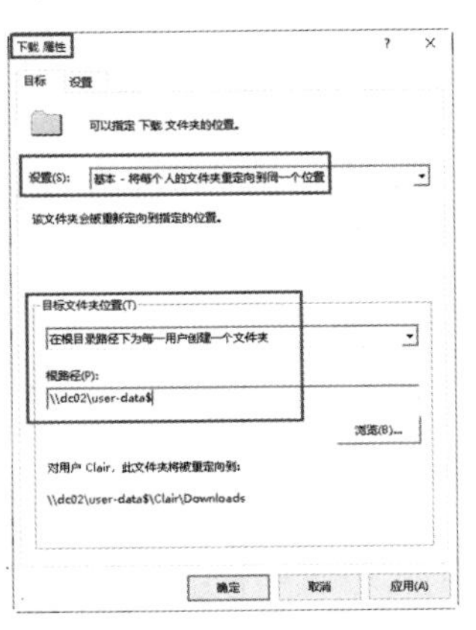

图 3-4-12　文档

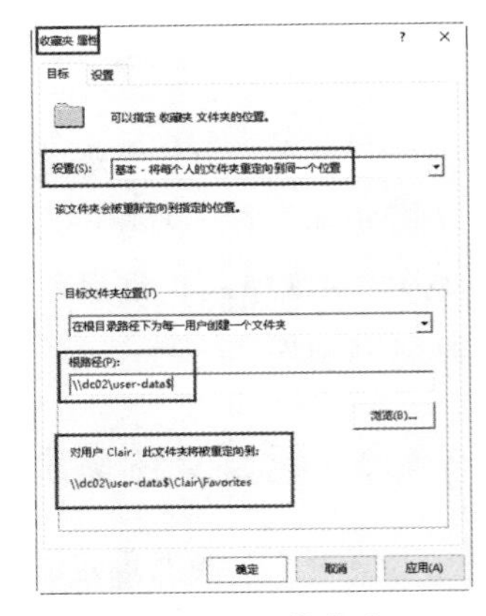

图 3-4-13　收藏夹

（4）音乐、图片、视频等文件夹，即可以重定向到一个单独的位置，也可以“跟随”文档，如图 3-4-14 至图 3-4-16 所示。

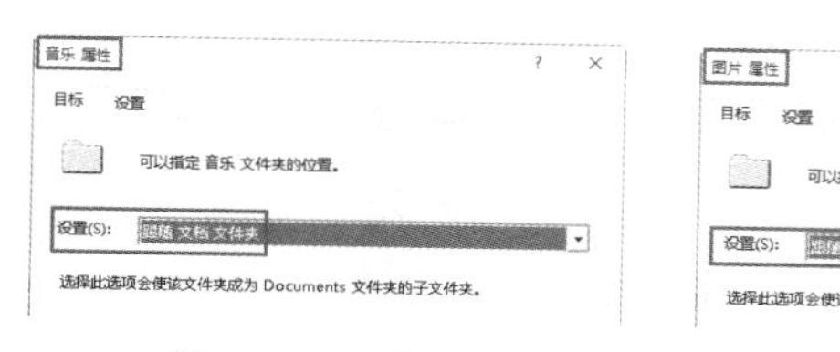

图 3-4-14 音乐

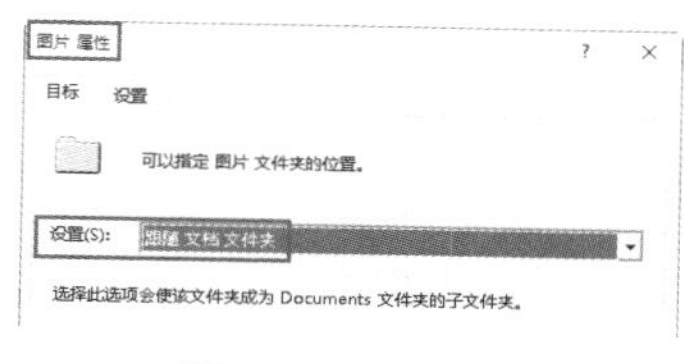

图 3-4-15 图片

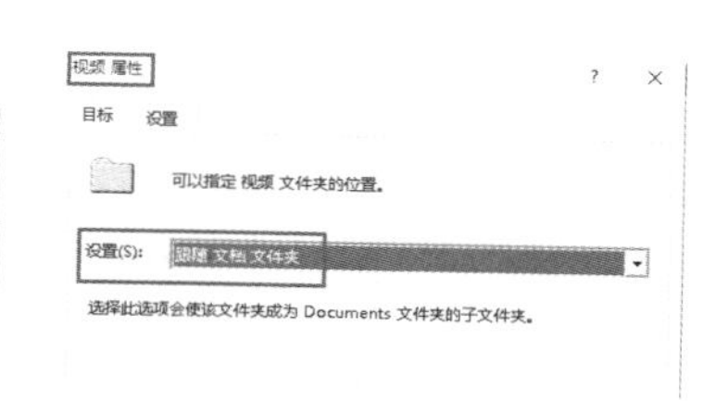

图 3-4-16 视频

配置完文件夹重定向功能之后，关闭组策略编辑器，进入命令提示窗口，执行 gpupdate /force 命令，刷新组策略，如图 3-4-17 所示。

在“组策略管理”中，查看 instant-users-gpo 的策略，如图 3-4-18 所示。

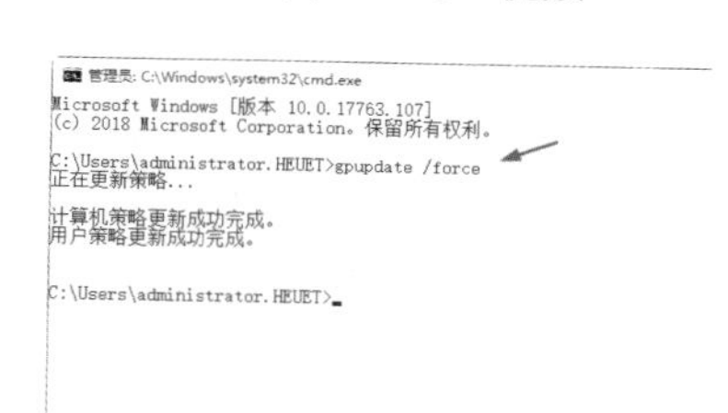

图 3-4-17 刷新组策略

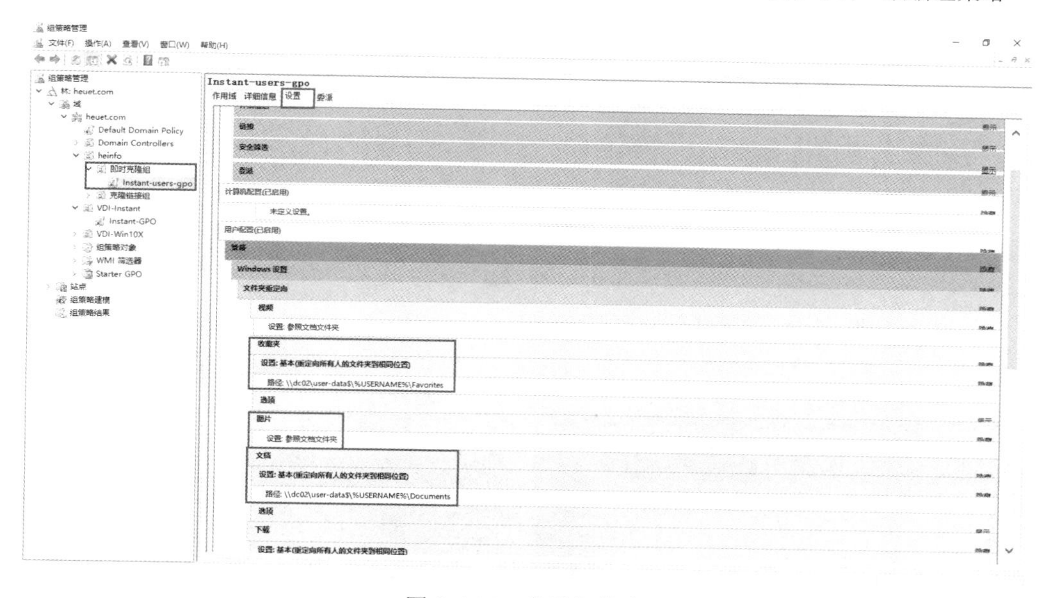

图 3-4-18 查看组策略

3.4.4 使用域用户登录

打开“资源管理器”，查看 D:\User-Data 文件夹，此时还是空目录，如图 3-4-19 所示，张三、李四的重定向文件夹还没有创建，需要张三、李四使用 Active Directory 域账户登录一次之后，才会自动创建对应的文件夹。

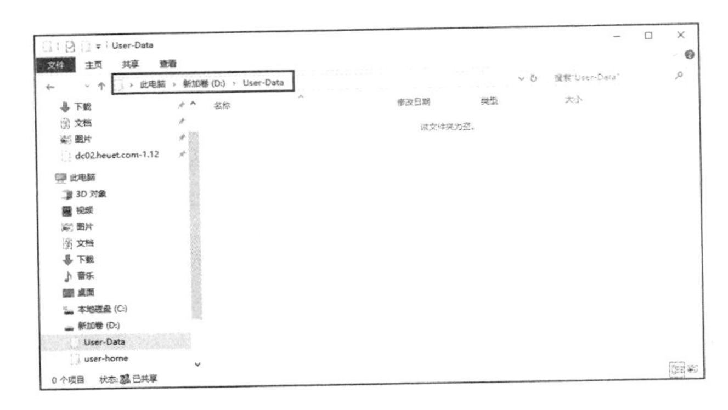

图 3-4-19　空白文件夹

为了测试这一功能，可以从 WS19-TP 的模板置备名为 vcs01.heuet.com_2.21 的虚拟机，然后分别用张三、李四的账户登录。下面是主要步骤。

（1）使用 vSphere Web Client 登录到 vCenter Server，新建虚拟机，选择 WS19-TP 置备，虚拟机名称为 vcs01.heuet.com_2.21，计算机名称为 VCS01，其他选择默认值，如图 3-4-20 所示。

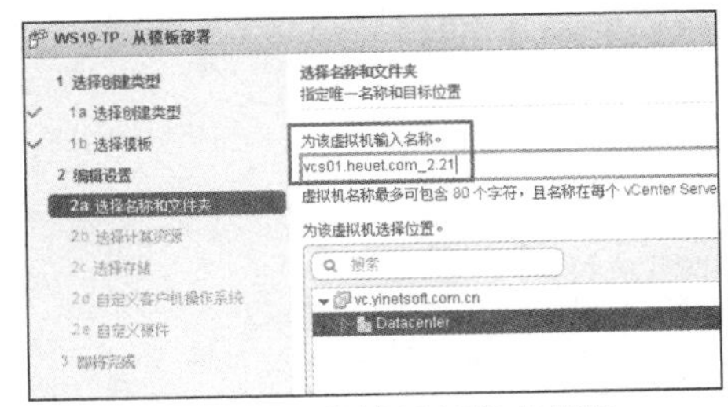

图 3-4-20　从模板部署虚拟机

（2）在置备虚拟机的过程中，创建自定义向导，将虚拟机加入 heuet.com 的域。如果当前没有配置 DHCP，VCS01 的虚拟机无法获得 IP 地址时，可以根据表 3-2-1 所列的规划，为当前计算机设置 IP 地址（当前示例为 172.20.1.51）、子网掩码、网关和 DNS（本示例为 172.20.1.11、172.20.1.12），然后加入 heuet.com 域，加入域之后的截图如图 3-4-21 所示。

（3）加入到域之后，重新启动计算机，分别使用张三、李四的账户登录，如图 3-4-22 所示。

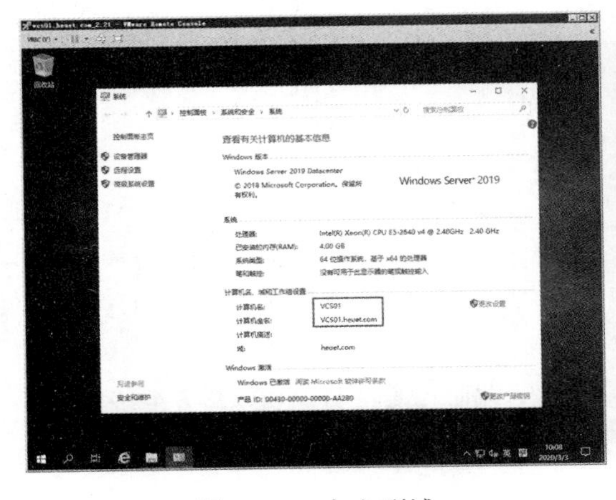

图 3-4-21　加入到域

图 3-4-22　使用张三账户登录

（4）等张三、李四分别登录一次之后，切换到 dc02.heuet.com 的服务器，查看 D:\User-Data 文件夹，可以看到对应的文件夹已经创建，如图 3-4-23 所示。

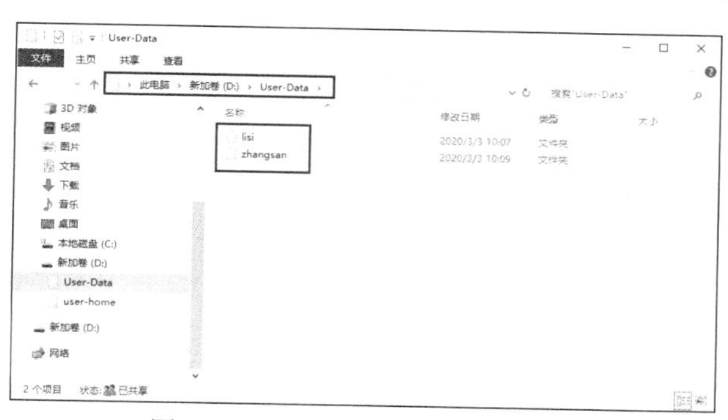

图 3-4-23　创建重定向文件夹目录

说明：本示例中使用张三、李四登录并且在文件服务器的 D:\User-Data 创建重定向文件夹，是为了介绍下节“创建文件夹配额、限制用户使用空间”的内容。在实际的生产环境，初期可以不进行这一步的配置，等所有用户都登录一次之后再进行配置。

3.4.5　创建文件夹配额，限制用户使用空间

在启用文件夹重定向功能之后，默认情况下并没有限制每个用户使用的共享空间。但在实际的生产环境中，应该对每个用户使用的服务器空间进行限制。管理员可以在“文件服务器”上通过“文件夹配额”的功能，限制每个用户使用的磁盘空间。本节操作中为指定的用户限制 20 GB 的配额空间。

（1）在 dc02.heuet.com 的文件服务器上，打开“文件服务器资源管理器”，在“配额管理→配额模板”中添加 20 GB 的模板，空间限制为 20 GB，如图 3-4-24 所示。

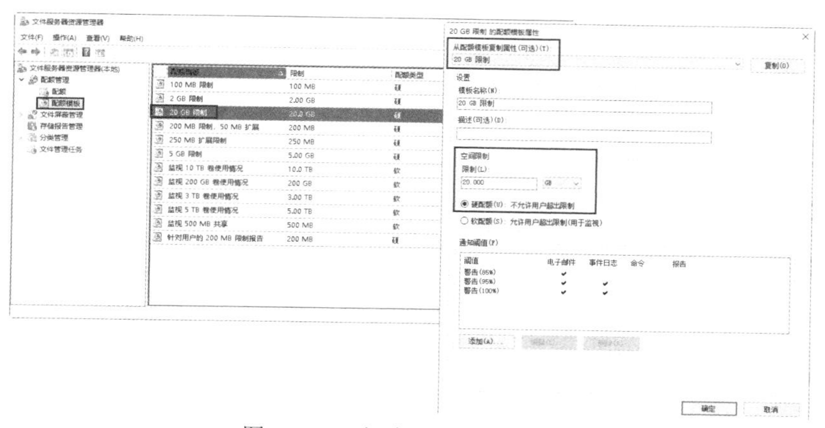

图 3-4-24　创建 20 GB 配额模板

（2）右击“配额管理”，在弹出的快捷菜单中选择“创建配额”命令，如图 3-4-25 所示。

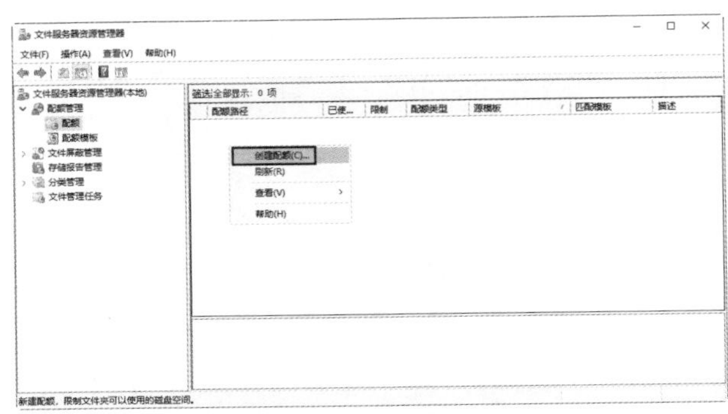

图 3-4-25　创建配额

（3）在弹出的“创建配额”对话框中，在“配额路径”中单击“浏览”按钮，浏览选择要添加配额的文件夹，例如 D:\User-Data\zhangsan，选中“在路径上创建配额”单选按钮，在“从此配额模板派生属性”下拉列表中选择“20 GB 限制”，然后单击“创建”按钮创建配额，如图 3-4-26 所示。

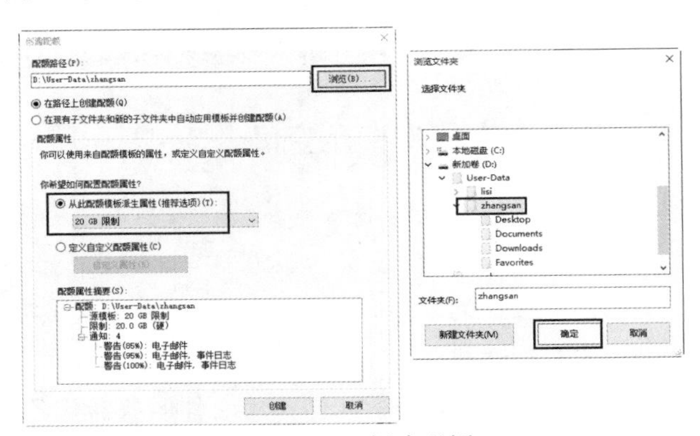

图 3-4-26　创建配额

（4）下面为 D:\user-Data\lisi 创建 20 GB 的配额。配置完成后，张三、李四每个用户占用的空间将不会超过此上限，如图 3-4-27 所示。

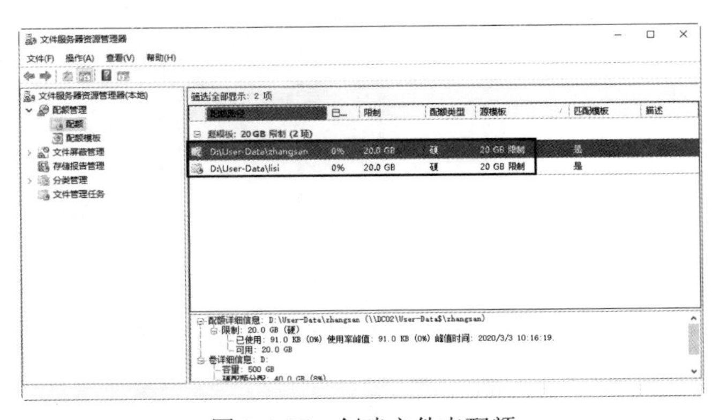

图 3-4-27　创建文件夹配额

3.5　配置 DHCP 服务器

在规划 Horizon 桌面时，需要配置 DHCP 服务器，为 Horizon 桌面分配 IP 地址、子网掩码、网关、DNS 等参数。在实际的生产环境中，你可以使用交换机集成的 DHCP Server，也可以使用 Windows 或 Linux 集成的 DHCP Server，但在同一 VLAN 中，两者只能选择其一，不能同时使用。本示例将在 Windows Server 2019 中配置 DHCP 服务器。

3.5.1　为 Horizon 桌面配置 DHCP 服务器

在使用服务器做 DHCP Server 时，最好是规划两台，这样可以起到冗余及容错的功能。因为在使用 DHCP 为工作站分配 IP 地址时，如果 DHCP 不工作，那么所有的工作站会由于不能获得 IP 地址而不能访问网络。

由于 DHCP 服务器负载相对较轻，在实际的生产环境中，通常将 DHCP 服务器与其他服务器在同一个（物理或虚拟）服务器中，例如，你可以在 Active Directory 服务器中同时兼做 DHCP 服务。在当前的实验环境中，将使用 172.20.1.11、172.20.1.12 的两台 Active Directory 服务器兼做 DHCP 服务器。

在使用计算机做 DHCP 服务器时，需要配置核心交换机，在交换机中配置 DHCP 中继，并指定 DHCP 服务器的地址为 DHCP 中继。

下面简要介绍在 Windows Server 2019 中 DHCP 服务器的安装与配置。

（1）登录到 172.20.1.11 的 Active Directory 服务器，在“服务器管理器”中添加角色和功能，在“选择服务器角色”中选中“DHCP 服务器”，当然你也可以在前几节安装“Active Directory 域服务”角色时，同时安装 DHCP 服务器，如图 3-5-1 所示。

（2）在“DHCP 服务器”对话框，显示了 DHCP 服务器的功能概述，以及安装 DHCP 服务器的注意事项，如图 3-5-2 所示。

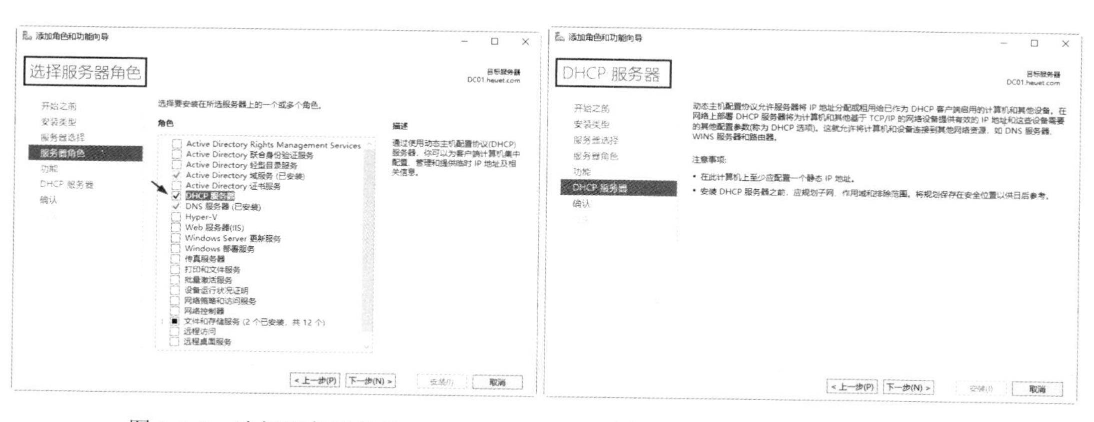

图 3-5-1　选择服务器角色　　图 3-5-2　DHCP 服务器功能及注意事项

（3）在“确认安装所选内容”对话框，单击“安装”按钮。

（4）在“安装进度”对话框，显示了安装进度，单击“关闭”按钮，可以关闭当前的对话框。

当 DHCP 服务器安装完成后，如果需要后续的步骤，可以在“服务器管理器”中，单击“ ”在下拉菜单中选择“完成 DHCP 配置”链接，如图 3-5-3 所示。

（1）在“描述”对话框中，显示了后续的步骤，如图 3-5-4 所示。

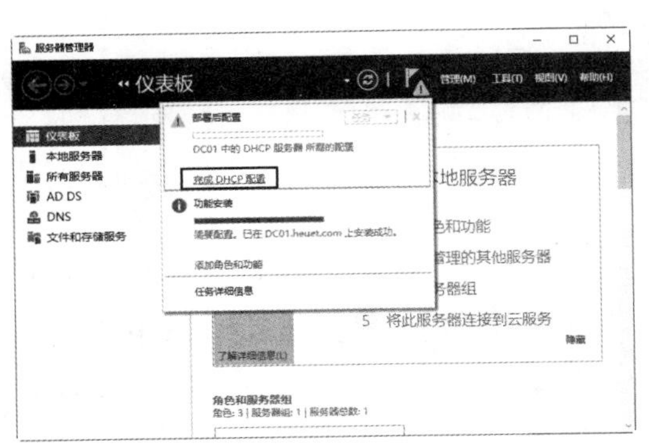

图 3-5-3　完成 DHCP 配置

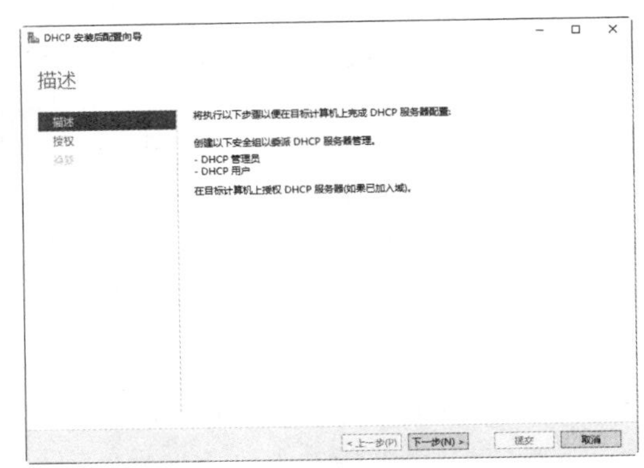

图 3-5-4　描述

（2）在“授权”对话框中，指定用于在 Active Directory 中授权此 DHCP 服务器的凭据，默认使用当前的登录的账户及信息，如图 3-5-5 所示。

（3）在“摘要”对话框，显示完成的操作，单击“关闭”按钮，完成 DHCP 服务器的后续操作。在“任务详细信息和通知”对话框中显示 DHCP 服务器配置已完成，如图 3-5-6 所示。

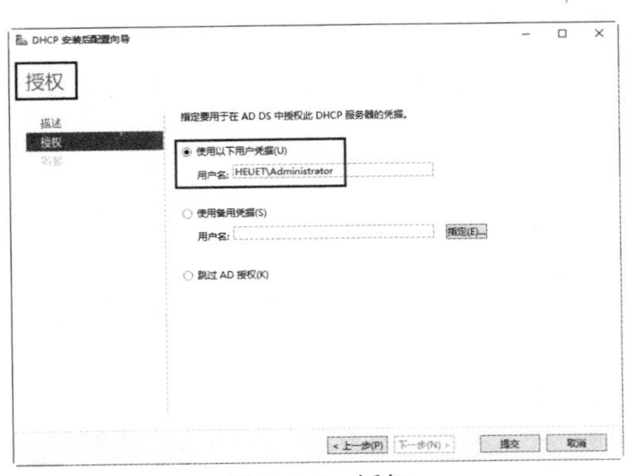

图 3-5-5　授权

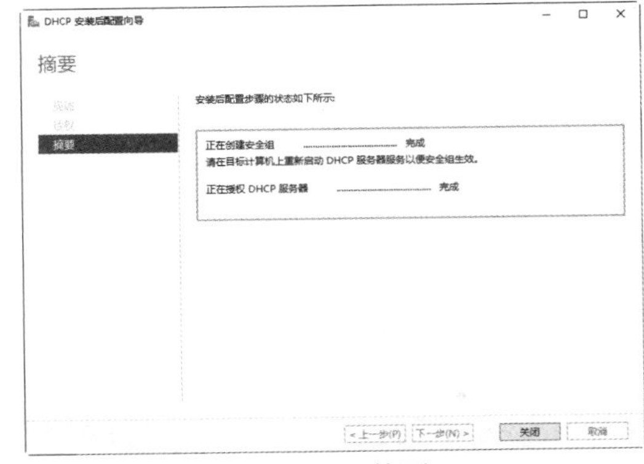

图 3-5-6　摘要

3.5.2　创建作用域

在安装了 DHCP 服务器之后，下面在 DHCP 服务器中创建“作用域”，每个作用域可以为一个网段提供 IP 地址范围，用于分配 IP 地址、子网掩码、网关及 DNS 等参数。

说明：在大多数的情况下，在使用计算机做 DHCP 服务器时，通常配置两个 DHCP 服务器，每个 DHCP 服务器按照 50∶50 的原则分配 IP 地址（在以前规划的时候是 80∶20，这以前是两台服务器的配置不同，较高配置的用来分配较多的 IP 地址，但现在使用虚拟化技术，DHCP 服务器的配置相同）。在本示例中，为 Horizon 桌面分配 172.20.1.100 ~ 172.20.1.150 的 IP 地址。在实际的生产环境中，要为 Horizon 桌面分配足够的 IP 地址。

在 DHCP 作用域中，还要分配网关地址、DNS 地址（可选），一般 DNS 地址与 WINS 服务器地址则是在“服务器选项”中配置。下面介绍在 DHCP 服务器中，创建作用域的方法，主要步骤如下。

（1）在“服务器管理器”中，在左侧选中“DHCP”，在右侧的列表中，选择要配置（或要管理）的 DHCP 服务器，单击鼠标右键，选择“DHCP 管理器”命令，如图 3-5-7 所示。

（2）打开“DHCP”管理控制台，展开 IPv4 并单击鼠标右键，在弹出的快捷菜单中选择“新建作用域”命令，如图 3-5-8 所示。

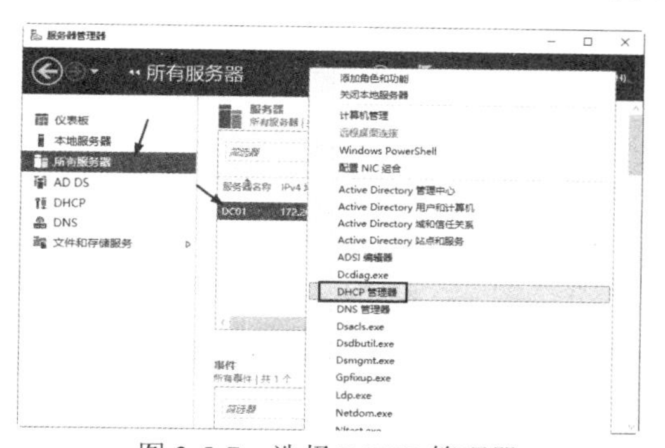

图 3-5-7　选择 DHCP 管理器

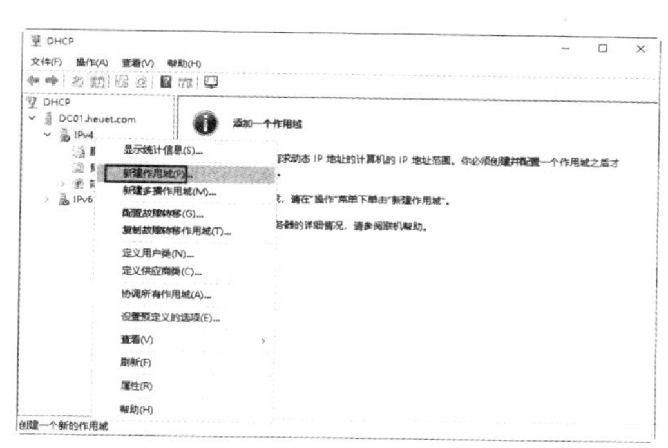

图 3-5-8　新建作用域

（3）在“欢迎使用新建作用域向导”对话框，单击“下一步”按钮，如图 3-5-9 所示。

（4）在“作用域名称”对话框中为新建的作用域设置一个名称，此名称将快速识别该作用域的使用方式，一般与所分配的网段对应。例如，这是为 VLAN10 的子网分配 IP 地址，则作用域名称可以为 VLAN10，如图 3-5-10 所示。

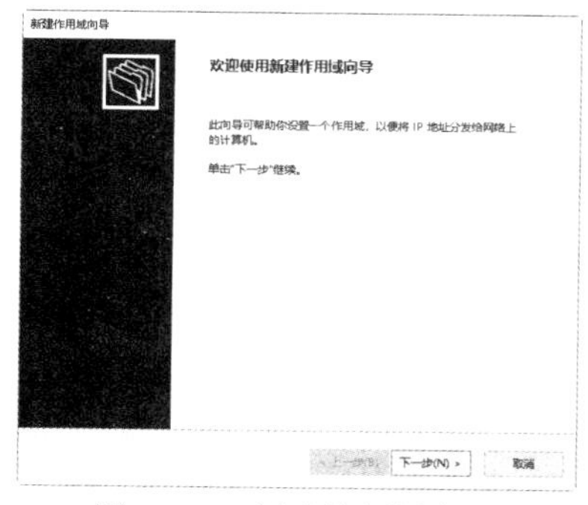

图 3-5-9　新建作用域向导

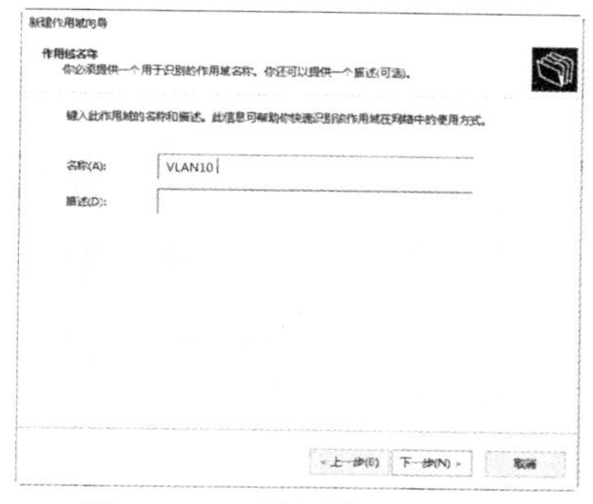

图 3-5-10　设置作用域名称

（5）在“IP 地址范围”处，设置当前作用域的起始地址及结束地址，在本示例中，当前创建的是 VLAN10 作用域，作用域的地址范围是 172.20.1.100～172.20.1.129，子网掩码是 255.255.255.0，如图 3-5-11 所示。

（6）在“添加排除和延迟”对话框，添加排除地址范围。如果你想在图 3-5-12 中设置的地址中，保留一些地址，则可以将这些地址添加到列表中。以前配置 2 台 DHCP 服务器，在设置作用域地址范围时，通常是指定整个网段，然后添加另一台服务器分配的地址，作为当前作用域的排除范围。

例如，如果某网络中第一台 DHCP 服务器，作用域地址范围是 192.168.100.1～192.168.100.254，则设置排除范围为 192.168.100.1～192.168.100.9、192.168.100.101～192.168.100.254；而第二台 DHCP 服务器的作用域地址范围为 192.168.100.1～192.168.100.254，则设置排除范围为 192.168.100.1～192.168.100.100、192.168.100.200～192.168.100.254。而我们在创建作用域时，直接设置了每台服务器、每个作用域的实际地址范围，所以在此不需要再添加排除范围，如图 3-5-12 所示。在此对话框中还可以设置服务器延迟 DHCPOFFER 消息传输的时间段，默认是 0（单位：毫秒）。

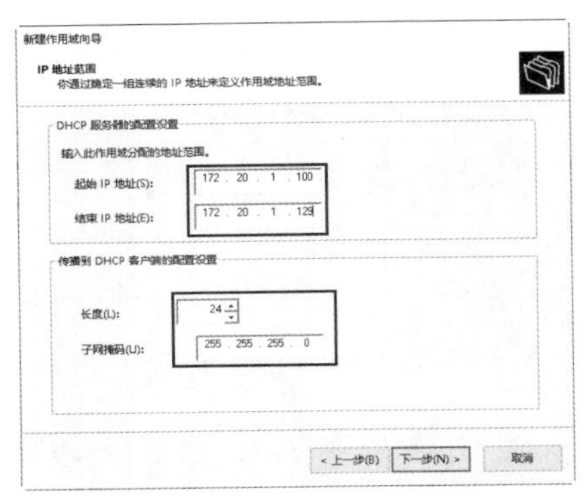

图 3-5-11　作用域地址范围

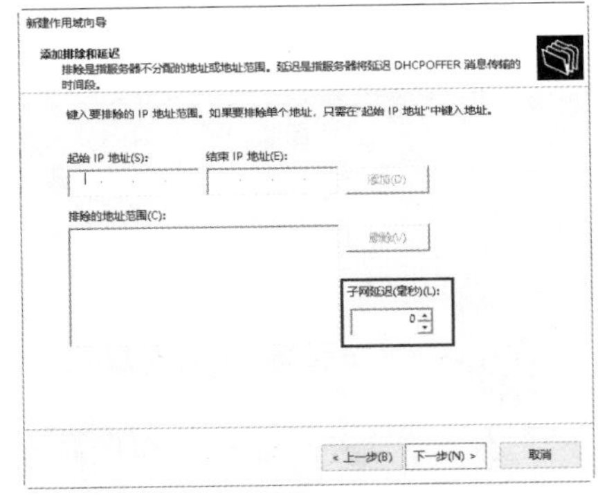

图 3-5-12　排除和延迟

（7）在“租用期限”对话框中设置客户端从此作用域租用 IP 地址的时间长短。在 Windows Server 的 DHCP 中，默认租约期限是 8 天，本示例设置为 4 小时，如图 3-5-13 所示。在实际生产环境中设置多长时间，取决于你的需求。如果你是为固态的计算机（台式机）或相当稳定的设备分配 IP 地址，则可以设置较长的时间。如果你是为需要频繁更换位置的设备（笔记本电脑、手机）提供 IP 的网络中，例如你为一个人员流动频繁的营业厅、饭店等提供无线接入，考虑到每个人使用网络的时间可能在 30～60 min 之间，则设置 20～60 min 的时间为宜。

（8）在“配置 DHCP 选项”对话框，是否要为作用域配置作用域选项，这些包括网关地址、DNS、WINS 服务器地址等，其中“网关地址”是必需的，每个作用域选项的网关地址只与当前作用域有关，而 DNS、WINS 则可以在“服务器选项”中配置。在此选择“是，我想现在配置这些选项”单选按钮，如图 3-5-14 所示。

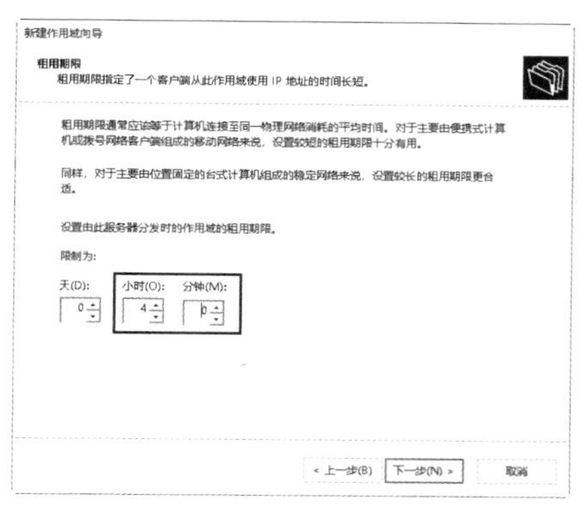

图 3-5-13 租用期限

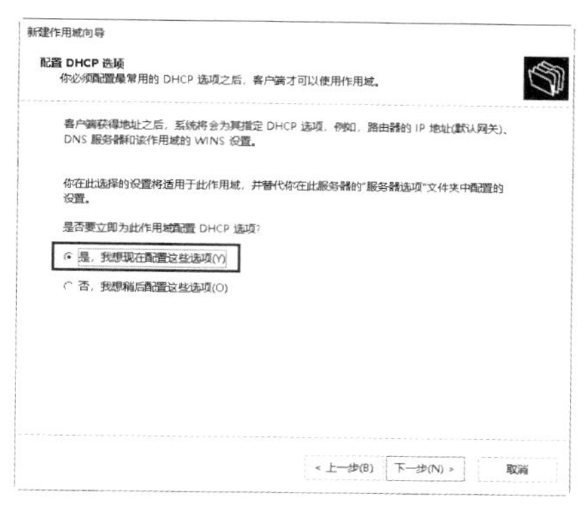

图 3-5-14 配置 DHCP 选项

（9）在“路由器（默认网关）”，指定此作用域要分配的网关地址，在此示例中当前网关地址是 172.20.1.254，如图 3-5-15 所示。说明，网关地址不能设置错误，如果设置错误，客户端获得错误的网关地址之后将不能访问网络。

（10）在“域名称和 DNS 服务器”，在“IP 地址”处添加 DNS 服务器的地址，在“父域”文本框中，输入当前 Active Directory 的域名，在本示例为 heuet.com，DNS 地址是 172.20.1.11、172.20.1.12，如图 3-5-16 所示。如果你在没有 Active Directory 的网络，“父域”文本框可以留空。

图 3-5-15 网关地址

图 3-5-16 域名与 DNS 地址

（11）在“WINS 服务器”对话框，指定 WINS 服务器的地址。WINS 服务器可以将 NetBIOS 名称解析成 IP 地址，这在跨 VLAN 的网络中，在需要解析 NetBIOS 名称时，需要配置 WINS 服务器。WINS 服务器使用很简单，在大多数的时候，在指定了 WINS 服务器之后（在 IP 地址设置，或使用 DHCP 分配），计算机即成为 WINS 客户端。WINS 客户端计算机，会将自己的 NetBIOS 名称与 IP 地址，向 WINS 服务器注册。当计算机不能将 NetBIOS 名称解析成 IP 地址时（如果需要解析的 NetBIOS 名称在另外网段），会查询 WINS

服务器，如果要解析的名称在 WINS 服务器中注册，则 WINS 服务器会返回解析的 IP 地址。在本示例中，不需要配置 WINS 服务器，如图 3-5-17 所示。

（12）在“激活作用域”对话框，单击“是，我想现在激活此作用域”单选按钮，如图 3-5-18 所示。只有作用域激活之后才能使用。

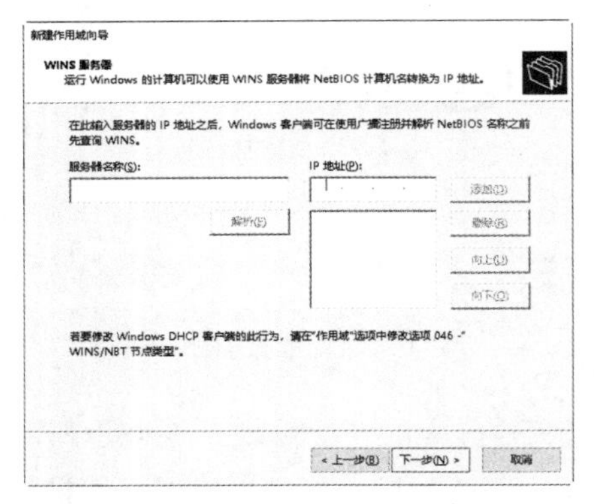

图 3-5-17　指定 WINS 服务器

图 3-5-18　激活作用域

（13）在“正在完成新建作用域向导”对话框，单击“完成”按钮，创建作用域完成，如图 3-5-19 所示。

参照步骤（1）~（13），为网络中的另一台 Active Directory 服务器的计算机（IP：172.20.1.12）添加 DHCP 服务器，创建作用域，设置作用域地址范围为 172.20.1.130~172.20.1.150，如图 3-5-20 所示。其他的配置相同。

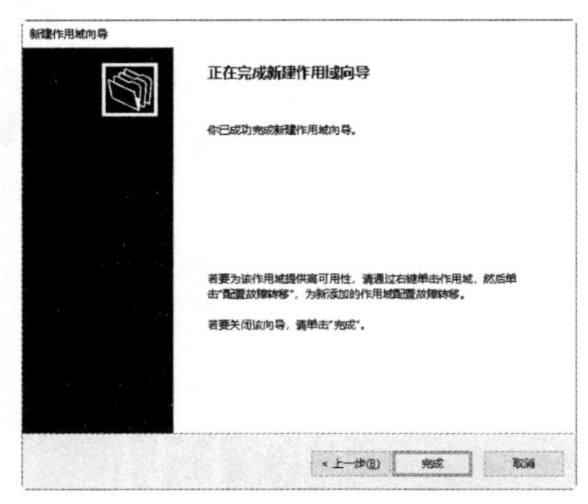

图 3-5-19　创建作用域完成

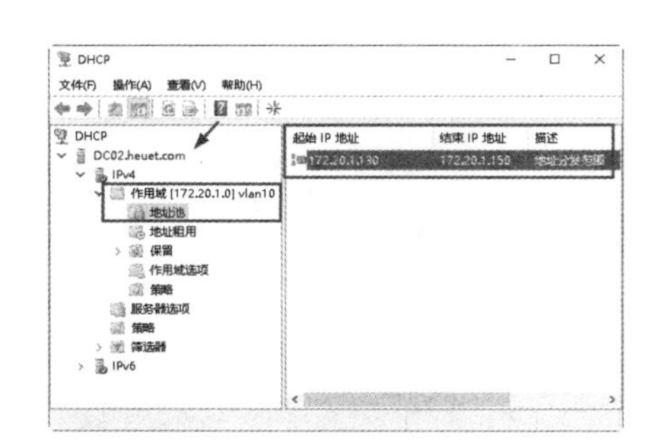

图 3-5-20　配置第 2 台 DHCP

3.6　配置 KMS 服务器

在使用 VMware Horizon 桌面的时候，对于 Windows 7、Windows 8、Windows 10 及用于 RDS 的 Windows Server 2008 R2、Windows Server 2012、Windows Server 2016、Windows Server 2019 等操作系统，尤其是 Horizon 桌面工作站（Windows 7、Windows 10

等），需要使用 KMS 服务器激活这些操作系统。KMS 服务器本身所需要的资源较小，可以将 Active Directory 服务器安装并配置 KMS 服务。

3.6.1 KMS 介绍

KMS（Key Management Service，Windows 密钥管理服务）是 Microsoft 从 Windows Vista 开始推出的一种新型产品激活机制，适合于“批量许可”。KMS 要求局域网中必须有一台 KMS 服务器，KMS 服务器的作用是给局域网中的所有计算机的操作系统定周期（一般是 180 天）提供一个随机的激活 ID（不同于产品激活密钥），然后计算机里面的 KMS 服务就会自动将系统激活，实现正常的系统软件服务与操作。KMS 客户端计算机必须保持与 KMS 服务器的定期连接，以便 KMS 激活服务的自动检查实现激活的自动续期，这样就实现了限制于公司内部的激活范围，避免了对于外界计算机的非法授权，当非法激活者离开公司域后，由于客户端 KMS 服务不能连接位于域内的 KMS 激活服务器，让它提供一个新的序列号，超过 180 天以后就会因为激活 ID 过期而重新回到试用版本状态，而合法授权者则能够定期获得 ID 更新，一直保持正确的激活状态。

KMS 相关的知识如下。

（1）KMS 密钥用于通过 Microsoft 激活服务器激活 KMS 主计算机，它最多可激活 6 台 KMS 主机，每台主机可激活 10 次。而每台 KMS 主机可激活无数台计算机。

（2）多次激活密钥（MAK）使用 Microsoft 托管的激活服务（需要连接到 Microsoft 激活服务器）一次性激活系统。计算机激活之后，不再需要与 Microsoft 通信。

说明：根据具体的批量许可协议，每个 MAK 都有预设的允许激活次数。

（3）“密钥管理服务（KMS）”是一种激活服务，该服务允许组织在自己的网络中激活系统，而无须将每台计算机单独连接到 Microsoft 进行产品激活。它不需要专用的系统，并且可以在提供其他服务的系统上轻松地共同托管。

KMS 对网络环境中的实际或虚拟计算机有最低数量要求。这些最低要求称为激活阈值，企业版用户可以轻松地满足此类所设置的最低数量要求。

Windows 激活阈值：组织必须拥有至少 5 台计算机才能激活运行 Windows Server 的服务器，而且必须拥有至少 25 台计算机才能激活运行 Windows 的客户端系统。

Office 激活阈值：组织必须拥有至少 5 台运行 Office 版本的计算机才能使用 KMS 激活安装的 Office 产品。

3.6.2 安装 Windows KMS 密钥

在本例中，将在 dc01.heuet.com 这台 Active Directory 域服务器上安装 Windows Server 2019 的 KMS 密钥，然后再安装 Office 2019 的 KMS 密钥。

（1）以管理员账户登录到 DC01.heuet.com 这台计算机，查看系统属性，如图 3-6-1 所示。请记下“计算机名”（当前名称为 KMS-Server），后文在配置 KMS Server 的时候需要用到这一名称。

（2）打开“服务器管理器”，在“仪表板”中单击“添加角色和功能”，在“选择服务器角色”对话框中，选中“批量激活服务”复选框，如图 3-6-2 所示。

图 3-6-1　系统状态

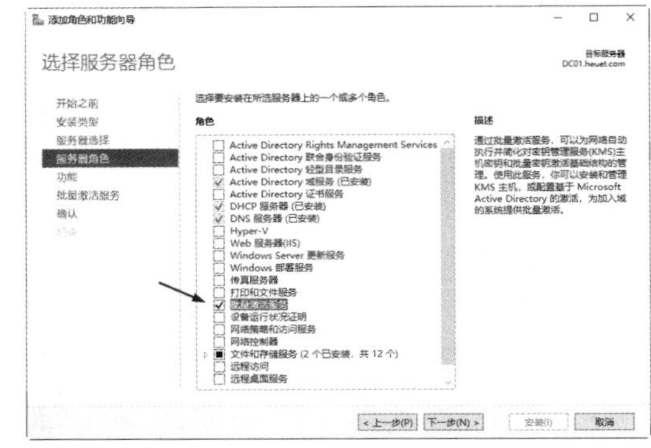

图 3-6-2　安装批量激活服务

（3）安装完成后，单击“批量激活工具”链接，进入“批量激活工具”程序，在“选择批量激活方法”的“密钥管理服务（KMS）”文本框中，输入要管理的 KMS 服务器的计算机名称，如图 3-6-3 所示。

（4）在“管理 KMS 主机”对话框中，在“安装 KMS 主机密钥”中，输入 Windows Server 2019 的 KMS 密钥，然后单击“提交”按钮，如图 3-6-4 所示。

图 3-6-3　选择批量激活方法

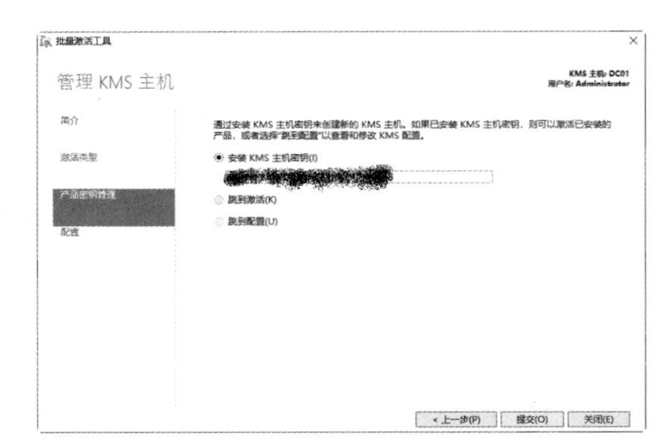

图 3-6-4　提交

（5）在“产品密钥安装已成功”对话框中，选择“激活产品”单选按钮，如图 3-6-5 所示。

（6）在“激活产品”对话框的“选择产品”下拉列表中，选择要激活的 KMS 主机密钥（如果安装了多个主机密钥，则可以在下拉列表中选择，当前只有 Windows Server 2019 的密钥），之后选择激活方法。如果当前主机可以连接到 Internet 则选择“在线激活”；如果这是一台内网的服务器，不能连接到 Internet，则选择“通过电话激活”，然后在“选择位置”中，选择“中国”。这里选择“在线激活”单选按钮，单击“提交”按钮，如图 3-6-6 所示。

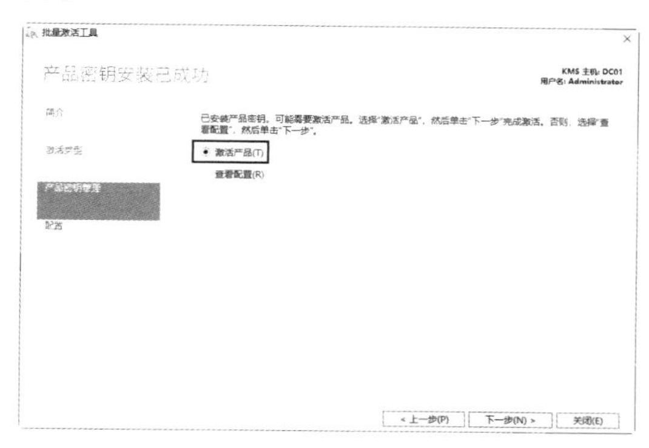

图 3-6-5　激活产品

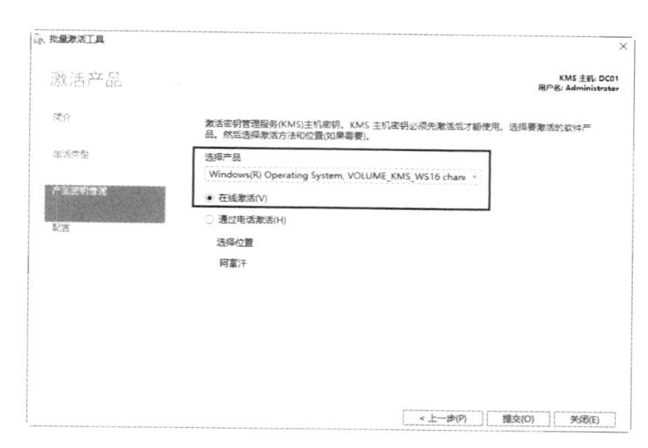

图 3-6-6　在线激活

（7）在“激活已成功”对话框中，单击“关闭”按钮，完成 KMS 的配置。

经过上述配置，这台 Windows Server 2019 数据中心版的 KMS 服务器已经配置完成，可以用来激活 Windows Server 2019 数据中心版、标准版以及 Windows Server 2016、Windows Server 2012 R2、Windows Server 2012、Windows Server 2008 R2、Windows Server 2008、Windows 10/8.1/8/7 的专业版与企业版。

如果要继续在当前 KMS Server 安装其他密钥，例如 Office 2010/2013/2016/2019 等密钥，请继续看后面的步骤。

3.6.3　安装 Office 密钥

一台 Windows 的 KMS Server 可以安装多个不同的密钥，例如在上一节中安装了 Windows Server 2019 数据中心版的产品密钥后，还可以安装 Windows Server 2008 R2、Office 2019/2016/2013/2010 等不同产品密钥。本节以添加 Office 2019 的 KMS 密钥为例进行介绍。

从 Microsoft 官网下载 Office 2019 批量许可证包工具（文件名为 office2019volumelicensepack_x64.exe），下载之后，复制到上一节的 dc01.heuet.com 的服务器中，双击运行 Office KMS 的补丁包，然后根据向导完成 Office KMS 密钥的添加，主要步骤如下。

（1）在“Microsoft Office 2019 批量许可证包”对话框中接受许可协议，单击“继续”按钮，如图 3-6-7 所示。

（2）进入批量激活工具，在“选择批量激活方法”中选择“基于 Active Directory 的激活”单选按钮，如图 3-6-8 所示。

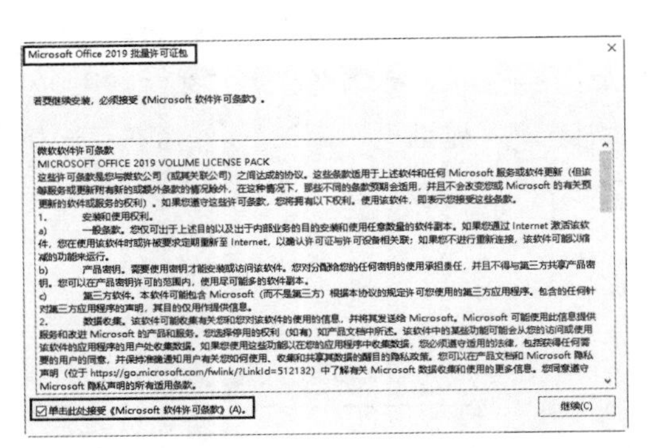

图 3-6-7　Office 2019 批量许可证包

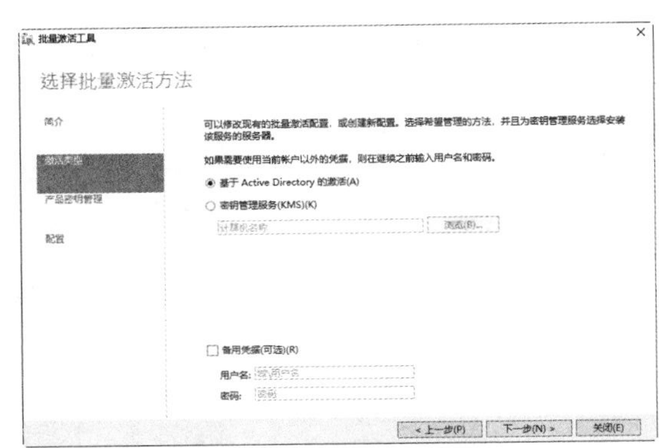

图 3-6-8　选择批量激活方法

（3）在“管理激活对象”对话框的“安装 KMS 主机密钥”中，输入要添加的新的 KMS 密钥，在此输入 Office 2019 的 KMS 密钥，如图 3-6-9 所示。

（4）在“激活产品”对话框中，选择“在线激活”。然后单击“提交”按钮。

（5）在“激活已成功”对话框中，单击“下一步”按钮。

（6）在“配置激活对象”对话框中，单击“关闭”按钮，如图 3-6-10 所示。

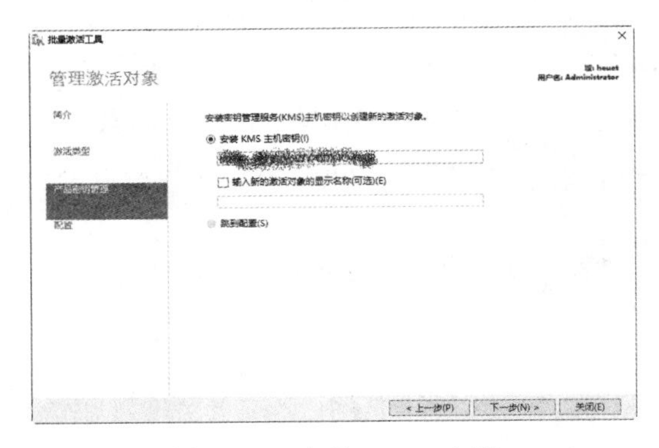

图 3-6-9　安装 Office 密钥

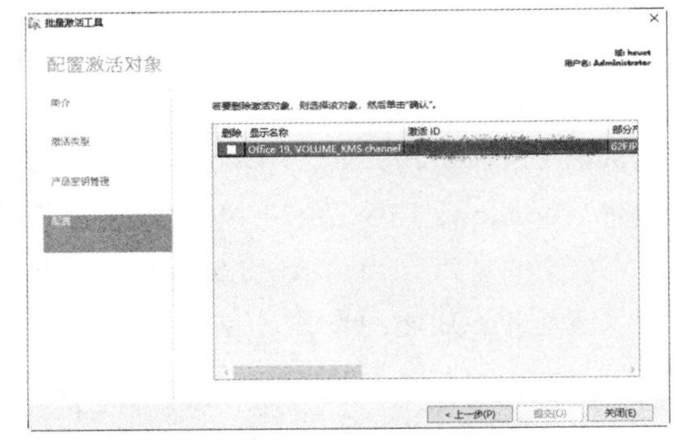

图 3-6-10　关闭 KMS 管理程序

如果以后想再次安装其他 KMS 密钥，可以在“服务器管理器→VA 服务”中用鼠标右键单击 DC01，在弹出的快捷菜单中选择“批量激活服务”命令，如图 3-6-11 所示。

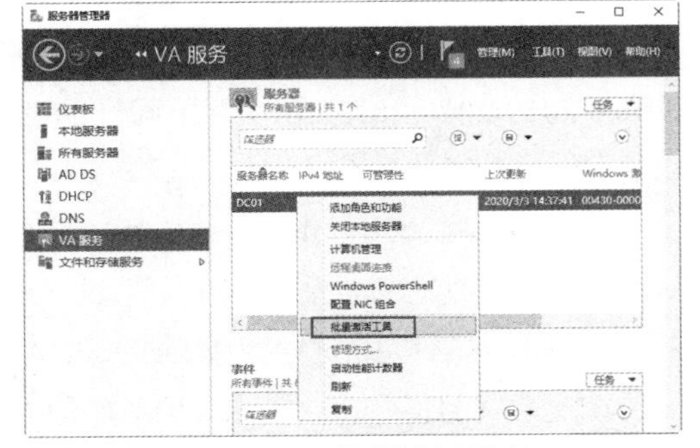

图 3-6-11　批量激活程序

3.6.4　在防火墙上开放 TCP 1688 端口

Windows KMS 服务器使用 TCP 的 1688 端口，需要在防火墙上开放 TCP 的 1688 端口。

（1）打开“高级安全 Windows Defender 防火墙”，用鼠标右键单击“入站规则”，选择“新建规则”命令，如图 3-6-12 所示。

（2）在“规则类型”对话框中选择“端口”单选按钮，如图 3-6-13 所示。

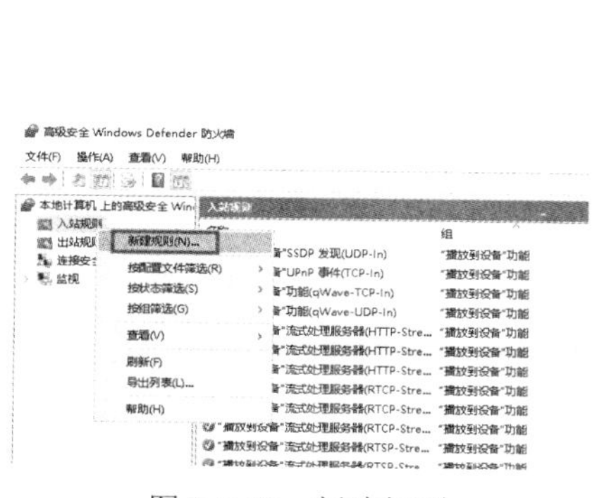

图 3-6-12　新建规则

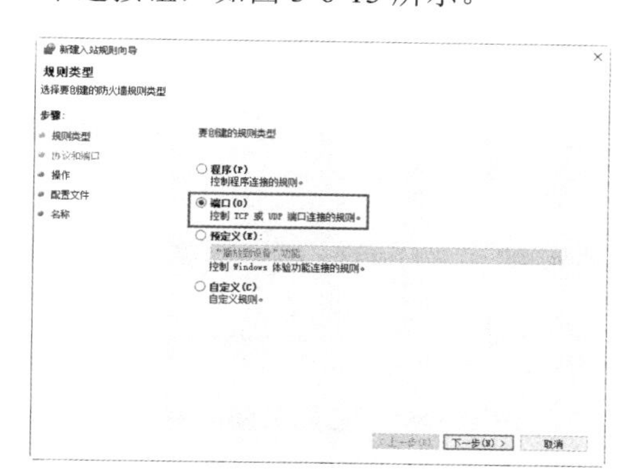

图 3-6-13　端口

（3）在“协议和端口”对话框中的“特定本地端口”中输入端口号，本示例为 1688，如图 3-6-14 所示。

（4）在“操作”对话框中选择“允许连接”单选按钮，如图 3-6-15 所示。

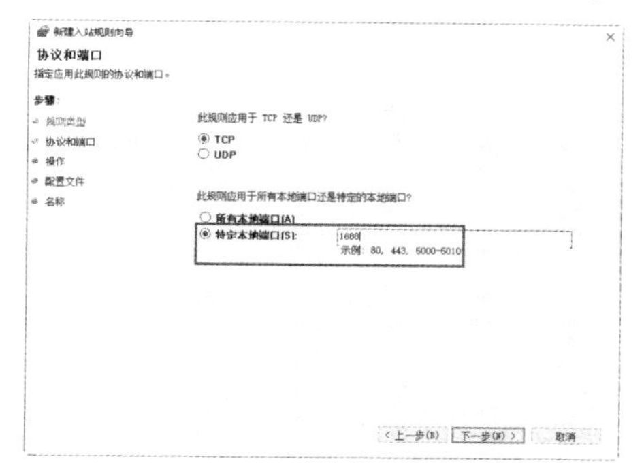

图 3-6-14　TCP 协议端口 1688

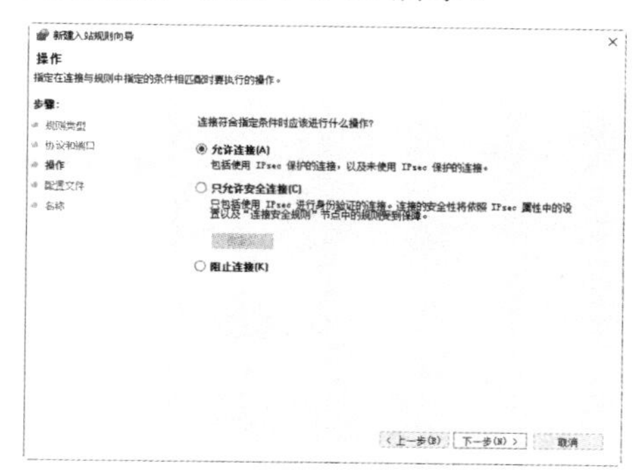

图 3-6-15　允许连接

（5）在“配置文件”中选择“域”“专用”“公用”单选按钮，如图 3-6-16 所示。

（6）在“名称”对话框中的“名称”文本框中输入新建规则的名称，本示例为 KMS-1688，如图 3-6-17 所示。

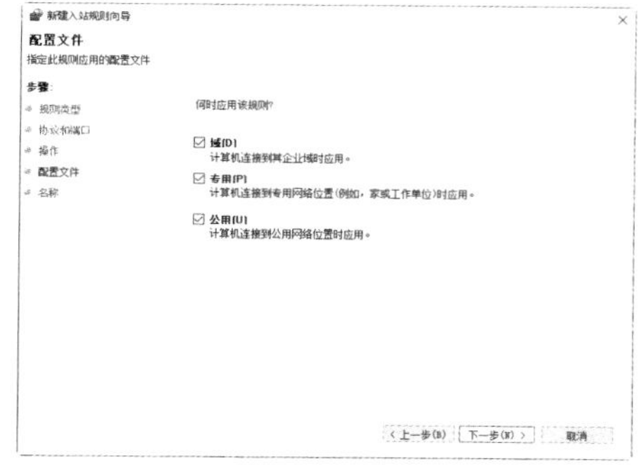

图 3-6-16　配置文件

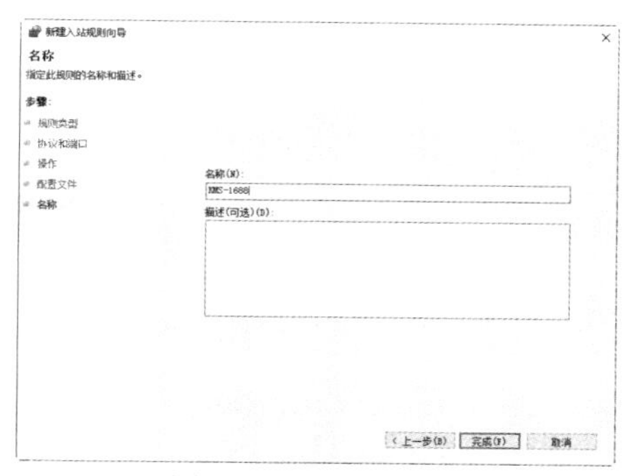

图 3-6-17　规则名称

3.6.5 DNS 服务器配置

要使用密钥管理服务（KMS）激活 Windows 与 Office，KMS 主机必须被检测到。KMS 主机可通过在 DNS 服务器上创建服务（SRV）资源记录（RR）自动标识其存在。

当 KMS 客户端首次向 DNS 查询 KMS 信息时，它会从 DNS 返回的 SRV RR 列表中随机选择一台 KMS 主机。包含 SRV RR 的 DNS 服务器的地址可作为后缀条目列在 KMS 客户端上。这样，便可以在一台 DNS 服务器中公布 KMS 的 SRV RR，从而让具有其他主要 DNS 服务器的 KMS 客户端可以找到该 SRV RR。

要在 DNS 中配置 KMS 主机的 SRV 记录也很简单，只需要注意如下顺序与步骤即可。

（1）在 DNS 服务器中创建一个 A 记录指向 KMS 主机的 IP 地址，例如在本示例中 KMS 服务器的 IP 地址是 172.20.1.11，当前有一个 A 记录 dc01 指向 172.20.1.11，如图 3-6-18 所示。

（2）在 Active Directory 域名上单击鼠标右键，然后在弹出的快捷菜单中选择“其他新记录”命令，如图 3-6-19 所示。

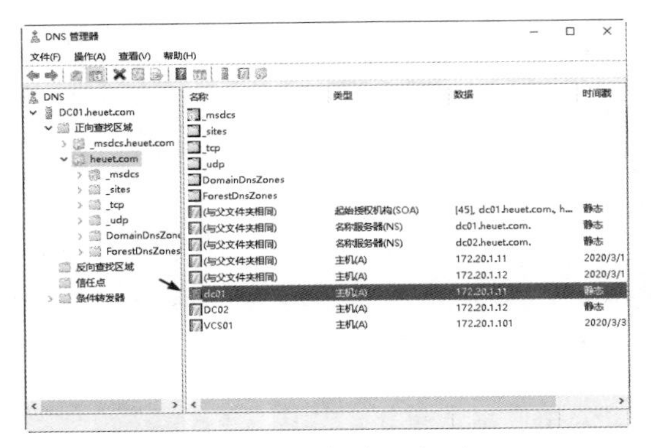

图 3-6-18　创建 A 记录

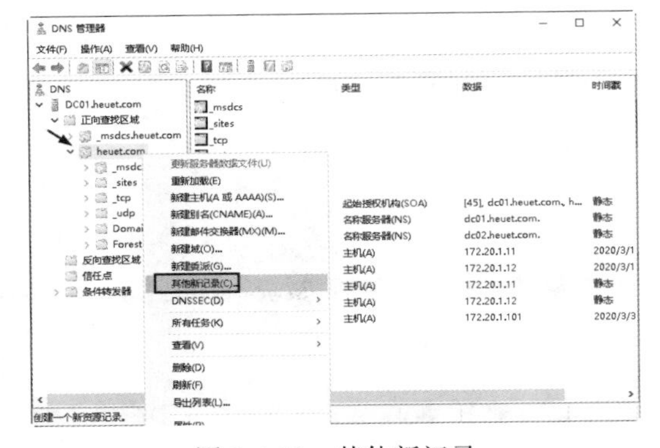

图 3-6-19　其他新记录

（3）在“资源记录类型”对话框中，选择“服务位置（SRV）”，然后单击“创建记录”按钮，如图 3-6-20 所示。

（4）在“新建资源记录”对话框中，在“服务”文本框中输入_VLMCS，协议输入_TCP（注意下划线和大写字母），在“端口号”文本框中输入 1688，在“提供此服务的主机”输入图 3-6-18 中的 A 记录 dc01.heuet.com，然后单击“确定”按钮完成创建，如图 3-6-21 所示。

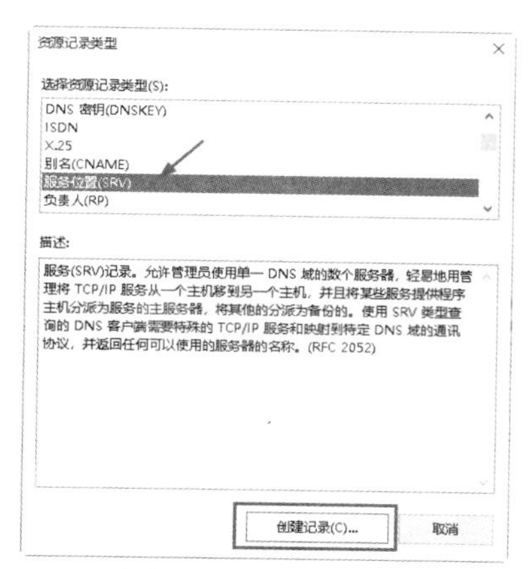

图 3-6-20　创建记录

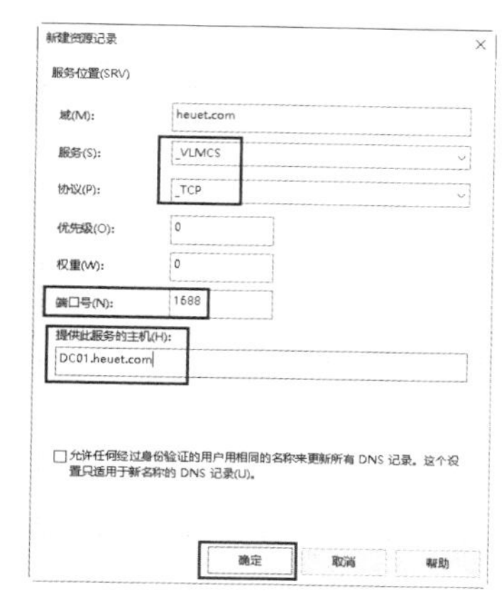

图 3-6-21　创建完成

3.6.6　KMS 客户端使用注意事项

对于 Windows 与 Office 系统，如果要使用 KMS 服务器激活，必须满足以下的条件：

（1）版本要求：所有的 Windows Server 2008 及其以后的操作系统、专业版与企业版的 Windows 客户端（Windows 7/8/8.1/10），以及 Windows 10 教育版；Office 2010/2013/2016/2019“开放式许可”的版本。Office 的零售版本不能使用 KMS 激活。

（2）KMS 客户端计数：对于 KMS 客户端，只有当 KMS 客户端“累计”计数达到一定数量之后才能“批量激活”，这一计数，对于 Windows Server 与 Office 来说是 5，对于 Windows 客户端（Windows 7/8/10 等）则是 25。

（3）对于 Windows 操作系统，需要使用 KMS 客户端密钥安装才能使用 KMS Server 激活。

（4）对于 Office，则有“介质”需求。Office 包括“零售版”与“大客户版”，只有“大客户版”的 Office 才能使用 KMS Server 激活，并且在安装的过程中不需要产品密钥。

在 Windows 安装的过程中，输入序列号的时候，可以输入对应版本的 KMS 客户端的密钥，这样在安装完 Windows 之后，如果配置了 DHCP 与 DNS（DNS 中指定了 KMS 的 IP 地址），则 Windows 客户端在“自动获得 IP 地址与 DNS 地址”后，即可自动激活 Windows。

如果在安装 Windows 的过程中，没有输入序列号，或者使用的其他序列号完成的安装，可以通过编写批处理脚本的方式，在脚本中完成序列号的更换、KMS 服务器地址的指定，然后再完成激活。下面是分别是激活 Windows Server 2019 数据中心版与 Office 2019 的批处理。如果你要激活其他的 Windows 系统，应在-ipk 后面换上对应的 Windows 产品序列号即可；如果你要激活其他的 Office 版本，则需要在激活 Office 2019 的批处理中，输入对应的 Office 版本的安装路径。其中 Office 2016 与 Office 2019 的路径（前面不变）是 Office16，Office 2013 是 Office15，Office 2010 是 Office14。另外，请将批处理文件中的 172.20.1.11 更换为你网络中的 KMS 服务器的 IP 地址。

```
ECHO  激活 Windows Server 2019 数据中心版
%SystemDrive%
%systemroot%\system32\cscript.exe %systemroot%\system32\slmgr.vbs -ipk
WMDGN-G9PQG-XVVXX-R3X43-63DFG
cd %systemroot%\system32\
cscript.exe slmgr.vbs -skms  172.20.1.11
cscript.exe slmgr.vbs -ato
cscript.exe slmgr.vbs -dli

ECHO 激活 Office 2016、Office 2019 VOL 版本批处理
%SystemDrive%
cd %ProgramFiles(x86)%\Microsoft Office\Office16
cd %ProgramFiles%\Microsoft Office\Office16
cscript ospp.vbs /sethst:172.20.1.11
cscript ospp.vbs /act
```

常用的 Windows KMS 客户端密钥如表 3-6-1 所列。

表 3-6-1 Windows KMS 客户端安装 KEY

操 作 系 统	KMS 客户端安装 KEY
Windows 10 Professional Workstation（专业工作站版）	NRG8B-VKK3Q-CXVCJ-9G2XF-6Q84J
Windows 10 Professional Education（专业教育版）	6TP4R-GNPTD-KYYHQ-7B7DP-J447Y
Windows 10 Enterprise LTSC 2019（长期服务许可版）	M7XTQ-FN8P6-TTKYV-9D4CC-J462D
Windows 10 Professional（专业版）	W269N-WFGWX-YVC9B-4J6C9-T83GX
Windows 10 Enterprise（企业版）	NPPR9-FWDCX-D2C8J-H872K-2YT43
Windows 10 Education（教育版）	NW6C2-QMPVW-D7KKK-3GKT6-VCFB2
Windows 7 Enterprise（企业版）	33PXH-7Y6KF-2VJC9-XBBR8-HVTHH
Windows 7 Professional（专业版）	FJ82H-XT6CR-J8D7P-XQJJ2-GPDD4
Windows Server 2019 Datacenter（数据中心版）	WMDGN-G9PQG-XVVXX-R3X43-63DFG
Windows Server 2019 Standard （标准版）	N69G4-B89J2-4G8F4-WWYCC-J464C
Windows Server 2016 Datacenter（数据中心版）	CB7KF-BWN84-R7R2Y-793K2-8XDDG
Windows Server 2016 Standard（标准版）	WC2BQ-8NRM3-FDDYY-2BFGV-KHKQY
Windows Server 2012 R2 Standard	D2N9P-3P6X9-2R39C-7RTCD-MDVJX
Windows Server 2012 R2 Datacenter	W3GGN-FT8W3-Y4M27-J84CP-Q3VJ9
Windows Server 2008 R2 Datacenter	74YFP-3QFB3-KQT8W-PMXWJ-7M648
Windows Server 2008 R2 Enterprise	489J6-VHDMP-X63PK-3K798-CPX3Y
Windows Server 2008 R2 Standard	YC6KT-GKW9T-YTKYR-T4X34-R7VHC

第 4 章　Horizon Server 安装配置

VMware Horizon 是 VMware 虚拟桌面产品，可以简化桌面和应用程序管理，同时提高安全性和控制力。VMware Horizon 可为终端用户提供跨会话和设备的个性化、高保真体验。实现传统 PC 难以企及的桌面服务可用性和敏捷性，同时将桌面的总体拥有成本减少多达 50%。与传统 PC 不同，Horizon 桌面并不与物理计算机绑定。相反，它们驻留在云环境中，因此终端用户可以在需要时随时访问他们的 Horizon 桌面。

VMware Horizon 借助“即时克隆（Instant Clone）”技术，可以达到 2s 内生成并启动一个桌面；借助于 vSAN 的优秀性能，可以创建海量的虚拟桌面而不会引发传统存储的启动风暴与性能瓶颈。借助于 App Volumes 技术，可以在不关机的情况下，将应用程序部署到已经启动的虚拟桌面中。借助于 NVIDIA GRID 技术，可以实现图形加速的虚拟桌面，为需要 AutoCAD、3D Max 等需要较高图形性能的用户提供支持。

4.1　Horizon Server 实验环境介绍

Horizon Server 包括 Horizon 连接服务器、安全服务器、Horizon Composer 等相关服务器。Horizon 相关服务器与虚拟桌面 IP 地址规划示例如表 4-1-1 所示。

表 4-1-1　Horizon 相关服务器与虚拟桌面 IP 地址规划示例

主机/虚拟机	虚拟机配置 CPU/内存	IP 地址	备　注
Composer_1.50	4C/8 GB	172.20.1.50	Composer 服务器、SQL Server 数据库服务器。
vcs01.heuet.com_1.51	2C/4 GB	172.20.1.51	连接服务器 1，用于局域网内使用
vcs02.heuet.com_1.52	2C/4 GB	172.20.1.52	连接服务器 2，与安全服务器 1 配对
Horizon01_1.54	2V/4 GB	172.20.1.54	安全服务器 1，与连接服务器 2 配对

本章使用图 4-1-1 的拓扑图进行介绍。

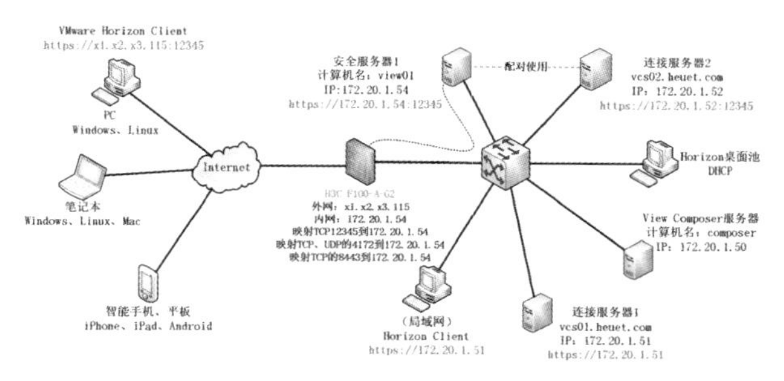

图 4-1-1　实验环境

说明：（1）局域网中用户通过登录 https://172.20.1.51 使用虚拟桌面。

（2）本次实验中广域网的 IP 地址用 x1.x2.x3.115 代替。广域网用户通过登录 https://x1.x2.x3.115:12345 使用虚拟桌面。

（3）防火墙映射 TCP 的 12345、TCP 与 UDP 的 4173、TCP 的 8443 端口到安全服务器 172.20.1.54。这台安全服务器与 IP 地址为 172.20.1.52 的连接服务器配对使用。

（4）本次案例中配置 2 个连接服务器，IP 地址为 172.20.1.51 的是第一台连接服务器，IP 地址为 172.20.1.52 的为连接服务器的副本服务器。

根据图 4-1-1 所示的拓扑结构，以及表 4-1-1 所规划的虚拟机，使用 vSphere Client 登录到 vCenter Server，从 WS19-TP 的模板置备 2 台 Horizon 连接服务器、1 台 Horizon 安全服务器、1 台 Composer 服务器。置备的虚拟机如图 4-1-2 所示。

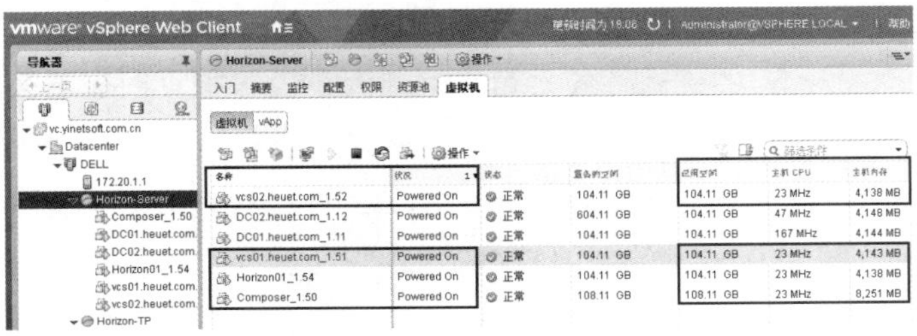

图 4-1-2　置备虚拟机

说明：（1）Horizon 连接服务器需要加入 Active Directory。

（2）Horizon 安全服务器不需要加入 Active Directory。

（3）Composer 服务器可以不加入 Active Directory 服务器。在本书的规划中，Composer 服务器还同时做 SQL Server 的数据库服务器，为 JMP Server、App Volumes 提供数据库服务。为了让 JMP Server 与 App Volumes 使用 Windows 身份验证的方式连接 SQL Server 数据库服务器，在本书中 Composer 服务器也加入 Active Directory。

当 Composer、连接服务器、安全服务器置备完成后，切换到每台虚拟机，安装 Horizon 相关产品。下面以 Horizon 7.11 为例介绍 Horizon 相关服务器的安装与配置，其安装程序文件信息如表 4-1-2 所示。

表 4-1-2　Horizon 7.11 安装程序文件信息

文　件　名	大小/MB	用　　途
VMware-Horizon-Agent-Direct-Connection-x86-7.11.0-15238678.exe	18.1	32 位直连客户端代理
VMware-Horizon-Agent-Direct-Connection-x86_64-7.11.0-15238678.exe	32.8	64 位直连客户端代理
VMware-Horizon-Agent-x86-7.11.0-15238678.exe	177	32 位 Windows 代理
VMware-Horizon-Agent-x86_64-7.11.0-15238678.exe	241	64 位 Windows 代理
VMware-horizonagent-linux-x86_64-7.11.0-15238356.tar.gz	179	Linux 代理程序

续表

文　件　名	大小/MB	用　　途
VMware-Horizon-Connection-Server-x86_64-7.11.0-15231595.exe	291	连接服务器、安全服务器安装程序
VMware-Horizon-Extras-Bundle-5.3.0-15208953.zip	5.34	组策略文件
VMware-Jmp-Installer-7.11.0-15231595.exe	103	JMP Server 安装程序
VMware-viewcomposer-7.11.0-15119999.exe	45.6	Composer 服务器

4.2　安装配置 Horizon 连接服务器

Horizon 连接服务器（Connection Server）是 Horizon 的连接管理服务器，它是 Horizon 的重要组成部分。管理员通过 Horizon 连接服务器连接配置 vCenter Server、Active Directory、Composer 与 Horizon 安全服务器，创建生成虚拟桌面、发布应用程序。客户端通过 Horizon 连接服务器登录虚拟桌面。本节介绍 Horizon 连接服务器、Horizon 副本服务器的安装与配置。

4.2.1　安装 Horizon 连接服务器

Horizon Connection Server 是 Horizon 的连接管理服务器，是 Horizon 的重要组成部分。Horizon Connection Server 可以部署在虚拟机中。在本例中，已经在 ESXi 中创建一个名为 vcs01.heuet.com_1.51 的虚拟机，打开该虚拟机的控制台，检查（设置）IP 地址、计算机名称正确后即开始 Horizon 7 的安装。

（1）在部署完虚拟机之后，进入虚拟机操作系统，查看并修改计算机的 IP 地址为 172.20.1.51，并设置 DNS 地址为 Active Directory 的服务器地址 172.20.1.11、172.20.1.12，如图 4-2-1 所示。

（2）检查计算机的名称是否为 VCS01，计算机是否加入 heuet.com 域，如图 4-2-2 所示。

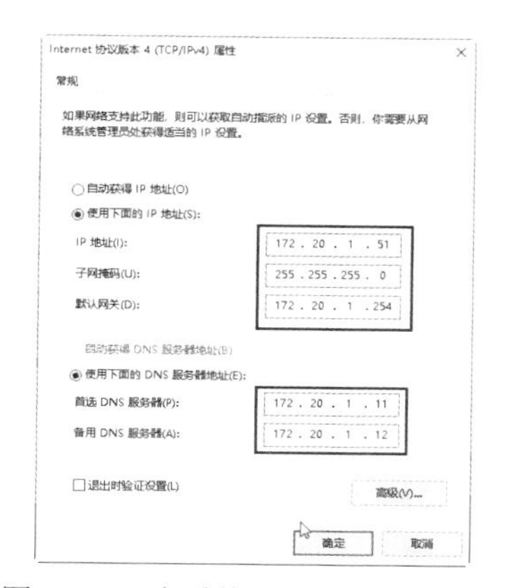

图 4-2-1　查看修改 IP 地址与 DNS

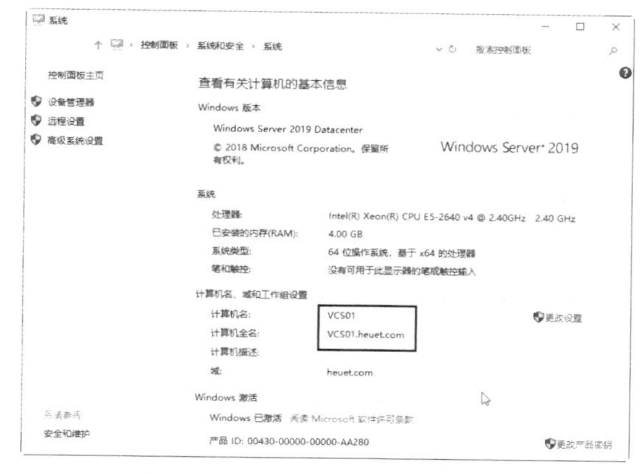

图 4-2-2　加入 Active Directory

（3）检查无误之后，以域管理员账户登录，进入系统后运行 Horizon Connection Server 安装程序。在本次演示中所用的版本是 7.11.0-15231595，如图 4-2-3 所示。

（4）在“安装选项”对话框中，选择“Horizon 7 标准服务器”，同时选择“安装 HTML Access”复选框，在“指定用于配置该 Horizon 7 连接服务器实例的 IP 协议版本”中选择“IPv4”，如图 4-2-4 所示。

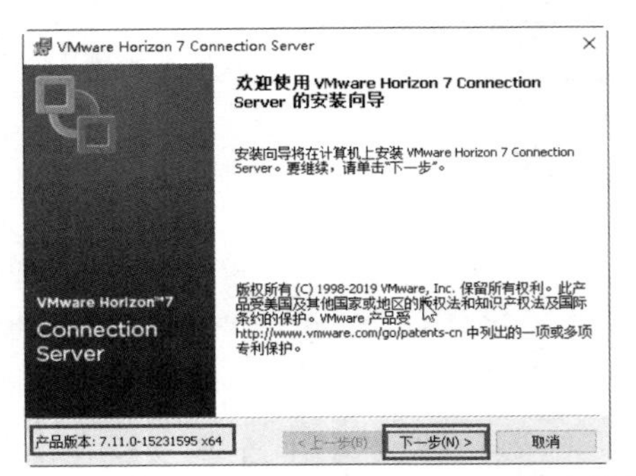

图 4-2-3　运行 Horizon Connection Server 安装程序

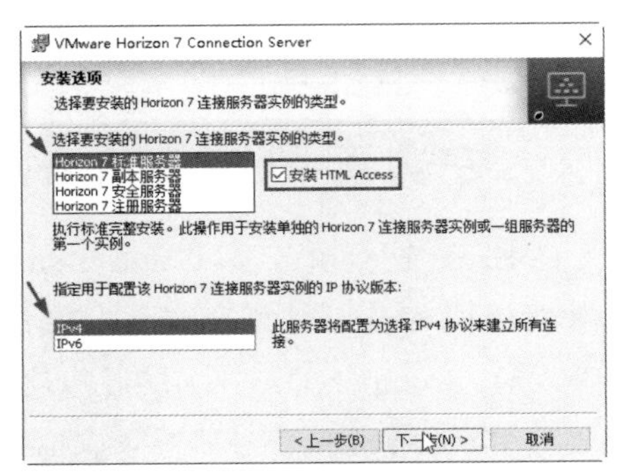

图 4-2-4　选择标准安装

（5）在“数据恢复”对话框中，设置一个密码，该密码用来恢复 Horizon 连接服务器的数据备份，如图 4-2-5 所示。

（6）在“防火墙配置”对话框中，选中“自动配置 Windows 防火墙”单选按钮，如图 4-2-6 所示。

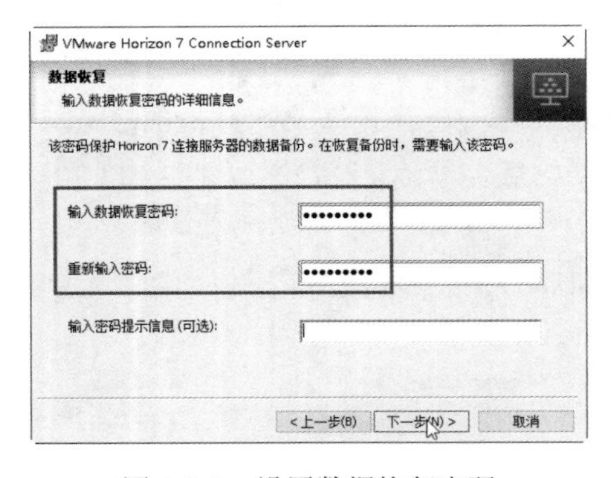

图 4-2-5　设置数据恢复密码

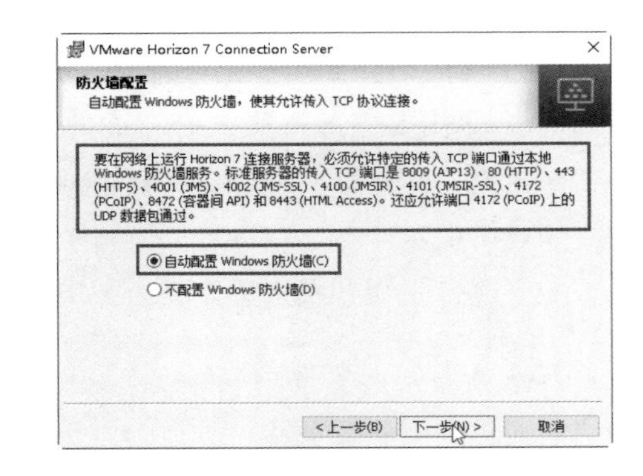

图 4-2-6　防火墙配置

（7）在“初始 Horizon 7 Administrator”对话框中，指定用于 Horizon 初始管理的域用户或组，如图 4-2-7 所示，在此选择域管理员，本示例为 HEUET\administrator。

（8）在“用户体验提升计划”对话框中，设置是否参加 VMware 用户体验，如图 4-2-8 所示。

（9）在“准备安装程序”对话框中，单击“安装”按钮，开始安装，如图 4-2-9 所示。

（10）在“安装已完成”对话框中，单击“结束”按钮，安装完成，如图 4-2-10 所示。

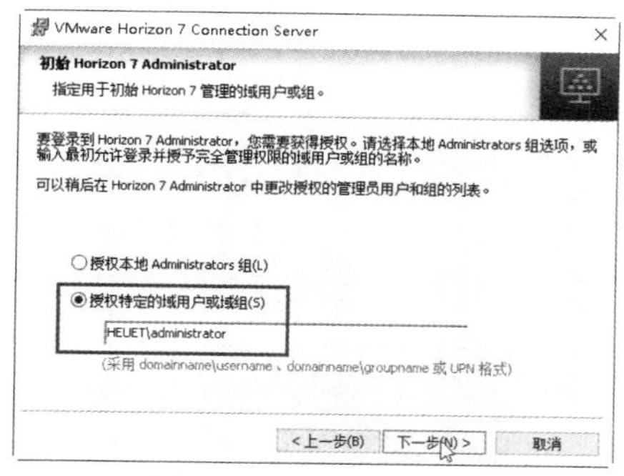

图 4-2-7　初始管理员

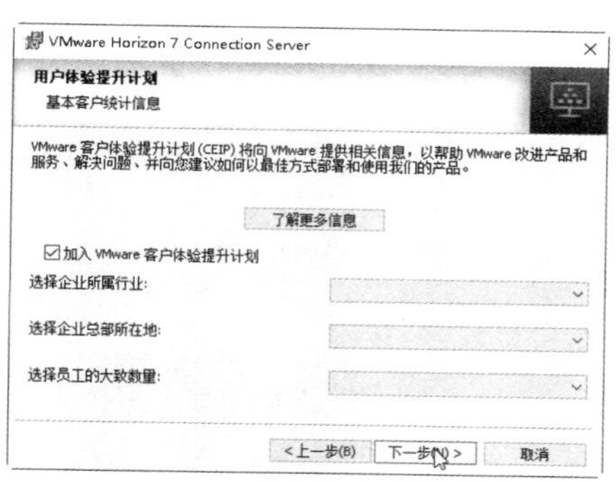

图 4-2-8　用户体验计划

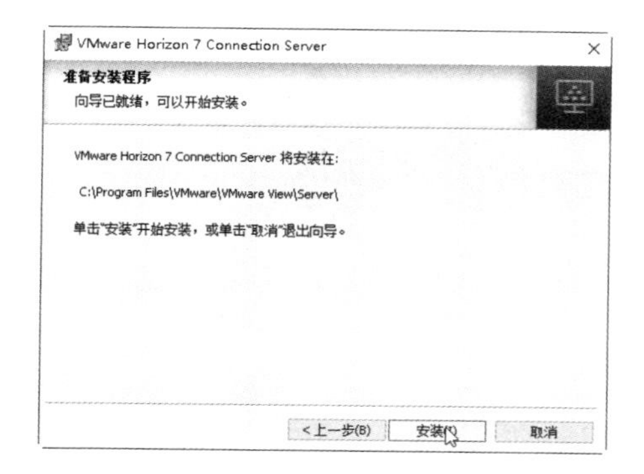

图 4-2-9　准备安装

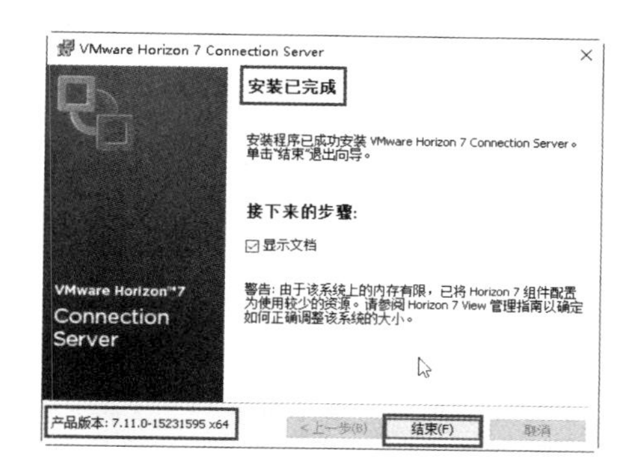

图 4-2-10　安装完成

4.2.2　为 Horizon 连接服务器添加许可

在安装 Horizon 连接服务器之后，在网络中的一台工作站中，使用 Chrome 浏览器，输入 https://vcs01.heuet.com/admin，登录 Horizon 连接管理器管理界面。Horizon 7.11 同时提供新版本的 HTML 5 界面的 Horizon Console，以及传统的基于 Flash（称为 Flex）的 Horizon Administrator，如图 4-2-11 所示。

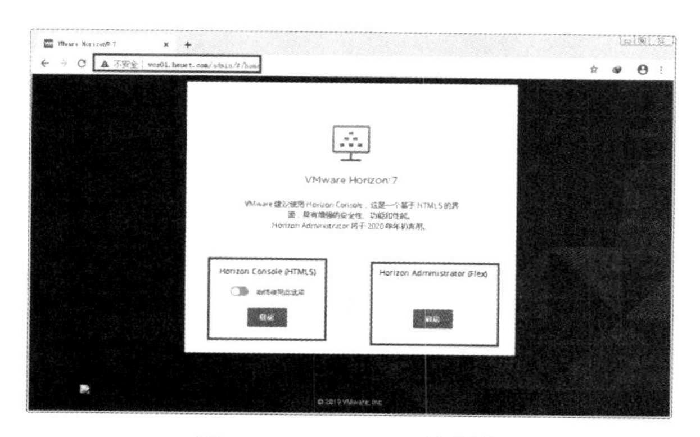

图 4-2-11　Horizon 控制台

使用 HTML 5 界面的 Horizon 控制台，可以完成大多数的管理功能。在配置 Horizon

安全服务器时可以使用基于 Flex 的传统 Horizon Administrator 界面管理。

在图 4-2-11 中单击 Horizon Console（HTML 5）一侧的“启动”按钮，进入 Horizon 控制台。

（1）在 VMware Horizon 7 登录界面，输入管理员账户和密码，如图 4-2-12 所示。

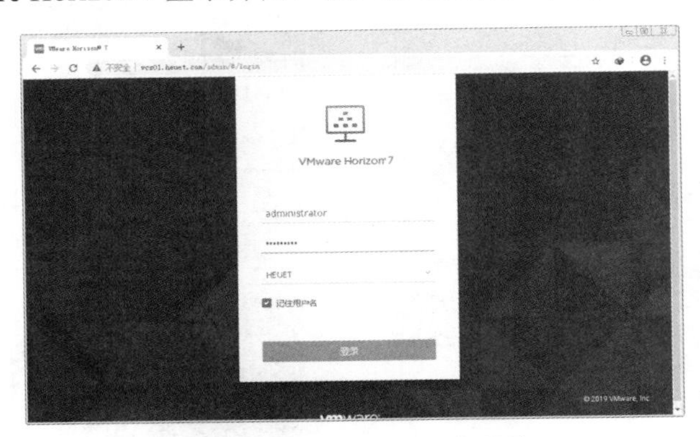

图 4-2-12　以管理员账户登录

（2）首次登录时会打开“许可和使用情况”界面，单击“编辑许可证”按钮以添加许可，如图 4-2-13 所示。

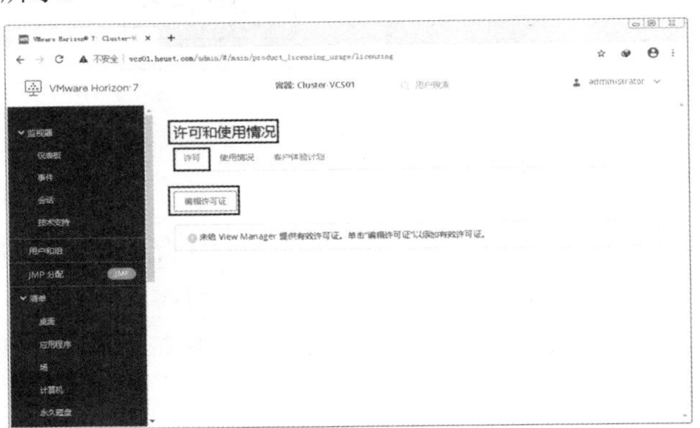

图 4-2-13　编辑许可证

（3）在弹出的“编辑许可证”对话框中，输入 Horizon 许可证序列号，单击“确定”按钮，如图 4-2-14 所示。

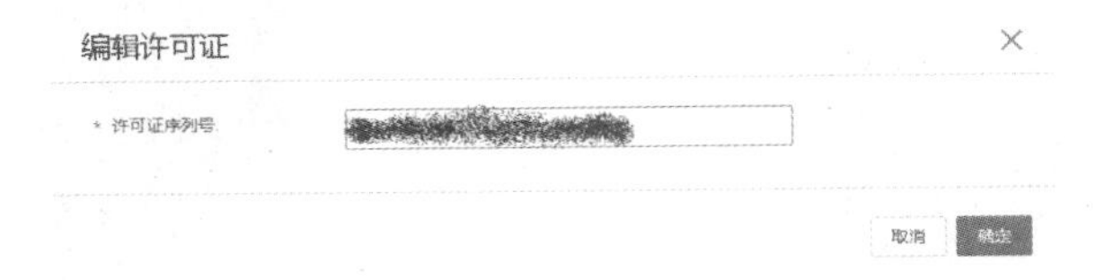

图 4-2-14　添加许可证

（4）添加许可证之后，可以看到许可证有效期限、桌面许可证、应用程序远程许可证等情况（如图 4-2-15 所示），在“使用情况”中可以看到当前许可证使用并发连接总数、远程会话总数等信息，由于当前还没有启用并配置虚拟桌面，所以当前许可证使用为 0，如图 4-2-16 所示。

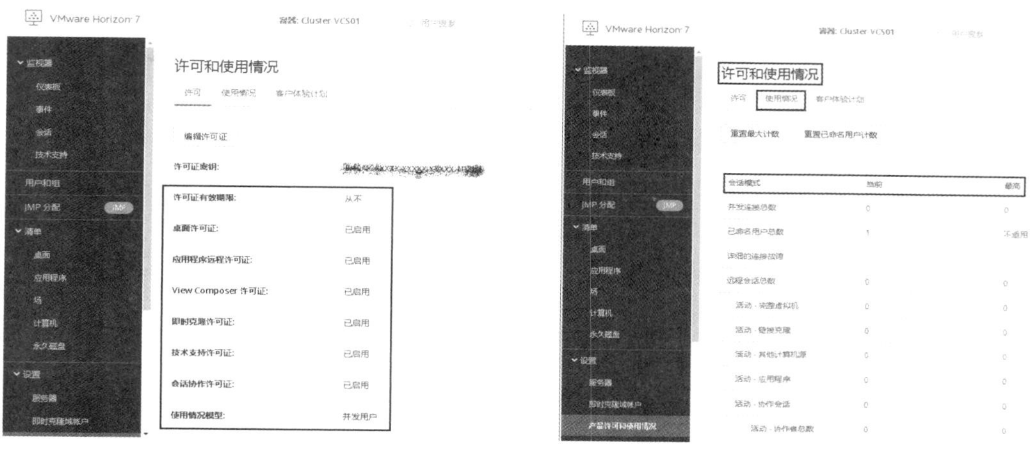

图 4-2-15　许可证有效期　　　　图 4-2-16　许可证使用情况

在默认情况下，通过 IP 地址访问 Horizon 7.0 Administrator Web（基于 Flash）界面时显示空白错误窗口，使用 IP 地址访问 Horizon 控制台界面时（基于 HTML 5）登录失败（如图 4-2-17 所示），这是 Horizon 7 中包含新的安全功能导致。Horizon 7 中的管理页面会检查 Web 请求的来源 URL，并且在 URL 不是 https://localhost/admin 或 https://URL_used_in_Secure_Tunnel_URL_Field/admin 时拒绝该请求。

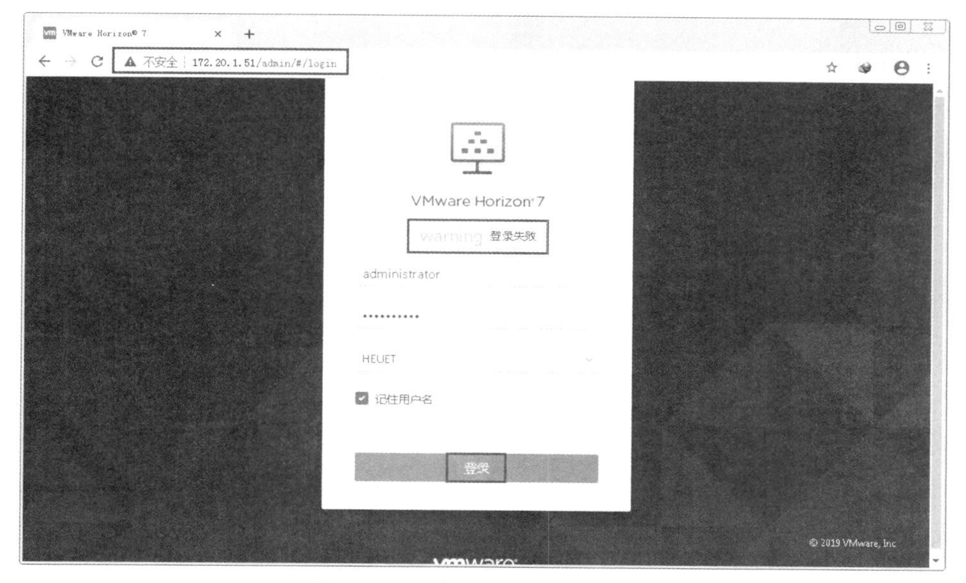

图 4-2-17　使用 IP 地址登录失败

如果要解决此问题，可以使用 localhost 或者连接服务器配置中“安全加密链路 URL”字段中的 URL。例如在本示例中，可以在安装了 Horizon 连接服务器的虚拟机中，使用 https://localhost/admin 管理 Horizon 连接服务器，或者使用 https://vcs01.heuet.com/admin 管理 Horizon 连接服务器（需要配置 DNS 解析 vcs01.heuet.com 的域名，或者通过修改本地 C:\windows\system32\drivers\etc\hosts 将 vcs01.heuet.com 解析成 172.20.1.51）。用户也可以使用以下步骤关闭来源检查。

（1）在 C:\Program Files\VMware\VMware View\Server\sslgateway\conf 中，为每个连接服务器创建一个名为 locked.properties 的文本文件，使用“记事本”等纯文本编辑器打开 locked.properties 文件，添加以下行：

```
Check Origin=false
```

确保在保存 locked.properties 文件后，文件扩展名不是.txt。同时该配置文件也可以用于安全服务器。然后保存并关闭该文件。

（2）在“服务”中重新启动“VMware Horizon View 连接服务器”服务。

经过这样设置之后，就可以使用 IP 地址登录 Horizon 管理界面，如图 4-2-18 所示。

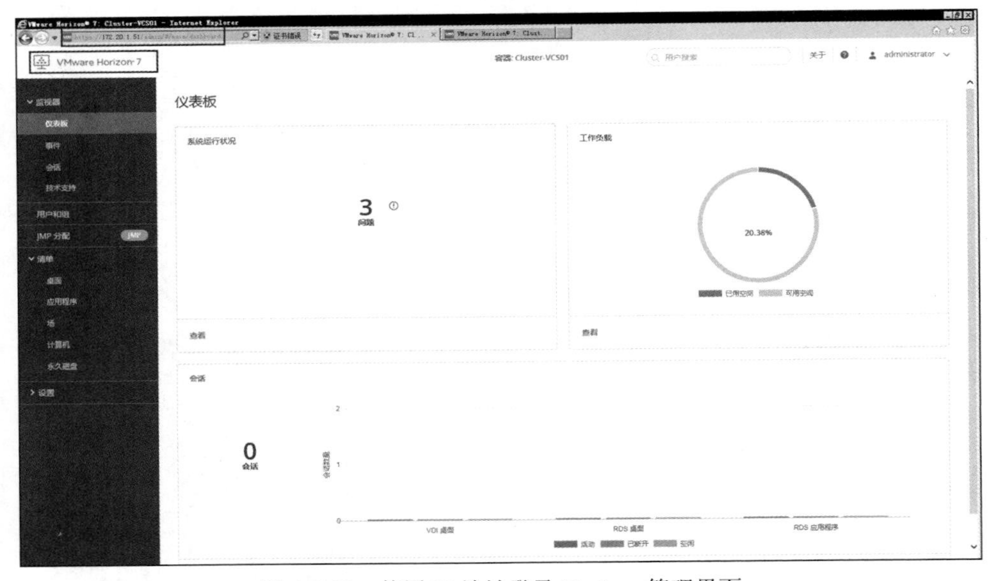

图 4-2-18　使用 IP 地址登录 Horizon 管理界面

4.2.3　安装 Horizon 副本服务器

切换到 vcs02.heuet.com_1.52 的虚拟机控制台，以域管理员账户（本示例为 heuet\administrator）登录（如图 4-2-19 所示），然后安装第 2 台 Horizon 连接服务器，这是第 1 台连接服务器的 Horizon 副本服务器。

图 4-2-19　登录到第 2 台连接服务器

安装 Horizon 副本服务器与安装 Horizon 连接服务器主要步骤相同，只是在安装选项中选择“Horizon 7 副本服务器”，下面介绍关键步骤。

（1）设置第 2 台 Horizon 连接服务器的 IP 地址为 172.20.1.52，DNS 为 172.20.1.11 与 172.20.1.12，如图 4-2-20 所示。

（2）在“控制面板→系统和安全→系统”设置中检查当前计算机名称是否为 VCS02，并且是否已经加入域，如果没有加入域应手动将其添加到域，如图 4-2-21 所示。

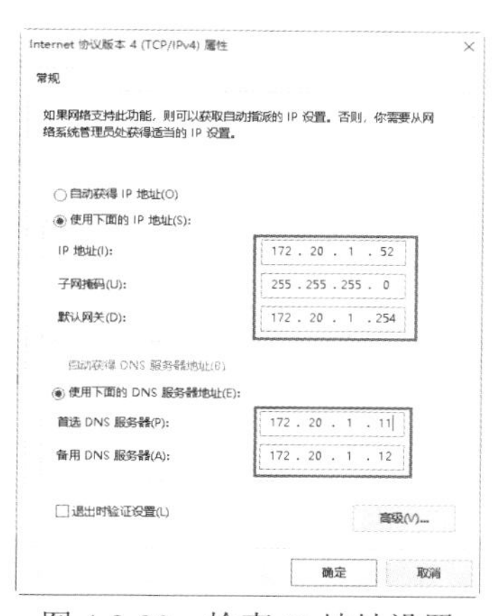

图 4-2-20　检查 IP 地址设置

图 4-2-21　将计算机加入域

（3）检查无误之后，运行 Horizon 7 连接服务器安装程序，在“安装选项”中单击“Horizon 7 副本服务器”，选中“安装 HTML Access”复选框，在“指定用于配置该 Horizon 7 连接服务器实例的 IP 协议版本”列表中选择 IPv4，如图 4-2-22 所示。单击“下一步”按钮。

（4）在“源服务器”对话框的“服务器”文本框中输入现有第 1 台 Horizon 连接服务器的 IP 地址或域名，本示例中采用域名 vcs01.heuet.com，如图 4-2-23 所示。当前安装的

Horizon 副本服务器将从指定的源服务器复制配置数据。

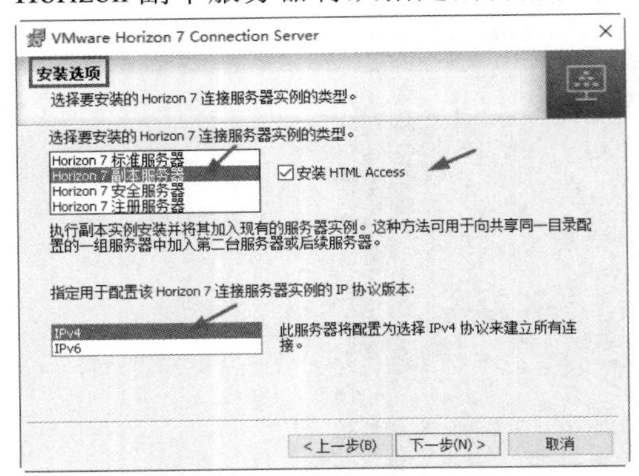

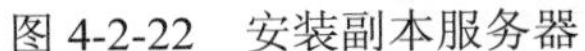
图 4-2-22　安装副本服务器

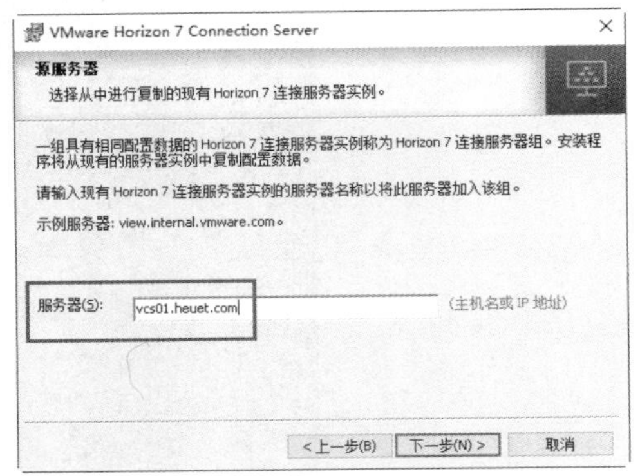

图 4-2-23　指定源服务器

（5）其他的步骤与安装 Horizon 连接服务器相同。在“安装已完成”对话框中单击“结束”按钮，安装完成，如图 4-2-24 所示。

（6）安装完成后，双击桌面上的 Horizon 7 Administrator 控制台进入 Horizon 7 管理界面（如图 4-2-25 所示），表示安装完成。

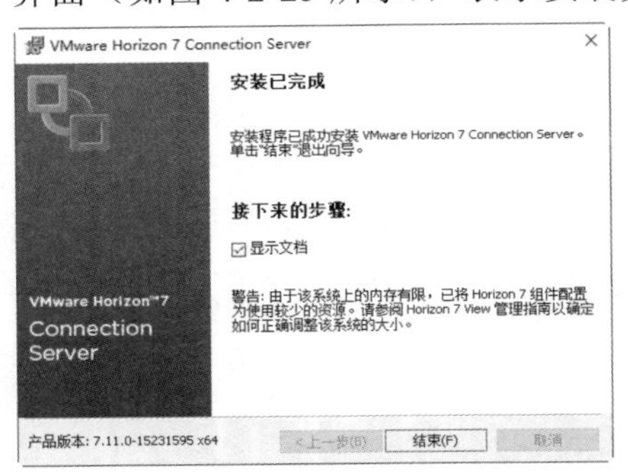

图 4-2-24　安装完成

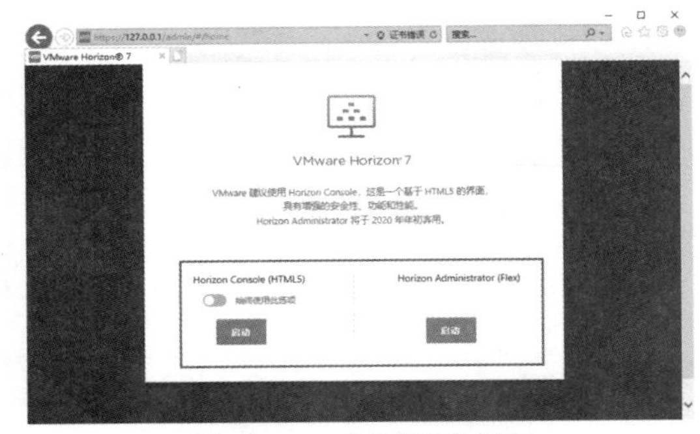

图 4-2-25　打开管理界面

在安装了 Horizon 副本服务器之后，两台服务器的配置相同，如果要使用虚拟桌面或管理虚拟桌面，可以登录任意一台 Horizon 连接服务器。

4.3　安装 Composer 服务

在部署 Horizon 虚拟桌面的时候，VMware 提供了一种“链接克隆”虚拟桌面，如果要使用这个功能则需要安装 Horizon Composer 组件，而 Horizon Composer 组件需要一个数据库的支持。本节介绍 Horizon Composer 数据库选择、创建数据库、添加 DSN 连接、安装 Horizon Composer 的内容。

4.3.1　安装 SQL Server 2016 数据库环境

Horizon Composer 需要数据库，在生产环境中建议使用 SQL Server 企业版。在中小环境或个人测试时，可以使用 Express 版本的 SQL Server。SQL Server 可以与 Horizon Composer 安装在同一台虚拟机中，也可以分开安装。Horizon Composer 通过 ODBC 数据库连接，访问（使用）SQL Server 数据库。

在本示例中，创建了一个具有 4 个 CPU、8 GB 内存的 Windows Server 2019 虚拟机，我们将在这台虚拟机中安装 SQL Server Express 2016 SP1 版本，之后安装 Horizon Composer。首先介绍 SQL Server 2016 的安装方法。

（1）打开 Horizon Composer 虚拟机控制台，以域管理员账号登录，如图 4-3-1 所示。

（2）登录之后，检查 IP 地址设置，本示例规划 IP 地址为 172.20.1.50，DNS 为 172.20.1.11、172.20.1.12，如图 4-3-2 所示。

图 4-3-1　以域管理员登录

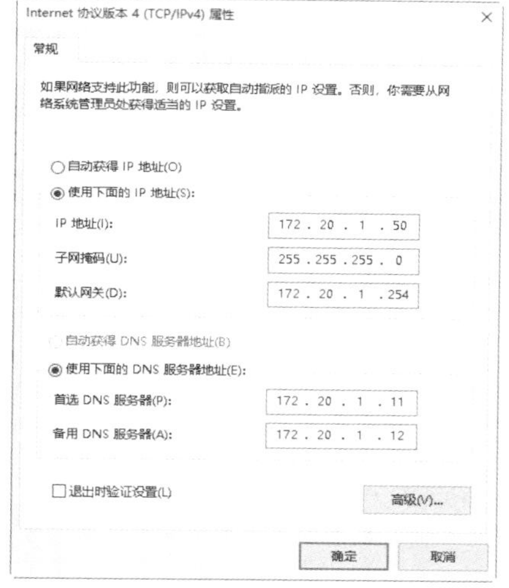

图 4-3-2　检查 IP 地址

（3）打开“控制面板→系统和安全→系统”，检查计算机名称是否规划的名称 Composer，同时检查当前计算机是否加入域，如图 4-3-3 所示。

说明：Composer 加入域并不是必需的设置。在本案例中将 Composer 加入域，是为后文介绍的 JMP Server、App Volumes 提供数据库时使用计算机身份验证所用。

请注意，虽然 Horizon Composer 计算机不需要加入域，但其 DNS 地址一定要设置为 Active Directory 域服务器的 IP 地址，如果不能设置为 AD 的 IP 地址，其设置的 DNS 地址也必须能解析 Active Directory 的域名。

（4）在安装 SQL Server 2016 之前，需要安装.NET Framework 3.5.1 功能，但不要安装“WCF 激活”，如图 4-3-4 所示。

图 4-3-3　检查计算机是否加入域

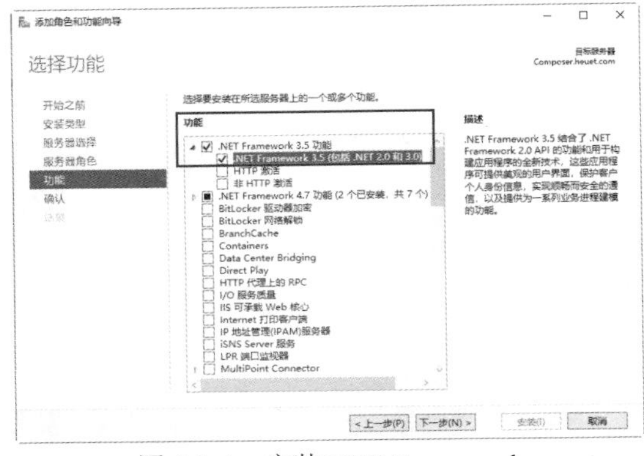

图 4-3-4　安装.NET Framework

在安装.NET Framework 时，加载当前系统（Windows Server 2019）的安装镜像，在“确认安装所选内容”对话框中单击“指定备用源路径”（如图 4-3-5 所示），在弹出的指定备用源路径中输入.NET Framework 3.5 功能源文件的路径。通常情况下，在安装光盘\sources\sxs 的文件夹中。如果加载的 Windows Server 2019 安装镜像的盘符是 G，应该在“路径”中输入 G:\sources\sxs，如图 4-3-6 所示。

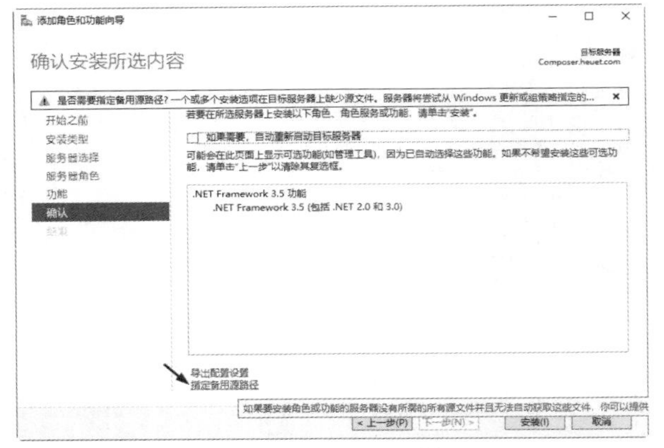

图 4-3-5　指定备用源路径

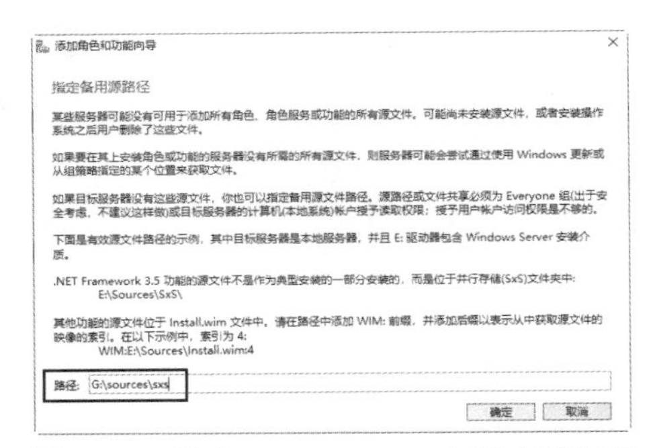

图 4-3-6　指定.NET Framework 源文件路径

说明： 在添加.NET Framework 3.5.1 功能时不要安装“WCF 激活”或“HTTP 激活”组件，否则 HTTP 激活会占用 TCP 的 80 端口，而一些组件会占用 HTTP 的 80 端口，这可能造成某些服务工作不正常。

（5）在安装了.NET Framework 3.5.1 之后，加载 SQL Server 2019 企业版安装镜像，运行安装程序，在“SQL Server 安装中心”中单击“全新 SQL Server 独立安装或向现有安装添加功能”选项，如图 4-3-7 所示。

（6）在“许可条款”对话框中显示了当前要安装的 SQL Server 的版本，选中“我接受许可条件”复选框，如图 4-3-8 所示。

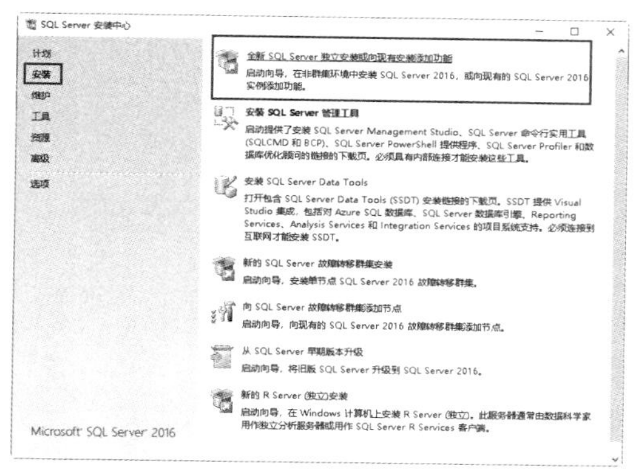

图 4-3-7　全新安装

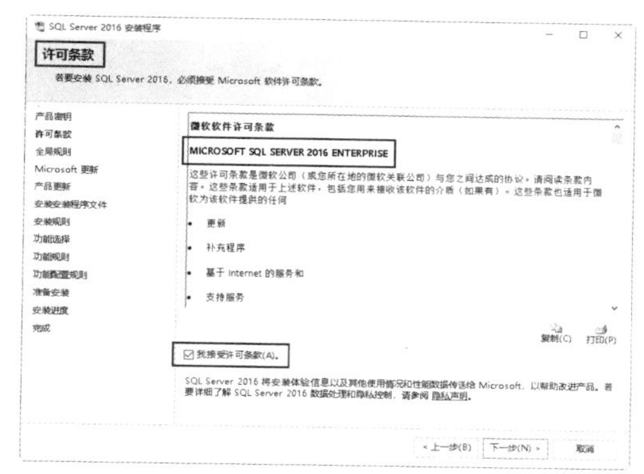

图 4-3-8　许可条款

（7）在“安装规则”对话框检查安装程序运行时可能发生的问题，检查通过后单击“下一步”按钮，如图 4-3-9 所示，关于“Windows 防火墙”的警告，如果要为网络中的其他计算机提供数据库服务，需要在防火墙上开放 TCP 的 1433 端口。

（8）在“功能选择”对话框中（如图 4-3-10 所示），安装“数据库引擎服务”和“客户端工具连接”，其他是否安装不做要求。

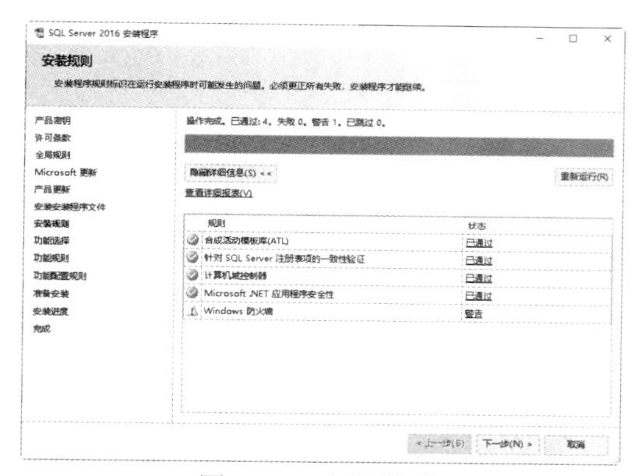

图 4-3-9　规则检查

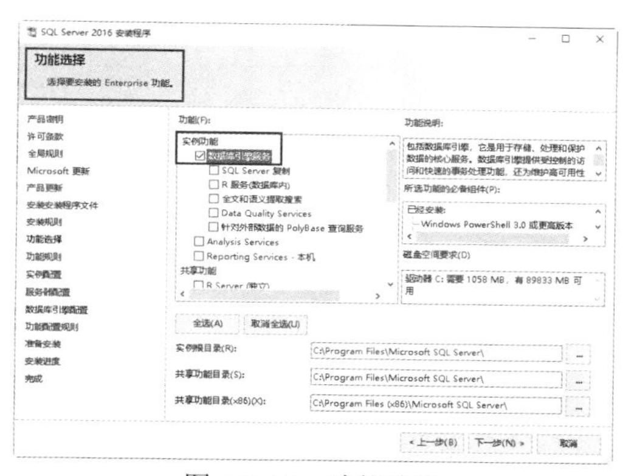

图 4-3-10　功能选择

（9）在“实例配置”对话框中，选择默认实例 MSSQLSERVER，如图 4-3-11 所示。

（10）在“服务器配置”对话框中，直接单击“下一步”按钮，如图 4-3-12 所示。

（11）在“数据库引擎配置”对话框中，选择身份验证服务。本示例中选择“混合模式”并为 sa 账户设置密码，然后单击“添加当前用户”按钮，添加域管理员（heuet\administrator）为指定的 SQL Server 管理员，如图 4-3-13 所示。

（12）在“准备安装”对话框中单击“安装”按钮，开始安装，如图 4-3-14 所示。

（13）SQL Server 开始安装（如图 4-3-15 所示），直到安装完成，单击“关闭”按钮，如图 4-3-16 所示。

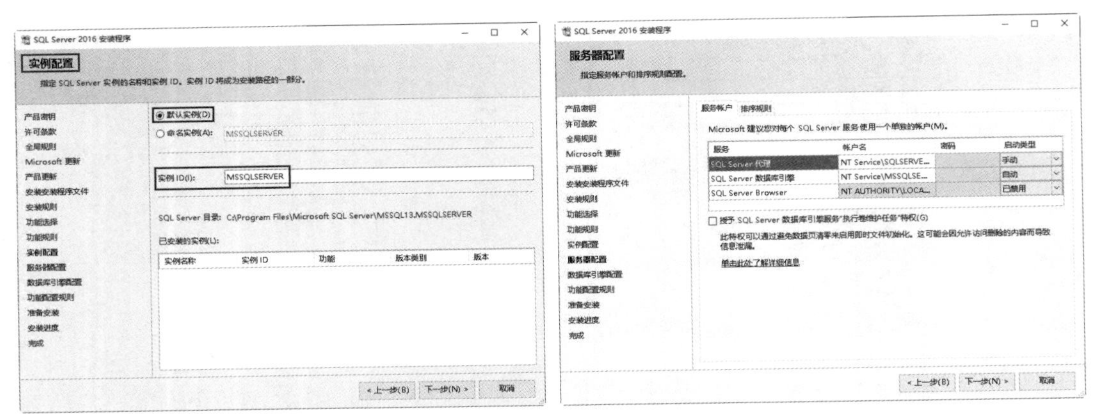

图 4-3-11　实例配置　　图 4-3-12　服务器配置

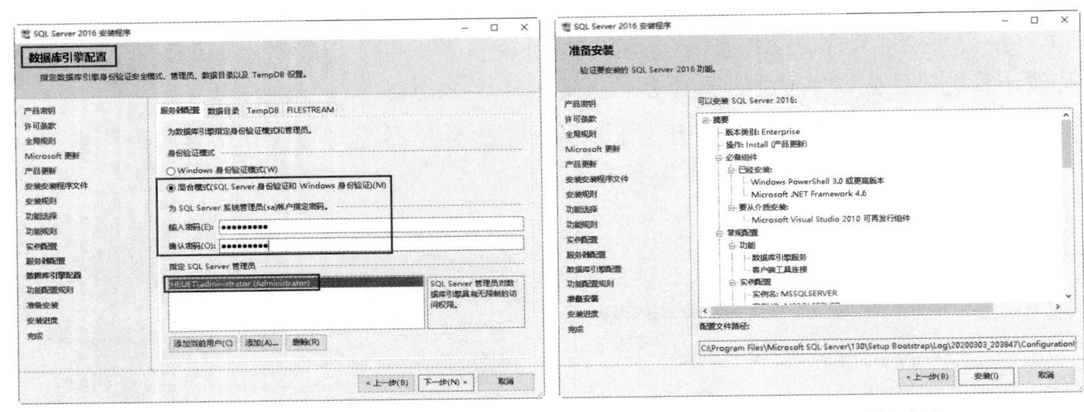

图 4-3-13　数据库引擎配置　　图 4-3-14　开始安装

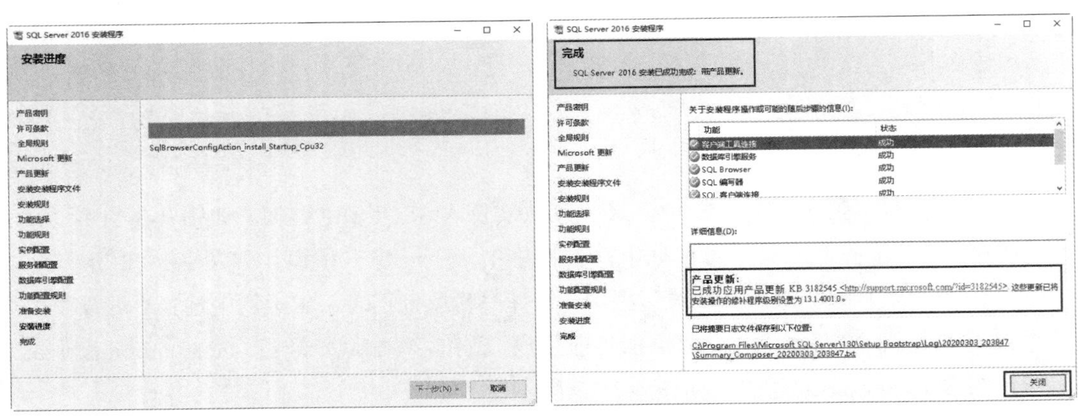

图 4-3-15　开始安装　　图 4-3-16　安装完成

在安装完 SQL Server 2016 后，需要单独下载并安装 SQL Server 管理工具。

（1）在“SQL Server 安装中心”的“安装”选项中单击“安装 SQL Server 管理工具”（如图 4-3-17 所示），会打开 SQL Server 管理工具网站，单击网页中“Download SSMS”

的下载链接，下载 SQL Server 管理工具，如图 4-3-18 所示。

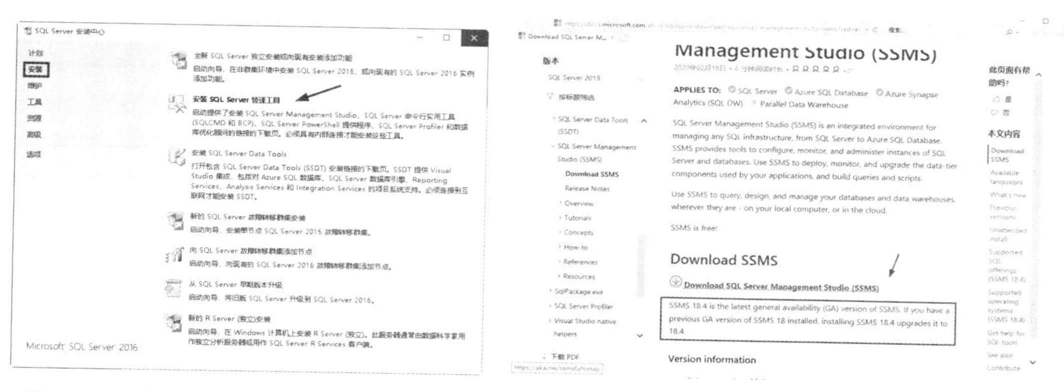

图 4-3-17　单击安装 SQL Server 管理工具

图 4-3-18　下载 SSMS

（2）下载 SQL Server 管理工具之后，运行安装程序，如图 4-3-19 所示。

（3）安装完成之后，单击“重新启动”按钮，重新启动计算机，如图 4-3-20 所示。

图 4-3-19　运行 SSMS 安装程序

图 4-3-20　重新启动

4.3.2　为 Horizon Composer 创建数据库

在安装好 SQL Server 之后，运行 SQL Server 管理工具为 Horizon Composer 创建数据库，主要步骤如下。

（1）从“开始”菜单选择执行“Microsoft SQL Server Management Studio 18”进入 SQL Server 管理工具。

（2）首先进入“连接到服务器”界面，在“服务器名称”地址栏中以“计算机名称”的格式输入服务器的名称，在本例中，计算机名称为 COMPOSER，如图 4-3-21 所示，然后单击“连接”按钮。

（3）进入 SQL Server 管理控制台后，右击“数据库”，在弹出的快捷菜单中选择“新建数据库”命令，如图 4-3-22 所示。

（4）在“新建数据库”对话框中，在“数据库名称”处输入新建的数据库名称，在此设置数据库名称为 DB-Composer，如图 4-3-23 所示。

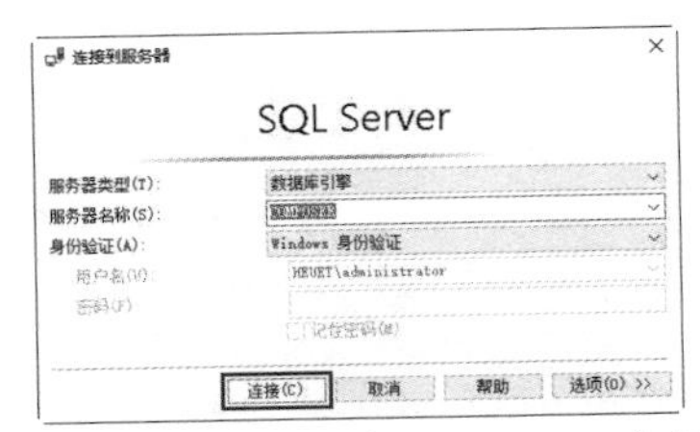

图 4-3-21　连接到 SQL Server 实例

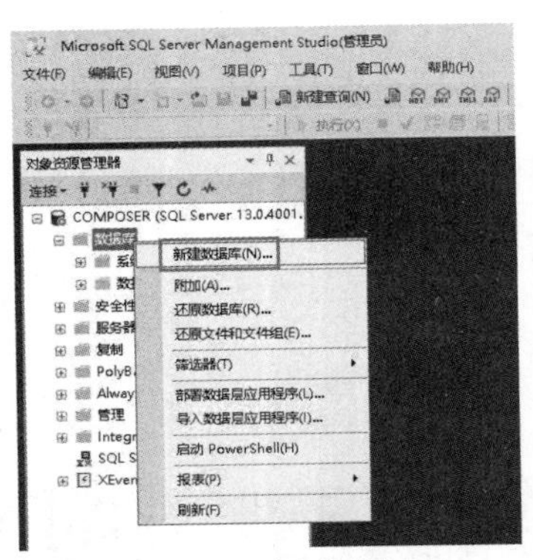

图 4-3-22　新建数据库

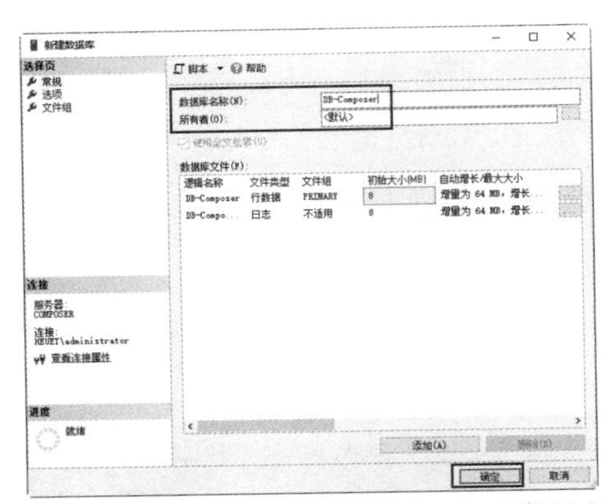

图 4-3-23　为 Horizon Composer 创建数据库

创建数据库完成后，关闭 SQL Server 管理控制台。

4.3.3　在数据源中添加 DSN 连接

在 SQL Server Express 管理控制台中创建了数据库之后还不能直接使用，必须将其添加到“数据源”中，在下面的操作中将分别为 vCenter Server 与 Horizon Composer 创建数据源，操作步骤如下。

（1）在“管理工具”中运行“ODBC 数据源管理程序（64 位）”，打开“系统 DSN”选项卡，单击“添加”按钮，如图 4-3-24 所示，将添加用于 Horizon Composer 所使用的数据源。

（2）在“创建新数据源”对话框中，选中“SQL Server Native Client 11.0”，如图 4-3-25 所示，然后单击“完成”按钮。

（3）在“创建到 SQL Server 的新数据源”对话框中，在“名称”后面输入新创建的数据源的名称，在此设置名称为“Horizon-Composer”（当然也可以用其他的名称），在“说明”后面输入该数据源的作用，在“服务器”后面输入 SQL

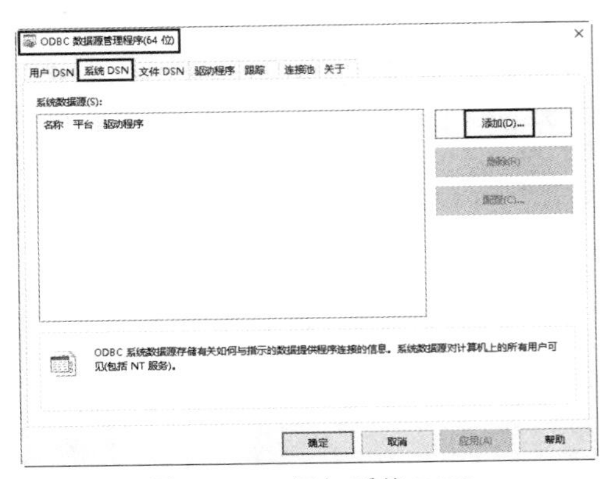

图 4-3-24　添加系统 DSN

Server 服务器的计算机名称，在本例中为 Composer，如图 4-3-26 所示。

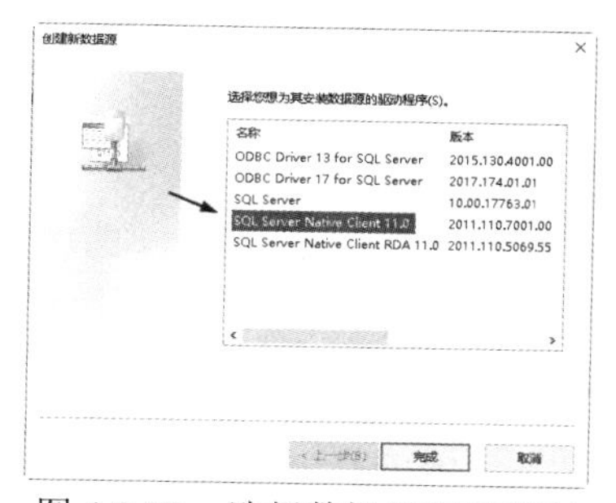

图 4-3-25　选择数据源驱动程序

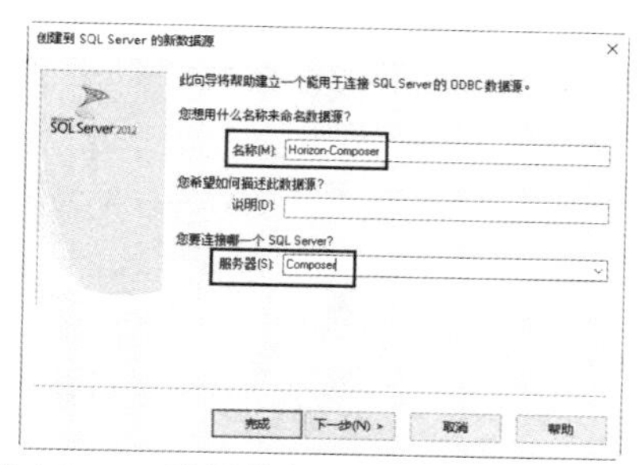

图 4-3-26　设置数据源名称及服务器名称

（4）为 SQL Server 指定登录 ID 时，选择“集成 Windows 身份验证”单选按钮，如图 4-3-27 所示。

（5）选中“更改默认数据库为”复选框，在其下拉列表中选择“DB-Composer”，如图 4-3-28 所示。

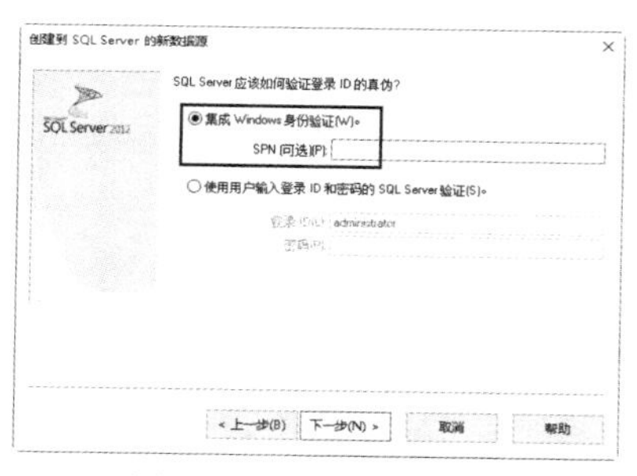

图 4-3-27　选择默认值

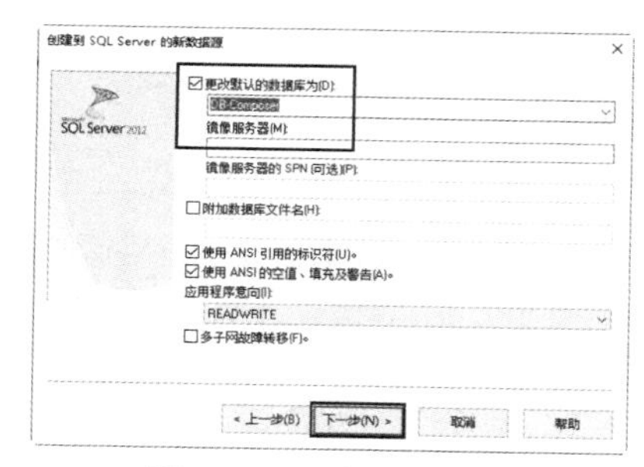

图 4-3-28　选择数据库

（6）其他选择默认值，直到配置完成。最后，可以单击“测试数据源”按钮，测试数据源是否正常。测试之后，单击“确定”按钮，完成配置，如图 4-3-29 所示。

（7）添加完成后，返回到“ODBC 数据源管理器”，单击“确定”按钮，完成数据源的添加，如图 4-3-30 所示。

图 4-3-29　创建数据源完成

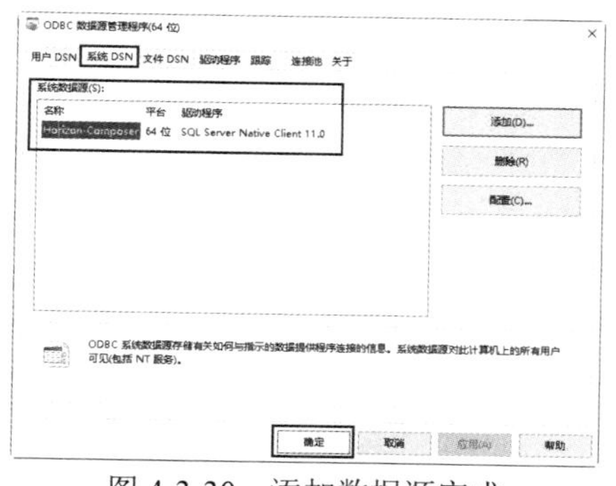

图 4-3-30　添加数据源完成

4.3.4 为 Horizon 准备 Horizon Composer 组件

在准备好数据源之后就可以安装 Horizon Composer 组件了，步骤如下。

（1）VMware Composer 当前的版本号是 7.0、文件名为“VMware-viewcomposer-7.11.0-15119999.exe”大小为 45.6 MB。运行 Horizon Composer 安装程序，如图 4-3-31 所示。

（2）在“License Agreement”对话框中，选中“I accept the terms the license agreement”单选按钮，然后单击“Next”按钮，如图 4-3-32 所示。

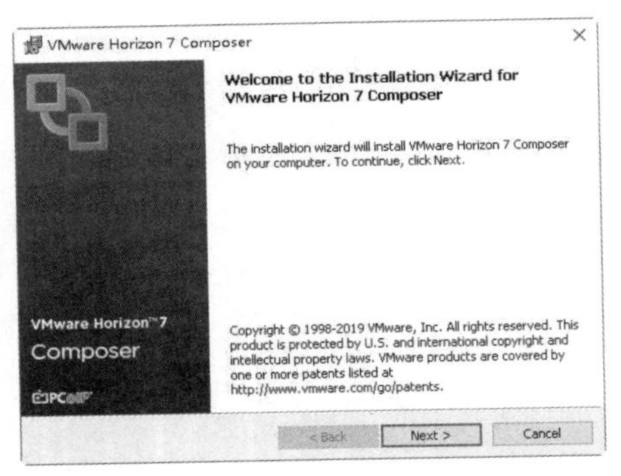

图 4-3-31　运行 Horizon Composer 安装程序

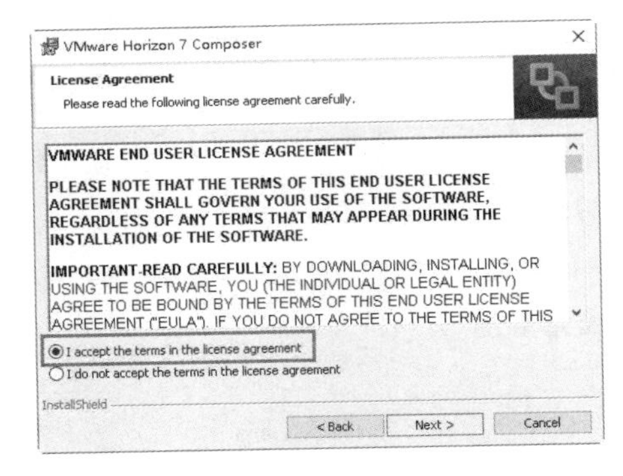

图 4-3-32　接受许可协议

（3）在“Destination Folder”对话框中，选择安装路径，通常选择默认值，如图 4-3-33 所示。

（4）在“Database Information”对话框中，输入 Horizon Composer 数据源名称，本例为 Horizon-Composer，其他选择空白，如图 4-3-34 所示。然后单击“Next”按钮。

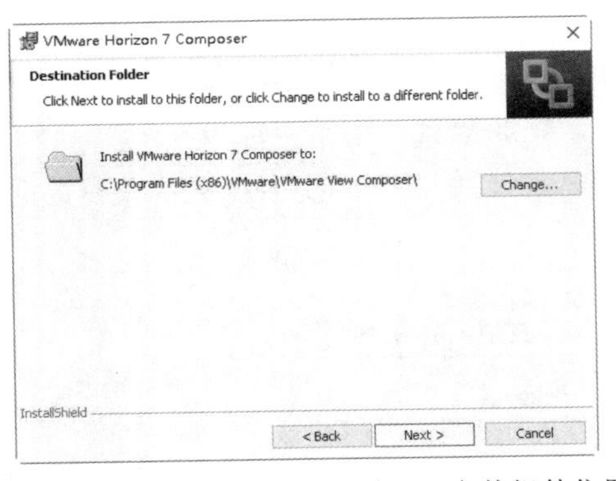

图 4-3-33　选择 Horizon Composer 安装组件位置

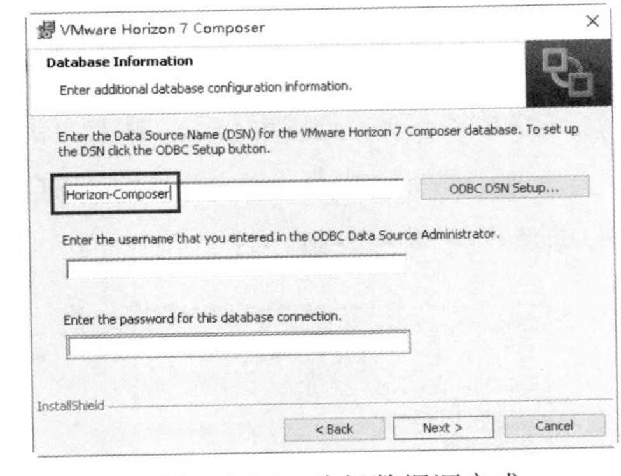

图 4-3-34　选择数据源完成

（5）在“VMware Horizon 7 Composer Port Settings”对话框中，为 Horizon Composer 组件指定 SOAP 端口，默认为 18443，如图 4-3-35 所示。

（6）在“Ready to Install the Program”对话框中，单击“Install”按钮开始安装，如图 4-3-36 所示。

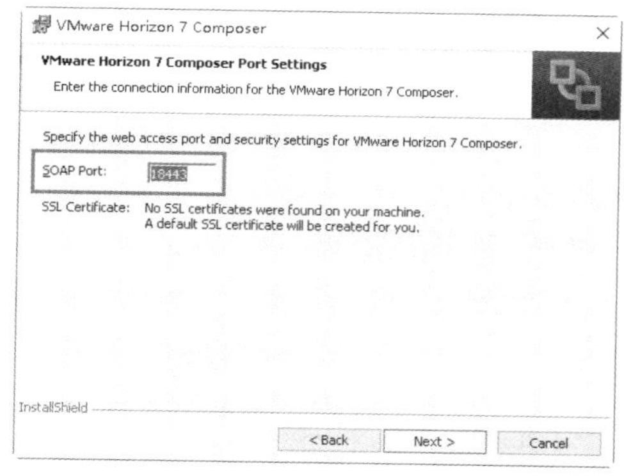

图 4-3-35　指定 SOAP 端口

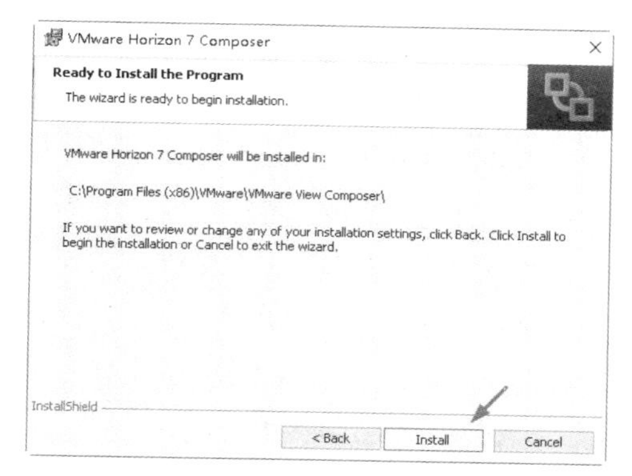

图 4-3-36　开始安装

（7）安装完成后单击“Finish”按钮，如图 4-3-37 所示。

（8）安装完成之后，根据提示重新启动计算机，如图 4-3-38 所示。

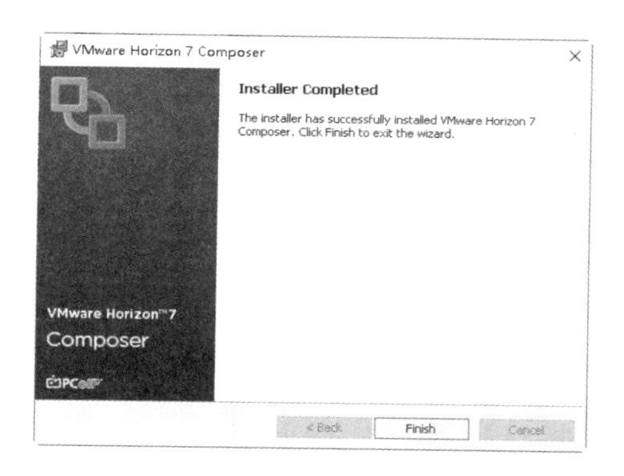

图 4-3-37　安装完成

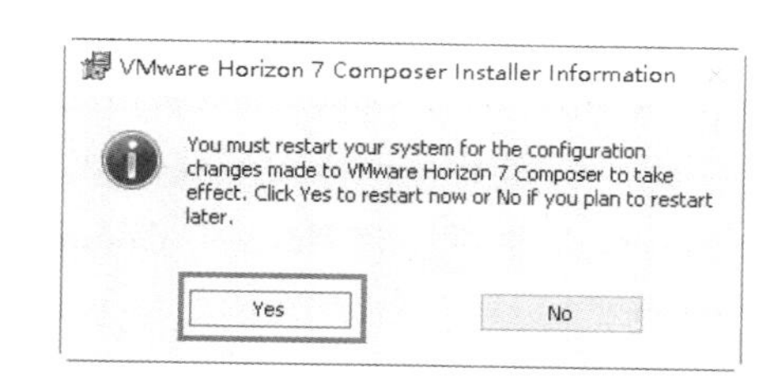

图 4-3-38　重新启动计算机

如果在安装的过程中如果出现“Error 1920”错误，如图 4-3-39 所示，你需要在“服务”中修改 Horizon Composer 的登录账户，修改后重新启动该服务即可。

（1）在图 4-3-39 错误出现后，不要退出安装程序，打开“服务”，右击“VMware Horizon 7 Composer”（如图 4-3-40 所示），在弹出的快捷菜单中选择“属性”命令。

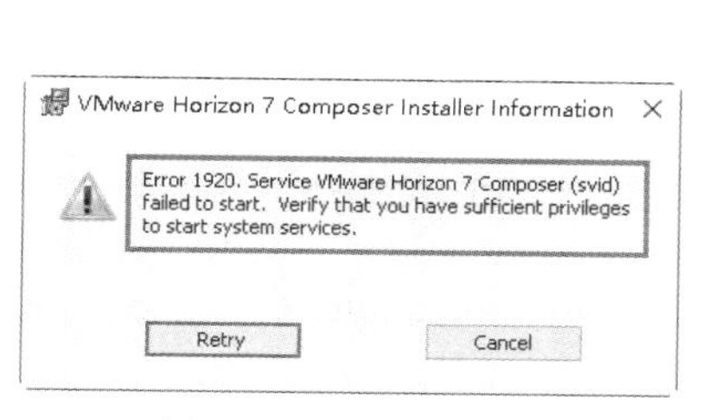

图 4-3-39　1920 错误

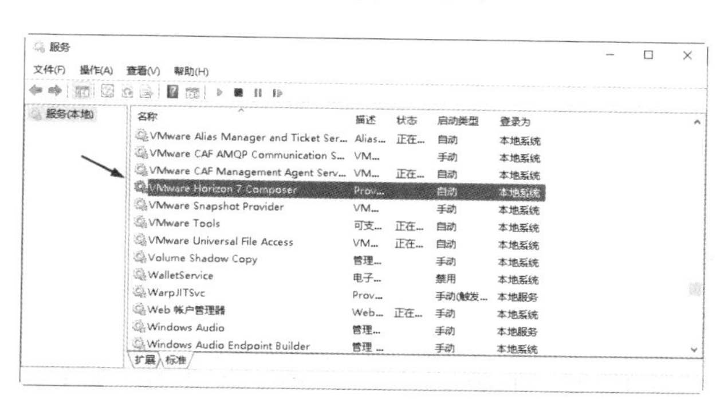

图 4-3-40　Composer 属性

（2）在“VMware Horizon 7 Composer 的属性”对话框的“登录”选项卡中，选择“此账户”单选按钮，并输入当前登录账户 heuet\administrator，并在“密码”“确认密码”处输入 heuet\administrator 账户的密码，然后单击“确定”按钮，在弹出的“服务”对话框中，弹出“已授予账户 heuet\administrator 以服务方式登录的权限”的提示，如图 4-3-41 所示

说明：如果 Composer 没有加入域，而是使用本地 Administrator 登录，应输入本地管理员账户 Administrator 及密码。

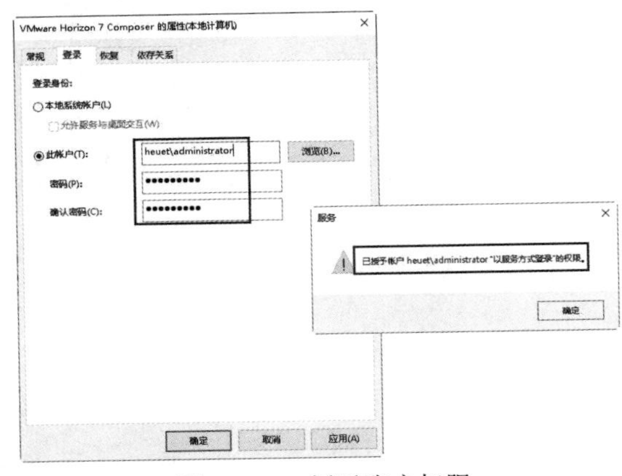

图 4-3-41　授予账户权限

（3）返回到“服务”之后右击“VMware Horizon 7 Composer”（如图 4-3-42 所示），在弹出的对话框中单击“启动”，启动该服务。

（4）启动 Horizon Composer 服务之后，返回到 Horizon Composer 安装程序，继续安装，即可完成安装。

如果 Horizon Composer 安装程序保存在网络中的共享文件夹中，直接从共享文件夹中双击运行安装程序时，可能会弹出“可用磁盘空间不足”的错误提示，如图 4-3-43 所示。对于这种情况，将 Horizon Composer 的安装程序复制到本地 C 盘，再重新运行安装程序即可。

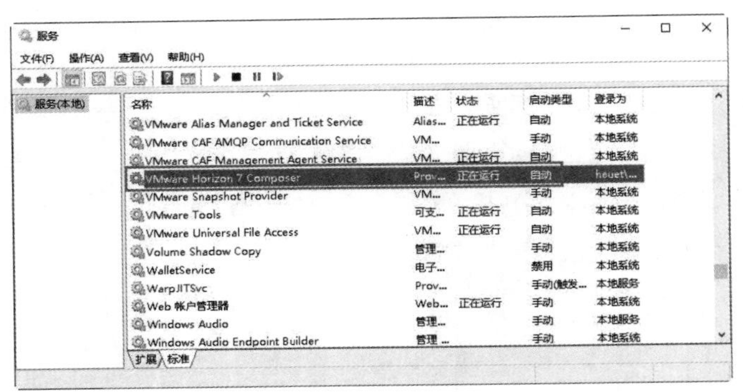

图 4-3-42　启动 Horizon Composer 服务

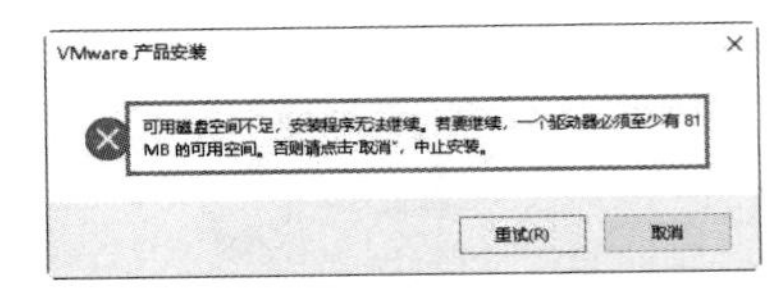

图 4-3-43　可用磁盘空间不足错误提示

4.3.5　配置 Horizon Connection Server 和 Horizon Composer

在安装好 Horizon Connection Server 后，需要配置 Horizon Connection Server、vCenter Server 和 Horizon Composer 组件，主要步骤如下。

（1）打开 IE 浏览器，输入 https://vcs01.heuet.com/admin，登录 Horizon 控制台，输入

域管理员账户、密码登录，如图 4-3-44 所示。

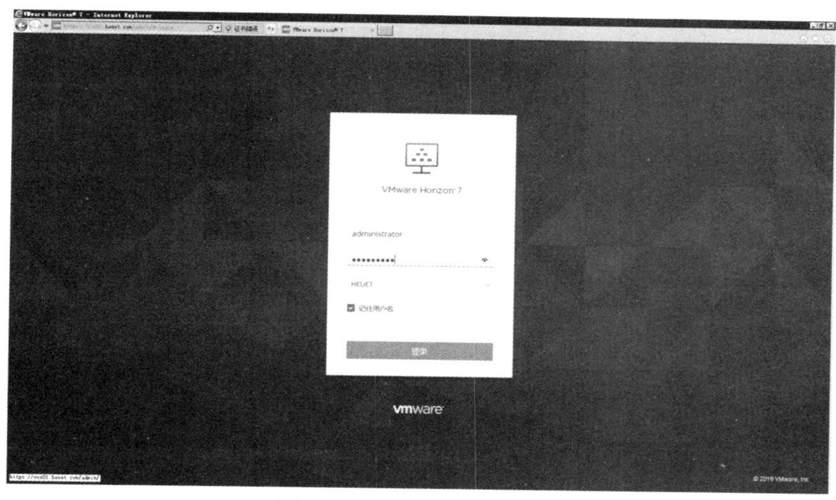

图 4-3-44　Horizon Console

（2）登录到 VMware Horizon 7 Administrator 页面之后，在左侧窗格单击“设置→服务器”，在右侧的“vCenter Server”选项中，单击“添加”按钮，如图 4-3-45 所示，准备添加 vCenter Server 服务器的地址。

（3）在弹出的“添加 vCenter Server”对话框的“vCenter Server 设置”选项卡中输入 vCenter Server 的 IP 地址、管理员账户、密码，并在“描述”处输入该 vCenter Server 的描述信息，在本示例中，vCenter Server 的 IP 地址是 172.18.96.222，管理员账户是 administrator@vsphere.local，端口默认为 443（如图 4-3-46 所示），不要选择“VMware Cloud on AWS”。

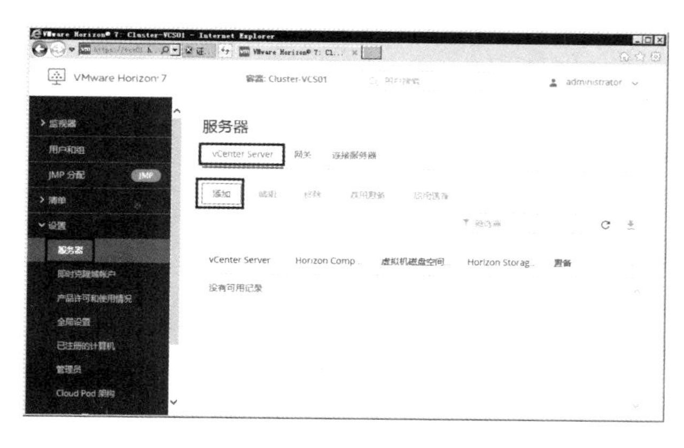

图 4-3-45　添加

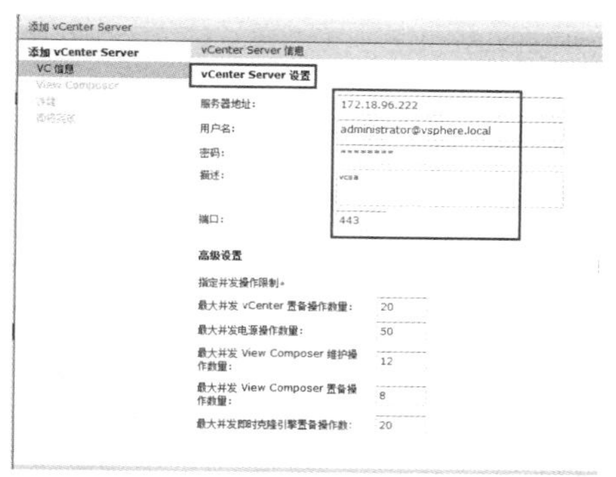

图 4-3-46　配置 vCenter Server

（4）如果在图 4-3-41 中输入的是 IP 地址，或者虽然输入的是 DNS 名称但并没有为 vCenter Server 安装受信任的 CA 颁发的证书，则会弹出“检测到无效的证书”提示，单击“查看证书”链接，如图 4-3-47 所示。

（5）在弹出的“证书信息”对话框中，查看当前的证书，单击“接受”按钮，如图 4-3-48 所示。

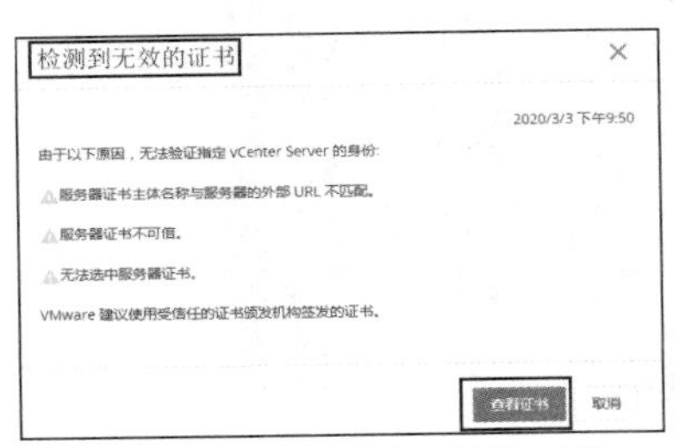

图 4-3-47　检测到无效的证书

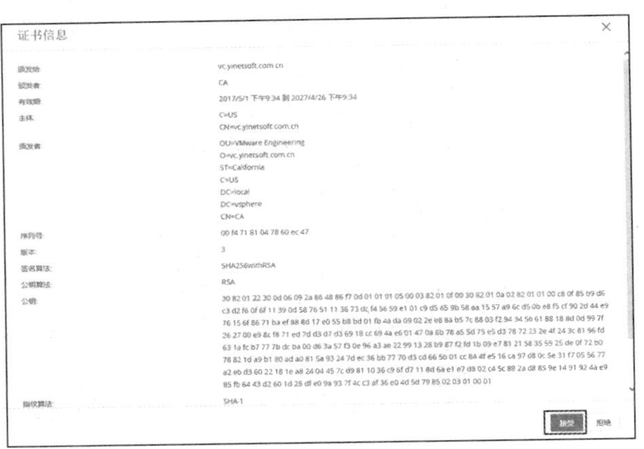

图 4-3-48　接受证书

（6）在“View Composer”对话框中，添加 Composer 服务器信息，根据 Composer 安装的位置选择。在本示例中选择“独立的 Horizon Composer Server”单选按钮，并输入 Composer 服务器的 IP 地址或 DNS 名称，本示例中为 172.20.1.50，然后输入 Composer 的管理员账号（本示例为 heuet\administrator），如图 4-3-49 所示。

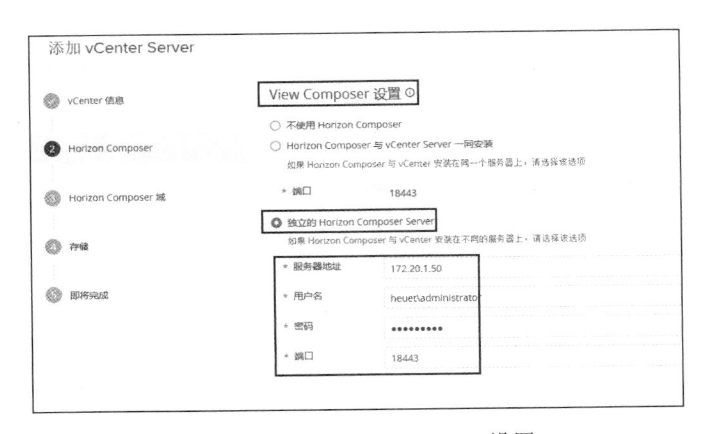

图 4-3-49　Horizon Composer 设置

说明：如果 Composer 服务器加入域，并且在安装配置 Composer 的时候使用的是域管理员账户，则在图 4-3-49 所示界面中输入域管理员账号及密码。如果 Composer 没有加入域，则在所示界面图 4-3-49 中需要输入 Composer 服务器“本地管理员”密码。如果该本地管理员密码与域管理员账户密码不一致时，请不要输入域管理员密码，否则将不能连接 Horizon Composer 服务器。

（7）在添加 Horizon Composer Server 的地址时，同样会弹出“检测到无效的证书”的提示，单击“查看证书”链接（如图 4-3-50 所示），在弹出的“证书信息”对话框，单击“接受”按钮，接受 Horizon Composer Server 上安装的证书，如图 4-3-51 所示。

图 4-3-50　查看证书　　　　图 4-3-51　接受证书

（8）在“Horizon Composer 域”对话框中，单击“添加”按钮，输入域名 heuet.com、输入域管理员账户、密码，然后单击“提交”按钮，如图 4-3-52 所示。

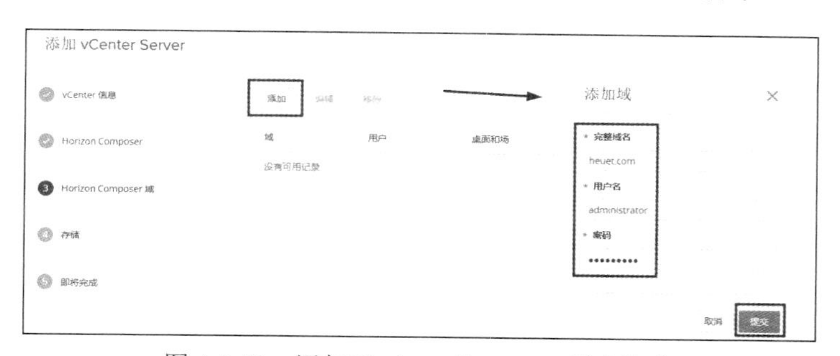

图 4-3-52　添加 Horizon Composer 用户账户

（9）在“存储设置”对话框中，对 ESXi 主机进行配置，以缓存虚拟机磁盘数据，这样可提高 I/O 风暴期间的性能。可以根据需要设置，如图 4-3-53 所示。

（10）在“即将完成”对话框中，显示了添加 vCenter Server、配置 Horizon Composer Server 的信息，检查无误之后单击“提交”按钮，如图 4-3-54 所示。

（11）添加之后返回 VMware Horizon 7 Administrator，在“服务器→vCenter Server”列表中可以看到新添加的 vCenter Server 服务器，如图 4-3-55 所示。在实际的生产环境中，可以根据需要添加多个 vCenter Server 服务器。在有多个 vCenter Server 服务器的情况下，可以在列表中选择某个 vCenter Server 服务器，通过单击“禁用置备”或“启用置备”按钮，在指定的服务器上禁用或启用虚拟机的置备功能。

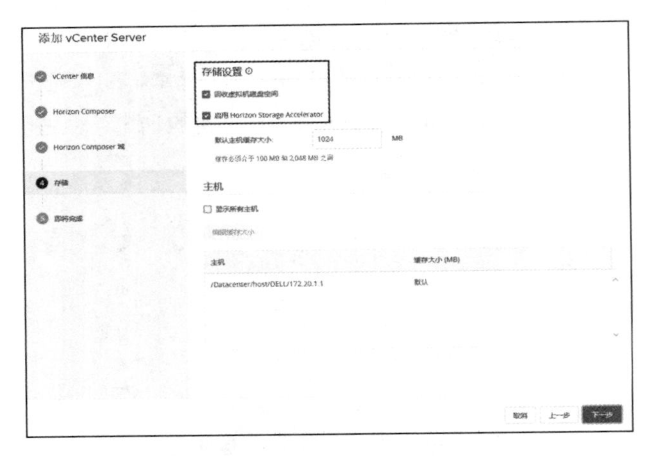

图 4-3-53　存储设置

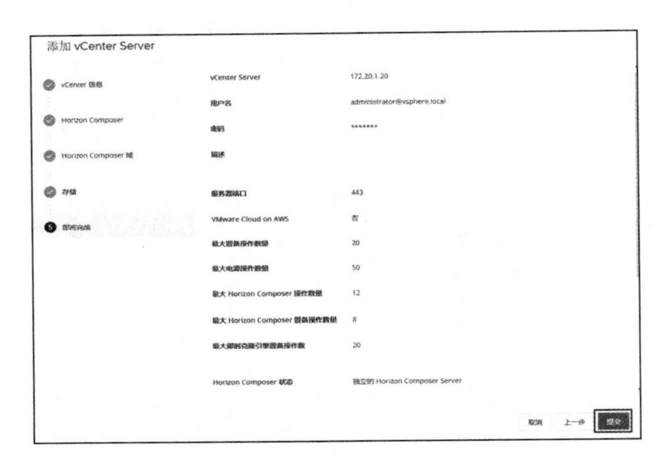

图 4-3-54　即将完成

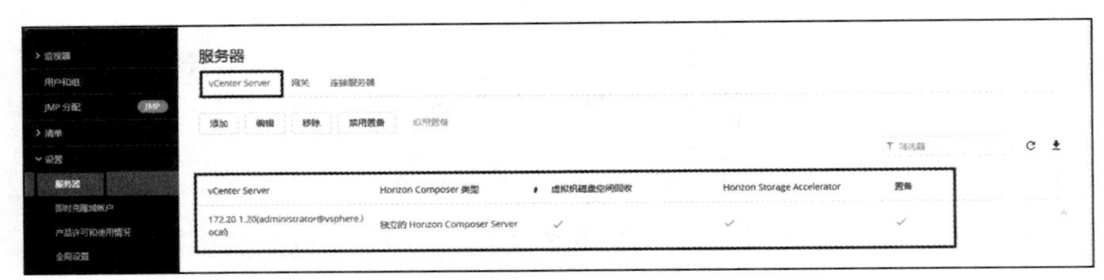

图 4-3-55　vCenter Server

4.4　安装配置安全服务器

在只配置 Horizon Connection Server 的情况下，Horizon 客户端只能在局域网中使用（Internet 用户也可以通过 VPN 连接）。如果要将 Horizon 桌面发布到 Internet，需要配置 Horizon 安全服务器。本节介绍 Horizon 安全服务器的安装配置。

4.4.1　安装 Horizon 7 安全服务器

Horizon 安全服务器与连接服务器使用同一个安装程序，只是在安装的时候选择的组件不同。本节介绍 Horizon 7 安全服务器的安装，主要步骤如下。

（1）登录 Horizon 安全服务器虚拟机（以 Administrator 账户为例），如图 4-4-1 所示。

图 4-4-1　登录到 Horizon 安全服务器虚拟机

（2）检查设置 IP 地址 172.20.1.54，设置 DNS 地址为 Active Directory 服务器的 IP 地址 172.20.1.11、172.20.1.12（如图 4-4-2 所示），注意网关地址是否指向防火墙的地址。如果安全服务器与防火墙没有在一个网段，则在三层交换机中，默认路由的出口应该指向防火墙。打开“控制面板→系统和安全→系统”窗口，检查计算机名称是否为规划的名称，本示例为 View01，如图 4-4-3 所示。

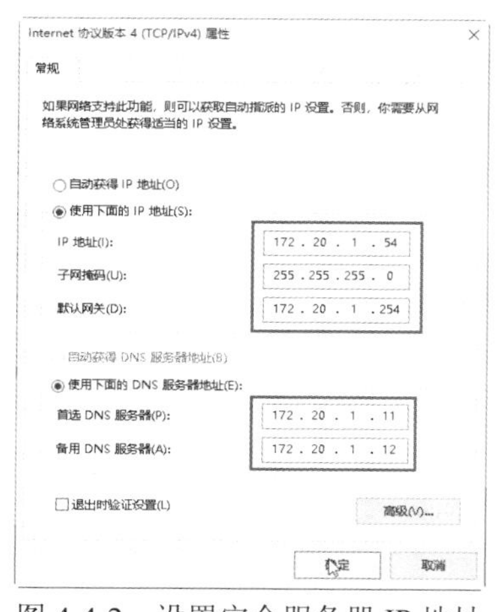

图 4-4-2　设置安全服务器 IP 地址

图 4-4-3　检查计算机名称

（3）运行 VMware Horizon 7 Connection Server 安装程序，在“安装选项”对话框中，选择“Horizon 7 安全服务器”，如图 4-4-4 所示。

（4）在“已配对的 Horizon 连接服务器”对话框中，设置 Horizon 连接服务器的地址，本例中为 vcs02.heuet.com，如图 4-4-5 所示。

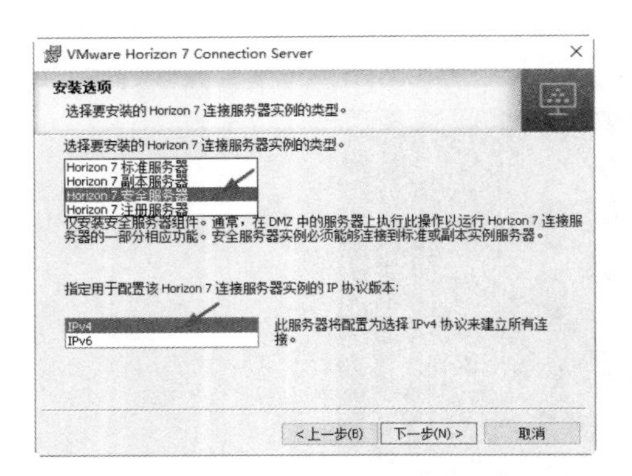

图 4-4-4 选择 Horizon 安全服务器安装

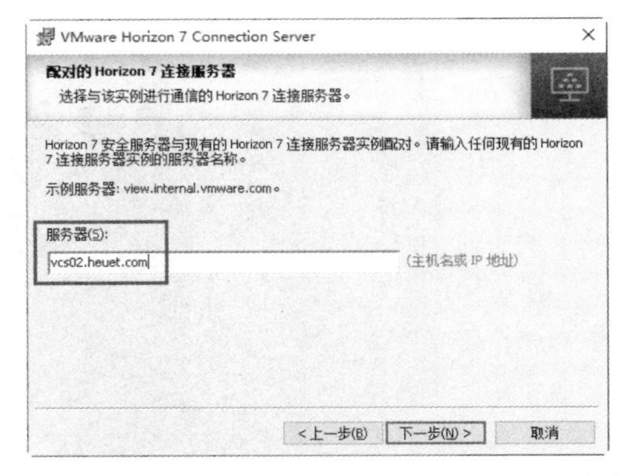

图 4-4-5 指定配对的连接服务器的地址或域名

（5）在“配对的 Horizon 7 连接服务器密码”对话框中，输入连接 Horizon 连接服务器设置的配对密码，该密码需要登录 Horizon 连接服务器（本示例中为 http://vcs02.heuet.com/ admin），并登录 Flex 管理控制台，在“View 配置→服务器”中，选中“连接服务器”，单击“更多命令”，选择“指定安全服务器配对密码”（如图 4-4-6 所示）。在弹出的“指定安全服务器配对密码”对话框中设置一个连接密码，这个密码 30 min 有效（也可以修改为 1 h、2 h 甚至其他时间）。

说明：这个密码只能使用一次。如果要安装多个安全服务器，应在安装第 2 个安全服务器时，重新指定。

（6）返回到“配对的 Horizon 7 连接服务器密码”对话框，输入指定的密码继续，如图 4-4-7 所示。

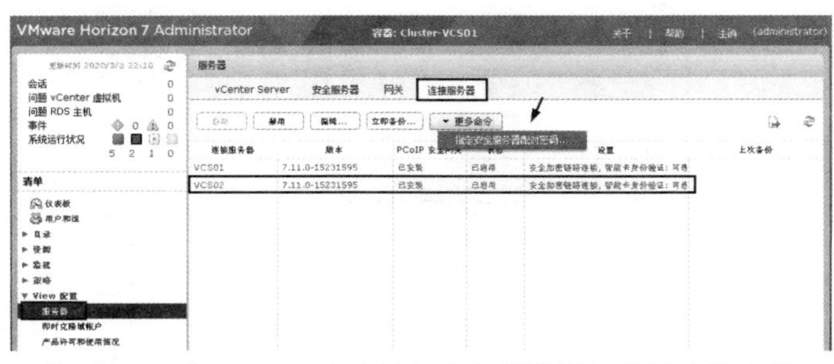

图 4-4-6 为 Horizon 安全连接服务器设置一次性连接密码

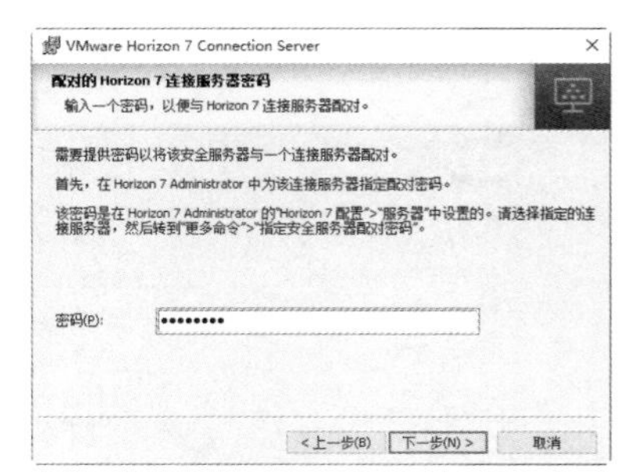

图 4-4-7 指定密码

（7）在“Horizon 7 安全服务器配置”对话框中，在“外部 URL”地址框中，输入

Horizon 安全连接服务器发布到 Internet 的域名与地址，关于安全服务器的外部 URL 等配置后文会详细介绍，在此选择默认值，如图 4-4-8 所示。

（8）其他则选择默认安装，直到安装完成，如图 4-4-9 所示。

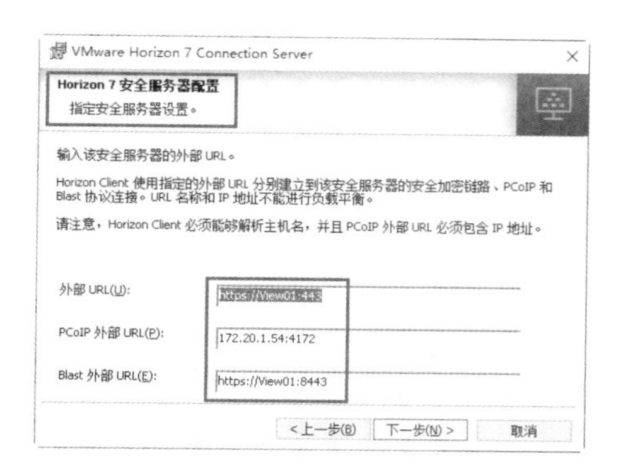

图 4-4-8　设置 Horizon 安全服务器外部访问地址

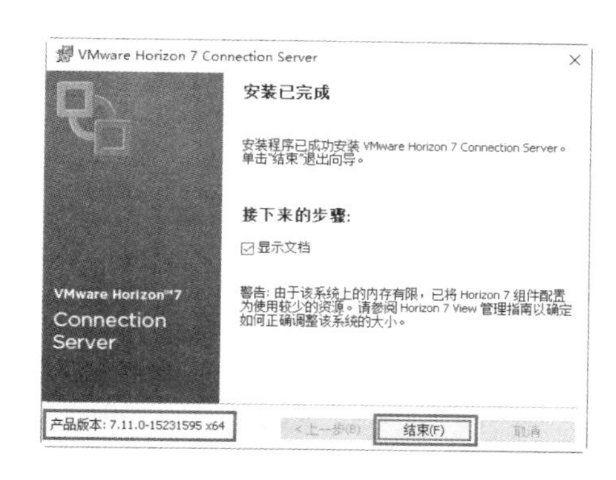

图 4-4-9　安装完成

4.4.2　配置 Horizon 安全服务器

如果要修改 Horizon 安全服务器的配置，需要登录 Horizon Administrator（基于 Flash 的管理控制台）进行管理。

（1）在浏览器中输入 https://vcs01.heuet.com/admin 或 https://vcs02.heuet.com/admin，登录 Horizon 连接服务器管理界面，在“Horizon Administrator（Flex）”处单击“启动”按钮，启动 Horizon Administrator，如图 4-4-10 所示。

（2）在 VMware Horizon 7 Administrator 界面中输入管理员账户和密码，如图 4-4-11 所示。

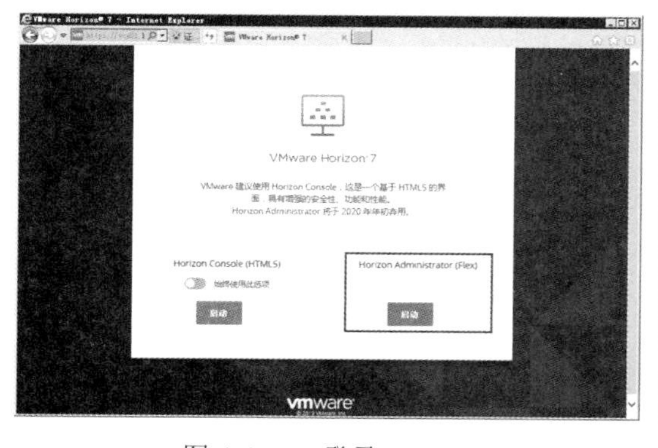

图 4-4-10　登录 Flex

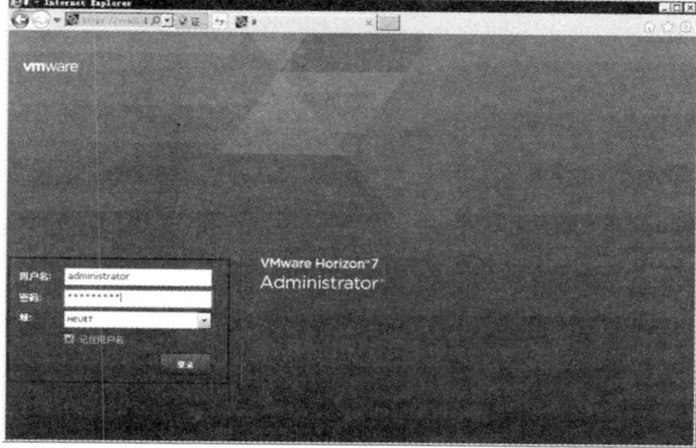

图 4-4-11　登录到 Horizon Administrator

（3）登录到 Horizon Administrator 后，在“View 配置→服务器”清单中，在“连接服务器”选项卡中，可以看到当前有两台连接服务器，名称分别为 VCS01、VCS02。单击选中 VCS01，然后单击“编辑”按钮，如图 4-4-12 所示。

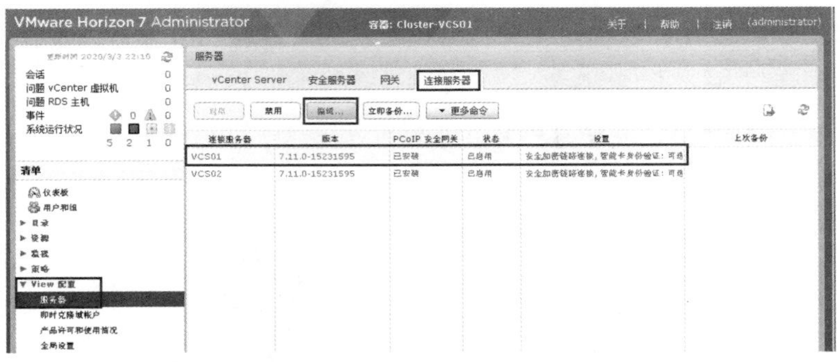

图 4-4-12　编辑 VCS01

（4）在“编辑连接服务器设置”对话框，可以修改连接服务器的设置。这些设置用于 Horizon 客户端登录虚拟桌面，也用于与安全服务器配对，如图 4-4-13 所示。默认情况下，“外部 URL”与“Blast 外部 URL”中应该使用域名的格式，例如当前连接服务器的域名是 vcs01.heuet.com，则“外部 URL”中默认的地址是 https://VCS01. heuet.com:443，“Blast 外部 URL”中默认的地址是 https://VCS01.heuet.com:8443。如果 Horizon 客户端需要使用 PCoIP 协议登录使用虚拟桌面，可选中“使用 PCoIP 安全网关与计算机建立 PCoIP 连接”复选框，在“PCoIP 外部 URL”中应该输入连接服务器的 IP 地址和端口，在本示例为 172.20.1.51:4172。只有在连接服务器中选中“使用 PCoIP 安全网关与计算机建立 PCoIP 连接”复选框之后，才能在安全服务器中配置 PCoIP 连接设置这一项。“外部 URL”与“Blast 外部 URL”也可以使用 IP 地址（如图 4-4-14 所示），如果 Horizon 客户端不能将“外部 URL”与“Blast 外部 URL”的域名解析成 IP 地址，例如设置的是 ISP 提供的 DNS 而不是使用 Active Directory 服务器的 DNS 时，“外部 URL”与“Blast 外部 URL”配置为域名的时候，Horizon 客户端无法使用虚拟桌面。

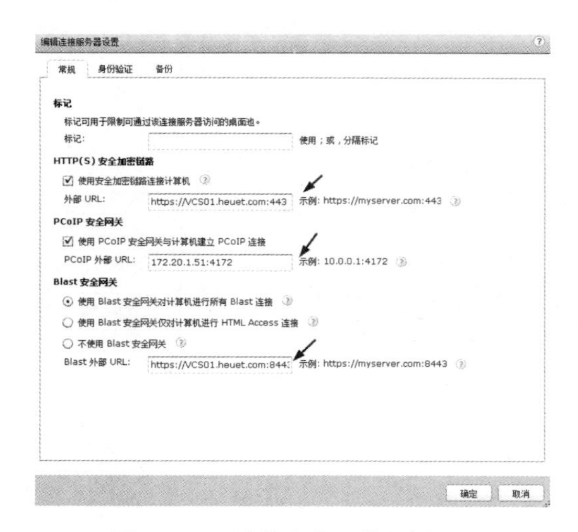

图 4-4-13　连接服务器使用域名

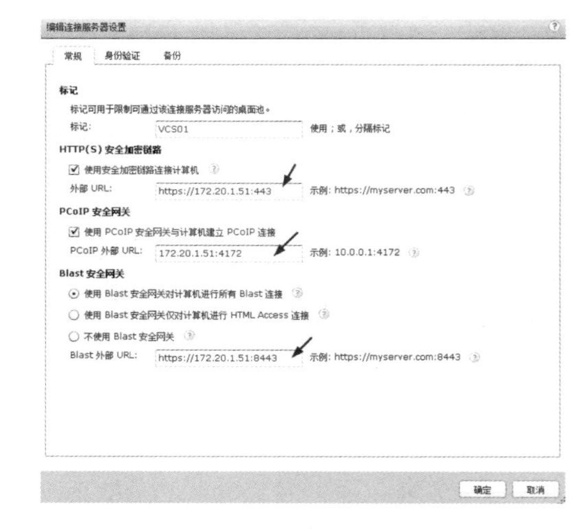

图 4-4-14　连接服务器使用 IP 地址

（5）在图 4-4-12 中选中 VCS02，单击“编辑”按钮，选中“使用 PCoIP 安全网关与计算机建立 PCoIP 连接”复选框，将“外部 URL”与“Blast 外部 URL”修改为 IP 地址，如图 4-4-15 所示。

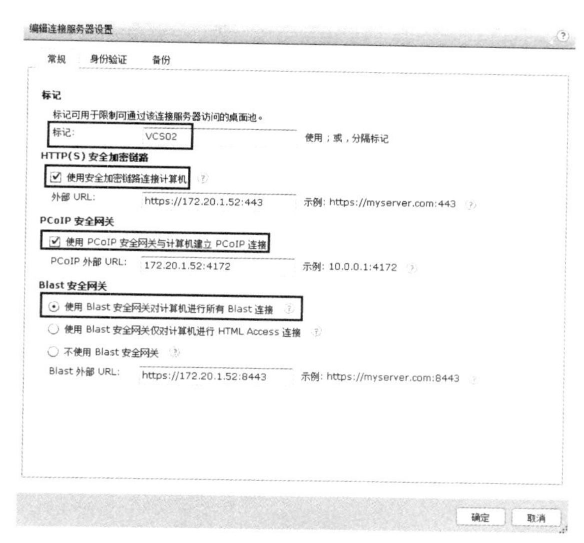

图 4-4-15 VCS02 连接服务器设置

（6）在“安全服务器”选项卡中可以看到安装的安全服务器的名称，在“连接服务器”列表中显示了与安全服务器配对的连接服务器的名称，本示例中，名为 VIEW01 的安全服务器与名为 VCS02 的连接服务器配对，如图 4-4-16 所示。单击“编辑”按钮，进入安全服务器设置界面。

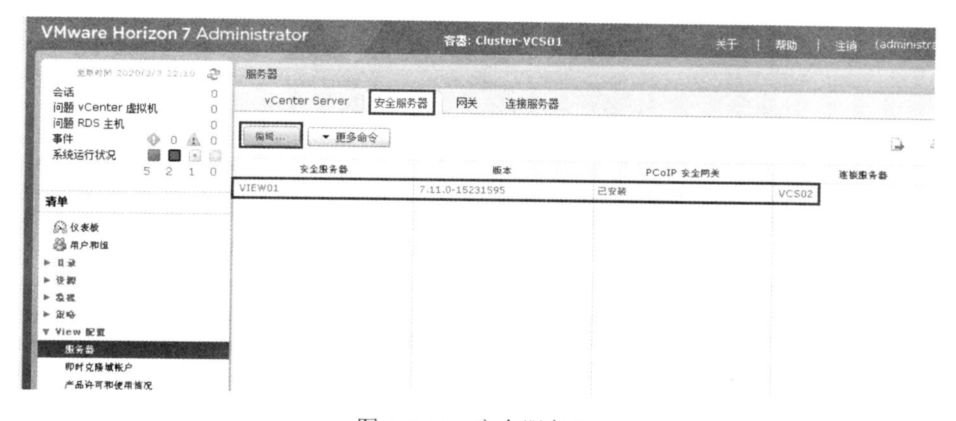

图 4-4-16 安全服务器

（7）在“编辑安全服务器-VIEW01”对话框中，为 Horizon 安全服务器输入外部 URL 地址、端口，以及外部 IP 地址，在本示例中，防火墙的外网的 IP 地址是 x1.x2.x3.115，域名为 view.heuet.com，防火墙映射了 TCP 的 443、4172、8443 端口与 UDP 的 4172 端口到安全服务器 172.20.1.54，则设置如图 4-4-17 所示。如果没有域名，也可以直接使用 IP 地址，将“外部 URL”与“Blast 外部 URL”修改为 IP 地址，本示例中“外部 URL”为 x1.x2.x3.115:443，PCoIP 外部 URL 为 x1.x2.x3.115:4172，Blast 外部 URL 为 x1.x2.x3.115:8443，如图 4-4-18 所示。

说明：在本示例网络中，外网地址的前三位用 x1.x2.x3 代替，x1.x2.x3.115 是防火墙的外网地址，并且 view.heuet.com 的域名也解析到 x1.x2.x3.115。

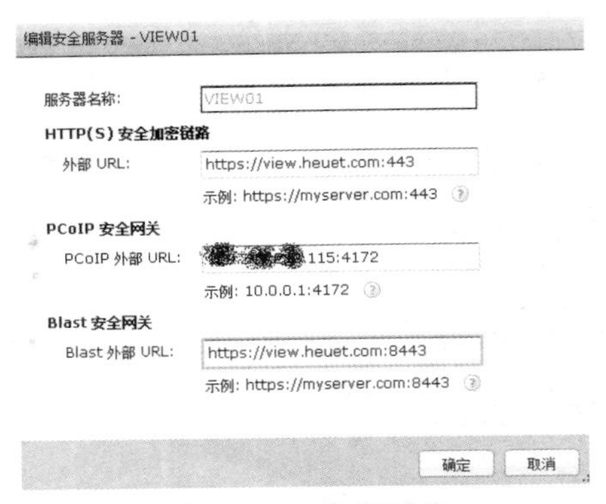

图 4-4-17　使用域名

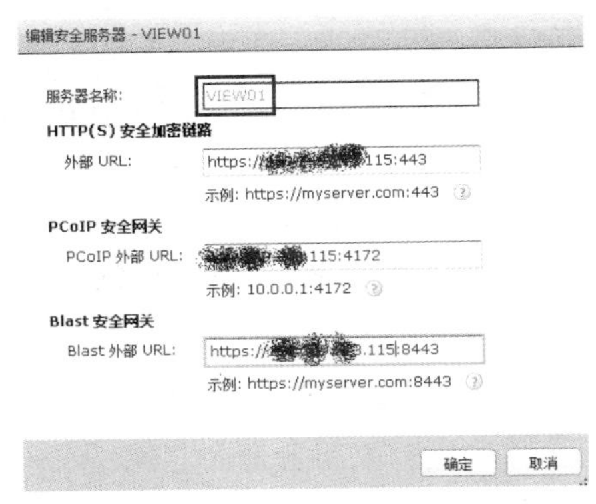

图 4-4-18　使用 IP 地址

4.5　替换安全服务器与连接服务器的默认端口

关于安全服务器与连接服务器之间的关系如下。

（1）连接服务器用来管理 Horizon 虚拟桌面，可以创建、生成虚拟桌面池与应用程序池，还为 Horizon 客户端提供了到虚拟桌面的访问连接代理。Horizon 连接服务器只用于局域网。

（2）安全服务器提供了 Internet 到连接服务器的安全连接，是一个安全连接网关。

（3）在一个虚拟桌面的应用中，可以安装多台连接服务器，多台连接服务器之间复制配置以保持同步。

（4）在一个虚拟桌面的应用中，可以根据需要安装一台到多台安全服务器，每台安全服务器用于对外指定一个公网的 IP 地址或能解析到这个安全服务器出口 IP 地址的域名。

（5）安全服务器与连接服务器配对使用。一台安全服务器只能与一台连接服务器配对使用。但一台连接服务器可以与多台安全服务器配对使用。

如果使用网络问题来说明，无论是安全服务器，还是连接服务器，要让局域网或 Internet 的用户登录并能访问到虚拟桌面，主要需要使用如下协议和端口。

（1）访问登录端口：SSL TCL 443 端口。这是 Horizon 客户端登录访问的端口。默认是 TCP 的 443 端口。这个端口可以修改，如果修改了安全服务器的端口，与其配对的连接服务器的端口也要一同修改。如果要将该端口发布到 Internet，这个端口映射前后不能修改。即安全服务器、连接服务器中端口是多少，发布到 Internet 之后该端口号也应是多少。

（2）PCoIP 协议服务端口：TCP 与 UDP 的 4172 端口。Horizon 客户端在登录安全服务器或连接服务器之后，使用 PCoIP 协议使用虚拟桌面所用的端口。这个端口可以修改，如果修改了安全服务器的端口，配对的连接服务器的端口也要一同修改。如果要将该端口发布到 Internet，这个端口映射前后不能修改，即安全服务器、连接服务器中端口号是多少，发布到 Internet 之后该端口号也必须是多少。

（3）Blast 协议服务端口：TCP 的 8443。Horizon 客户端在登录安全服务器或连接服务器之后，使用 Blast 协议使用虚拟桌面所用的端口，这个端口不能修改，但将安装服务器的 8443 发布到 Internet 时，该端口可以修改。

本节通过案例介绍，修改 Horizon 安全服务器与连接服务器默认端口的办法。网络拓扑如图 4-5-1 所示。

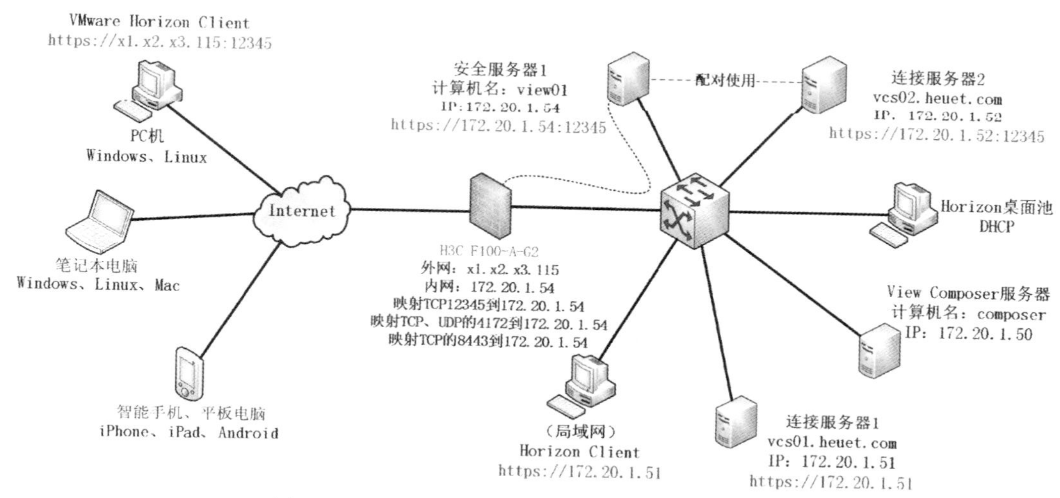

图 4-5-1 Horizon 虚拟桌面发布到 Internet 拓扑图

在图 4-5-1 中，因为外网地址（本示例中用 x1.x2.x3.115 来代替）的 443 端口没有开放，如果 Internet 的用户登录内网的虚拟桌面，需要替换默认的 443 端口。本示例中用 12345 端口代替 443，这需要将 IP 地址为 172.20.1.54 的安全服务器、与 172.20.1.54 的安全服务器配对的连接服务器（IP 地址为 172.20.1.52）的 443 端口替换为 12345。

说明：在本示例中，为了介绍修改 PCoIP 协议的端口这一内容，将安全服务器与连接服务器的 PCoIP 服务端口从默认的 4172 改为了 4173。在大多数情况下，只修改 443 端口，PCoIP 与 Blast 协议的端口一般不修改。

（1）在连接服务器（IP 地址为 172.20.1.52）与安全服务器计算机（IP 地址为 172.20.1.54）的计算机上，打开 C:\Program Files\VMware\VMware View\Server\sslgateway\conf 文件夹，用“记事本”创建名为 locked.properties 的文本文件，将 serverPort 属性添加到 locked.properties 文件。

```
serverPort=12345
```

注意：locked.properties 文件中的属性区分大小写，如图 4-5-2 和图 4-5-3 所示。

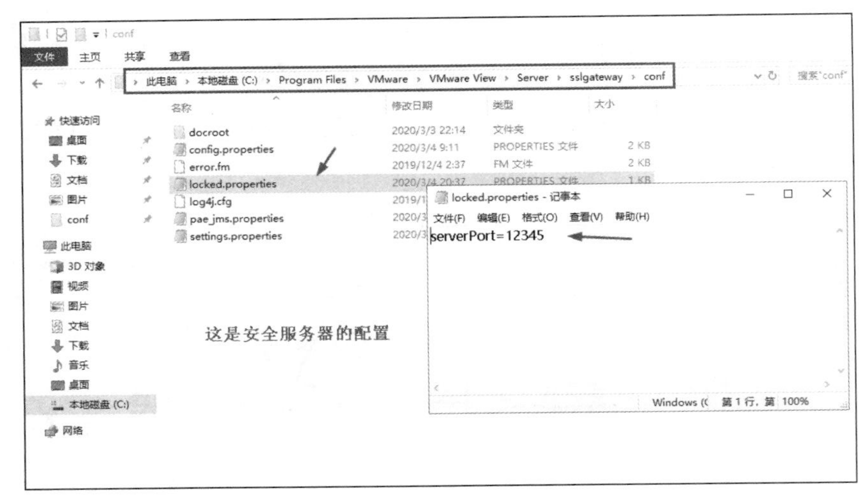

图 4-5-2　安全服务器配置

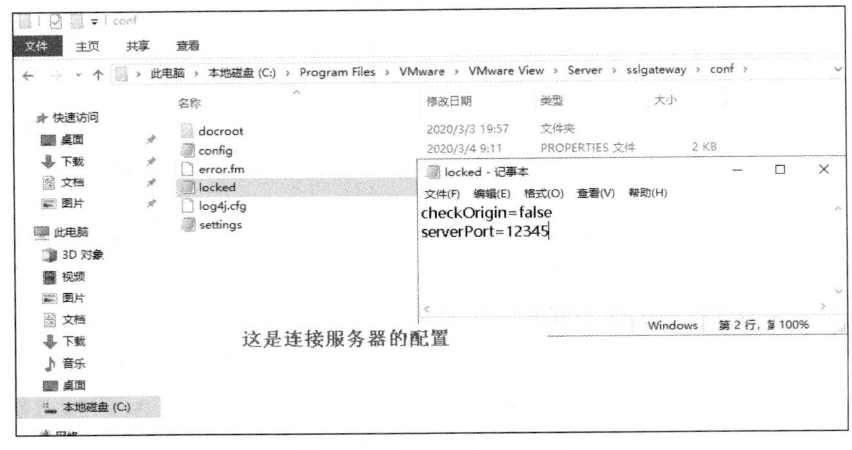

图 4-5-3　连接服务器配置

说明：连接服务器有一行，关闭来源检查的配置。

（2）如果要修改 PCoIP 的 4172 端口，如将 TCP 与 UDP 的 4172 改为 4173，执行 regedit 运行注册表编辑器，在“HKEY_LOCAL_MACHINE\SOFTWARE\Teradici\SecurityGateway”注册表项下，使用更新的端口号添加一个或多个以下字符串（REG_SZ）值。例如：

```
ExternalTCPPort "4173"
ExternalUDPPort "4173"
```

界面如图 4-5-4 和图 4-5-5 所示。

（3）在安全服务器与连接服务器中，打开“高级安全 Windows 防火墙”设置，添加 TCP 12345 的入站访问规则，如果修改了 PCoIP 的服务端口，也要添加 TCP 与 UDP 的 4173 的访问规则，如图 4-5-6 和图 4-5-7 所示。

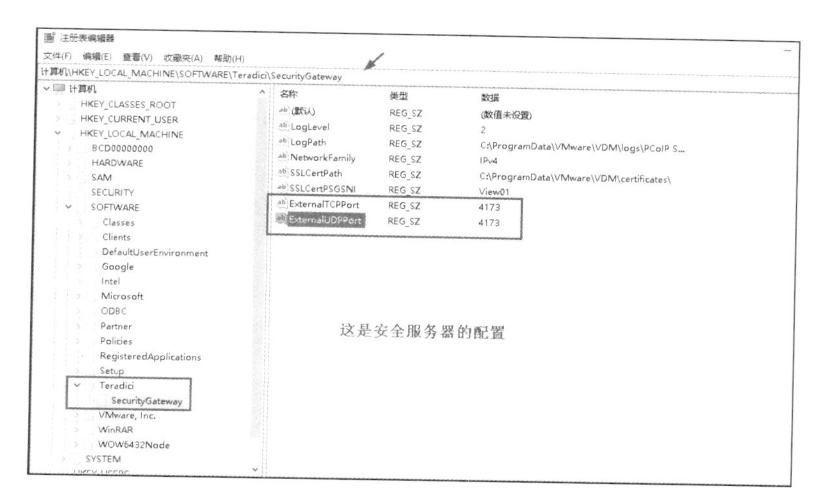

图 4-5-4 安全服务器配置

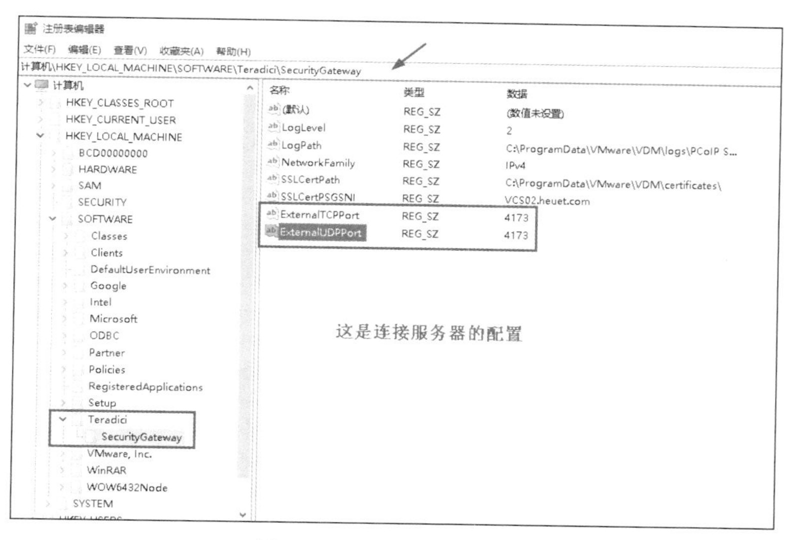

图 4-5-5 连接服务器配置

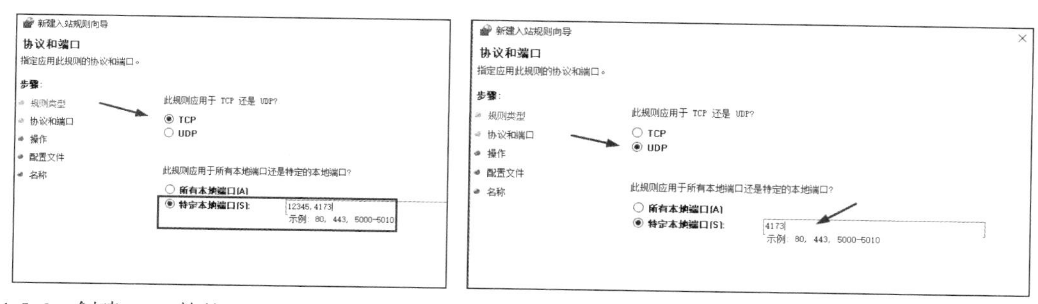

图 4-5-6 创建 TCP 协议 12345、4173 的入站规则

图 4-5-7 创建 UDP 协议 4173 的入站规则

（4）重新启动连接服务器相关服务，或者重新启动连接服务器虚拟机。

（5）再次进入系统后，在浏览器中使用 https://172.20.1.52:12345/admin 或 https://172.20.1.51/admin 登录管理控制台，编辑 VCS02 连接服务器设置，将外部 URL 设置为 https://172.20.1.52:12345；将 PCoIP 外部 URL 更改为 172.20.1.52:4173（如果修改了则使用 PCoIP 服务端口，如果没有修改则使用原来的 4172）；将 Blast 外部 URL 设置为 https://172.20. 1.52:8443，如图 4-5-8 所示。

如果是局域网的用户，在配置连接服务器地址时使用 https://172.20.1.52:12345 或 https://172.20.1.51 即可访问 Horizon 虚拟桌面。

（6）修改安全服务器的外部 URL 为 https://x1.x2.x3.115:12345；修改 PCoIP 外部 URL 为 x1.x2.x3.115:4173；修改 Blast 外部 URL 为 https://x1.x2.x3.115:8443，如图 4-5-9 所示。

登录本示例中的 H3C F100-A-G2 防火墙，映射 TCP 的 12345、4173、8443 到 172.20.1.54，映射 UDP 的 4173 到 172.20.1.54，如图 4-5-10 所示。

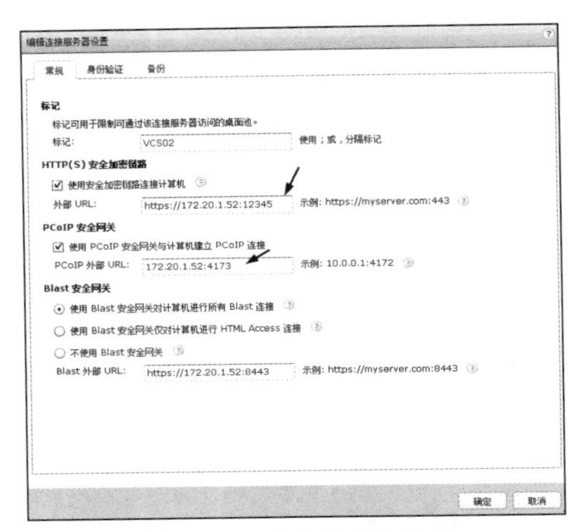

图 4-5-8　编辑连接服务器

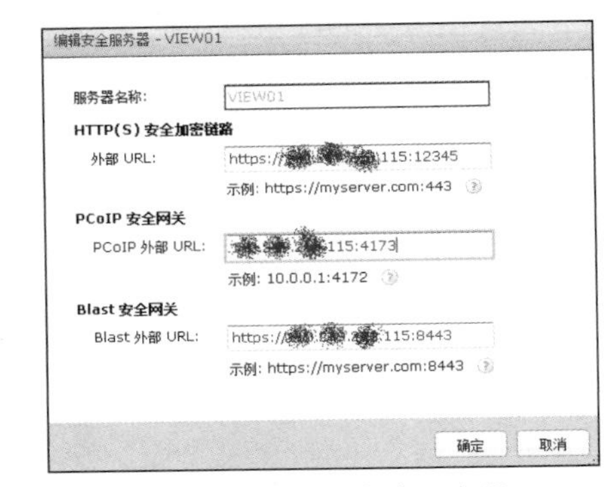

图 4-5-9　修改安全服务器

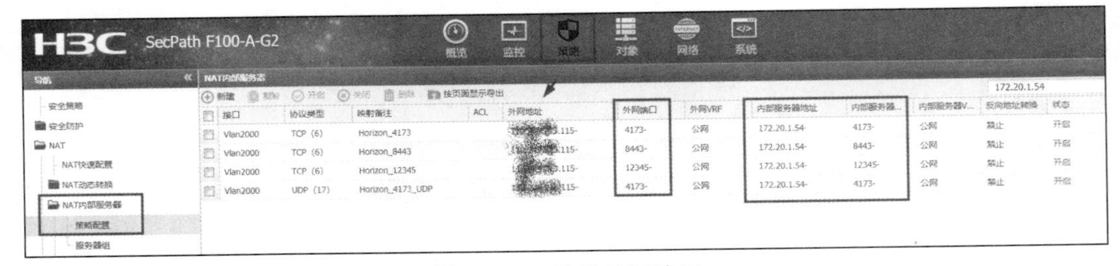

图 4-5-10　映射外网端口

经过上述设置，Internet 用户添加 Horizon 安全服务器时，输入 https://x1.x2.x3.115:12345，就可以访问 Horizon 虚拟桌面，如图 4-5-11 所示。

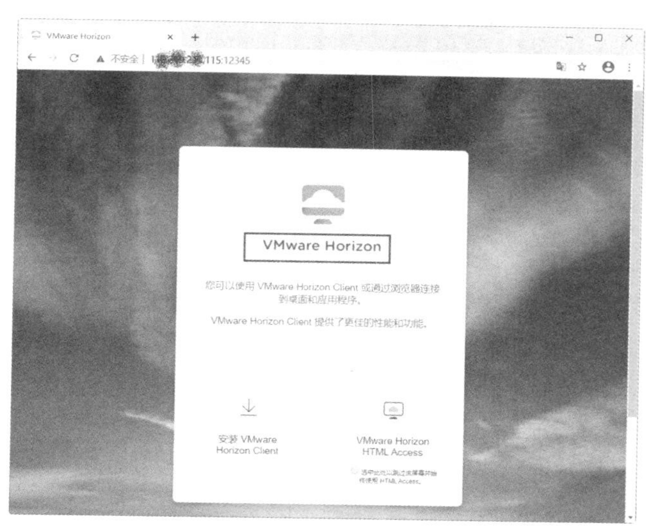

图 4-5-11 通过 Internet 以 HTML 方式登录 Horizon 安全服务器

4.6 多台连接服务器或安全服务器的访问问题

每个 vCenter Server 最多可支持 10 000 个虚拟机。当 Horizon 连接服务器操作系统运行 Windows Server 2016 或 Windows Server 2019，虚拟机分配 10 GB 内存、4 个 vCPU 并使用 VMXNET 3 虚拟网卡时，每台连接服务器最大连接数默认配置为 2 000，修改配置参数最大支持数为 4 000。Horizon 安全服务器与连接具有相同的连接数配置（默认为 2 000，修改参数为 4 000）。

要在单台连接服务器上达到安全加密链路连接、PCoIP 安全网关和 Blast 安全网关最大并行连接数的测定配置（4 000），应在装有连接服务器的虚拟机上创建 locked.properties 文件（默认保存在 C:\Program Files\VMware\VMware View\Server\ sslgateway\conf 文件夹）。然后，在 locked.properties 文件中设置 maxConnections=4000，并重新启动连接服务器。

单台 Unified Access Gateway 支持 2 000 个会话。

虽然单个安全服务器或 Unified Access Gateway 设备最多可以支持 2 000 个并行连接，而不是每个连接服务器实例仅使用一个安全服务器（具有 2 000 个会话），可以选择使用 2 或 4 个安全服务器或设备。

示例 1：对于需要并发 2 000 个连接，可以使用 2 个安全服务器，每个处理 1 000 个连接，或者可以使用 4 个安全服务器，每个处理 500 个连接。安全服务器与连接服务器实例的比例取决于特定环境的要求。

示例 2：如果需要支持 10 000 个会话，推荐配置 7 台安全服务器、7 台连接服务器、7 台 Unified Access Gateway 设备。如果需要支持 20 000 个会话应配置 14 个。

4.6.1 多台连接服务器或安全服务器的访问问题

在配置多台连接服务器或安全服务器后，每个连接服务器（或安全服务器）就有一组 IP 地址，那么怎样访问这些连接服务器（或安全服务器）呢？常用的方法有以下几种。网络拓扑如图 4-6-1 所示。

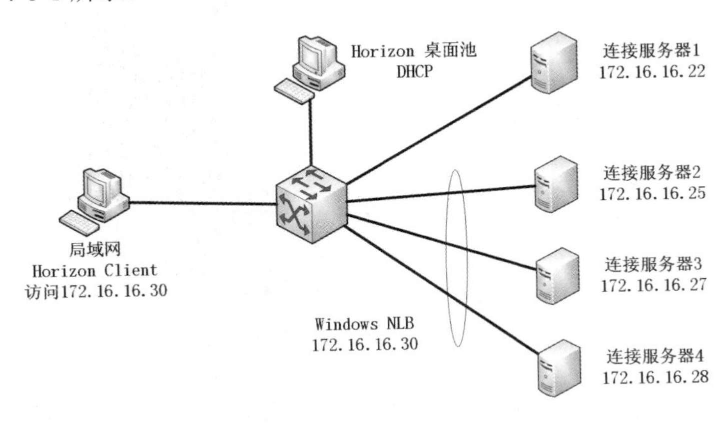

图 4-6-1　多台连接服务器拓扑

（1）用户指定连接服务器。不同部门或不同用户使用不同的连接服务器。例如，网络中有 3 台连接服务器，IP 地址依次是 172.16.16.25、172.16.16.27、172.16.16.28。部门 1 的用户可以使用 172.16.16.25；部门 2 的用户可以使用 172.16.16.27；部门 3 的用户可以使用 172.16.16.28。假设 172.16.16.25 的连接服务器有问题不能使用后，部门 1 的用户也可以使用 172.16.16.27 或 172.16.16.28 的连接服务器。

（2）通过 DNS 解析实现负载均衡。Horizon Client 计算机使用企业内部的 DNS 服务器。在 DNS 服务器上创建一个 A 记录（例如 vcs.chunhai.wang）指向 3 台连接服务器的 IP 地址 172.16.16.25、172.16.16.27、172.16.16.28。Horizon 客户端计算机通过域名 vcs.chunhai.wang 使用虚拟桌面。客户端从 DNS 服务器查询 vcs.chunhai.wang 时会依次返回这 3 个地址。这种方法配置简单，但如果某台连接服务器出问题，例如 172.16.16.27 出问题，DNS 服务器仍然会为 vcs.chunhai.wang 的域名解析返回 172.16.16.27 的地址，但用户此时可能无法使用 172.16.16.27 的连接服务器。

（3）硬件负载均衡。可以为 3 台连接服务器配置硬件负载均衡设备，Horizon Client 访问硬件负载均衡设备，由负载均衡设备提供转发或重定向服务。硬件负载均衡设备可以检查后端连接服务器的状况，如果某台连接服务器出现故障，负载均衡不会将用户的请示转到故障的连接服务器。

（4）软件负载均衡。例如可以使用 Windows Server NLB。将 3 台连接服务器使用 Windows NLB，配置 NLB 的地址为 172.16.16.30。Horizon Client 通过访问 172.16.16.30

使用虚拟桌面，Windows NLB 会将 Horizon Client 的请示重定向到合适的连接服务器。如果网络中某台连接服务器出现故障，Windows NLB 会停用这台连接服务器的转发。

4.6.2　Horizon 连接服务器配置

Horizon 7.10 版本以前的管理界面称为 Horizon Administrator，该管理控制台基于 Adobe Flash 开发，该管理界面将于 2020 年弃用。从 Horizon 7.10 版本开始，VMware 开发了新的管理控制台界面称为 Horizon Console，这是一个基于 HTML5 的界面，具有增强的安全性、功能和性能。

在 Horizon Administrator“View 配置→服务器”的“连接服务器”选项卡中，显示了当前安装的 Horizon 连接服务器的列表及 Horizon 版本，如图 4-6-2 所示。

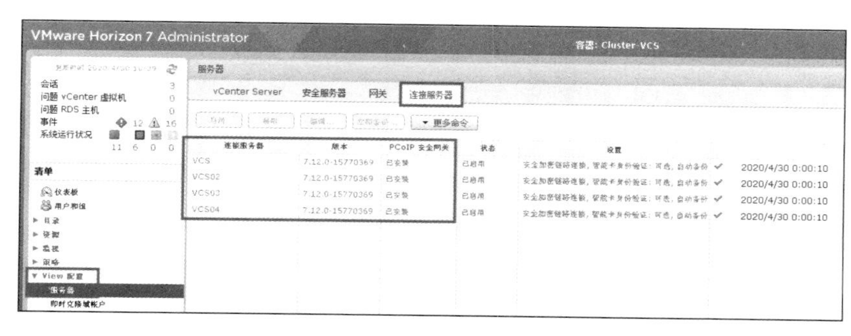

图 4-6-2　连接服务器

图 4-6-2 中一共 4 台连接服务器，这正是图 4-6-1 示例中的 4 台连接服务器。连接服务器显示名称为 VCS、VCS02、VCS03、VCS04 的 4 台服务器的 IP 地址依次是 172.16.16.22、172.16.16.25、172.16.16.27、172.16.16.28。

在“安全服务器”选项卡中显示了当前安装的安全服务器的列表、Horizon 版本以及与安全服务器配对的连接服务器的名称，如图 4-6-3 所示。

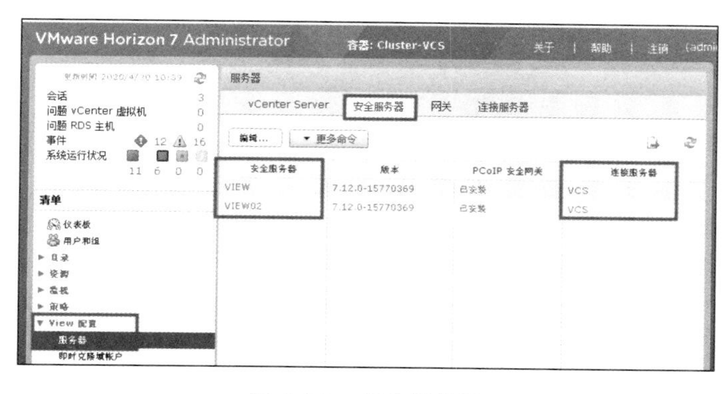

图 4-6-3　安全服务器

在当前示例中有 2 台安全服务器，显示名称分别是 VIEW、VIEW02，对应的 IP 地址分别是 172.16.16.24、172.16.16.26，与这 2 台安全服务器配对的连接服务器是名称为 VCS 的连接服务器（对应的 IP 地址是 172.16.16.22）。

在当前的示例中，在“连接服务器”选项卡中，在“连接服务器”列表中依次单击每台连接服务器，单击“编辑”按钮，查看每台连接服务器的配置，如图 4-6-4 至图 4-6-7 所示。

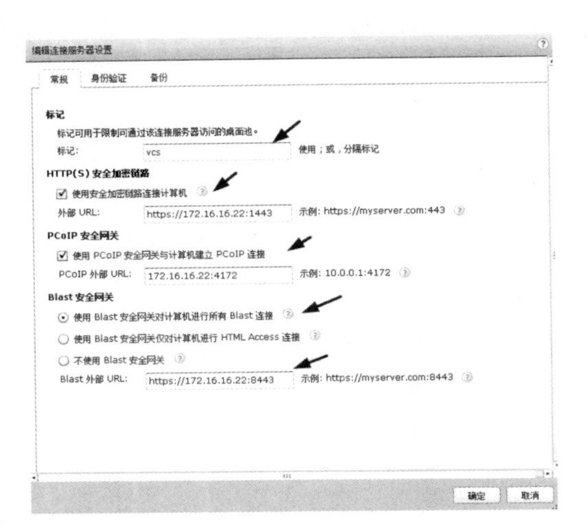

图 4-6-4　VCS 配置

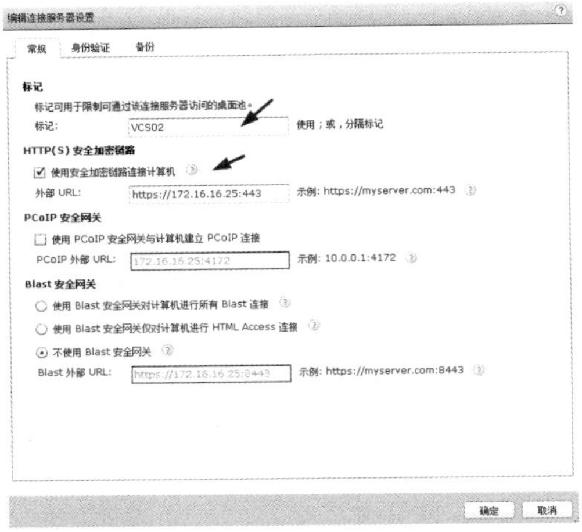

图 4-6-5　VCS02 配置

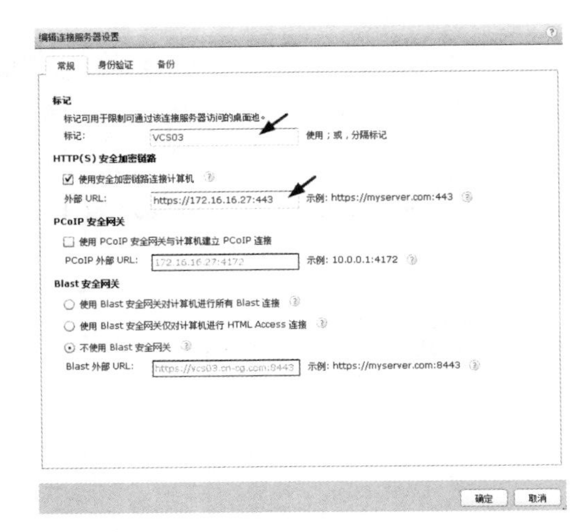

图 4-6-6　VCS03 配置

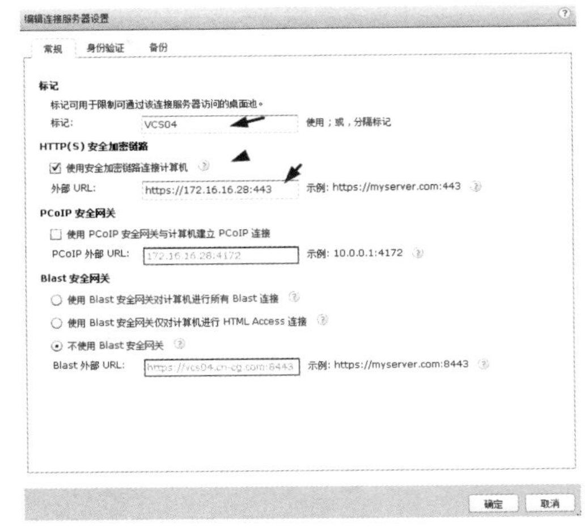

图 4-6-7　VCS04 配置

说明：

（1）VCS 连接服务器用于与两台安全服务器配对，两台安全服务器分别为电信线路、联通线路。在 VCS 的连接服务器上配置使用安全加密链路连接计算机，使用 PCoIP 安全网关与计算机建立 PCoIP 连接，使用 Blast 安全网关对计算机进行所有 Blast 连接。

（2）VCS02、VCS03、VCS04 用于局域网内登录使用虚拟桌面。一般情况下只选择“使用安全加密链路连接计算机”，启用该设置后，Horizon Client 会通过此安全加密链路（通过 HTTPS 传送 RDP 及其他数据）连接到桌面。局域网用户不要选中“使用 PCoIP 安全网关与计算机建立 PCoIP 连接”和“使用 Blast 安全网关对计算机进行所有 Blast 连接”选项。

（3）对于局域网用户，如果 Horizon Client 使用内部的 DNS 服务器，在连接服务器“使用安全加密链路连接计算机”选项中，可以用每台连接服务器的 DNS 名称代替 IP 地址，例如对于 VCS02 的连接服务器，可以使用 https://vcs02.heuet.com 代替 https://172.16.16.25:443。如果选中“使用 PCoIP 安全网关与计算机建立 PCoIP 连接”“使用 Blast 安全网关对计算机进行所有 Blast 连接”选项，“PCoIP 外部 URL”必须使用 Horizon 连接服务器的 IP 地址，不能用域名代替；而“Blast 外部 URL”可以使用域名，例如 https://vcs02.heuet.com:8443，也可以使用 IP 地址。

（4）在当前示例中，VCS 连接服务器“使用安全加密链路连接计算机”的外部 URL 的端口从默认的 443 为 1443。因为对应的安全服务器的端口也是从默认的 443 修改为 1443。要修改安全服务器与连接服务器的服务端口，需要在安全服务器与连接服务器的“C:\Program Files\VMware\VMware View\Server\sslgateway\conf”文件夹中，创建名为 locked.properties 的配置文件，配置文件内添加如下代码以修改服务端口。

```
serverPort=1443
```

然后重新启动连接服务器或安全服务器，并在防火墙中添加 TCP 的 1443 端口允许外网用户连接。

在“安全服务器”选项卡中的“安全服务器”列表中，依次选中每台安全服务器，单击“编辑”按钮，查看每台安全服务器的配置，如图 4-6-8 和图 4-6-9 所示。

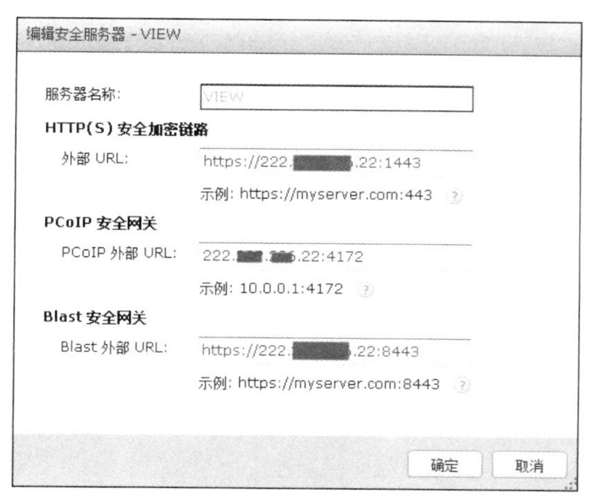

图 4-6-8　VIEW 配置

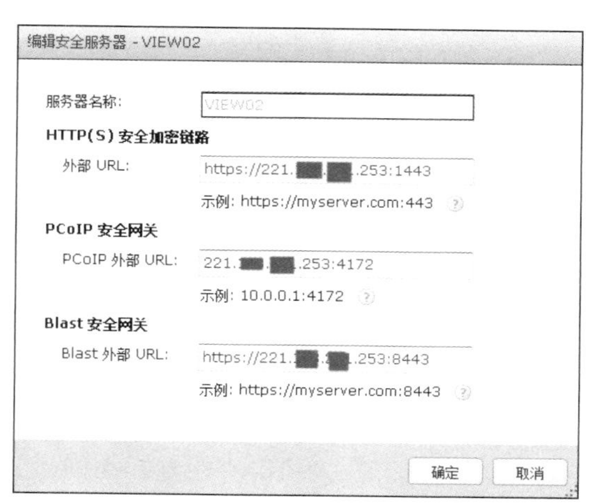

图 4-6-9　VIEW2 配置

说明：

（1）名称为 VIEW 的安全服务器用于电信线路，在“外部 URL”“PCoIP 外部 URL”“Blast 外部 URL”中使用防火墙电信线路的出口 IP 地址 222.x2.x3.22。

（2）名称为 VIEW02 的安全服务器用于联通线路，在“外部 URL”“PCoIP 外部 URL”“Blast 外部 URL”中使用防火墙联通线路的出口 IP 地址 221.y2.y3.253。

（3）当前网络中防火墙是 E2800，防火墙中将电信的 IP 地址 222.x2.x3.22 映射给 172.16.16.24（名称为 VIEW）的安全服务器，将联通的 IP 地址 221.y2.y3.253 映射给 172.16.16.26 的安全服务器，防火墙配置如图 4-6-10 所示。

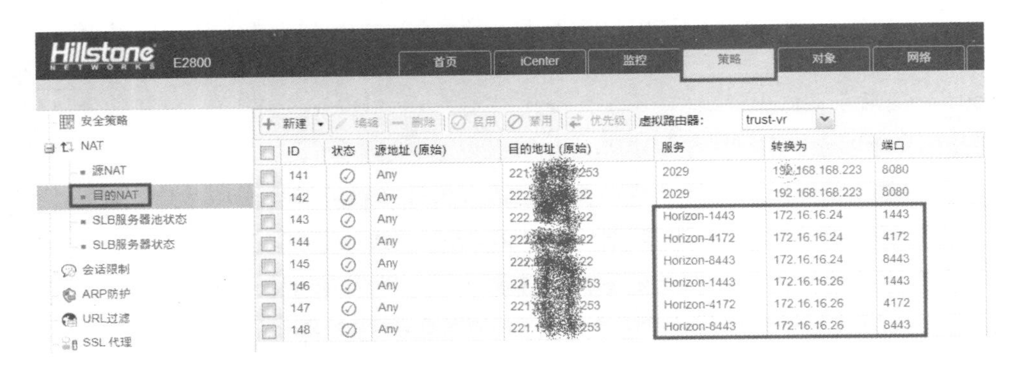

图 4-6-10　出口防火墙配置

（4）安全服务器中，“外部 URL”“PCoIP 外部 URL”“Blast 外部 URL”这 3 项可以是 IP 地址，也可以用域名代替。配置的域名需要解析成安全服务器出口映射的公网 IP 地址。

4.6.3　连接服务器 NLB 配置

在当前示例环境中有 3 台连接服务器，IP 地址依次是 172.16.16.25、172.16.16.27、172.16.16.28。连接服务器是添加到 Active Directory 的。在本示例中，这 3 台服务器安装“网络负载平衡”，配置网络负载平衡管理器，设置群集地址 172.16.16.30。下面以其中一台服务器为例介绍主要配置步骤。

（1）当前计算机添加到 Active Directory，如图 4-6-11 所示。

（2）修改 C:\windows\system32\drivers\etc\hosts 配置文件，将其他连接服务器的 NetBIOS 名称、DNS 名称解析到对应的 IP 地址，如图 4-6-12 所示。

（3）为每台服务器添加“网络负载平衡”功能，如图 4-6-13 所示。

（4）在第一台计算机 VCS02 上创建群集，设置群集的 IP 地址为 172.16.16.30，“群集操作模式”选择“多播”，“完整 Internet 名称”保持默认状态，如图 4-6-14 所示。

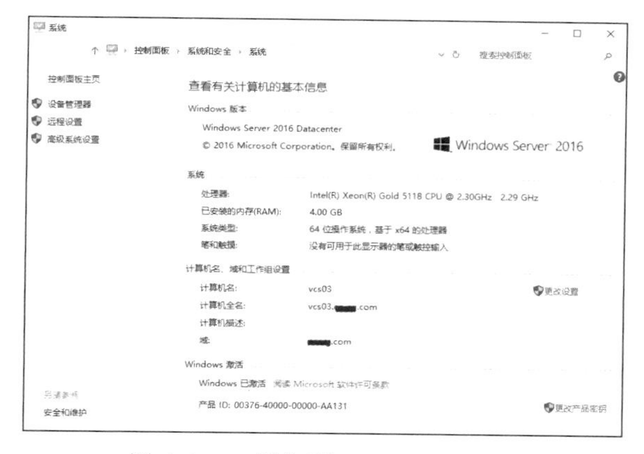

图 4-6-11　添加到 Active Directory

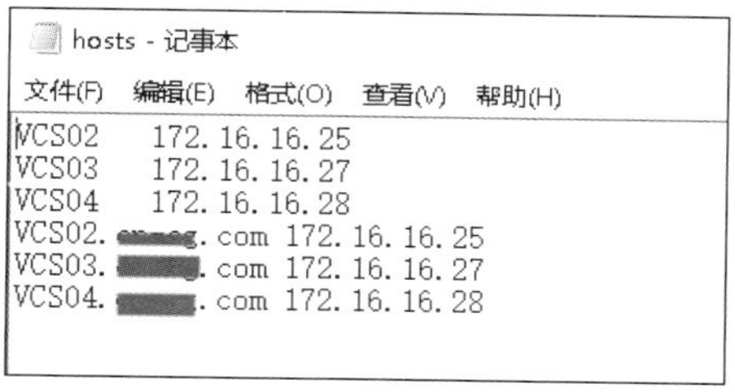

hosts - 记事本

文件(F)　编辑(E)　格式(O)　查看(V)　帮助(H)

```
VCS02    172.16.16.25
VCS03    172.16.16.27
VCS04    172.16.16.28
VCS02.      .com 172.16.16.25
VCS03.      .com 172.16.16.27
VCS04.      .com 172.16.16.28
```

图 4-6-12　编辑 hosts 文件

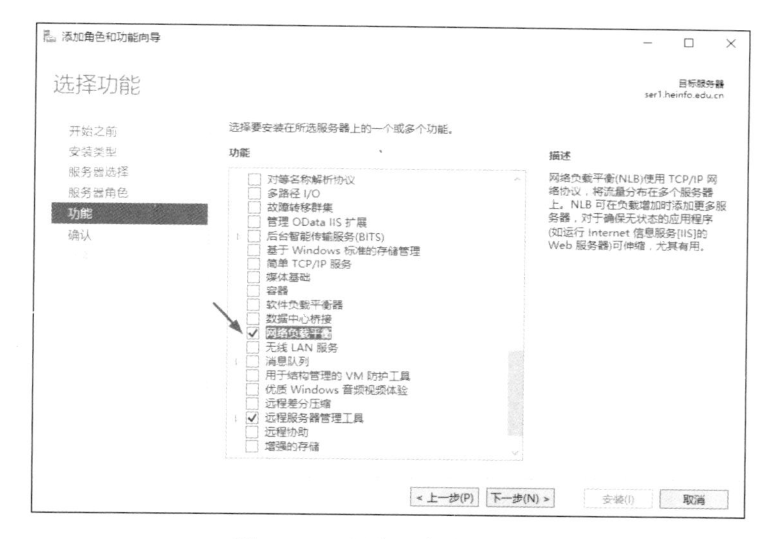

图 4-6-13　添加网络负载平衡

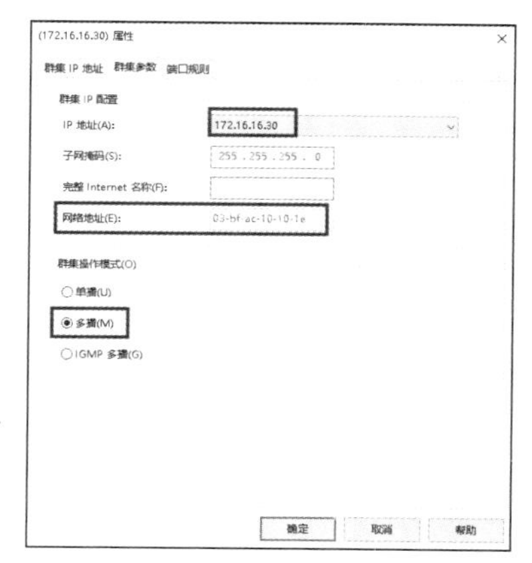

图 4-6-14　群集配置

此处记录下多播的 MAC 地址，本示例中为 03bf-ac10-101e。稍后需要在核心交换机中将群集的 IP 地址 172.16.16.30 与 MAC 地址 03bf-ac10-101e 进行静态绑定。

（5）将 VCS03、VCS04 添加到群集，添加之后如图 4-6-15 所示。

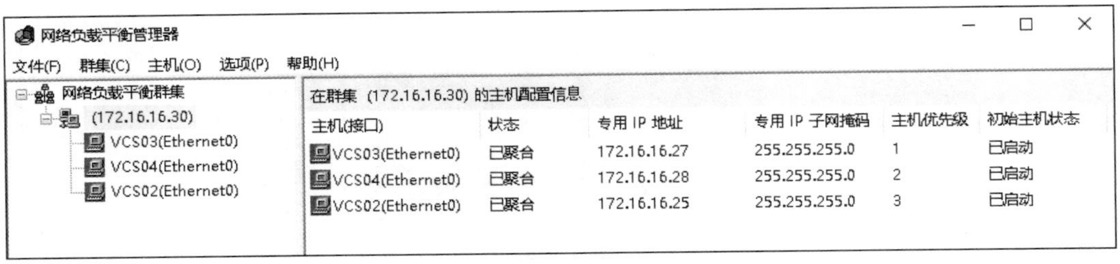

网络负载平衡管理器

文件(F) 群集(C) 主机(O) 选项(P) 帮助(H)

网络负载平衡群集
- (172.16.16.30)
  - VCS03(Ethernet0)
  - VCS04(Ethernet0)
  - VCS02(Ethernet0)

在群集（172.16.16.30）的主机配置信息

主机(接口)	状态	专用 IP 地址	专用 IP 子网掩码	主机优先级	初始主机状态
VCS03(Ethernet0)	已聚合	172.16.16.27	255.255.255.0	1	已启动
VCS04(Ethernet0)	已聚合	172.16.16.28	255.255.255.0	2	已启动
VCS02(Ethernet0)	已聚合	172.16.16.25	255.255.255.0	3	已启动

图 4-6-15　配置群集完成

在当前的环境中，3 台连接服务器是 VMware ESXi 中的虚拟机。当前环境一共有 4 台服务器，每台服务器使用 2 块万兆网卡连接到 2 台（使用堆叠方式连接的）万兆交换机，这 4 台服务器连接到交换机的第 14、16、18、20 端口，端口配置为 Trunk，允许所有 VLAN 通过。IP 地址 172.16.16.0/24 属于 VLAN1016。交换机的配置如下。（以 14 端口配置为例，16、18、20 端口配置与此类似。）

```
interface Vlanif1016
ip address 172.16.16.254 255.255.255.0

arp static 172.16.16.30  03bf-ac10-101e

interface GigabitEthernet0/0/14
 port link-type trunk
 port trunk allow-pass vlan 2 to 4094
 mac-address multiport 03bf-ac10-101e 1016
```

第 5 章　创建链接克隆的虚拟桌面

VMware Horizon 是 VMware 虚拟桌面产品，可以简化桌面和应用程序管理，同时提高安全性和控制力。VMware Horizon 可为终端用户提供跨会话和设备的个性化、高保真体验。实现传统 PC 难以企及的更高桌面服务可用性和敏捷性，同时将桌面的总体拥有成本减少 50%。与传统 PC 不同，Horizon 桌面并不与物理计算机绑定。相反，它们驻留在云环境中，因此终端用户可以在需要时随时访问他们的 Horizon 桌面。

本章介绍 Windows 10 虚拟桌面父虚拟机的安装配置，创建链接克隆的虚拟桌面的方法，以及使用 Horizon 客户端测试虚拟桌面的方法。App Volumes 及 NVIDIA GRID 技术的虚拟桌面在后面的章节介绍。

5.1　准备 Windows 10 父虚拟机

准备用于虚拟桌面的基础虚拟机镜像（一般称为父虚拟机或黄金镜像），需要考虑如下的问题。

（1）操作系统的版本。企业现在主要使用 Windows 7 或 Windows 10 两种操作系统。

（2）父虚拟机中需要安装的应用程序。通常情况下，在父虚拟机中安装的应用程序是长期使用并且频率比较低的软件，例如 Office、浏览器、输入法、压缩解压缩程序、PDF 文件阅读器、看图软件等。

（3）在生成虚拟桌面后，用户第一次登录需要安装的应用程序。通常情况下，对于更新频率较高的软件，例如企业微信、企业 QQ、微信、QQ 等软件，可以由使用虚拟桌面的用户手动安装，也可以使用 App Volumes 分配给虚拟桌面用户。当有新版本时，可以由用户手动安装更新，或者由 App Volumes 更新。

说明： *如果没有为虚拟桌面用户分配本地管理员权限，可以编写安装脚本，供域普通用户将指定的应用程序安装到虚拟桌面。*

（4）是否使用优化工具，对父虚拟机进行优化。

本节以 Windows 10 虚拟机为例，介绍虚拟桌面父虚拟机的准备方法，主要内容与注意事项如下。

（1）使用 vSphere Client 或 vSphere Web Client 创建 Windows 10 的虚拟机，并安装 Windows 10 专业版、企业版或教育版，安装 VMware Tools、输入法、WinRAR、安装所需要的应用程序，然后为虚拟桌面优化 Windows 10 的计算机。（本方法同样适用于 Windows 7、Windows 8。）

（2）如果需要安装 Chrome 浏览器，可以下载企业版 Chrome 浏览器，并为所有用户安装。普通版本的 Chrome 浏览器只能为当前登录的用户安装，新登录的用户无法使用。

（3）需要安装 VL 版本的 Office。Windows 操作系统与 Office 通过 KMS 服务器激活。不要使用 MAK 密钥激活 Windows 与 Office，也不能使用破解程序激活。

说明： 本章所用的 Windows 10 操作系统安装镜像文件名称是 cn_windows_10_business_editions_version_1909_x64_dvd_0ca83907.iso，这是 Windows 10 的 1909 版本。

5.1.1 准备 Windows 10 的模板虚拟机

首先介绍 Windows 10 模板虚拟机的配置。

（1）使用 vSphere Client 登录到 vCenter Server，新建虚拟机，设置虚拟机的名称为 Win10X-TP（如图 5-1-1 所示）。为虚拟机暂时分配 4 个 CPU、4 GB 内存、100 GB 硬盘、使用 VMXNET 3 虚拟网卡，如图 5-1-2 所示。如果为虚拟桌面规划了单独的 VLAN，在“新网络”右侧的下拉列表中选择用于虚拟桌面的端口组。

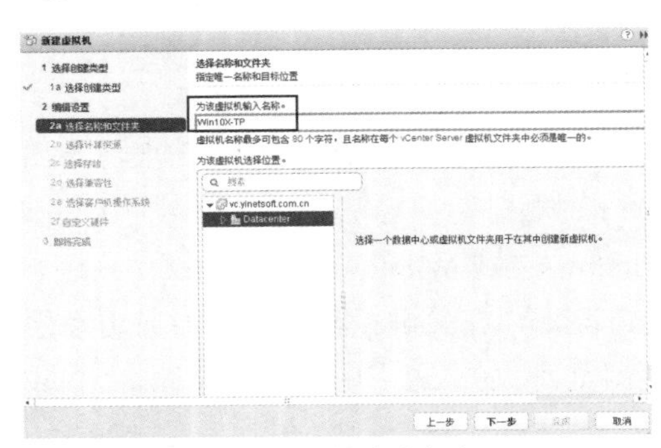

图 5-1-1 新建虚拟机

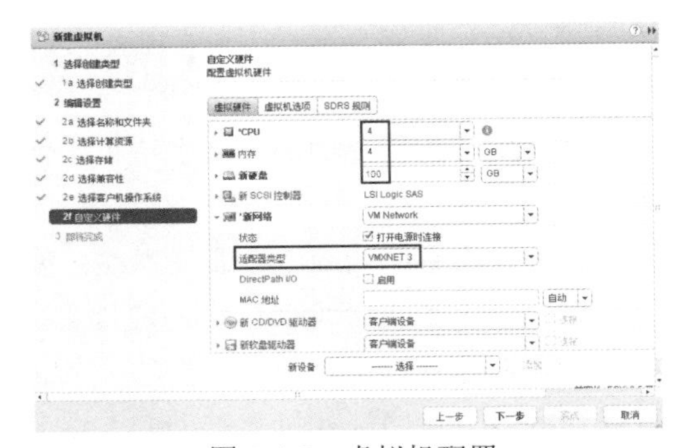

图 5-1-2 虚拟机配置

（2）在“虚拟机选项→引导选项→固件”中选择“BIOS（建议）”，如图 5-1-3 所示。

（3）在“即将完成”对话框中，检查新建虚拟机的配置，检查无误之后单击“完成”按钮，如图 5-1-4 所示。

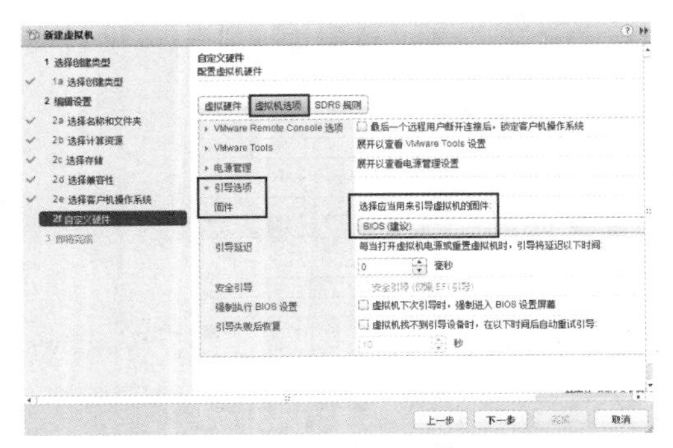

图 5-1-3 修改固件

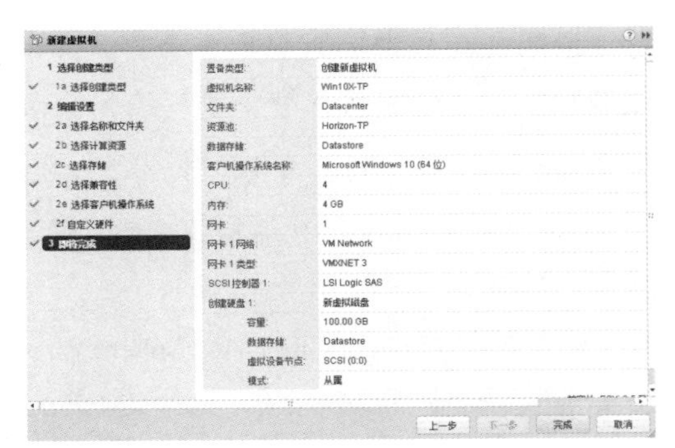

图 5-1-4 完成虚拟机创建

（4）创建完虚拟机之后，编辑虚拟机设置，在“虚拟机选项→高级→配置参数”中单击“编辑配置”（如图 5-1-5 所示），在“配置参数”对话框中单击“添加配置参数”，添加 devices.hotplug = false 的参数（如图 5-1-6 所示）。添加该参数是禁止在虚拟机中移除可移动设备，例如网卡、硬盘等设备。添加参数之后单击“确定”按钮完成。

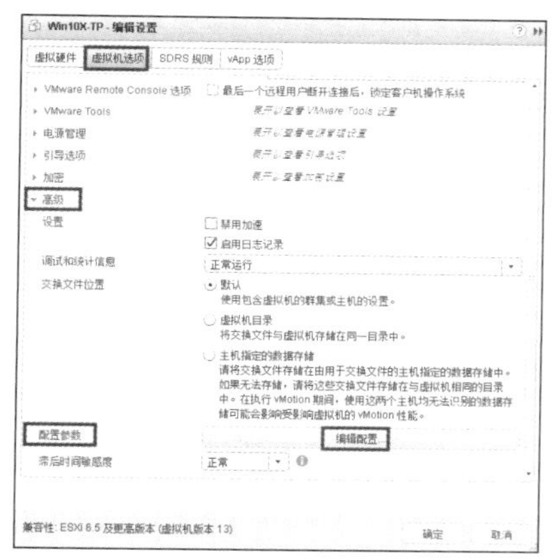

图 5-1-5　编辑配置

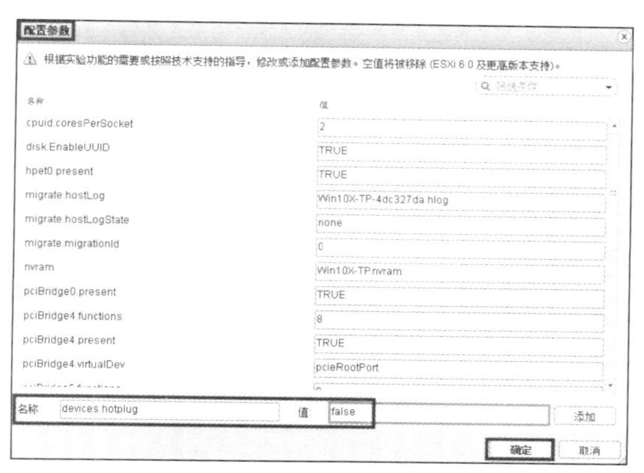

图 5-1-6　添加配置参数

5.1.2　在虚拟机中安装操作系统与应用程序

在创建 Windows 10 模板虚拟机之后，打开虚拟机电源并使用控制台打开虚拟机管理界面，加载 cn_windows_10_business_editions_version_1909_x64_dvd_0ca83907.iso 的镜像文件以启动虚拟机，然后开始安装 Windows 10 操作系统，主要步骤如下。

（1）运行 Windows 10 安装程序，如图 5-1-7 所示。

（2）在“选择要安装的操作系统”对话框中选择“Windows 10 企业版”，如图 5-1-8 所示。

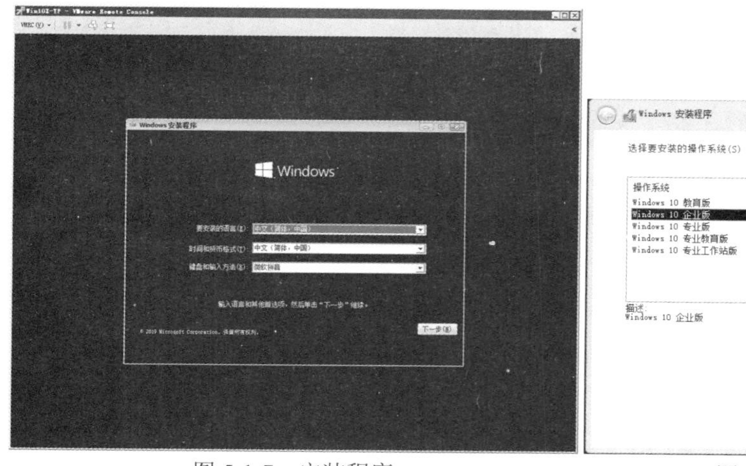

图 5-1-7　安装程序

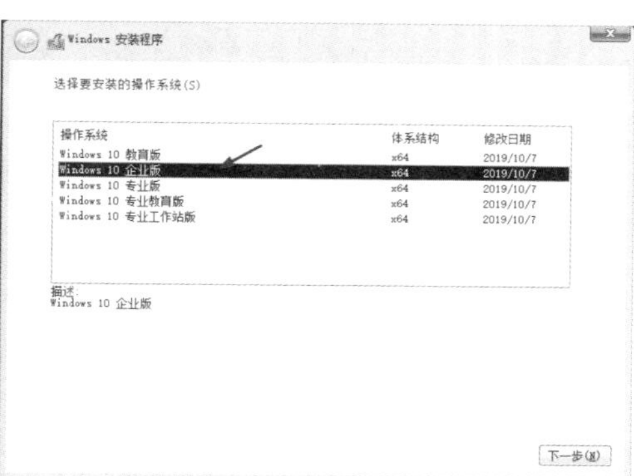

图 5-1-8　选择操作系统版本

（3）在“你想将 Windows 安装在哪里”对话框中选择安装磁盘，本示例中这是一个 100 GB 的磁盘，直接单击“下一步”按钮（如图 5-1-9 所示），然后开始安装 Windows 10 操作系统，如图 5-1-10 所示。

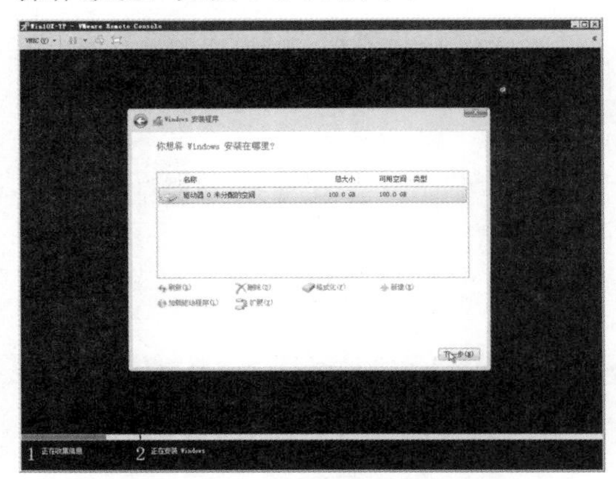

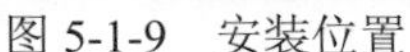

图 5-1-9　安装位置

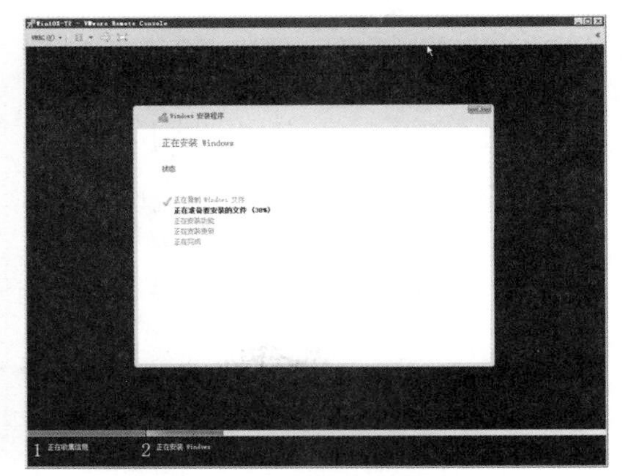

图 5-1-10　开始安装

（4）因为当前虚拟机选择的 VMXNET3 虚拟网卡，Windows 10 操作系统中没有集成该网卡驱动程序，这表示为虚拟机没有 Internet 连接（如图 5-1-11 所示）。单击“我没有 Internet 连接”按钮，在“网络”界面中单击“继续执行有限设置”按钮，如图 5-1-12 所示。

图 5-1-11　没有 Internet 连接

图 5-1-12　执行有限设置

（5）在“谁将会使用这台电脑”窗口中创建一个本地账户，本示例中账户名称为 Windows（如图 5-1-13 所示），然后为账户设置密码，如图 5-1-14 所示。说明，需要为账户设置一个密码，后文安装 Horizon Direct Agent 时，使用 Horizon Client 以直连方式登录到虚拟桌面时，必须有密码才能登录到虚拟桌面。

（6）在“在具有活动历史记录的设备上执行更多操作”窗口中单击“否”按钮，如图 5-1-15 所示。

（7）在“从数字助理获取帮助”窗口中，根据需要单击“拒绝”或“接受”按钮，如图 5-1-16 所示。

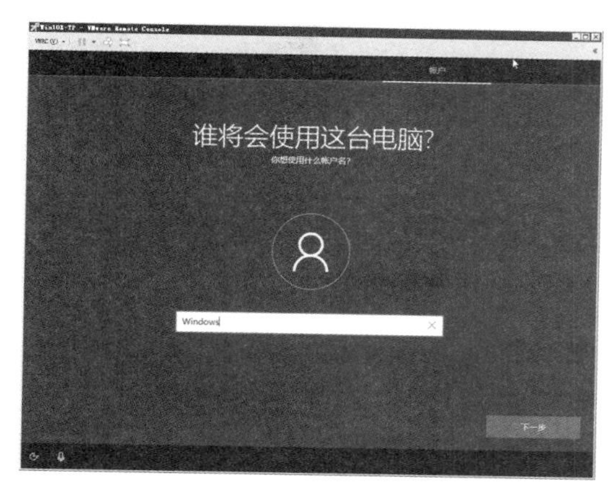

图 5-1-13 创建本地账户

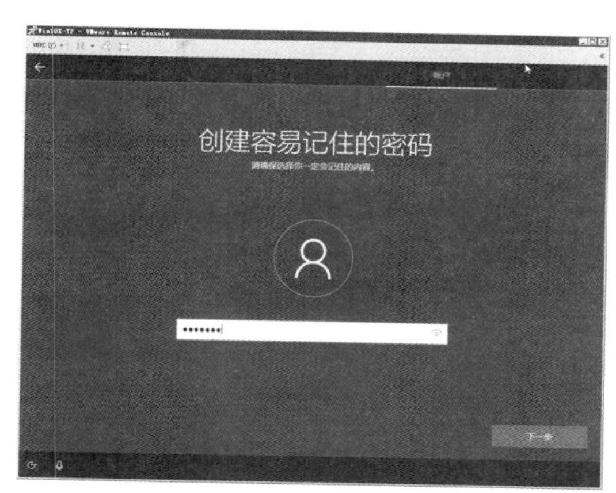

图 5-1-14 设置密码

图 5-1-15 活动历史记录

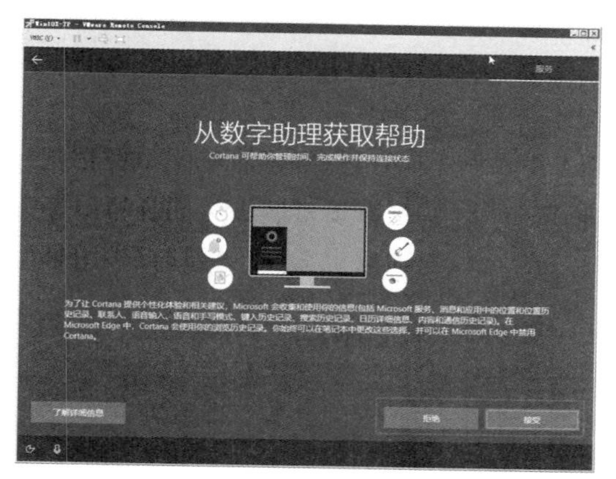

图 5-1-16 从数字助理获取帮助

（8）在“为你的设备选择隐私设置”中，根据需要选择，本示例中关于所有隐私设置，如图 5-1-17 所示。

（9）登录进入 Windows，安装 VMware Tools，如图 5-1-18 所示。

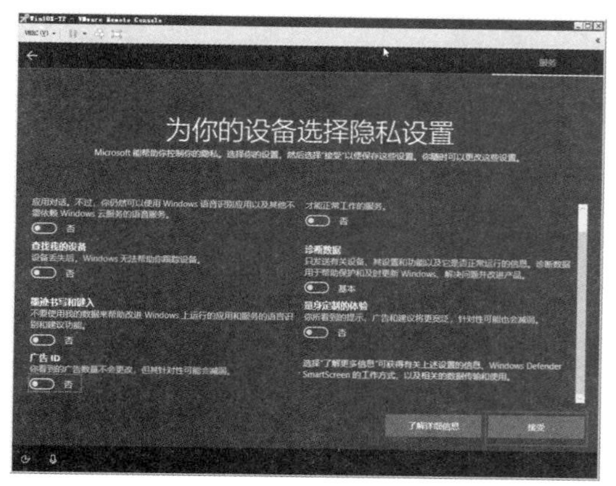

图 5-1-17 隐私设置

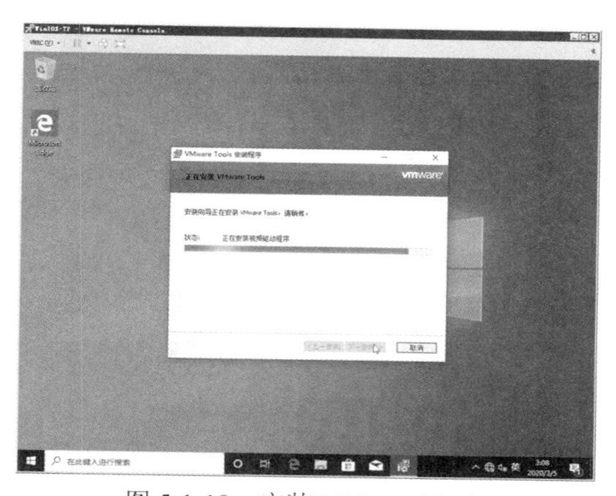

图 5-1-18 安装 VMware Tools

（10）在安装 VMware Tools 的过程中，会安装 VMXNET 3 网卡驱动。在安装了网卡驱动程序之后，会打开“充分利用 Windows”窗口，单击“暂时跳过”按钮，如图 5-1-19 所示。

（11）安装完 VMware Tools 之后，单击“完成”按钮，然后根据提示重新启动计算机，如图 5-1-20 所示。

图 5-1-19　暂时跳过

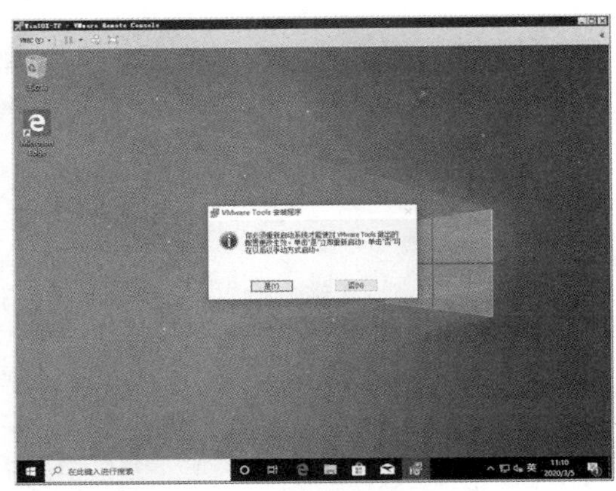

图 5-1-20　重新启动计算机

5.1.3　安装应用程序

在安装好操作系统与 VMware Tools 之后，通过 KMS 激活 Windows，然后安装应用程序。本示例中将要安装 Office 2019 专业版、Chrome、WinRAR、五笔与拼音输入法等软件。主要内容如下。

（1）打开 Windows 10 虚拟机控制台，使用 KMS 激活，如图 5-1-21 所示。

（2）安装常用的输入法，拼音输入法与五笔输入法都要安装，如图 5-1-22 所示。

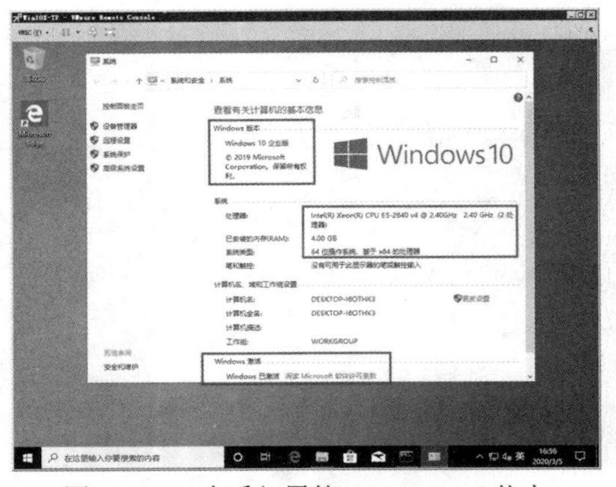

图 5-1-21　查看部署的 Windows 10 状态

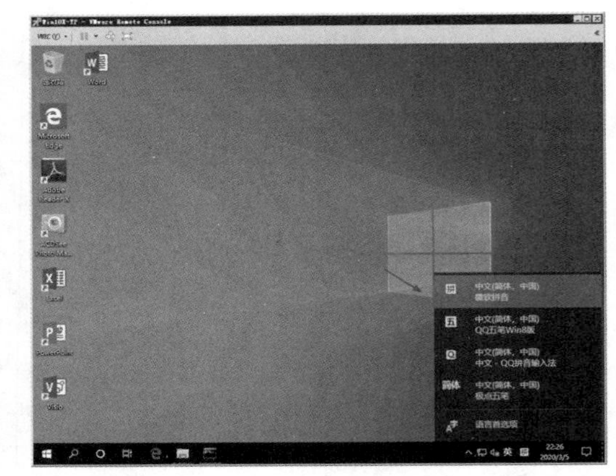

图 5-1-22　安装输入法

（3）安装 Office 2019 与 Visio 2019，安装完成之后通过 KMS 激活。激活完成后的账户界面如图 5-1-23 和图 5-1-24 所示。

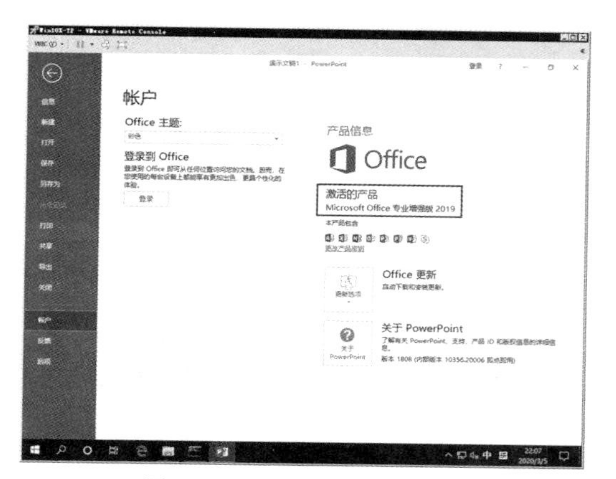

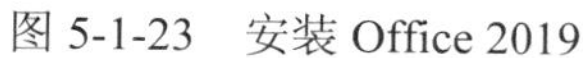
图 5-1-23　安装 Office 2019

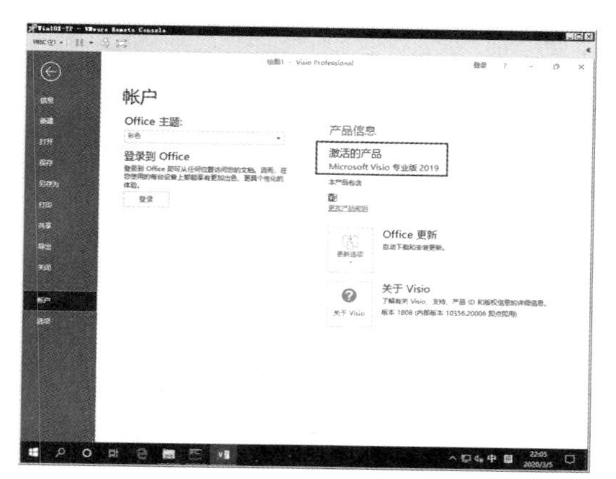

图 5-1-24　安装 Visio 2019

（4）下载企业版 Chrome 浏览器的安装程序（如图 5-1-25 所示），然后安装企业版 Chrome 浏览器。本示例中安装 32 位 Chrome 浏览器。也可以根据需要选择安装 64 位的 Chrome 浏览器。

图 5-1-25　下载企业版 Chrome

（5）安装企业版 Chrome 浏览器，打开安装位置可以看到，32 位企业版 Chrome 浏览器安装的位置为 C:\Program Files (x86)\Google\Chrome\Application，如图 5-1-26 和图 5-1-27 所示。如果是 64 位企业版 Chrome，浏览器安装的位置为 C:\Program Files\Google\Chrome\ Application。

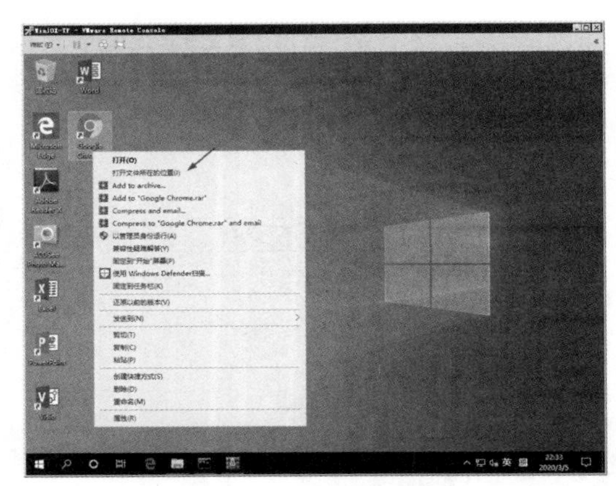

图 5-1-26　打开安装位置

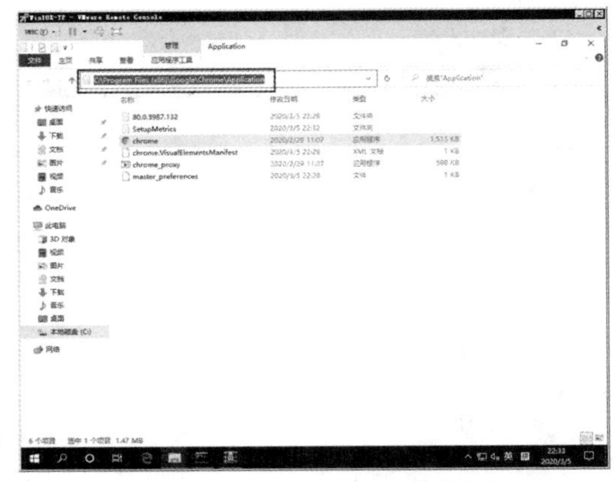

图 5-1-27　查看 Chrome 安装位置

（6）修改网络属性为“自动获得 IP 地址”和“自动获得 DNS 服务器地址”，如图 5-1-28 所示。

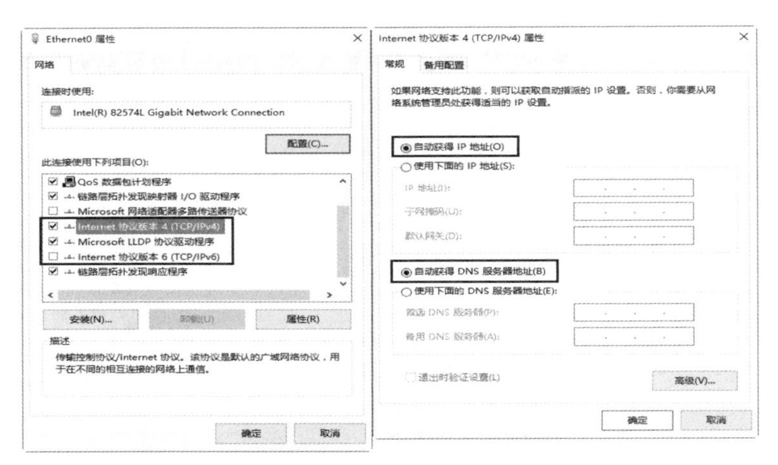

图 5-1-28　IP 地址设置

（7）在“系统属性→系统保护”中，确认关闭系统保护，如图 5-1-29 所示。

（8）在“视觉效果”选项卡中，先选中“调整为最佳性能”单选按钮，单击“应用”按钮，然后再选中“自定义”单选按钮并选中“平滑浮动列表框”“平滑屏幕字体边缘”复选框，单击“确定”按钮，如图 5-1-30 所示。

（9）在“启动和故障恢复”中，取消选择“自动重新启动”复选框，在“写入调试信息”下拉列表选择“（无）”，如图 5-1-31 所示。

（10）修改“用户账户控制设置”，选择“从不通知”，如图 5-1-32 所示。

经过上述设置后，关闭虚拟机。等虚拟机关闭之后，创建快照（如图 5-1-33 所示），在本示例中设置快照名称为 fix01，在“描述”信息中添加新创建的模板虚拟机的信息，如图 5-1-34 所示。

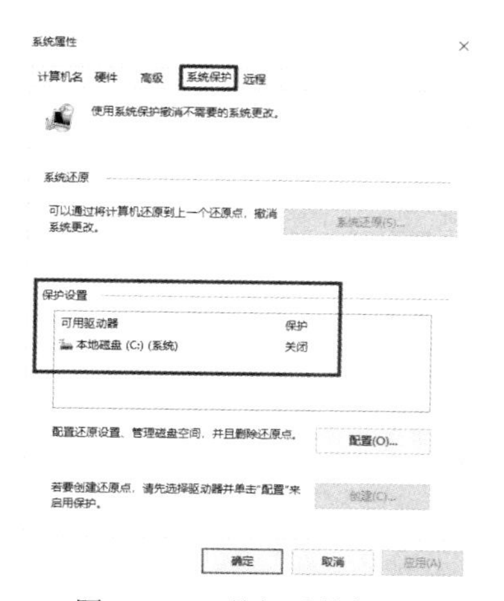

图 5-1-29　关闭系统保护

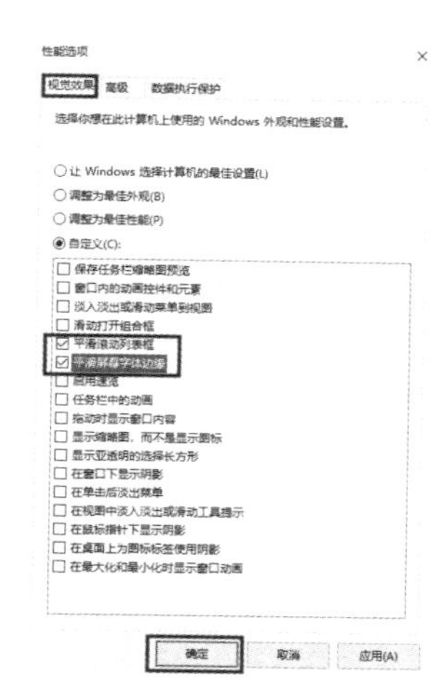

图 5-1-30　最佳性能

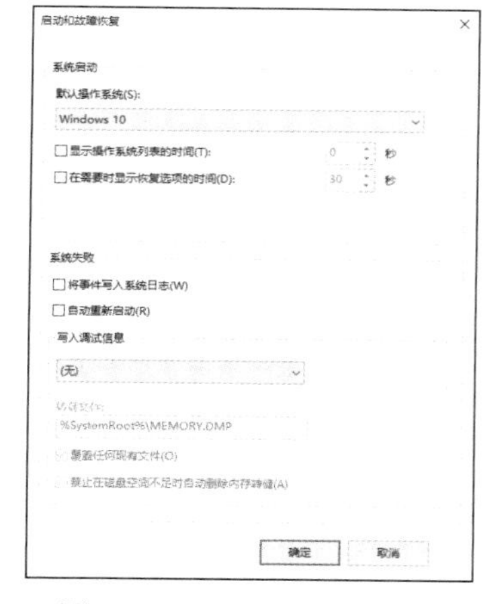

图 5-1-31　启动和故障恢复

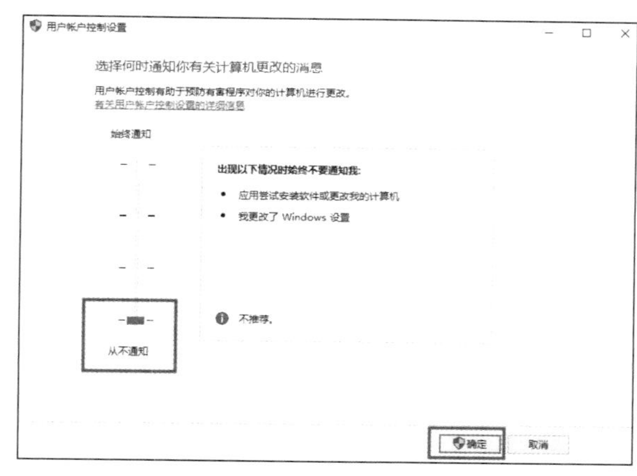

图 5-1-32　用户账户设置

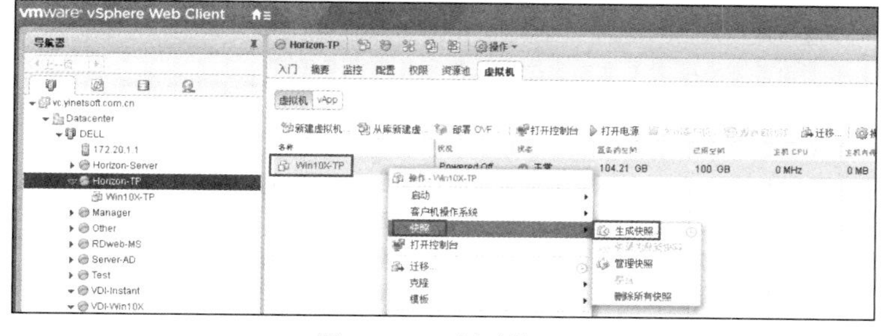

图 5-1-33　创建快照

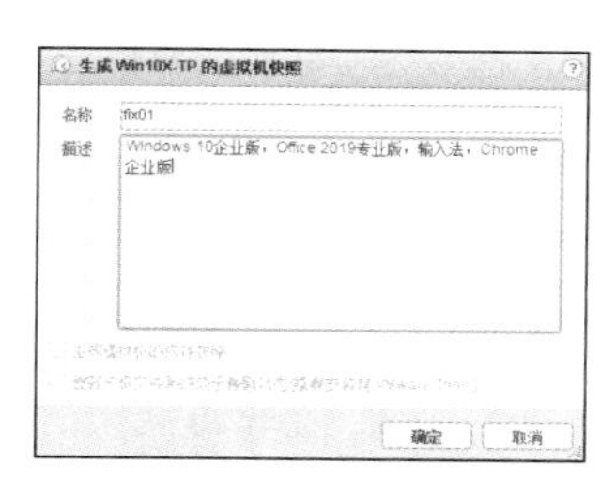

图 5-1-34　设置快照名称

等虚拟机关闭后，将 Win10X-TP 虚拟机转换成模板，如图 5-1-35 所示。

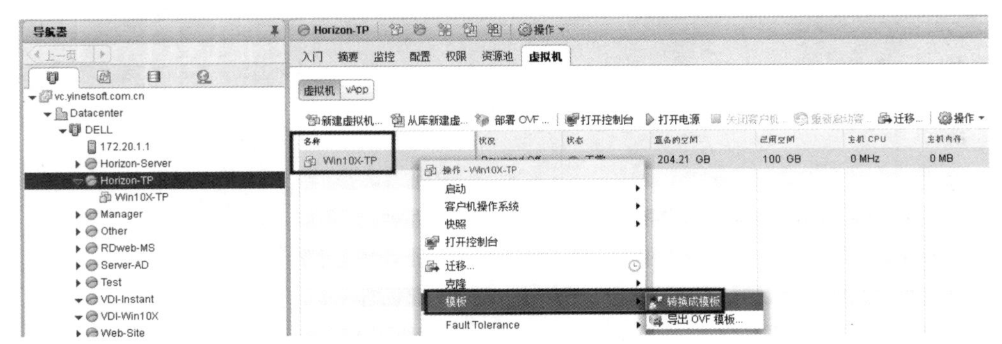

图 5-1-35　将虚拟机转换为模板

5.1.4　准备链接克隆虚拟桌面使用的父虚拟机

从 Windows 10 的模板虚拟机部署一台新的虚拟机，安装 Horizon Agent，用于链接克隆的父虚拟机。主要步骤如下。

（1）新建虚拟机，选择 Win10X-TP，选择“自定义操作系统”“自定义此虚拟机的硬件”“创建后打开虚拟机电源”复选框，如图 5-1-36 所示。

（2）在“选择名称和文件夹”对话框的“为该虚拟机输入名称”文本框中，输入虚拟机的名称，本示例为 Win10X-VM01，如图 5-1-37 所示。

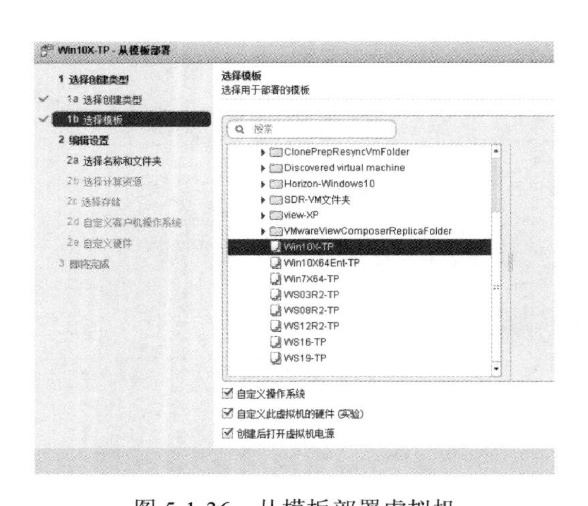

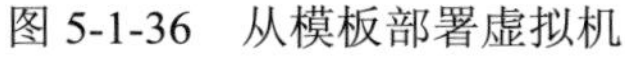
图 5-1-36　从模板部署虚拟机

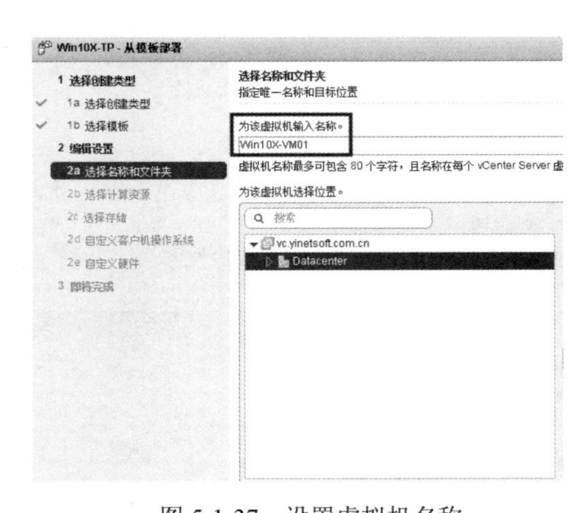

图 5-1-37　设置虚拟机名称

（3）在“选择存储”对话框的“选择虚拟磁盘格式”下拉列表中选择“精简置备”，如图 5-1-38 所示。

（4）在“自定义客户机操作系统”对话框中，选择一个自定义规范，如图 5-1-39 所示。当前的虚拟机不需要加入域。

（5）在“用户设置”中的“计算机名称→NetBIOS 名称”中定义计算机的名称，本示例为 Win10X-VM01，如图 5-1-40 所示。

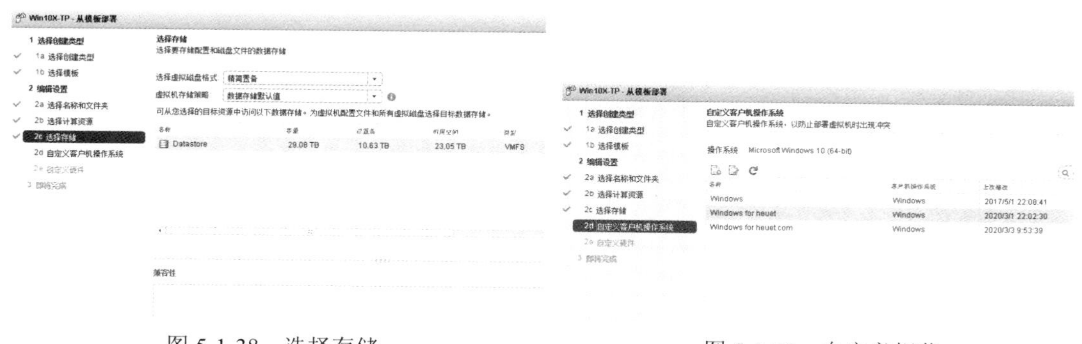

图 5-1-38 选择存储

图 5-1-39 自定义规范

（6）在“自定义硬件”对话框中，设置虚拟机的 CPU、内存，在“网络适配器 1”中选择虚拟桌面所用的虚拟交换机端口组，本示例中为虚拟机分配 4 个 CPU、4 GB 内存，使用 VM Network 端口组，如图 5-141 所示。

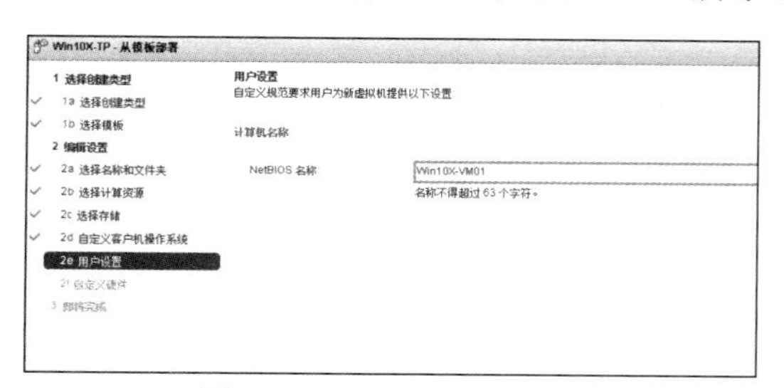

图 5-1-40 NetBIOS 名称

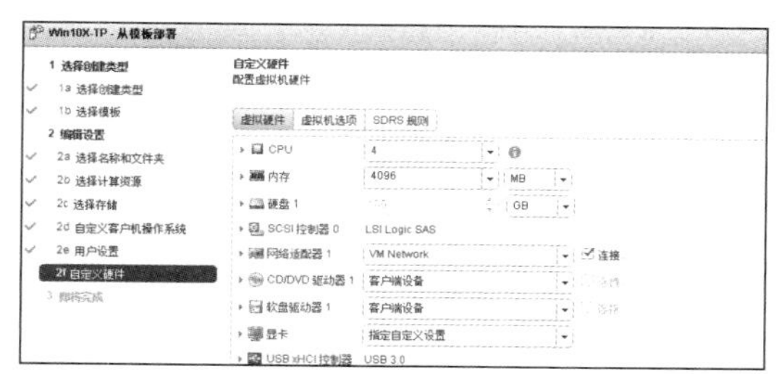

图 5-1-41 自定义硬件

其他的选择默认值，然后等待完成虚拟机的置备。

5.1.5 安装 Horizon Agent

从模板置备虚拟机完成后，打开名为 Win10X-VM01 的虚拟机控制台，安装 Horizon 7.11 Agent，主要步骤如下。

（1）运行 VMware-Horizon-Agent-x86_64-7.11.0-15238678.exe 安装程序，进入 VMware Horizon Agent 的安装向导，如图 5-1-42 所示。

（2）在“网络协议配置”对话框中选择配置此 Horizon Agent 实例的协议，Horizon Agent 支持 IPv4 和 IPv6，本示例中选择 IPv4，如图 5-1-43 所示。

（3）在“自定义安装”中选择安装的组件。在选择组件时需要注意以下几点。

USB 重定向：如果使用了终端或瘦客户机安装 USB 接口的打印机，或使用了 USB 接口的摄像头等外围设备，则需要安装“USB 重定向”组件。

VMware Horizon View Composer Agent（链接克隆）与 VMware Horizon Instant Clone Agent（即时克隆）不能同时安装。

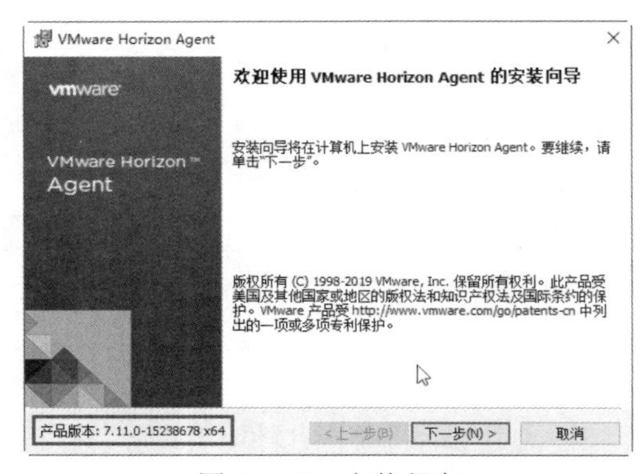

图 5-1-42　安装程序

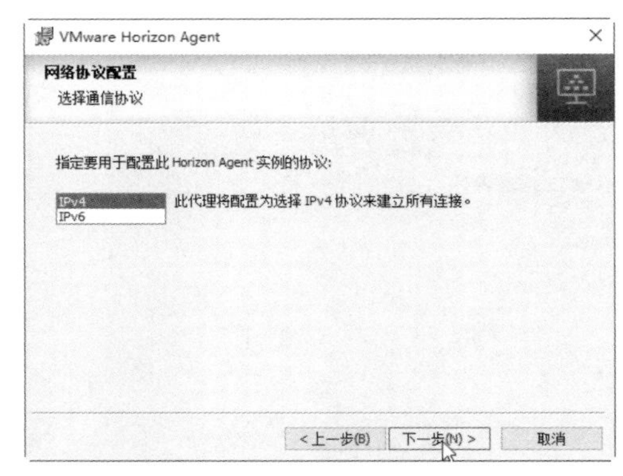

图 5-1-43　网络协议配置

客户端驱动器重定向：选择这个组件，支持将 Horizon Client 计算机的本地硬盘或本地文件夹映射到虚拟桌面中。即使没有安装 USB 重定向组件，如果安装了这个组件，U 盘、USB 接口的可移动硬盘，因为被识别到本地硬盘，所以也能映射到虚拟桌面中使用，如图 5-1-44 所示。

虚拟打印与 VMware Integrated Printing（虚拟打印机支持）不能同时安装。如果需要在虚拟桌面中使用客户端的打印机，需要安装这两个组件中的一个。

扫描仪重定向、智能卡重定向、串行端口重定向等可以根据需要进行安装，如图 5-1-45 所示。

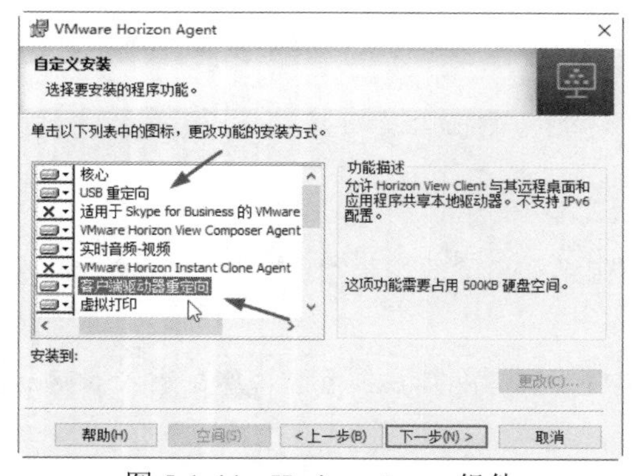

图 5-1-44　Horizon Agent 组件

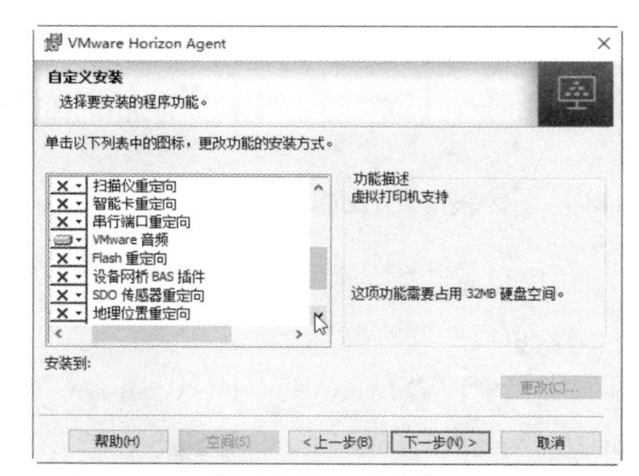

图 5-1-45　重定向

（4）在“远程桌面协议配置”对话框中，选择是否启用该计算机的远程桌面功能，如图 5-1-46 所示。

（5）安装完 Horizon Agent 之后，重新启动计算机，如图 5-1-47 所示。

（6）再次启动并进入桌面之后，从“开始”菜单关闭虚拟机。等虚拟机关闭后，为虚拟机创建快照。安装了 Horizon Agent 并且关机创建了快照的虚拟机可以用作模板。

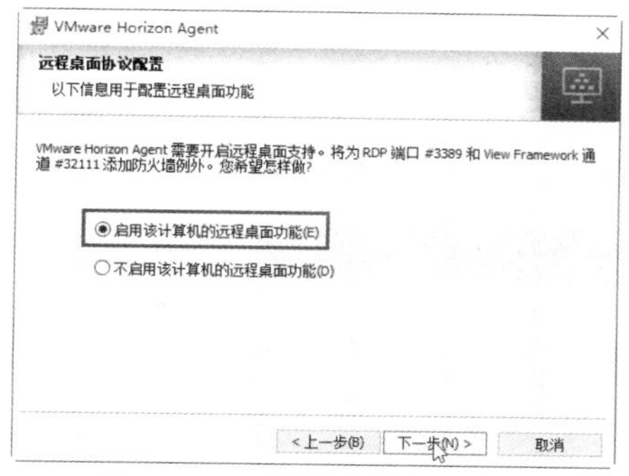

图 5-1-46　启用远程桌面功能

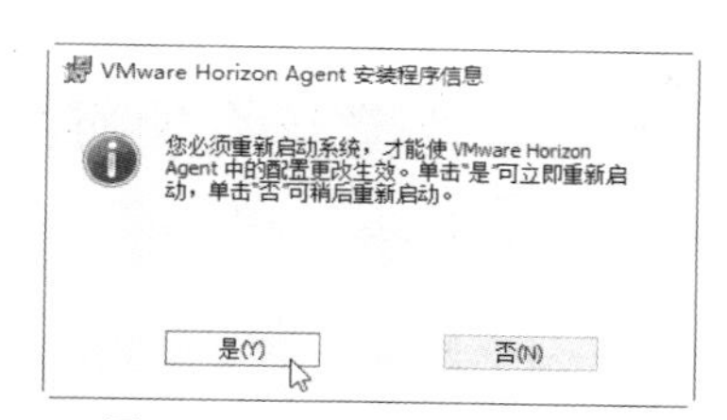

图 5-1-47　重新启动计算机

5.1.6　优化 Windows 10

如果要想让虚拟桌面获得较好的性能，可以使用优化工具对父虚拟机进行优化。本节介绍使用 VMware OS Optimization Tool 优化 Windows 10 的内容。

VMware OS Optimization Tool 需要.NET Framework 3.5 组件支持。为当前 Windows 10 虚拟机加载 Windows 10 的安装镜像，以管理员身份进入命令提示窗口执行如下命令安装.NET Framework 3.5 组件，如图 5-1-48 所示。

```
dism.exe /online /enable-feature /featurename:netfx3 /source:D:\sources\sxs
```

安装并运行 VMware OS Optimization Tool，单击“Analyze”按钮分析当前系统可以进行的优化项，如图 5-1-49 所示。右上角标记为黄色的为 Optimization Not Applied（未应用优化）的项数（当前为 445），蓝色的为 Optimization Applied（应用优化）的项数，当前为 67。在“Optimizations”列表中显示的是 VMware OS Optimization Tool 标记为可以进行优化的选项。用户可以查看，并且根据自己的需要进行取舍。

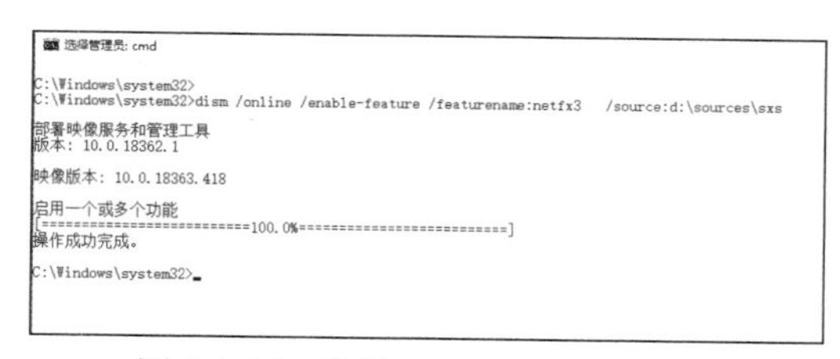

图 5-1-48　安装.NET Framework 3.5

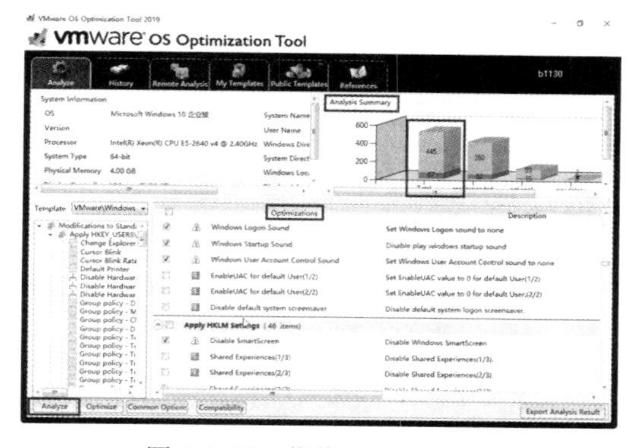

图 5-1-49　优化 Windows 10

选择好之后单击“Optimize”按钮进行优化，优化之后再单击“Analyze”按钮进行分析。可以看到，已经优化了456条，如图5-1-50所示。

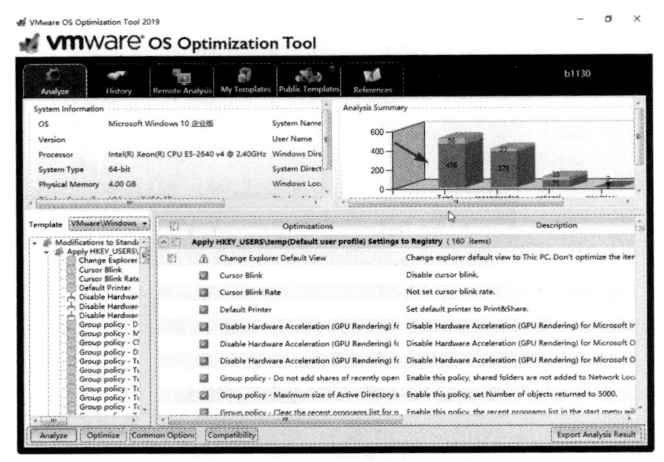

图 5-1-50 优化之后

优化之后，再次打开“用户账户控制设置”窗口，选择“从不通知”，如图5-1-51所示。

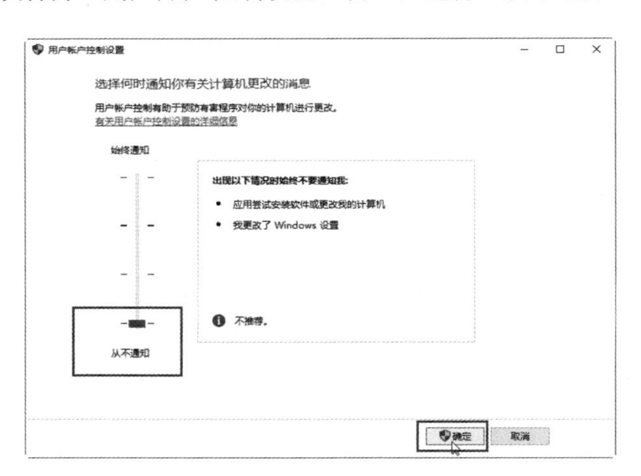

图 5-1-51 用户账户设置

配置完成后，从“开始”菜单关闭计算机，以正常关闭虚拟机。

5.1.7 为父虚拟机创建快照

用于链接克隆的虚拟机必须关机并且创建快照，在开机状态下创建的快照不适合链接克隆的虚拟桌面。

（1）使用 vSphere Client 或 vSphere Web Client 登录到 vCenter Server，用鼠标右键单击已经关闭电源的名为 Win10X-VM01 的虚拟机，在弹出的快捷菜单中选择“快照→生成快照”命令，如图 5-1-52 所示。

（2）在“生成 Win10X-VM01 的虚拟机快照”对话框中，为新建快照设置名称和描述信息，本示例中快照名称为 fix01，如图 5-1-53 所示，单击“确定”按钮完成快照的创建。

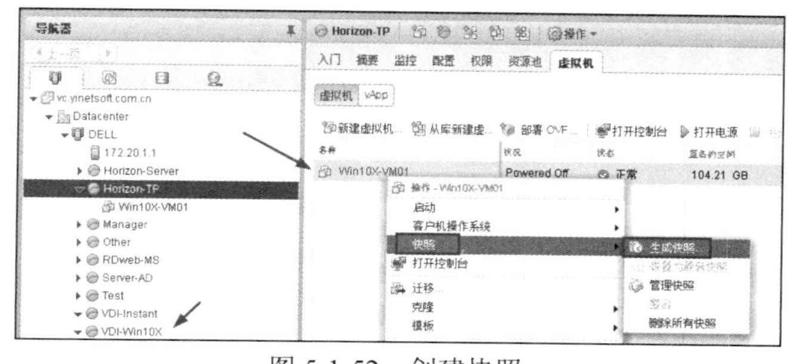
图 5-1-52　创建快照

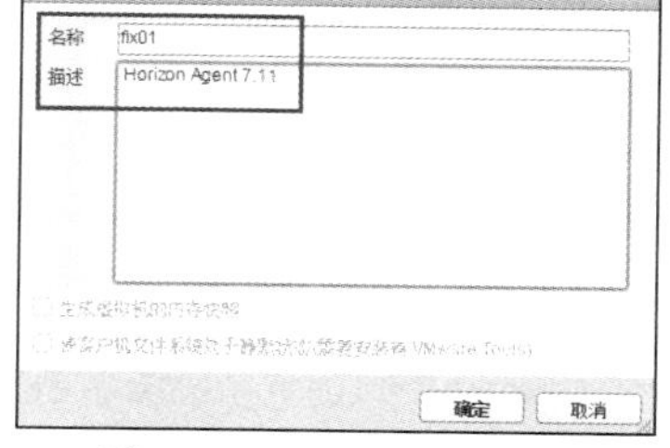
图 5-1-53　设置快照名称

为父虚拟机创建快照之后，就可以创建链接克隆的桌面池。

5.2　创建链接克隆的桌面池

接下来，我们将以上一节创建的 Windows 10 虚拟机为例，介绍创建“链接克隆”自动桌面池的方法。基于 Windows 7、Windows 8.1 的桌面池的创建方法与此类似。

说明：本节以新的 HTML5 界面的 Horizon Console 为例进行介绍，基于 Flash 界面的 Horizon Administrator 与此相同。

（1）在网络中的一台计算机上，登录 Horizon Console 管理界面，本示例中登录地址为 https://vcs01.heuet.com/admin 或 https://vcs02.heuet.com:12345/admin。登录之后，在“清单→桌面”中，单击“访问组→新建访问组”（如图 5-2-1 所示），在弹出的“新建访问组”对话框中，新建一个访问组，设置名称为“Horizon-Win10X”，如图 5-2-2 所示。

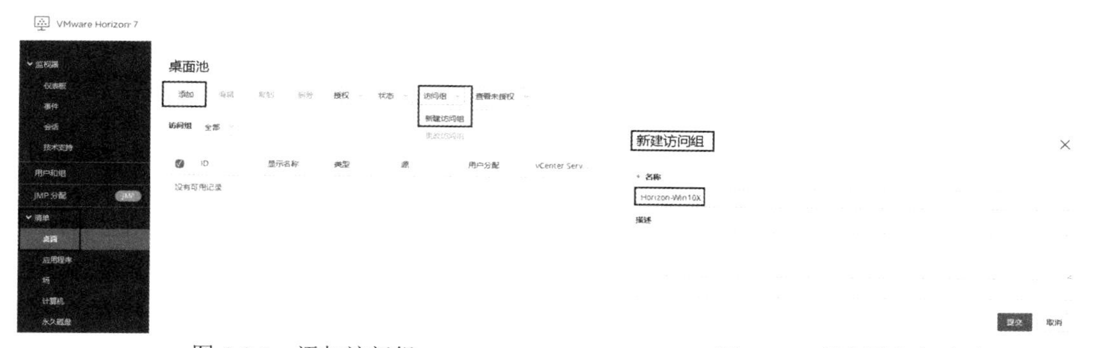
图 5-2-1　添加访问组　　图 5-2-2　设置访问组名称

（2）创建访问组之后，单击“添加”按钮，如图 5-2-3 所示。

（3）在“添加池”对话框，选择“自动桌面池”单选按钮，如图 5-2-4 所示。

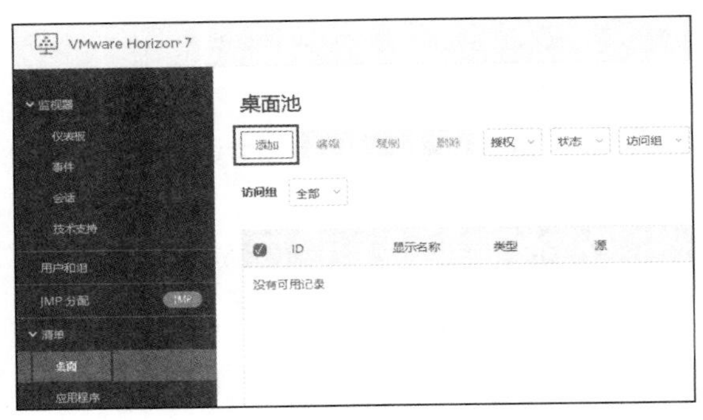

图 5-2-3 单击“添加”按钮

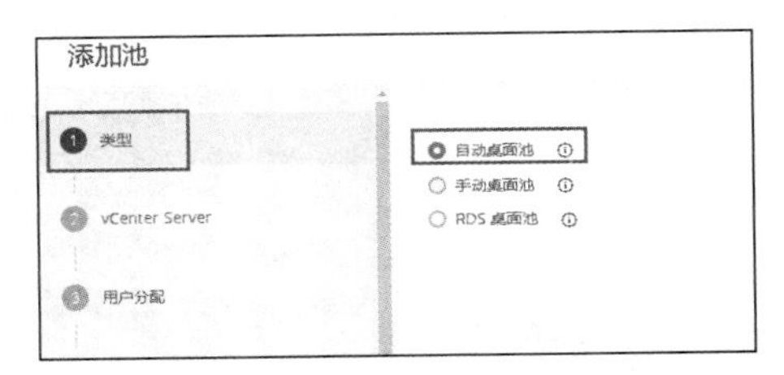

图 5-2-4 自动桌面池

（4）在“vCenter Server”对话框中，选中“View Composer 链接克隆”单选按钮，在列表中选择启用了 View Composer 的 vCenter Server 服务器，在本例中，该服务器是 172.20.1.20，如图 5-2-5 所示。

（5）在“用户分配”对话框中，选择“专用→启用自动分配”，如图 5-2-6 所示。

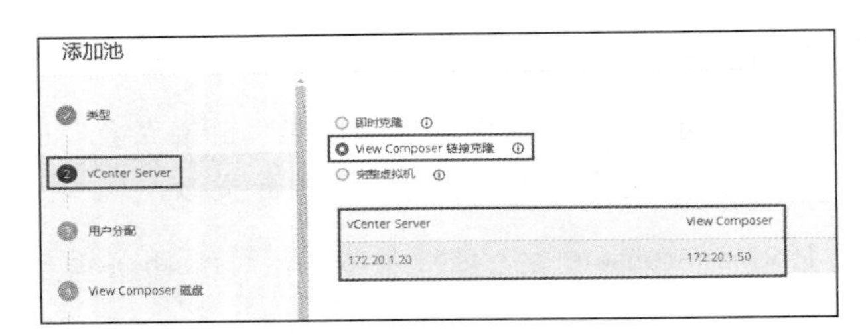

图 5-2-5 选择 vCenter Server

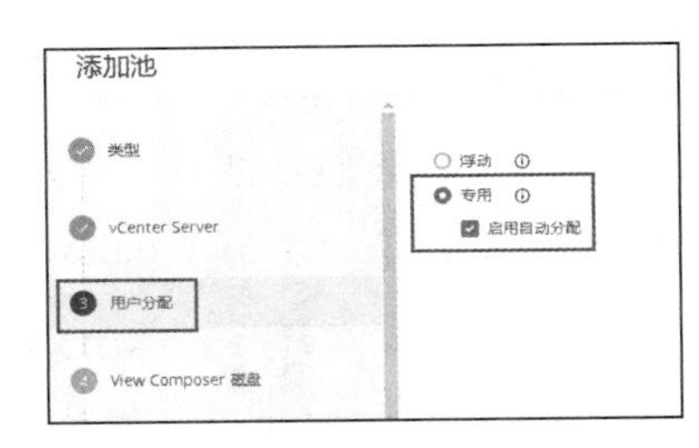

图 5-2-6 用户分配

（6）在“View Composer 磁盘”对话框中，设置每个虚拟机个人文件所用的空间，在本示例中，永久磁盘设置为 20 480（单位：MB），永久磁盘驱动器盘符为 D。在“一次性文件重定向”中，设置磁盘大小为 8 192 MB，并且分配驱动器盘符为 E，如图 5-2-7 所示。

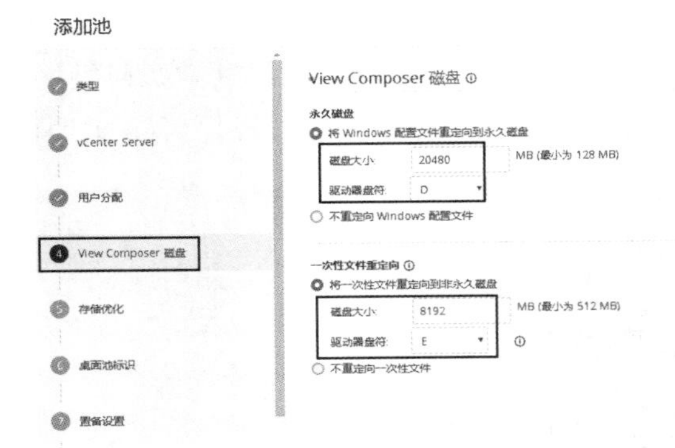

图 5-2-7 设置存储磁盘空间

（7）在“存储优化”对话框中选择存储策略，选择是否“为永久磁盘和操作系统磁盘使用单独的数据存储”，或者选择“为副本磁盘和操作系统磁盘使用单独的数据存储”。要提高 View Composer 链接虚拟机的性能，可以将固态硬盘（SSD）作为操作系统磁盘（父磁盘）将传统的磁盘或存储设备作为数据磁盘。本示例中只有一个本地存储，所以此项设置保留空白，如图 5-2-8 所示。

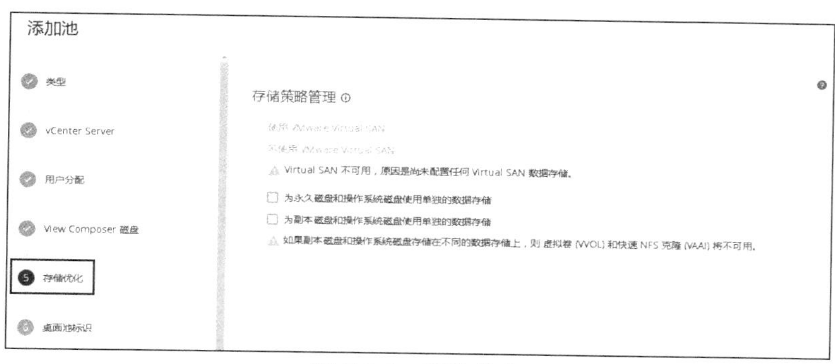

图 5-2-8　存储优化

（8）在“桌面池标识”对话框中，为要创建的虚拟机桌面池创建一个名称，在本例中设置名称为 Horizon-Win10X，设置显示名称为“Windows 10”，访问组选择“Horizon-Win10X”，如图 5-2-9 所示。

（9）在“置备设置”对话框中，设置虚拟机池的大小及虚拟机的命名模式，如图 5-2-10 所示。在本例中，选择“使用一种命名模式”单选按钮，并设置名称为“Win10X- {n:fixed=3}”。这样，创建的虚拟机的计算机名称，将会以 Win10X-开头，并加上 3 位的数字，如 Win10X-000、Win10X-001，并依此类推。在“桌面池尺寸调整”中设置计算机池最大数量为 3，备用计算机数量为 1。

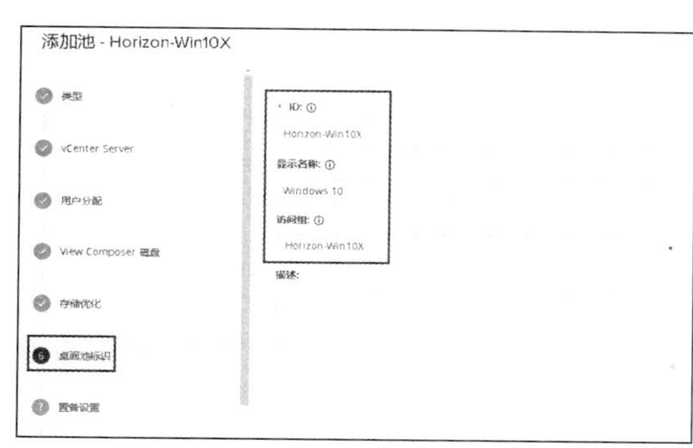

图 5-2-9　设置虚拟机 ID 名

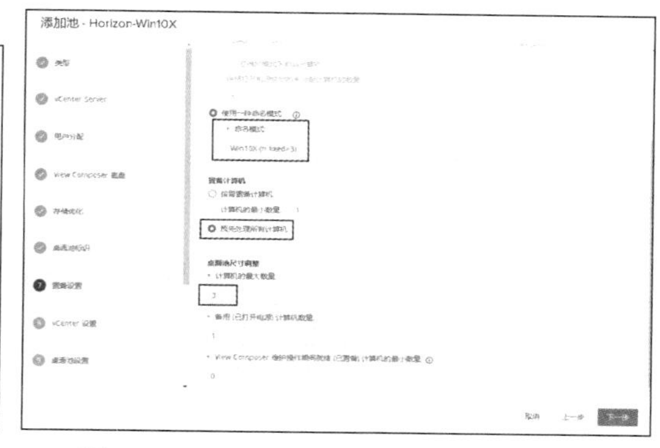

图 5-2-10　设置虚拟机命名方式、池大小

（10）在“vCenter 设置”对话框中选择父虚拟机、父虚拟机快照、生成的虚拟桌面使用的群集、保存的目标存储、资源池等，如图 5-2-11 所示。

（11）在图 5-2-11 的“vCenter 中的父虚拟机”中单击“浏览”按钮，在弹出的“选择父虚拟机”对话框中，选择前文中准备的虚拟机，本示例中该虚拟机名称为 Win10X-VM01，如图 5-2-12 所示。

（12）选择父虚拟机后返回图 5-2-11 所示界面，在“快照”中单击“浏览”按钮，为父虚拟机选择快照，如图 5-2-13 所示。在此示例中快照名称为 fix01。

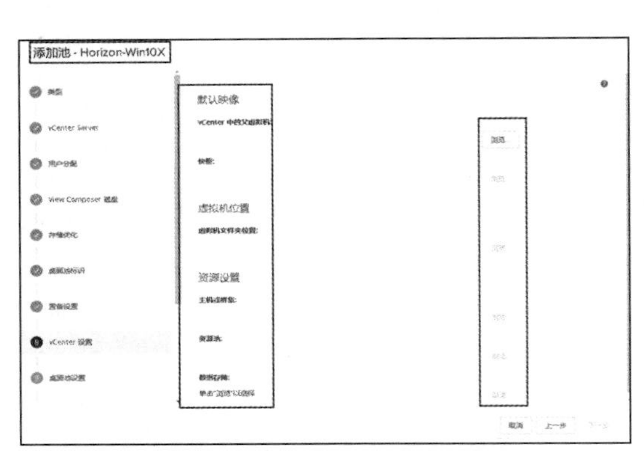

图 5-2-11　vCenter 设置

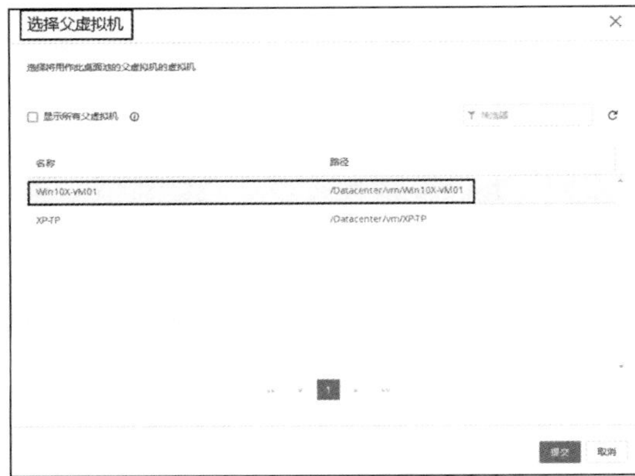

图 5-2-12　选择父虚拟机

（13）选择快照后再次返回图 5-2-11 所示界面，在“虚拟机文件夹位置”后单击“浏览”按钮，选择用于存储虚拟机的文件夹，如图 5-2-14 所示。

图 5-2-13　选择快照

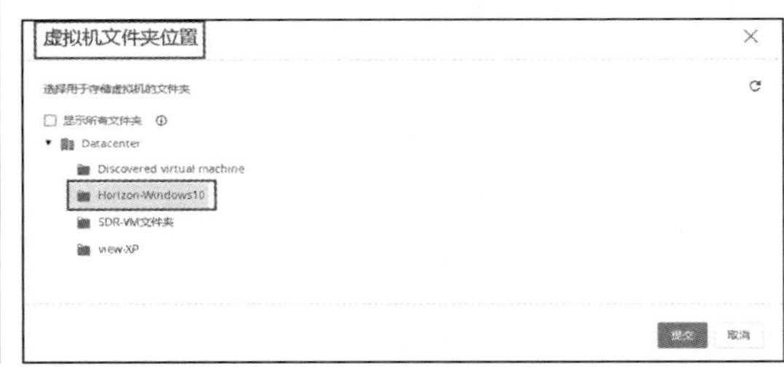

图 5-2-14　选择存储虚拟机的文件夹

（14）选择合适的主机或群集，如图 5-2-15 所示。

（15）选择“资源池”，选择前文创建的“VDI-Win10x”资源池，如图 5-2-16 所示。

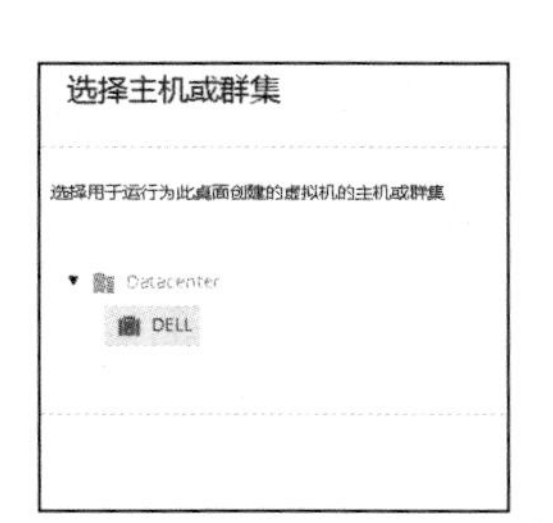

图 5-2-15　选择主机或群集

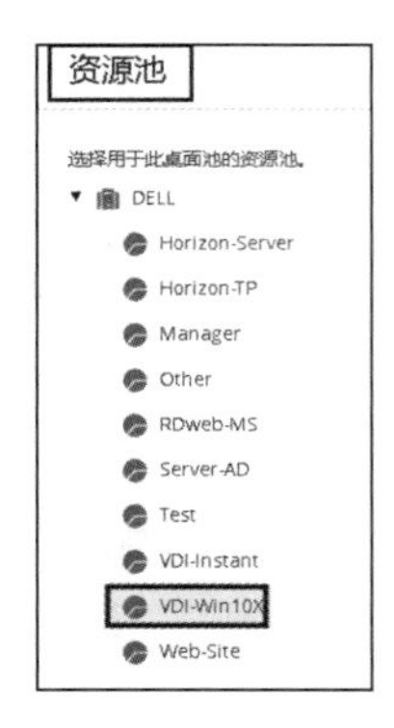

图 5-2-16　资源池

（16）在“选择链接克隆数据存储”对话框选择该桌面池要使用的数据存储，如图 5-2-17 所示。如果为桌面池选择本地存储，会弹出警告对话框，如图 5-2-18 所示。在使用单机作为虚拟桌面的宿主机时，弹出这一提示是正常现象，单击“确定”按钮继续。

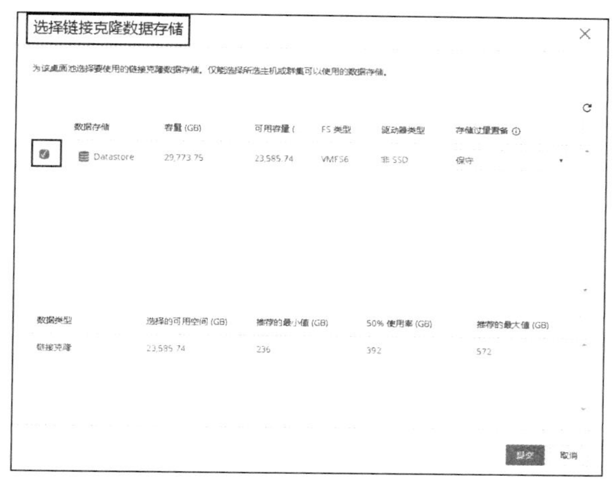

图 5-2-17　选择数据存储

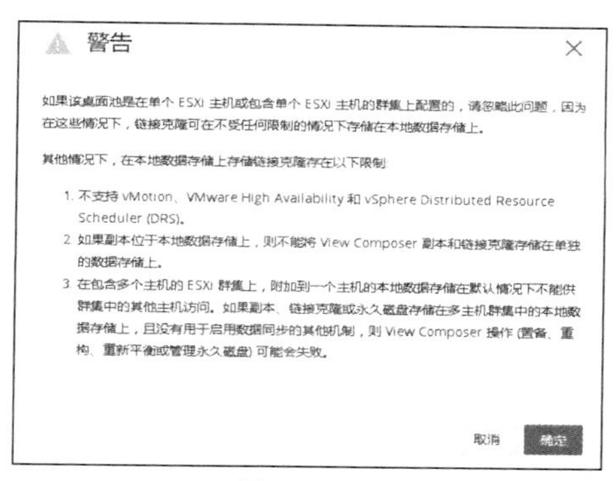

图 5-2-18　警告

（17）设置之后返回到“vCenter 设置”，在此显示了父虚拟机、快照、虚拟机文件夹位置等信息，如图 5-2-19 所示。

（18）在“桌面池设置”对话框中，设置虚拟机池的信息。这些设置包括会话类型、远程计算机电源策略、断开连接后自动注销、允许用户重新启动/重置桌面等。用户可以根据情况进行设置，如图 5-2-20 所示。通常情况下允许用户重新启动/重置计算机，当虚拟桌面死机时可以由用户重新启动。“会话类型”支持桌面、应用程序、桌面和应用程序。如果选择“应用程序”或“桌面和应用程序”，可以将桌面池虚拟机中安装的应用程序（在本示例虚拟机安装了 Office 2019、Visio 2019、Chrome 浏览器等）发布出去。以前只有 RDSH（Windows Server 操作系统）才支持这一功能，现在 Horizon 也支持了。

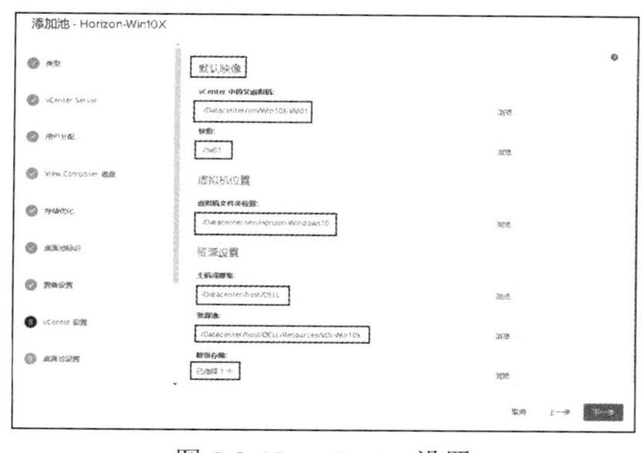

图 5-2-19　vCenter 设置

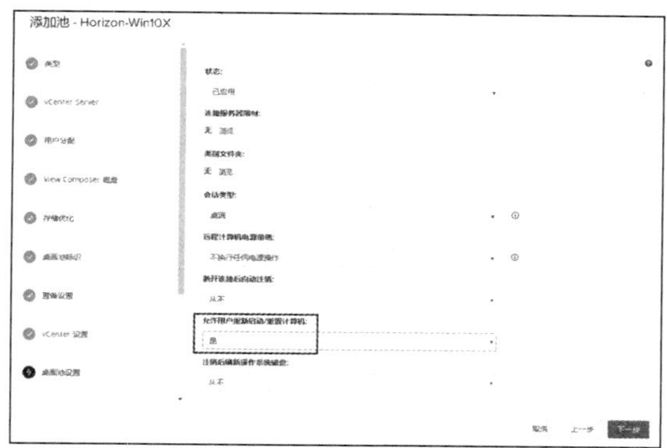

图 5-2-20　远程设置

（19）在“远程显示协议”选项中，设置默认显示协议，以及是否为虚拟机启用 3D 显示，只有在“允许用户选择协议”设置为“否”的时候，才能启用 3D 呈现。另外，在“HTML Access”中设置是否为该虚拟机池启用 HTML 桌面访问功能，如图 5-2-21 所示。

（20）在“高级存储选项”对话框中设置是否启用 View Storage Accelerator 功能，选择默认值即可，如图 5-2-22 所示。

图 5-2-21　远程显示协议　　　　图 5-2-22　高级存储选项

（21）在“客户机自定义”对话框的“AD 容器”后单击“浏览”按钮，如图 5-2-23 所示。

（22）在“AD 容器”对话框中，选择“OC-VDI-Win10X”，如图 5-2-24 所示。

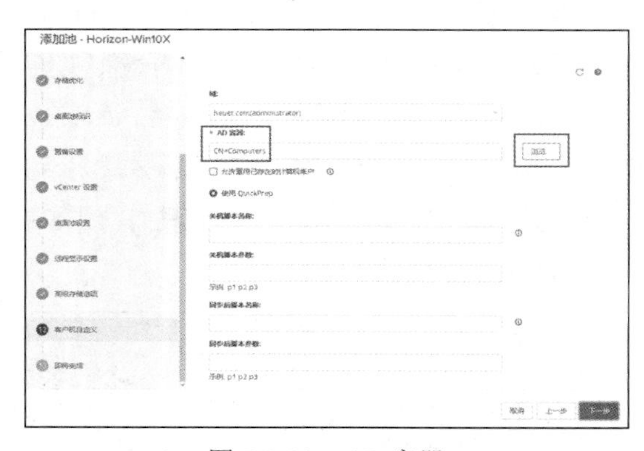

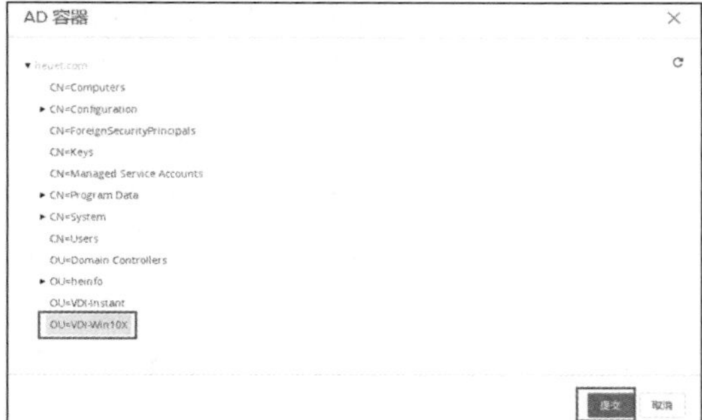

图 5-2-23　AD 容器　　　　图 5-2-24　选择保存虚拟机的组织单位

（23）返回到“客户机自定义”对话框，选中“允许重用已存在的计算机账户”复选框，如图 5-2-25 所示。

（24）在“即将完成”对话框中显示了创建自动池的参数与设置，检查无误之后，选中“此向导完成后授权用户”复选框，单击“提交”按钮，如图 5-2-26 所示。

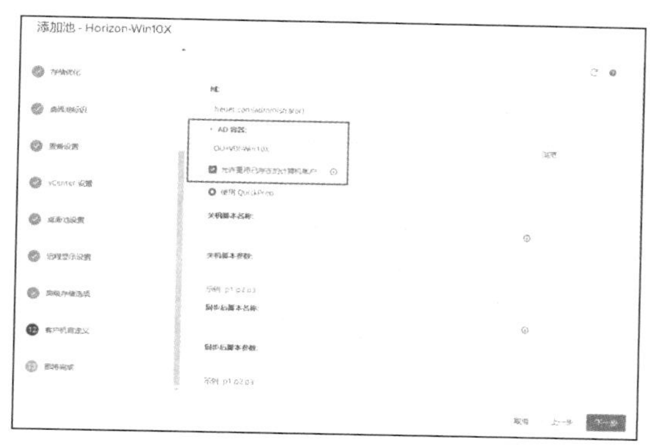

图 5-2-25　客户机自定义

图 5-2-26　完成设置

（25）在“添加授权”对话框中单击“添加”按钮，如图 5-2-27 所示。

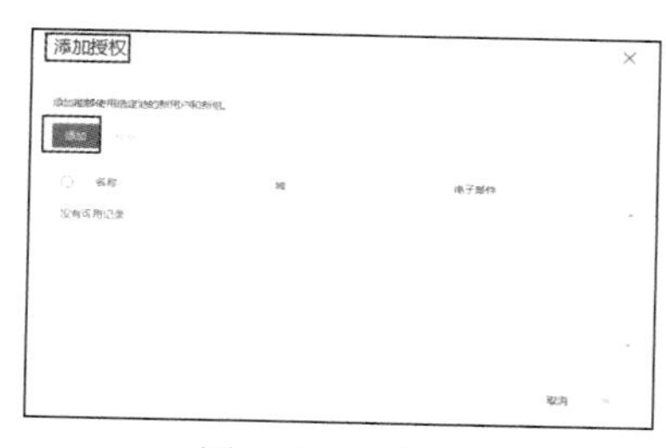

图 5-2-27　添加

（26）在“查找用户或组”对话框中，单击“查找”按钮，浏览选择要使用当前桌面池的用户或用户组，本示例选择“克隆链接组”用户组，如图 5-2-28 所示。单击“确定”按钮。

（27）在“添加授权”对话框中已经添加了授权的用户或用户组，单击“确定”按钮，如图 5-2-29 所示。

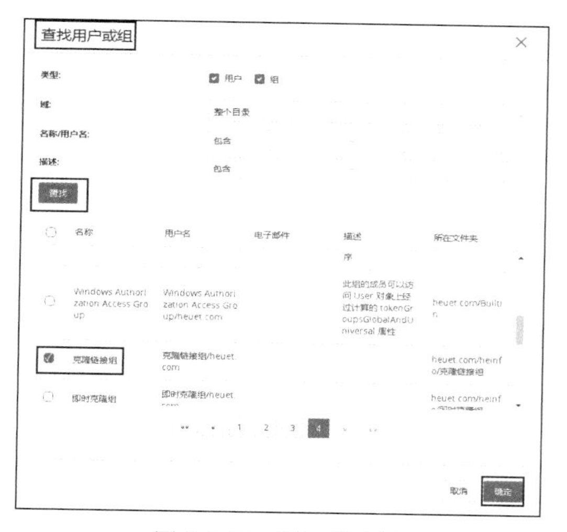

图 5-2-28　添加用户组

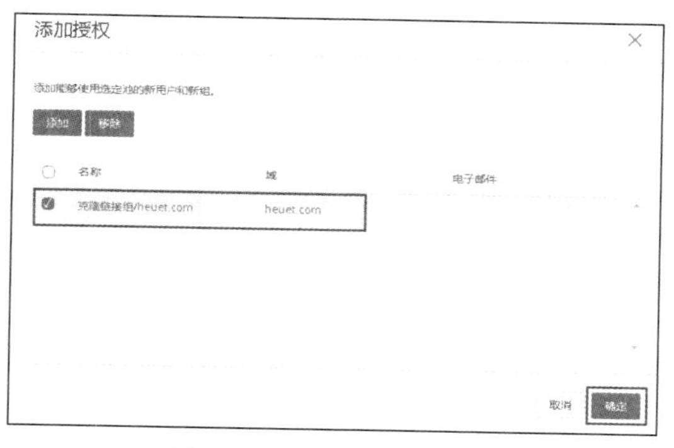

图 5-2-29　添加授权完成

新添加的 Windows 10 桌面池配置如图 5-2-30 所示。

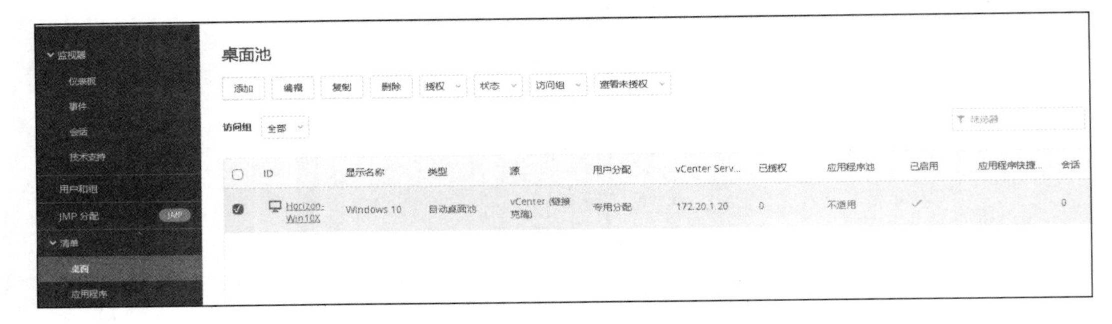

图 5-2-30　添加的 Windows 10 桌面池

等待虚拟桌面置备完成后，在“清单→计算机”中看到部署的 Windows 10 桌面，如图 5-2-31 所示。

图 5-2-31　部署好的 Windows 10 虚拟桌面

在图 5-2-31 中，显示的每一列的信息如下。

(1)计算机：这是每个虚拟桌面虚拟机的名称，在 vSphere Client 或 vSphere Web Client 中可以看到，如图 5-2-32 所示。

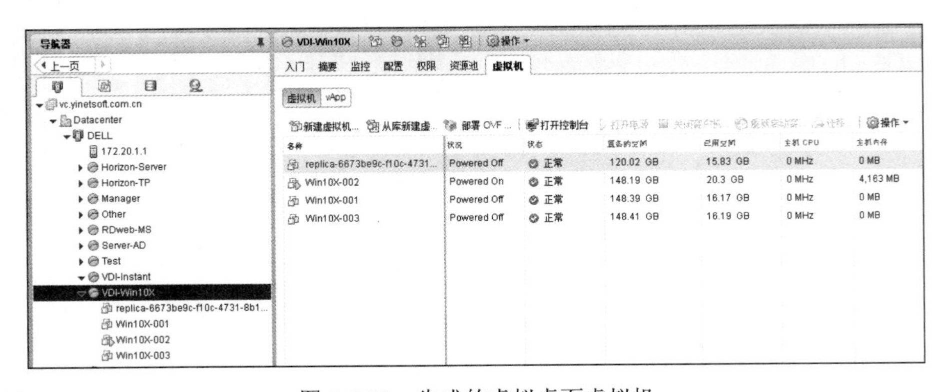

图 5-2-32　生成的虚拟桌面虚拟机

（2）桌面池：当前虚拟机所属的桌面池。

（3）DNS 名称：虚拟桌面计算机的计算机名称。

（4）已连接的用户：已经连接到虚拟桌面的域用户。

（5）已分配的用户：已经分配了虚拟桌面的用户。

（6）主机：当前虚拟桌面驻留的宿主机。

（7）代理版本：虚拟桌面计算机安装的 Horizon Agent 的版本。如果代理显示“未知”，通常表示该虚拟机未开机。

（8）数据存储：虚拟桌面使用的存储设备。

（9）状态：状态显示为可用的，表示虚拟桌面已经开机并且可供用户使用；状态显示为已连接的，表示已经有用户登录并使用该桌面；已置备表示虚拟桌面已经生成处于关机状态。

5.3　客户端测试

VMware Horizon 虚拟桌面支持 Windows、Linux、Mac 操作系统，支持 Android、iPad、iPhone 等手机或平板电脑。不同的操作系统、不同的设备需要安装不同的客户端软件。

（1）虚拟桌面 Windows 客户端软件下载地址

https://download3.vmware.com/software/view/viewclients/CART20FQ4/VMware-Horizon-Client-5.3.0-15208953.exe

（2）虚拟桌面苹果 Mac 客户端下载地址

https://download3.vmware.com/software/view/viewclients/CART20FQ4/VMware-Horizon-Client-5.3.0-15225262.dmg

（3）iPad 平板电脑与 iPhone 手机可以从苹果应用商店搜索关键字 Horizon，并安装“VMware Horizon Client”软件使用。

VMware Horizon Client 5.3.0 各个版本的文件名大小如图 5-3-1 所示。

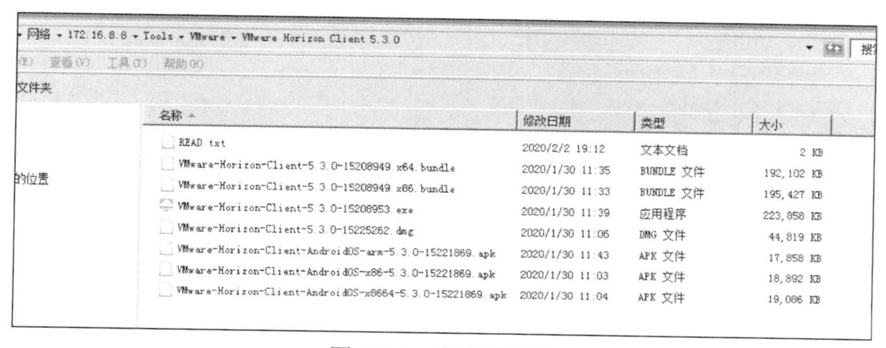

图 5-3-1　客户端程序

各个文件名称与对应的平台如表 5-3-1 所列。

表 5-3-1　VMware Horizon Client 安装程序

文　件　名	客户端平台
VMware-Horizon-Client-5.3.0-15208953.exe	Windows 操作系统
VMware-Horizon-Client-5.3.0-15208949.x64.bundle	64 位 Linux
VMware-Horizon-Client-5.3.0-15208949.x86.bundle	32 位 Linux
VMware-Horizon-Client-5.3.0-15225262.dmg	苹果 Mac
VMware-Horizon-Client-AndroidOS-arm-5.3.0-15221869.apk	32 位 Android，ARM
VMware-Horizon-Client-AndroidOS-arm64-5.3.0-15221869.apk	64 位 Android，ARM
VMware-Horizon-Client-AndroidOS-x86-5.3.0-15221869.apk	32 位 Android，Intel
VMware-Horizon-Client-AndroidOS-x8664-5.3.0-15221869.apk	64 位 Android，Intel

5.3.1　在 Windows 操作系统安装 Horizon Client

客户端软件应根据实际需要选择安装。本节以 Windows 操作系统为例进行介绍。

（1）双击 VMware-Horizon-Client-5.3.0-15208953 .exe，运行安装程序。

（2）如果是 Windows 7 操作系统的计算机，首先安装 Microsoft.NET Framework，单击“接受并安装”按钮，如图 5-3-2 所示。

图 5-3-2　安装.NET 框架

（3）安装完 Microsoft.NET Framework 4.7.2 之后，进入 VMware Horizon 安装程序，单击“同意并安装”按钮，如图 5-3-3 所示。

（4）安装完成之后重新启动系统，如图 5-3-4 所示。

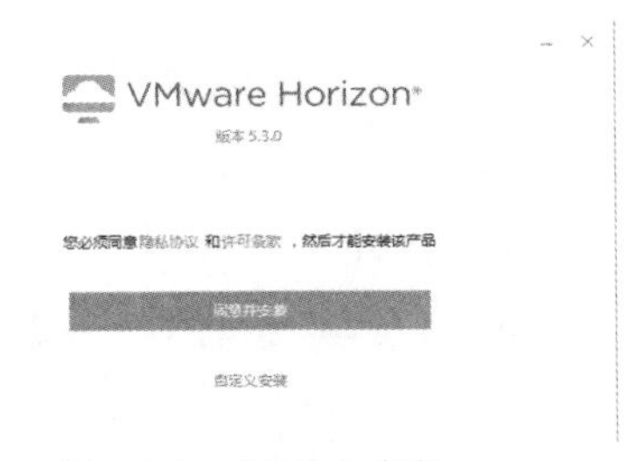

图 5-3-3　同意并安装

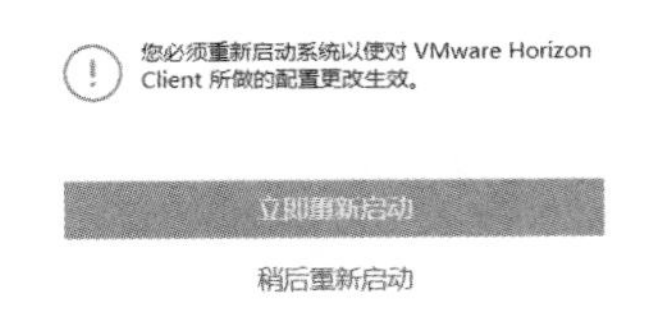

图 5-3-4　安装完成重新启动

5.3.2　桌面虚拟化软件使用

Horizon Client 软件使用比较简单，使用方法如下。

（1）再次进入系统后，双击桌面上的 Horizon Client 的图标进入 Horizon Client，单击

右上角的“|☰ ▾|”选择“配置 SSL”，如图 5-3-5 所示。

（2）在“VMware Horizon Client SSL 配置”对话框中选择“不验证服务器身份证书”单选按钮，如图 5-3-6 所示。

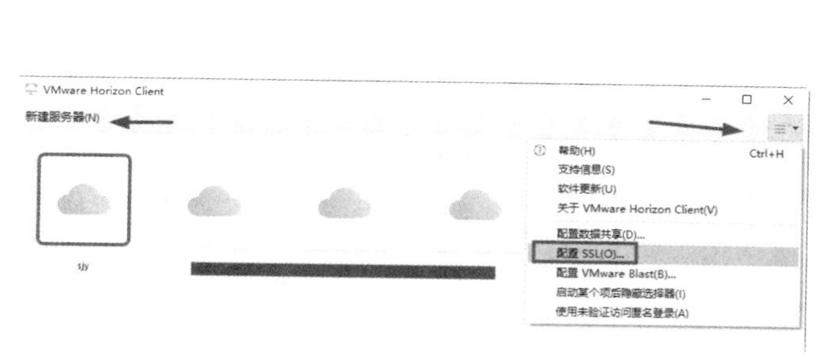

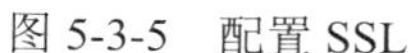

图 5-3-5　配置 SSL

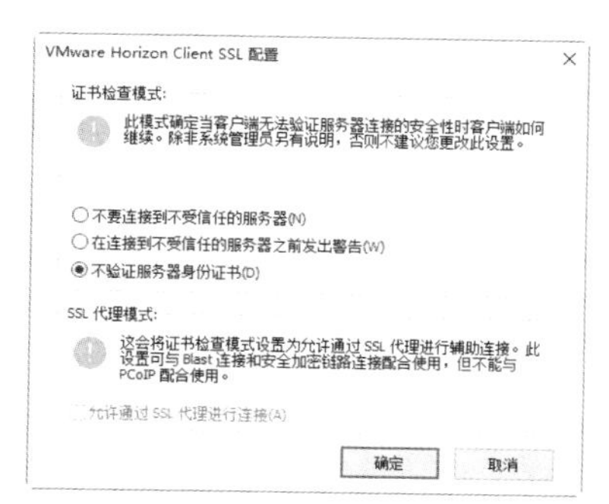

图 5-3-6　不验证服务器证书

（3）配置之后添加连接服务器的地址，如果是通过 Internet 访问应输入 Horizon 安全服务器的地址和端口（如果是默认端口 443 则不用添加）。在 Horizon Client 中单击“新建服务器”，在对话框中输入连接服务器或安全服务器地址和端口。在本示例中，如果是在局域网中使用虚拟桌面，则可以输入 172.20.1.51、172.20.1.52:12345；如果是在广域网中使用虚拟桌面，则输入 https://x1.x2.x3.115:12345，如图 5-3-7 所示。

（4）以域名\账户的方式输入授权使用虚拟桌面的域用户账户和密码，本示例为 heuet\wangwu，如图 5-3-8 所示。

图 5-3-7　添加 Horizon 服务器的地址

图 5-3-8　输入用户名密码登录

（5）登录之后可以看到当前配置的虚拟桌面以及应用程序，当前只配置了一个显示名称为 Windows 10 的虚拟桌面，如图 5-3-9 所示，用鼠标双击即可进入虚拟桌面。

（6）在弹出的“共享”对话框提示“是否要在使用远程桌面和应用程序时共享您的可移动存储和本地文件”，单击“允许”按钮，如图 5-3-10 所示。

（7）进入 Windows 10 虚拟桌面，打开资源管理器，可以看到当前有 C、D、E 三个盘符，其中 C 盘是系统盘，D 盘是用户数据存储，E 盘是临时文件磁盘，如图 5-3-11 所示。

（8）打开“控制面板→系统和安全→系统”对话框，可以查看当前系统信息，如图 5-3-12 所示。

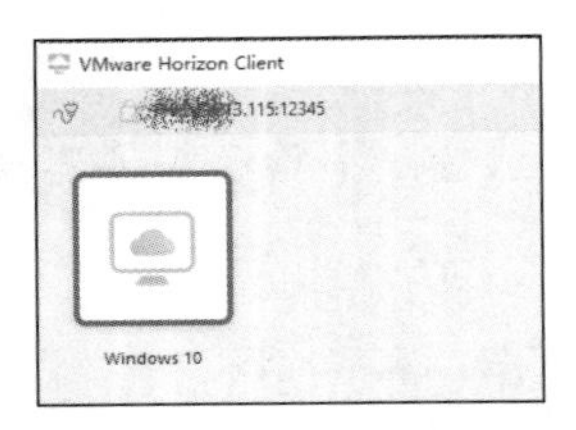

图 5-3-9　桌面

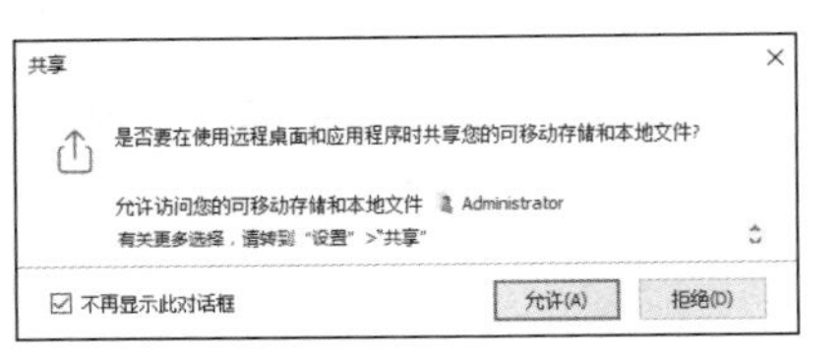

图 5-3-10　允许

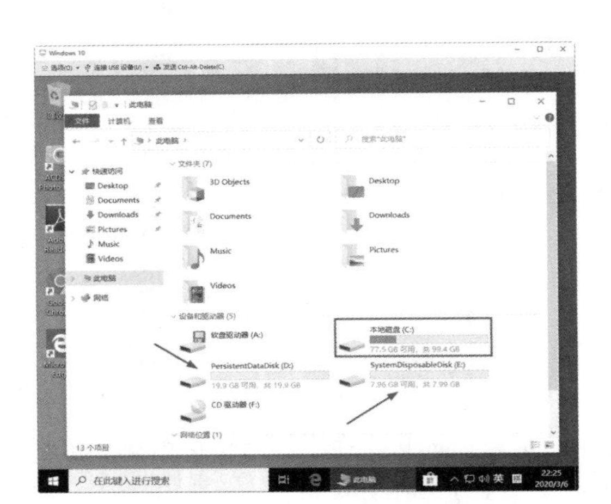

图 5-3-11　进入 Windows 10 虚拟桌面

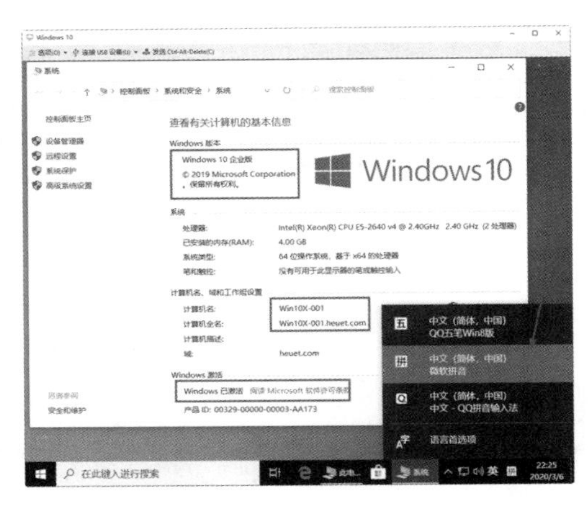

图 5-3-12　系统信息

（9）如果使用 Office 程序，例如 PowerPoint 2019，第一次运行时单击“接受并启动 PowerPoint”按钮，如图 5-3-13 所示。

（10）当前登录的域账户对于本地计算机没有管理员权限，如果尝试需要有管理员权限才能执行的程序，会自动弹出“高级系统设置”对话框，并要求输入具有管理员权限的用户和密码，如图 5-3-14 所示。

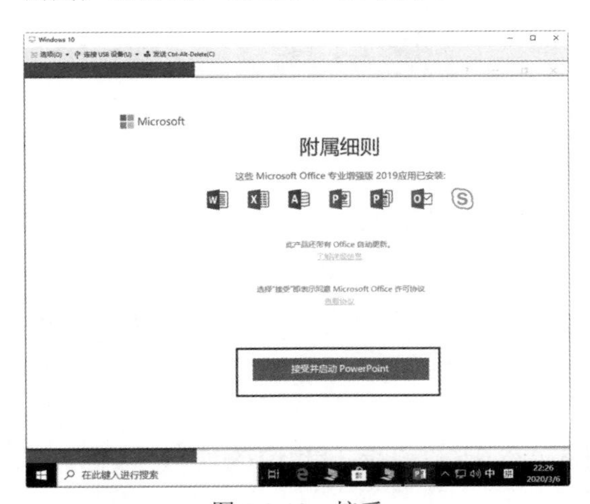

图 5-3-13　接受

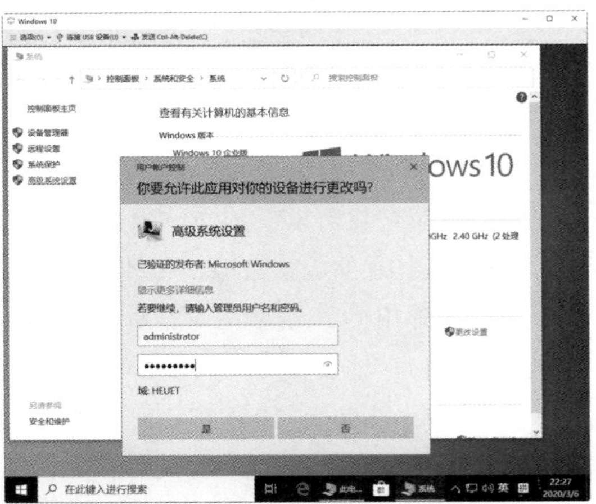

图 5-3-14　需要管理员权限

5.3.3　允许访问主机文件夹

如果要让 Horizon 虚拟桌面访问本地计算机上的文件或可移动设备，可以进行如下配置。

（1）在 Horizon Client 中单击右上角的“设置”，在“共享”中选中“允许访问可移动存储”复选框。也可以单击“添加”按钮，将本地指定的文件夹添加到共享中，在虚拟机中使用，如图 5-3-15 所示。

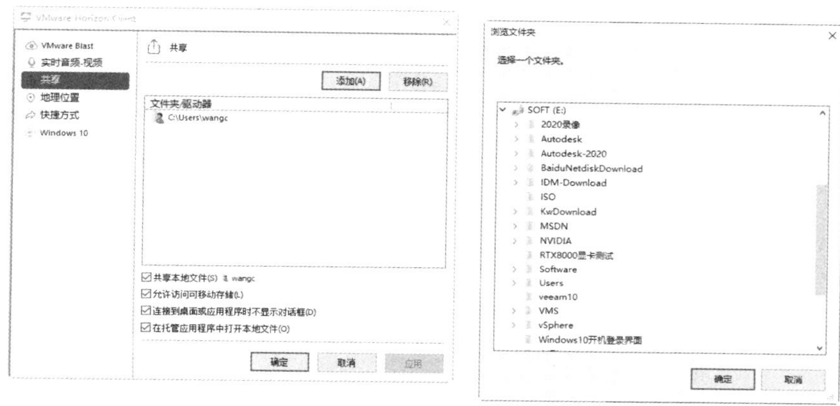

图 5-3-15　选择本地文件夹

（2）添加之后，在虚拟桌面中打开“资源管理器”，可以看到主机上 D 盘的文件夹，如图 5-3-16 所示。

在 Horizon Client 设置中，在“地理位置”中，可以设置是否共享位置，如图 5-3-17 所示。

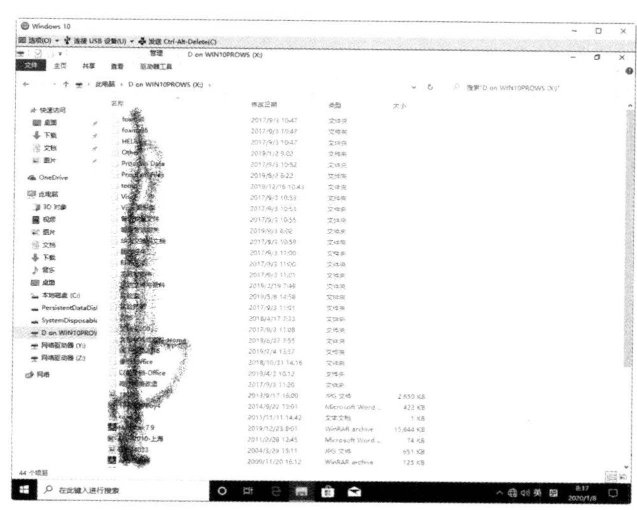

图 5-3-16　查看使用主机文件夹

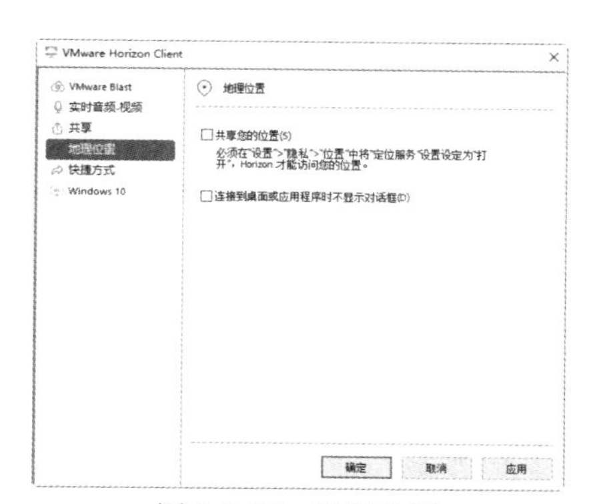

图 5-3-17　地理位置

单击 Windows 10，在右侧可以选择连接该虚拟桌面的协议、显示大小、是否允许显示缩放、自定义远程桌面设置等内容，如图 5-3-18 所示。

在登录虚拟桌面之前，可以用鼠标右键单击，在弹出的快捷菜单中选择相应的操作，如图 5-3-19 所示。

图 5-3-18　桌面设置

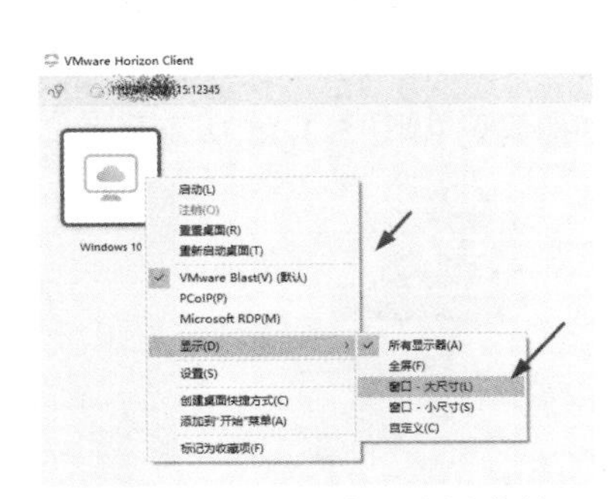

图 5-3-19　虚拟桌面右键菜单

5.3.4　使用 HTML 客户端测试

Horizon 虚拟桌面还支持 HTML 方式使用。使用 Chrome 或 IE 浏览器，输入连接服务器或安全服务器的地址及端口就可以登录。在本示例中，访问地址有 https://172.20.1.51、https://172.20.1.52:12345、https://x1.x2.x3.115:12345，本示例以广域网访问为例。

（1）在浏览器中输入 https://x1.x2.x3.115:12345 并按回车键进入 Horizon Client 界面（如图 5-3-20 所示），单击左侧的“安装 VMware Horizon Client”可以进入 VMware Horizon 客户端程序下载页，单击右侧的“VMware Horizon HTML Access”链接进入登录界面。

（2）在登录界面输入用户名和密码，本示例中用户为 heuet\wangwu，输入密码之后单击“登录”按钮，如图 5-3-21 所示。

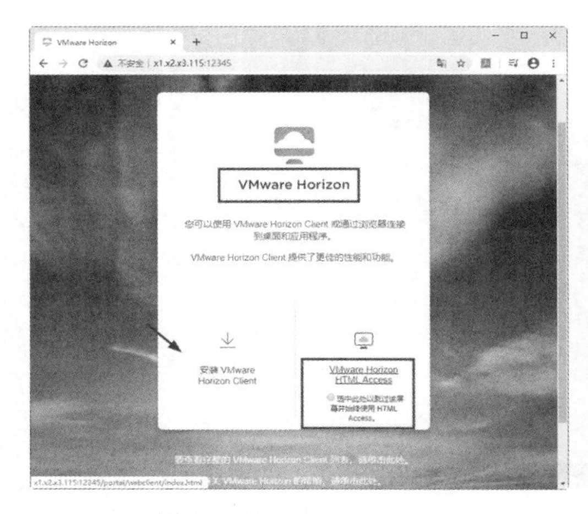

图 5-3-20　Horizon Client

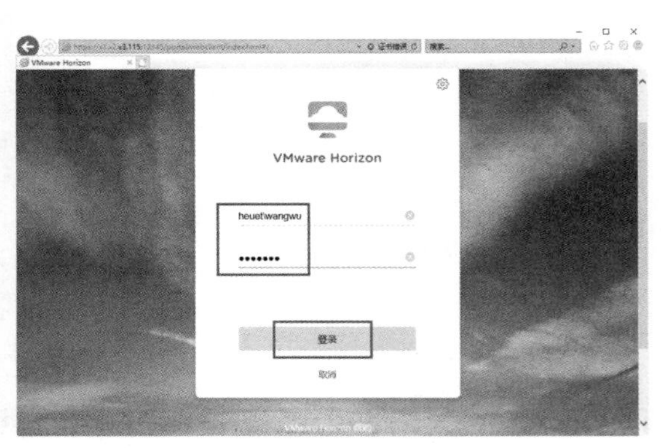

图 5-3-21　登录界面

（3）登录之后显示可用的虚拟桌面，如图 5-3-22 所示。双击可用的虚拟桌面登录。

图 5-3-22　显示可用的虚拟桌面

（4）登录到虚拟桌面，如图 5-3-23 所示。

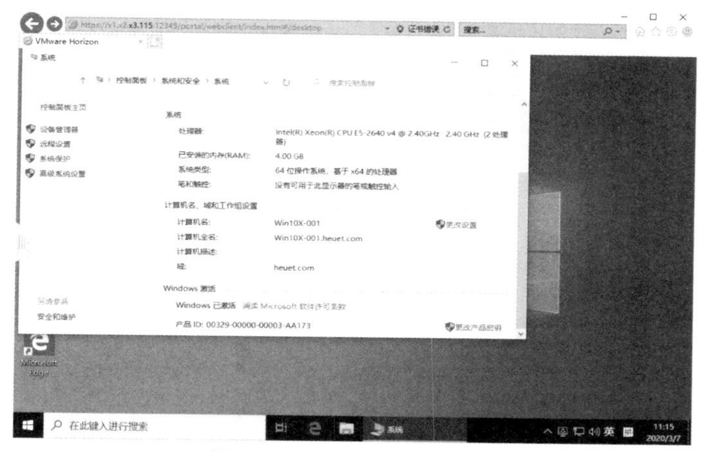

图 5-3-23　登录到虚拟桌面

5.4　Horizon 管理员配置

如果要查看 Horizon 虚拟桌面的事件，例如 Horizon 的登录、注销、代理事件，需要为 Horizon 配置事件数据库并在 Horizon Administrator 中进行配置；如果更新了虚拟桌面操作系统或者单台虚拟桌面有问题需要重新配置时，可以使用重构功能。本节将介绍这些内容，同时还介绍 Horizon 全局配置参数。

5.4.1　为 Horizon 配置事件数据库

在 Horizon 控制台中配置事件数据库，可以记录查看 Horizon 虚拟桌面的应用事件。要在 Horizon 控制台中使用这一功能，需要为 Horizon 创建一个数据库，然后再在 Horizon 控制台中指定数据库。在下面的操作中，将在 Composer 虚拟机（这台虚拟机安装了 SQL Server 2019）创建一个数据库，然后在 Horizon 控制台中指定这个数据库。

（1）登录 Composer 的虚拟机，打开 SQL Server 管理工具，用鼠标右键单击“数据库”，在弹出的快捷菜单中选择“新建数据库”命令，如图 5-4-1 所示。

（2）在弹出的“新建数据库”对话框的“数据库名称”文本框中，输入新建数据库的名称，本示例中新建数据库名称为 DB-Horizon-LOG，如图 5-4-2 所示，单击“确定”按钮完成数据库的创建。

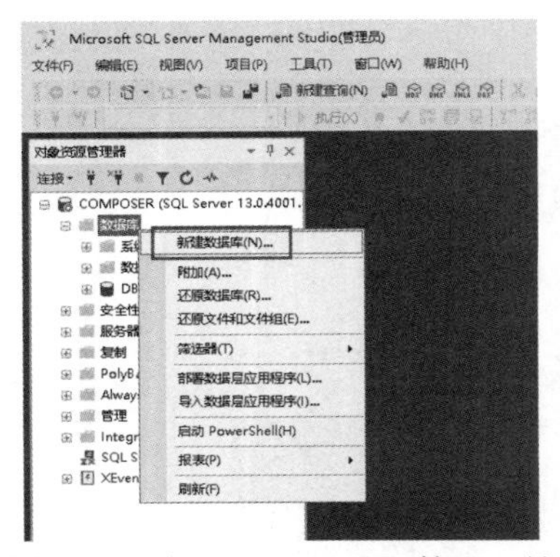

图 5-4-1　打开 SQL Server 管理工具

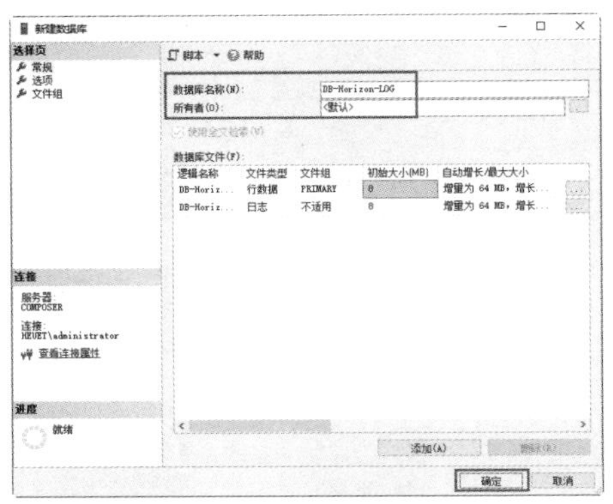

图 5-4-2　创建数据库

说明：要让网络中的其他计算机使用这台计算机的数据库服务，需要在防火墙中开启 TCP 的 1433 端口。

（3）创建数据库之后，确认当前 SQL Server 的 sa 账户已经启用，如图 5-4-3 所示。

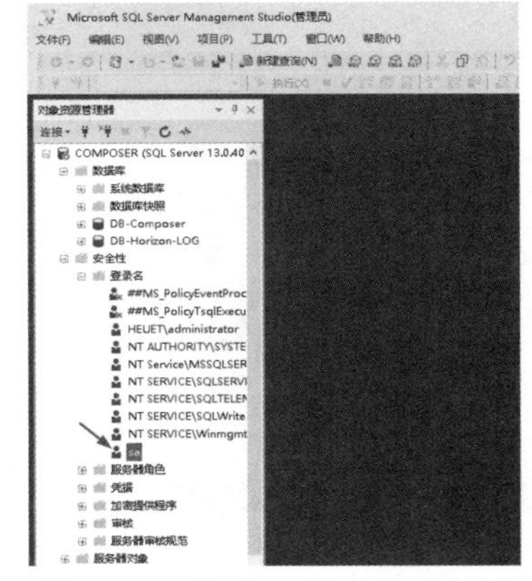

图 5-4-3　检查 sa 账户是否启用

在创建数据库之后，登录 Horizon 控制台，配置事件数据库。

（1）登录到 Horizon 控制台之后，在“设置→事件配置”中单击“编辑”按钮，如图 5-4-4 所示。

（2）在“编辑事件数据库”对话框中，输入数据库服务器的地址、端口、数据库名称、用户名、密码等信息。在本示例中，数据库服务器的 IP 地址为 172.20.1.50，端口为 1433，数据库名称为 DB-Horizon-LOG，用户名为 sa，输入 SQL Server 安装时为 sa 设置的密码，在“表前缀”中输入一个前缀，例如 log，配置完成后单击“确定”按钮，如图 5-4-5 所示。

（3）配置完成后如图 5-4-6 所示。

在配置了事件数据库之后，使用虚拟桌面过程中产生的事件都会记录下来，这可以在“监视器→事件”中查看，如图 5-4-7 所示。

在“清单→桌面”中，双击桌面池，在“事件”中能查看该桌面池中发生的事件，如图 5-4-8 所示。

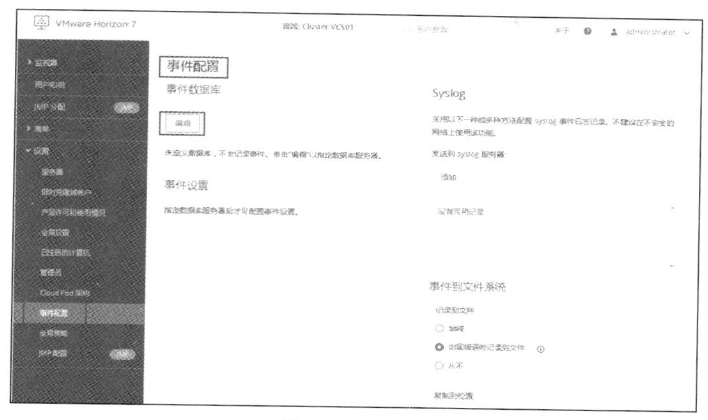

图 5-4-4　编辑

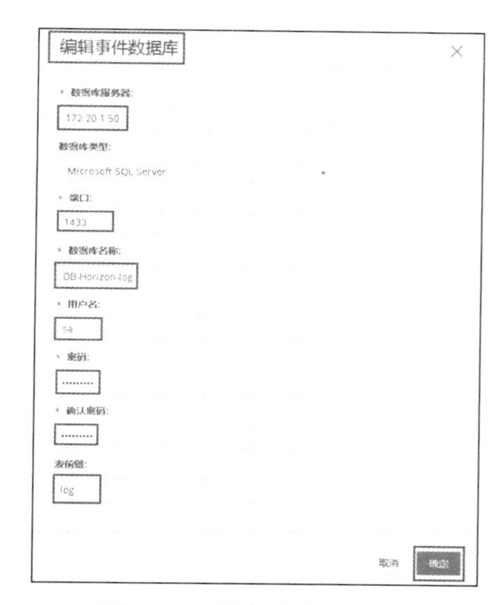

图 5-4-5　编辑事件数据库

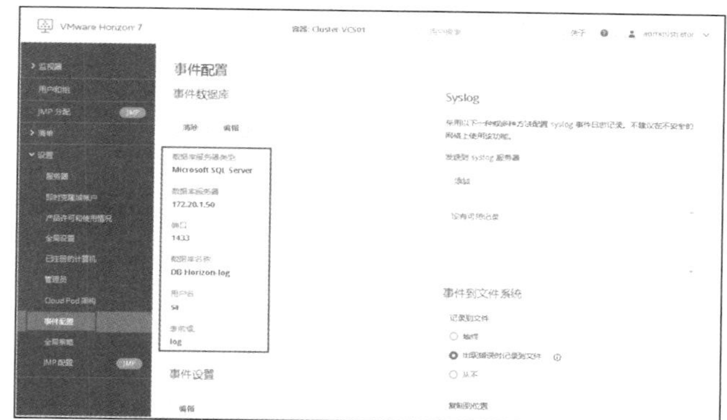

图 5-4-6　配置事件数据库完成

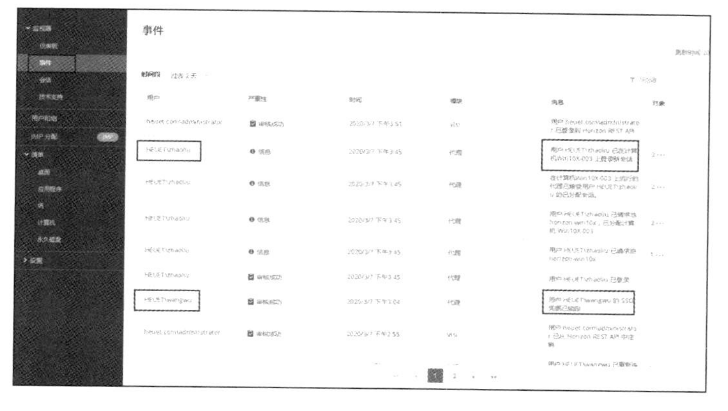

图 5-4-7　查看事件

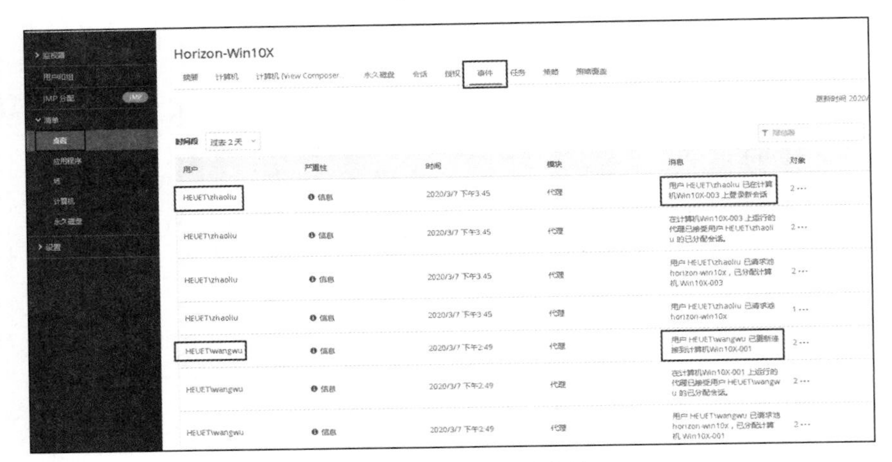

图 5-4-8　查看桌面池事件

5.4.2　Horizon 全局配置

本节介绍 Horizon 全局配置内容。

（1）登录 Horizon 控制台，在“设置→全局设置”中，在“常规设置”中单击“编辑”按钮，如图 5-4-9 所示。

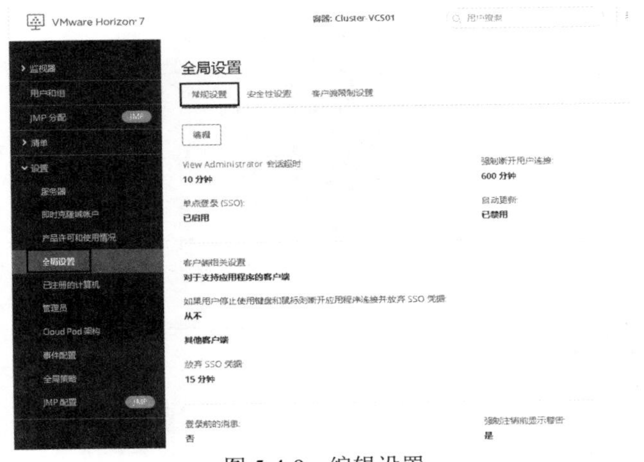

图 5-4-9　编辑设置

（2）在“常规设置”中，可以设置 View Administrator 会话超时时间（默认为 10 分钟）、强制用户断开连接时间（默认等待 600 分钟）、单点登录、客户端相关支持等（如图 5-4-10 所示），向下翻页，还可以设置强制注销前警告时间、是否启用 Windows Server 桌面、在客户端用户界面中隐藏服务器信息、在客户端用户界面中隐藏域列表、发送域列表等设置，本示例中选中“发送域列表”，其他可根据需要进行设置，如图 5-4-11 所示。设置之后单击“确定”按钮。

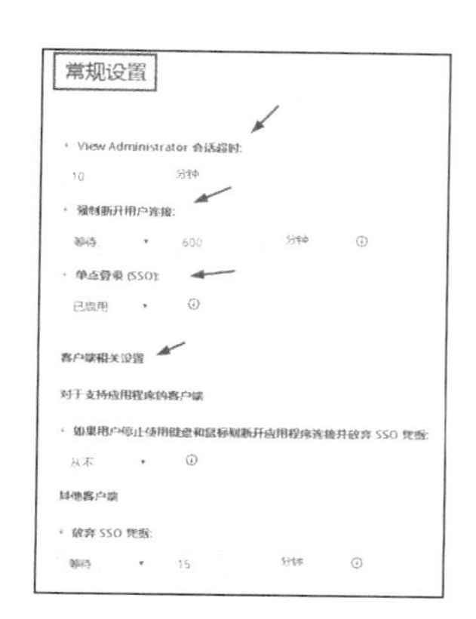

图 5-4-10　常规设置

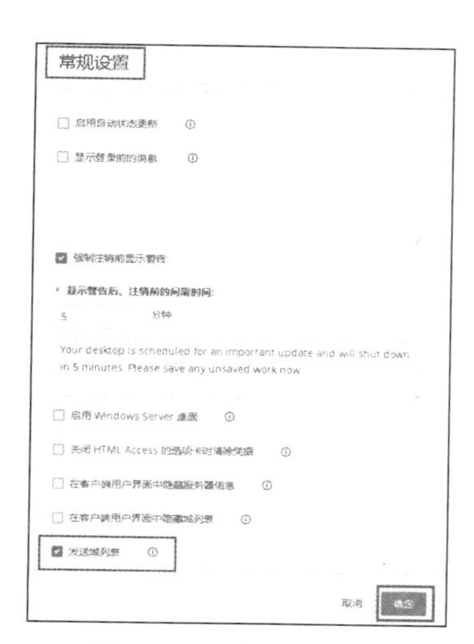

图 5-4-11　发送域列表

（3）在“安全性设置”选项卡中配置消息安全模式、增强安全状态等，如图 5-4-12 所示。

（4）在“客户端设置”中，可以限制最低的 Horizon Client 版本。例如，如果 Windows Horizon Client 最低版本为 4.5.0，则在“适用于 Windows 的 Horizon Client”中以 X.Y.Z 格式（如 4.5.0）输入 Horizon Client 版本。Horizon Client 版本必须为 4.5.0 或更高版本。不允许较低版本的 Horizon Client 连接到虚拟桌面或应用程序，如图 5-4-13 所示。

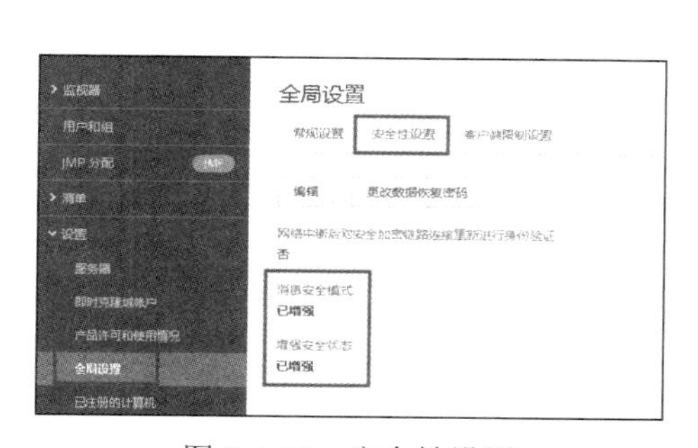

图 5-4-12　安全性设置

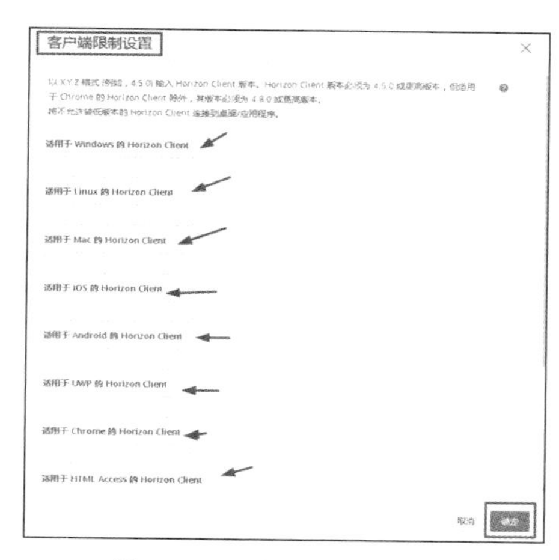

图 5-4-13　客户端限制设置

说明：适用于 Chrome 的 Horizon Client 除外，其版本必须为 4.8.0 或更高版本。

（5）在“设置→全局策略”中，设置多媒体重定向、USB 访问、PCoIP 硬件加速等设置，如图 5-4-14 所示。

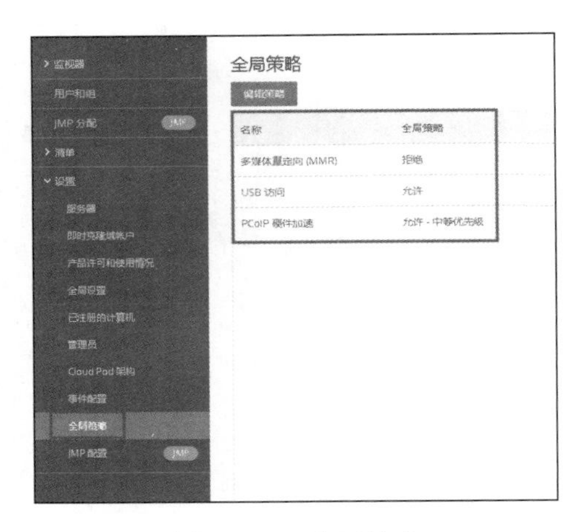

图 5-4-14　全局策略

5.4.3　重构虚拟桌面

在虚拟桌面应用一段时间之后，如果想批量更新虚拟桌面，例如将操作系统从 Windows Server 1903 升级到 1909 的版本，可以在原来的父虚拟机中安装新的系统及新的应用软件，使用重构功能，重新生成虚拟桌面。在重构虚拟桌面后，用户原来的数据不丢失（指保存在桌面、我的文档、收藏夹中的数据）。下面通过实例进行介绍。

（1）启动名为 Win10X-VM01 的父虚拟机，打开控制台，打开“控制面板→系统和安全→系统”，可以看到当前版本为 Windows 10 企业版。本示例中通过更改序列号的方式，将 Windows 10 升级到专业工作站版。单击“更改产品密钥”按钮，如图 5-4-15 所示。

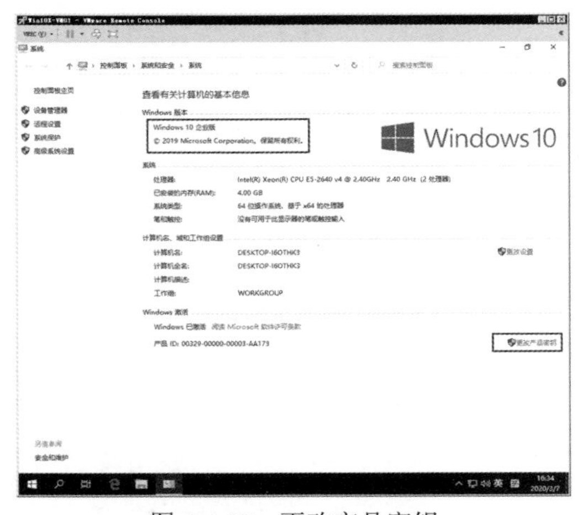

图 5-4-15　更改产品密钥

（2）在“输入产品密钥”对话框中输入 Windows 10 专业工作站版 KMS 客户端密钥，单击“下一步”按钮，如图 5-4-16 所示。

（3）在“激活 Windows”对话框中单击“激活”按钮，如图 5-4-17 所示。

图 5-4-16　输入升级密钥

图 5-4-17　激活

（4）升级之后，当前操作系统版本升级到 Windows 10 专业工作站版，如图 5-4-18 所示。

（5）也可以在父虚拟机中安装一些应用程序。配置完成后，关闭虚拟机，生成新的快照，本示例中新的快照名称为 fix02，如图 5-4-19 所示。

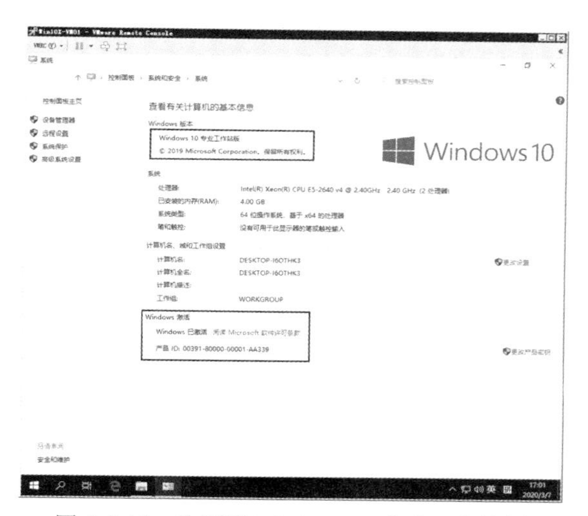

图 5-4-18　升级到 Windows 10 专业工作站版

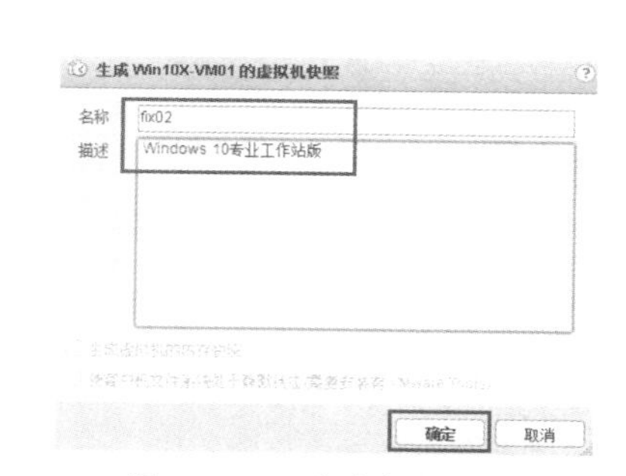

图 5-4-19　生成新的快照

在父虚拟机准备好之后，登录到 Horizon 控制台，先编辑桌面池选择新的快照，然后重构桌面，主要步骤如下。

（1）在“清单→桌面”中选中“Horizon-Win10X”桌面池，单击“编辑”按钮，如图 5-4-20 所示。

（2）在“vCenter 设置”选项卡的“快照”中单击“浏览”按钮，如图 5-4-21 所示。

（3）在“选择默认映像”中选择名为 fix02 的快照，如图 5-4-22 所示。单击“提交”按钮。返回到“vCenter 设置”选项卡后单击“确定”按钮。

图 5-4-20　编辑

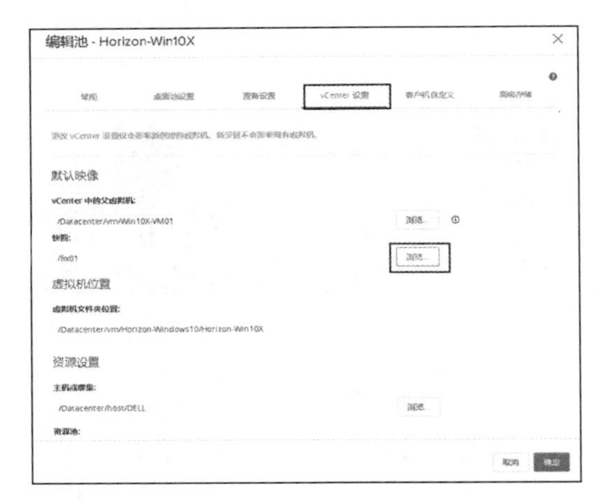

图 5-4-21　浏览

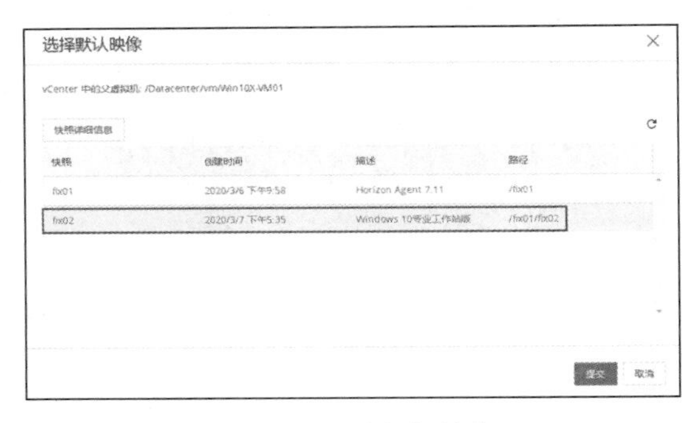

图 5-4-22　选择新的快照

（4）在 Horizon 控制台中，单击 Horizon-Win10X 桌面池的链接，如图 5-4-23 所示。

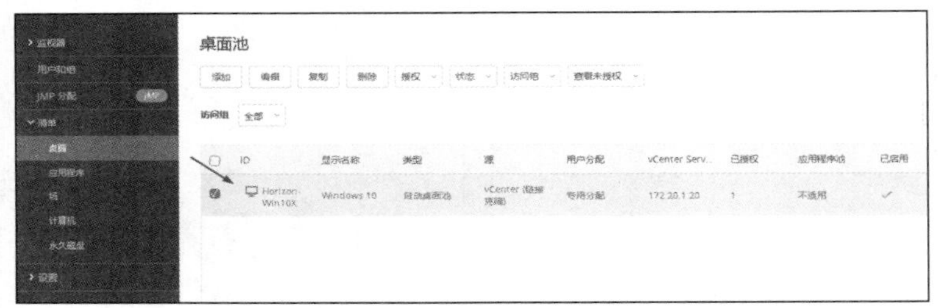

图 5-4-23　单击桌面池链接

（5）在“Horizon-Win10X”桌面池的“摘要”选项卡中，单击“View Composer”下拉列表，选择“重构”选项，如图 5-4-24 所示。

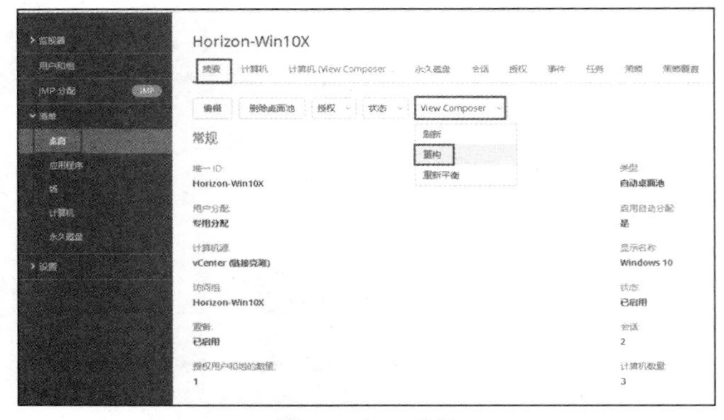

图 5-4-24　重构

（6）在“重构”对话框中的“快照”选项，默认选择 fix02，单击“下一步”按钮，如图 5-4-25 所示。

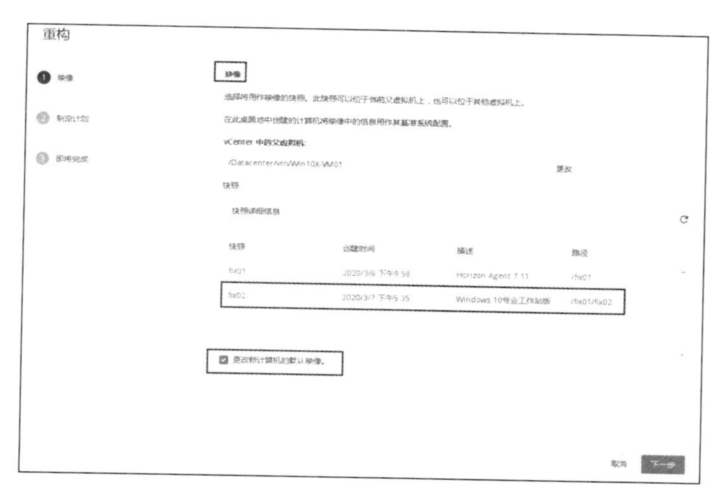

图 5-4-25　选择映像

（7）在“制定计划”对话框中选择重构桌面池的时间，通常选择用户不使用的时间段。在重构桌面之前，需要提前向用户发送通知，告诉用户重构桌面的时间，并让用户提前保存自己的文件。如果要立刻重构，选择“强制用户注销”单选按钮，单击“下一步”按钮，如图 5-4-26 所示。

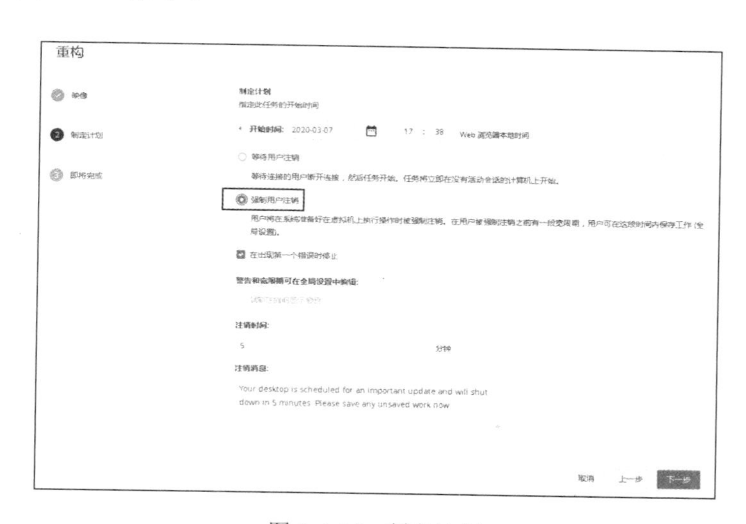

图 5-4-26　制定计划

（8）在“即将完成”对话框中单击“完成”按钮，如图 5-4-27 所示。

开始重构后，会删除原有的虚拟桌面，并利用新的模板、新的快照重新生成。

重构完成后，重新登录虚拟桌面，可以看到操作系统版本已经升级到 Windows 10 专业工作站版，如图 5-4-28 所示。

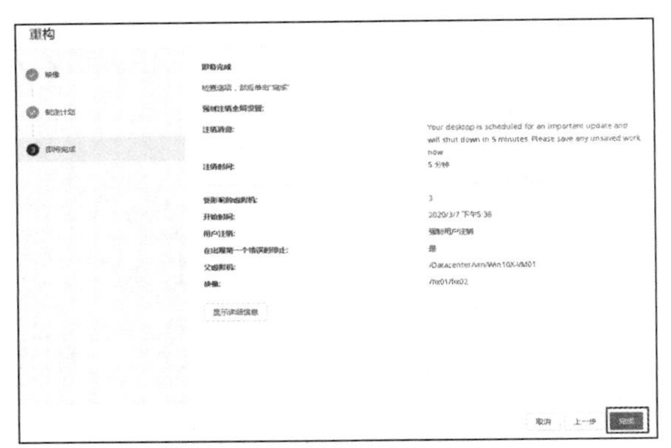

图 5-4-27　即将完成

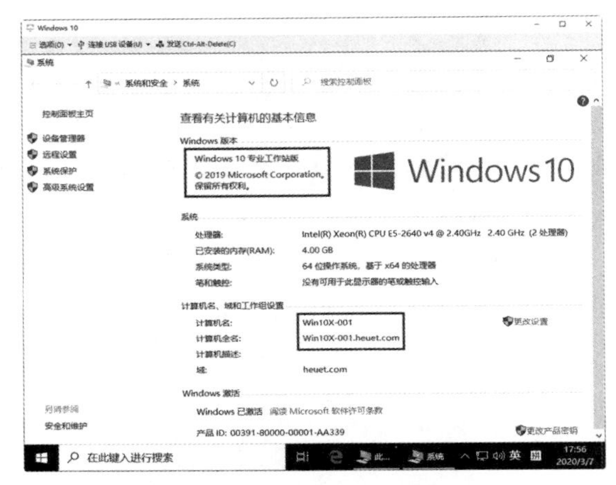

图 5-4-28　虚拟桌面已经更新

说明： 除了对整个桌面池重构外，也可以单独重构某个单独的虚拟机。这可以在 Horizon 控制台的“清单→计算机”中选择要重构的桌面，在“摘要→View Composer”下拉列表中选择“重构”选项，如图 5-4-29 所示。后续的操作和桌面池重构相同。

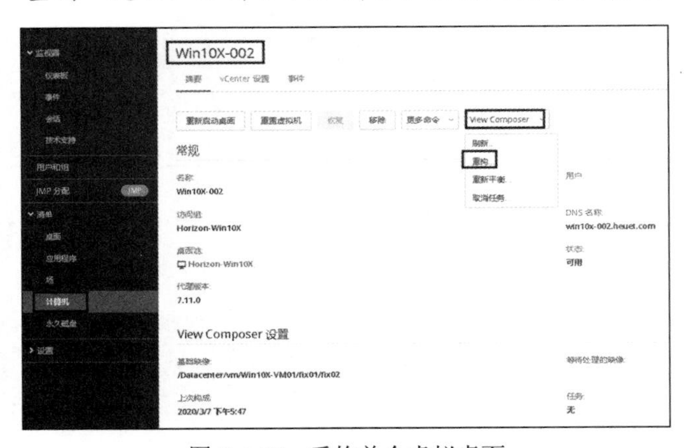

图 5-4-29　重构单个虚拟桌面

5.5 虚拟桌面，允许普通权限用户安装软件

当前链接克隆的桌面池，每个用户对虚拟桌面计算机是普通用户权限。如果用户需要单独安装软件，需要以管理员账户权限运行。有的软件也需要以管理员权限运行，对于这种情况，可以使用第三方软件 lsrunase.exe 程序，通过指定批处理脚本的方式，以管理员权限安装软件（或运行指定文件夹中的程序）。主要内容如下：

（1）用 LSencrypt 生成 Administrator 的密码。

（2）每个程序编写安装批处理，以域管理员账户身份运行。

（3）将批处理用 Quick Batch File Compiler 加密成 exe 程序。

（4）将加密后的 exe 程序、需要安装的软件放置在共享文件夹中，普通用户双击执行加密后的 exe 程序即可管理员权限运行程序或安装软件。

下面通过具体实例介绍。

5.5.1 在服务器上放置应用程序与编写脚本

在本示例中，在 dc02.heuet.com 的服务器上创建两个共享文件夹，一个共享文件夹保存加密后的 exe 程序，另一个文件夹保存安装程序。

（1）以远程桌面方式登录到 dc02.heuet.com 的服务器，在 D 盘创建两个文件夹并设置成共享，共享权限为 Everyone 读取权限。如图 5-5-1 所示，这是在 D 盘根目录创建了一个名为 software 的文件夹，设置共享名称为 software，共享权限为 Administrator 读取/写入、Everyone 读取权限。

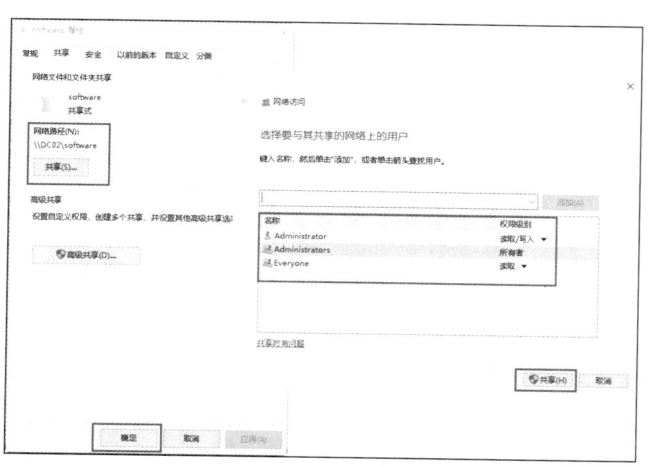

图 5-5-1　创建共享文件夹并设置权限

（2）在 D 盘创建一个名为 inst 的文件夹，并设置共享名称为 inst$，共享权限为 Everyone 读取，如图 5-5-2 所示。

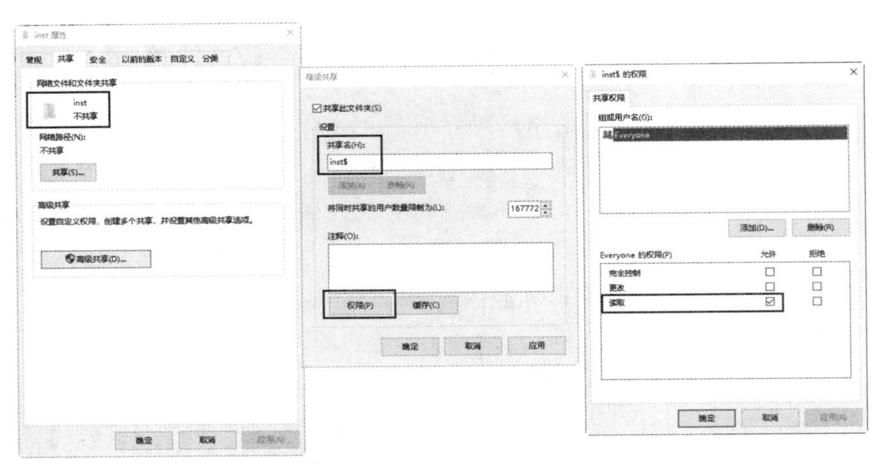

图 5-5-2　为 inst 文件夹设置共享及指定权限

（3）将下载的 LSencrypt.exe 与 lsrunase.exe 复制到 d:\inst 文件夹下，执行 LSencrypt.exe 程序，生成 Administrator 的密码，如图 5-5-3 所示。在“Password”中输入当前域管理员账户 Administrator 的密码，然后单击“Encrypt”按钮生成加密后的密码，然后复制加密后的密码，当前示例中，加密后的密码为 7F1zi6dcrfuM3vbg。

LSrunasE password encrypter
Password: ************
Encrypt
Encrypted: 7F1zi6dcrfuM3vbg

图 5-5-3　生成加密密钥

（4）将要安装的程序复制到 d:\inst 文件夹中，为了方便管理，可以创建一个子目录。本示例中在 d:\inst 文件夹中创建了一个名为 WXWORK 的文件夹，并复制了最新的企业微信及个人微信的安装程序，如图 5-5-4 所示。

（5）考虑到后期会有新的程序版本，所以可以将个人微信的安装程序重命名，本示例中将个人微信程序名由 WeChatSetup_2.8.0.121.exe 重命名为 WeChatSetup.exe，如图 5-5-5 所示。

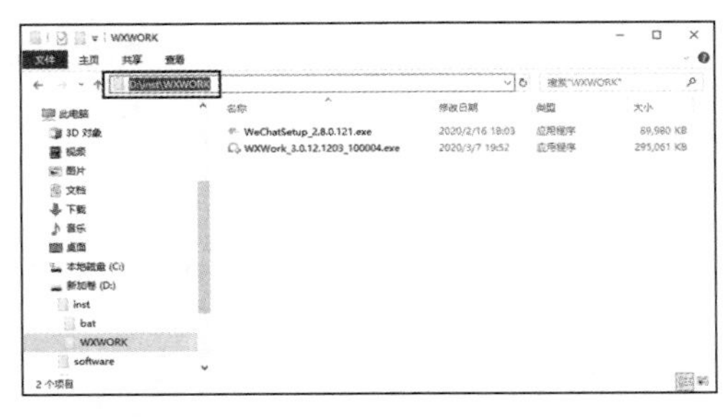

图 5-5-4　复制安装程序

图 5-5-5　重命名

说明：企业微信安装程序不能重命名，如果重命名之后运行安装程序会提示“你的企业微信正在运行，是否关闭后安装”的错误提示，如图 5-5-6 所示。

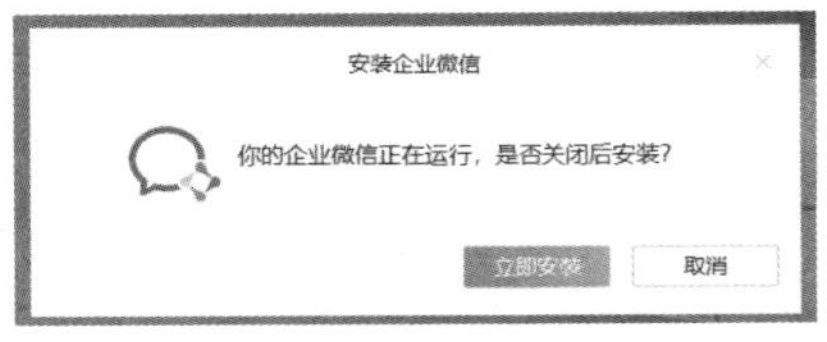

图 5-5-6　安装程序改名后的错误提示

如果要运行这些程序，程序路径分别如下：

\\172.20.1.12\inst$\lsrunase.exe。

\\172.20.1.12\inst$\WXWORK\WeChatSetup.exe。

\\172.20.1.12\inst$\WXWORK\WXWork_3.0.12.1203_100004.exe。

lsrunase 命令格式如下：

```
lsrunase /user:administrator /password:41BngA== /domain: /command:notepad.exe
/runpath:c:\
```

所有的参数必须齐全，其中：

user 为运行的账号。

password 为密码加密后的字串。

domain 为机器名或域名，也可留空代表本机。

command 为要运行的程序名，如果携带参数需要在命令的首尾加引号。

runpath 为程序启动的路径

可以用“记事本”新建文本文件，添加如下的内容，这是个人微信安装程序。

```
@echo off
"\\172.20.1.12\inst$\lsrunase" /user:administrator /password:7F1zi6dcrfuM3vbg
/domain:heuet.com/command:"\\172.20.1.12\inst$\WXWORK\WeChatSetup.exe"
/runpath:c:\
```

如图 5-5-7 所示（记事本使用了“自动换行”功能）。

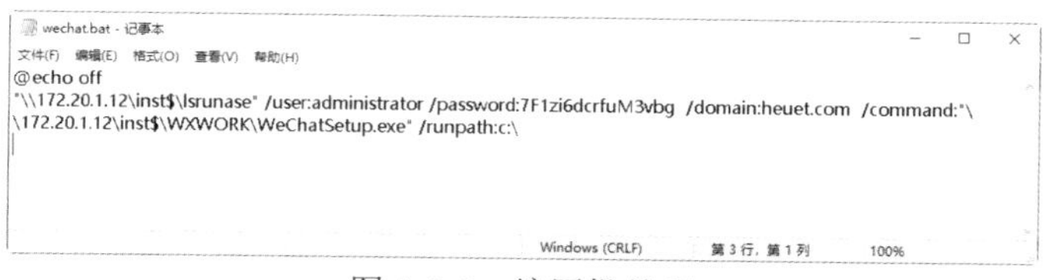

图 5-5-7　编写批处理

企业微信安装程序命令如下：

```
@echo off
"\\172.20.1.12\inst$\lsrunase" /user:administrator /password:7F1zi6dcrfuM3vbg
/domain:heuet.com  /command:"\\172.20.1.12\inst$\WXWORK\WXWork_3.0.12.1203_
100004.exe" /runpath:c:\
```

（6）使用 Quick Batch File Compiler 工具，将该 BAT 文件转换成 exe 文件。该文件使用非常简单，单击“打开”按钮选择批处理文件，然后单击“构建”按钮，在弹出的对话框中指定保存的 exe 文件名，即可将批处理文件转换为 exe 可执行程序，如图 5-5-8 所示。

（7）将转换为 exe 可执行程序的文件复制到 d:\software 文件夹中，如图 5-5-9 所示。

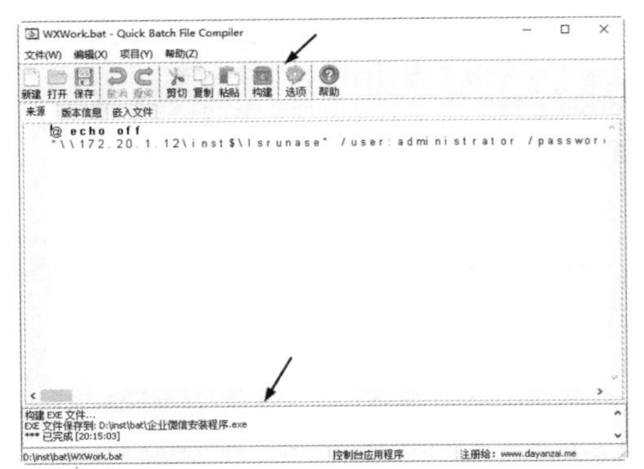

图 5-5-8　将批处理转换为 exe 程序

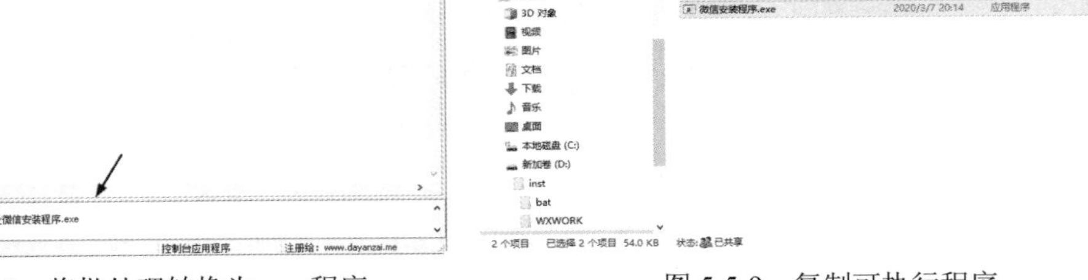

图 5-5-9　复制可执行程序

5.5.2　创建组策略映射共享文件夹

在编写了安装脚本之后，本节任务是将提供安装程序的共享文件夹自动映射到每个用户，为了方便每个用户，还可以在每个虚拟机的桌面自动创建快捷方式，现在介绍方法，主要内容如下。

（1）在 Active Directory 域服务器中，打开“组策略管理”程序，在“克隆链接组”组织单位中新建组策略，本示例中新建组策略名称为 Linked-clone-GPO，用鼠标右键单击创建的组策略，在弹出的快捷菜单中选择“编辑”命令，如图 5-5-10 所示。

（2）打开“组策略管理编辑器”，定位到“用户配置→首选项→驱动器映射”，在右侧空白窗格中用鼠标右键单击，在弹出的快捷菜单中选择“新建→映射驱动器”命令，如图 5-5-11 所示。

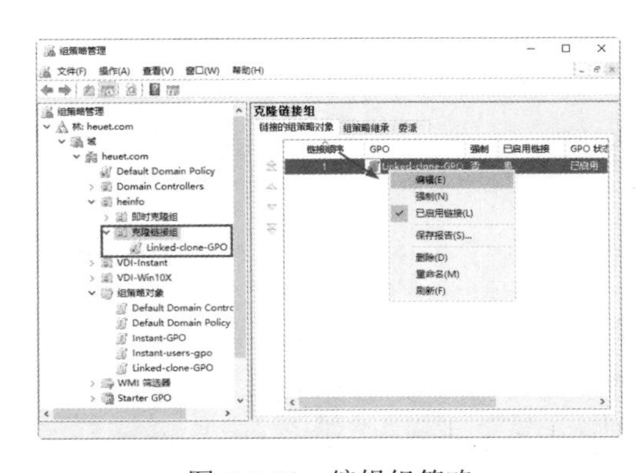

图 5-5-10　编辑组策略

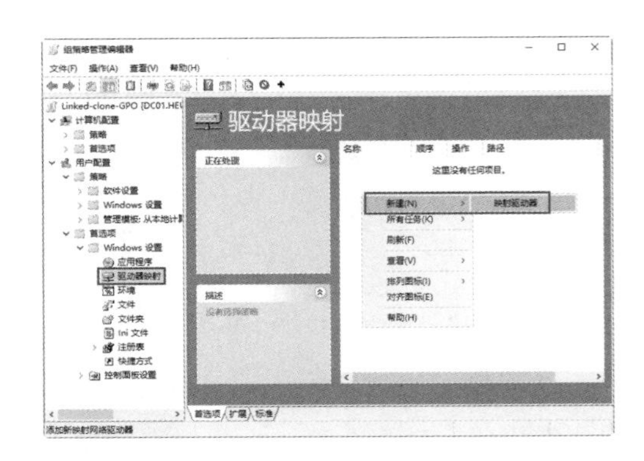

图 5-5-11　新建映射驱动器

（3）在“新建驱动器属性”对话框中的“位置”处输入要映射的驱动器的网络路径，本示例为\\dc02\software，在“驱动器号”选项中单击“使用”并在右侧下拉列表中选择一个比较靠后的盘符例如 K 盘，其他选择默认值，单击“确定”按钮，如图 5-5-12 所示。

创建之后如图5-5-13所示。

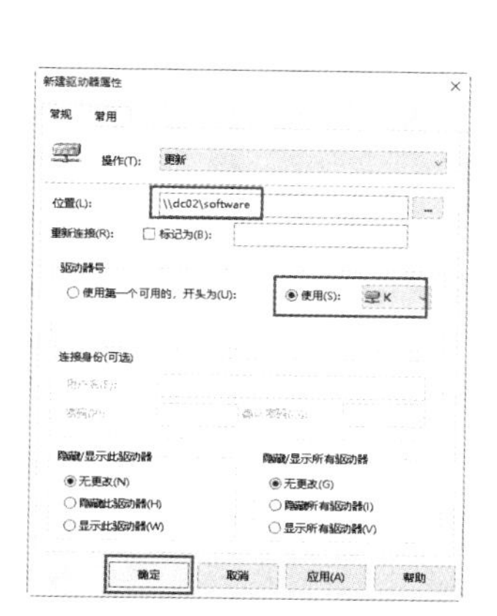

图5-5-12　新建驱动器映射

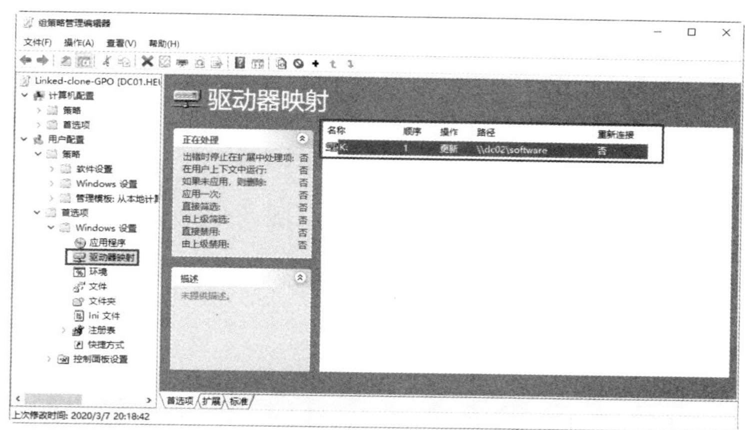

图5-5-13　创建之后

（4）定位到“用户配置→首选项→快捷方式”命令，在右侧空白窗格中用鼠标右键单击，在弹出的快捷菜单中选择“新建→快捷方式”命令，如图5-5-14所示。

（5）在“新建快捷方式属性”对话框的“名称”中输入新建快捷方式名称，本示例为常用软件，目标类型为文件系统对象，位置选择桌面，在“目标路径”处输入快捷方式的位置，本示例为\\dc02\software，单击“确定”按钮完成创建，如图5-5-15所示。

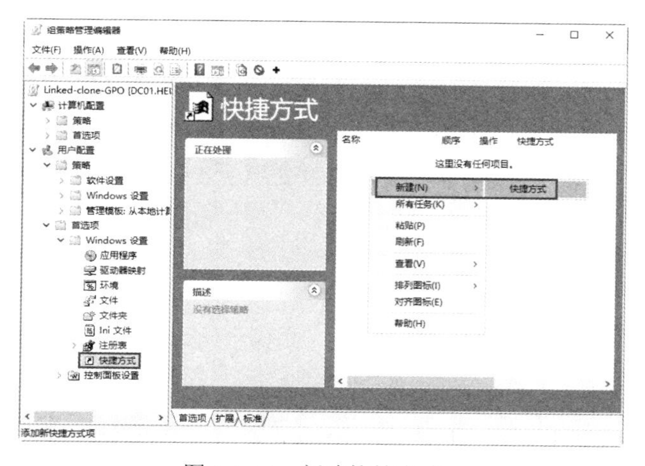

图5-5-14　新建快捷方式

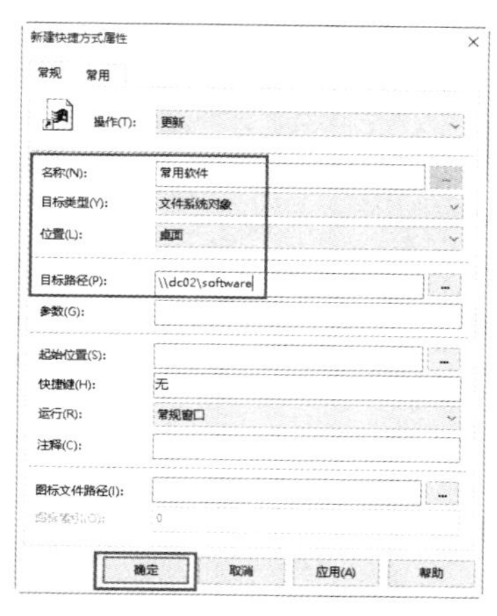

图5-5-15　快捷方式属性

（6）创建之后如图5-5-16所示。

（7）打开命令提示窗口，执行gpupdate /force，更新组策略，如图5-5-17所示。

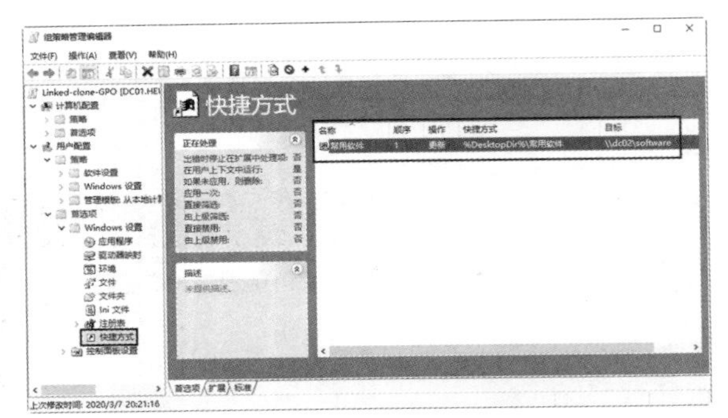

图 5-5-16　创建快捷方式之后

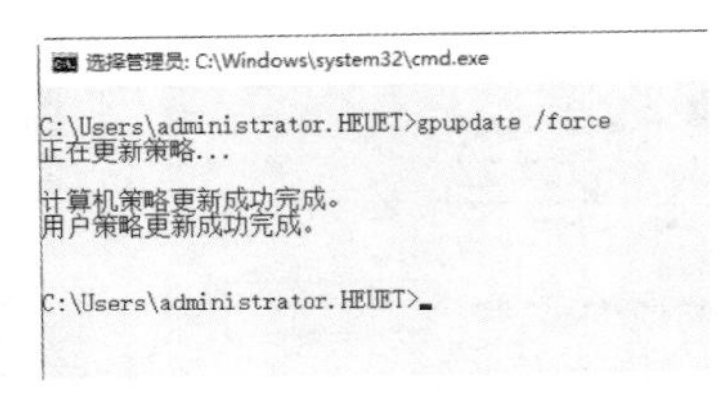

图 5-5-17　更新组策略

5.5.3　客户端测试

注销虚拟桌面计算机，再次登录桌面上就自动创建了“常用软件”的快捷方式，双击该快捷方式打开，可以看到个人微信和企业微信的安装程序，如图 5-5-18 所示。然后用鼠标双击就可以以管理员的权限安装软件，如图 5-5-19 所示。

安装完成后如图 5-5-20 所示。

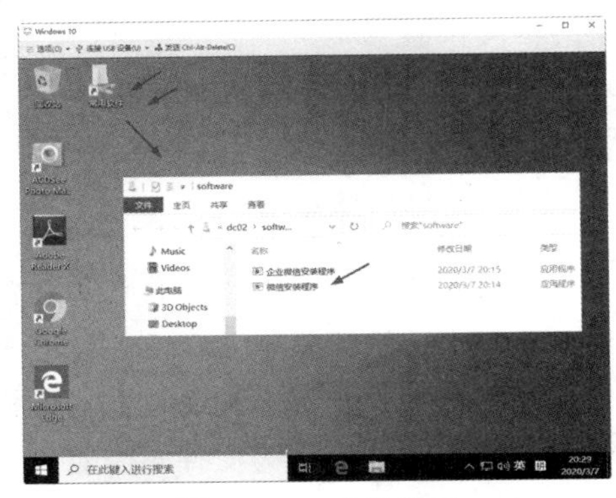

图 5-5-18　安装程序

图 5-5-19　运行安装程序

图 5-5-20　安装完成

以后如果有新版本更新，在服务器端替换安装程序（对于可以修改安装程序文件名的个人微信），或者编写新的安装脚本（每次安装程序文件名都不同的企业微信安装程序）重新转换成 exe 程序并替换\\dc02\software 文件夹中原来的安装程序即可，这些不再做过多介绍。

第 6 章　创建即时克隆的虚拟桌面

Horizon 即时克隆（Instant Clone）技术，可以达到 2 s 内生成并启动一个桌面。本章介绍创建即时克隆的虚拟桌面。

6.1　即时克隆介绍

即时克隆是 Horizon 7.0 及以上版本支持的一项新功能，可以在很短的时间内置备大量虚拟机。传统的虚拟机都是从硬盘（或存储）启动的，当同时启动的虚拟机比较多的时候，往往造成启动风暴和内存风暴。

启动风暴是指很多虚拟机启动时，大家都要对硬盘进行读操作，造成密集磁盘读操作，从而引起读操作的竞争，导致系统整体性能下降，虚拟机启动非常慢。通常的解决方案是采用 SSD 作为高速缓存来提高读操作的性能。

内存风暴是指很多虚拟机启动时都要申请大量的内存，造成 Hypervisor 在短时间内调度内存的巨大压力。

即时克隆（Instant Clone）是一种创新的虚拟机启动技术，它不再是从磁盘镜像来启动虚拟机，而是从系统中一台已经运行的父虚拟机中直接创建（vmFork）一台新的子虚拟机，如图 6-1-1 所示。子虚拟机不需要有物理镜像，在一开始的时候重用父虚拟机的内存，所以子虚拟机跟父虚拟机是一模一样的。这特别适合于桌面虚拟化这种应用场景，因为大部分桌面系统的操作系统都是一样的，上面跑的软件也几乎一样，办公环境就是 Office，呼叫中心就是座席服务软件，所不同的只是个人的数据和 Windows 环境设置。

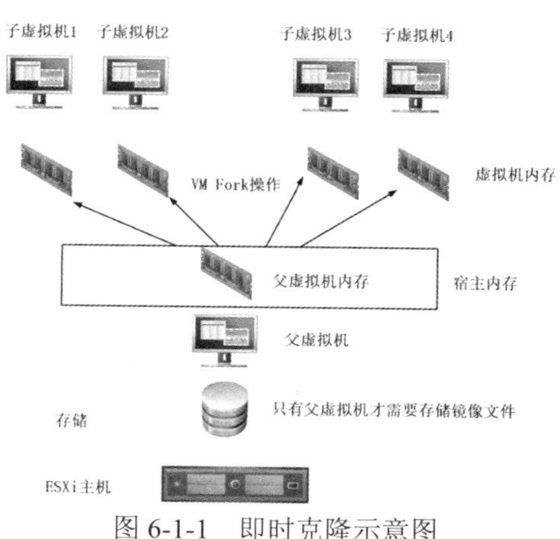

图 6-1-1　即时克隆示意图

vSphere 在由父虚拟机 vmFork 出子虚拟机时，完全重用原父虚拟机的内存镜像，只有当子虚拟机中的内存发生写操作时，才会针对改动的那部分内存创建一个副本，在副本中进行写操作，这种技术称为“写时才复制”（Copy-On-Write）。每一个虚拟机的内存实际上是由父虚拟机的内存和 Copy-On-Write 内存拼接而成的，COW 那部分内存才是每个虚拟机所专有的。

要使用“即时克隆”功能，对 vSphere 版本与硬件、网络都有一定的需求和限制：

- 要使用即时克隆功能 vSphere 的版本最低为 vSphere 6.0 U1。
- 发布的虚拟机硬件版本号必须为最新的 11。
- VMware 推荐使用分布式交换机发布即时克隆桌面。
- 确保 Horizon Storage Accelerator 处于启用状态。
- 通过即时克隆发布的桌面池透明页面共享会自动处于开启状态。
- 操作系统即时克隆只支持 Windows 7 和 Windows 10，并不支持 Windows 8/8.1。
- 即时克隆只支持发布终端桌面，RDS 主机不支持。
- 即时克隆只支持浮动桌面的发布方式。
- 即时克隆不支持永久盘（Persistent Disks），该效果可通过 App Volume 实现。
- Virtual Volumes、VAAI 和原生的 NFS 快照都不支持。
- 不支持微软的 sysprep 方式自定义桌面。
- 不支持 PowerCLI。
- 不支持本地磁盘。
- 不支持 persona Management。
- 不支持 IPv6。

下面通过具体实例介绍“即时克隆”，其主机内容包括下述内容：

- 创建 VDI-Instant 资源池。
- 准备 Windows 10 企业版（4 个 CPU、4 GB 内存、1 个网卡 VMXNET3，100 GB 硬盘空间）。
- 安装必备软件，使用 KMS 激活，安装 Horizon Agent 7.11.0。
- VMware OS Optimization Tool。
- 重新启动/关机，创建快照。
- 创建即时克隆的桌面池。
- 客户端测试。

6.2 准备即时克隆虚拟桌面使用的父虚拟机

即时克隆的虚拟机是非永久虚拟机，一般不会保存数据和配置。如果要保存即时克隆虚拟机的数据和设置，需要使用文件夹重定向或使用 App Volumes 的永久磁盘。即时克隆的虚拟机在关机或注销之后会自动删除，即时克隆的虚拟机需要安装好所需要的软件并做好配置。本节介绍配置即时克隆的父虚拟机（模板虚拟机）的配置方法和注意事项。

6.2.1　从模板置备虚拟机

在本节从 Windows 10 的模板虚拟机部署一台新的虚拟机，安装 Horizon Agent，用于即时克隆的父虚拟机。主要步骤如下。

（1）新建虚拟机，选择 Win10X-TP 的模板，选择"自定义操作系统、自定义此虚拟机的硬件、创建后打开虚拟机电源"。

（2）在"选择名称和文件夹"对话框中的"为该虚拟机输入名称"文本框中，输入虚拟机的名称，本示例为 Win10X-Instant，如图 6-2-1 所示。

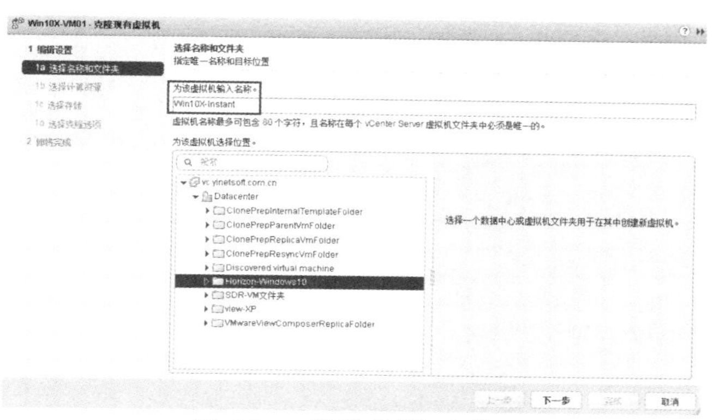

图 6-2-1　设置虚拟机名称

（3）在"自定义客户机操作系统"对话框中，选择一个自定义规范。当前的虚拟机不需要加入域。

（4）在"用户设置"中的"计算机名称→ NetBIOS 名称"中定义计算机的名称，本示例为 Win10X-Instant，如图 6-2-2 所示。

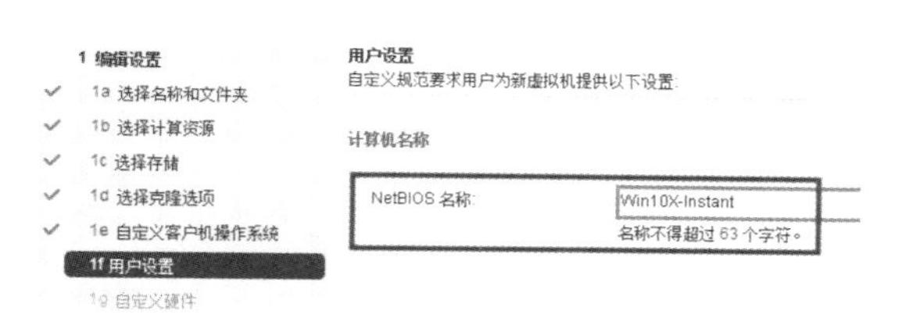

图 6-2-2　NetBIOS 名称

（5）在"自定义硬件"对话框中，设置虚拟机的 CPU、内存，在"网络适配器"中选择虚拟桌面所用的虚拟交换机端口组，本示例中为虚拟机分配 4 个 CPU、4 GB 内存，使用 VM Network 端口组。

（6）其他的选择默认值，然后等待完成虚拟机的置备。

（7）置备完成后，打开虚拟机控制台，在“系统和安全→系统”中查看置备的虚拟机配置，如图 6-2-3 所示。

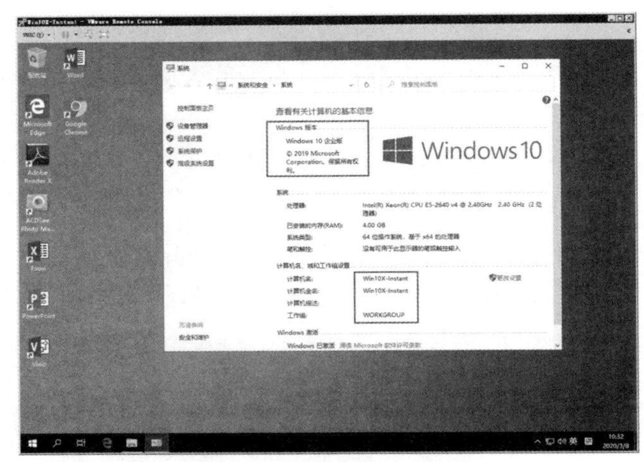

图 6-2-3　置备虚拟机

6.2.2　安装 Horizon Agent

从模板置备虚拟机完成后，打开名为 Win10X-Instant 的虚拟机控制台，安装 Horizon 7.11 Agent，主要步骤如下。

（1）运行 VMware-Horizon-Agent-x86_64-7.11.0-15238678.exe 安装程序，进入 VMware Horizon Agent 的安装向导。

（2）在“网络协议配置”对话框中选择配置此 Horizon Agent 实例的协议，Horizon Agent 支持 IPv4 或 IPv6，本示例中选择 IPv4。

（3）在“自定义安装”中选择安装的组件，本示例中安装 VMware Horizon Instant Clone Agent（即时克隆）组件，如图 6-2-4 所示。

（4）在“远程桌面协议配置”对话框中，启用该计算机的远程桌面功能。

（5）安装完 Horizon Agent 之后，重新启动计算机，如图 6-2-5 所示。

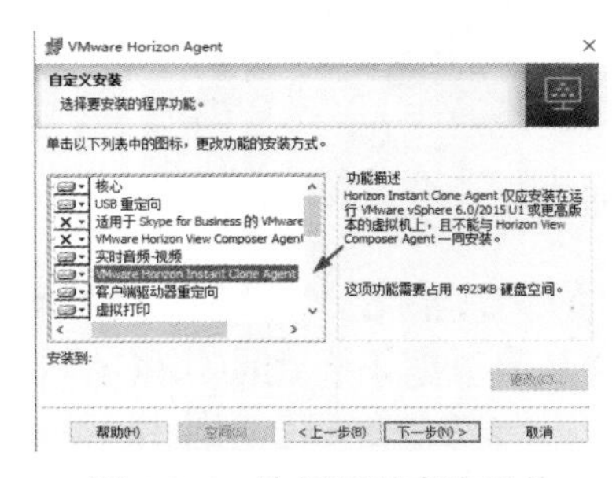

图 6-2-4　选择即时克隆组件

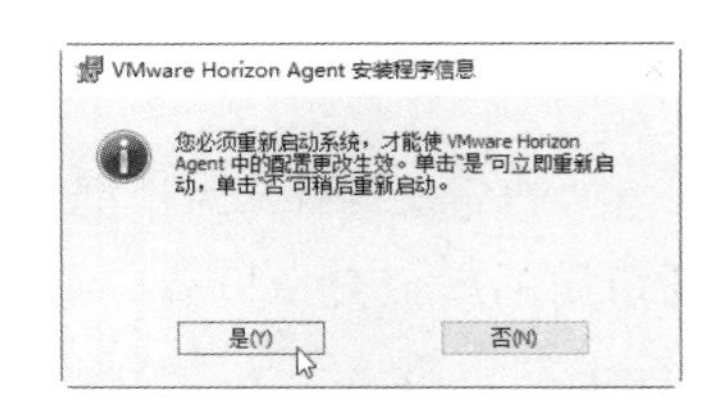

图 6-2-5　重新启动计算机

说明： 通常情况下，安装完 Horizon Agent 的虚拟机就可以关机，然后创建快照并用作模板了。但在安装 Horizon Agent 之后不要直接关闭虚拟机，需要重新启动一次，并且再次进入桌面。

6.2.3　优化 Windows 10

再次进入 Windows 10 操作系统后，使用 VMware OS Optimization Tool 优化 Windows 10。

运行 VMware OS Optimization Tool，单击“Analyze”按钮分析当前系统可以进行的优化项，根据自己的需要进行取舍，选择好之后单击“Optimize”按钮进行优化。优化之后如图 6-2-6 所示。

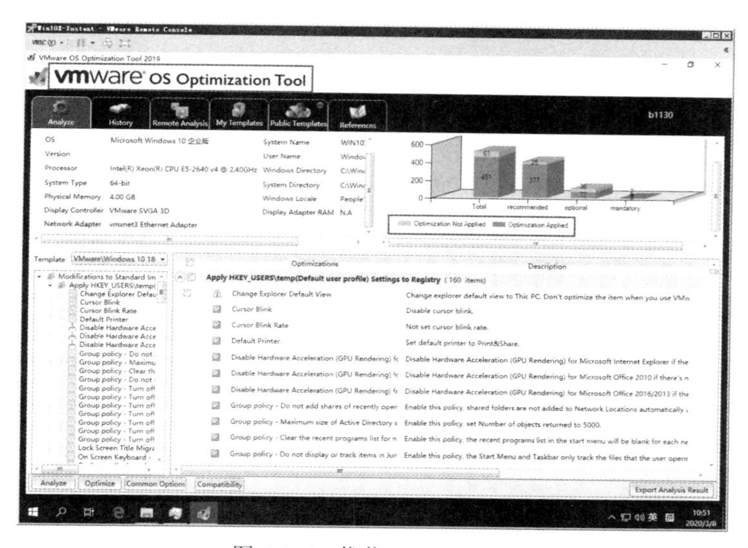

图 6-2-6　优化 Windows 10

再次运行“用户账户控制设置”对话框，调整为“从不通知”，如图 6-2-7 所示。

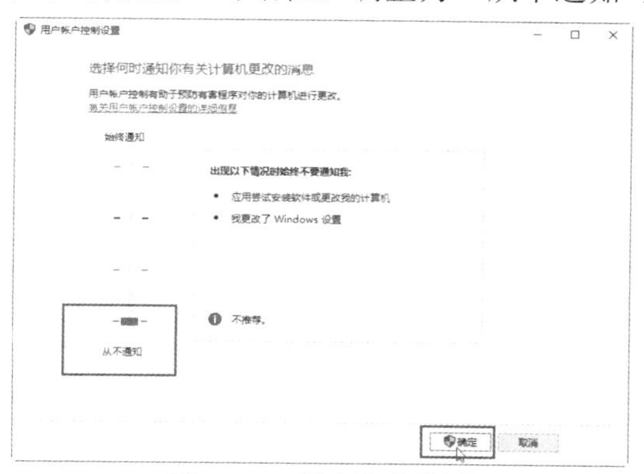

图 6-2-7　用户账户设置

配置完成后，从“开始”菜单选择“关闭计算机”，以正常关闭虚拟机。

6.2.4 为父虚拟机创建快照

用于即时克隆的虚拟机必须关机并且创建快照，在开机状态下创建的快照不适合即时克隆的虚拟桌面。

（1）使用 vSphere Client 或 vSphere Web Client 登录到 vCenter Server，用鼠标右键单击已经关闭电源的名为 Win10X-Instant 的虚拟机，在弹出的快捷菜单中选择“快照→生成快照”命令，如图 6-2-8 所示。

（2）在“生成 Win10X-Instant 的虚拟机快照”对话框中，为新建快照设置名称和描述信息，本示例中快照名称为 Instant，如图 6-2-9 所示，单击“确定”按钮完成快照的创建。

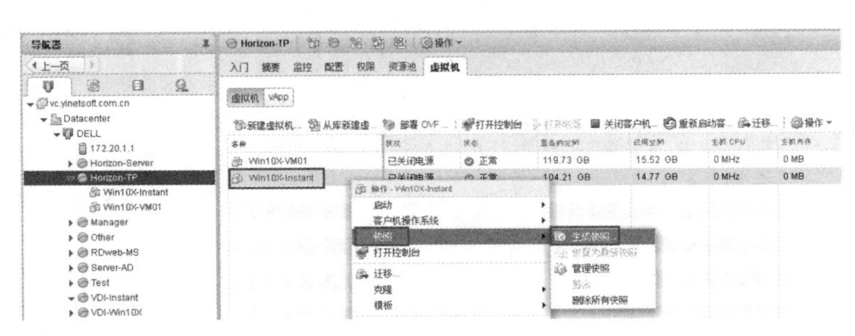

图 6-2-8 创建快照

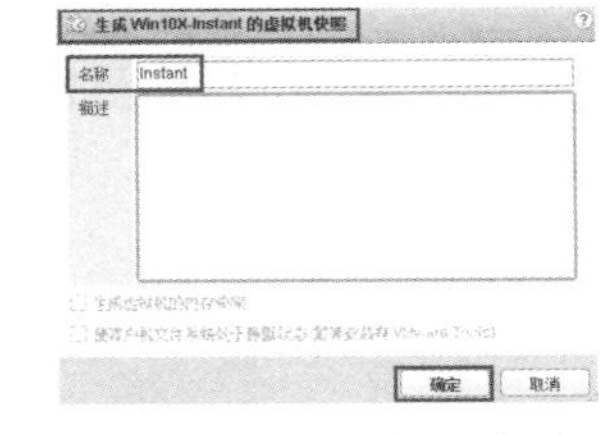

图 6-2-9 设置快照名称

为父虚拟机创建快照之后，就可以创建即时克隆的桌面池。

6.3 检查 Horizon 控制台配置

在开始创建即时克隆虚拟桌面之前，登录 Horizon 7 控制台，检查以下两项。

（1）在“设置→服务器”中，选择“vCenter Server”选项卡，单击“编辑”按钮，如图 6-3-1 所示。

图 6-3-1 编辑 vCenter 设置

（2）在弹出的“编辑 vCenter Server→高级设置”选项中，在“最大并发即时克隆引擎置备操作数”选项中，查看并设置即时克隆置备的最大数量，默认为 20，如图 6-3-2 所示。

（3）在“存储”选项卡，确认“启用 Horizon Storage Accelerator”复选框，如图 6-3-3 所示。检查之后单击“确定”按钮返回。

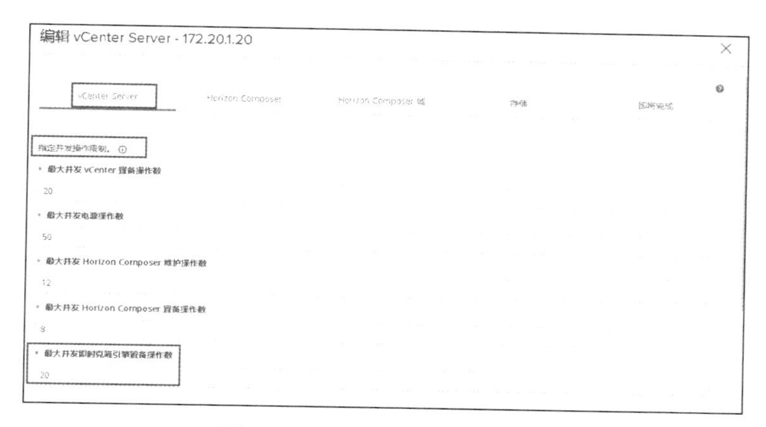

图 6-3-2　并发即时克隆置备数

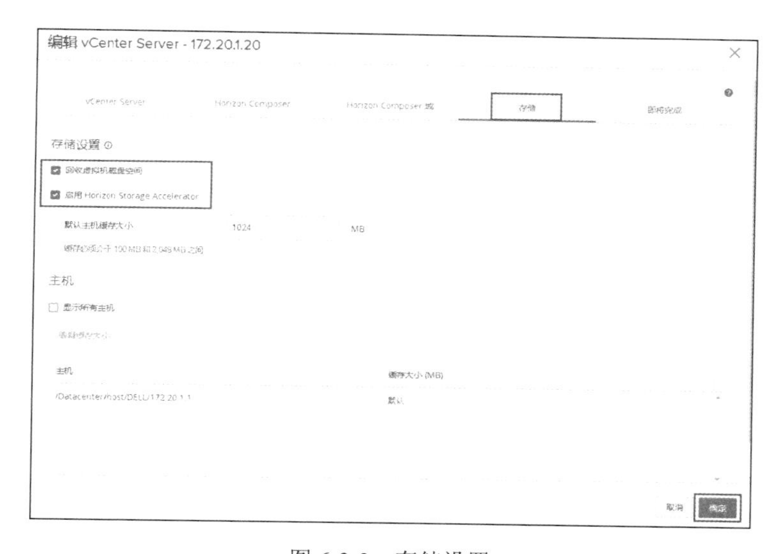

图 6-3-3　存储设置

（4）在“即时克隆引擎域账户”中，单击“添加”按钮，添加域管理员账户设置为“即时克隆域管理器”，如图 6-3-4 所示。

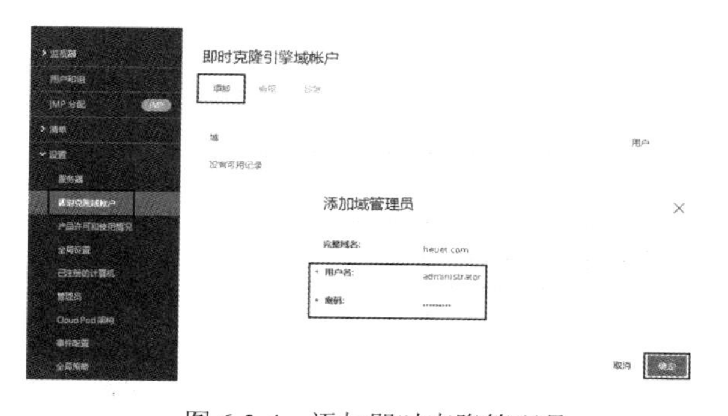

图 6-3-4　添加即时克隆管理员

6.3.1 创建即时克隆的桌面池

接下来，我们将以上一节创建的 Windows 10 虚拟机为例，介绍创建“即时克隆”自动桌面池的方法。其他基于 Windows 7、Windows 8.1 的桌面池与此类似。

说明：本节以新的 HTML5 界面的 Horizon Console 为例进行介绍，基于 Flash 界面的 Horizon Administrator 与此相同。

（1）在网络中的一台计算机上，登录 Horizon Console 管理界面，本示例中登录地址为 https://vcs01.heuet.com/admin 或 https://vcs02.heuet.com:12345/admin。登录之后，在“清单→桌面池”中，单击“访问组→新建访问组”（如图 6-3-5 所示），在弹出的“添加访问组”对话框中，新建一个访问组，设置名称为“Instant-Win10X”，如图 6-3-6 所示。

图 6-3-5 添加访问组

图 6-3-6 设置访问组名称

（2）创建访问组之后，单击“添加”按钮（如图 6-3-7 所示），在“添加池”对话框中选择“自动桌面池”单选按钮，如图 6-3-8 所示。

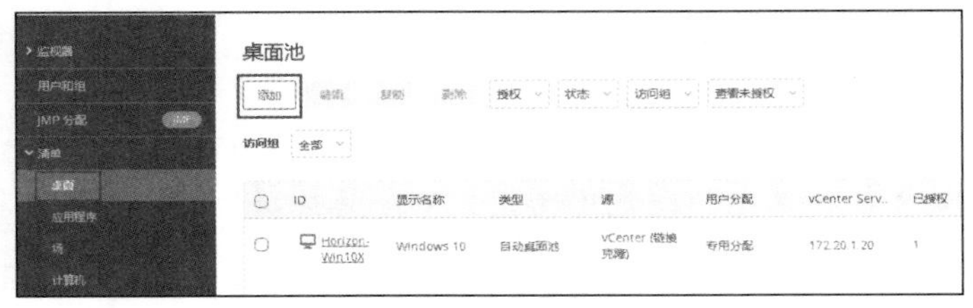

图 6-3-7 添加

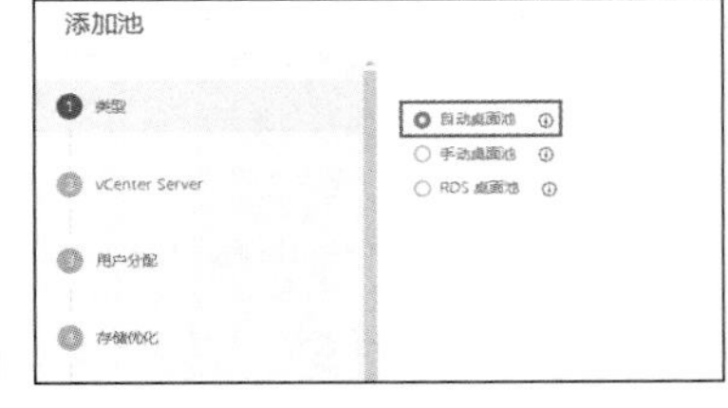

图 6-3-8 自动桌面池

（3）在“vCenter Server”对话框中，选中“即时克隆”单选按钮，如图 6-3-9 所示。

（4）在“用户分配”对话框中，选择“浮动”单选按钮，如图 6-3-10 所示。采用浮动分配，用户每次登录时，登录到的虚拟桌面是从桌面池中随机选出的计算机。

（5）在“桌面池标识”对话框中，为要创建的虚拟机桌面池创建一个名称，在本例中设置名称为 Instant-Win10X，设置显示名称为“Windows 10”，访问组选择 Instant-Win10X，如图 6-3-11 所示。

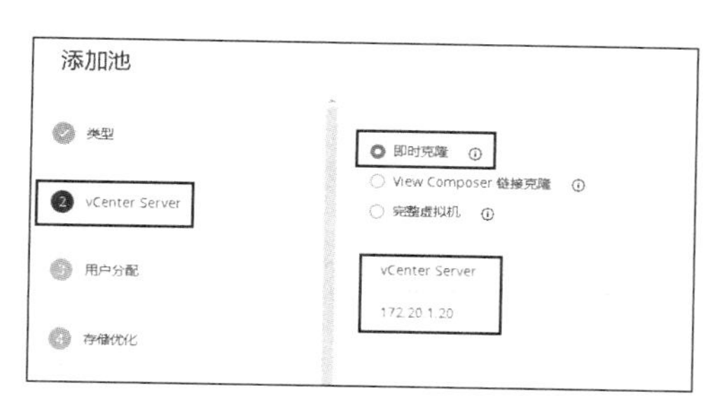

图 6-3-9　选择 vCenter Server

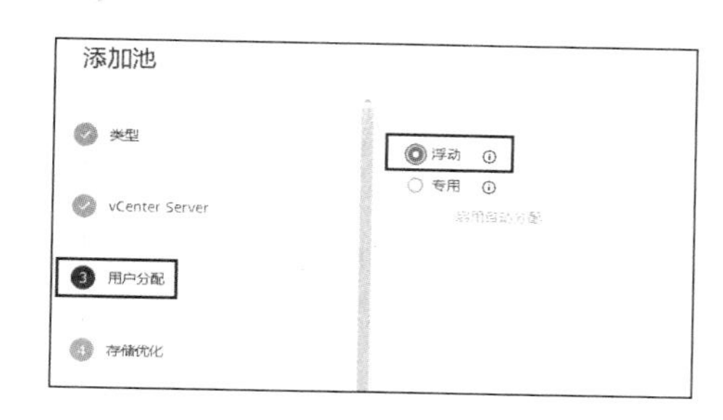

图 6-3-10　用户分配

（6）在“置备设置”对话框中，设置虚拟机池的大小和虚拟机的命名方式，如图 6-3-12 所示。在本例中，在“虚拟机命名”选项组，选择一种命名模式，并设置名称为“Instant-{n:fixed=3}”。在“桌面池尺寸调整”中设计算机的最大数量为 5，总是开机的虚拟机为 1。

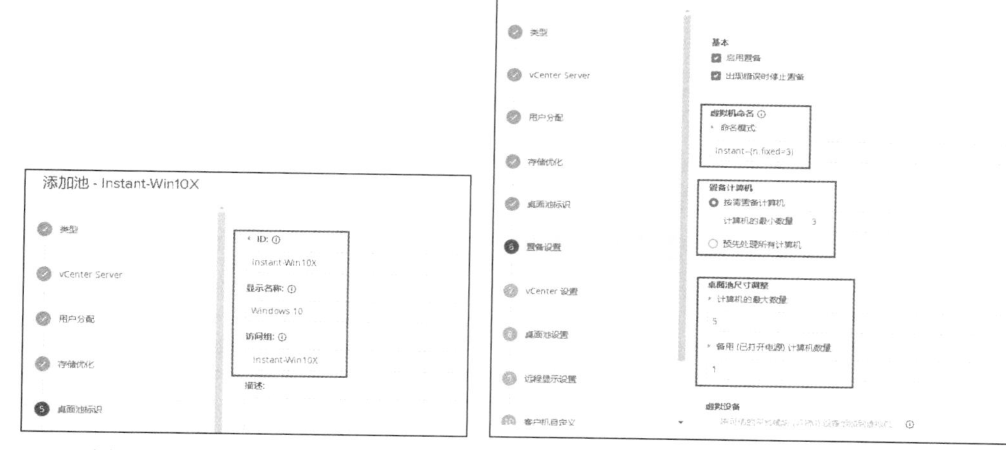

图 6-3-11　设置虚拟机 ID 名　　　图 6-3-12　设置虚拟机命名方式、池大小

（7）在“vCenter 设置”对话框中选择 vCenter 中的父虚拟机、快照、群集、资源池、数据存储等，如图 6-3-13 所示。

（8）在图 6-3-13 的“vCenter 中的父虚拟机”处单击“浏览”按钮，在弹出的“选择父虚拟机”对话框中，选择前文中准备的虚拟机，本示例中虚拟机名称为 Win10X-Instant，如图 6-3-14 所示。

（9）选择父虚拟机后返回图 6-3-13 所示界面，在“快照”处单击“浏览”按钮，为父虚拟机选择快照，如图 6-3-15 所示。在此示例中快照名称为 Instant。

（10）选择快照后返回图 6-3-13 所示界面，在“虚拟机文件夹位置”后单击“浏览”按钮，选择用于存储虚拟机的文件夹，如图 6-3-16 所示。

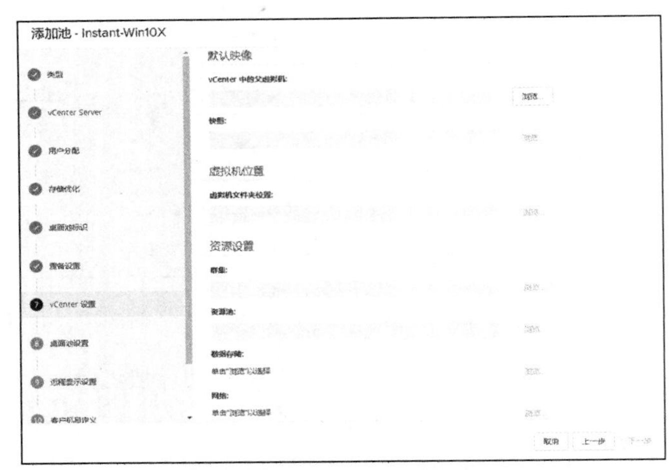

图 6-3-13　vCenter 设置

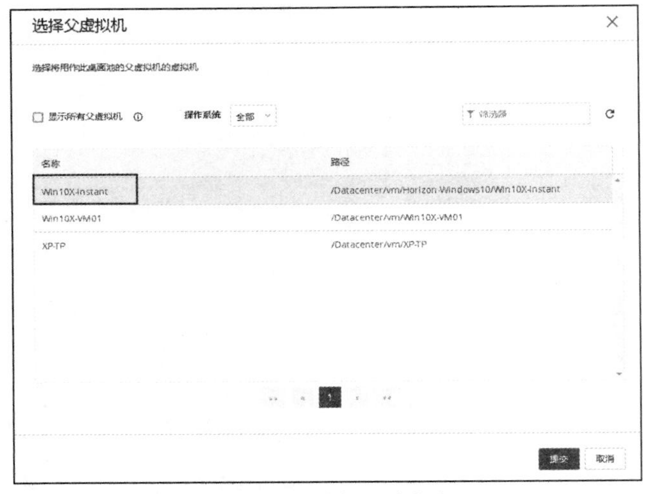

图 6-3-14　选择父虚拟机

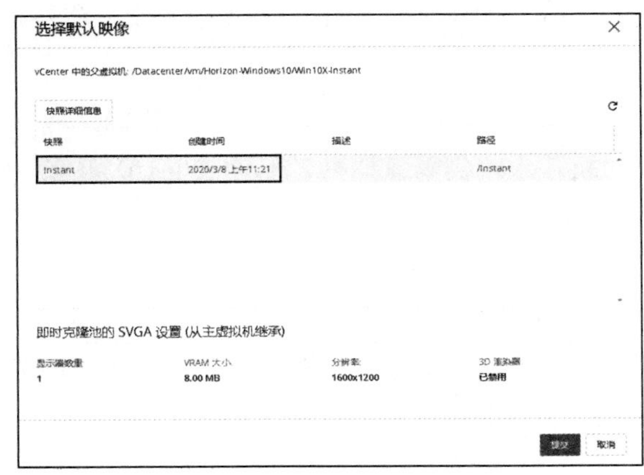

图 6-3-15　选择快照

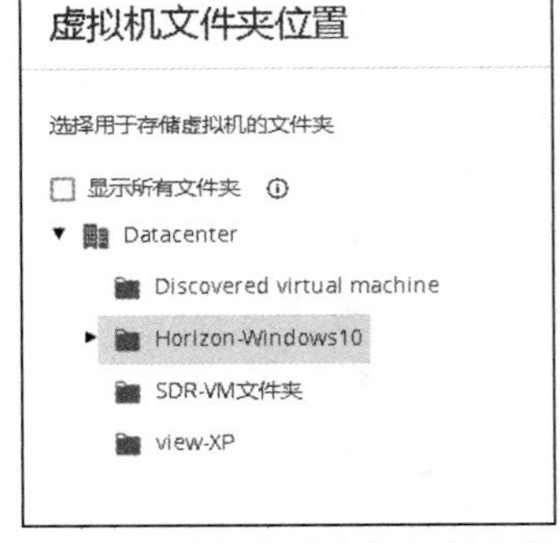

图 6-3-16　选择存储虚拟机的文件夹

（11）选择“主机或群集”，选择合适的主机及群集。

（12）选择“资源池”，选择前文创建的“Horizon7-Win10X”资源池。

（13）在“选择即时克隆数据存储”对话框中选择该桌面池要使用的数据存储设备，如图 6-3-17 所示。如果为桌面池选择本地存储，会弹出警告对话框，单击“确定”按钮继续。

（14）设置之后返回到“vCenter 设置”，在此显示了 vCenter 中的父虚拟机、快照、虚拟机文件夹位置、资源设置等信息，如图 6-3-18 所示。

图 6-3-17　选择数据存储　　　　图 6-3-18　vCenter Server 设置

（15）在“桌面池设置”对话框中，设置虚拟机池，如图 6-3-19 所示。

（16）在“远程显示协议”选项中，设置默认显示协议，如图 6-3-20 所示。

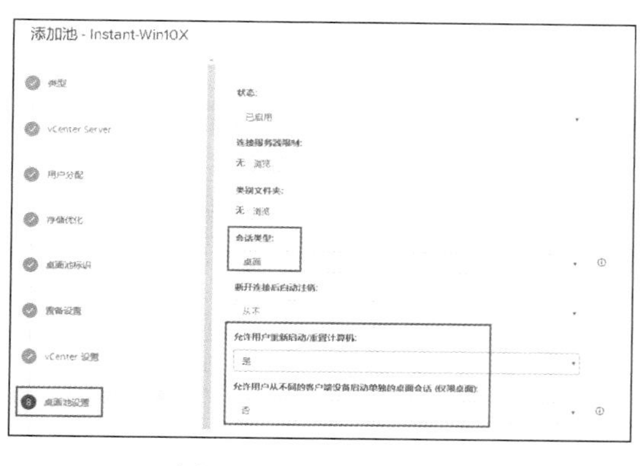

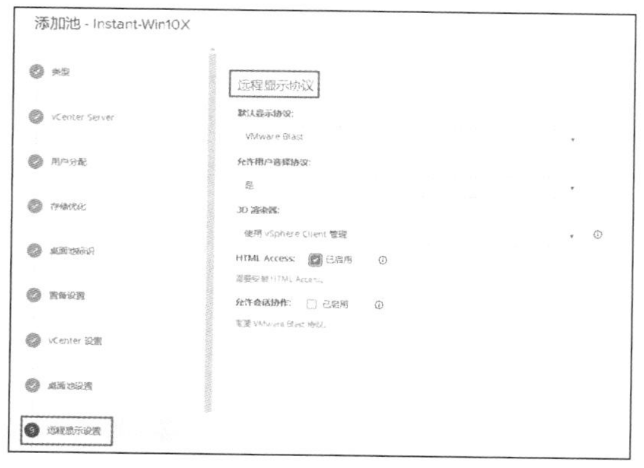

图 6-3-19　桌面池设置　　　　图 6-3-20　远程显示协议

（17）在“客户机自定义”对话框中，在“AD 容器”后单击“浏览”按钮，选择前文创建的“VDI-Win10X”组织单位，选中“允许重用已存在的计算机账户”复选框，如图 6-3-21 所示。

（18）在“即将完成”对话框，显示了创建自动池的参数与设置，检查无误之后，选中“此向导完成后授权用户”复选框，单击“提交”按钮，如图 6-3-22 所示。

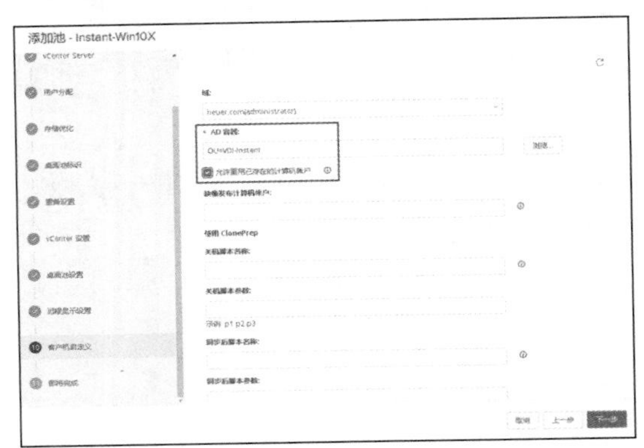

图 6-3-21　客户机自定义

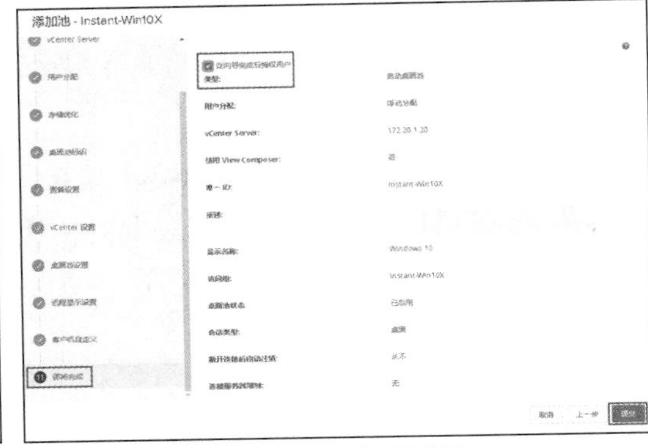

图 6-3-22　完成设置

（19）在“添加授权”对话框中单击“添加”按钮，在“查找用户或组”对话框中，单击“查找”按钮，浏览选择要使用当前桌面池的用户或用户组，本示例选择“即时克隆组”用户组，如图 6-3-23 所示。单击“确定”按钮。

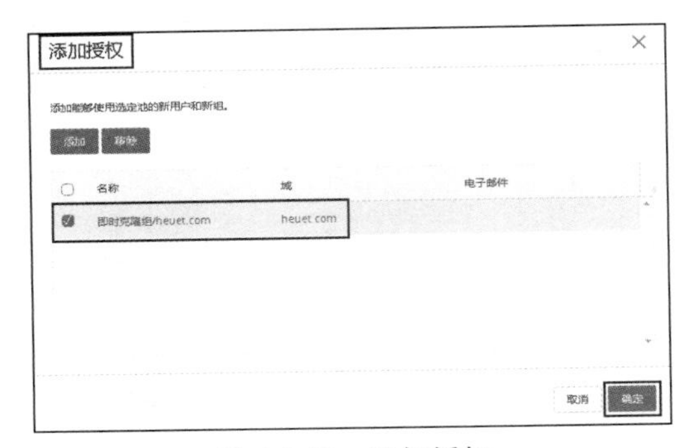

图 6-3-23　添加授权

新添加的 Windows 10 桌面池配置如图 6-3-33 所示。

等待虚拟桌面置备完成后，在“清单→计算机”中看到部署的 Windows 10 桌面（在筛选器中输入 instant 以显示计算机名中包括 instant 的计算机），如图 6-3-25 所示。

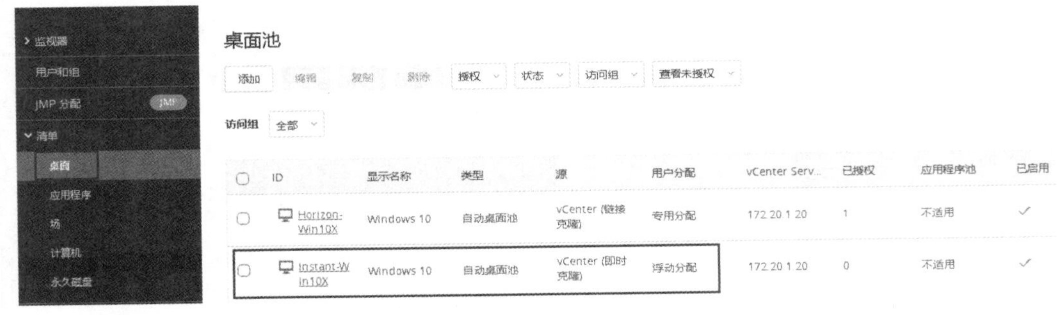

图 6-3-24　新添加的 Windows 10 桌面池配置

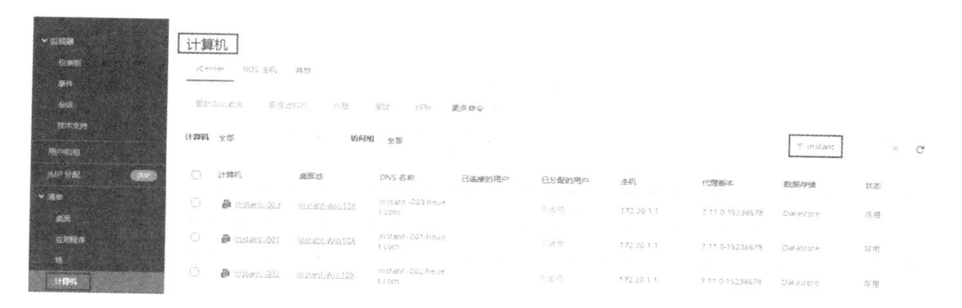

图 6-3-25　部署好的 Windows 10 虚拟桌面

6.3.2　查看部署状态

在创建桌面池并完成授权后，返回到“桌面池”对话框，从中可以看到创建的池，如图 6-3-26 所示。

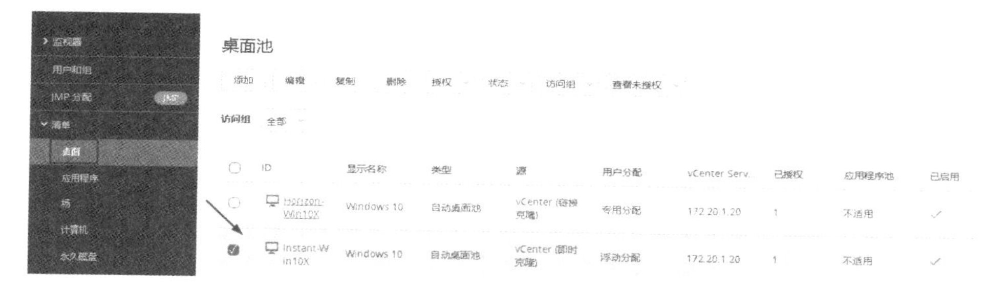

图 6-3-26　创建的池

查看这个桌面池详细信息，在“摘要”中可以看到当前的部署状态，如图 6-3-27 所示。

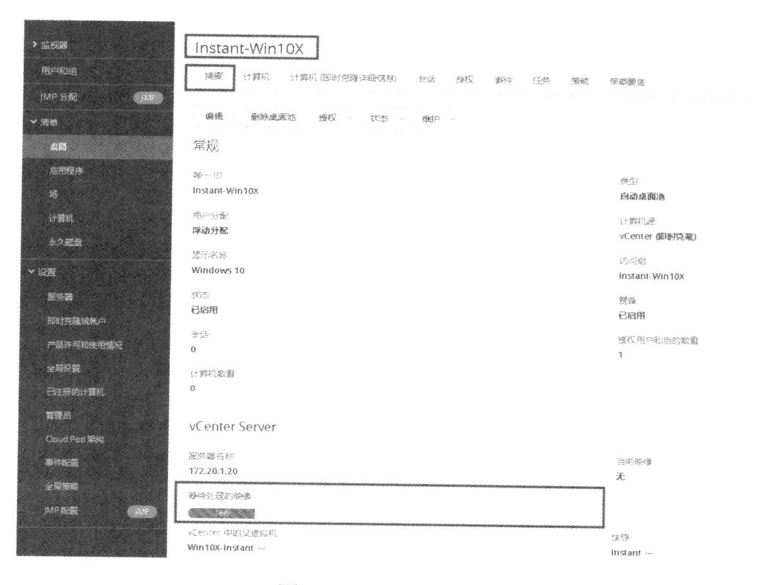

图 6-3-27　正在部署

切换到域控制器，打开“Active Directory 用户和计算机”，在“heuet.com→VDI-Instant”中可以看到，添加了一个名称以 it 开头的计算机，描述信息是“Internal Template account”，这是即时克隆用到的虚拟机名称，不能删除，如图 6-3-28 所示。

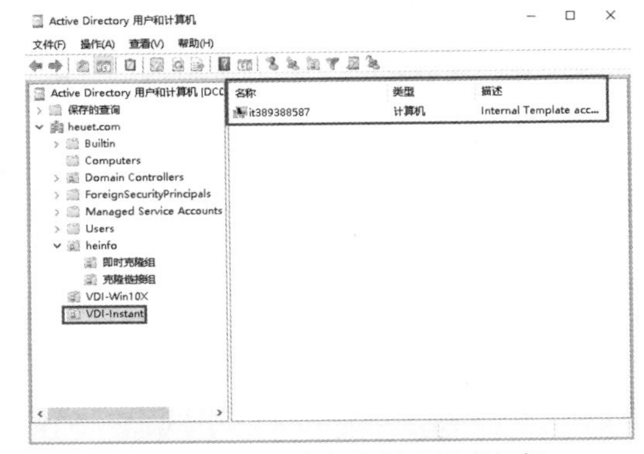

图 6-3-28　即时克隆创建的虚拟机

在 vSphere Client 中，通过查看即时克隆中生成的虚拟机的名称，可以判断即时克隆的大体工作流程：

（1）克隆模板虚拟机生成开头名为 cp-template 的虚拟机。

（2）为名称开头为 cp-template 的虚拟机生成快照，快照名称为 internal-template-snapshot。

（3）通过开头为 cp-template 的虚拟机生成一个名称开头为 cp-replica 的虚拟机，并创建快照，快照名称为 replicaVm-snapshot。

（4）通过名称开头为 cp-replica 的虚拟机克隆生成三个名称开头为 cp-parent 的虚拟机，并创建快照，名称为 parentVm-snapshot。

（5）最终以桌面池设定的命名规则生成指定数量的 VM，本示例中就是 Instant-001、Instant-002 等。

图 6-3-29 所示为 VDI-Instant 资源池中生成的虚拟机。

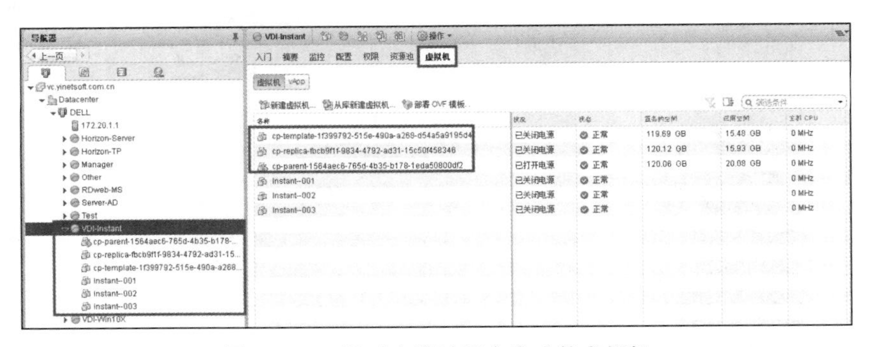

图 6-3-29　即时克隆过程中生成的虚拟机

6.3.3　修改即时克隆桌面池设置

对于即时克隆桌面池虚拟机，可以设置用户断开后注销时间。对于即时克隆桌面池的用户，用户注销后桌面即被删除。新用户登录时生成新的桌面。

（1）在 Horizon 控制台中编辑即时克隆桌面池，在“桌面池设置”选项卡中的“远程设置→断开连接后自动注销”下拉列表中选择“等待”，然后设置等待多长时间自动注销，例如设置为等待10分钟，如图6-3-30所示，也可以设置“立即”注销或“从不”注销。

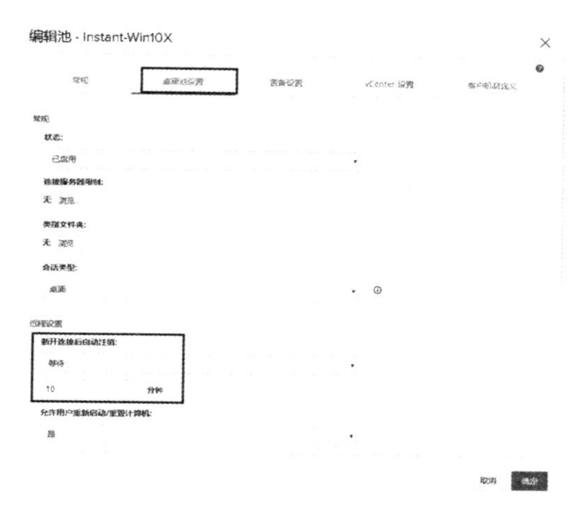

图6-3-30 等待10分钟注销

（2）在“置备设置”选项卡的“置备计算机→按需置备计算机”中设置计算机的最小数量，如果资源足够，可以设置为常用数量的一半甚至更多；如果资源不多，在同一个群集中创建了多组即时克隆的虚拟桌面，就可以设置较少的计算机数量，如图6-3-31所示。

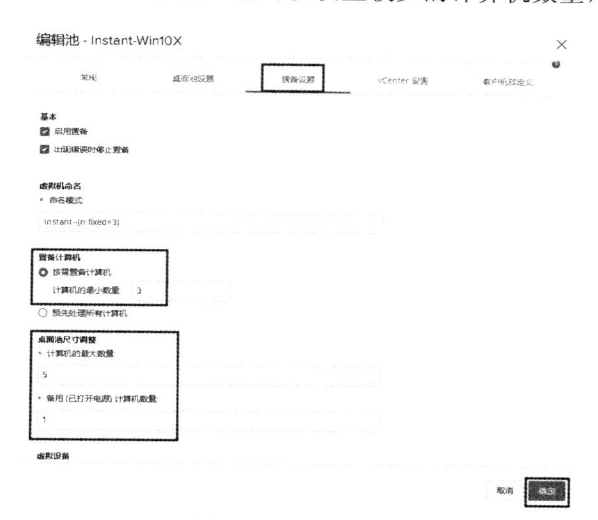

图6-3-31 置备设置

6.4 测试VMware Horizon桌面

在配置好Horizon Connection Server，并部署桌面池后，就可以在手机、平板电脑、PC中测试Horizon桌面了。在本示例中在PC端使用Horizon Client测试。

（1）在VMware Horizon Client中双击x1.x2.x3.115:12345的安全服务器，如图6-4-1所示。

图 6-4-1　双击安全服务器登录

说明：之所以显示 x1.x2.x3.115，是因为修改了测试客户端计算机的 hosts 文件，将图 6-4-1 中显示的 x1.x2.x3.115 解析为安全服务器的外网 IP 地址。

（2）在“登录”对话框中输入即时克隆的测试账户，本示例为 lisi，输入密码之后单击“登录”按钮登录，如图 6-4-2 所示。

（3）登录到虚拟桌面之后，打开“控制面板→系统和安全→系统”，查看系统信息，如图 6-4-3 所示。

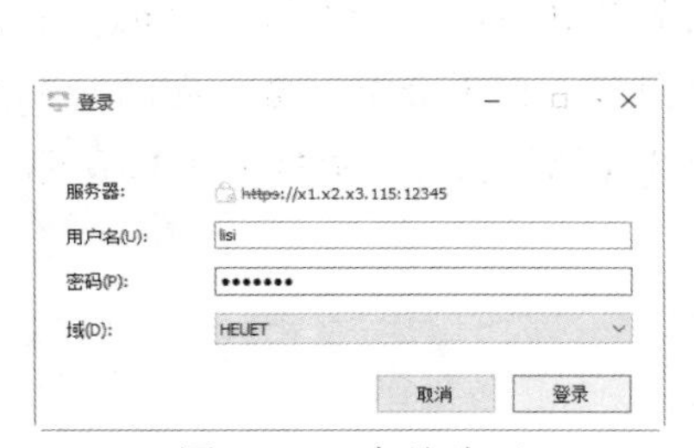

图 6-4-2　身份验证

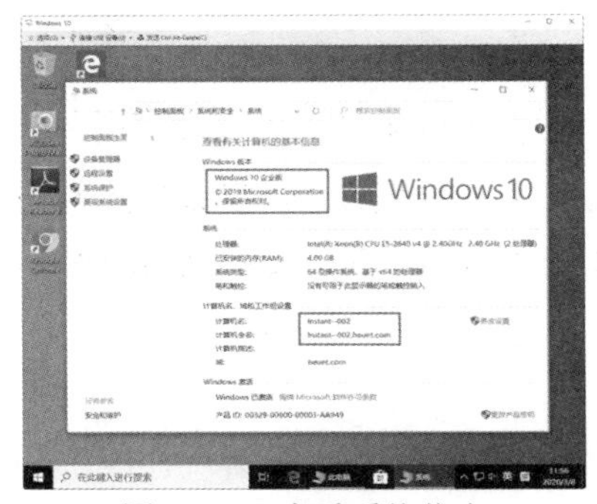

图 6-4-3　查看系统信息

（4）打开“资源管理器”，可以看到，即时克隆虚拟桌面只有一个 C 盘，如图 6-4-4 所示。

（5）下面测试即时克隆用户数据是否保存。在“桌面”上新建一个文件夹，如图 6-4-5 所示。然后断开当前计算机。注意：是断开，不是注销。

图 6-4-4　即时克隆只有 C 盘

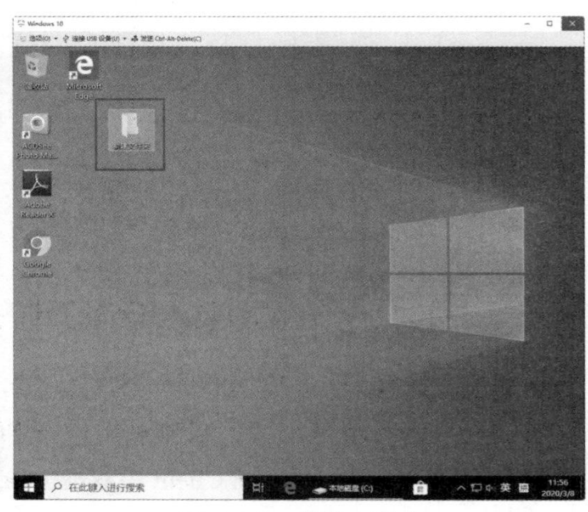

图 6-4-5　新建文件夹

（6）在 Horizon 控制台中可以看到 lisi 已经断开，如图 6-4-6 所示。

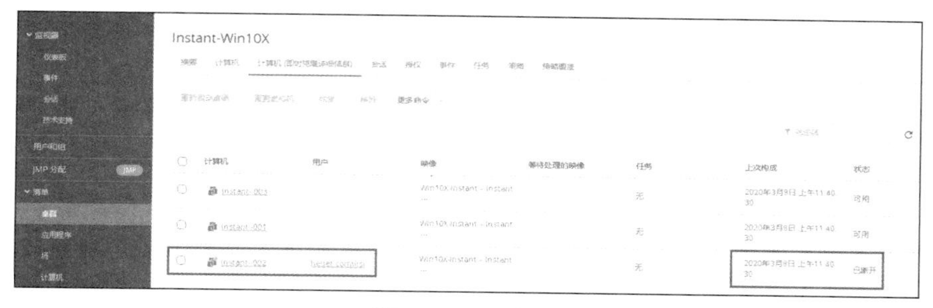

图 6-4-6　已断开

（7）因为当前策略是断开 10 分钟自动注销，在 10 分钟之内登录可以连接到原来的桌面，桌面上有“新建文件夹”，如图 6-4-7 所示。若注销当前计算机，数据将会被删除。

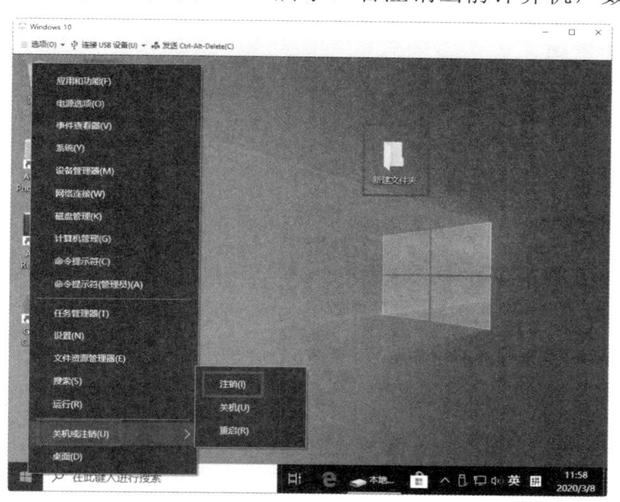

图 6-4-7　桌面有数据，注销用户

（8）在用户注销后（或者到达断开时间达到自动注销的设置），在 Horizon 控制台中可以看到 lisi 的虚拟机会被删除，如图 6-4-8 所示。

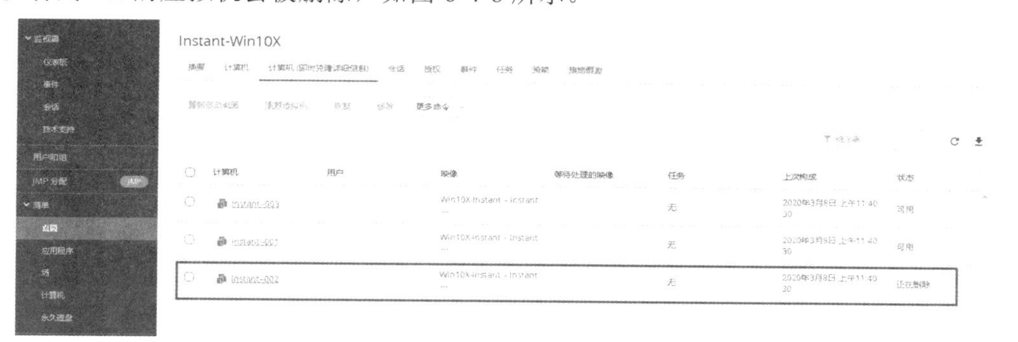

图 6-4-8　自动删除

（9）在删除不再使用的虚拟机之后，会生成一台新的虚拟机，如图 6-4-9 所示。

图 6-4-9　生成新的虚拟机

如果李四（用户名 lisi）再次登录，获得的是全新的桌面，如果没有启用文件夹重定向等功能，原来桌面的数据会被删除。在本示例中，为用户启用了文件夹重定向功能，桌面的数据仍然会被保留。

那么，怎样在即时桌面中保存用户数据呢？常用的有三种办法：一种是在 Active Directory 组策略中，为用户启用文件夹重定向，将用户的桌面、我的文档、收藏夹等重定向到网络中的文件服务器；第二种方法是使用 App Volumes，为用户提供可写的数据盘；第三种是为虚拟桌面用户提供网盘，让用户数据保存在网盘中。

如果要在企业网络中推广并配置 VMware Horizon，可以创建一个包括 VMware Horizon 使用说明、Horizon Client 程序的下载页，并发布到内部及 Internet，供企业用户使用。图 6-4-10 是作者所做的一个简单的 VMware Horizon Client 下载页（使用 Word 编辑，并另存为 HTML 格式，发布成网站），包括了下载地址及简单的说明，在此供大家参考。

图 6-4-10　Horizon 使用及下载站点

第 7 章　基于 RDSH 的应用程序虚拟化

Microsoft 的操作系统包括工作站操作系统和服务器操作系统。工作站操作系统适合个人单机使用，例如以前的 Windows XP、Windows 7、Windows 8，现在使用的 Windows 10；服务器操作系统用于服务器，为用户提供服务，例如最早的 Windows NT，后来的 Windows 2000 Server、Windows Server 2003、Windows Server 2008，现在使用的 Windows Server 2012、Windows Server 2016、Windows Server 2019 等。

第 5 章与第 6 章介绍的链接克隆与即时克隆的虚拟桌面，介绍的是工作站操作系统的虚拟桌面，每个虚拟桌面只能为一个用户提供服务。用户与虚拟桌面是 1∶1 的关系。用户使用虚拟桌面，可以获得虚拟桌面中所有的应用。但是，有时用户使用虚拟桌面，只使用其中的一个程序，例如使用浏览器登录内部的 OA，使用 Office 打开一个文档等。如果还使用工作站操作系统，每台虚拟机安装的同一个应用程序（例如 Word、Excel、IE 或 Chrome 浏览器）在同一时间只能为一个用户提供服务。那么有没有一种办法，使用较小的主机为较多的用户同时提供应用程序的服务呢？这就需要用到服务器操作系统（Windows Server）提供的应用程序虚拟化功能。

本节以 Windows Server 2019 为例，介绍基于 RDSH（Remote Desktop Session Host，远程桌面会话主机）的应用程序虚拟化功能。

7.1　安装配置远程桌面授权服务器

基于 Windows Server 实现应用程序虚拟化，需要安装 RD 授权服务器与 RD 会话主机服务。如果一台 RD 会话主机即可满足需求，可以将 RD 授权服务与 RD 会话主机安装在同一台服务器（或虚拟机）中，如果需要多台 RD 会话主机，可以在网络中的一台服务器中安装 RD 授权服务。本示例中，在网络中的一台 Active Directory 服务器中安装 RD 授权服务。

7.1.1　RD 授权概述

远程桌面授权（RD 授权）以前称为终端服务授权（TS 授权），它管理每个设备或用户与远程桌面会话主机（RD 会话主机）服务器连接所需的客户端访问许可（RDS CAL）。使用 RD 授权在远程桌面授权服务器上安装，颁发 RD CAL 许可证并跟踪其可用性。

RD 授权管理每个用户或设备连接到 RD 会话主机服务器所需的 RDS CAL。使用 RD

授权在远程桌面授权服务器上安装、颁发 RDS CAL 并跟踪其可用性。

客户端（用户或设备）连接到 RD 会话主机服务器时，RD 会话主机服务器将确定是否需要 RDS CAL。然后，RD 会话主机服务器代表尝试连接到 RD 会话主机服务器的客户端，向远程桌面授权服务器请求 RDS CAL。如果许可证服务器中有适合的 RDS CAL，则将该 RDS CAL 颁发给客户端，客户端将能够连接到 RD 会话主机服务器。

尽管在授权宽限期内不需要任何许可证服务器，.但是在宽限期结束之后，必须先由许可证服务器为客户端颁发有效的 RDS CAL，客户端才能登录到 RD 会话主机服务器。

说明：远程桌面支持同时存在两个连接来远程管理计算机。这些连接不需要许可证服务器。

如果要使用远程桌面服务，必须部署至少一台许可证服务器。对于小规模部署，可以在同一台计算机上同时安装 RD 会话主机角色服务和 RD 授权角色服务。对于较大规模的部署，建议将 RD 授权角色服务与 RD 会话主机角色服务安装在不同的计算机上。

只有正确配置 RD 授权，RD 会话主机服务器才能接受来自客户端的连接。为了使您有足够的时间部署许可证服务器，远程桌面服务为 RD 会话主机服务器提供授权宽限期，在此期限内不需要任何许可证服务器。在此宽限期内，RD 会话主机服务器可接受来自未经授权的客户端的连接，不必联系许可证服务器。宽限期的开始时间以 RD 会话主机服务器接受客户端的时间为准。只要下列任一情况先发生，宽限期即结束：

- 许可证服务器向连接到 RD 会话主机服务器的客户端颁发了永久的 RDS CAL。
- 宽限期的天数已过。

宽限期的长度取决于 RD 会话主机服务器上运行的操作系统。宽限期如下：

Windows 2000 宽限期是 90 天，Windows Server 2003、Windows Server 2003 R2、Windows Server 2008、Windows Server 2008 R2、Windows Server 2012、Windows Server 2012 R2、Windows Server 2016、Windows Server 2019 的宽限期是 120 天。

7.1.2 安装 RD 授权服务

在本示例中，将在 IP 地址为 172.20.1.11 的 Active Directory 服务器中安装 RD 授权服务。主要步骤如下。

（1）以域管理员账户登录到 IP 地址为 172.20.1.11 的服务器上，在“服务器管理器”中，用鼠标右键单击 DC01 的服务器，在弹出的快捷菜单中选择“添加角色和功能”命令，如图 7-1-1 所示。

（2）在“选择安装类型”对话框，选择“基于角色或基于功能的安装”单选按钮，如图 7-1-2 所示。

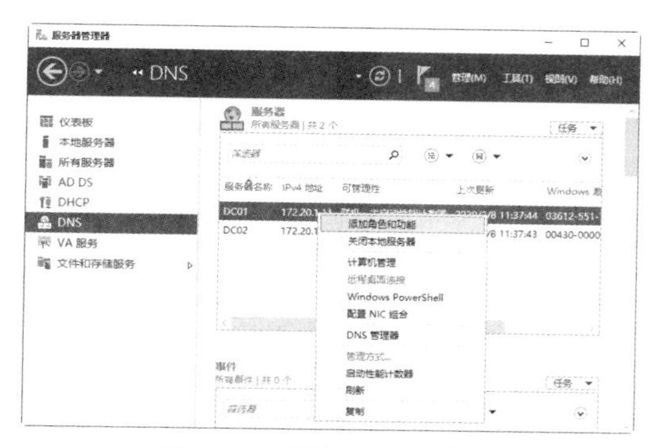

图 7-1-1　添加角色和功能

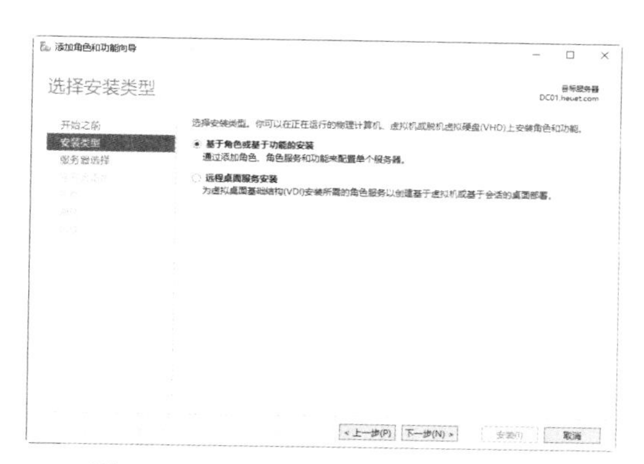

图 7-1-2　基于角色或基于功能的安装

（3）在“选择目标服务器”对话框，选择“从服务器池中选择服务器”单选按钮，并在“服务器池”中选择“DC01.heuet.com”，如图 7-1-3 所示。

（4）在“选择服务器角色”对话框选择“远程桌面服务”，在“远程桌面服务”中添加“远程桌面授权”，如图 7-1-4 所示。然后根据向导完成添加。

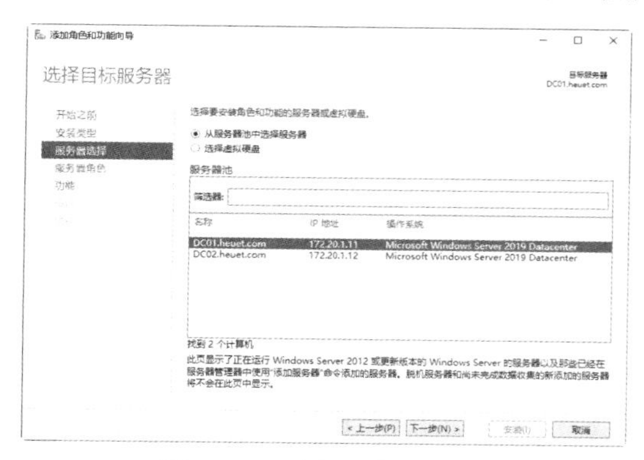

图 7-1-3　选择目标服务器

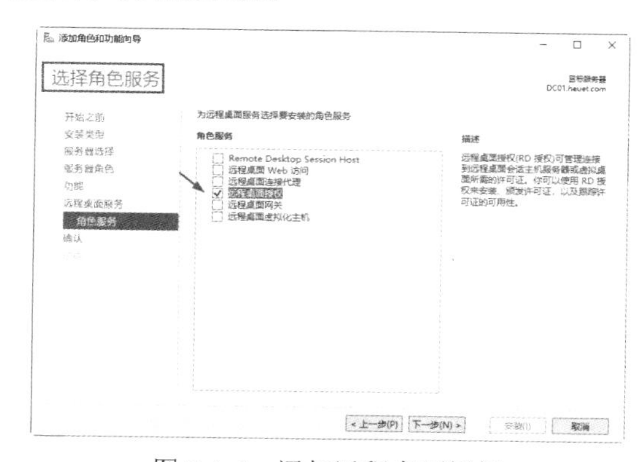

图 7-1-4　添加远程桌面授权

7.1.3　激活 RD 授权服务

在安装 RD 授权服务之后，还要激活 RD 授权服务并安装许可，主要步骤如下。

（1）在“服务器管理器→所有服务器”中，右击 DC01，在弹出的快捷菜单中选择“RD 授权管理器”命令，如图 7-1-5 所示。

（2）打开“RD 授权管理器”，用鼠标右键单击服务器名称，在弹出的快捷菜单中选择“激活服务器”命令，如图 7-1-6 所示。

（3）如果当前的计算机能连接到 Internet，在“连接方法”中选择“自动连接”，如图 7-1-7 所示。如果当前计算机不能连接到 Internet，可以选择电话激活或在网络中另外一台能连接到 Internet 的计算机上，输入激活代码激活。

（4）在“公司信息”中输入公司信息、姓名和国家（地区），如图 7-1-8 所示。

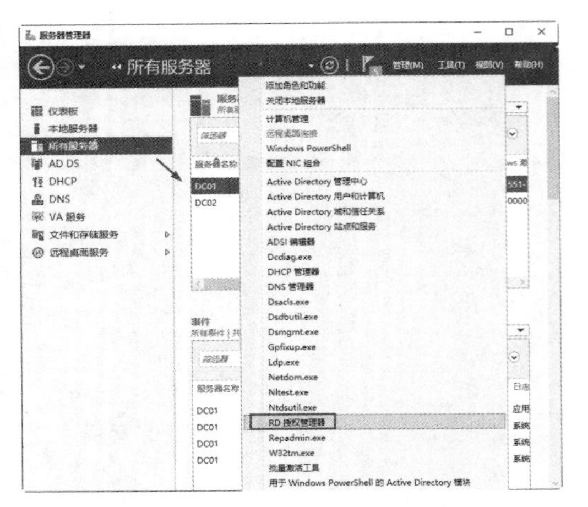

图 7-1-5 RD 授权服务

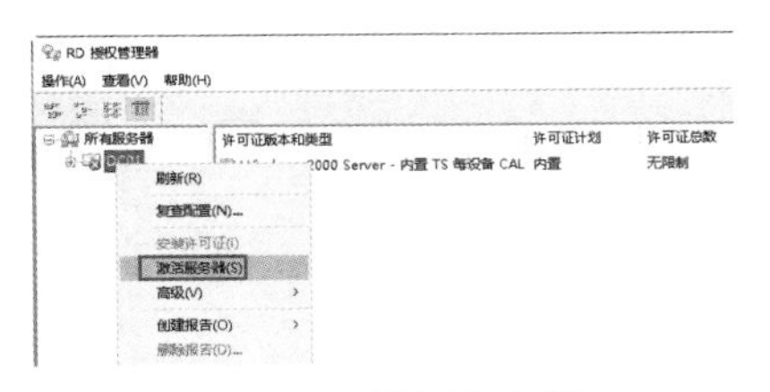

图 7-1-6 激活服务器

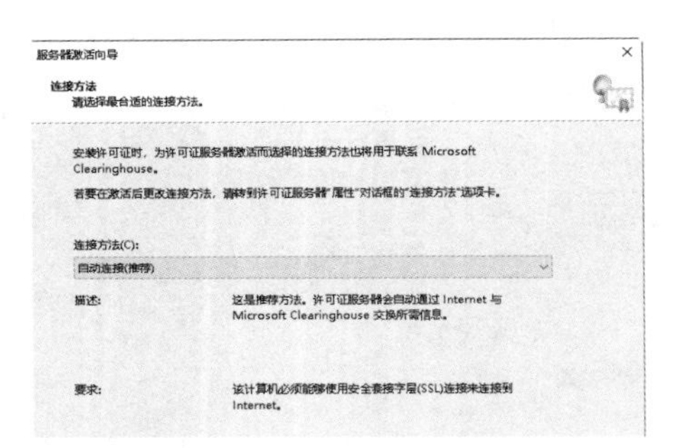

图 7-1-7 自动连接

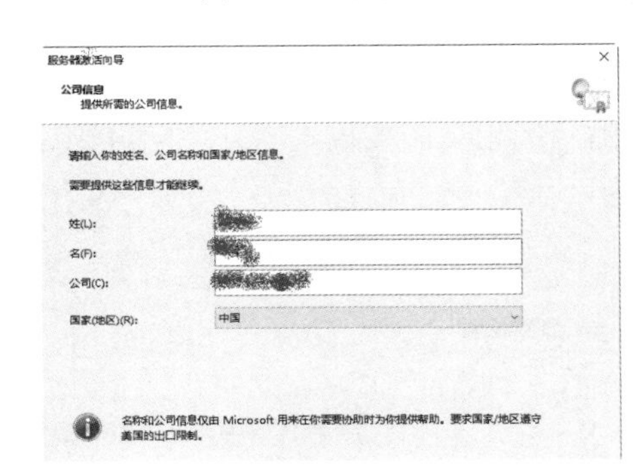

图 7-1-8 公司信息

（5）在“正在完成服务器激活向导”中显示当前服务器已经激活，如图 7-1-9 所示。如果要安装许可证，选中“立即启动许可证安装向导”复选框。

（6）在“许可证计划”对话框中，选择适合的许可证计划，本示例中选择“其他协议”，如图 7-1-10 所示。

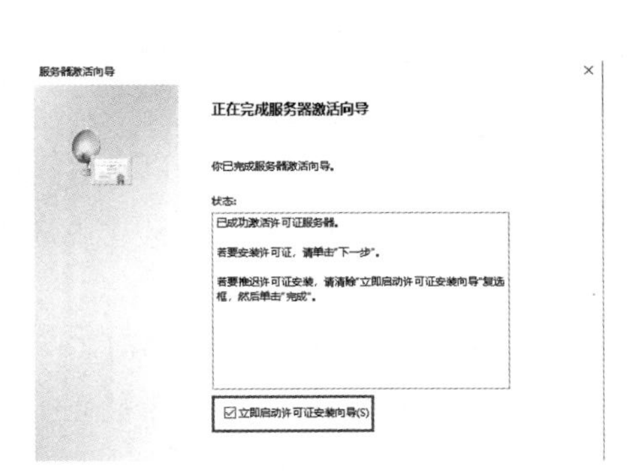

图 7-1-9 激活完成

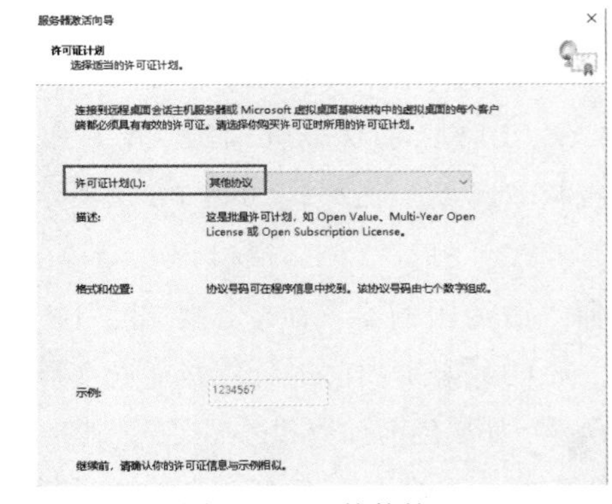

图 7-1-10 其他协议

（7）在“许可证计划→协议号码”中，输入协议号码，如图 7-1-11 所示。

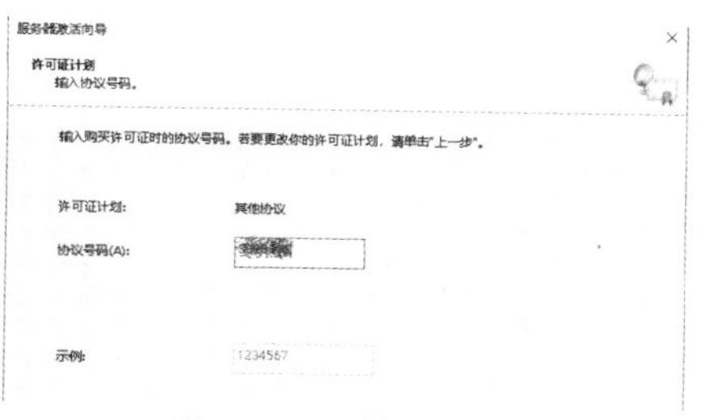

图 7-1-11　协议号码

（8）在“产品版本和许可证类型”对话框中，在“产品版本”中选择要许可版本，可供选择的产品从 Windows 2000 Server 到 Windows Server 2019（如图 7-1-12 所示），许可证类型有每设备 CAL 与每用户 CAL，如图 7-1-13 所示。本示例中产品选择 Windows Server 2019，许可证类似选择 RDS 每用户 CAL，数量为 100。

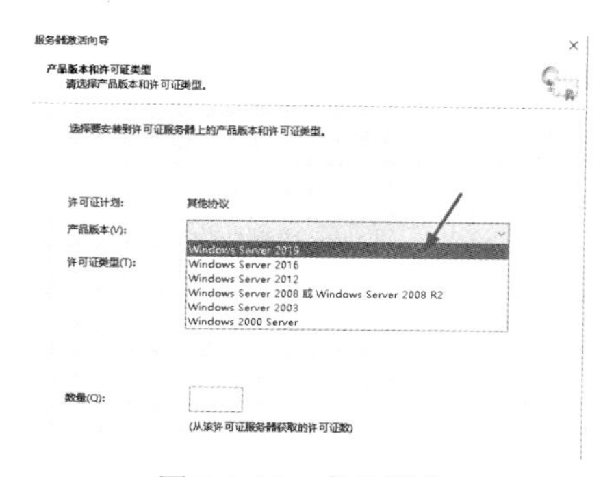

图 7-1-12　产品版本

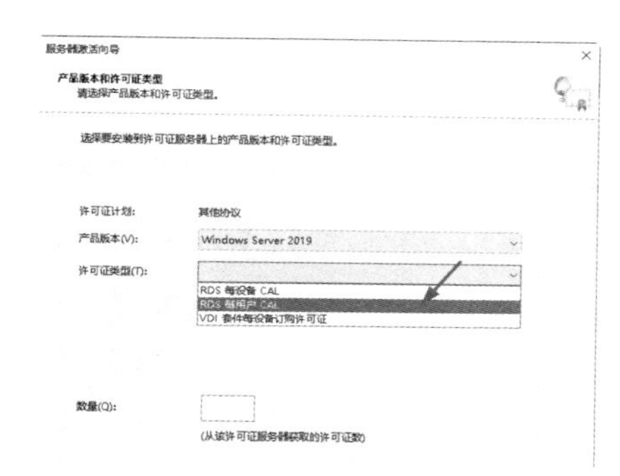

图 7-1-13　许可证类型

（9）安装许可证之后，用鼠标右键单击 DC01 的名称，在弹出的快捷菜单中选择“复查配置”命令，命令如图 7-1-14 所示。

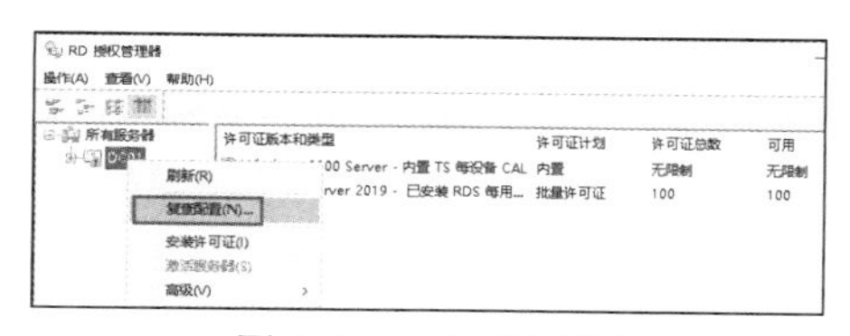

图 7-1-14　复查配置

（10）选择“发现范围”为“域”，单击“添加到组”按钮，在弹出的对话框中单击“继续”按钮，如图 7-1-15 所示。

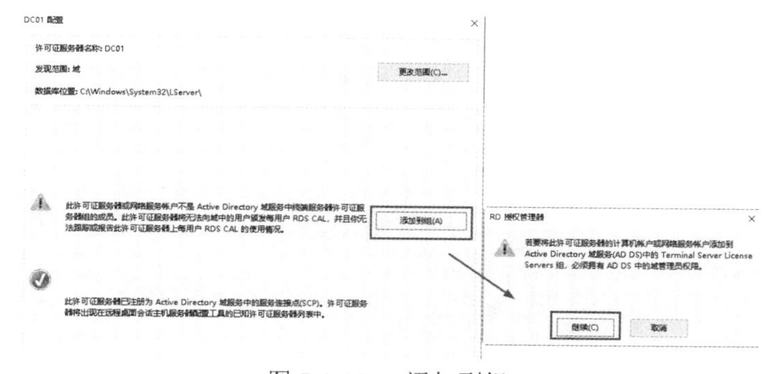

图 7-1-15　添加到组

（11）在“服务”中重新启动“Remote Desktop Licensing”服务，如图 7-1-16 所示。

（12）在“RD 授权管理器”中，看到服务器前面变成绿色的箭头，在右侧显示了安装的许可，如图 7-1-17 所示。

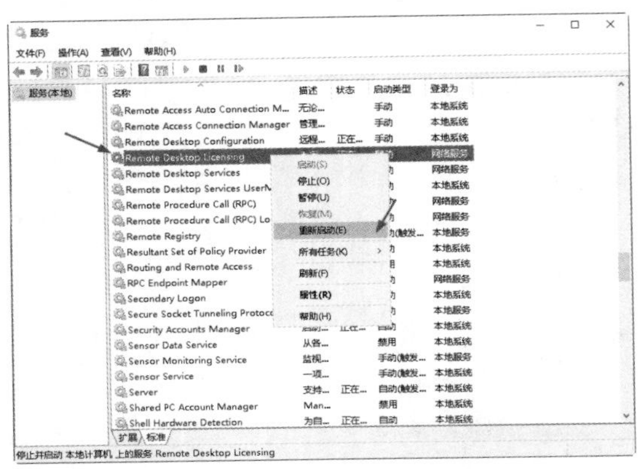

图 7-1-16　重新启动 RD 授权服务

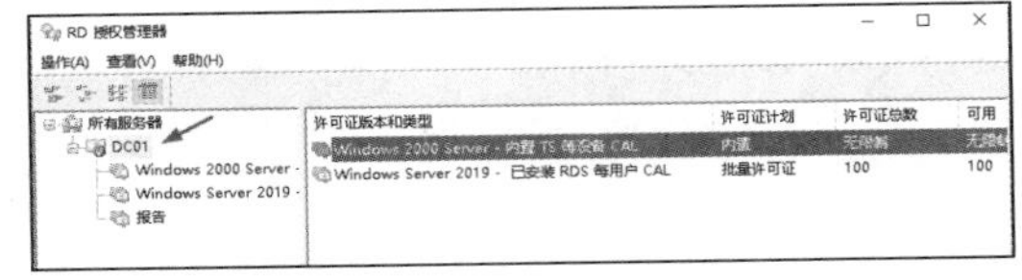

图 7-1-17　查看 RD 授权服务器状态及许可

如果要为其他 Windows Server 添加授权许可，例如网络中有 Windows Server 2008 R2 的远程桌面会话主机，可以在图 7-1-17 中用鼠标右键单击服务器，在弹出的快捷菜单中选择“安装许可证”，然后参照步骤（6）~（8），安装 Windows Server 2008 R2 的许可，安装之后如图 7-1-18 所示。

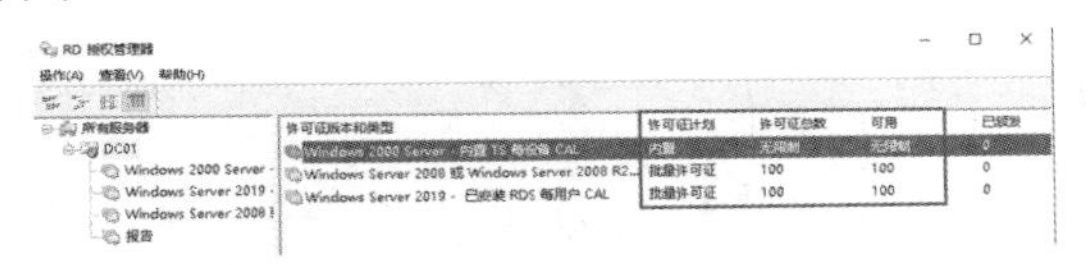

图 7-1-18　添加 Windows Server 2008 R2 的许可

7.1.4　为 RDSH 指定授权服务器

在配置基于“远程桌面”的虚拟桌面时需要用到“远程桌面授权”服务，在 Windows Server 2008 R2 的终端服务中，可以手动指定授权服务器，而在 Windows Server 2012 及以后的服务器操作系统中，默认只能通过“远程桌面连接服务”管理器指定授权服务器。本文介绍通过修改组策略，为网络中所有成员服务器（终端服务器）指定 RD 授权服务器的操作。

（1）在 Active Directory 服务器中，打开“组策略管理”，右击“Default Domain Policy”，选择“编辑”命令，如图 7-1-19 所示。

（2）在“计算机配置→策略→管理模板：从本地计算机中检索→Windows 组件”中双击“远程桌面服务”，如图 7-1-20 所示。

（3）在“远程桌面服务→远程桌面会话主机→授权”中，双击右侧的“使用指定的远程桌面许可证服务器”，如图 7-1-21 所示。

（4）在“使用指定的远程桌面许可证服务器”对话框中，选中“已启用”单选按钮，并在“要使用的许可证服务器”文本框中，输入 RD 授权服务器的计算机名或 IP 地址，在此输入 172.20.1.11，如图 7-1-22 所示。之后单击“下一个设置”按钮。

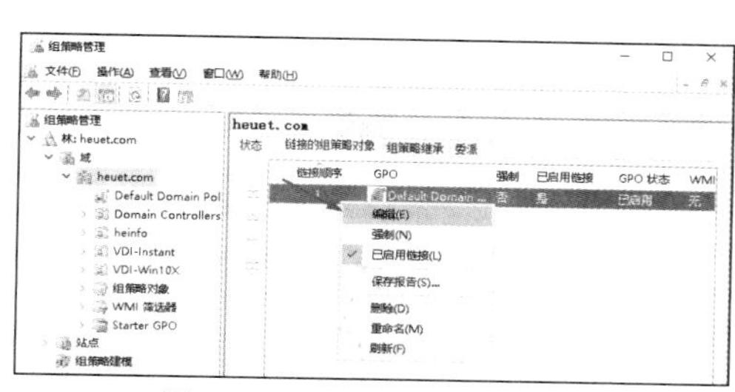

图 7-1-19　编辑默认域策略

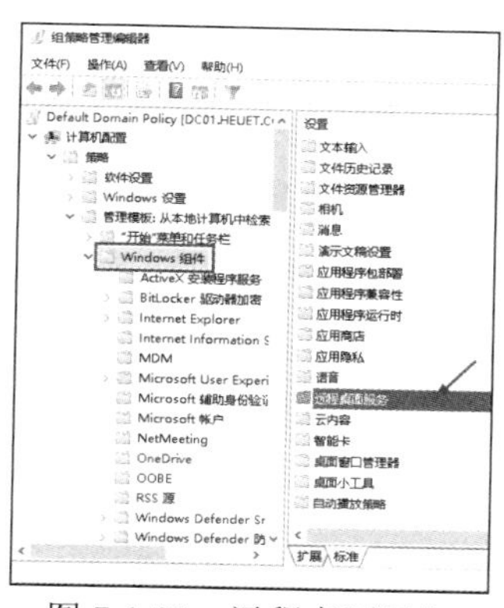

图 7-1-20　远程桌面服务

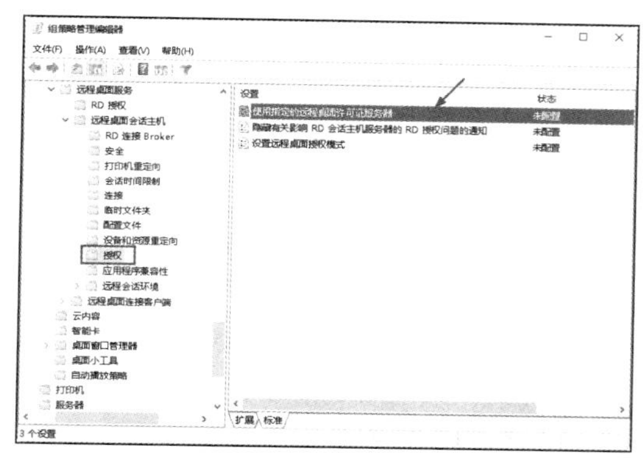

图 7-1-21　授权

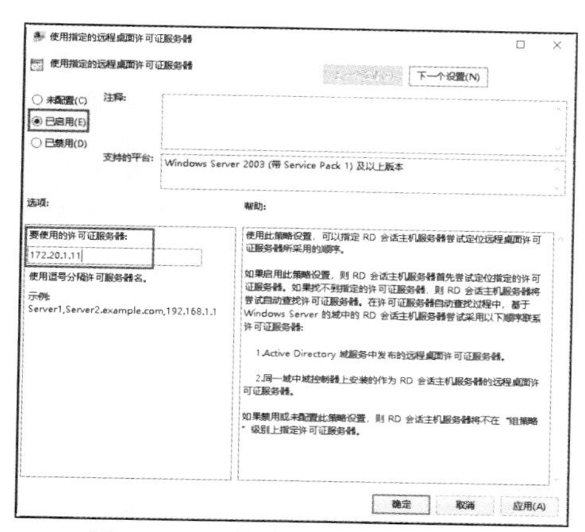

图 7-1-22　指定 RD 授权服务器

（5）打开“隐藏有关影响 RD 会话主机服务器的 RD 授权问题的通知”对话框，选中“未配置”单选按钮，如图 7-1-23 所示。之后单击“下一个设置”按钮。

（6）在“设置远程桌面授权模式”对话框，选中“已启用”单选按钮，并在“指定 RD 会话主机服务器的授权模式”下拉列表中选择“按用户”，如图 7-1-24 所示。之后单击“确定”按钮，完成设置。

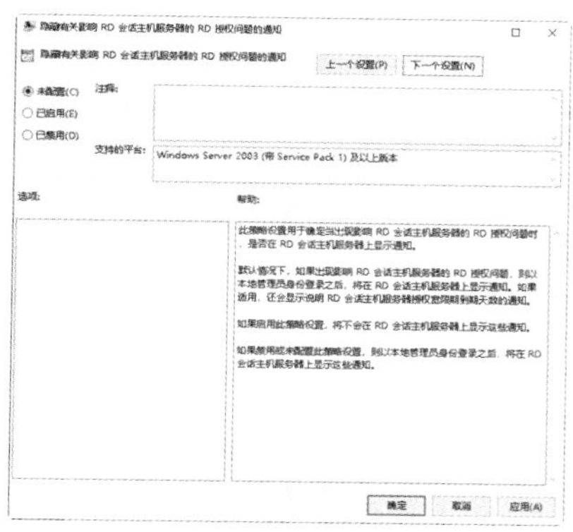

图 7-1-23　隐藏通知

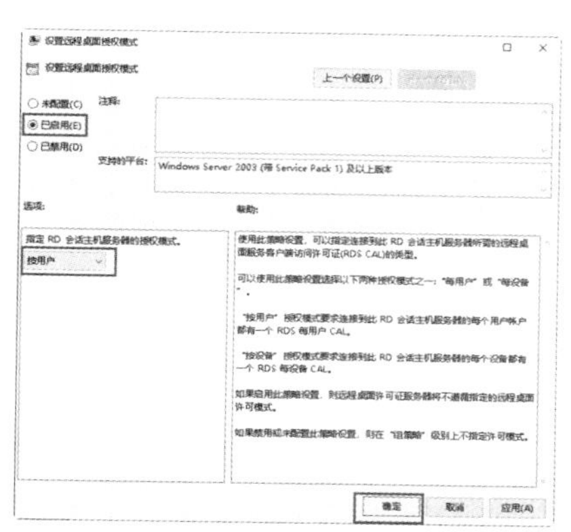

图 7-1-24　指定远程桌面授权模式

（7）关闭组策略编辑器，打开命令提示窗口，输入 gpupdate / force，刷新域策略，如图 7-1-25 所示。

此后加入域中的 RD 会话主机则会自动指定 RD 授权服务器。

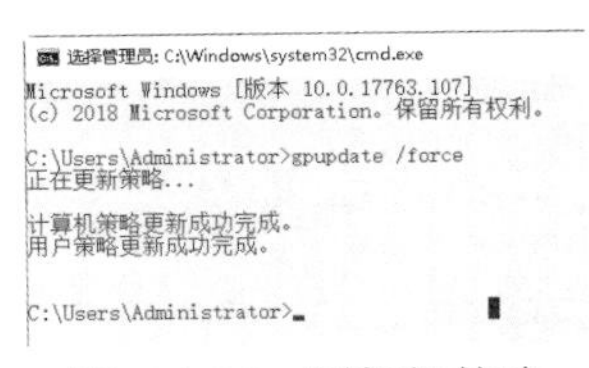

图 7-1-25　刷新组策略

7.2　为 RDSH 准备 Windows Server 虚拟机

在本示例中，从 Windows Server 2019 的模板部署一台名为 WS19-RDSH01 的虚拟机，然后安装远程桌面会话服务，并安装应用程序与 Horizon Agent，为 RDSH 准备虚拟机。

7.2.1　置备 Windows Server 2019 虚拟机

本节介绍置备 Windows Server 2019 的内容，主要步骤如下。

（1）使用 vSphere Client 或 vSphere Web Client 登录到 vCenter Server，新建资源池，本示例中资源池名称为 RDSH，然后用鼠标右键单击新建的资源池，在弹出的快捷菜单中选择“新建虚拟机→新建虚拟机”命令，如图 7-2-1 所示。

（2）在新建虚拟机向导中，选择 WS19-TP 的模板，选中“自定义操作系统”“自定义此虚拟机的硬件”“创建后打开虚拟机电源”，如图 7-2-2 所示。

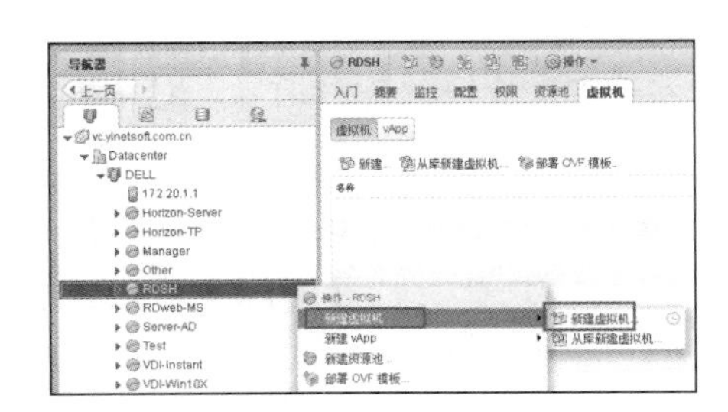

图 7-2-1　新建虚拟机

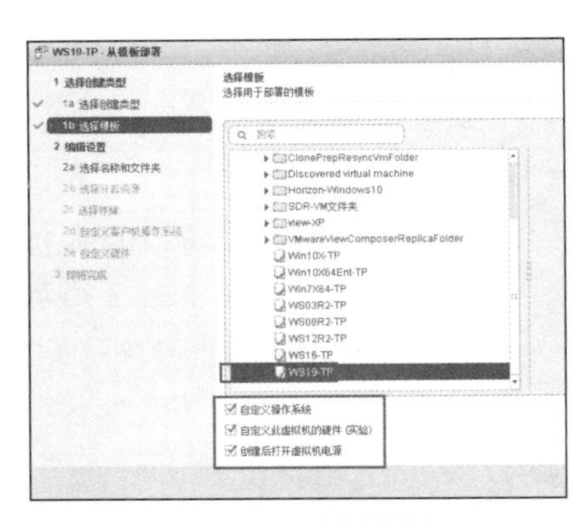

图 7-2-2　选择模板

（3）在“选择名称和文件夹”对话框中的“为该虚拟机输入名称”文本框中，输入虚拟机的名称，本示例为 WS19-RDSH01，如图 7-2-3 所示。

（4）在“自定义客户机操作系统”对话框中，选择一个自定义规范。当前的虚拟机需要加入域，如图 7-2-4 所示。

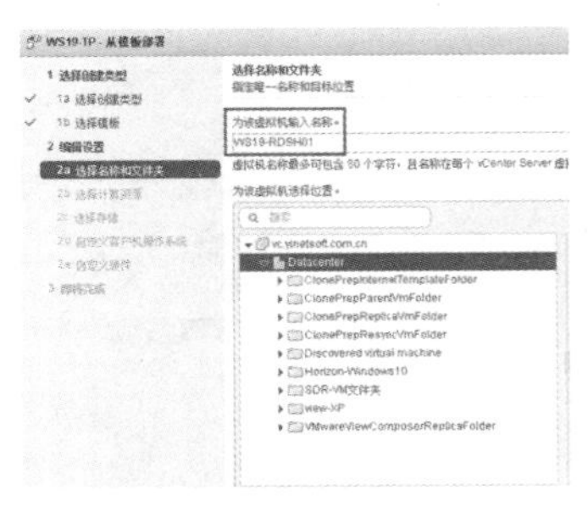

图 7-2-3　设置虚拟机名称

（5）在“用户设置”中的“计算机名称→ NetBIOS 名称”中定义名称，如图 7-2-5 所示。

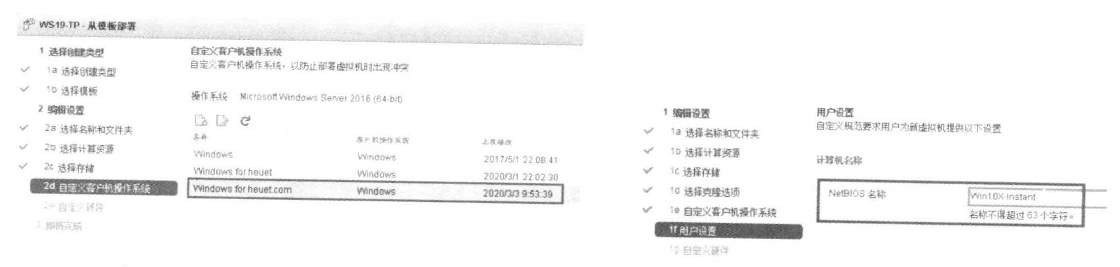

图 7-2-4　自定义客户机操作系统

图 7-2-5　NetBIOS 名称

（6）在“自定义硬件”对话框中，设置虚拟机的 CPU、内存，在“网络适配器”中选择虚拟桌面所用的虚拟交换机端口组，本示例中为虚拟机分配 4 个 CPU、4 GB 内存，使用 VM Network 端口组。

（7）其他的选择默认值，然后等待完成虚拟机的置备。

（8）虚拟机置备完成后，使用域管理员账户（本示例中为 heuet\Administrator）登录，如图 7-2-6 所示。

（9）登录进入系统后，在“系统和安全→系统”中查看置备的虚拟机配置，如图 7-2-7 所示。

图 7-2-6　以域管理员账户登录

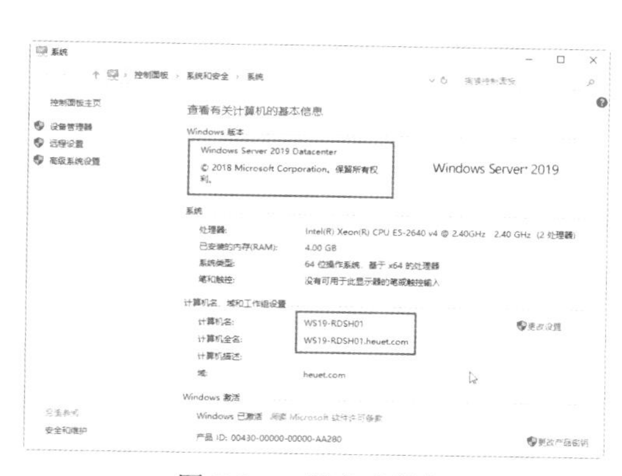

图 7-2-7　置备虚拟机

7.2.2　安装远程桌面服务

在上一节已经为 RDS 应用配置好了虚拟机，在本节的操作中安装配置远程桌面服务。

打开控制台界面，加载 Windows Server 2019 的安装光盘（在虚拟机中显示为 G 盘）。

（1）在虚拟机中，打开“服务器管理器”，添加角色和功能，安装“远程桌面服务”和“.NET Framework 3.5”，如图 7-2-8 和图 7-2-9 所示。

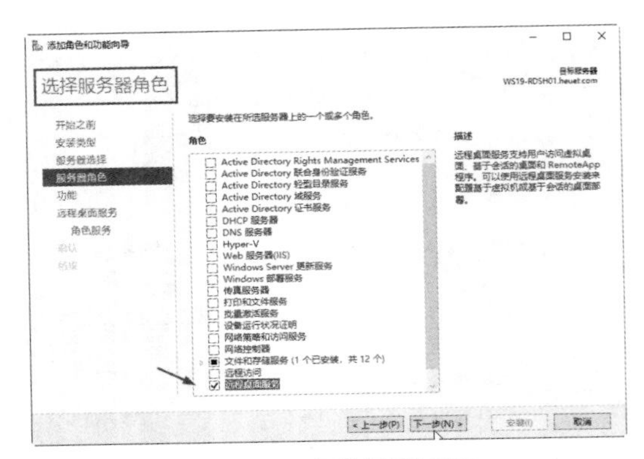

图 7-2-8　安装远程桌面

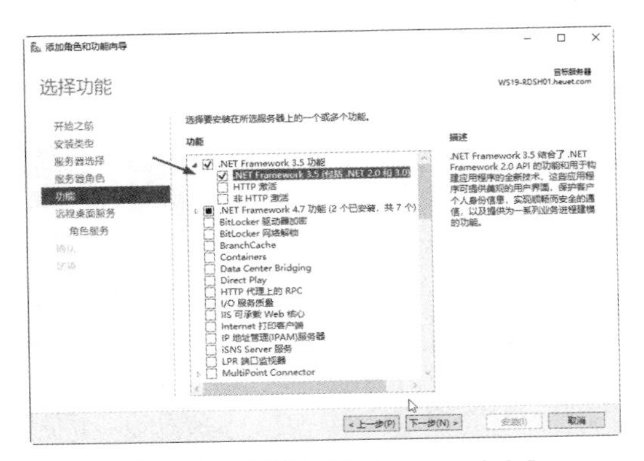

图 7-2-9　安装.NET Framework 3.5

（2）在“选择角色服务→远程桌面服务→角色服务”中，选择“Remote Desktop Session Host”（远程桌面会话主机），如图 7-2-10 所示。

（3）在“确认安装所选内容”对话框中，单击“指定备用源路径”，如图 7-2-11 所示。

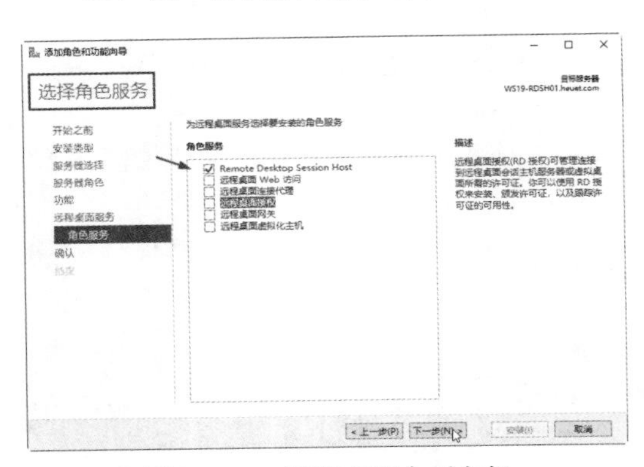

图 7-2-10　远程桌面会话主机

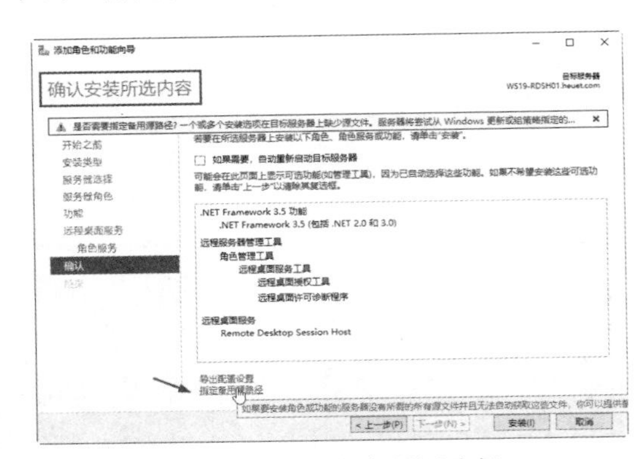

图 7-2-11　指定备用源路径

（4）在“指定备用源路径”对话框的“路径”处输入 G:\sources\sxs，如图 7-2-12 所示。单击“确定”按钮返回图 7-2-11 所示界面，然后单击“安装”按钮开始安装。安装完成后，提示系统需要重新启动，如图 7-2-13 所示。然后重新启动虚拟机。

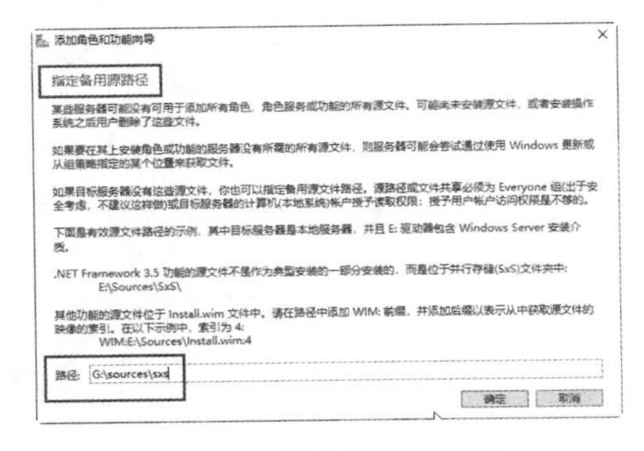

图 7-2-12　指定备用源路径

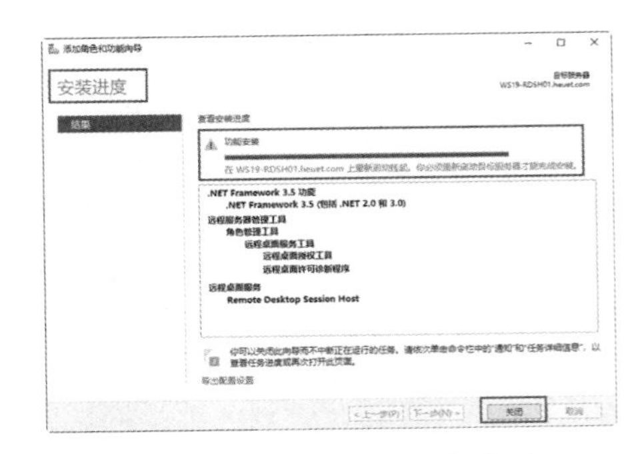

图 7-2-13　提示需要重新启动

（5）再次进入系统后，在虚拟机中安装常用软件与应用程序。例如，安装输入法、WinRAR、Chrome 浏览器企业版、Office 2019 等。对于 Office 2019，推荐使用“Office Tool Plus”软件，下载并安装 VL 版本的 Office 专业增强版 2019，安装界面如图 7-2-14 所示。

（6）安装完常用软件后，运行 gpedit.msc，在“计算机配置→Windows 设置→安全设置→本地策略→用户权限分配”中，双击右侧的“允许本地登录”，如图 7-2-15 所示。

图 7-2-14　安装 Office 2019

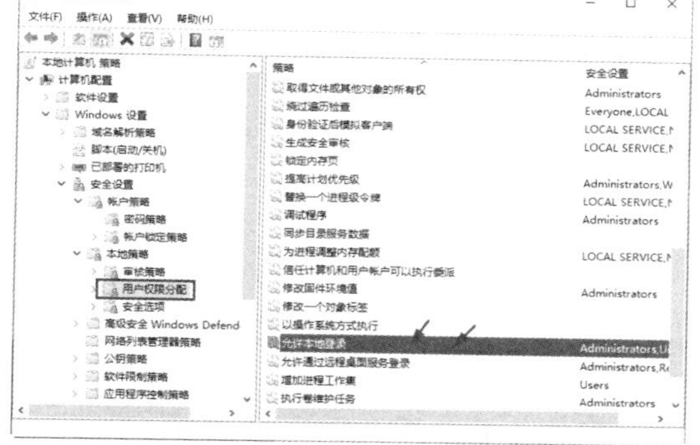

图 7-2-15　允许本地登录

（7）在“允许本地登录 属性”对话框的“本地安全设置”选项卡中，添加 Domain Users 用户组，如图 7-2-16 所示。

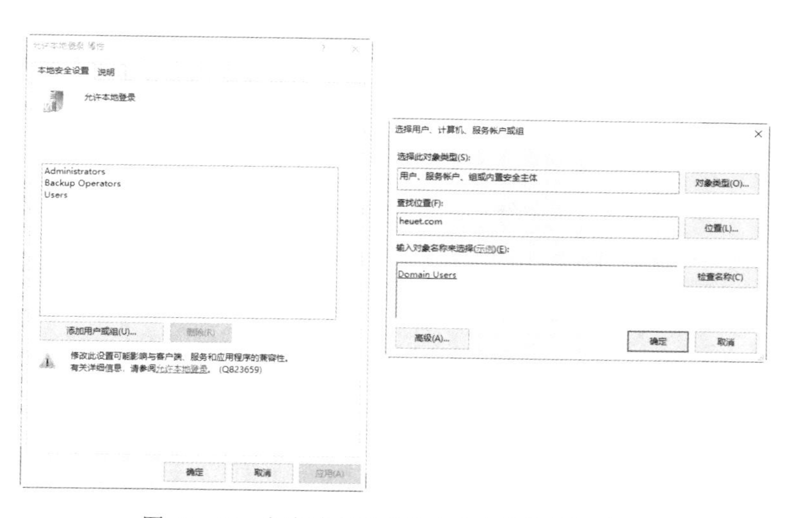

图 7-2-16　允许域中所有用户在本地计算机登录

（8）在“计算机管理→系统工具→本地用户和组→组”中，用鼠标左键双击右侧的“Remote Desktop Users”，单击“添加”按钮，添加 Domain Users 用户组，如图 7-2-17 所示。

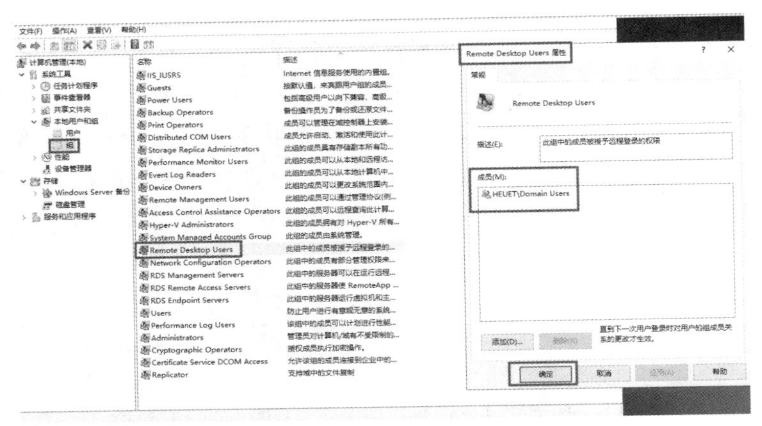

图 7-2-17　添加授权用户到远程桌面用户组

7.2.3　安装 Horizon Agent

在 RDSH 会话主机安装常用软件与应用程序之后，安装 Horizon Agent 7.11，主要步骤如下。

（1）在“自定义安装”中选择要安装的组件。在本示例中安装核心、USB 重定向等程序，用于即时克隆的 VMware Horizon Instant Clone Agent 与用于链接克隆的 VMware Horizon View Composer Agent，在本示例中可以不安装，如图 7-2-18 所示。

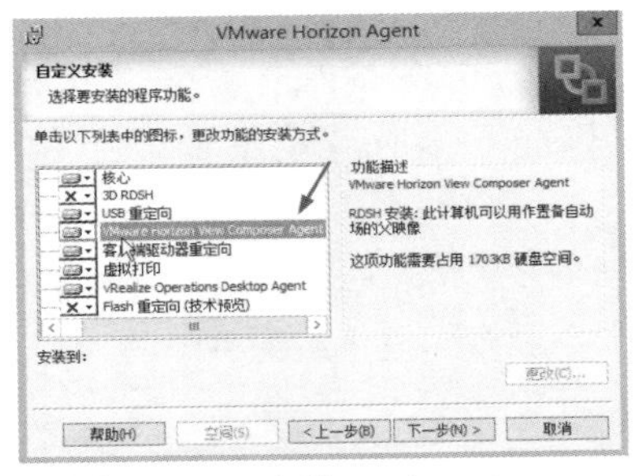

图 7-2-18　安装 Horizon Agent

Horizon 支持 Windows 10 与 Windows Server 2019 的即时克隆与链接克隆。如果要即时克隆 Windows Server 2019，应选择安装 VMware Horizon Instant Clone Agent 组件。如果要链接克隆 Windows Server 2019，应选择安装 VMware Horizon View Composer Agent。

（2）如果在图 7-2-18 中没有选择 VMware Horizon Instant Clone Agent 与 VMware Horizon View Composer Agent 组件，需要手动指定 Horizon 连接服务器的地址。在“向 Horizon 7 连接服务器注册”对话框中，输入 Horizon 连接服务器的域名或 IP 地址，本示例中连接服务器的 IP 地址是 172.20.1.51（输入其中一个即可），在“身份验证”中输入 Horizon 连接服务器管理员账户与密码。如果当前登录账户同时也是 Horizon 连接服务器管理员账户时，可以选择“验证为当前登录用户”单选按钮，也可以单击“指定管理员凭据”单选按钮，然后输入 Horizon 连接服务器管理员账户及密码，如图 7-2-19 所示。

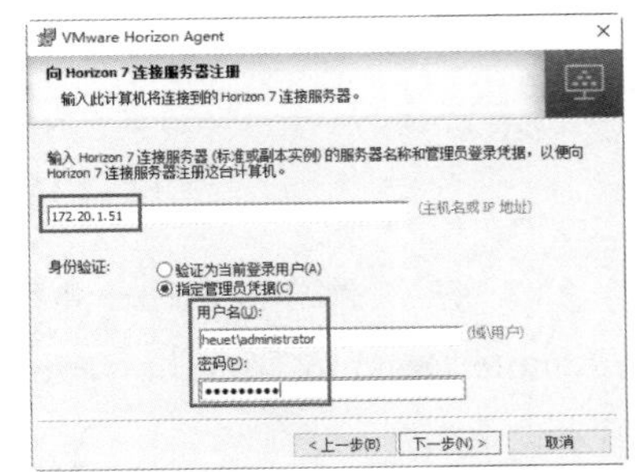

图 7-2-19　注册连接服务器

（3）安装 Horizon Agent 完成后，重新启动虚拟机。

（4）再次进入系统后，运行 VMware OS Optimization Tool 对当前系统进行优化，如图 7-2-20 所示。

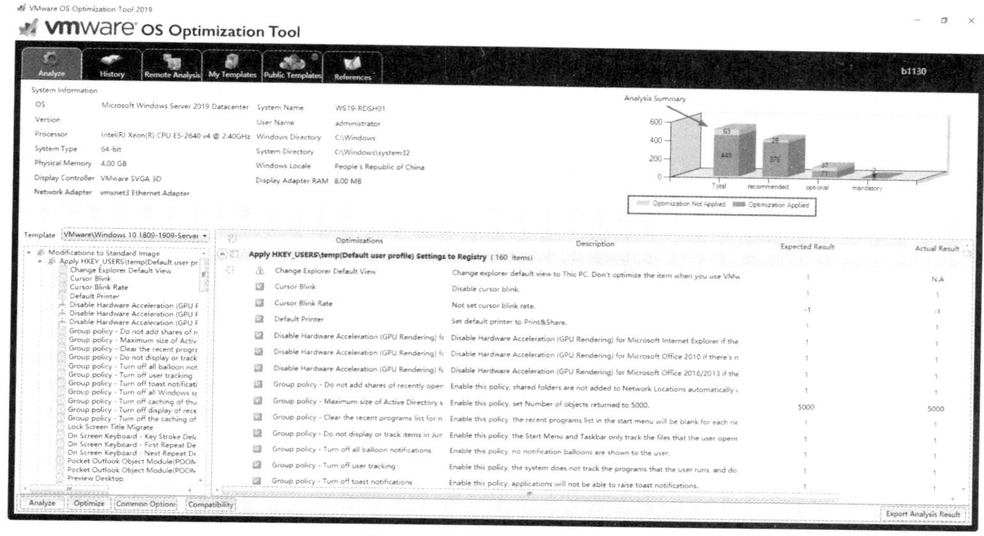

图 7-2-20　优化当前系统

如果在安装 Horizon Agent 时，没有安装 VMware Horizon Instant Clone Agent 与 VMware Horizon View Composer Agent 组件，则安装 Windows Server 2019 的计算机可以在 Horizon 控制台中添加“手动场”中的服务器，当前虚拟机不需要关机。

如果安装了 VMware Horizon Instant Clone Agent 或 VMware Horizon View Composer Agent 组件，需要关闭虚拟机，为虚拟机创建快照成为父虚拟机，然后创建“自动场”，再从模板批量生成 Windows Server 的虚拟桌面池。

7.3　添加“手动场”

在配置好 RD 会话主机之后，接下来登录 Horizon 连接服务器控制台，添加场，之后再发布场中的应用程序及桌面池。下面一一介绍。

（1）登录 Horizon 控制台，在“清单→场”中，单击右侧的“添加”按钮，如图 7-3-1 所示。

（2）在“类型”选项中，选中“手动场”单选按钮，如图 7-3-2 所示。

（3）在“标识和设置”选项卡“ID”文本框中，输入场的标识，在“允许 HTML Access 访问此场上的桌面和应用程序”选项中，选中“已启用”复选框。选中此复选框，将可以允许用户使用 HTML 方式访问桌面池中的应用程序及远程桌面，如图 7-3-3 所示。

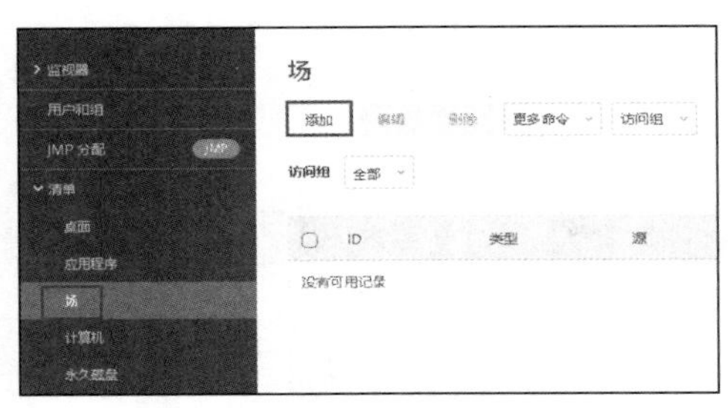
图 7-3-1　添加场

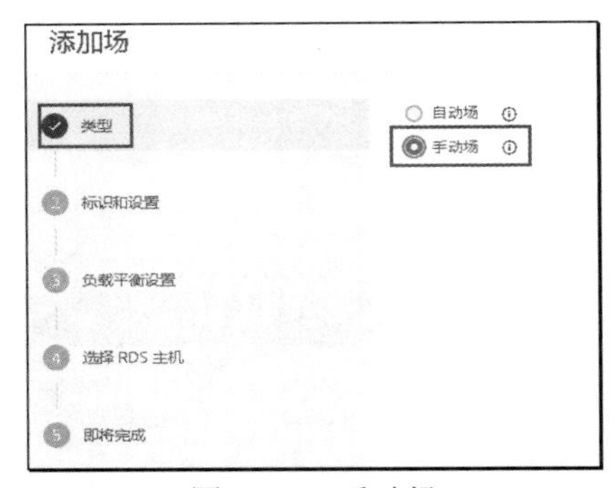
图 7-3-2　手动场

（4）在“负载平衡设置”对话框中，设置负载平衡参数，如图 7-3-4 所示。

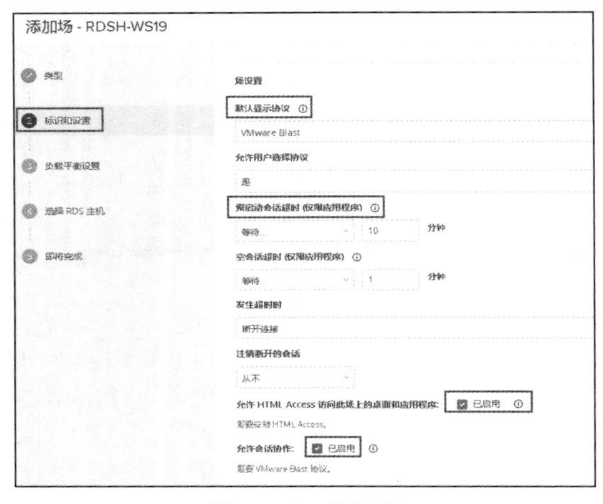
图 7-3-3　场标识

图 7-3-4　负载平衡设置

（5）在“选择 RDS 主机”对话框中，选择要添加到场中的 RDS 主机，本示例中选择 ws19-rdsh01.heuet.com 主机，如图 7-3-5 所示。

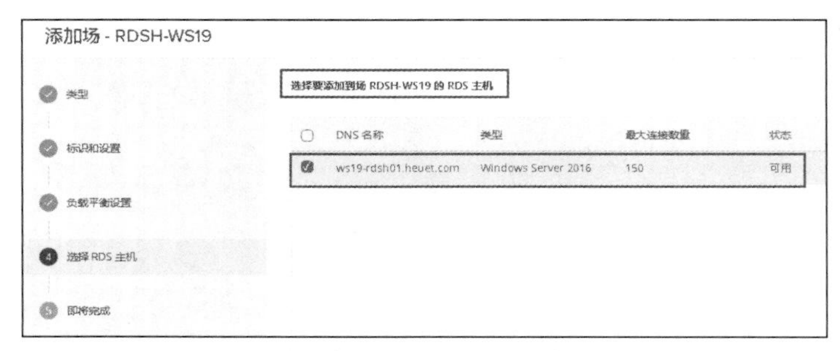

图 7-3-5　选择 RDS 主机

（6）在“即将完成”显示了创建手动场的配置，检查无误之后单击“提交”按钮，如图 7-3-6 所示。

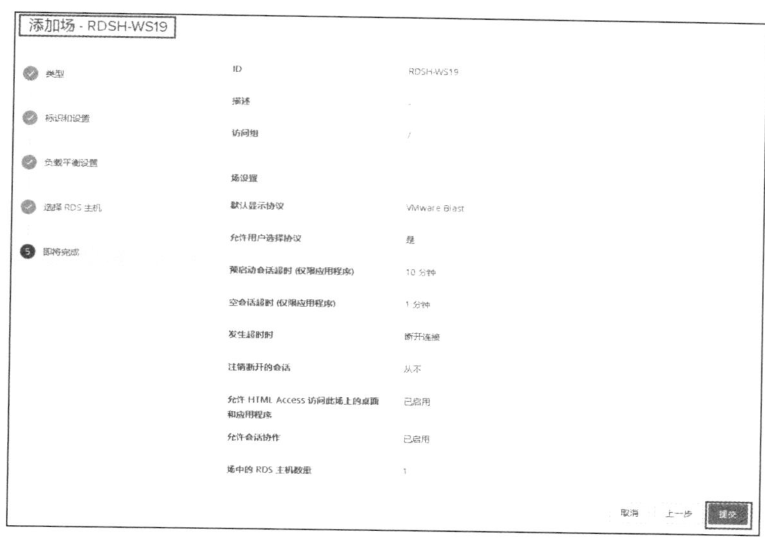

图 7-3-6　创建手动场完成

（7）在“清单→场”中可以看到已添加的场，如图 7-3-7 所示。

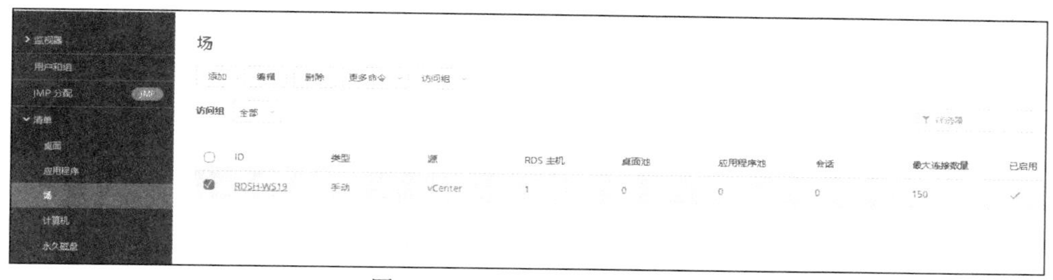

图 7-3-7　已经置备的虚拟机

从本质上来讲，Horizon 支持工作站或服务器操作系统，例如 Windows 10、Windows Server 2019，两者的功能划分的并不是很明确。工作站操作系统 Windows 10 除了桌面虚拟化服务外，也提供了应用程序虚拟化的功能；服务器操作系统 Windows Server 2019 除了提供应用程序虚拟化功能外，也可以提供 Windows Server 2019 的桌面服务。Windows 10 操作系统支持的即时克隆虚拟桌面和链接克隆虚拟桌面，Windows Server 2019 同样也支持。按照创建即时克隆、链接克隆的办法准备 Windows Server 2019 的父虚拟机，同样会创建即时克隆、链接克隆的 Windows Server 2019 的自动场。

7.4　向应用程序池添加应用程序

在添加“场”并向场中添加了 RD 会话主机之后，就可以在“应用程序池”中发布应用程序，或者在“桌面池”中添加基于终端服务的 Horizon 虚拟桌面。本节介绍添加应用程序的方法，步骤如下。

（1）登录 Horizon 控制台，在“清单→应用程序池”中，选择“添加→从已安装应用程序”，如图 7-4-1 所示。

图 7-4-1　添加应用程序

（2）在“添加应用程序池”对话框中，选择“RDS 场”，在下拉列表中，选择提供应用程序的场，会列出该场中 RD 会话主机中安装的应用程序，你可以在列表中根据需要选择要发布的应用程序，如图 7-4-2 所示。

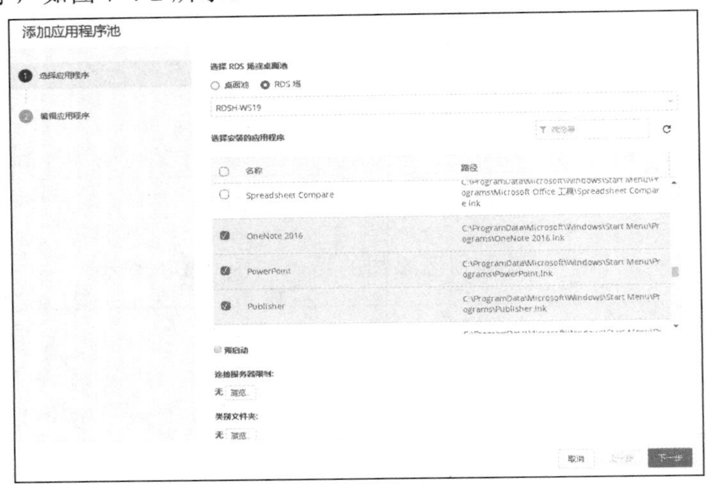

图 7-4-2　选择安装的应用程序

（3）在“添加应用程序池”对话框中，在“ID”列表中，修改将要发布的应用程序的 ID，一般选择默认值即可。单击“提交”按钮，如图 7-4-3 所示。

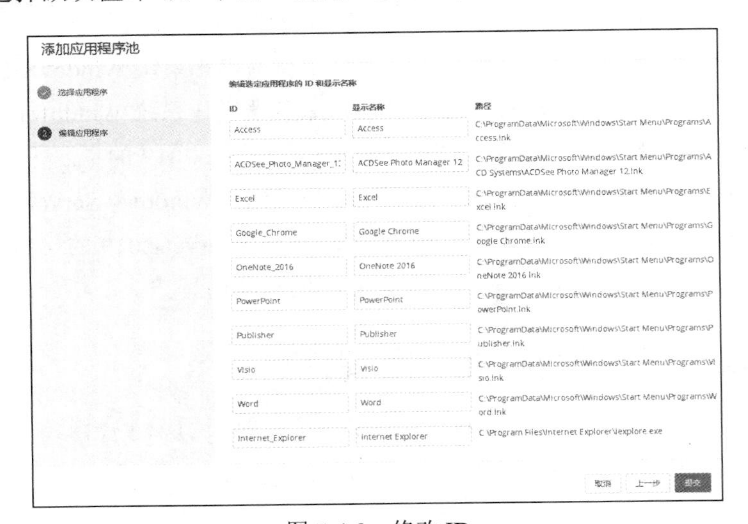

图 7-4-3　修改 ID

（4）在“添加授权”对话框中，单击“添加”按钮，如图 7-4-4 所示。

（5）添加 Domain Users 用户组，如图 7-4-5 所示。

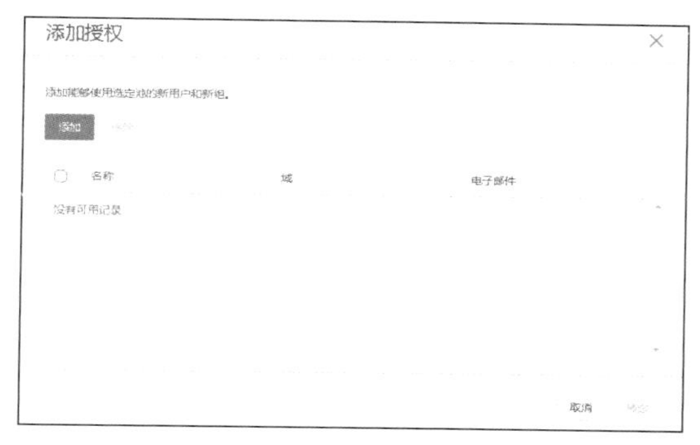

图 7-4-4 添加授权

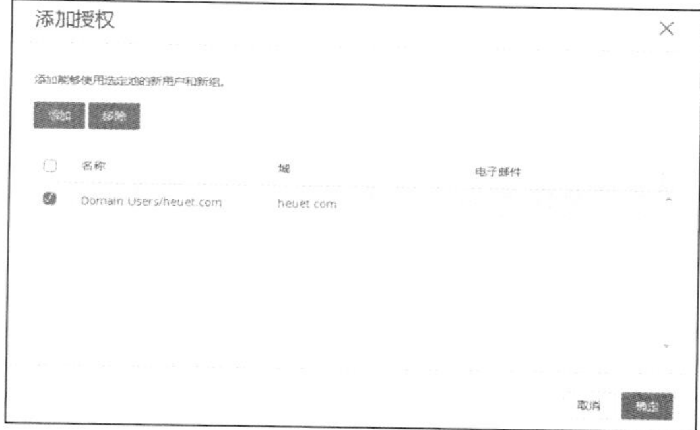

图 7-4-5 添加用户或组

（6）添加授权之后，返回到 Horizon Administrator，在“清单→应用程序池”中，可以看到添加的应用程序，如图 7-4-6 所示。对于不需要的程序，可以选中之后单击“删除”按钮删除，也可以单击“添加”按钮，继续添加。

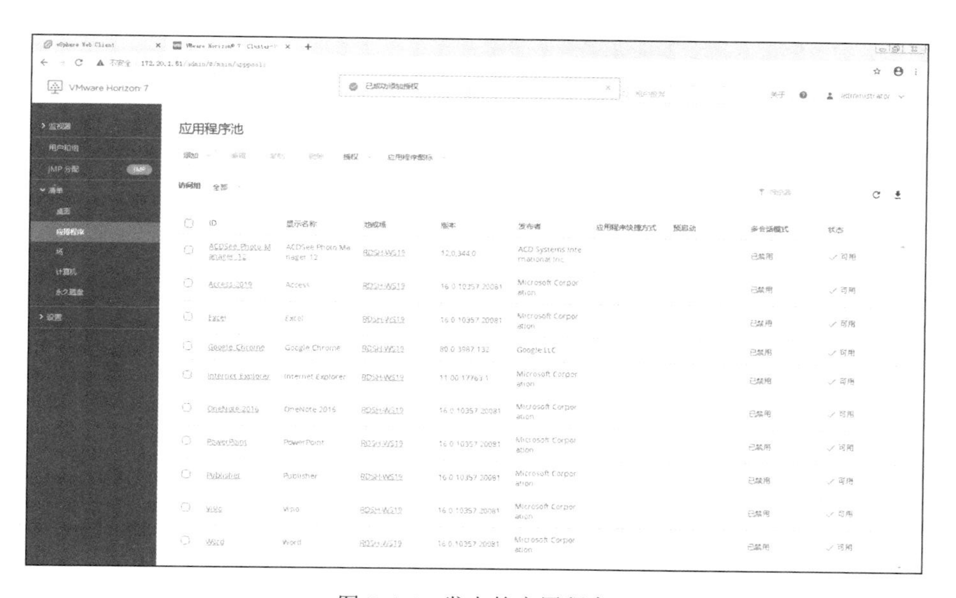

图 7-4-6 发布的应用程序

7.5 添加 Windows Server 桌面池

本节介绍发布 Windows Server 桌面池的内容，步骤如下。

（1）登录到 Horizon 控制台，在“清单→桌面”中单击“添加”按钮，如图 7-5-1 所示。

（2）在“类型”对话框中，单击“RDS 桌面池”单选按钮，如图 7-5-2 所示。

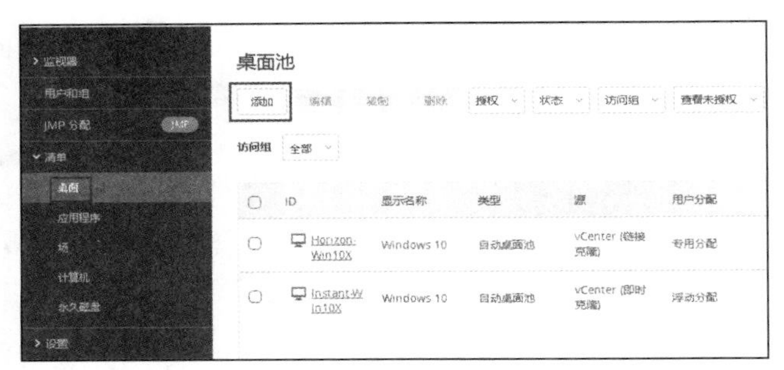

图 7-5-1　添加桌面池

图 7-5-2　添加 RDS 桌面池

（3）在“桌面池标识”对话框中，输入 ID 及显示名称，在此设置 ID 为“VDI-WS19”，设置显示名称为“Windows 2019”，如图 7-5-3 所示。

（4）在“桌面池设置”对话框中，设置状态，如图 7-5-4 所示。在“允许用户从不同的客户端设备启动单独的桌面会话”选项中，选择此设置时，从不同的客户端设备连接到同一桌面池的用户将获取不同的桌面会话。用户只能从启动现有会话的客户端设备重新连接到该现有会话。未选择此设置时，用户可以使用任意客户端设备重新连接到其现有的会话。如果选择此选项，则不支持 RDP 显示协议。

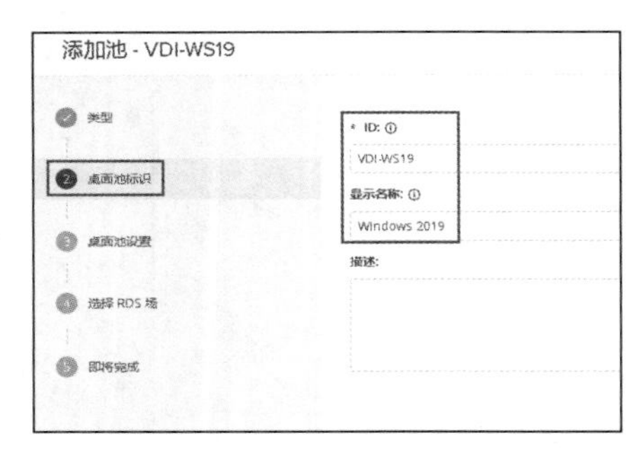

图 7-5-3　添加桌面池标识

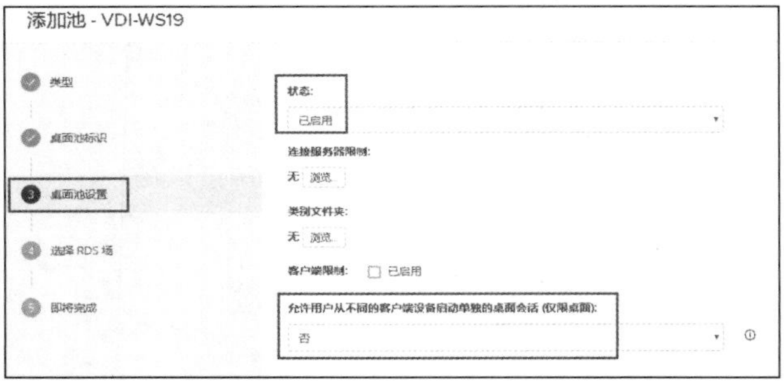

添加池 - VDI-WS19

图 7-5-4　桌面池设置

（5）在“选择 RDS 场”对话框中，选择“为此桌面池选择 RDS 场”单选按钮，并从列表中选择一个可用的 RDS 场，如图 7-5-5 所示。

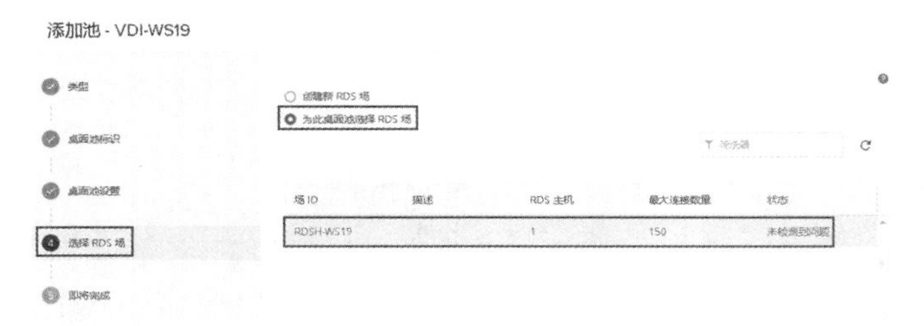

图 7-5-5　选择 RDS 场

（6）在“即将完成”对话框，复查 RDS 桌面池配置，选中“此向导完成后授权用户”，单击“提交”按钮，如图 7-5-6 所示。

（7）之后为添加的 RDS 桌面池进行授权，本示例中添加 Domain Users，如图 7-5-7 所示。

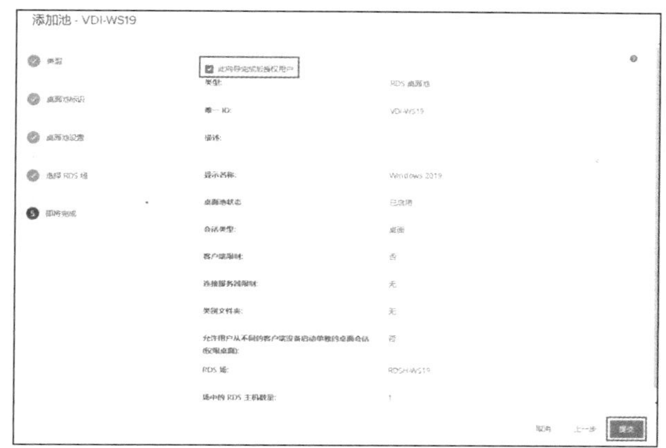

图 7-5-6　即将完成

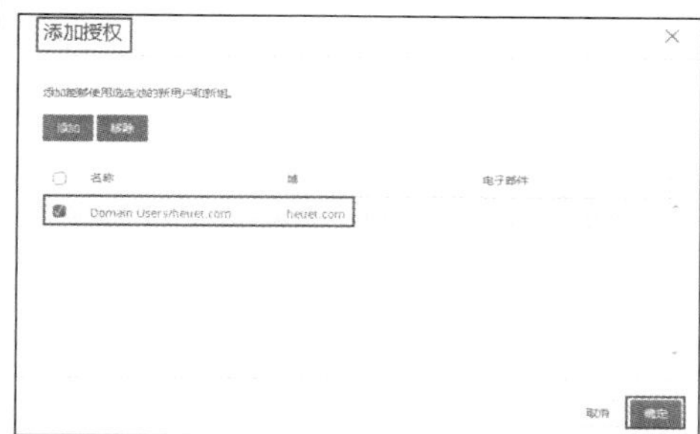

图 7-5-7　授权

（8）添加桌面池并向桌面池授权之后，返回 Horizon Administrator，在“清单→桌面池”列表中，可以看到新添加的桌面池，如图 7-5-8 所示。

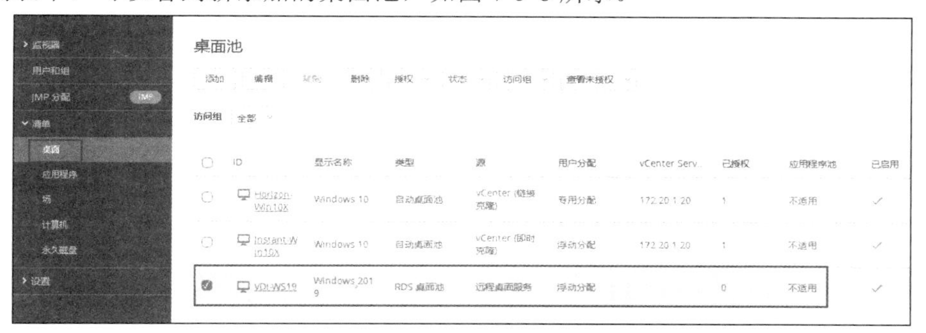

图 7-5-8　添加 Windows 2019 桌面池完成

7.6　客户端测试

在配置好 Windows Server 2008 桌面池及发布应用程序之后，Horizon 客户端即可以使用。在本节我们将使用 HTML 的方式进行测试，而使用 Windows 及 Linux 版本的 Horizon Client、Android 或 IOS，则在后面的章节介绍。

（1）在客户端计算机上，使用 IE 浏览器登录 Horizon 连接服务器（局域网或 VPN 用户）或 Horizon 安全服务器（Internet 用户），进行身份验证之后，在列表中显示可用的 Horizon 虚拟桌面及应用程序。其中第一行是可用的 Horizon 虚拟桌面列表，相比上一章中配置的 Windows 10 桌面，在此新增加了名为 Windows 2019 的桌面，同时添加了 Word、Excel 等 10 个应用程序，如图 7-6-1 所示。

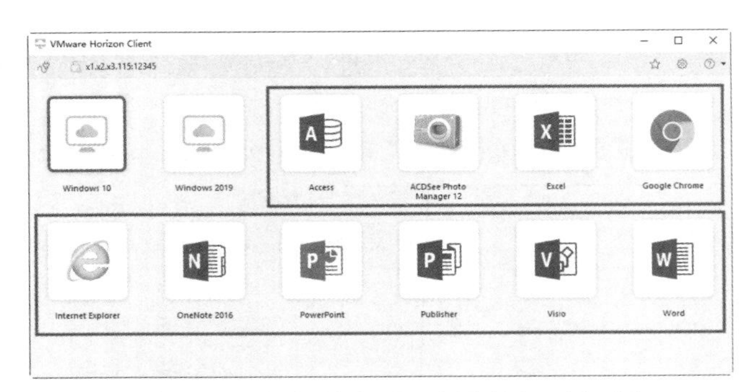

图 7-6-1　新添加的桌面及应用程序已经可用

（2）在图 7-6-1 中添加的应用程序，不仅可以直接打开使用，还可以与主机对应的文档进行关联。例如，在主机上右击 docx 文件，在弹出的右键菜单选择“打开方式”命令，可以看到除了有原来的“Word”快捷方式外（这是主机 Office 2019 的快捷方式，为默认打开的程序），还增加了“Word（VMware Horizon Client 应用程序）”等，如图 7-6-2 所示。

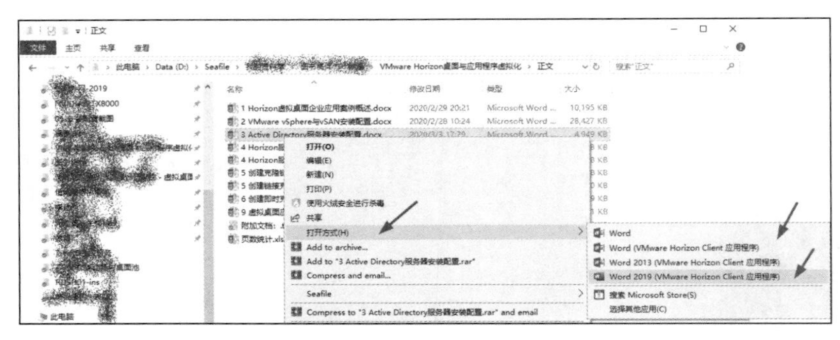

图 7-6-2　打开方式菜单

（3）之后会用发布的 Word 打开这个文档，如图 7-6-3 所示。

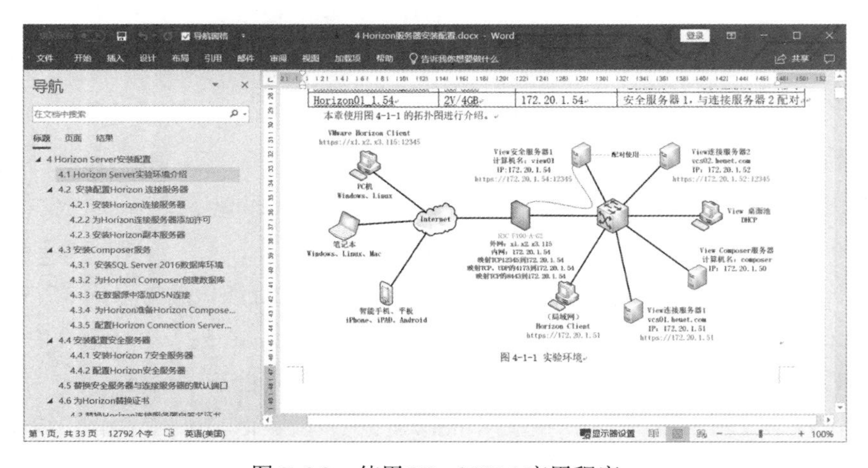

图 7-6-3　使用 Word 2016 应用程序

（4）若想让发布的应用程序“关联”本地文件，可在“VMware Horizon Client”对话框的“共享”选项卡中选中“在托管应用程序中打开本地文件”复选框，如图 7-6-4 所示。

（5）双击启动 Windows 2019 虚拟桌面登录并进行测试，如图 7-6-5 所示。

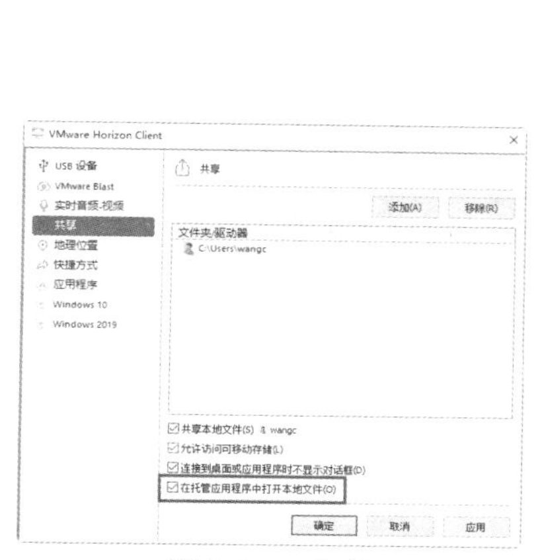

图 7-6-4 共享

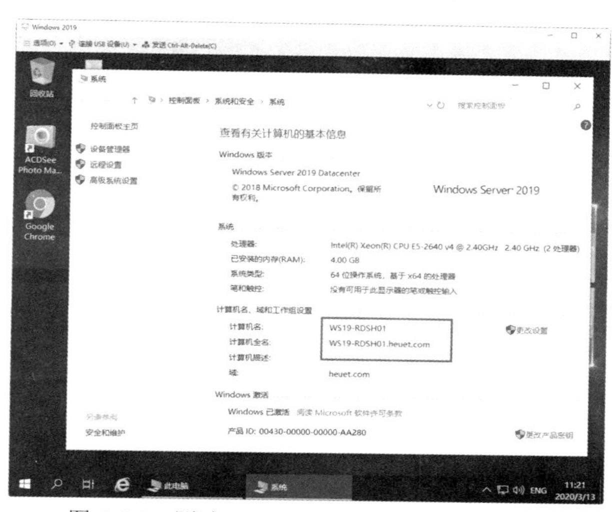

图 7-6-5 测试 Windows Server 2019 虚拟桌面

（6）也可以使用浏览器以 HTML 方式访问新发布的程序或应用程序池，如图 7-6-6 所示。

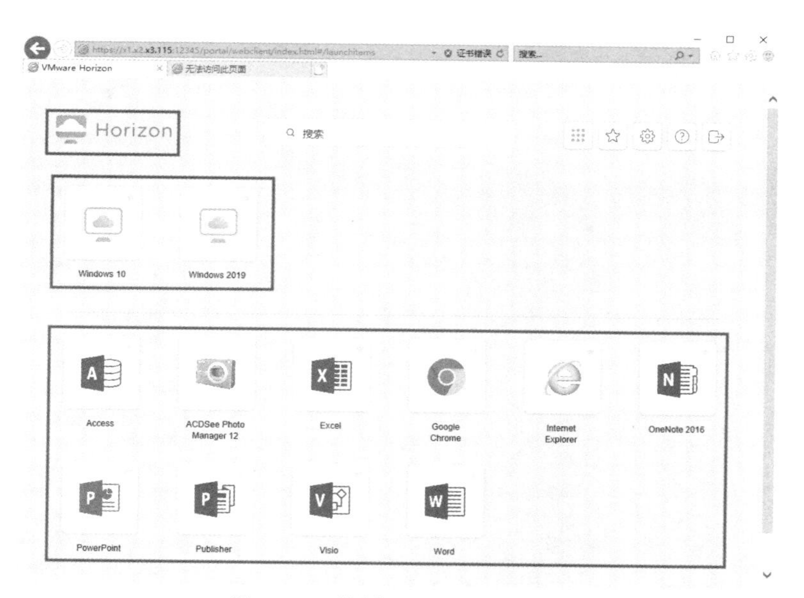

图 7-6-6 使用 HTML 方式访问

（7）单击列表中的虚拟桌面或应用程序，例如 PowerPoint 2019，打开应用程序。单击左侧的“ ”按钮，可以弹出快捷方式，可以在此列表中选择其他桌面或新的应用程序，如图 7-6-7 所示。

图 7-6-7　应用程序与桌面列表

第 8 章　使用 NVIDIA RTX 8000 配置 vGPU 的虚拟桌面

普通的虚拟桌面适合一般办公应用。因为普通的虚拟桌面所用的服务器没有安装专业的显卡，普通虚拟桌面没有配置显卡，其图形图像处理使用 CPU 来处理，这就导致普通虚拟桌面图形图像处理能力比较差。如果要想获得较好的图形图像处理效果，需要在服务器上安装专业的适合于虚拟化的 GPU 显卡，以虚拟化的方式将专业显卡分配给虚拟桌面、为虚拟桌面提供图形图像处理能力。

使用 NVIDIA GPU 显卡配置 Horizon 虚拟桌面，与配置无 GPU 显卡的普通虚拟桌面，安装配置流程与步骤没有明显的区别，只是在已有的流程中步骤中增加了配置 NVIDIA 许可证服务器，并且在配置虚拟桌面父虚拟机时，添加一个共享的 PCI 设备，为虚拟机分配 vGPU 配置文件，然后在虚拟机中安装 NVIDIA 显卡驱动。NVIDIA vGPU 的虚拟桌面，同样支持完全克隆、即时克隆、链接克隆，也支持基于 RDSH 的应用程序虚拟化。对于同样的内容，本章不再详细介绍。为了保持内容的完整性，本章会介绍配置 vGPU 虚拟桌面的整个过程，前文已有内容只保留关键内容，不再详细介绍。

本章会针对需要处理图形图像视频的虚拟桌面的专属内容进行详细介绍，例如 NVIDIA 软硬件产品选择，许可证服务器安装配置，用于 Autodesk 网络许可证安装配置等内容。

本章以 NVIDIA RTX 8000 为例，介绍在 Horizon 实现 GPU 的虚拟桌面的内容。

8.1　NVIDIA GRID 概述

NVIDIA GRID 虚拟 PC（GRID vPC）和虚拟应用程序（GRID vApp）等虚拟化解决方案提供的用户体验与本地 PC 基本一致。借助服务器端图形以及全面管理和监控功能，GRID 为可以为 VDI 环境提供长效的解决方案。GRID 为组织中的每台 VM（虚拟机）提供 GPU 加速能力，打造无与伦比的用户体验，让 IT 团队拥有足够的时间用来制定业务目标和策略。

8.1.1　NVIDIA GRID 工作原理概述

NVIDIA GRID 可提供图形加速型虚拟桌面与应用程序。不论你是要全速运行基本 Windows 应用程序的办公室职员，还是要在任何地点、任何设备上使用专业图形应用程序的建筑师、工程师或设计师等图形用户，NVIDIA GRID 都能满足你的要求。这一解决方案让企业用户能够享受到虚拟化的优势，同时在整个企业内扩大这些优势。

传统应用程序和桌面虚拟化工作原理如图 8-1-1 所示。这是一个采用纯 CPU 的传统虚拟化环境。虚拟化层既可以是 VMware vSphere，也可以是 Hyper-V 或 Citrix。该层位于服务器上。Hypervisor 会划分底层邮件。虚拟桌面会在 Hypervisor 上运行。当用户在虚拟机上开展工作时，由 CPU 来执行、捕捉和渲染所有图形命令。

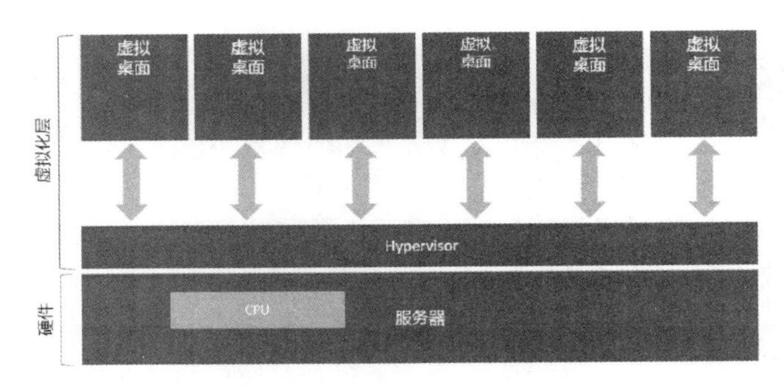

图 8-1-1　传统应用程序和桌面虚拟化工作原理

NVIDIA 发布的 GRID 解决方案，可以让用户对数据中心 GPU 进行虚拟化并在多个虚拟机上共享这一 GPU。此举可以实现现有应用程序和桌面环境性能的提升，还为 GPU 技术提供了全新的场合。NVIDIA GRID 的工作原理如图 8-1-2 所示。

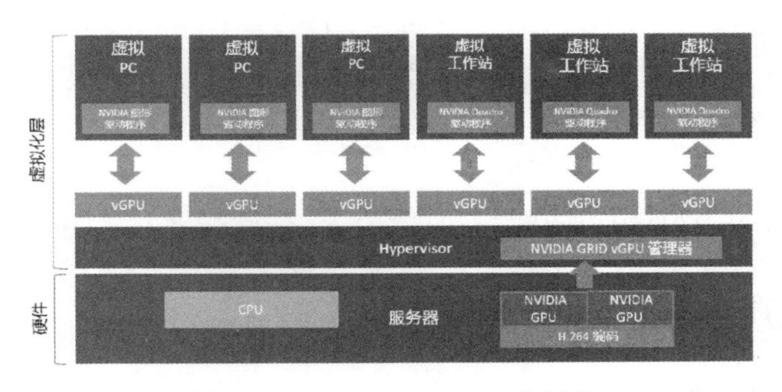

图 8-1-2　NVIDIA GRID 工作原理

NVIDIA vGPU 管理器会将 GPU 划分为独立的 vGPU 实例。这些实例会直接传递至安装在虚拟机上的原生 NVIDIA 驱动程序。根据用户计划部署的任务类型的不同，有两种不同的驱动程序。针对 PC 应用程序，GRID 使用的是基本的图形驱动程序，而针对工作站应用程序，GRID 使用的是认证的 Quadro 驱动程序。Quadro 驱动程序可确保虚拟工作站能够具备无异于物理工作站的特性，例如抗锯齿、逼真的模型、增强的应用程序性能以及应用程序认证等。

用户登录到自己的虚拟机上并开始工作，NVIDIA 驱动程序会通过 Hypervisor 将命令发送至 vGPU 引擎，该引擎会对物理 GPU 所要处理的任务进行调度，然后将结果发回虚拟机。由于 NVIDIA 数据中心 GPU 性能强劲，这一任务在几纳秒内即可完成。这意味着，虽然用户所使用的应用程序是在数据中心的服务器上运行的，但是用户会获得本地级的体验。

除了主机和虚拟机上的所有软件组件以外，GRID 软件还包括多种管理工具，这些工具可帮助管理员调整环境以便提供最佳的性能。

8.1.2　无 NVIDIA 许可证时 GPU 性能受限

NVIDIA vGPU 是许可产品。如果没有获得许可，vGPU 将以较低的能力运行，直到获得许可证为止。未经许可的 vGPU 的性能受到以下限制：

- 帧速率上限为 3 帧/s。
- GPU 资源分配受到限制，这将阻止某些应用程序正确运行。
- 在支持 CUDA 的 vGPU 上，CUDA 被禁用。

获得 NVIDIA vGPU 许可后，将取消这些限制。同时设置为使用 NVIDIA vGPU 的虚拟机 CVM 可以运行所有 DirectX 和 OpenGL 图形应用程序。

如果对许可进行了配置，则在这些 GPU 上引导 vGPU 时，VM 可从许可服务器获取许可。VM 保留许可证，直到将其关闭。然后，它将许可证释放回许可证服务器。许可设置在重新启动后仍然存在，并且仅在许可服务器地址更改或 VM 切换到正在运行的 GPU 时才需要修改。

说明：同样一台分配了 NVIDIA vGPU 的虚拟机，获得与未获得 NVIDIA 许可证时其显卡性能相差悬殊。以物理主机 CPU 为 Intel Xeon E5-2603 v3、显卡为 NVIDIA T4 的物理主机为例，为虚拟机分配 T4-2Q 配置文件，给虚拟机安装 Windows 10 操作系统，为虚拟机分配 2 个 vCPU（如图 8-1-3 所示），然后可进行测试。

图 8-1-3　测试虚拟机配置

在未获得 NVIDIA 许可证与获得 NVIDIA 许可证时，使用鲁大师测试虚拟机，显卡性能得分分别为 2071 与 35294，如图 8-1-4 和图 8-1-5 所示。

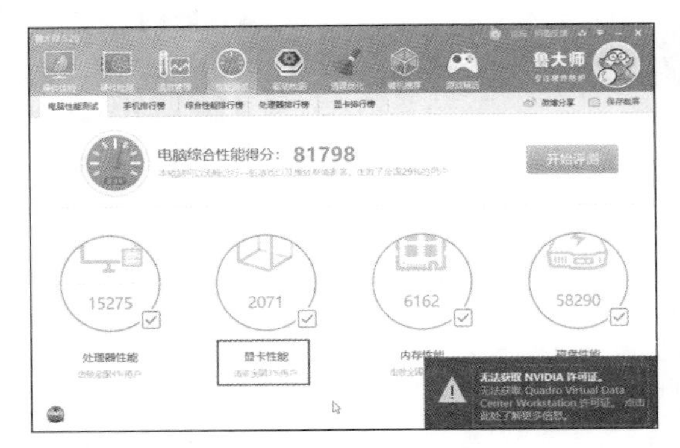

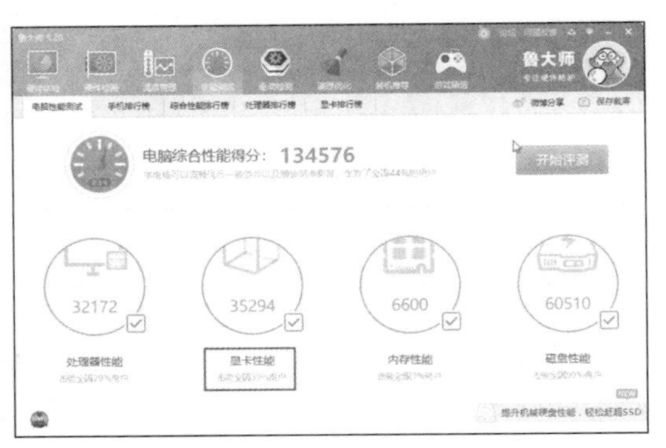

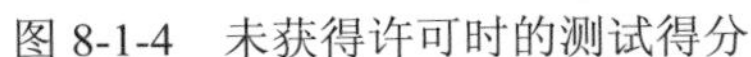
图 8-1-4　未获得许可时的测试得分

图 8-1-5　获得许可时的测试得分

8.1.3　部分虚拟桌面测试得分对比

为了让读者对虚拟桌面显卡性能有个直观的感受，表 8-1-1 列出了部分物理机、虚拟桌面的测试得分，测试时间为 2020 年 2 月份，使用同一版本的鲁大师进行测试。

表 8-1-1　部分物理机与虚拟桌面测试得分

序号	虚拟机/物理机配置		鲁大师测试得分				
	CPU	显卡	综合性能	处理器	显卡	内存	磁盘
1	E5-2640 v4	无	76 197	48 651	501	8 715	18 330
2	E5-2660 v4	无	62 732	38 458	517	8 337	15 420
3	E5-2650 v4	无	110 701	83 364	637	8 340	18 360
4	Gold 5218	无	80 850	50 576	549	8 265	21 360
5	Gold 6254	RTX 8000-2Q	175 110	88 314	35 895	10 101	40 800
6	E5-2603 v3	T4-2Q	134 576	32 172	35 294	6 600	60 510
7	E5-2603 v3	T4-2Q	78 322	34 845	35 814	6 663	1 000
8	i5-4690K	物理机核芯显卡	102 429	45 793	8 164	10 029	12 630

说明：（1）序号为 1～7 测试都是 Horizon 7.11 的虚拟桌面，虚拟机操作系统为 64 位 Windows 10 企业版或专业工作站版。虚拟机分配 6 个 vCPU、8 GB 或 16 GB 内存。

（2）序号 6、7 测试的是同一个虚拟机，使用不同的存储设备（一块为 SSD，一块为普通硬盘）时测试的得分。

（3）序号为 8 的是物理机，没有配置独立显卡，使用 CPU 集成核芯显卡，32 GB 内存，操作系统为 64 位 Windows 10 专业工作站版。

（4）RTX8 000-2Q 与 T4-2Q 配置文件，相当于为虚拟机添加了一个 vGPU，显存为 2 GB。

8.1.4 NVIDIA GRID 许可版本

NVIDIA GRID 采用硬件（物理 GPU）与软件（NVIDIA 许可）分开销售的方式。除了购买 NVIDIA GRID GPU 显卡，还需要购买 NVIDIA 软件配合使用。购买 NVIDIA 虚拟 GPU 软件时，可以选择年度订阅或购买永久许可证。

说明：2020 年以前，购买 3 年订阅许可可以获得永久许可；2020 年以后，购买 5 年订阅许可才可以获得永久许可。

NVIDIA GRID 有四个不同的版本，支持不同的使用场合。所有版本均根据同时联网用户数量进行销售，因此企业客户可以进行混搭，以便为用户提供所需的性能水平。NVIDIA GRID 软件许可版本如表 8-1-2 所列。

表 8-1-2 NVIDIA GRID 软件许可版本

NVIDIA GRID 产品	用 途
虚拟应用（Virtual Applications）版配置文件为 A，是应用程序虚拟化解决方案	针对部署 XenApp 或其他 RDSH 解决方案的企业和机构，旨在提供 Windows 应用程序并充分发挥应用程序的性能。最常见的 RDSH 解决方案是 Citrix XenApp 和 VMware Horizon RDSH。这一领域中的传统应用程序为传统的办公应用程序和浏览器。这些应用程序过去在标准 PC 上运行，不需要任何 Quadro 加速。 RDSH 仅支持 Windows，用户在这一环境中无法运行 Linux。 根据同时联网用户数量进行许可。许可用户可以访问的应用程序数量没有限制
虚拟 PC（Virtual PC）版是轻量级图形虚拟桌面解决方案	针对想要使用虚拟桌面但是需要在 PC Windows 应用程序、浏览器以及高清视频等方面获得良好体验的用户。 GRID 虚拟 PC（Virtual PC）版具备与 GRID 虚拟应用（Virtual Applications）版类似的用户配置文件，这些用户使用的是 Citrix Xen Desktop 或 VMware Horizon 等虚拟桌面解决方案。在虚拟桌面实例中，用户将对整个桌面系统进行虚拟化，其中包括操作系统和应用程序。 仅支持 Windows 操作系统。GRID 虚拟 PC（Virtual PC）版通过 vGPU 来进行传输，用户可以为其分配 512 MB 或 1 GB 的配置文件
虚拟工作站（Virtual Workstation）版，配置文件为 Q 是重量级图形虚拟桌面解决方案	针对想要在任何地点、任何设备上使用远程专业图形应用程序并充分发挥应用程序性能的用户。 GRID 虚拟工作站（Virtual Workstation）版能够从数据中心为用户提供充分的 Quadro 体验。 GRID 虚拟工作站（Virtual Workstation）版专为 AutoCAD、Revit、Solid woks 及 Siemens NX 等专业图形应用程序而设计。这一版本针对的是那些处理大型复杂模型的设计师、工程师、建筑师，这类模型过去是在物理工作站上运行的。 支持 Windows 与 Linux 操作系统
vComputeServer 配置文件为 C	用于人工智能（AI），深度学习或高性能计算（HPC）工作负载的计算密集型虚拟服务器的用户

8.1.5 NVIDIA GPU 显卡选择

NVIDIA GPU 显卡，从最早的 GRID K1、K2，到 M6、M60、M10、P4、P6、P40、P100，到现在的 T4、RTX 6000、RTX 8000、V100 等。总之型号较多，初学者不容易选择。

虚拟桌面用的显卡，可以根据显卡推出的年代、显卡架构、显卡支持的配置文件、显卡大小、功率进行选择。为了让读者较为全面地了解 NVIDIA 显卡，我们列出了表格。NVIDIA 不同时期推出的显卡架构及代表产品如表 8-1-3 所列。

表 8-1-3　NVIDIA GPU 显卡推出时间、产品架构与对应型号列表

时　　间	架　　构	代表显卡	驱动版本
2013－2014 年	Kepler	GRID K1、K2	GRID 1.x
2015 年	Maxwell	Tesla M6、M60	GRID 2.x
2016 年 4 月	Maxwell		GRID 3.x
2016 年 8 月	Maxwell	Tesla M10	GRID 4.x
2017 年 12 月	Pascal	Tesla P4、P6、P40、P100	Virtual GPU 5.x
2018 年 10 月	Volta	Tesla V100	Virtual GPU 6.x
2018 年 12 月	Turing	Quadro RTX 6000/8000	Virtual GPU 7.x

NVIDIA GPU 参数对比如表 8-1-4 所列。

表 8-1-4　NVIDIA GPU 参数对比列表

形号	M10	M60	P6	P40	P100	V100	T4	RTX 6000	RTX 8000
GPU 架构	Maxwell	Maxwell	Pascal	Pascal	Pascal	Volta	Turing	Turing	Turing
GPU 数量	4	2	1	1	1	1	1	1	1
CUDA 核心	640 × 4	2 048 × 2	2 048	3 840	3 584	5 120	2 560	4 608	4 608
Tensor 核心	N/A	N/A	N/A	N/A	N/A	640	320	576	576
RT 核心	N/A	N/A	N/A	N/A	N/A	N/A	40	72	72
每 GPU 显存	8 GB GDDR5	8 GB GDDR5	16 GB GDDR5	24 GB GDDR5	16 GB HBM2	32 GB 或 16GB HBM2	16 GB GDDR6	24 GB GDDR6	48 GB GDDR6
vGPU 切割方式/GB	0.5，1，2，4，8	0.5，1，2，4，8	1，2，4，8，16	1，2，3，4，6，8，12，24	1，2，4，8，16	1，2，4，8，16，32	1，2，4，8，16	1，2，3，4，6，8，12，24	1，2，3，4，6，8，12，16，24，48
板型	PCIE 3.0 双槽全高	PCIE 3.0 双槽全高	MXM	PCIE3.0 双槽全高	PCIE 3.0 双槽全高	PCIE 3.0 双槽全高	PCIE 3.0 单槽半高	PCIE 3.0 双槽全高	PCIE 3.0 双槽全高
散热方式	被动	被动	裸板	被动	被动	被动	被动	主动	主动
功耗/W	225	300	90	250	250	250	70	295	295
推荐用途	高密度	图形处理	刀片主机	图形/DL	图形/DL	图形/DL	高密度/推理	图形/云游戏	大显存图形
版本最低需求	vGPU 4.0	vGPU 2.0	vGPU 5.0	vGPU 5.0	vGPU 5.0	vGPU 6.0	vGPU 7.0	vGPU 8.0	vGPU 8.0

注意：RTX 8000 显卡缓存为 48 GB，在使用 1 GB 方式分割时，上限是 32 个 vGPU。简单来说，RTX 8000 显卡，最多支持 32 个 1 GB 显存的虚拟机。

NVIDIA GPU 软件支持如表 8-1-5 所列。

表 8-1-5　NVIDIA Virtual GPU 软件支持列表

GPU 显卡型号	vGPU 10	vGPU 9	vGPU 8	vGPU 7	vGPU 6	vGPU 5	GRID 4	GRID 3	GRID 2
Quadro RTX 8000	√	√	√	—	—	—	—	—	—
Quadro RTX 8000 Passive	√	—	—	—	—	—	—	—	—
Quadro RTX 6000	√	√	√	—	—	—	—	—	—
Quadro RTX 6000 Passive	√	—	—	—	—	—	—	—	—
Tesla V100	√	√	√	√	√	—	—	—	—
Tesla T4	√	√	√	√	—	—	—	—	—
Tesla P100	√	√	√	√	√	√	—	—	—
Tesla P40	√	√	√	√	√	√	—	—	—
Tesla P6	√	√	√	√	√	√	—	—	—
Tesla P4	√	√	√	√	√	√	—	—	—
Tesla M60	√	√	√	√	√	√	√	√	√
Tesla M10	√	√	√	√	√	√	√	—	—
Tesla M6	√	√	√	√	√	√	√	√	√
GRID K2	—	—	—	—	—	—	√	√	√
GRID K1	—	—	—	—	—	—	√	√	√

说明：√表示支持，一表示不支持。

8.2　NVIDIA RTX8000 实验环境介绍

为了介绍使用 NVIDIA RTX8000 配置 Horizon 虚拟桌面，本次实验准备了 2 台物理服务器。一台物理服务器用于基础架构服务器（vCenter Server、Active Directory、Horizon 连接服务器、Composer 服务器等），另一台配置了 RTX 8000 GPU 显卡，用于承载虚拟桌面。两台服务器信息如下。

服务器 1：DELL R720，1 个 E5-2650v2 的 CPU，64 GB 内存，2 端口 10 Gbit/s 网卡，8 块 4 TB NL-SAS 硬盘（RAID-5），安装 VMware ESXi 6.7.0 软件，如图 8-2-1 所示。

图 8-2-1　管理服务器

该服务器用于管理，在这台主机上配置 vCenter Server、Active Directory、NVIDIA License Server、Horizon View 连接服务器、Horizon Composer 服务器等虚拟机。

服务器 2：DELL R940xa，2 个 Intel Xeon Gold 6254 的 CPU、1 024 GB 内存（图 8-2-2 中显示 1023.22 GB）、1 块 240 GB SSD 安装 ESXi 6.7.0，2 块 3.2 TB 三星 PM1725 A 的 PCI-E SSD（分别放置 24 个配置了 RTX 8000-2Q vGPU 的 Windows 10 虚拟机）。配置了 2 块 RTX 8000 的显卡，服务器配置了 2 个 2 000 W 电源，以及 GPU 显卡安装套件。服务器配置如图 8-2-2 所示。

图 8-2-2　虚拟桌面服务器

安装好 vCenter Server 之后，创建 1 个数据中心，在数据中心中创建 2 个群集（HA），每个群集添加 1 台主机。其中 HA01 这个群集添加 DELL R720 的服务器（承载 Active Directory、vCenter Server、Horizon 连接服务器、Composer 服务器等信息），HA02 这个群集添加 DELL R940xa 的服务器，只用来承载虚拟桌面，如图 8-2-3 所示。

图 8-2-3　配置好的 ESXi 主机

在配置好 vCenter Server 及 ESXi 主机之后，创建 Windows Server 2016 Datacenter 的模板虚拟机，从此模板虚拟机部署 2 台 Active Directory 的虚拟机、1 台 Horizon Composer

虚拟机、1 台 Horizon 连接服务器。这些服务器的配置信息如表 8-2-1 所列。在配置虚拟机模板的时候，网卡选择 VMXNET3（10 Gbit/s 网卡）。

表 8-2-1 Horizon 虚拟桌面相关服务器配置信息

服务器/虚拟机	IP 地址	备 注
ESXi01（DELL R940xa）	192.168.6.1	用于 ESXi 的管理
ESXi02（DELL R720）	192.168.6.2	用于 ESXi 的管理
iDRAC（DELL R940xa）	192.168.6.101	用于 DELL 服务器底层管理
iDRAC（DELL R720）	192.168.6.102	用于 DELL 服务器底层管理
vCenter Serve vcsa_192.168.6.20	192.168.6.20	
WS16EN_LicSer_192.168.6.21	192.168.6.21	NVIDIA License 服务器,为 GPU 虚拟化授权
WS19_AutoCAD_LicSer_6.22	192.168.6.22	Autodesk License 服务器，为 Autodesk 软件提供许可
KMS_192.168.6.26	192.168.6.26	用于 Windows 与 Office 激活
WS19_Veeam_6.29	192.168.6.29	虚拟机备份
DC01.sjy.com	192.168.6.31	Active Directory、DHCP1
DC02.sjy.com	192.168.6.32	Active Directory、DHCP2
Composer_192.168.6.50	192.168.6.50	Composer 服务器
vcs01.sjy.com_192.168.6.51	192.168.6.51	连接服务器 1
VCS02.sjy.com（规划预留）	192.168.6.52	连接服务器 2
View_192.168.6.53	192.168.6.53	安全服务器

Active Directory、Horizon 连接服务器、Horizon 安全服务器、Horizon Composer 在前面章节已经有过介绍，本章不再赘述。

8.3 配置 License Server

本节介绍申请下载 NVIDIA License，以及安装配置 License Server 的内容。

（1）从 NVIDIA 网站，以公司邮箱申请 License。通过之后，会有一封密码重置邮件。

（2）通过密码重置邮件，设置密码，登录许可证门户网站。

（3）下载 NVIDIA 显卡驱动、下载 License 服务器软件、下载试用许可。许可是根据 MAC 地址、计算机名称生成。

（4）安装驱动到 ESXi 主机，重启 ESXi 主机。

（5）使用 vSphere Client 登录到 vCenter Server，修改 ESXi 主机图形为直接共享，重新启动服务器。

（6）创建 VM，添加共享 PCI 设备，选择 RTX 8000 配置文件，内存预留。启动 VM，如果能启动，表示正常。可以继续后面的操作。

下面一一进行介绍。

8.3.1 从 NVIDIA 网站申请 License

如果你没有 NVIDIA 公司的授权许可，可以从 NVIDIA 网站申请试用的 License。试用的流程如下。

（1）登录 NVIDIA 企业网站，在浏览器中打开以下的链接：

https://enterpriseproductregistration.nvidia.com/?LicType=EVAL&ProductFamily=vGPU

根据需要填写申请信息。电子邮件应该是公司或企业邮箱，不能使用 QQ 等个人邮箱申请，如图 8-3-1 所示。

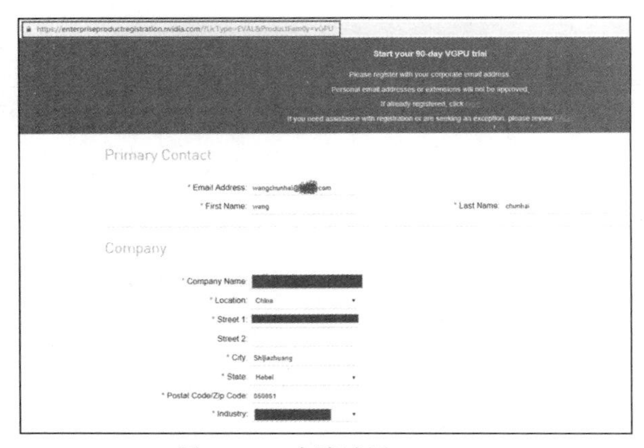

图 8-3-1　申请试用 License

（2）在“NVIDIA GPUs”下拉列表中选择一块 GPU 显卡即可，其他根据需要来填写，如图 8-3-2 所示。然后单击“Register”按钮。

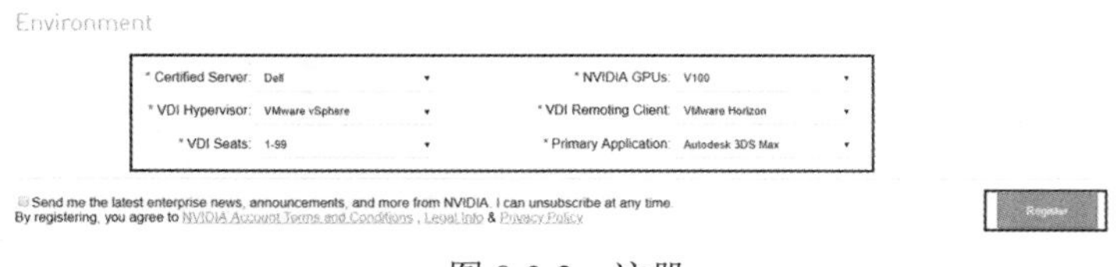

图 8-3-2　注册

（3）在注册之后，NVIDIA 网站会提示 15 分钟内会发送下一步的注册信息，如图 8-3-3 所示。实际上一般情况下需要 2～3 天才能收到注册邮件，因为这一步需要 NVIDIA 公司验证通过之后才能继续。

图 8-3-3　注册

（4）在 NVIDIA 验证通过你的申请之后，在你的邮箱中应该收到 2 封邮件，其中一封邮件是密码重置的链接，你应该在 24 小时以内（以邮件发出的时间为准，不是以你收到邮件的时间为准）设置登录密码，如图 8-3-4 所示。

（5）还会收到一封包含试用许可的邮件，如图 8-3-5 所示。下载邮件中的 PDF 附件。

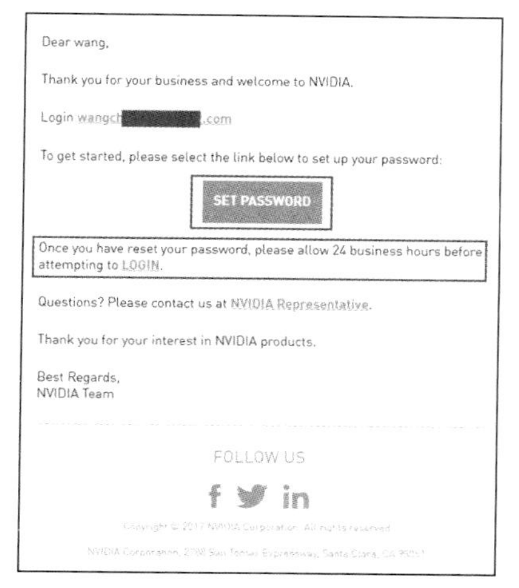
Dear wang,

Thank you for your business and welcome to NVIDIA.

Login wangch[illegible].com

To get started, please select the link below to set up your password:

SET PASSWORD

Once you have reset your password, please allow 24 business hours before attempting to LOGIN.

Questions? Please contact us at NVIDIA Representative.

Thank you for your interest in NVIDIA products.

Best Regards,
NVIDIA Team

FOLLOW US

图 8-3-4　密码重置邮件

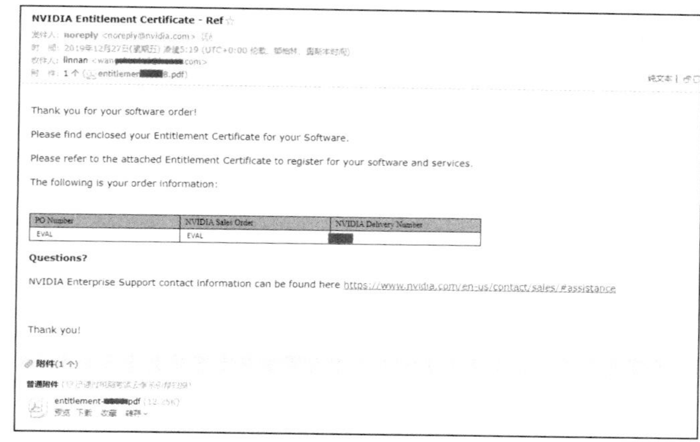
NVIDIA Entitlement Certificate - Ref

发件人：noreply <noreply@nvidia.com>

Thank you for your software order!

Please find enclosed your Entitlement Certificate for your Software.

Please refer to the attached Entitlement Certificate to register for your software and services.

The following is your order information:

PO Number	NVIDIA Sales Order	NVIDIA Delivery Number
EVAL	EVAL	[illegible]

Questions?

NVIDIA Enterprise Support contact information can be found here https://www.nvidia.com/en-us/contact/sales/#assistance

Thank you!

图 8-3-5　试用许可

（6）下载的 PDF 附件内容如图 8-3-6 所示。

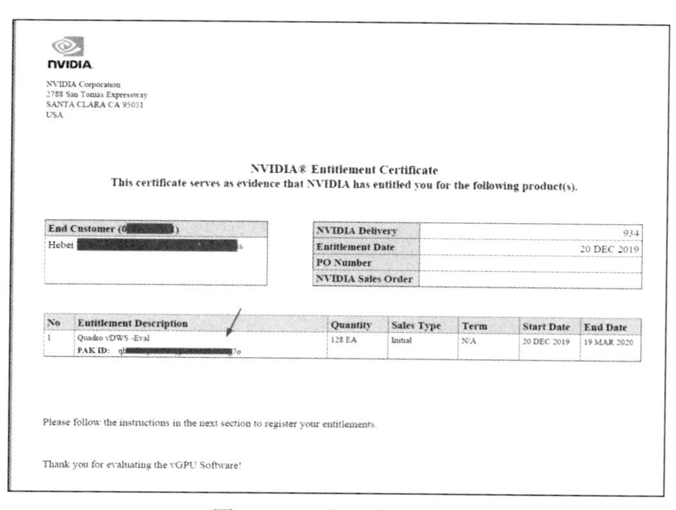
NVIDIA

NVIDIA Corporation
2788 San Tomas Expressway
SANTA CLARA CA 95051
USA

NVIDIA® Entitlement Certificate
This certificate serves as evidence that NVIDIA has entitled you for the following product(s).

End Customer (0[illegible])
Hebei [illegible]s

NVIDIA Delivery	934
Entitlement Date	20 DEC 2019
PO Number	
NVIDIA Sales Order	

No	Entitlement Description	Quantity	Sales Type	Term	Start Date	End Date
1	Quadro vDWS -Eval PAK ID: q[illegible]7o	128 EA	Initial	N/A	20 DEC 2019	19 MAR 2020

Please follow the instructions in the next section to register your entitlements.

Thank you for evaluating the vGPU Software!

图 8-3-6　试用许可信息

关键是 PAK ID 后面的信息，需要复制此信息备用。

（7）注册账户，填写 PAK ID、注册邮箱、地址信息等，如图 8-3-7 所示。注册链接为 https://enterpriseproductregistration.nvidia.com/?LicType=Commercial&ProductFamily=vGPU。

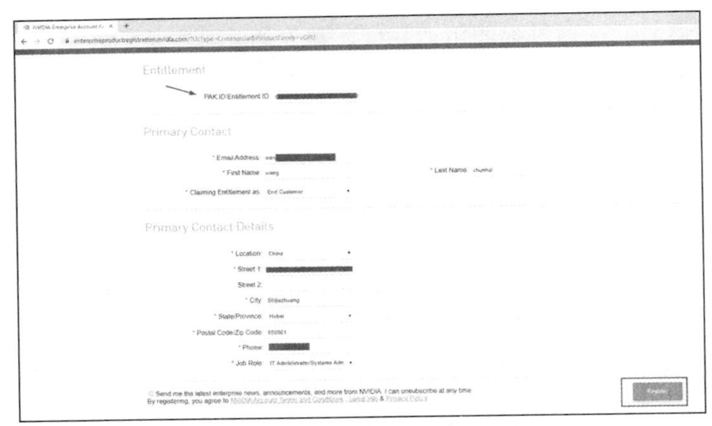

图 8-3-7　注册账户

（8）等 15~20 分钟，使用注册的邮箱、重置的密码登录 NVIDIA 企业门户网站，如图 8-3-8 所示。

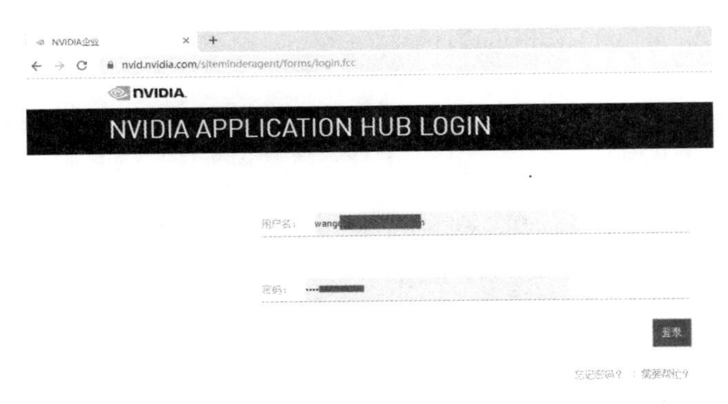

图 8-3-8　登录企业门户网站

（9）登录之后，单击“NVIDIA 许可门户网站”，如图 8-3-9 所示。

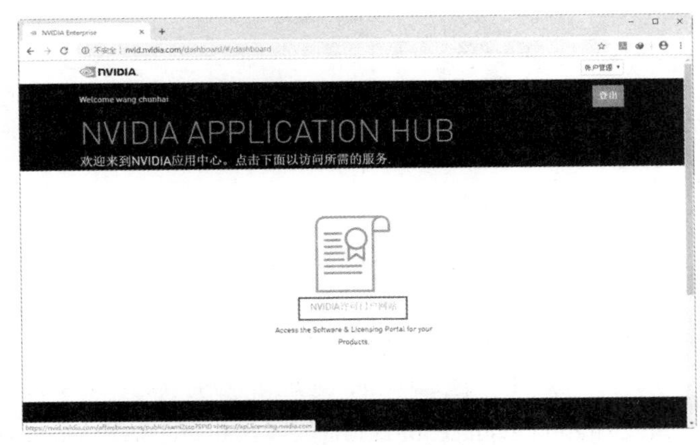

图 8-3-9　许可门户网站

（10）在“DASHBOARD”中可以查看申请的许可信息，通常会提供 128 用户、120 天的测试许可，如图 8-3-10 所示。单击右上角的“CREATE SERVER”创建 License 服务器。

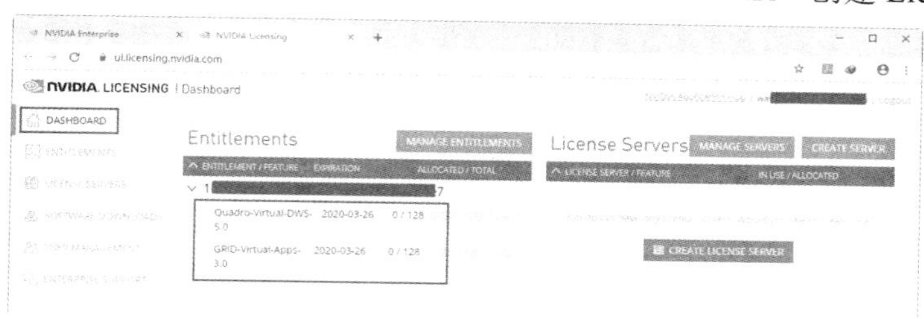

图 8-3-10　申请的许可

（11）在 Create License Server 对话框中，输入许可证服务器的计算机名称和 MAC 地址，在“Product”下拉列表中选择许可并输入 License 数量，本示例创建 50 个许可，如图 8-3-11 所示。如果要配置 2 台许可证服务器，在“Failover License Server”文本框中输入冗余许可证服务器的名称，在“Failover MAC Address”中输入冗余许可证服务器的 MAC 地址。

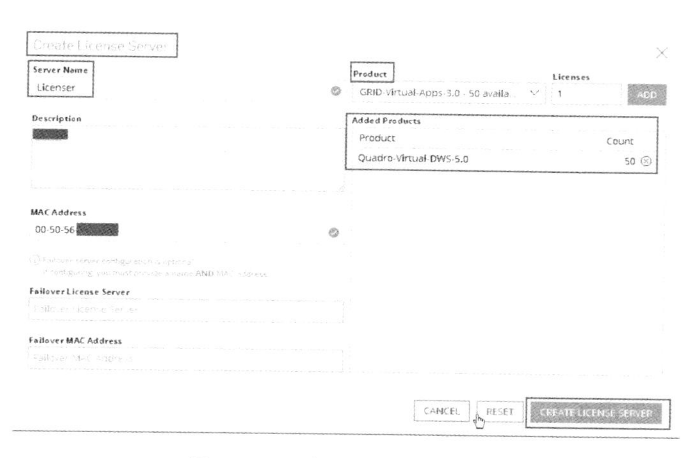

图 8-3-11　创建 License Server

（12）创建 License Server 之后，返回到许可证门户网站，单击“DOWNLOAD LICENSE FILE”按钮下载许可证文件，如图 8-3-12 所示。

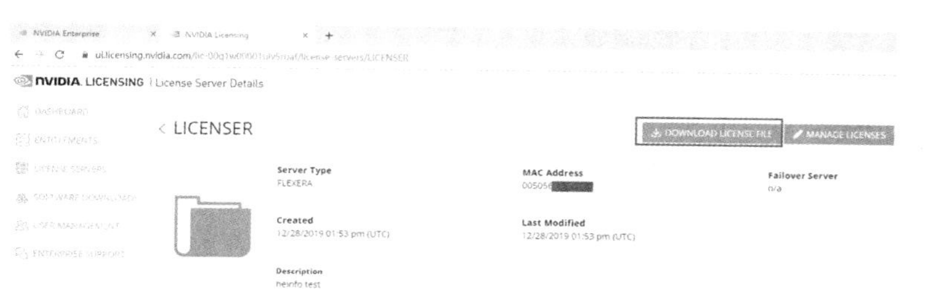

图 8-3-12　下载许可证文件

（13）下载的许可证文件是一个类似于 License_005056123456_12-28-2019-21:54-19.bin 的文件，包括了网站的 MAC 地址。

（14）在软件下载中下载 NVIDIA 的显卡驱动。NVIDIA 提供了用于 vSphere、Hyper-V、Citrix 等不同厂商或平台的驱动，如图 8-3-13 所示。

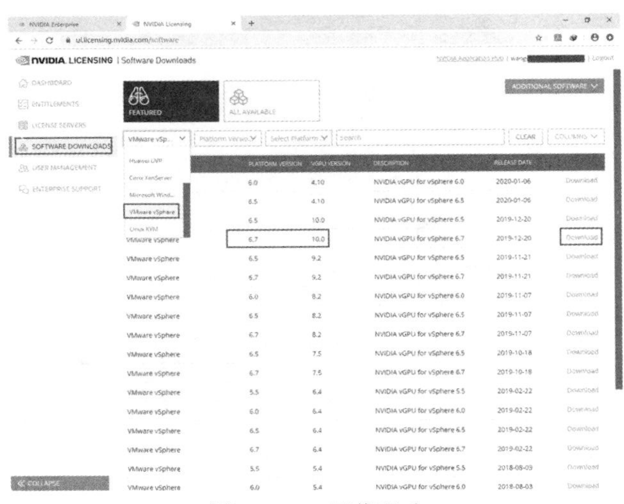

图 8-3-13　下载驱动

（15）单击“ADDITIONAL SOFTWARE”下载 License Server 服务器软件，如图 8-3-14 所示。可以根据需要下载用于 Windows、Linux 等不同操作系统的 32 位或 64 位 License Server 软件。

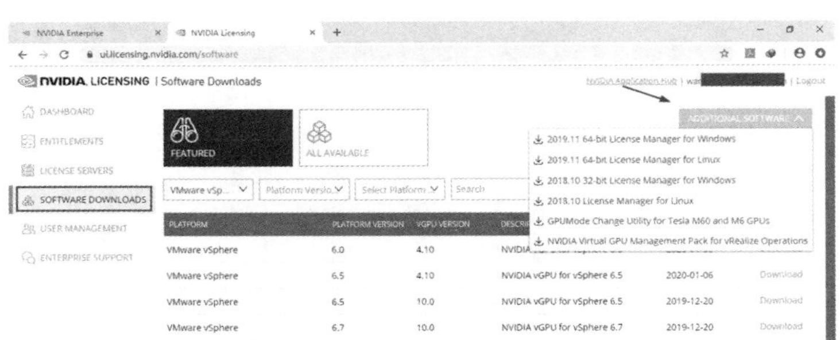

图 8-3-14　下载 License Server

8.3.2　安装 License Server 服务器

NVIDIA License 服务器注意事项如下。

（1）可以配置单台物理机或虚拟机用作 License Server。为了避免单个许可证服务器出现故障影响 License 发放，可以配置 2 台 License 服务器。

（2）许可证服务器分 Windows 版本与 Linux 版本。可以根据需要选择其中一个版本。如果采用 Windows 版本，只能采用英文 Windows 操作系统，例如英文的 Windows Server

2012 R2、Windows Server 2016、Windows Server 2019 等。

（3）许可证服务器需要 Java 运行时环境和 Apache Tomcat 服务器。在安装许可证服务器软件之前，请确保在使用的每台许可证服务器主机上已经安装了必需的软件。

在 Windows 上，需要安装.NET Framework 4.5 或更高版本，还要安装 Java 运行环境。Windows 的许可证服务器在安装过程中会包含 Apache Tomcat 服务器。

在 Linux 上，需要同时安装 Java 运行环境和 Apache Tomcat 服务器。

（4）许可证服务器推荐的最低配置是 2 个 CPU、4 GB 内存，最小 1GB 的可用硬盘空间。配置 16 GB 内存及多 CPU 内核可以处理 150 000 个许可的客户端。

（5）许可证服务器必须具有固定的 IP 地址。许可证服务器也需要一个固定不变的 MAC 地址。许可证服务器对 MAC 地址进行记录。

（6）许可证服务器的日期和时间必须正确配置。

在本示例中，在一台英文 Windows Server 2016 的虚拟机中安装许可证服务器。主要步骤如下。

（1）下载 Java 运行环境，可以使用 Java 或 OpenJDK JRE，两者只需要安装其中一个就可以。其中 Java 运行环境可以从以下地址下载：

https://www.java.com/en/download/manual.jsp

OpenJDK JRE 可以从下面地址下载：

https://github.com/ojdkbuild/ojdkbuild/blob/master/README.md

（2）安装英文版的 Windows Server 2016，修改计算机名称为 Licenser（其他名称也可以），如图 8-3-15 所示。在本示例中，为许可证服务器分配了 2 个 CPU、4 GB 内存。

（3）设置 IP 地址为 192.168.6.21，DNS 为 192.168.6.31 和 192.168.6.32，如图 8-3-16 所示。

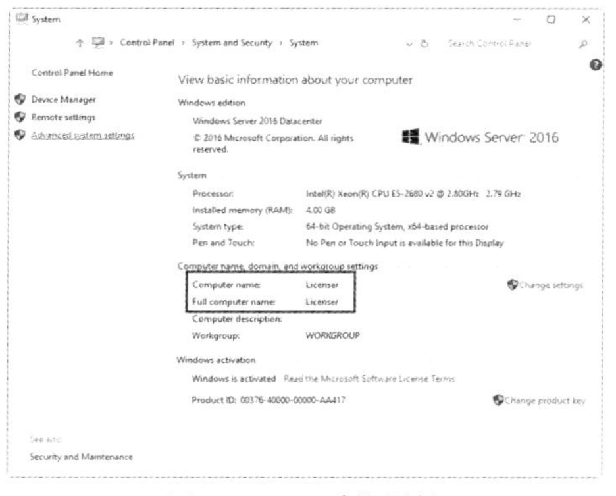

图 8-3-15　系统属性

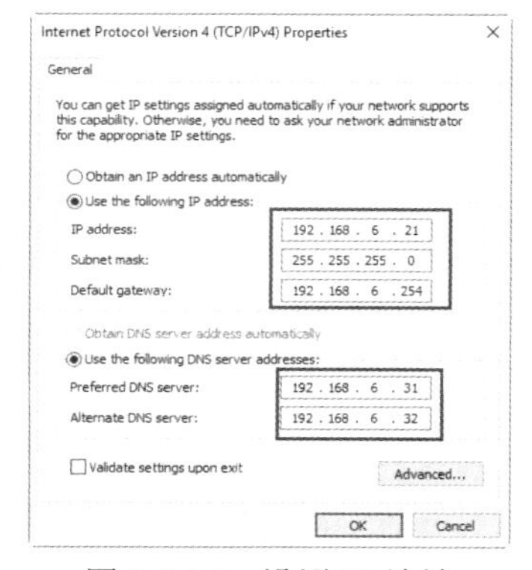

图 8-3-16　设置 IP 地址

（4）安装 OpenJDK 软件或 Java 运行环境，本示例中以 Java 运行环境为例，采用默认方式安装，完成后如图 8-3-17 所示。

（5）安装完成后，在系统属性中，编辑环境变量，如图 8-3-18 所示。

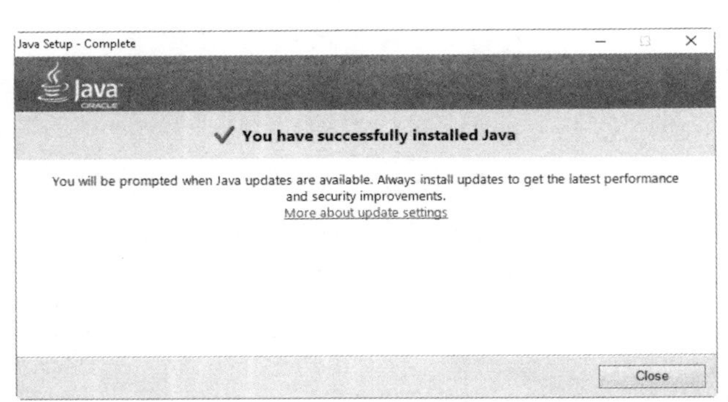

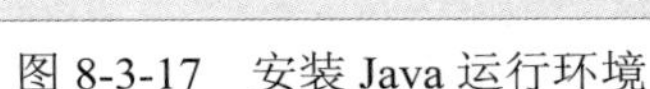
图 8-3-17　安装 Java 运行环境

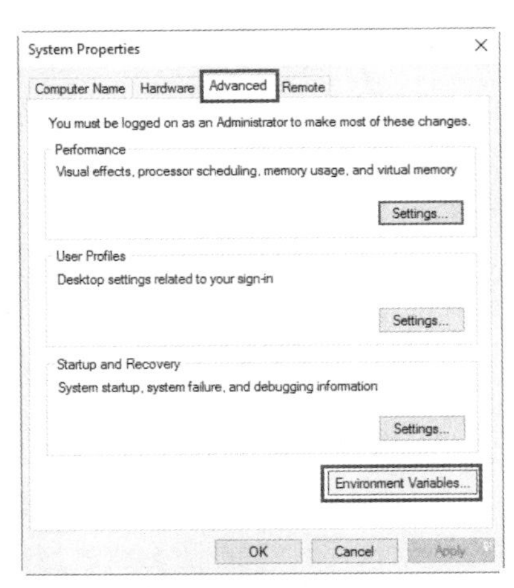

图 8-3-18　环境变量

（6）添加 JAVA_HOME 的环境变量，值为 Java 的安装位置。本示例中安装位置为 C:\Program Files\Java\jre1.8.0_231，如图 8-3-19 所示。

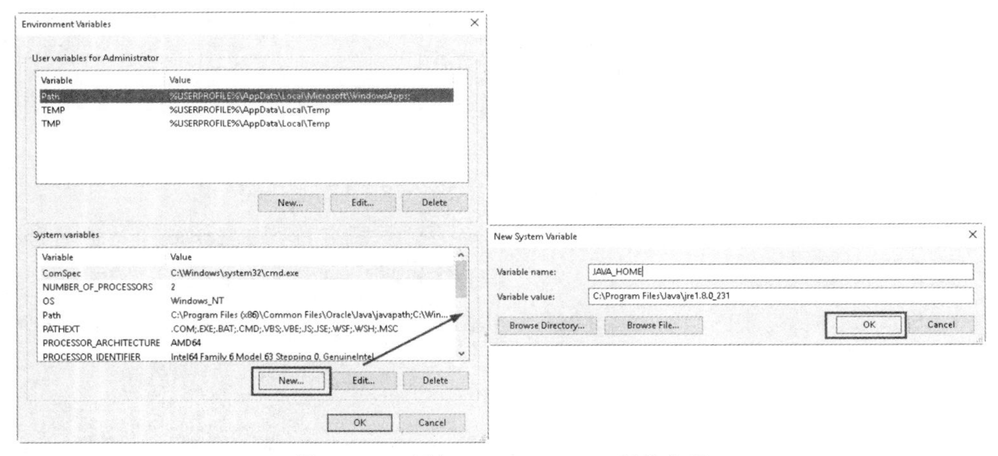

图 8-3-19　添加 JAVA_HOME 环境变量

然后修改 PATH 路径，分别将下列路径添加到 PATH 路径中，如图 8-3-20 所示。

C:\Program Files\Java\jre1.8.0_231\bin

C:\Program Files\Java\jre1.8.0_231\lib

（7）在配置好 Java 环境变量后，安装 License Server 软件，如图 8-3-21 所示。

（8）安装完成后，单击“Done”按钮，如图 8-3-22 所示。

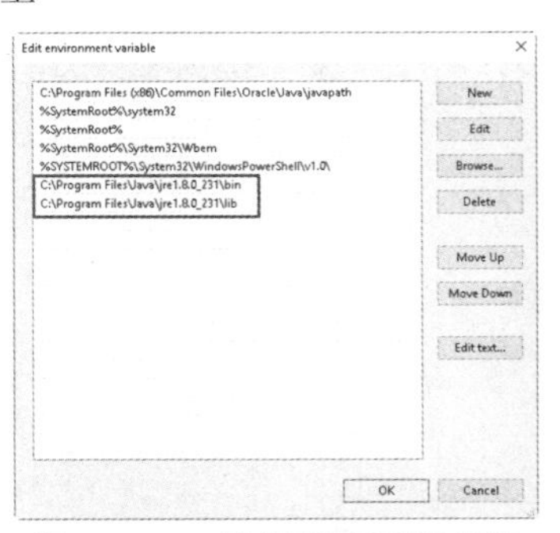

图 8-3-20　编辑系统环境变量

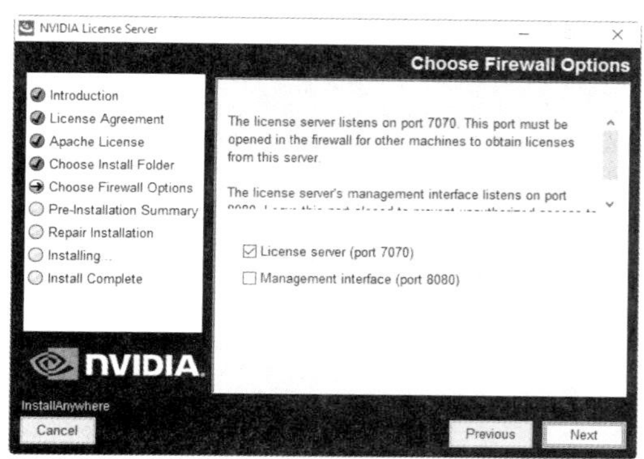

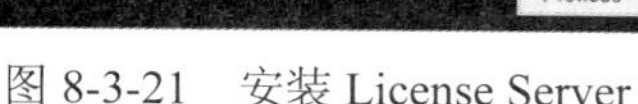

图 8-3-21　安装 License Server

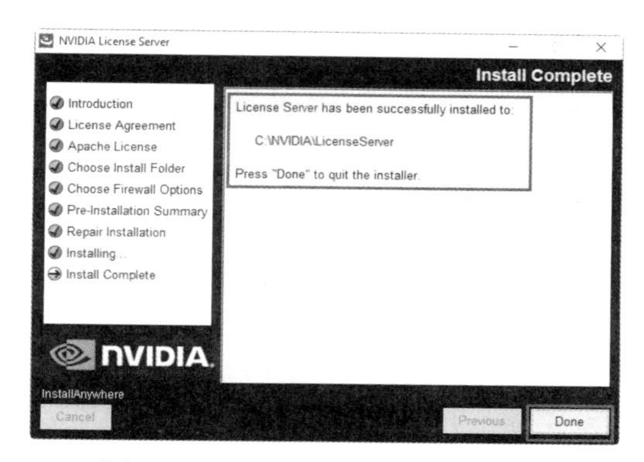

图 8-3-22　安装 License Server 完成

（9）安装完成后，在浏览器中登录 License Server 管理地址，本示例中为 http://localhost:8080/licserver/，在“License Management”对话框中，单击“Browser”按钮可选择 License 文件，如图 8-3-23 所示。

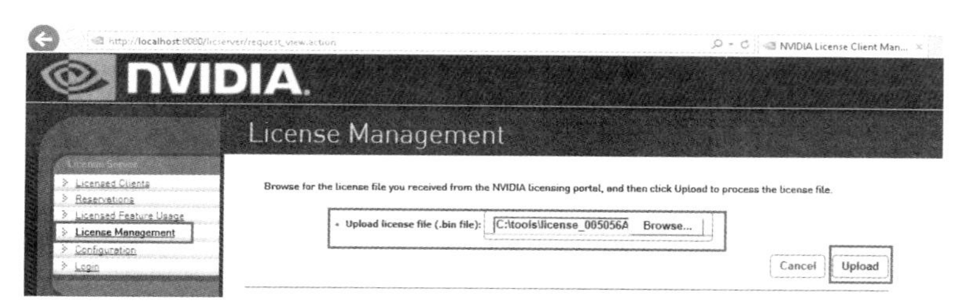

图 8-3-23　导入 License 文件

（10）导入完成之后，在“Licensed Feature Usage”对话框中可以看到导入的许可信息，如图 8-3-24 所示。在当前示例中为 50 个 DWS 和 50 个 App 许可，许可到期时间是 2020 年 3 月 26 日，如图 8-3-24 所示。

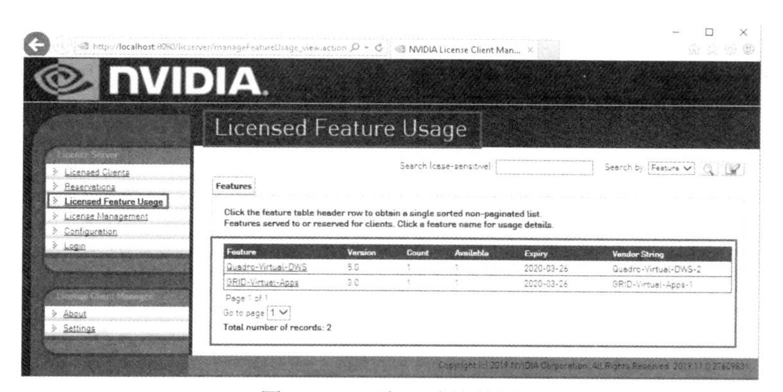

图 8-3-24　许可功能使用

如果是正式的许可则显示“permanent”，如图 8-3-25 所示。

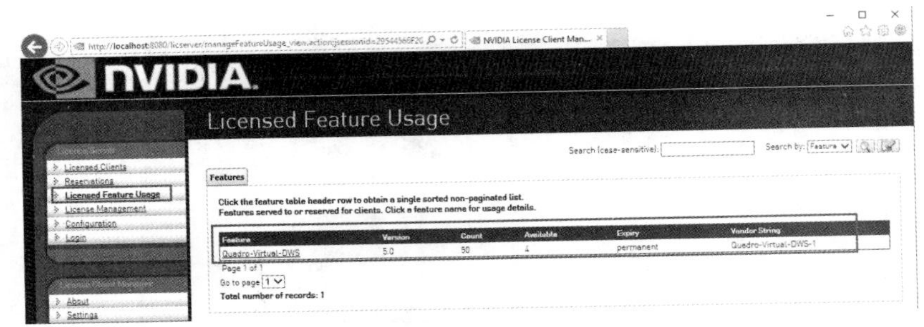

图 8-3-25　正式许可

（11）在“Licensed Clients”对话框中显示获得正式许可的计算机的 MAC 地址，如图 8-3-26 所示。

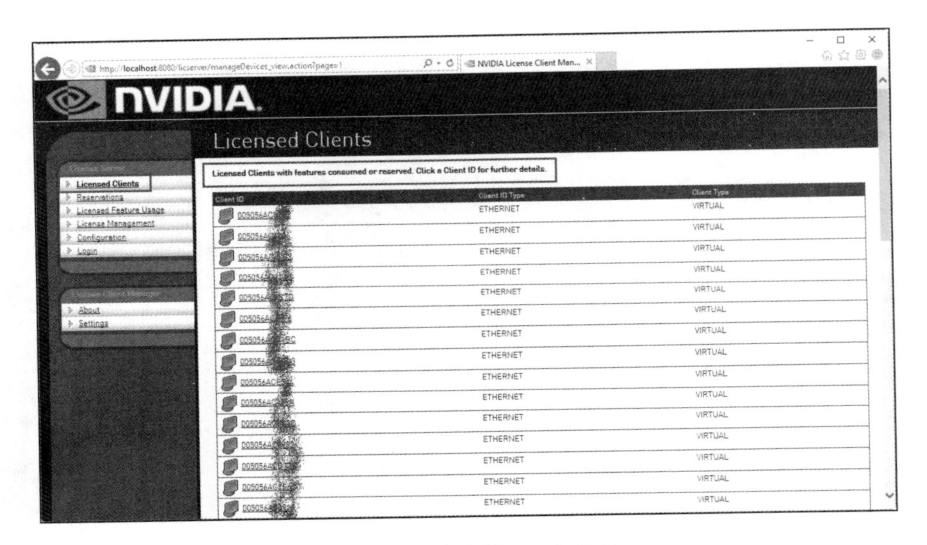

图 8-3-26　客户端 MAC 地址

8.3.3　配置故障转移 License Server

配置两台 License Server 用于故障转移时，两台 License Server 安装配置方法可以一样，但两台 License Server 计算机名称不同、IP 地址不同、MAC 地址不同。在本示例中，主、辅助服务器信息如表 8-3-1 所列。

表 8-3-1　故障转移 License 服务器配置信息。

角　　色	计算机名称	MAC 地址	IP 地址
主服务器	Licenser	00-50-56-AC-55-28	192.168.6.21
辅服务器	license2	00-50-56-AC-F3-BD	192.168.6.25

（1）在申请 License 时，输入主、辅故障转移 License 服务器的计算机名称、MAC 地

址，如图 8-3-27 所示。

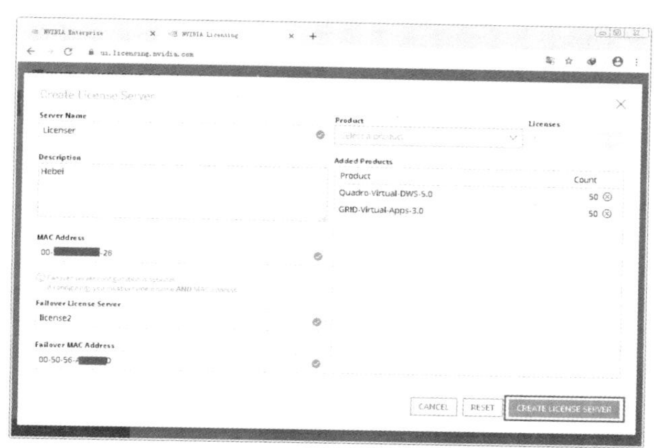

图 8-3-27　创建 License Server

（2）准备两台虚拟机用于安装 License Server，两台安装方法相同。在安装完成后登录每台 License Serverr 的管理界面（http://localhost:8080/licserver），在“Configuration”中指定 Backup URI、Main URI、Main FNE Server URI 的地址，如图 8-3-28 所示。

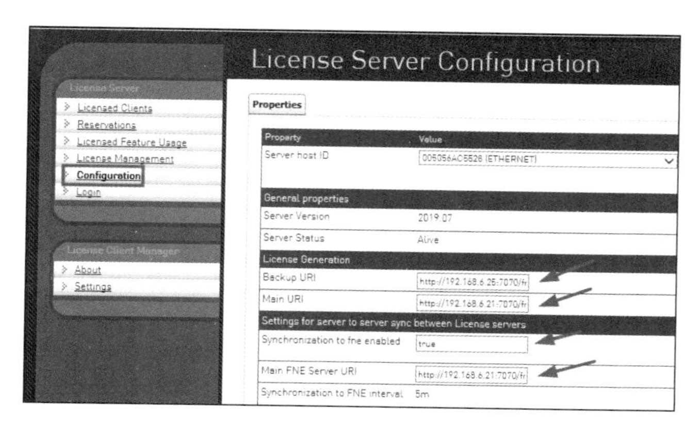

图 8-3-28　配置

其中 Backup URI、Main URI、Main FNE Server URI 信息如下。

Backup URI：http://192.168.6.25:7070/fne/bin/capability

Main URI：http://192.168.6.21:7070/fne/bin/capability

Main FNE Server URI：http://192.168.6.21:7070/fne/bin/capability

同时将 Synchronization to fne enabled 选项设置为 true（如图 8-3-28 所示）。设置完成之后单击“Save”按钮保存。

（3）然后为每台服务器上传 License 文件。

（4）在模板虚拟机的“NVIDIA 控制面板→许可→管理许可证”中指定一级许可证服

务器为 192.168.6.21，二级许可证服务器为 192.168.2.25，如图 8-3-29 所示。

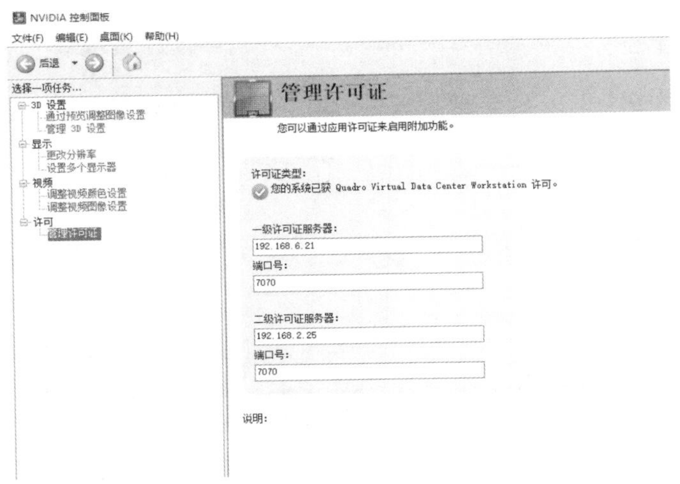

图 8-3-29　指定一级、二级许可证服务器

8.4　准备 GPU 的 ESXi 主机

NVIDIA GRID 显卡通常占用 2 个 PCI-E 扩展插槽，每块 NVIDIA GRID 显卡一般需要 200 W 以上的功率，需要选择支持 NVIDIA GRID 显卡的服务器及 PCI-E 插槽。另外 NVIDIA GRID 显卡一般也需要定制的供电线（一端接在显卡上，另一端接在主板或 PCI-E 插槽专用供电口上）。在选定了显卡的型号和数量之后，在选择服务器之前，要询问厂商所选择的服务器是否支持选定的 GPU 显卡。

8.4.1　安装 GPU 显卡和固态硬盘

在当前的项目中，一台 DELL R940xa 服务器，配置了 2 块 RTX 8000 显卡。显卡外形如图 8-4-1 和图 8-4-2 所示。

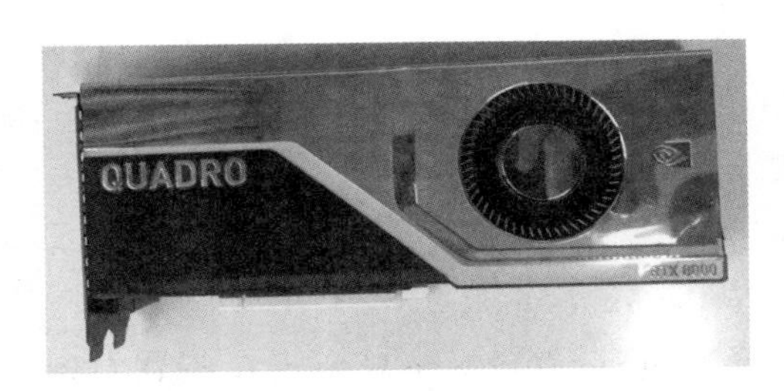

图 8-4-1　RTX 8000 显卡正面

图 8-4-2　RTX 8000 显卡背面

将 RTX 8000 显卡安装在 PCI-E RISER 卡中，并接好 GPU 供电线，如图 8-4-3 所示。每块 RISER 卡上各装一块 GPU 显卡，如图 8-4-4 所示。

图 8-4-3　安装 GPU 显卡

图 8-4-4　安装两块 GPU 卡

当前机器还配置了 2 块 PCI-E 接口的三星 PM1725A 固态硬盘，如图 8-4-5 所示。

三星 PM1725A 是 PCI-E×8 接口的，速度比较快。图 8-4-6 是 CrystalDiskMark 的测试截图。

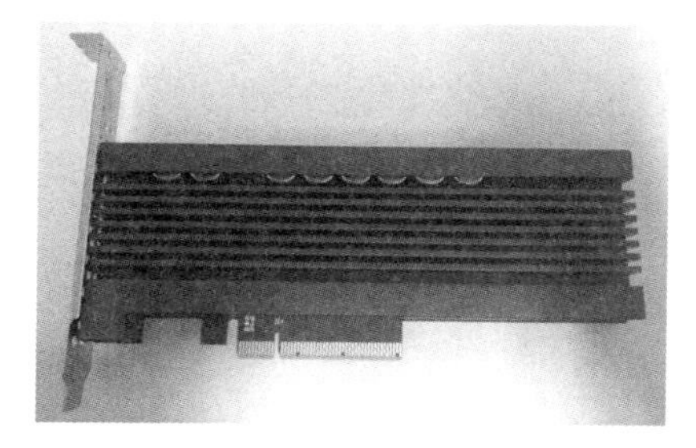

图 8-4-5　三星 PM1725A 固态硬盘

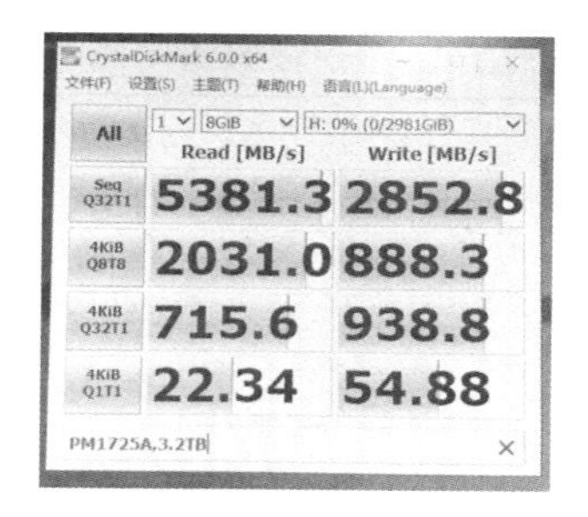

图 8-4-6　硬盘速度测试截图

因为当前服务器只配置了 2 块 CPU，一共只有 4 个 PCI-E 插槽可用。每块 RISER 卡上各装一块 RTX 8000 显卡之后，主板上还剩下两个 PCI-E 接口，可以用来装 2 块 PCI-E 固态硬盘，如图 8-4-7 所示。

安装完成之后背面如图 8-4-8 所示。

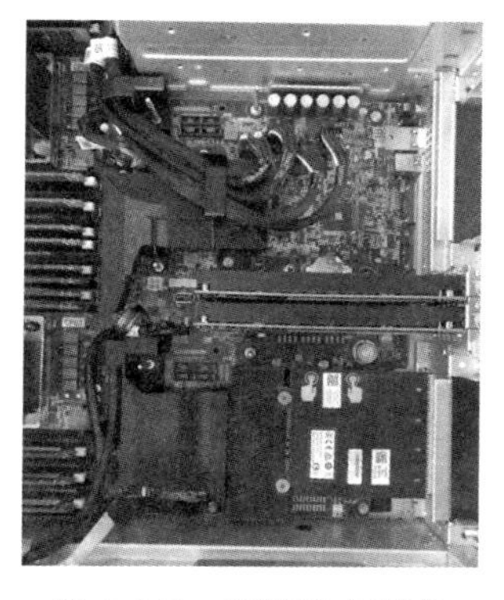

图 8-4-7　安装固态硬盘

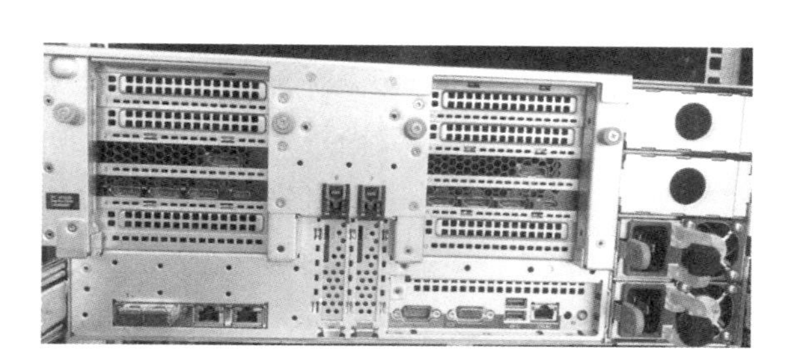

图 8-4-8　服务器背面

服务器安装了 1 块 240 GB 的 SATA 接口的 SSD、1 块 1 TB 的 NL-SAS 接口的 HDD，

如图 8-4-9 所示。

图 8-4-9　服务器前面图

8.4.2　安装 ESXi

DELL R940xa 集成了 iDRAC 企业版，打开服务器电源进入 BIOS，为 iDRAC 设置一个管理地址，然后通过 iDRAC 配置服务器。

（1）使用 iDRAC 加载 VMware ESXi 6.7.0.u3b 的安装文件（本示例加载 DELL 专用版安装文件），如图 8-4-10 所示。

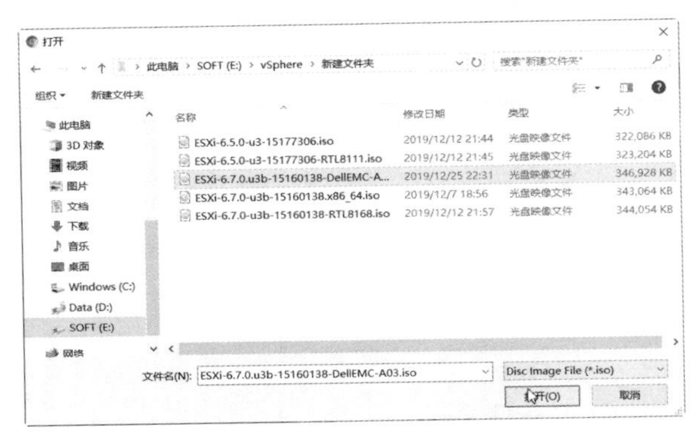

图 8-4-10　加载 DELL VMware ESXi 6.7.0.u3b 安装程序

（2）加载 ESXi 安装程序之后，进入 VMware ESXi 安装程序，在选择磁盘安装界面，选择 240 GB 固态硬盘（界面显示 232.09 GB），如图 8-4-11 所示。

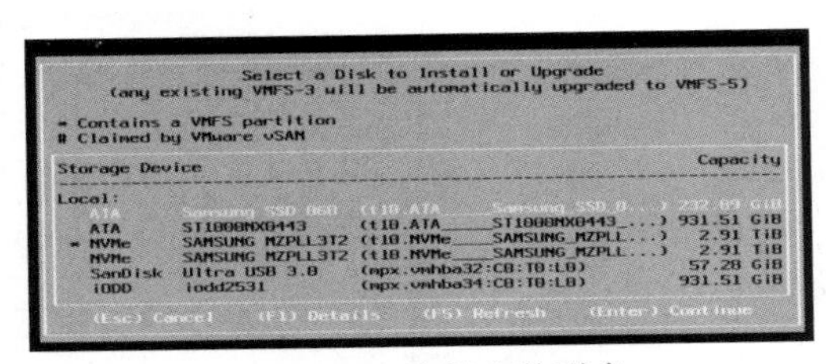

图 8-4-11　选择安装磁盘

（3）安装完成后重新启动系统服务器，再次进入系统后，设置 ESXi 的管理地址，本示例中管理地址为 192.168.6.1，如图 8-4-12 所示。

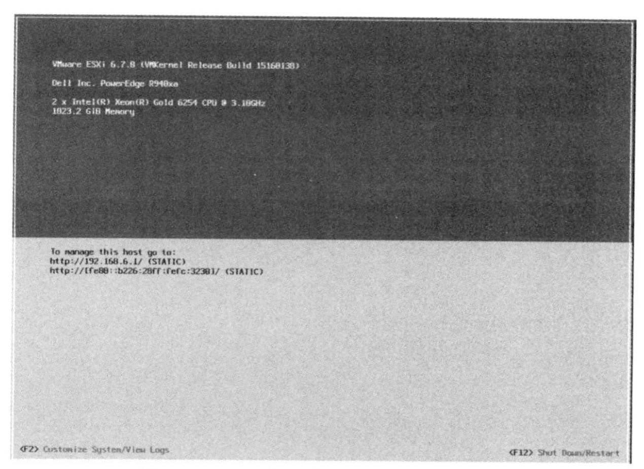

图 8-4-12　为服务器设置管理地址

8.4.3　安装 NVIDIA 驱动

下载了 NVIDIA GRID 10.0 vSphere 6.7 驱动程序之后，解压缩展开，包括的文件如图 8-4-13 所示。

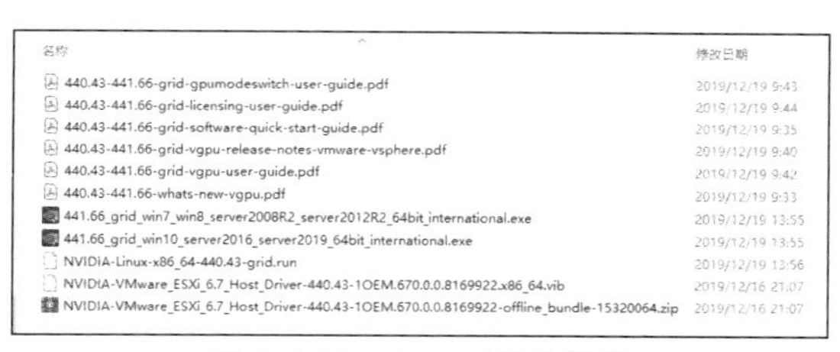

图 8-4-13　GRID 驱动程序

其中 6 个 PDF 文件是 GRID 软件、VGPU、License Server 等的使用手册或说明；441.66_grid_win7_win8_server2008R2_server2012R2_64bit_international.exe 是 Windows 7、Windows 8、Windows Server 2008 R2、Windows Server 2012 R2 的驱动程序；441.66_grid_win10_server2016_server2019_64bit_international.exe 是 Windows 10、Windows Server 2016、Windows Server 2019 的驱动程序，NVIDIA-VMware_ESXi_6.7_Host_Driver-440.43-1OEM.670.0.0.8169922.x86_64.vib 是 VMware ESXi 6.7 的驱动程序。需要将 NVIDIA-VMware_ESXi_6.7_Host_Driver-440.43-1OEM.670.0.0.8169922.x86_64.vib 上传到 ESXi 存储设备并安装到 ESXi 主机。下面介绍安装步骤。

（1）使用 vSphere Client 登录到 vCenter Server，将 IP 地址为 192.168.6.1 的主机添加到一个单独的群集中，本示例将其添加到名为 HA02 的群集。然后启用这台主机的 SSH 服务，如图 8-4-14 所示。

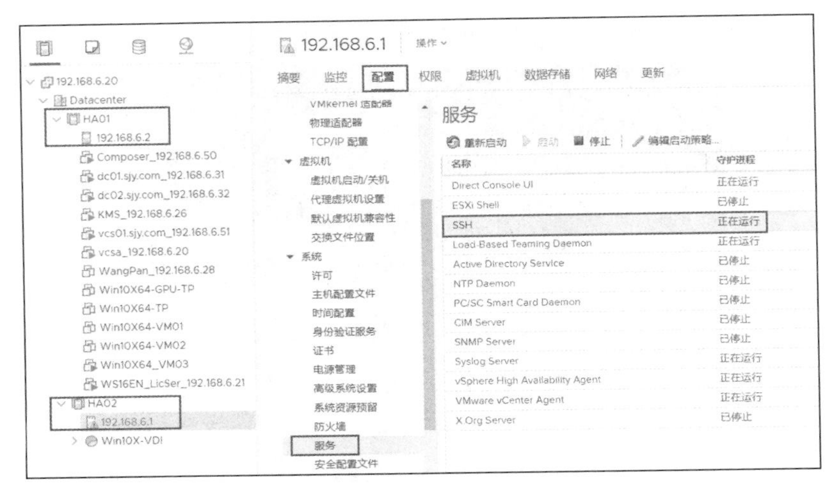

图 8-4-14　启动 SSH 服务

（2）将 NVIDIA-VMware_ESXi_6.7_Host_Driver-440.43-1OEM.670.0.0.8169922.x86_64.vib 驱动上传到 ESXi 存储中，如图 8-4-15 所示。然后将 ESXi 主机置于维护模式。

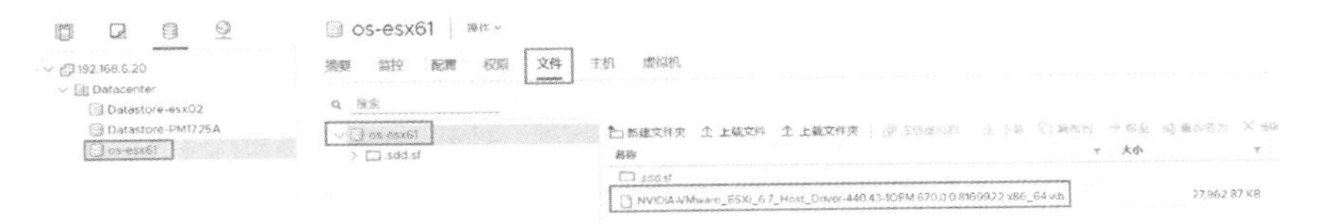

图 8-4-15　上传 NVIDIA 驱动程序存储中

（3）使用 SSH 工具登录到 ESXi，进入 NVIDIA 驱动所在目录，使用 ls 命令查看驱动程序文件名，然后使用 esxcli 命令安装 NVIDIA 驱动，在安装驱动程序的时候，应该包括驱动的绝对路径，本示例为 esxcli software vib install -v=" /vmfs/volumes/5e2710ff-ad7a3b4c-dc90-b02628fc322e/NVIDIA-VMware_ESXi_6.7_Host_Driver-440.43-1OEM.670.0.0.8169922.x86_64.vib"，如图 8-4-16 所示。安装驱动程序之后，重新启动服务器。

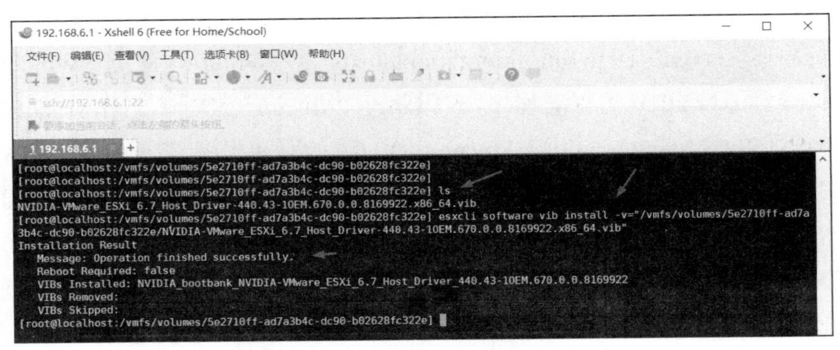

图 8-4-16　安装 NVIDIA 驱动

8.4.4　修改图形设备属性

再次进入系统后修改图形设备属性，主要步骤如下。

（1）在 vSphere Client 中选择 192.168.6.1 的主机，在“配置→硬件→图形→图形设备”中可以看到当前安装的显卡，如图 8-4-17 所示。

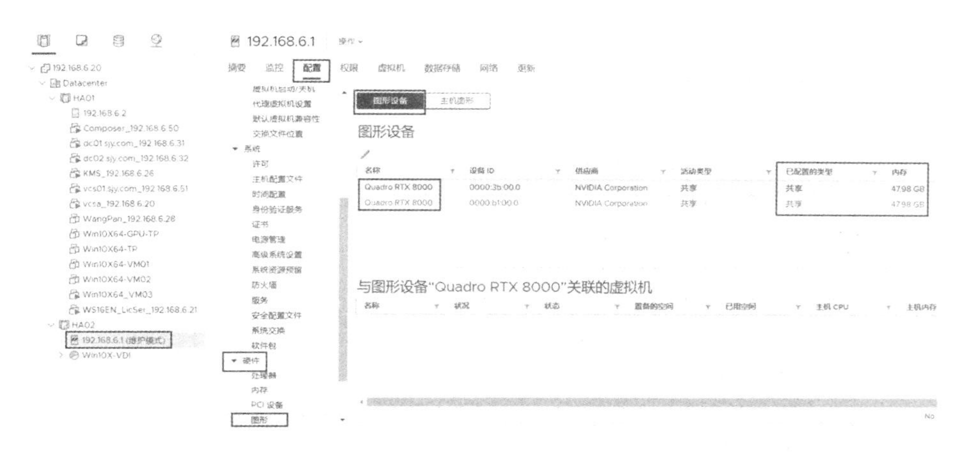

图 8-4-17　查看图形设备

（2）默认的图形类型是“共享”，需要修改为“直接共享”。在“主机图形”中单击“编辑”，如图 8-4-18 所示。

（3）在“编辑主机图形设置”对话框中选择“直接共享”单选按钮，共享直通 GPU 分配策略选择“将虚拟机分散在多个 GPU 中（最佳性能）”，如图 8-4-19 所示。

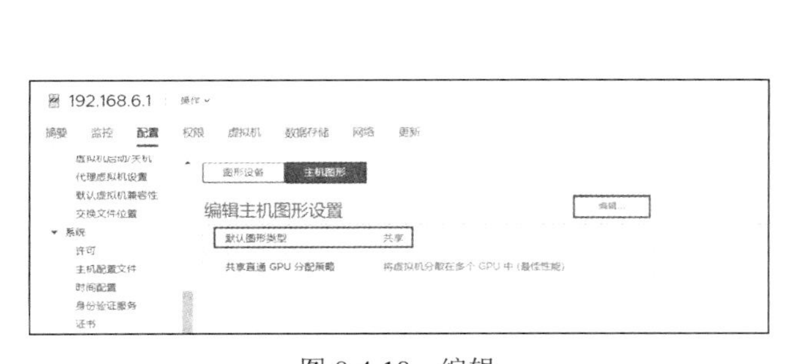

图 8-4-18　编辑

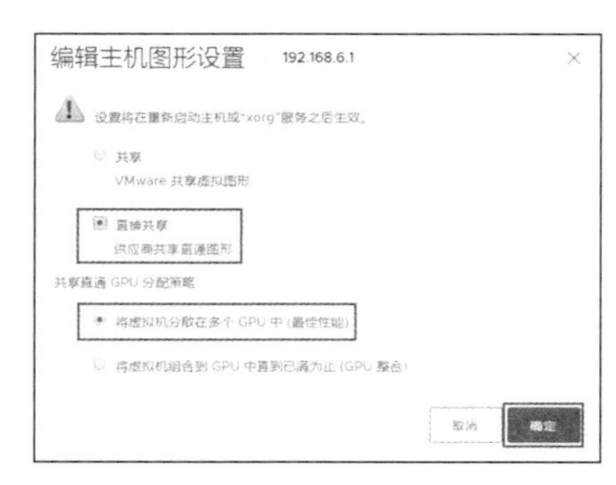

图 8-4-19　直接共享

说明：在服务器有多块 GPU 显卡的时候，选择“将虚拟机分散在多个 GPU 中（最佳性能）”，当有多台分配了 vGPU 的虚拟机运行时，会比较均匀地分散到每块 GPU 显卡上。如果选择“将虚拟机组合到 GPU 中直到已满为止（GPU 整合）”，虚拟机会先使用其中一块显卡，当这块显卡分配得快满时再分配另一块显卡。举例来说，当前安装了 2 块

RTX 8000 显卡，为虚拟机分配 RTX 8000-2Q 的配置文件。如果同时启动 20 台虚拟机，在使用“将虚拟机分散在多个 GPU 中（最佳性能）”时，每块显卡分担 10 台虚拟机；如果使用“将虚拟机组合到 GPU 中直到已满为止（GPU 整合）”，这 20 台虚拟机可能全部在一块显卡上运行。而另一块显卡空闲。

（4）使用 SSH 登录到 ESXi 主机，执行 nvidia-smi，会看到 2 个 Xorg 进程，如图 8-4-20 所示。

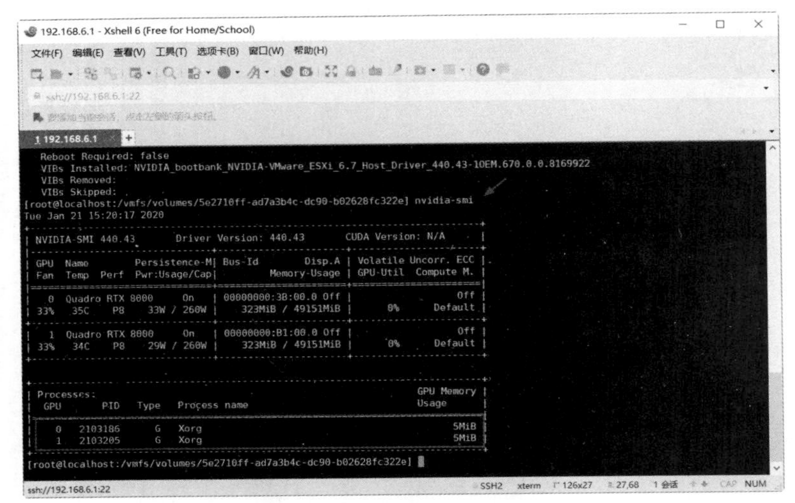

图 8-4-20 执行 nvidia-smi

（5）将服务器退出维护模式，然后重新启动服务器。再次进入系统后，在“配置→图形→图形设置”中看到已配置的类型为“直接共享”，如图 8-4-21 所示。

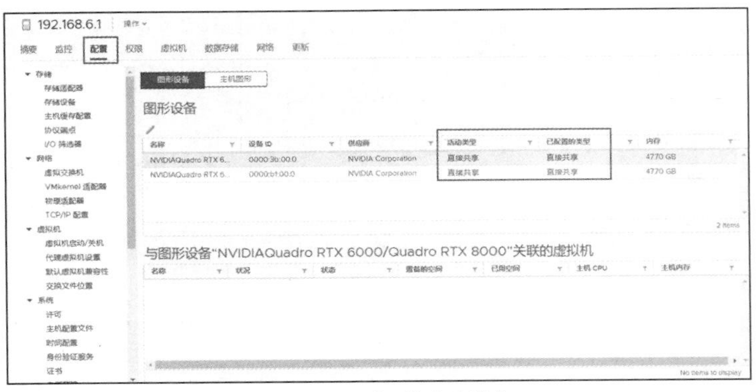

图 8-4-21 查看图形设备

（6）使用 SSH 登录到 ESXi 主机，再次执行 nvidia-smi，如图 8-4-22 所示。可以看到当前不显示 Xorg 进程。如果和图 8-4-20 所示那样仍然显示 2 个 Xorg 进程，表示图形类型还是“共享”而不是“直接共享”，需要修改图形类型然后重新启动。

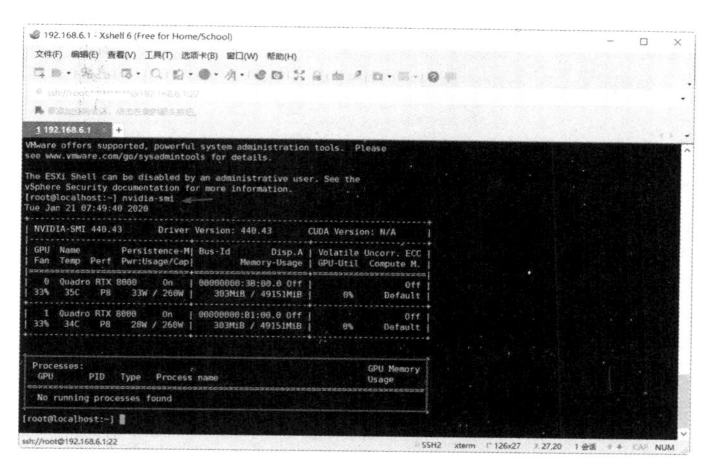

图 8-4-22　执行 nvidia-smi

8.5　准备模板虚拟机

在配置好 ESXi 主机之后，为虚拟桌面准备模板虚拟机。在本示例中，虚拟桌面虚拟机安装 64 位 Windows 10 专业工作站版操作系统。

8.5.1　准备模板虚拟机

首先介绍 Windows 10 模板虚拟机的配置。

（1）使用 vSphere Client 登录到 vCenter Server，新建虚拟机，设置虚拟机的名称为 Win10X64-TP。为虚拟机暂时分配 2 个 CPU、4 GB 内存、100 GB 硬盘、使用 VMXNET3 虚拟网卡，如图 8-5-1 所示。

（2）在“虚拟机选项→引导选项→固件”中将 EFI 更改为 BIOS，如图 8-5-2 所示。

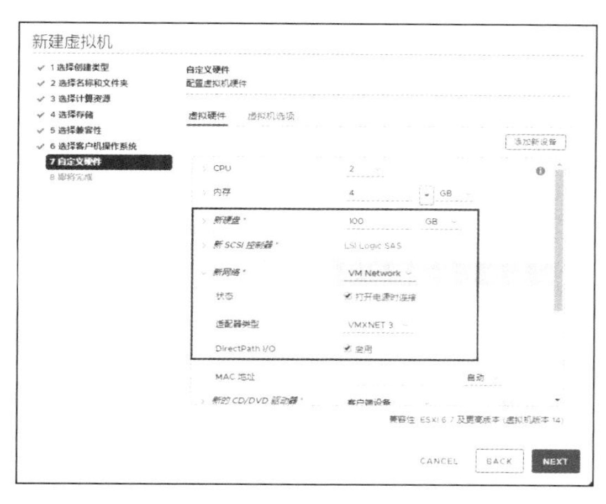

图 8-5-1　新建虚拟机

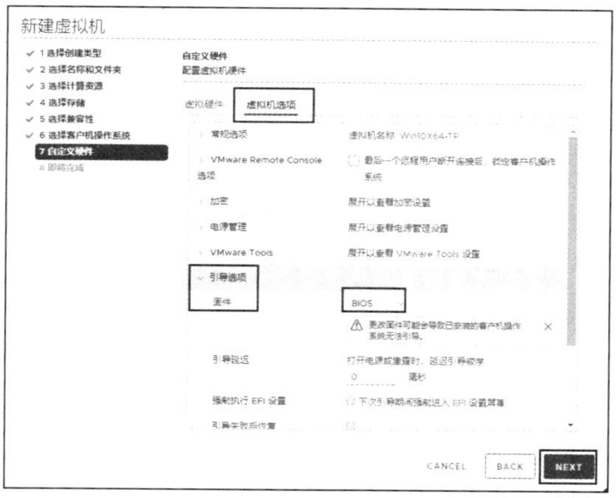

图 8-5-2　修改固件

（3）创建完虚拟机之后，编辑虚拟机设置，在“虚拟机选项→高级→配置参数”中单击“编辑配置”，如图 8-5-3 所示。

（4）在“配置参数”对话框中单击“添加配置参数”，添加 devices.hotplug = false 的参数（如图 8-5-4 所示）。添加该参数的目的是禁止在虚拟机中移除可移动设备，例如网卡、硬盘等设备。

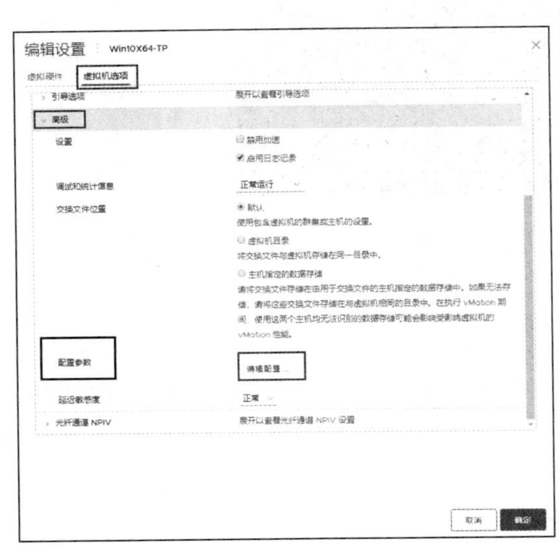

图 8-5-3　编辑配置

图 8-5-4　添加参数

8.5.2　安装 Horizon Agent

在创建好虚拟机之后，在虚拟机中安装操作系统及 VMware Tools，然后安装需要的软件以及 Horizon Agent。主要步骤如下。

（1）在虚拟机中安装 64 位 Windows 10 操作系统，本示例安装 Windows 10 专业工作站版。安装完成后通过 KMS 服务器激活，如图 8-5-5 所示。

（2）虚拟机的网络设置为自动获得 IP 地址和自动获得 DNS 服务器的地址。

（3）在虚拟机中安装需要的软件。

（4）安装 Horizon Agent 和 Horizon 直连程序。本示例中安装 Horizon 7.10 版本的代理程序和直连程序，安装文件名分别为 VMware-Horizon-Agent-x86_64-7.10.0-14590940.exe 和 VMware-Horizon-Agent-Direct-Connection-x86_64-7.10.0-14590940.exe，如图 8-5-6 所示。

（5）安装 Horizon Agent 程序，在“自定义安装”对话框中选择安装的组件，如图 8-5-7 所示。注意：VMware Horizon View Composer 组件（克隆链接）与 VMware Horizon Instant Clone（即时克隆）不能同时安装，本示例选择安装克隆链接组件，如图 8-5-7 所示。其他组件应根据需要安装。

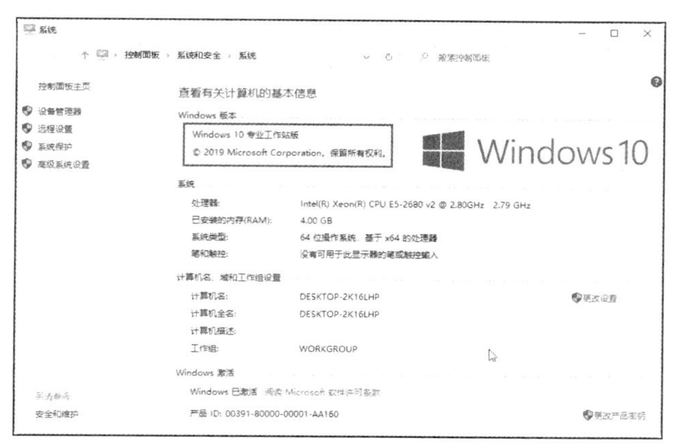

图 8-5-5　安装 Windows 10 操作系统

图 8-5-6　Horizon Agent

图 8-5-7　安装 Horizon Agent

（6）然后根据向导完成 Horizon Agent 的安装，安装完成后重新启动虚拟机。

（7）再次进入系统之后安装 Horizon Agent Direct Connection 程序，如图 8-5-8 所示。安装这个程序后，可以使用 Horizon Client 不经过 Horizon 连接服务器直接登录到虚拟机。在为虚拟机添加了 vGPU 之后，使用控制台打开黑屏，需要使用此程序直接连接到虚拟机进行后续配置。

图 8-5-8　安装 Horizon 直连程序

（8）在“配置信息”对话框中指定侦听端口信息，默认是 TCP 的 443 端口，通常情况下选择此默认端口并选中“自动配置 Windows 防火墙”复选框，如图 8-5-9 所示。

（9）然后开始安装，直到安装完成，如图 8-5-10 所示。安装完成后关闭虚拟机。

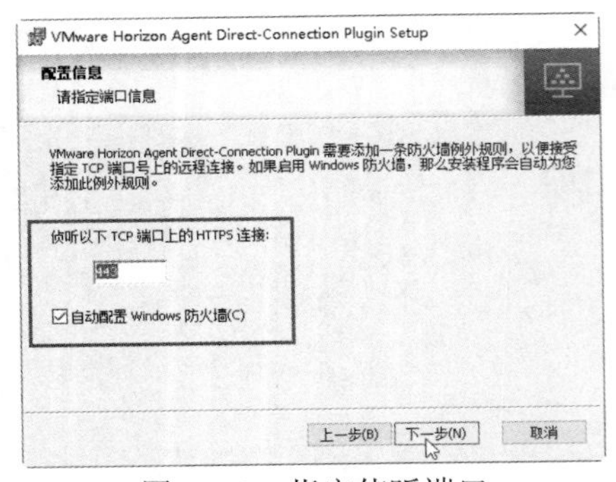

图 8-5-9　指定侦听端口

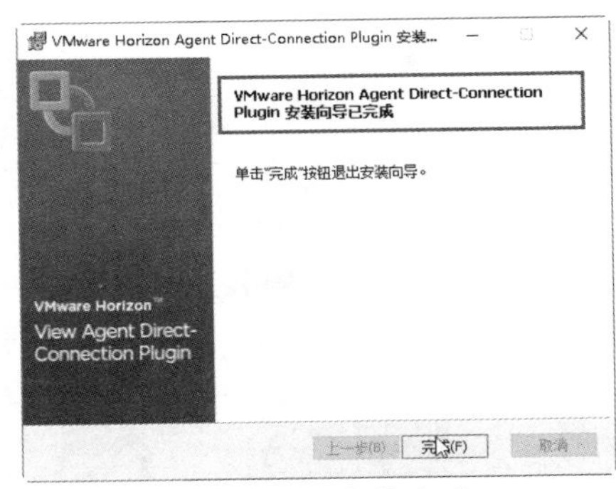

图 8-5-10　安装完成

说明：使用 Horizon Agent Direct Connect 直连程序的时候，需要使用账户和密码。如果当前账户没有密码，需要设置一个密码。否则后续使用 Horizon Client 直接登录虚拟机时，空密码将无法登录。

8.5.3　为虚拟机添加 vGPU

等虚拟机关闭之后，修改虚拟机配置，为虚拟机添加 vGPU。可以将上一节配置的虚拟机克隆出一台新的虚拟机，在新的克隆的虚拟机中进行操作。本示例中，克隆出的虚拟机名称为 Win10X64-VM01。然后添加 vGPU，主要步骤如下。

（1）修改虚拟机设置，在"编辑设置"中单击"添加新设备"，在弹出的下拉列表中选择"共享 PCI 设备"，如图 8-5-11 所示。

（2）展开"PCI 设备 0"，在"GPU 配置文件"中选择配置文件，本示例中选择 grid_rtx8000-8q，如图 8-5-12 所示。

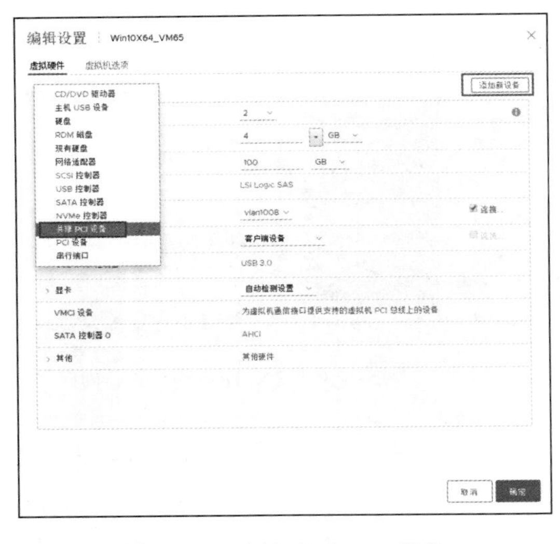

图 8-5-11　添加共享 PCI 设备

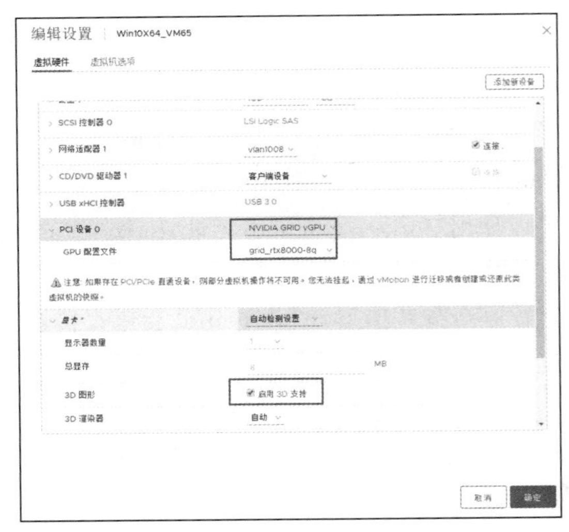

图 8-5-12　添加 vGPU

在配置文件中，后缀有 q（虚拟工作站版）、a（虚拟应用版）、c、b（虚拟 PC 版），48 GB 显存的显卡配置文件有 1、2、3、4、6、8、12、16、24、48。数字表示分配给虚拟机的显存大小（单位：GB），例如 grid_rtx8000-8q，表示当前主机配置的是 RTX 8000 的显卡，为当前虚拟机分配 8 GB 显存，该虚拟机应用虚拟工作站的许可。

（3）为虚拟机分配了 vGPU 之后，打开虚拟机的电源，进入系统。在“计算机管理→系统工具→设备管理器→显示适配器”中，可以看到当前主机有 3 块显示设备，如图 8-5-13 所示。

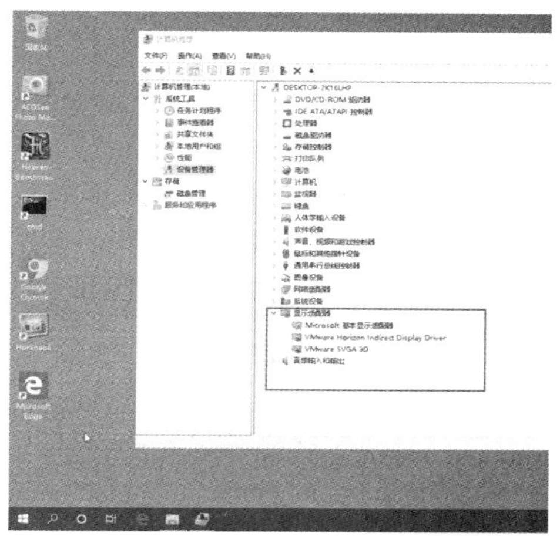

图 8-5-13　查看显示适配器

（4）安装 NVIDIA 显卡驱动程序，本示例中安装程序文件名为 441.66_grid_win10_server2016_server2019_64bit_international.exe，如图 8-5-14 所示。

图 8-5-14　安装驱动程序

（5）运行安装程序，安装驱动，如图 8-5-15 所示。

（6）安装完成之后，重新启动计算机，如图 8-5-16 所示。

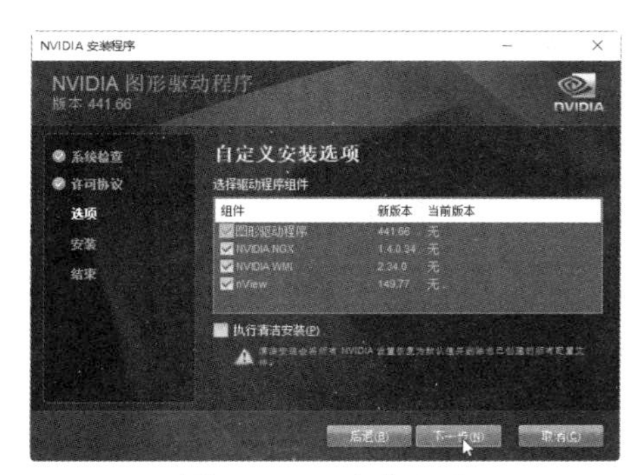

图 8-5-15　安装驱动

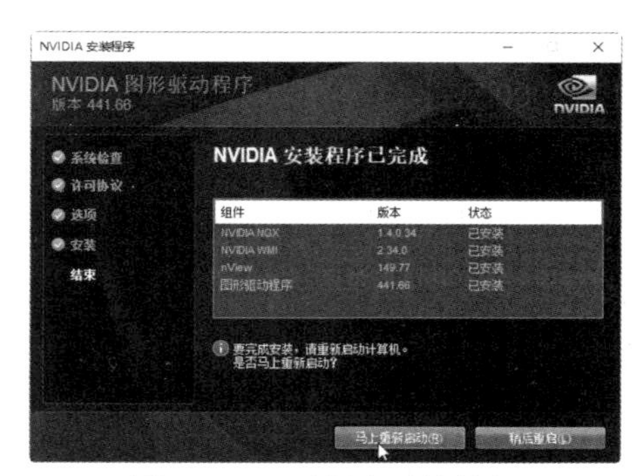

图 8-5-16　重新启动计算机

重新启动之后，使用 vSphere Client 控制台打开虚拟机，或者用 VMRC 打开虚拟机黑屏，显示 NVIDIA 驱动生效。需要使用 Horizon Client 打开。

（7）此时在 ESXi 主机的 SSH 中执行 nvidia-smi 命令，可以看到有一台虚拟机正在运行，并且分配了 8 GB 显存，如图 8-5-17 所示。

（8）在 vSphere Client 中，在虚拟机的“摘要”中查看虚拟机的 IP 地址，本示例中 IP 地址为 192.168.8.101，如图 8-5-18 所示。其中“虚拟机内存使用情况”报警是正常现象，在为虚拟机预留所有内存之后，虚拟机启动后即申请并占用所有内存。

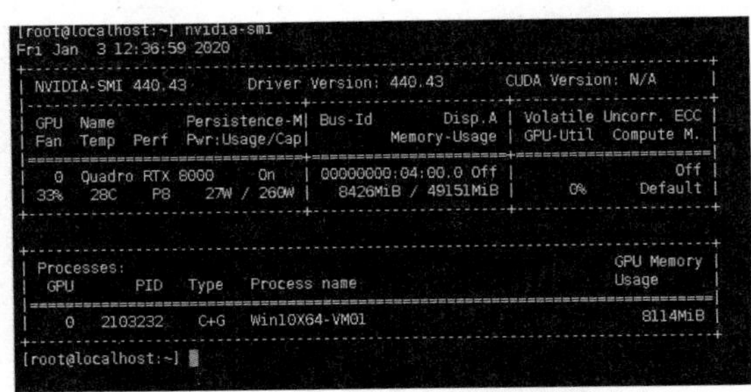
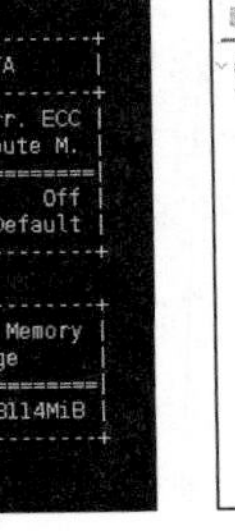

图 8-5-17　执行 nvidia-smi

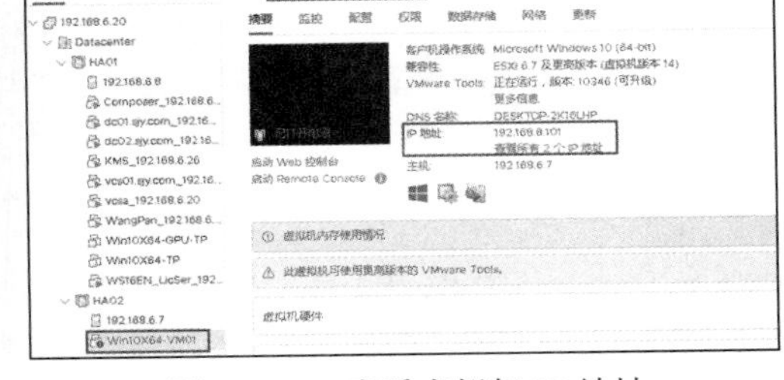

图 8-5-18　查看虚拟机 IP 地址

8.5.4　使用 Horizon Client 直连方式登录到虚拟机

在网络中的一台计算机上安装 Horizon Client，然后连接到配置了 vGPU 的虚拟机。

（1）在 Horizon Client 中添加服务器，服务器地址为 192.168.8.101，如图 8-5-19 所示。然后双击 192.168.8.101，登录到虚拟机。

（2）在“登录”界面输入用户名和密码登录，如图 8-5-20 所示。

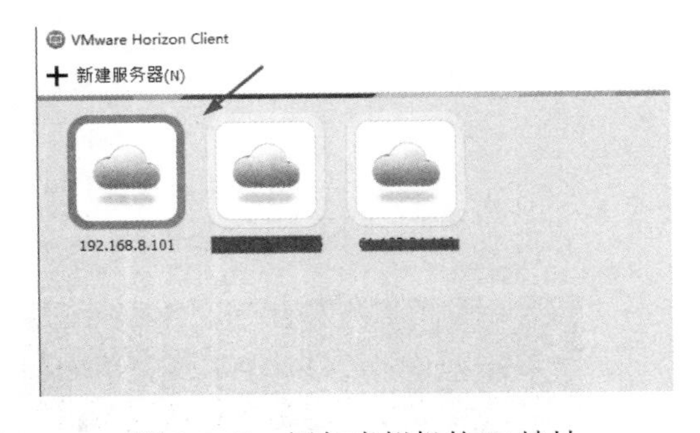

图 8-5-19　添加虚拟机的 IP 地址

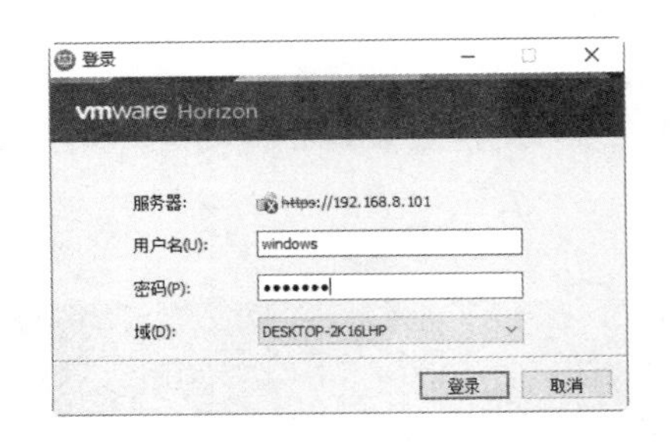

图 8-5-20　登录

（3）登录进入系统之后，在“计算机管理→系统工具→设备管理器→显示适配器”中，看到 NVIDIA GRID RTX8000-8Q 驱动安装正常，如图 8-5-21 所示。

（4）执行 dxdiag，在“显示”中也能看到 NVIDIA GRID RTX8000-8Q 显卡安装正常，如图 8-5-22 所示。

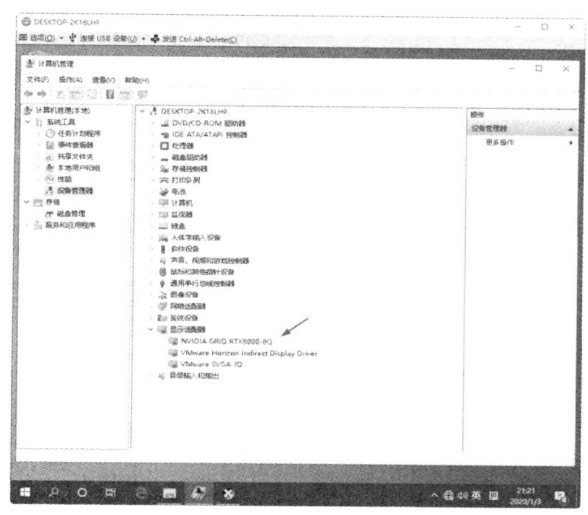

图 8-5-21　查看显卡

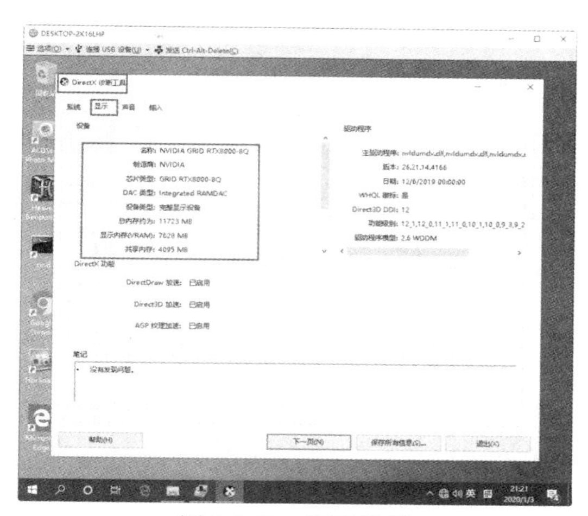
图 8-5-22　查看显示

（5）运行 Heaven Benchmark 进行测试，如图 8-5-23 所示。

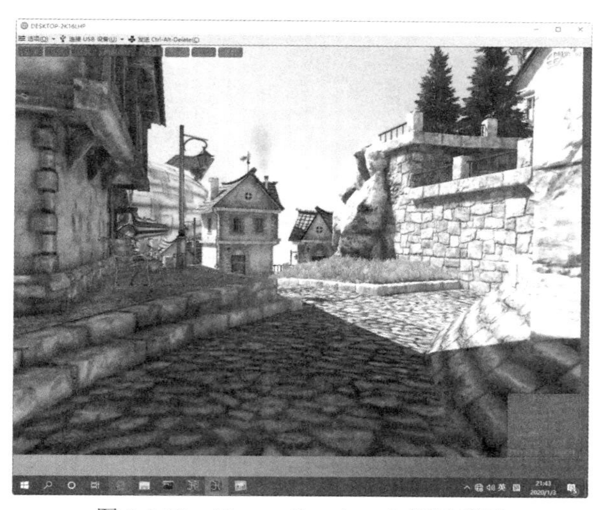
图 8-5-23　Heaven Benchmark 测试截图

8.5.5　为 NVIDIA vGPU 分配许可

在配置好 NVIDIA License Server 之后，可以为虚拟机分配 NVIDIA 许可证，主要步骤如下。

（1）在桌面空白处用鼠标右键单击，在弹出的快捷菜单中选择“NVIDIA 控制面板”命令，如图 8-5-24 所示。

（2）在“NVIDIA 控制面板”的“许可→管理许可证”中，输入许可证服务器的 IP 地址和端口，本示例中许可证服务器 IP 地址为 192.168.6.21，端口号为 7070，如图 8-5-25 所示，然后单击“应用”按钮。

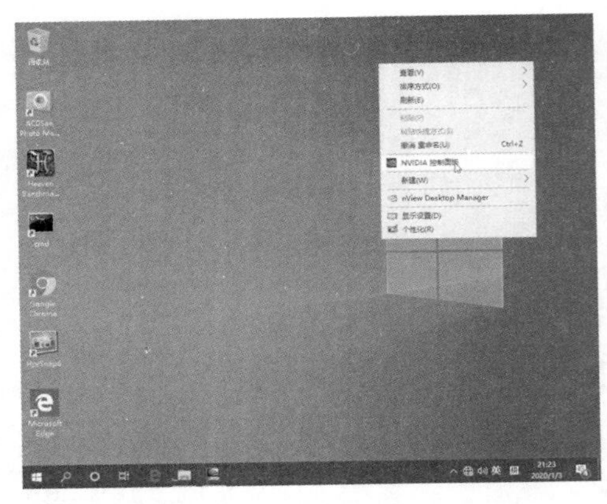

图 8-5-24　NVIDIA 控制面板

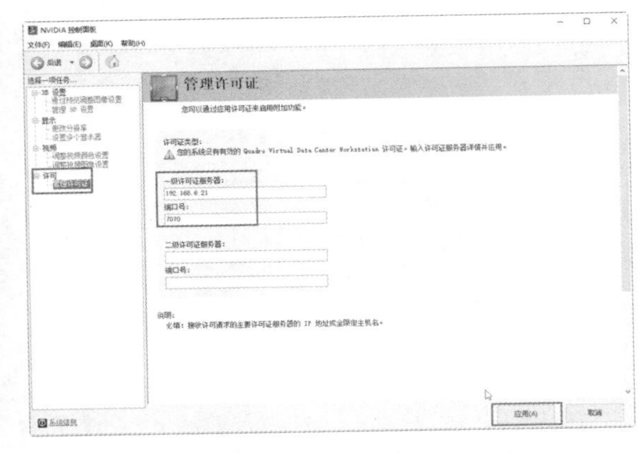

图 8-5-25　管理许可证

（3）在指定了许可证服务器之后，如果许可证服务器可用，在右下角会显示“正在获取 NVIDIA 许可证”的提示信息，如图 8-5-26 所示。

（4）在成功获得许可证之后会显示“已获得 NVIDIA 许可证”，如图 8-5-27 所示。

图 8-5-26　正在获取许可证

图 8-5-27　已获得许可证

（5）再次打开“NVIDIA 控制面板”，在“管理许可证”中可以看到，当前系统已经获得 NVIDIA 工作站许可证，如图 8-5-28 所示。

在配置了许可证服务器之后，关闭虚拟机。

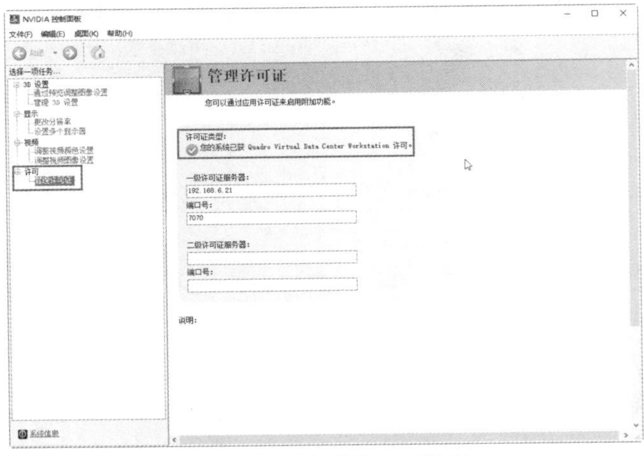

图 8-5-28　查看许可证类型

8.6　生成虚拟桌面

在准备好模板虚拟机之后，关闭虚拟机，为虚拟机创建快照，然后生成虚拟桌面。主要内容如下。

8.6.1　准备父虚拟机

将上文中配置好的虚拟机关闭并克隆虚拟机。克隆的新虚拟机名称为 Win10X64-VM04，然后修改虚拟机的配置，创建虚拟机快照。主要内容如下。

（1）为虚拟机分配 6 个 vCPU、16 GB 内存，在“内存”配置中，选中“预留所有客户机内存（全部锁定）”复选框，如图 8-6-1 所示。

（2）修改“GPU 配置文件”为 grid_rtx8000-2q，如图 8-6-2 所示。

图 8-6-1　预留内存　　　　图 8-6-2　修改 GPU 配置文件

理论上，RTX 8000 显卡配置了 48 GB 显存，选择 grid_rtx8000-2q 配置文件，为每台虚拟机分配 2 GB 显存，每块显卡可以支持 24 台虚拟机。当前主机配置了 2 块 RTX8 000 显卡，可以支持 48 台虚拟机。但实测每块显卡只能支持 23 台虚拟机。

（3）修改虚拟机配置之后，保存退出。然后重新启动虚拟机，使用 Horizon Client 连接到该虚拟机进行最后的验证，如图 8-6-3 所示。

（4）测试完毕后，关闭虚拟机，为虚拟机创建快照，如图 8-6-4 所示。

（5）在本示例中，设置快照名称为 fix03，描述信息为 RTX8000-2Q，如图 8-6-5 所示。单击“确定”按钮，创建快照。

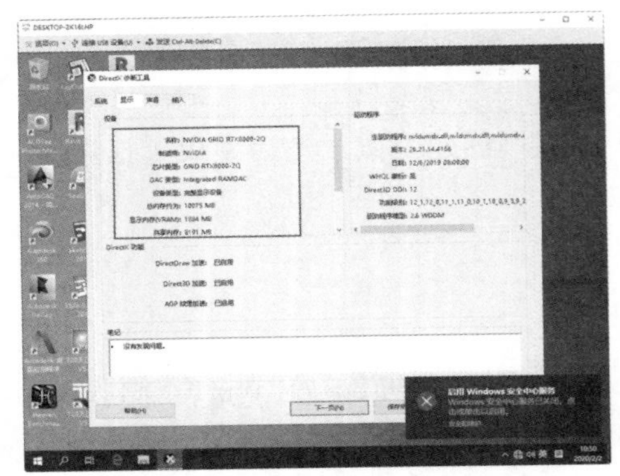
图 8-6-3 检查测试虚拟机

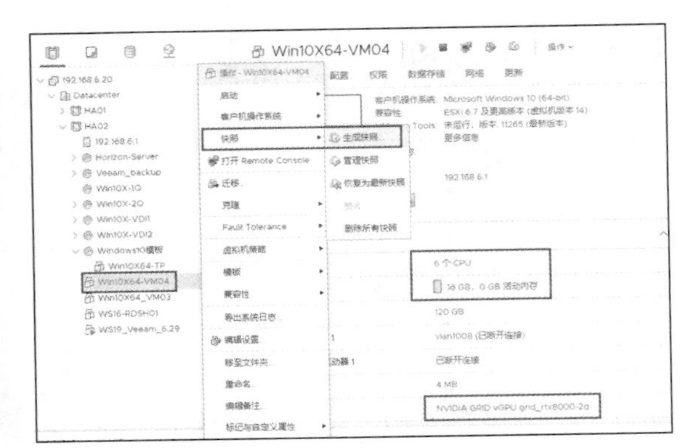
图 8-6-4 为虚拟机设置快照

图 8-6-5 设置快照名称和描述信息

8.6.2 创建虚拟桌面

登录 Horizon 控制台或 Horizon Administrator 管理界面，创建访问组、桌面池、为桌面池分配用户。本节以 Horizon Administrator 界面为例进行介绍，主要步骤如下。

（1）在“View 配置→管理员→访问组”中，为桌面池创建访问组，本示例中创建了 Win10X-1Q、Win10X-2Q、Win10X-4Q、VDI1、VDI2 共 5 个访问组，如图 8-6-6 所示。

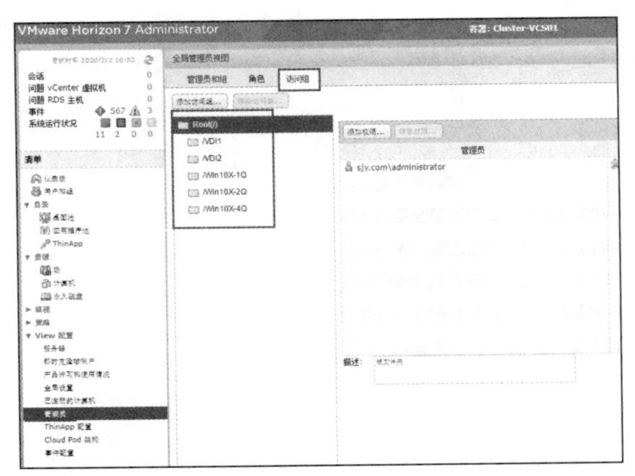

图 8-6-6 创建访问组

（2）在“目录→桌面池”中单击“添加”按钮，如图 8-6-7 所示。

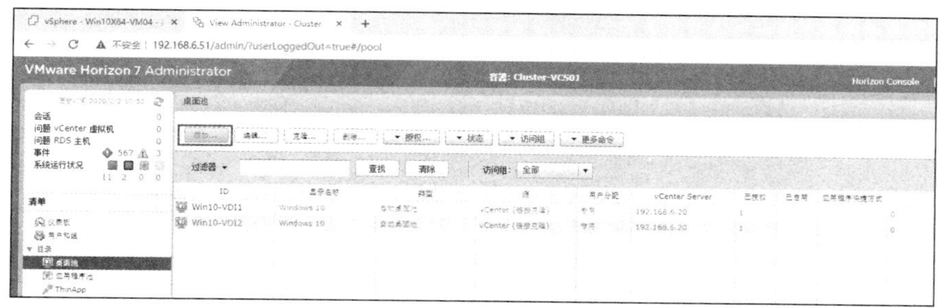

图 8-6-7　添加

（3）在“添加桌面池”对话框中选择“自动桌面池”单选按钮。

（4）在“用户分配”对话框中，选择“专用→启用自动分配”，如图 8-6-9 所示。

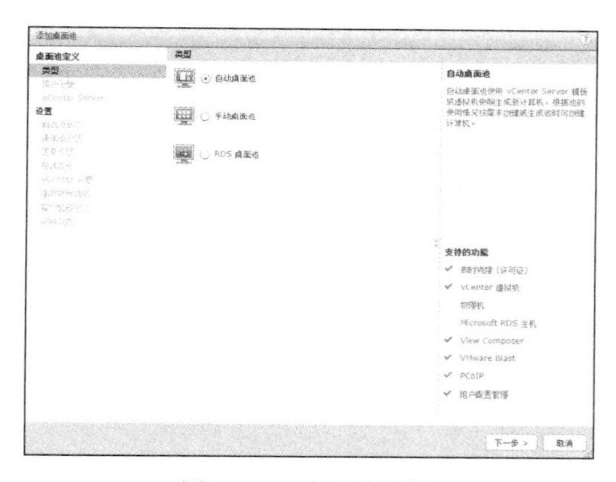

图 8-6-8　自动桌面池

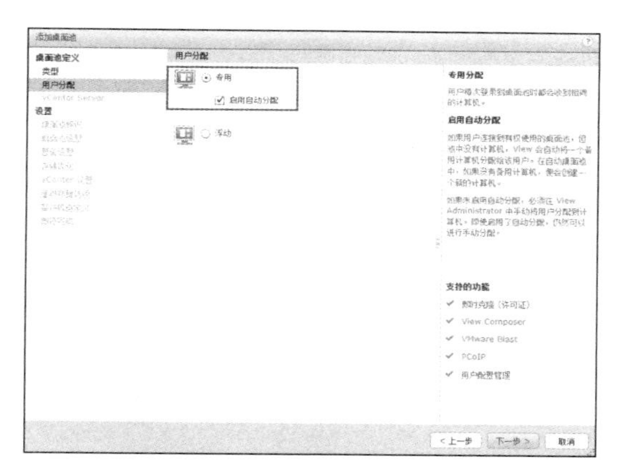

图 8-6-9　用户分配

（5）在“vCenter Server”对话框中，选中“View Composer 链接克隆”单选按钮，如图 8-6-10 所示，在列表中选择启用了 View Composer 链接克隆的 vCenter Server 服务器，在本例中，该服务器是 192.168.6.50。

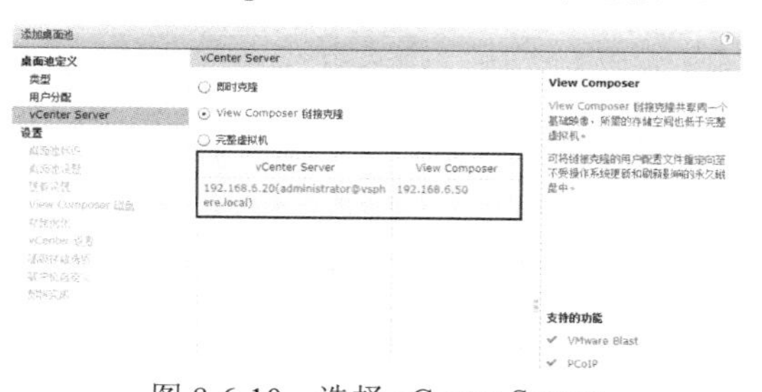

图 8-6-10　选择 vCenter Server

（6）在“桌面池标识”对话框中，为要创建的虚拟机桌面池创建一个名称，在本例中设置名称为 Win10X-2Q，设置显示名称为“Windows 10”，访问组选择“Win10X-2Q”，如图 8-6-11 所示。

（7）在“桌面池设置”对话框中，设置虚拟机池的消息。例如，可以在“远程设置”选项中，将“远程计算机电源策略”修改为

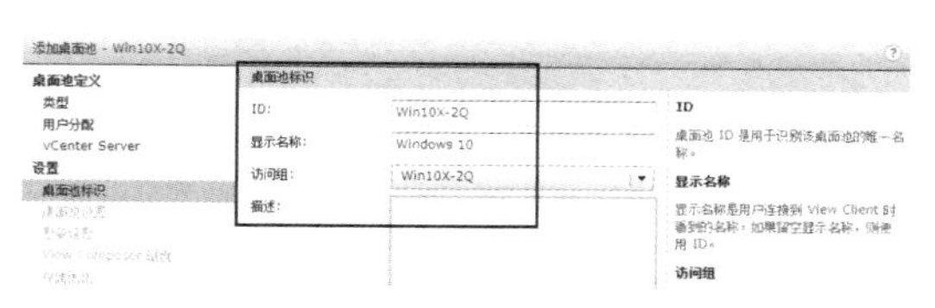

图 8-6-11　设置虚拟机 ID 名

“不执行任何电源操作”，在“断开连接后自动注销”下拉列表中选择“从不”。如果在“允许用户重置/重新启动计算机”下拉列表框中选择为“是”，则允许用户通过 Horizon Client 程序重置/重新启动虚拟机，这些用户可以根据情况设置。在“远程显示协议→3D 渲染器”下拉列表中选择“NVIDIA GRID VGPU”，如图 8-6-12 所示。

（8）在“置备设置”对话框中，设置虚拟机池的大小，虚拟机的命名方式。在本例中，在“虚拟机命名”选项组，选择“使用一种命名模式”单选按钮，并设置名称为“W10X2Q-{n:fixed=2}”，这样，创建的虚拟机的计算机名称，将会以 W10X2Q-开头，并加上 2 位的数字，如 W10X2Q-00、W10X2Q-01，并依此类推。在本例中，设置计算机的最大数量为 48，备用（已打开电源）计算机数量为 5，选择“预先置备所有计算机”单选按钮，如图 8-6-13 所示。

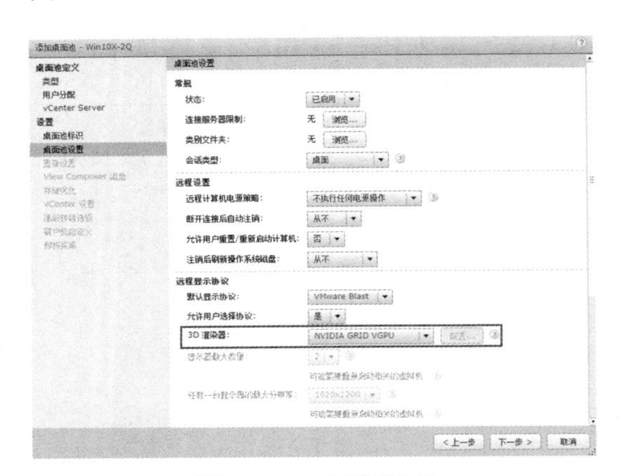

图 8-6-12　远程设置

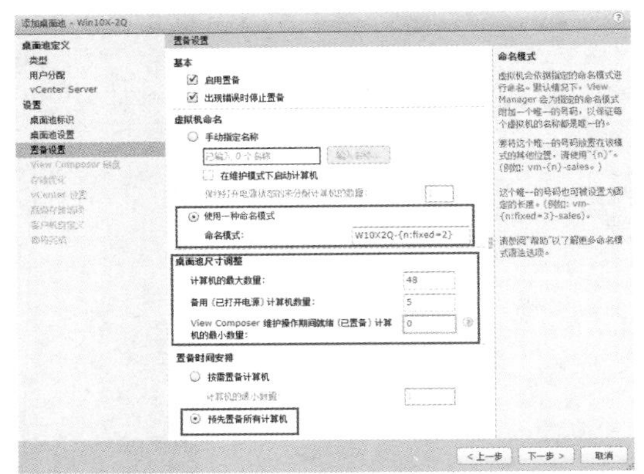

图 8-6-13　设置虚拟机命名方式、池大小

（9）在“View Composer 磁盘”对话框中，设置每个虚拟机个人文件所用的空间，根据用户需求，设置 D 盘为 30720 MB（约 30 GB），一次性文件重定向为 16384 MB（约 16 GB），一次性文件重定向驱动器盘符为 E，如图 8-6-14 所示。

（10）在“存储优化”对话框的“永久磁盘”选项中，选择是否为永久磁盘和操作系统磁盘选择单独的数据存储。要提高 View Composer 链接虚拟机的性能，可以将操作系统磁盘（父磁盘）创建在 SSD（固态硬盘）中，将数据磁盘保存在传统的磁盘或存储中。但在本示例中，所有虚拟机都保存在固态硬盘中，所以不需要选择，如图 8-6-15 所示。

（11）在“vCenter 设置”对话框的“父虚拟机”选项组中，单击“浏览”按钮，如图 8-6-16 所示，选择用作克隆链接的“父”虚拟机。

（12）在“选择父虚拟机”对话框中，选择前文中为 View Composer Server 准备的虚拟机（创建快照、并安装 Horizon Agent 的虚拟机），如图 8-6-17 所示。在此虚拟机名称为“Win10X64-VM04”。

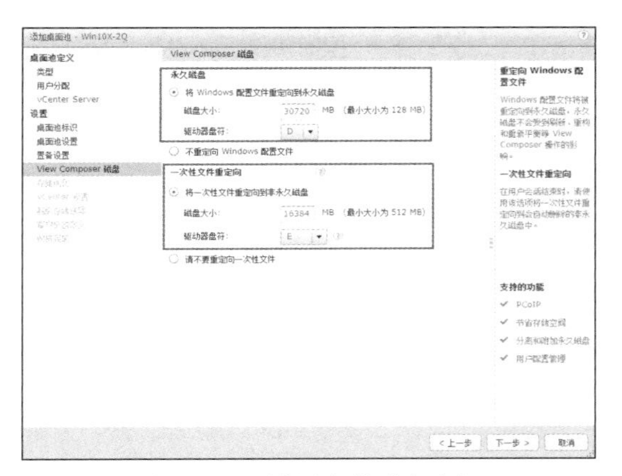

图 8-6-14　设置存储磁盘空间

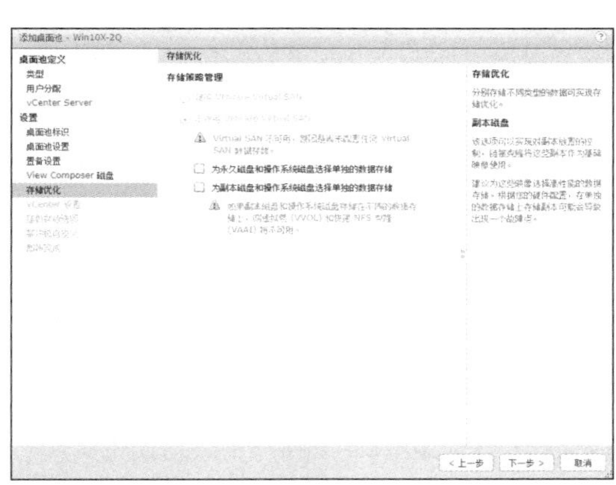

图 8-6-15　存储优化

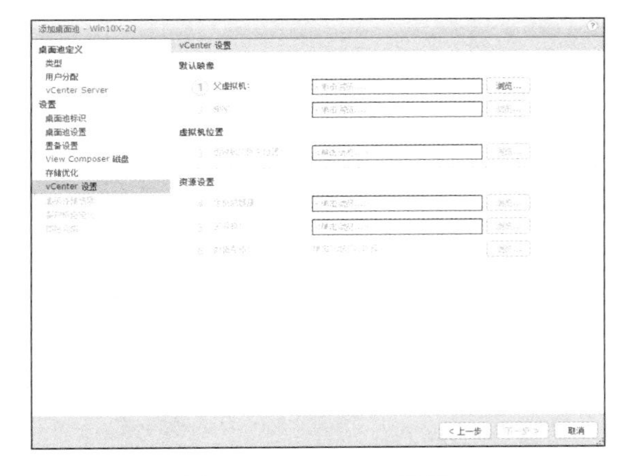

图 8-6-16　vCenter 设置

图 8-6-17　选择父虚拟机

（13）选择父虚拟机后返回图 8-6-16 所示界面，单击“浏览”按钮，为父虚拟机选择快照，如图 8-6-18 所示。在此示例中快照名称为 fix03。

（14）选择快照后返回图 8-6-16 所示界面，在“虚拟机位置”后单击“浏览”按钮，选择用于存储虚拟机的文件夹，如图 8-6-19 所示。

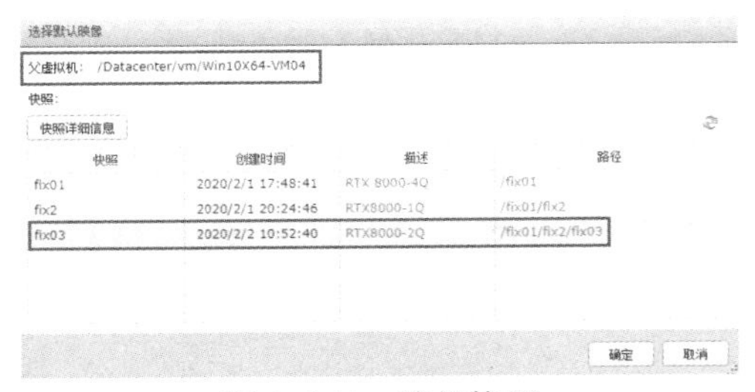

图 8-6-18　选择快照

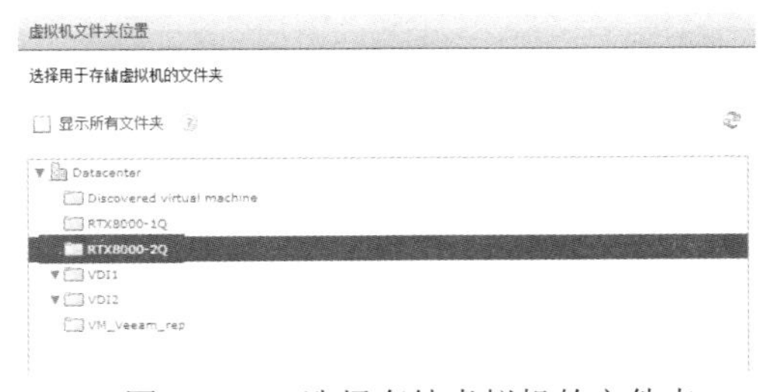

图 8-6-19　选择存储虚拟机的文件夹

（15）选择“主机或群集”，选择合适的主机及群集，如图 8-6-20 所示。

（16）选择“资源池”，选择前文创建的“Win10X-2Q”资源池，如图 8-6-21 所示。

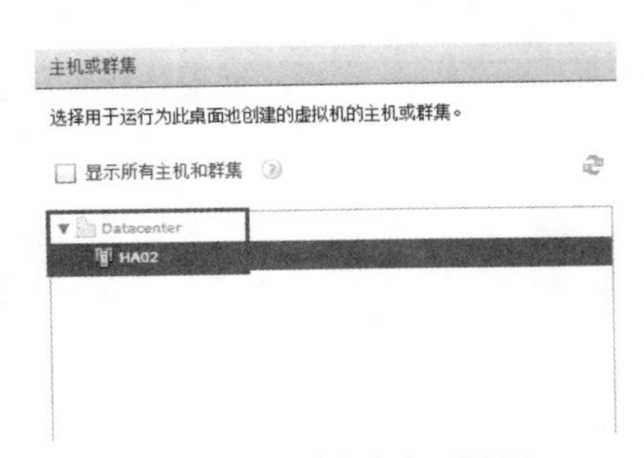

图 8-6-20　选择主机或群集

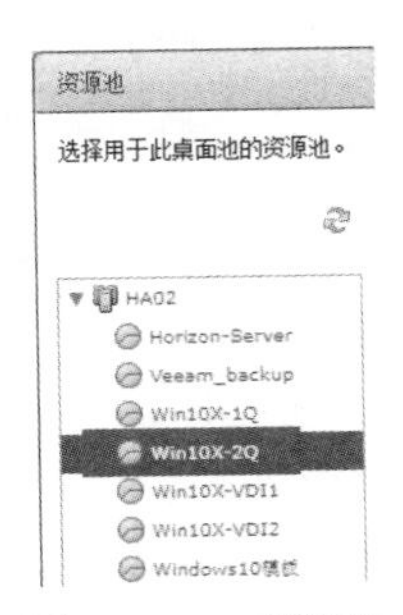

图 8-6-21　资源池

（17）最后为虚拟机选择数据存储，本节使用两块固态硬盘创建的存储设备，如图 8-6-22 所示。

（18）在“警告”对话框单击“确定”按钮，如图 8-6-23 所示。

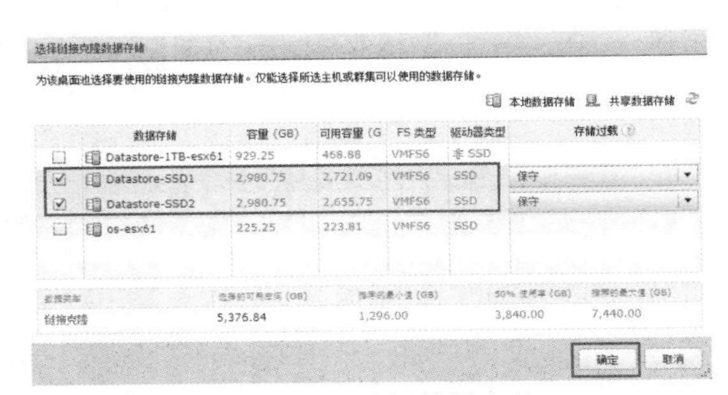

图 8-6-22　选择数据存储

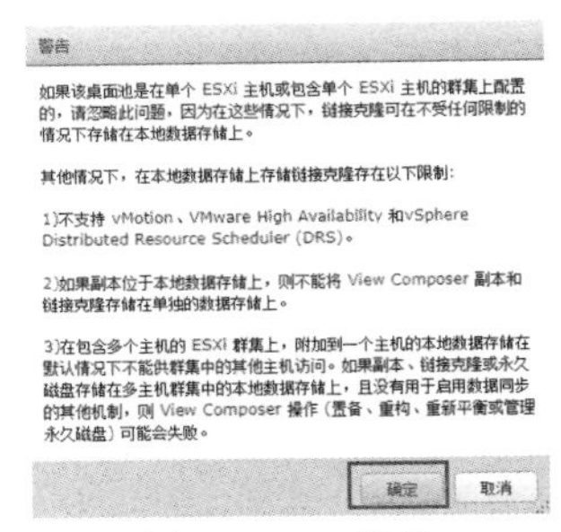

图 8-6-23　警告

（19）设置之后返回到“vCenter 设置”，如图 8-6-24 所示，这是选择之后的截图。

（20）在“高级存储选项”对话框中，对 vSphere 主机进行配置，以通过缓存特定池数据来提高性能，在此保持默认值，如图 8-6-25 所示。

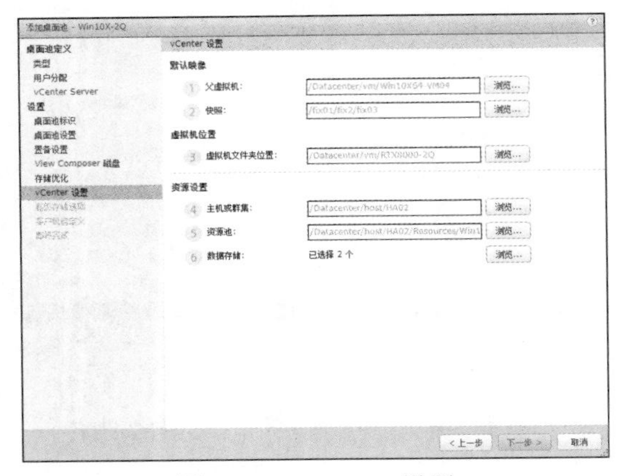

图 8-6-24　vCenter 设置

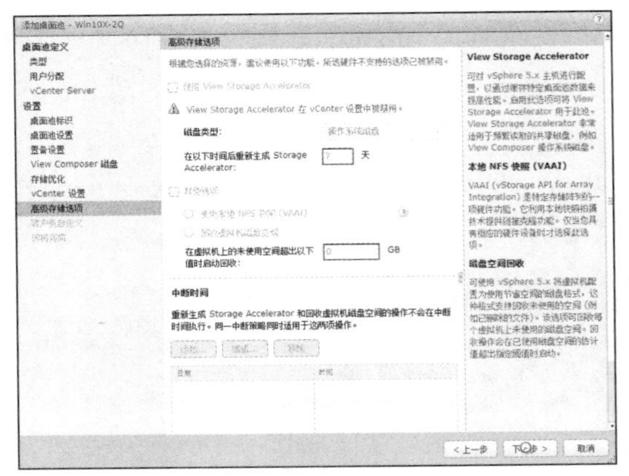

图 8-6-25　高级存储选项

（21）在“客户机自定义”对话框中，在“AD 容器”后单击“浏览”按钮，如图 8-6-26 所示。

（22）在“浏览”对话框中，选择“OU＝Win10X-PC”组织单位，如图 8-6-27 所示。

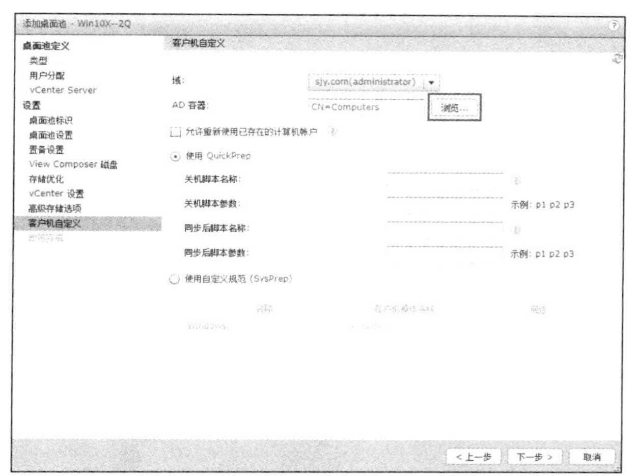

图 8-6-26　AD 容器

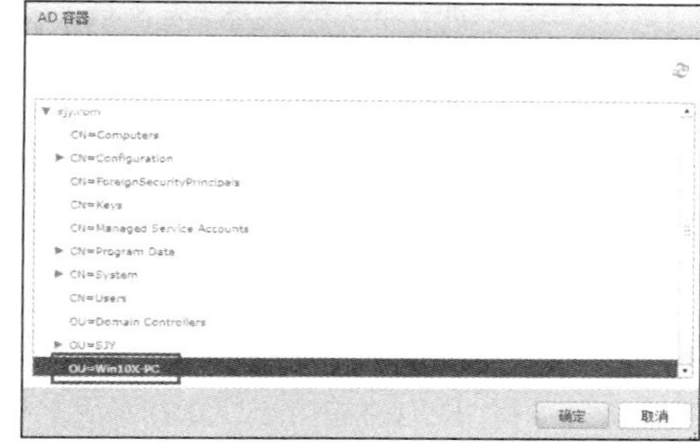

图 8-6-27　选择保存虚拟机的组织单位

（23）返回到“客户机自定义”对话框后，选中“允许重新使用已存在的计算机账户”复选框，如图 8-6-28 所示。

（24）在“即将完成”对话框，显示了创建自动池的参数与设置，检查无误之后，单击“完成”按钮，如图 8-6-29 所示。如果选中“向导完成后授权用户”复选框，则在完成该向导后为虚拟机池添加用户。

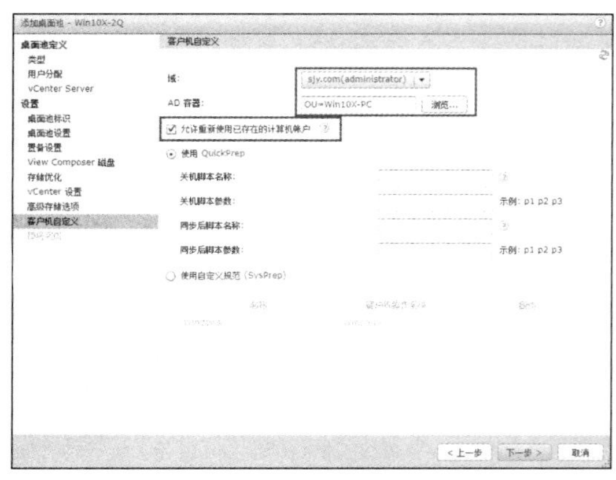

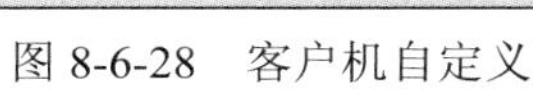

图 8-6-28　客户机自定义

图 8-6-29　完成设置

（25）在“授权”对话框中单击“添加”按钮，如图 8-6-30 所示。

（26）在“查找用户或组”对话框中，添加 VDI11、VDI12 用户组，如图 8-6-31 所示。

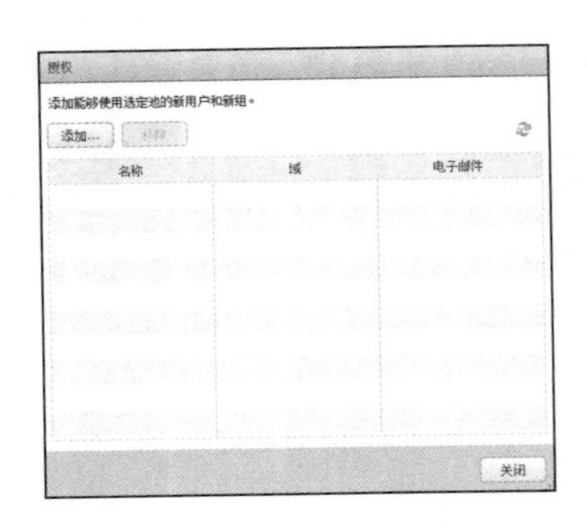

图 8-6-30　授权

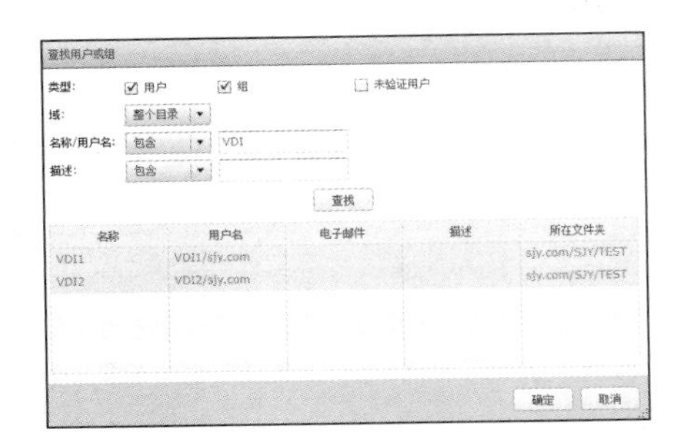

图 8-6-31　添加授权用户

（27）返回到“授权”对话框，单击“关闭”按钮，完成授权用户添加，如图 8-6-32 所示。

（28）新添加的 Windows 10 桌面池配置如图 8-6-33 所示。

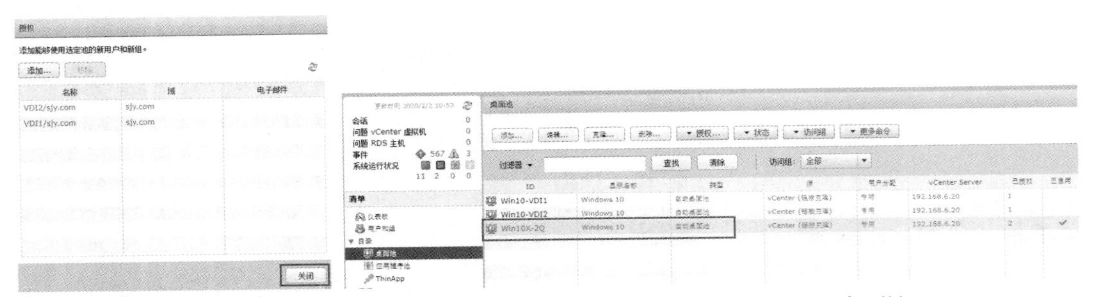

图 8-6-32　授权用户完成　　　　图 8-6-33　添加的 Windows 10 桌面池

（29）在“资源→计算机”中看到部署好的 Windows 10 桌面，如图 8-6-34 所示。

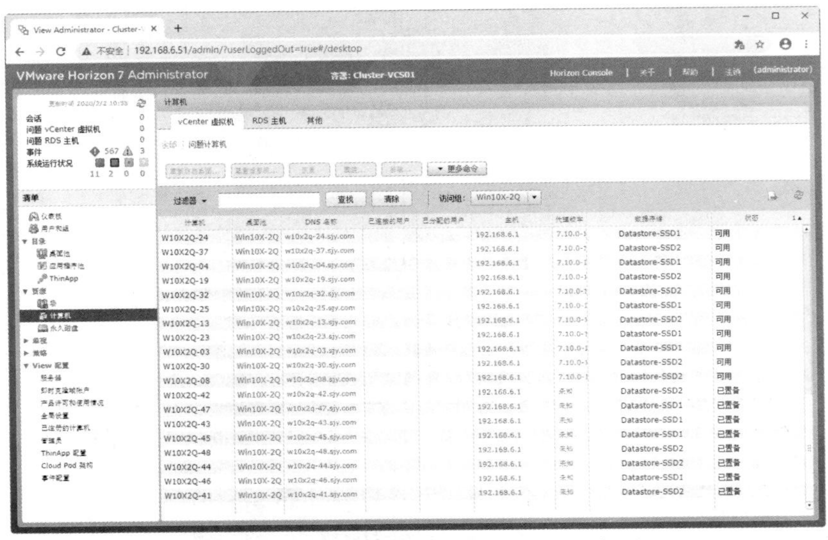

图 8-6-34　部署好的 Windows 10 虚拟桌面

8.6.3　查看生成的虚拟机

在创建桌面池后，使用 vSphere Client 登录到 vCenter Server，查看生成的虚拟机。

（1）在 vSphere Client 导航中，在左侧选择“HA02→Win10X-2Q”，在右侧“虚拟机→虚拟机”中查看生成的虚拟机，如图 8-6-35 所示。可以显示“DNS 名称”，查看启动的虚拟机 DNS 名称，如图 8-6-35 所示。在右下角显示 50 items，表示当前有 50 个对象（其中有 48 个是虚拟桌面，每个存储池有一个克隆链接的虚拟机的基础镜像。

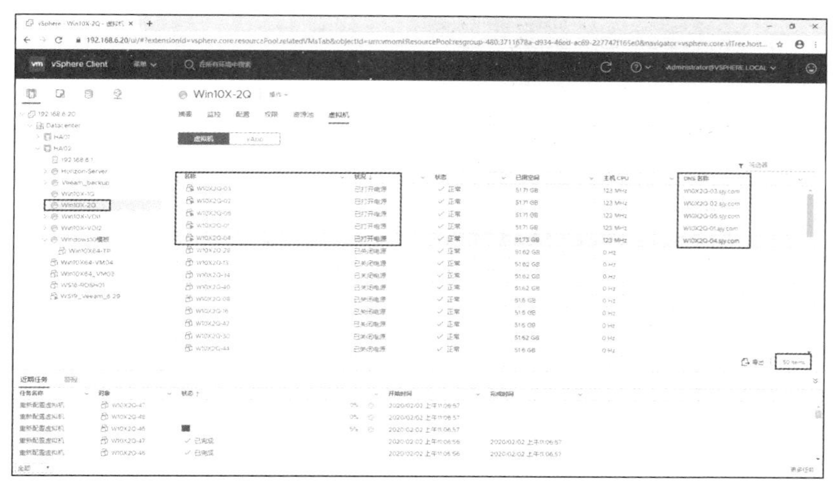

图 8-6-35　查看生成的虚拟机

（2）左侧选中 192.168.6.1 的 ESXi 主机，在“配置→硬件→图形→图形设置”中查看显卡分配的虚拟机，如图 8-6-36 所示。

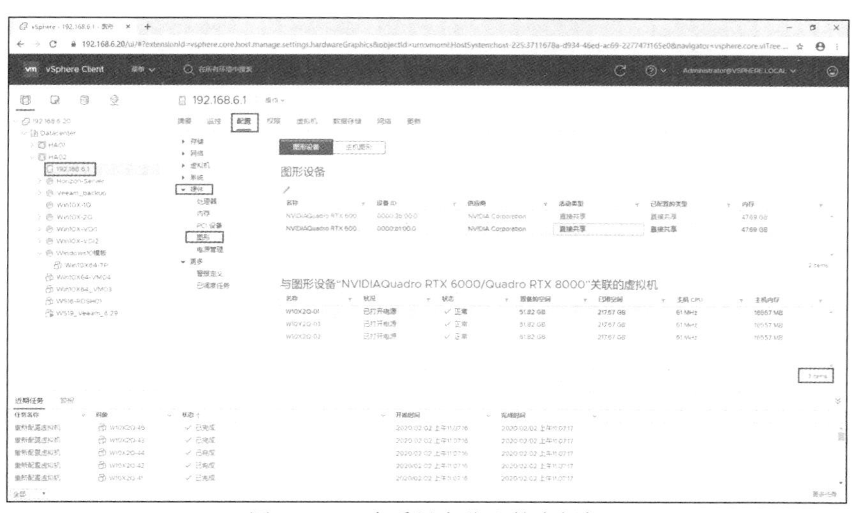

图 8-6-36　查看显卡分配的虚拟机

（3）使用 Xshell 6 登录到 ESXi 主机，执行 nvidia-smi 也能查看 GPU 显卡分配的虚拟机，如图 8-6-37 所示。

（4）当前桌面池备用虚拟机数量为 5，如果要修改备用虚拟机的数量，可以在 Horizon Administrator 界面中编辑桌面池设置，在“置备设置”中选择“备用（已打开电源）计算机的数量”，如图 8-6-38 所示，当前修改为 40。

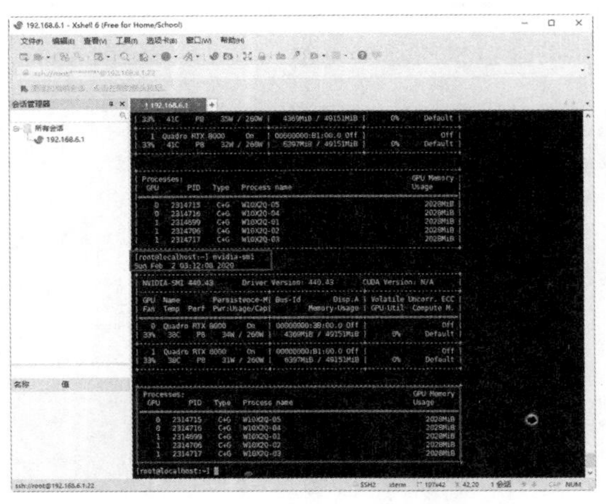

图 8-6-37　查看 GPU 显卡分配的虚拟机

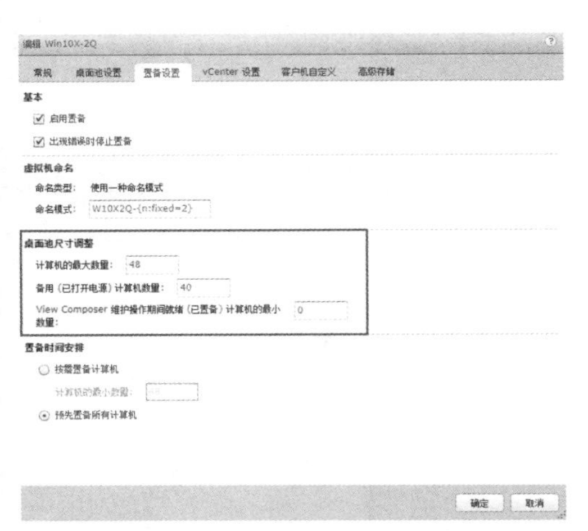

图 8-6-38　修改桌面池设置

（5）左侧选中 192.168.6.1 的 ESXi 主机，在“配置→硬件→图形→图形设置”中查看显卡分配的虚拟机，每块显卡分配 20 台虚拟机，如图 8-6-39 所示。

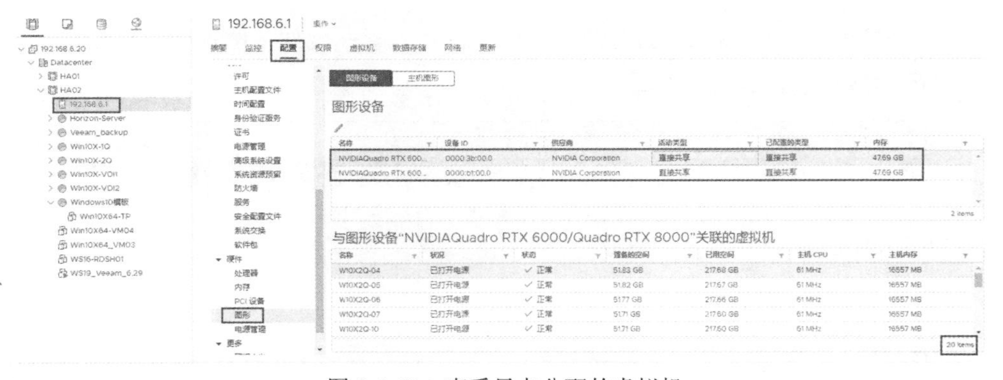

图 8-6-39　查看显卡分配的虚拟机

8.7　苹果计算机安装 Horizon Client 客户端测试

VMware Horizon 虚拟桌面支持 Windows、Linux、Mac 操作系统，支持 Android、iPad、iPhone 等手机或平板。不同的操作系统、不同的设备需要安装不同的客户端软件。本节介绍在苹果计算机上安装 Horizon Client 并进行测试的方法。

（1）复制 Horizon 的 Mac 安装程序到计算机中运行安装程序，单击“同意”按钮，如图 8-7-1 所示。

（2）用鼠标拖动 VMware Horizon Clien.app 到 Applications，如图 8-7-2 所示。

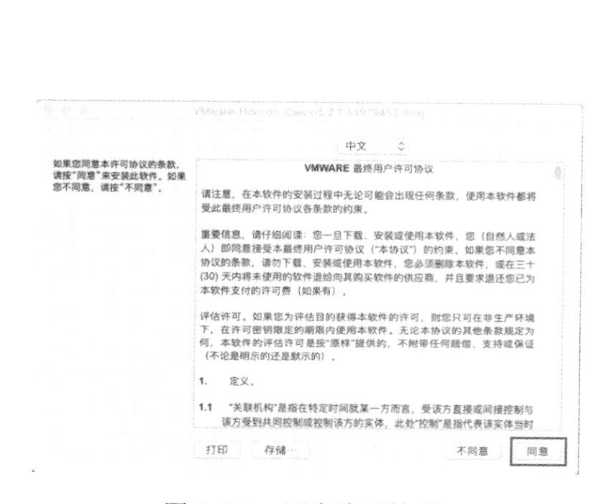

图 8-7-1　同意许可协议

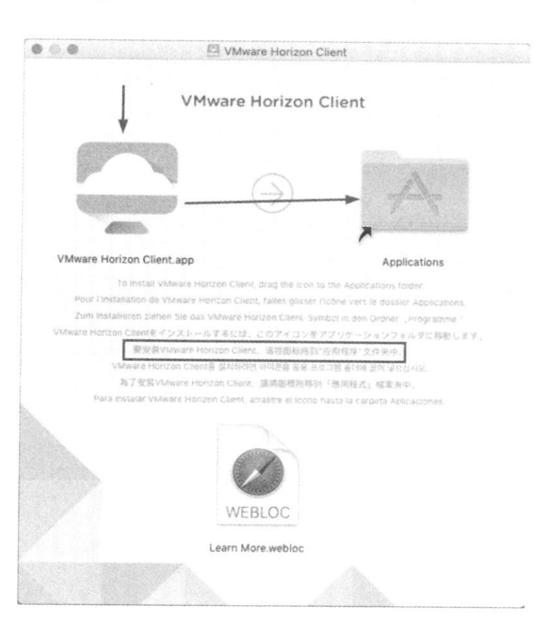

图 8-7-2　拖动图标到应用程序中

（3）安装完成后，在应用程序中可以找到 VMware Horizon Client，如图 8-7-3 所示。

图 8-7-3　安装完成

（4）在“安全性与隐私”中的“通用”中，选中“App Store 和被认可的开发者”单选按钮，如图 8-7-4 所示。

（5）在“隐私”中允许“VMware Horizon Client”控制你的电脑，如图 8-7-5 所示。

图 8-7-4　允许加载的应用　　　图 8-7-5　允许“VMware Horizon Client”应用控制电脑

（6）在 Horizon Client 中单击“+”添加服务器的地址，如图 8-7-6 所示。

（7）在“不受信任的服务器连接”中单击“继续”按钮，如图 8-7-7 所示。

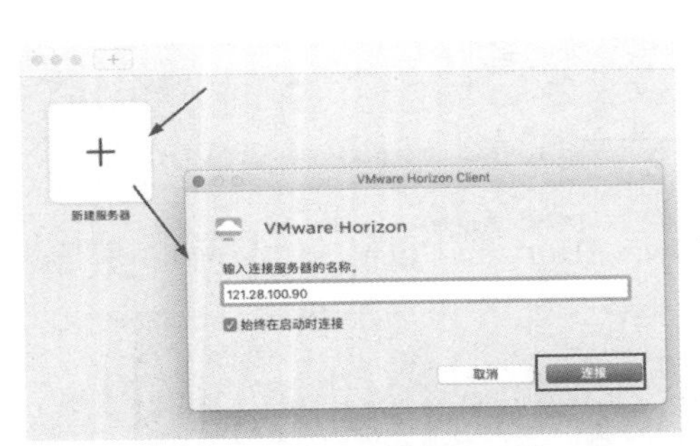

图 8-7-6　添加服务器地址

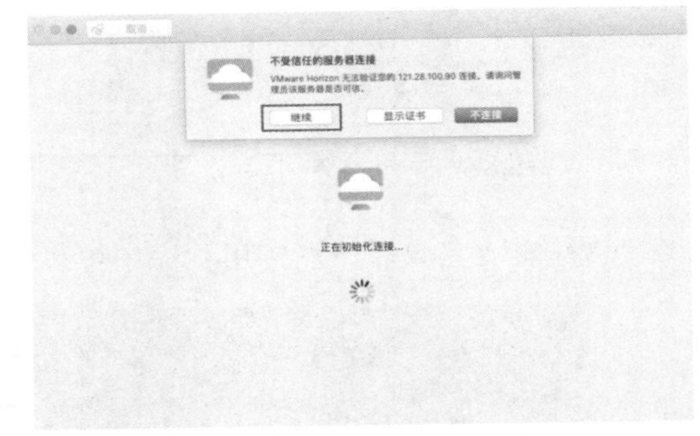

图 8-7-7　继续

（8）输入用户名和密码连接到服务器，如图 8-7-8 所示。

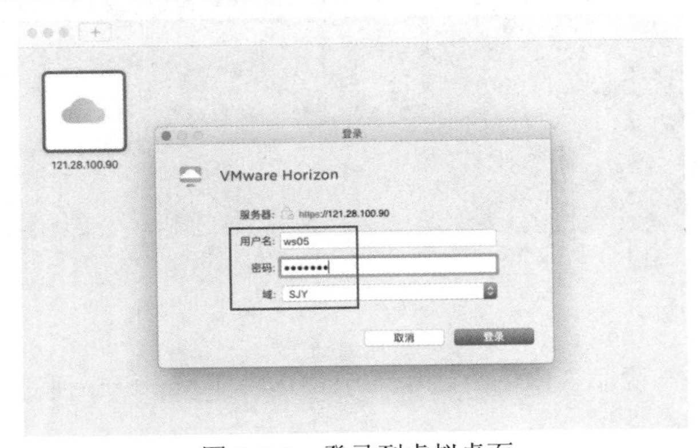

图 8-7-8　登录到虚拟桌面

下面是分配了 rtx-8000-2q 配置文件的虚拟机的效果，图 8-7-9 是登录后锁屏界面，图 8-7-10 是使用 heaven benchmark 软件测试的截图，可达 62 帧/s。

图 8-7-9　锁屏界面

图 8-7-10　heaven benchmark 测试

heaven benchmark 4.0 基础测试结果如图 8-7-11 和图 8-7-12 所示。

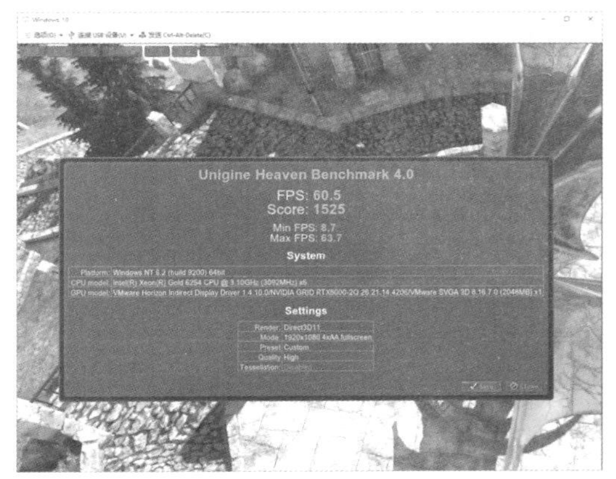

图 8-7-11　基准测试 1

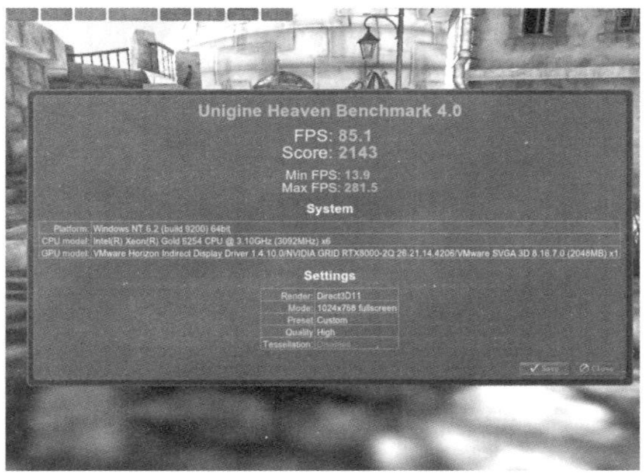

图 8-7-12　基准测试 2

8.8　故障与问题

在使用 NVIDIA GPU 显卡的虚拟桌面时，每块 GPU 显卡支持的虚拟桌面数量都有上限，另外每个物理 GPU 上的虚拟 GPU 必须是同一种类型。

8.8.1　单显卡 2Q 配置文件最大运行数受限

当前配置了 2 块 RTX 8000 显卡，使用 rtx-8000-2Q 配置文件，理论上可以开到 48 个虚拟机桌面。实际测试可以开到 48 台虚拟机，但只有前 46 台虚拟机运行正常，最后两台虚拟机（每块显卡各分配一个）运行出错。

（1）当用户逐渐登录虚拟桌面，登录到第47个虚拟桌面时，无法登录。在vCenter Server打开虚拟机的控制台，看到虚拟桌面蓝屏。如图8-8-1所示。

（2）开始怀疑是生成的虚拟桌面问题，但重新生成虚拟桌面后，同样出现图8-8-1所示的问题。将出现故障的虚拟桌面关机，修改虚拟机配置，移除vGPU，如图8-8-2所示。

图 8-8-1　最后开机的2个虚拟桌面死机

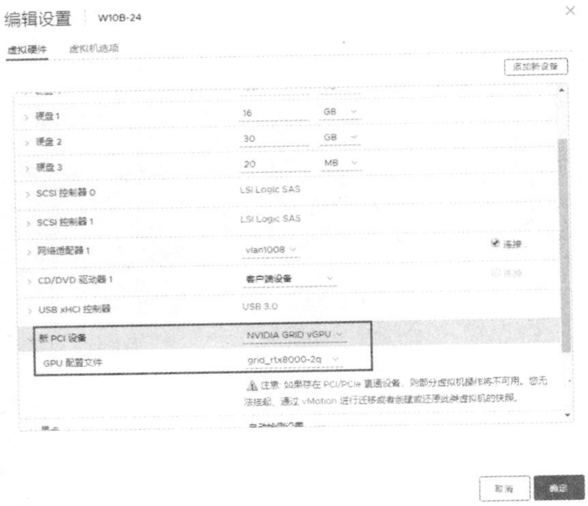

图 8-8-2　移除共享PCI设备

（3）重新打开虚拟机电源，系统正常，如图8-8-3所示。

图 8-8-3　系统正常

（4）关闭虚拟机电源，添加共享PCI设备，故障依旧，如图8-8-4所示。

关闭一些虚拟机，然后再开启故障的虚拟机正常。

此时再打开上一步中中关闭的虚拟机，故障现象和原来不能使用的虚拟桌面相同，如图 8-8-1 所示。

当前 GRID 驱动程序版本是 10.0，升级到 10.1 之后，故障依旧。将 Horizon 7.10 升级到 7.11，故障依旧。

为虚拟机分配 rtx-8000-1Q，每块显卡可以开到 32 台虚拟机，全部虚拟机工作正常。说明，一块 RTX 8000 显卡支持的 vGPU 上限是 32，这是 NVIDIA 对 RTX 8000 显卡做的限制。

图 8-8-4　故障现象

为虚拟机分配 rtx-8000-4Q，每块显卡可以开到 12 台虚拟机，运行正常。

为虚拟机分配 rtx-8000-6Q，每块显卡可以开到 8 台虚拟机。运行正常。

为虚拟机分配 rtx-8000-8Q、rtx-8000-12Q，都可以开到指定数目的虚拟机。

经过 NVIDIA 确认，这个故障将会在 GRID 10.2 的驱动程序中解决。

8.8.2　提示 Agent 错误

在当前的环境中为 Windows 操作系统与 Office 配置了 KMS 服务器。如果在生成虚拟桌面的过程中，无法访问 KMS 服务器，Windows 操作系统无法激活的前提下，Horizon Agent 服务无法启动。表现为在 Horizon Administrator 中会长时间停留在“正在自定义”阶段（如图 8-8-5 所示）。如果使用 Horizon Client 的 direct 方式直接连接虚拟桌面，提示“Desktop is unavailable : AGENT_ERR_SVI_CUSTOMIZING”（如图 8-8-6 所示），或者提示“Desktop is unavailable: AGENT_ERR_STARTUP_IN_PROGRESS”（如图 8-8-7 所示）。当 KMS 服务器正常后故障解决。

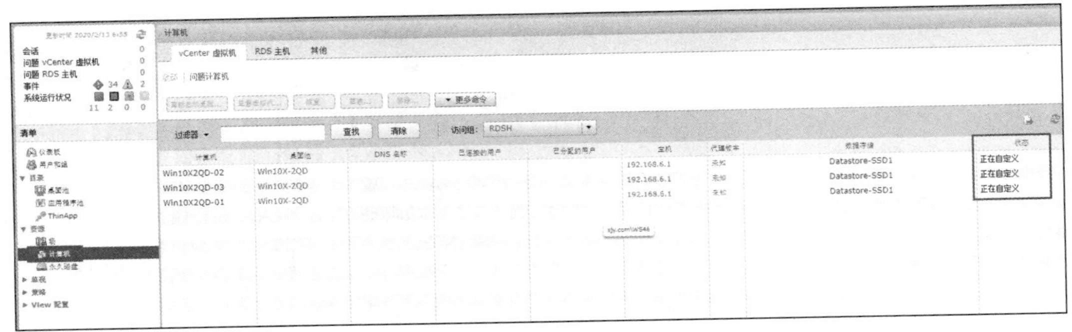

图 8-8-5　正在自定义

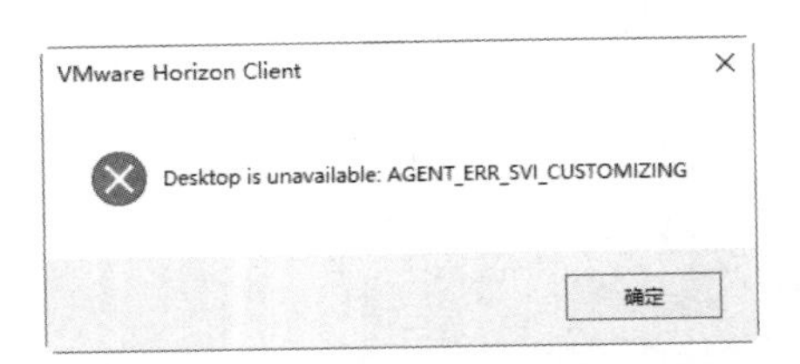

图 8-8-6　AGENT_ERR_SVI_CUSTOMIZING

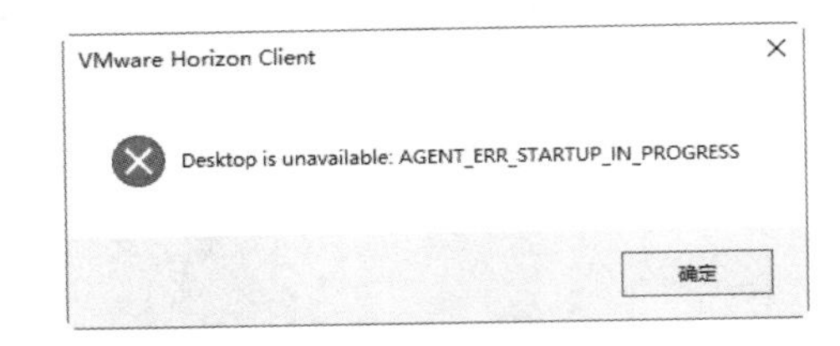

图 8-8-7　AGENT_ERR_STARTUP_IN_PROGRESS

8.8.3　单个物理 GPU 上的虚拟 GPU 必须为同一类型

当前 NVIDIA 的 GRID 驱动程序最高版本是 10.1，此版本的 NVIDIA vGPU 仅支持同类虚拟 GPU。在任何给定时间，驻留在单个物理 GPU 上的虚拟 GPU 必须全部为同一类型。但是，此限制不会扩展到同一张卡上的物理 GPU。如果任何一个物理 GPU 上的 vGPU 类型相同，则同一张卡上的不同物理 GPU 可以同时托管不同类型的虚拟 GPU。

例如，一块 Tesla M60 卡具有两个物理 GPU，并且可以支持多种类型的虚拟 GPU。下面显示了 Tesla M60 上有效和无效虚拟 GPU 配置的以下示例。

- 使用 GPU 0 上的 M60-2Q vGPU 和 GPU 1 上的 M60-4Q vGPU 的有效配置。
- 使用 GPU 0 上的 M60-1B vGPU 和 GPU 1 上的 M60-2Q vGPU 的有效配置。
- GPU 0 上混合 vGPU 类型的配置无效。

以当前的应用为例，当前一台主机配置了 2 块 RTX8 000 显卡，每块 RTX8 000 只有一个物理 GPU，可以在其中的一块显卡上使用 rtx8000-2Q 的配置文件，在另一块显卡上使用 rtx8000-1Q 或 rtx8000-2A 的配置文件。不能在同一块显卡上使用 rtx8000-2Q 与 rtx8000-1Q 的配置文件。

第 9 章　使用 VMware App Volumes

VMware App Volumes 是一个实时应用程序交付系统，企业可以使用它动态地交付和管理应用程序。通过将标准 VMDK 或 VHD 文件附加到虚拟机来打包和交付应用程序。管理员可以使用 App Volumes Manager[与 Active Directory（AD）、vSphere 集成的基于 Web 的界面]集中管理应用程序。管理员可以分配、更新或删除要在下次用户登录时交付的应用程序，而无须修改桌面或在用户工作时中断用户。

9.1　安装配置 VMware App Volumes

App Volumes 管理服务器需要最小 4 个 vCPU、4 GB 内存、1 GB 硬盘空间。App Volumes 管理服务器操作系统需要 Windows Server 2019 或 Windows Server 2016。

App Volumes Agent 需要 64 位客户端操作系统，可以是如下的版本：

Microsoft Windows 10，version 1909。

Microsoft Windows 10，version 1903。

Microsoft Windows 10，version 1809。

Microsoft Windows 10，version 1803。

Microsoft Windows 7 SP1 Professional and Enterprise editions (Microsoft KB 3033929)。

Microsoft Windows Server 2019 (RDSH)。

Microsoft Windows Server 2016 (RDSH)。

App Volumes 客户端硬件需求最小 1 个 vCPU、1 GB 内存、12 GB 硬盘空间。

本节介绍 App Volumes 安装配置的内容。

9.1.1　为 App Volumes 准备 Active Directory

App Volumes 使用 Active Directory 添加域并将应用程序和可写卷分配给用户、用户组、计算机和组织单位（OU）。

使用 App Volumes，需要在 Active Directory 中创建一个用户，该用户可以读取 Active Directory 信息的权限。本示例中创建一个名为 apps-read 的账户，该账户具有读取 Active Directory 的权限。

（1）在“Active Directory 用户和计算机”窗口的 heinfo 中创建一个 app-volumes 的组织单位，并在该组织单位中创建一个名为 apps-read 的账户，如图 9-1-1 所示。

（2）右击 heuet.com，在弹出的快捷菜单中选择“委派控制”命令，如图 9-1-2 所示。

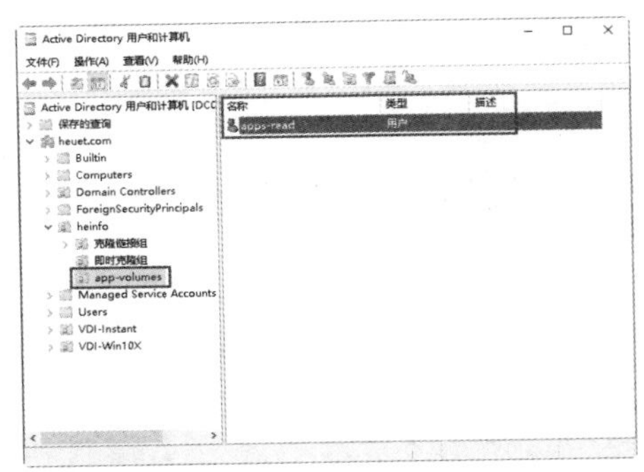

图 9-1-1 创建域用户

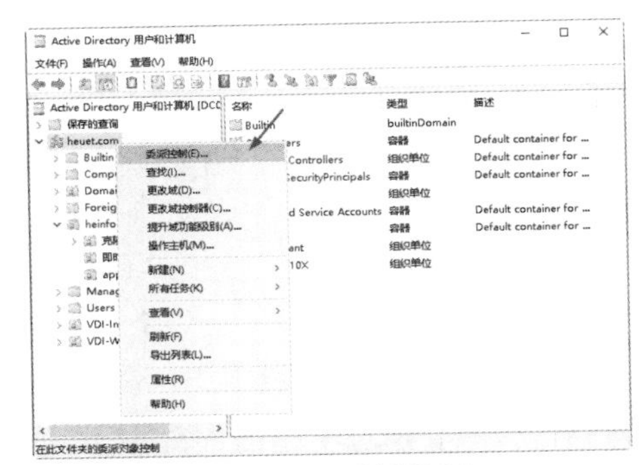

图 9-1-2 委派控制

（3）在“用户或组”对话框中单击“添加”按钮，添加 apps-read 用户，如图 9-1-3 所示。

（4）在“要委派的任务→委派下列常见任务”中选择“读取所有用户信息”（如图 9-1-4 所示）和“读取所有 inetOrgPerson 信息”（如图 9-1-5 所示）的权限。

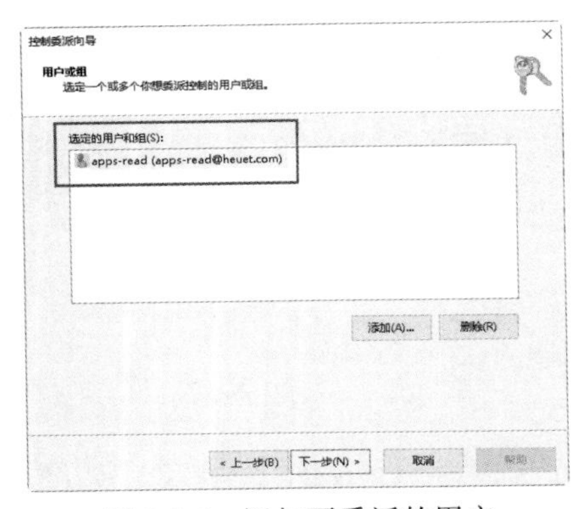

图 9-1-3 添加要委派的用户

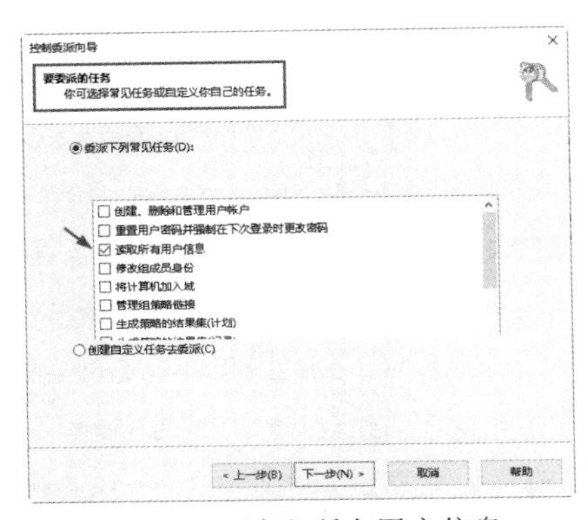

图 9-1-4 读取所有用户信息

（5）在“完成控制委派向导”对话框中，显示了委派的用户及委派的权限，检查无误之后单击“完成”按钮，如图 9-1-6 所示。

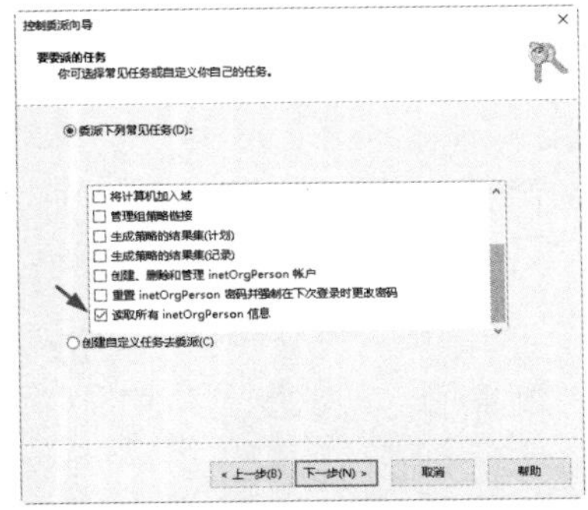

图 9-1-5 读取所有 inetOrgPerson 信息

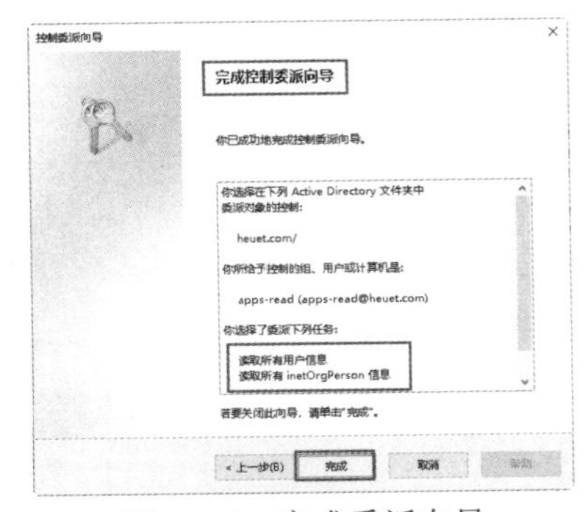

图 9-1-6 完成委派向导

9.1.2 为 App Volumes 准备数据库

App Volumes 与 JMP Server 需要数据库的支持。安装 App Volumes 时，可以选择在本地计算机安装 SQL Server Express 版本，也可以使用网络中 SQL Server 服务器提供的数据库。本示例中将在名为 Composer 的计算机中为 App Volumes 与 JMP Server 创建数据库，并将创建的数据库分配给对应的计算机。

（1）登录到 SQL Server 数据库服务器，在 Microsoft SQL Server 管理控制台中新建数据库，本示例中数据库名称为 DB-JMPServer，如图 9-1-7 所示。

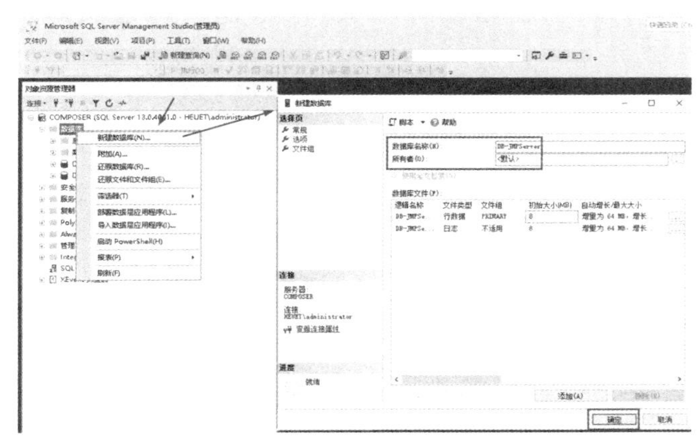

图 9-1-7 为 JMP Server 创建数据库

（2）然后创建名为 DB-AppVS 的数据库，该数据库将用于 App Volumes 服务器，如图 9-1-8 所示。

（3）在“安全性→登录名”处右击，在弹出的快捷菜单中选择“新建登录名”命令，如图 9-1-9 所示。

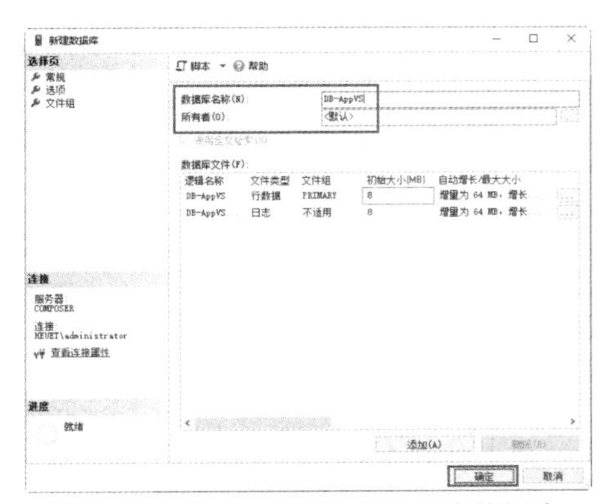

图 9-1-8 为 App Volumes 创建数据库

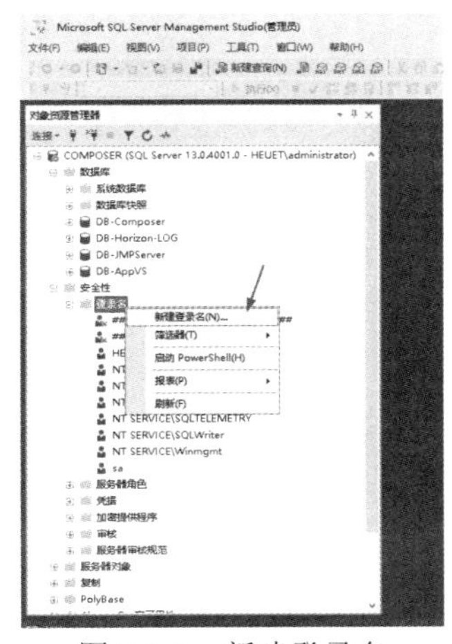

图 9-1-9 新建登录名

（4）在“登录名-新建”对话框的“常规”选项中，在“登录名”后输入登录名，在本示例中，JMP Server 服务器的计算机名称为 jmpserver，该计算机加入域，则对应的 JMP Server 的登录名为 heuet\jmpserver$，并在“默认数据库”中浏览选择为 JMP Server 创建的数据库，本示例为 DB-JMPServer，如图 9-1-10 所示。

（5）在“服务器角色”中选择 sysadmin，然后单击“确定”按钮完成对 JMP Server 服务器的登录名创建以及数据库的关联，如图 9-1-11 所示。

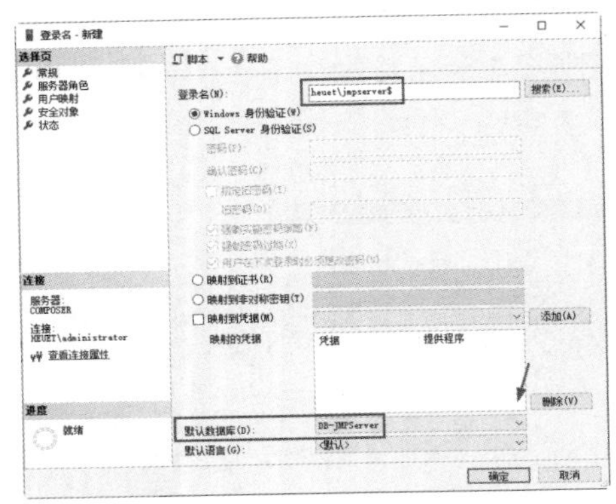

图 9-1-10　新建登录名

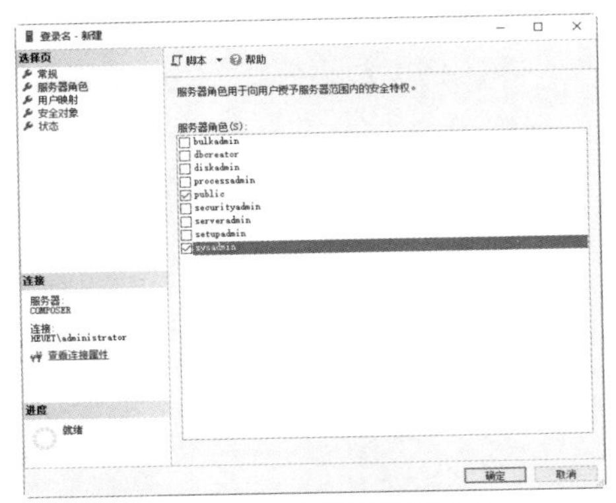

图 9-1-11　选择服务器角色

（6）参照步骤（4）和（5），创建名为 heuet\appvs$的登录名，为其指定默认数据库为 DB-AppVS，如图 9-1-12 所示，然后在“服务器角色”中将该登录名设置为 sysadmin。在本示例中，App Volumes 的计算机名称为 appvs，该计算机加入 heuet.com 的 Active Directory 中。

（7）在 SQL Server 管理工具中可以看到创建了 2 个数据库（名称分别为 DB-JMPServer、DB-AppVS），创建了 2 个登录名（名称分别为 HEUET\jmpserver$、HEUET\appvs$），如图 9-1-13 所示。

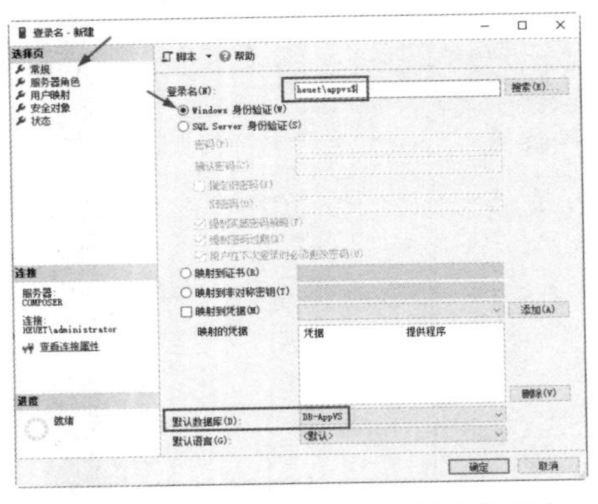

图 9-1-12　为 App Volumes 创建登录名

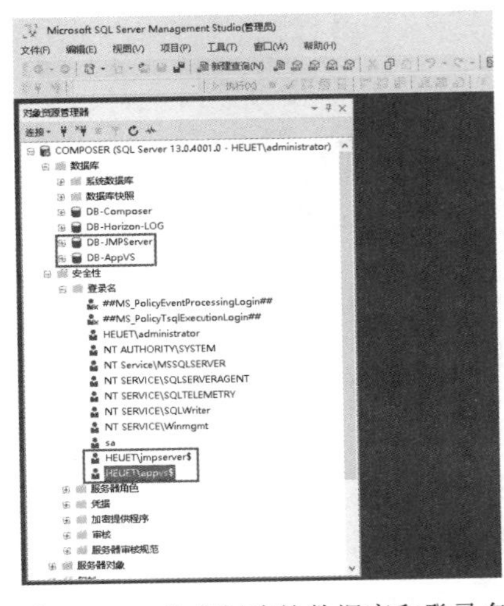

图 9-1-13　检查创建的数据库和登录名

当前安装 SQL Server 的计算机信息如图 9-1-14 所示。

图 9-1-14　SQL Server 数据库服务器信息

9.1.3　准备 App Volumes 与 JMP Server 虚拟机

使用 vSphere Client 或 vSphere Web Client 登录到 vCenter ，从 Windows Server 2019 的模板部署两台新虚拟机，分别用于 App Volumes 和 JMP Server。

其中 JMP Server 虚拟机的名称为 JMPServer.heuet.com_1.13（如图 9-1-15 所示），该虚拟机的计算机名称为 JMPServer（如图 9-1-16 所示），为 JMP Server 虚拟机分配 4 vCPU、4 GB 内存。

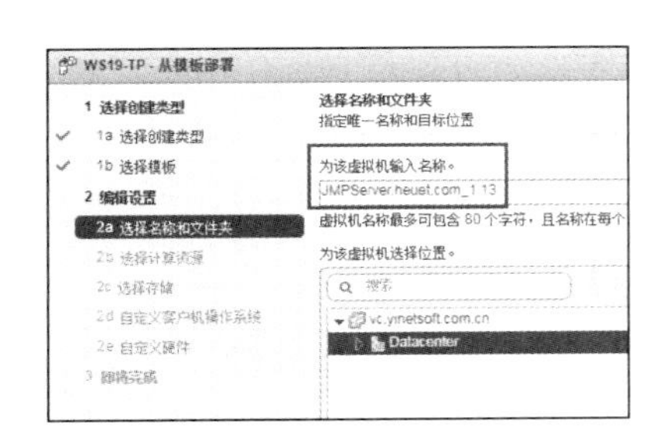

图 9-1-15　新建虚拟机

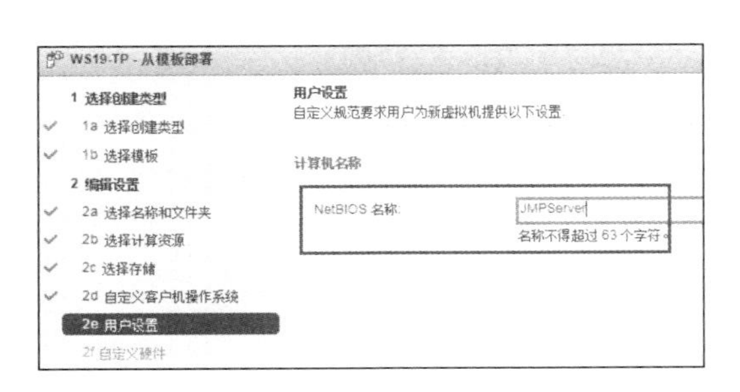

图 9-1-16　计算机名称

App Volumes 的虚拟机名称为 APPVS.heuet.com_1.14（如图 9-1-17 所示），该虚拟机的计算机名称为 AppVS（如图 9-1-18 所示），为 App Volumes 虚拟机分配 4 vCPU、4 GB 内存。

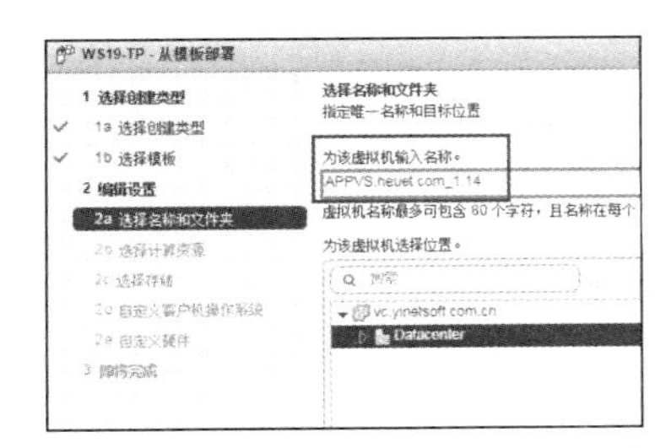

图 9-1-17　创建 App Volumes 虚拟机

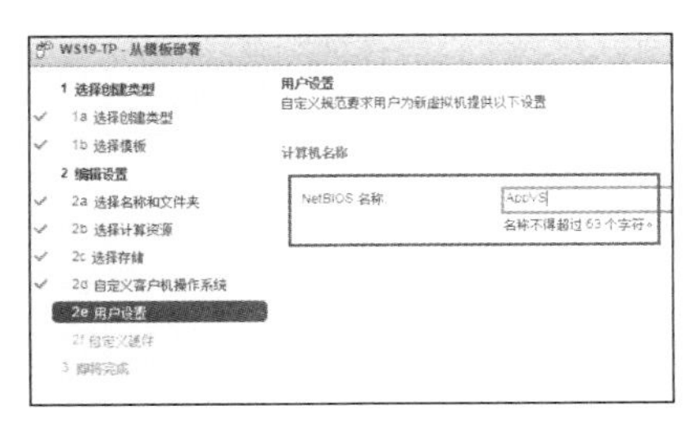

图 9-1-18　设置计算机名称

从模板部署虚拟机完成后，以域管理员账户登录，如图 9-1-19 所示。

图 9-1-19 以域管理员账户登录

9.1.4 安装 App Volumes

在准备好 Active Directory、数据库及 App Volumes 虚拟机之后，打开虚拟机控制台，根据规划为 App Volumes 设置 IP 地址，将计算机加入域，然后安装 App Volumes 管理控制台。主要步骤如下。

（1）以域管理员账户登录进入系统，打开网络设置界面，为 App Volumes 设置 IP 地址，本示例中 IP 地址为 172.20.1.14，DNS 为 172.20.1.11、172.20.1.12，如图 2-1-20 所示。

（2）在“控制面板→系统和安全→系统”中查看计算机名称，并检查计算机是否加入域，如图 9-1-21 所示。

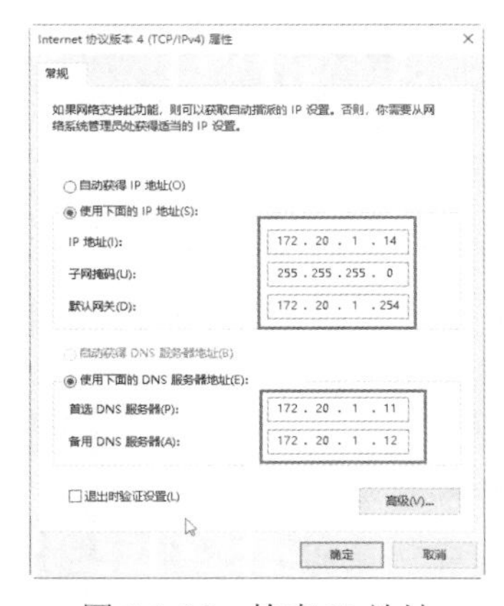

图 9-1-20 检查 IP 地址

图 9-1-21 检查计算机名称

（3）加载 App Volumes 安装镜像文件，本示例中镜像文件名为 VMware_AppVolumes_v2181.ISO，大小为 531 MB。加载镜像文件之后，在 installation 中执行 setup.exe 程序，进入安装程序，如图 9-1-22 所示。当前版本为 2.18.1.10。

（4）在“License Agreement”对话框中接受许可协议，如图 9-1-23 所示。

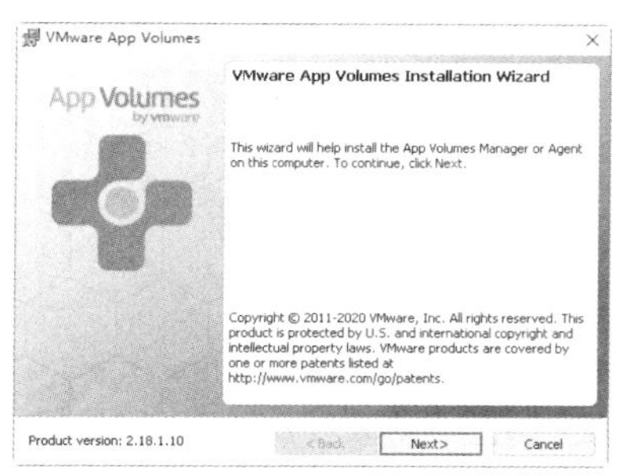

图 9-1-22　安装程序

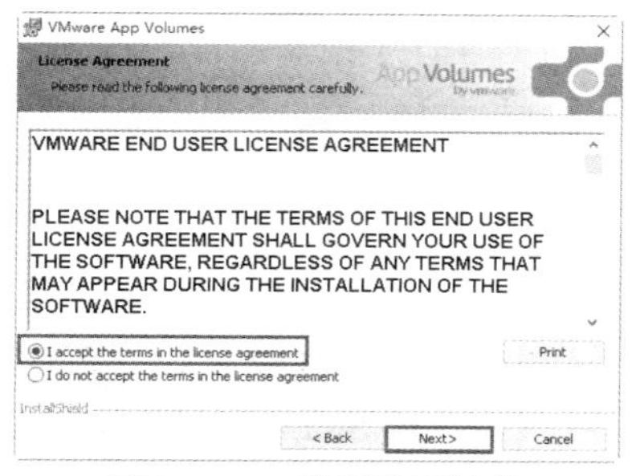

图 9-1-23　接受许可协议

（5）在“App Volumes Install Screen”对话框中单击选择“Install App Volumes Manager”单选按钮以安装管理程序，如图 9-1-24 所示。

（6）在“App Volumes Manager Installation Wizard”对话框中单击“Next”按钮，如图 9-1-25 所示。

图 9-1-24　安装管理程序

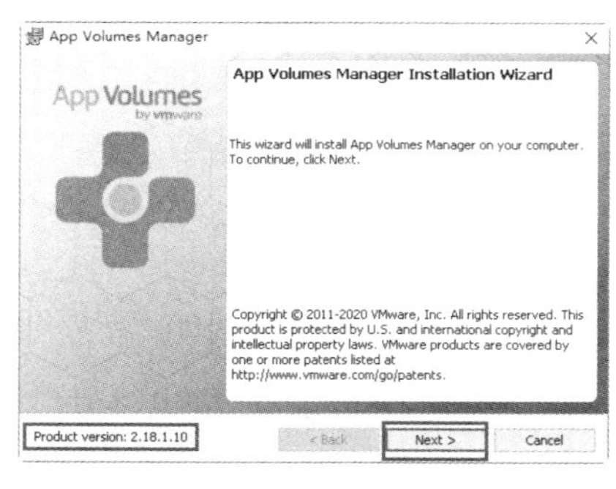

图 9-1-25　安装向导

（7）在“Choose a Database”对话框中选择数据库位置，可以选择安装本地 SQL Server Express 版本，也可以选择使用连接到一个已经存在的 SQL Server 数据库，本示例中选择第二项“Connect to an existing SQL Server Database”，如图 9-1-26 所示。

（8）在“Database Server”对话框的“Choose local or remote database server to use”中输入本地或远程 SQL Server 服务器的 IP 地址或计算机名称，本示例中远程 SQL Server 数据库服务器的 IP 地址是 172.20.1.50，选择“Windows Integrated Authentication”（Windows 集成身份验证）单选按钮，单击第二个“Browse”按钮浏览 172.20.1.50 可以使用的数据库，本示例中选择 DB-AppVS 数据库，单击“OK”按钮返回，单击“Next”按钮继续，如图 9-1-27 所示。

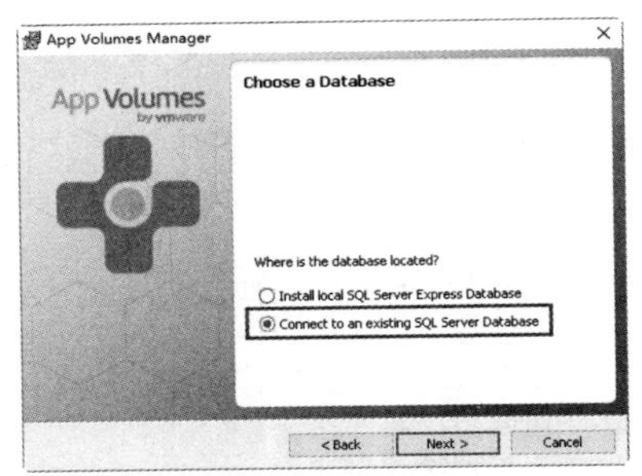

图 9-1-26 使用远程数据库

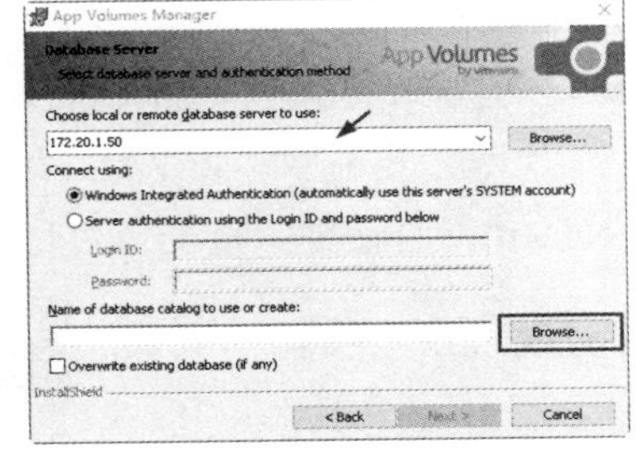

图 9-1-27 连接到 SQL Server 并选择数据库

（9）在“Choose Network Ports and Security options”对话框中为 App Volumes 选择网络端口，本示例中只选择 443，如图 9-1-28 所示。

（10）在“Destination Location”对话框中选择安装组件及安装位置，本示例中选择默认值，如图 9-1-29 所示。

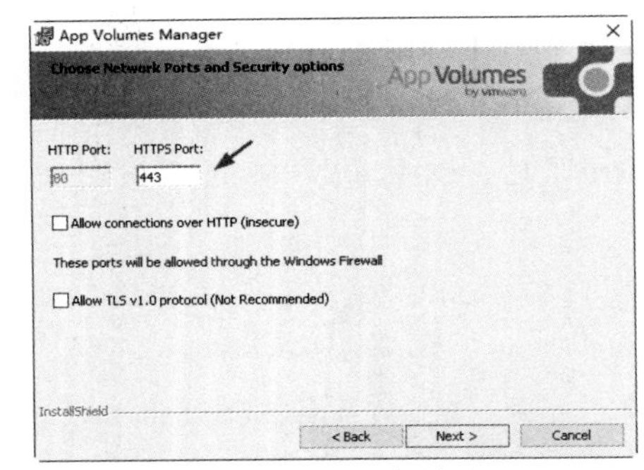

图 9-1-28 服务端口

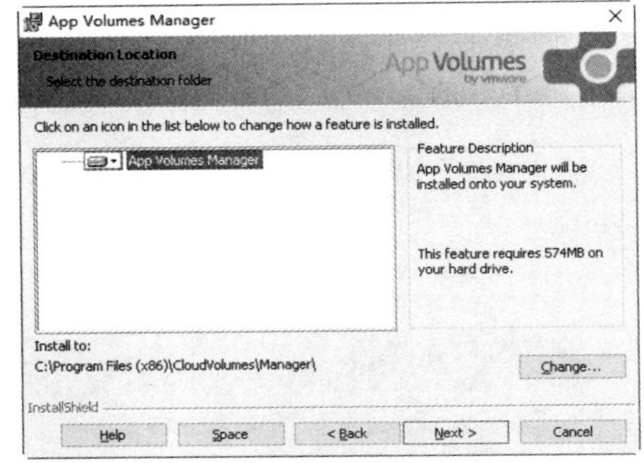

图 9-1-29 选择组件与安装位置

（11）在“Ready to Install the Program”中单击“Install”按钮开始安装，如图 9-1-30 所示。

（12）安装程序开始安装，直到安装完成，如图 9-1-31 所示。

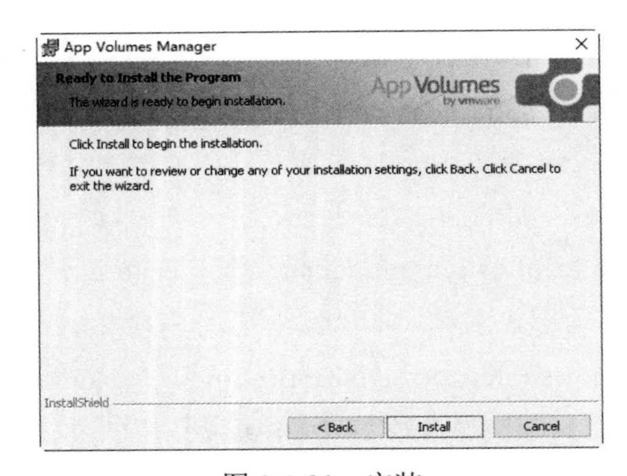

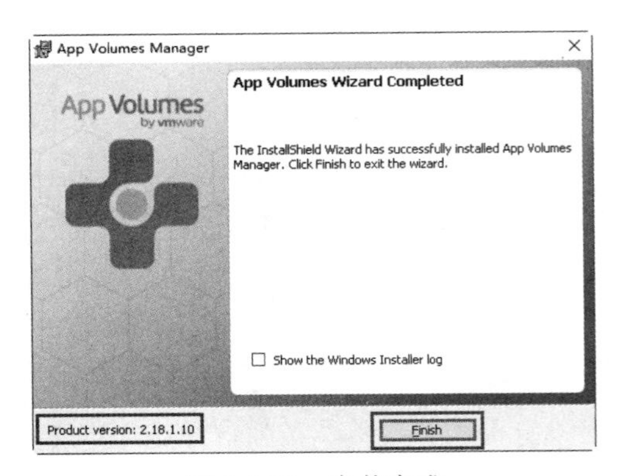

图 9-1-30 安装

图 9-1-31 安装完成

9.1.5　初始配置 App Volumes

在 App Volumes 安装完成后，可以在 App Volumes 计算机中打开浏览器，输入 https://localhost 登录到管理界面，或者在网络中的一台计算机中，输入 https://172.20.1.14 登录到 App Volumes 管理界面。本节介绍 App Volumes 的初始配置。

（1）在浏览器中输入 https://localhost 或 https://172.20.1.14 登录到 App Volumes 管理界面，输入域管理员账户和密码进行登录，如图 9-1-32 所示。

（2）在 Welcome to App Volumes Manager 界面显示了使用 App Volumes Manager 执行的一些操作，单击“Get Started”按钮开始，如图 9-1-33 所示。

图 9-1-32　登录

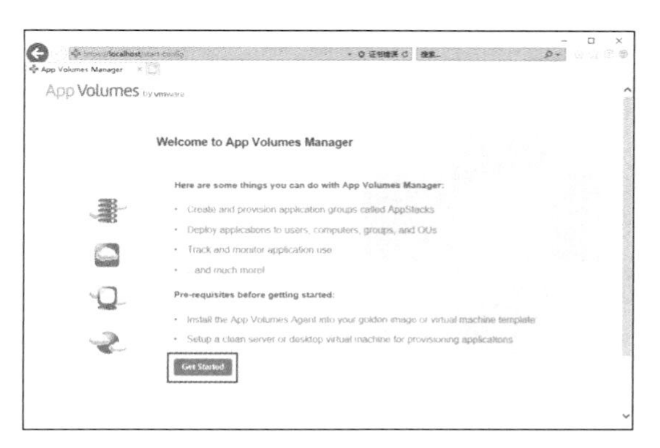

图 9-1-33　欢迎界面

（3）在“License Information”界面显示了当前安装 App Volumes 的许可数量（100）及许可有效期（有效期至 2020 年 8 月 13 日），单击“Edit”按钮（如图 9-1-34 所示），选择与 App Volumes 安装程序一同下载的 VMware_App_Volumes_Production_License_v2181.key 许可文件并上传，该许可文件提供了 50 000 个并发许可，并且无日期限制，如图 9-1-35 所示。

图 9-1-34　试用许可

图 9-1-35　无日期限制许可

（4）在“Register Active Directory Domain”对话框中注册 Active Directory 域信息，在 Active Directory Domain Name 文本框中输入当前 App Volumes 计算机所加入的 Active Directory 域名，本示例为 heuet.com；在 Domains Controller Hosts 输入 Active Directory 域服务器的 IP 地址，本示例为“172.20.1.11,172.20.1.12”，两台域控制器之间使用英文的逗号分隔；LDAP Base 留空；在 Username 中输入创建的账户，本示例为“apps-read”，在 Password 中输入 apps-read 的密码；在 Security 右侧下拉列表中选择“LDAP(insecure)”；在 Port 中使用默认值 389，如图 9-1-36 所示。单击“Register”按钮。注册成功后在列表显示注册成功的域名，如图 9-1-37 所示。

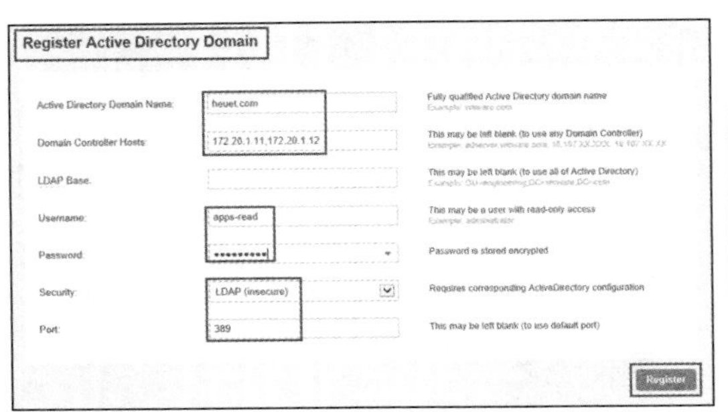

图 9-1-36　注册 AD 信息

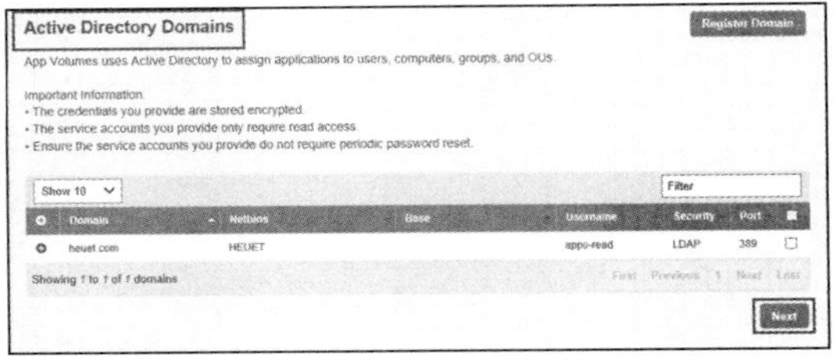

图 9-1-37　注册成功

（5）在 Administrator Roles 对话框中添加管理员角色组，本示例中添加域管理员组 Domain Admins，如图 9-1-38 所示，单击“Search”按钮搜索，搜索之后选择“Domain Admins”，单击“Assign”按钮。分配成功之后在列表中显示，如图 9-1-39 所示。

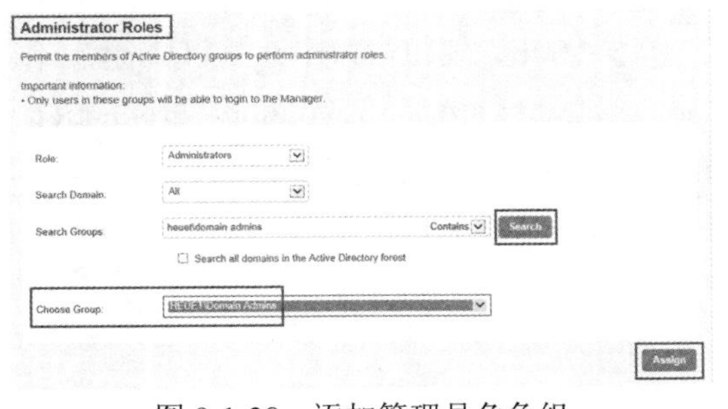

图 9-1-38　添加管理员角色组

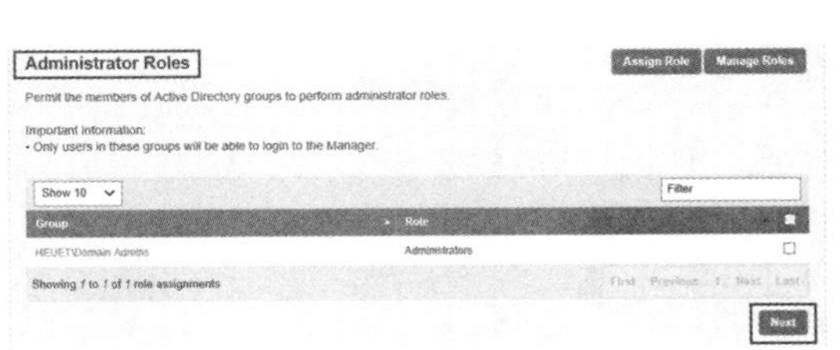

图 9-1-39　添加完成

（6）在 Machine Managers 对话框中向 App Volumes 注册 vCenter Server、ESXi 主机，并选择保存 App Volumes 卷的存储。

在 Type 下拉菜单中选择 vCenter Server，在 Hostname 文本框中输入要连接的 vCenter Server 的 IP 地址或域名，本示例中为 172.20.1.20 或 vc.yinetsoft.com.cn。

在 Username 与 Password 中输入要连接的 vCenter Server 的管理员账户和密码，本示例中账户为 administrator@vsphere.local。

选中 Issue mount operations to ESXi servers，在 ESXi Username 与 ESXi Password 中输入当前 vCenter Server 所管理的 ESXi 主机的 root 账户和密码，这就要求当前 vCenter 所管理的所有 ESXi 主机具有相同的密码。

选中“Use local copies of volumes”“Use queues for mount operations”“Use asynchronous mount operations”“Throttle concurrent mount operations”复选框。

设置完成之后单击“Save”按钮（如图 9-1-40 所示），在弹出的对话框单击“Accept”按钮接受证书，如图 9-1-41 所示。

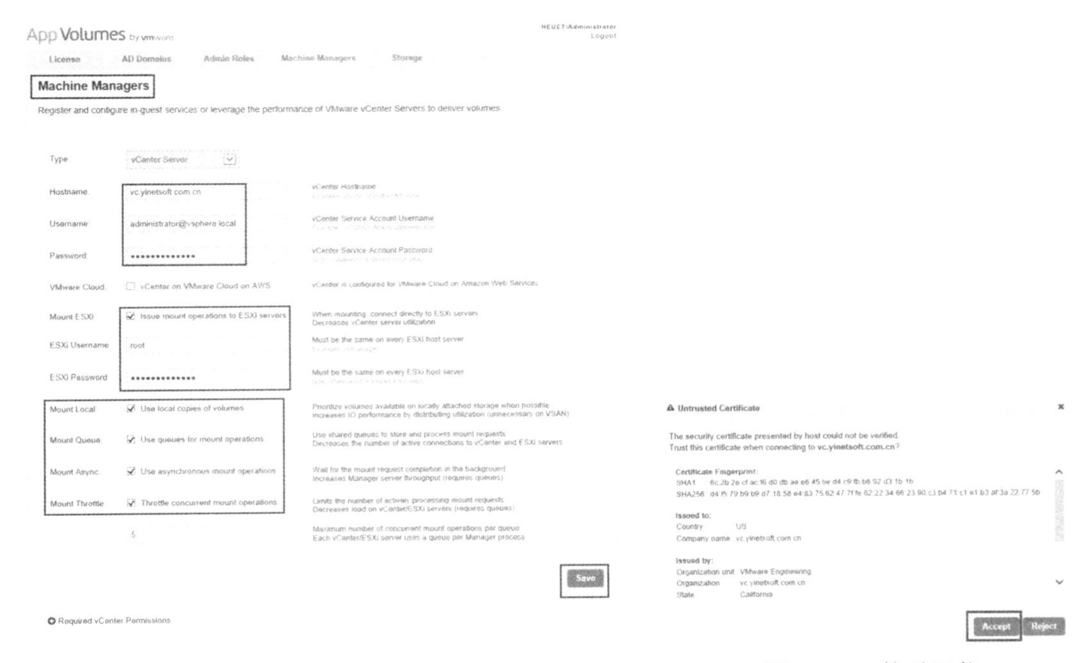

图 9-1-40　注册 vCenter 与 ESXi　　　　图 9-1-41　接受证书

说明：如果环境中的 vSphere 使用共享存储或 vSAN 存储，可以不选中“Use local copies of volumes”复选框。

如果 vCenter Server 使用 DNS 域名，且 App Volumes 计算机配置的 DNS 无法解析该域名，可以通过修改本机 hosts 文件，将 vCenter 的域名解析成对应的 IP 地址。

（7）添加 vCenter 完成，信息显示在列表中，如图 9-1-42 所示。

（8）在 Storage 对话框中为 AppStacks 和可写卷配置存储选项，对于这两个卷，需要配置所有虚拟机主机服务器都可以访问的共享存储。如果使用本地主机存储设备，AppStacks 和可写卷将仅连接到该主机的虚拟机上。AppStacks 卷通常同时为多个虚拟机（多个用户）提供读取操作，AppStacks 需要选择读取性能好的高速存储设备，例如 SSD 共享存储；Writable（可写卷）需要放在容量较大的共享存储中，因为每个虚拟机（每个用户）分配不同的可写卷。在当前实验环境中，只有一台 ESXi 主机，ESXi 主机只有一个名为 Datastore 的 VMFS 卷，所以 AppStacks 与 Writable 卷都选择这一个 VMFS 卷，如图 9-1-43 所示。

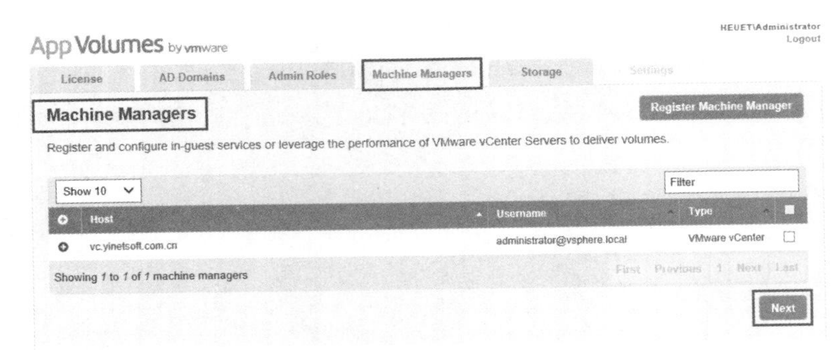

图 9-1-42　添加 vCenter 信息完成

（9）在“Confirm Storage Settings”对话框中选择“Import volumes in the background”单选按钮，如图 9-1-44 所示。

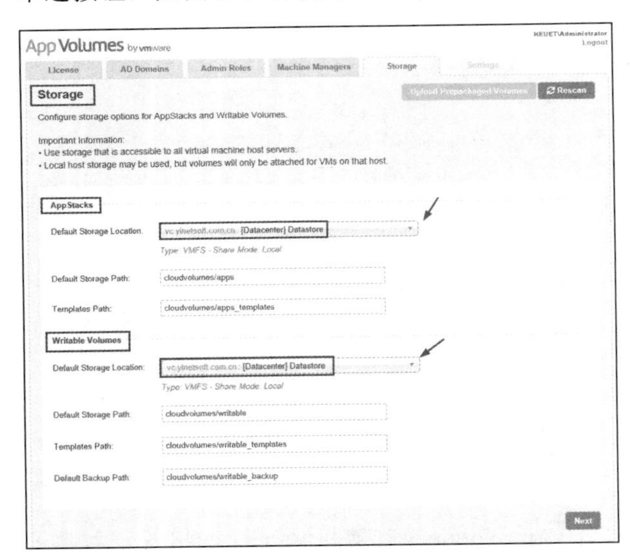

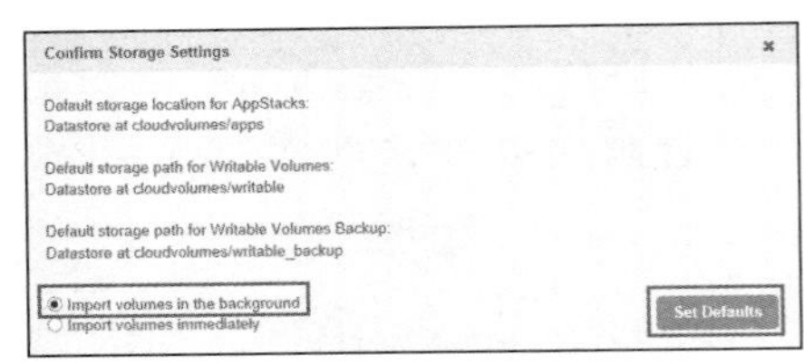

图 9-1-43　为 AppStacks 与 Writable 卷选择存储位置

图 9-1-44　在后台上传导入卷

（10）在“Upload Prepackaged Volumes”中选择上传模板卷的方式：如果当前 vCenter Server 环境有多台主机，应在“Host”列表中选择 Use vCenter，如图 9-1-45 所示；如果当前 vCenter 环境只有一台 ESXi 主机，可以选择使用 ESXi 主机上传，如图 9-1-46 所示。

（11）在“Confirm Upload Prepackaged Volumes”对话框中选择“Import volumes in the background”单选按钮，如图 9-1-47 所示。

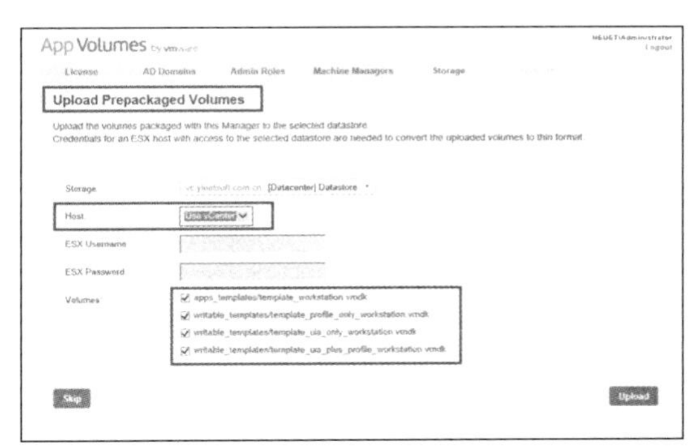

图 9-1-45　使用 vCenter 上传

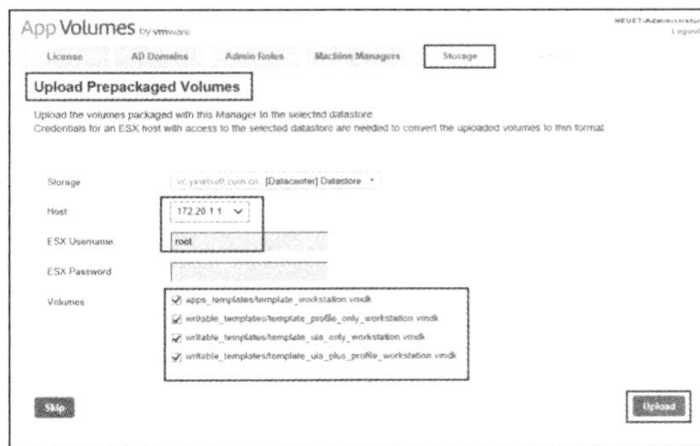

图 9-1-46　使用 ESXi 主机上传

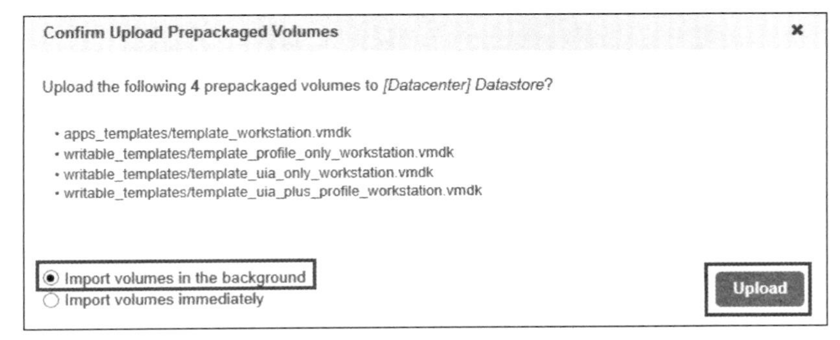

图 9-1-47　上传模板

在此将会上传 4 个模板 VMDK，这 4 个模板名称与用途如下。

① template_workstation.vmdk：用来打包应用程序的模板虚拟机硬盘，20 GB 大小。

② template_profile_only_workstation.vmdk：profile（个人文件），用来保存用户个人资料数据的模板硬盘，10 GB 大小。

③ template_uia_only_workstation.vmdk：UIA，保存写入用户配置文件的数据的模板硬盘，10 GB 大小。

④ template_uia_plus_profile_workstation.vmdk：用来保存 UIA 和个人文件数据的模板硬盘，10 GB 大小。

在为用户选择使用可写卷时，可以在后三个里面选择一个，如果要保存用户配置和用户数据，可以选择 template_uia_plus_profile_workstation.vmdk 模板。

（12）在“Settings”对话框中选择 App Volumes 管理设置，在“General”选项中选择时区、会话超过时间、证书文件（如图 9-1-48 所示），其他选择默认设置，单击“Save”按钮保存设置，如图 9-1-49 所示。

配置完成之后如图 9-1-50 所示。如果要修改配置，可以单击“CONFIGURATION”链接进行修改。

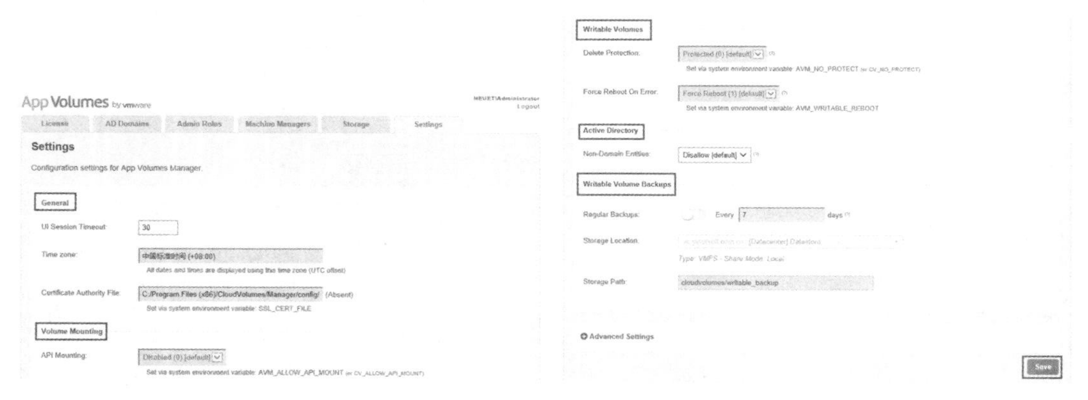

图 9-1-48　General 选项　　　　图 9-1-49　保存设置

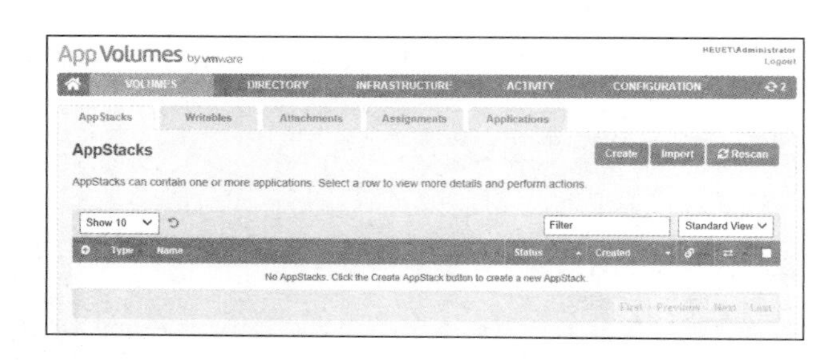

图 9-1-50　配置完成

9.2　使用 App Volumes

完成 App Volumes 管理服务器的安装和初始配置后，需要在虚拟桌面父虚拟机安装 App Volumes Agent（代理程序），安装完成后关闭虚拟机并创建快照。如果使用 App Volumes 打包捕捉应用程序，可以启动该虚拟机，使用同一台父虚拟机及快照生成虚拟桌面，然后在 App Volumes 中将捕捉的应用程序分配给用户或虚拟机使用。

9.2.1　准备虚拟机并安装 App Volumes Agent

本示例将为一台新安装 Windows 10 操作系统的虚拟机安装 App Volumes Agent，该虚拟机中只安装输入法、浏览器等基本的应用软件，其他软件如微信、QQ、Office 则是通过 App Volumes 进行分配。

（1）使用 vSphere Client 或 vSphere Web Client 登录到 vCenter Server，从 Windows 10 模板部署或者 Windows 10 虚拟机克隆出一台新的虚拟机，在本示例中新的虚拟机名称为 Win10X-Appv-Client-VM01，如图 9-2-1 所示。

（2）设置该虚拟机的名称为 Appvclient01（如图 9-2-2 所示），并将其加入 Active Directory。

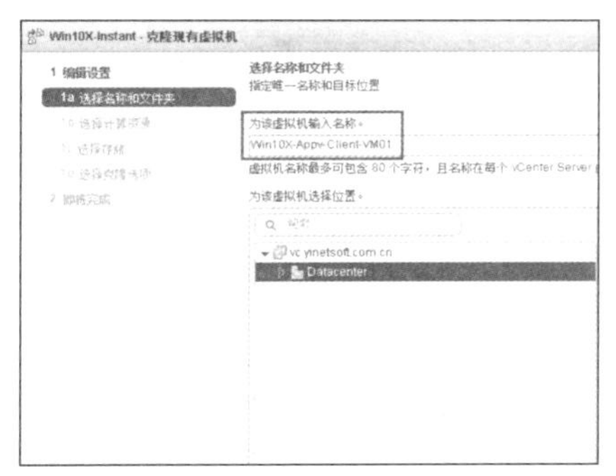

图 9-2-1　克隆现有虚拟机

图 9-2-2　设置计算机名称

（3）克隆完成后启动该虚拟机，使用域管理员账户登录，如图 9-2-3 所示。

（4）进入系统后，打开“控制面板→系统和安全→系统”，查看系统信息，如图 9-2-4 所示。

图 9-2-3　以域管理员账户登录

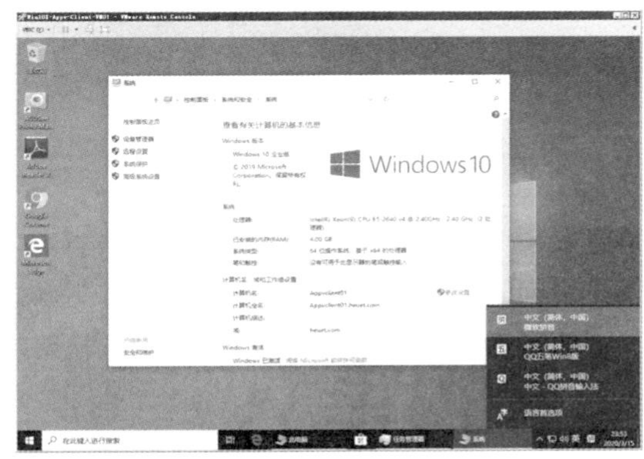

图 9-2-4　查看系统信息

（5）在“控制面板→程序→程序和功能”中可以看到，当前计算机安装了输入法、Google Chrome 浏览器、ACDSee 看图软件、WinRAR 软件，以及 Horizon Agent 软件，如图 9-2-5 所示。

（6）为虚拟机加载 App Volumes 镜像文件，并运行安装程序，如图 9-2-6 所示。

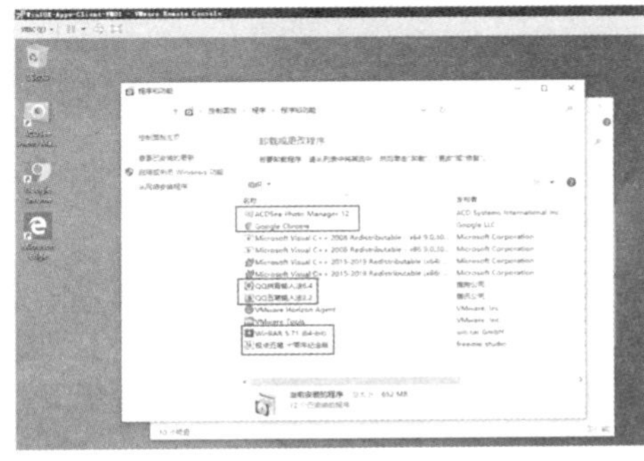

图 9-2-5　查看安装的软件

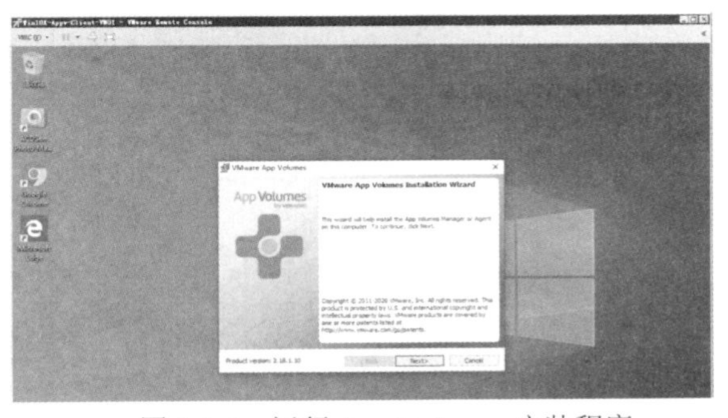

图 9-2-6　运行 App Volumes 安装程序

（7）在“App Volumes Install Screen”对话框中选择“Install App Volumes Agent”单选按钮，如图 9-2-7 所示。

（8）在“App Volumes Agent Installation Wizard”对话框中单击“Next”按钮，如图 9-2-8 所示。

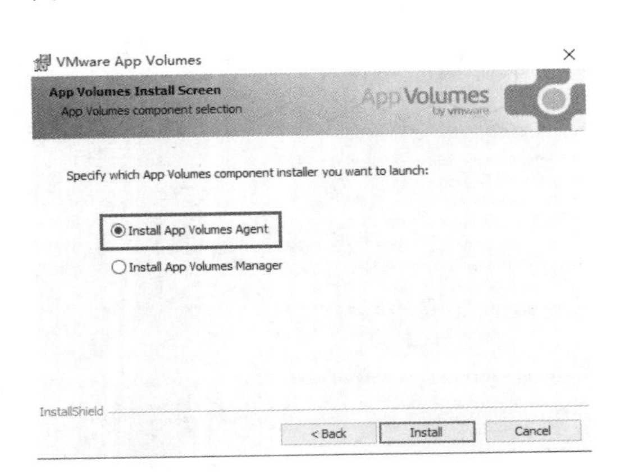

图 9-2-7　安装 App Volumes 代理

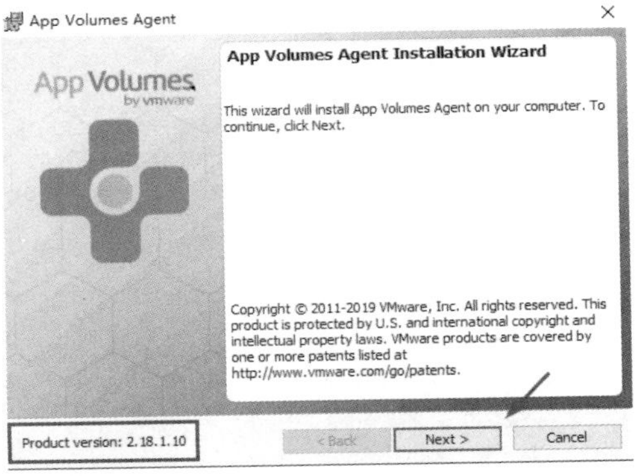

图 9-2-8　安装向导

（9）在“Server Configuration”对话框的“App Volumes Manager Address”中输入 App Volumes 管理服务器的 IP 地址，本示例中为 172.20.1.14。App Volumes Manager Port 端口使用默认值 443。选中“Disable Certificate Validation with App Volumes Manager”复选框，如图 9-2-9 所示。

（10）在“Ready to Install the Program”对话框单击“Install”按钮安装，如图 9-2-10 所示。

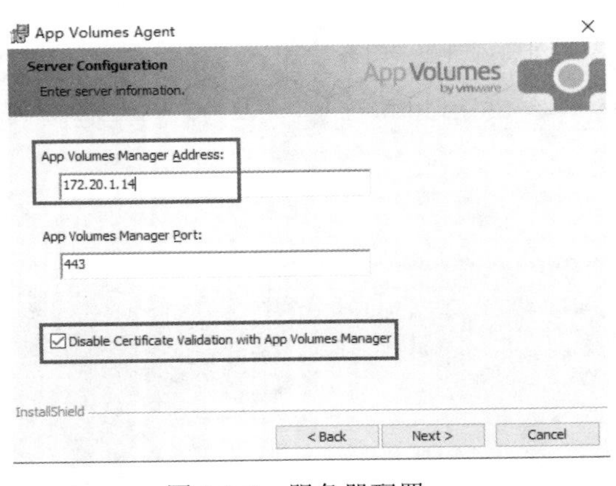

图 9-2-9　服务器配置

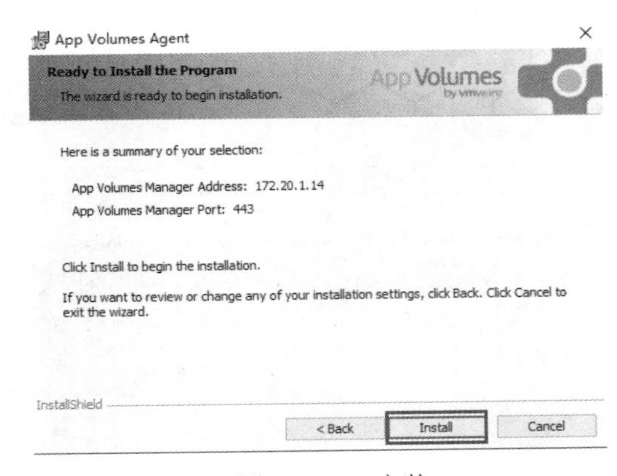

图 9-2-10　安装

（11）然后开始安装 App Volumes 代理程序，直到安装完成（如图 9-2-11 所示），安装完成后重新启动系统，如图 9-2-12 所示。

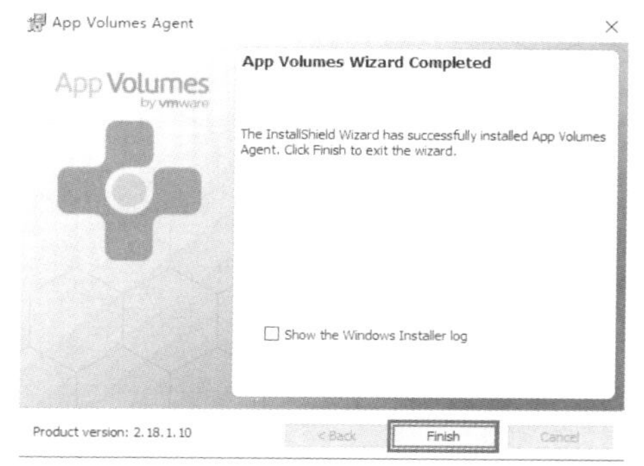

图 9-2-11　安装完成

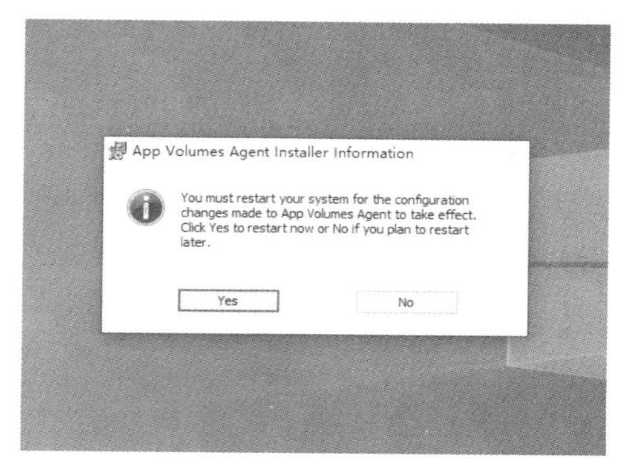

图 9-2-12　重新启动

（12）以域管理员账户登录（如图 9-2-13 所示），进入系统后，查看安装的软件（如图 9-2-14 所示），然后关闭虚拟机。

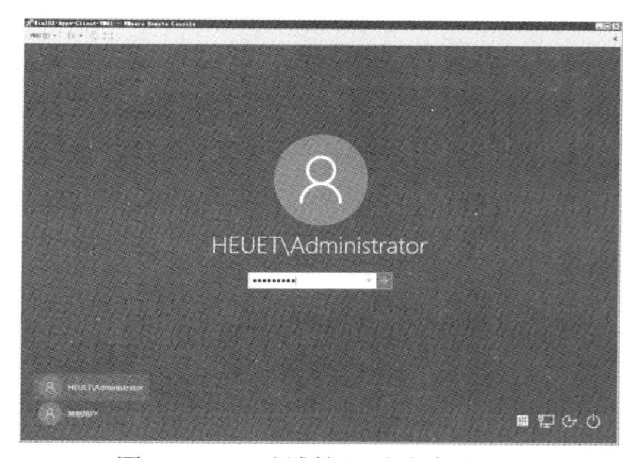

图 9-2-13　以域管理员账户登录

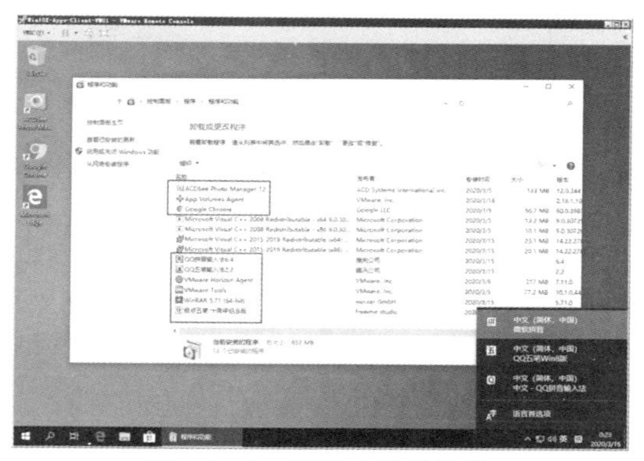

图 9-2-14　查看安装的软件

（13）等虚拟机关闭之后，为安装 App Volumes Agent 的虚拟机生成快照（如图 9-2-15 所示），本示例中设置快照名称为 fix01，并添加描述信息，如图 9-2-16 所示。

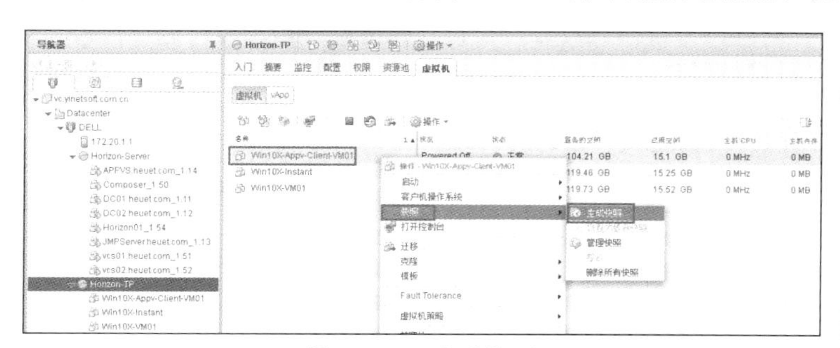

图 9-2-15　生成快照

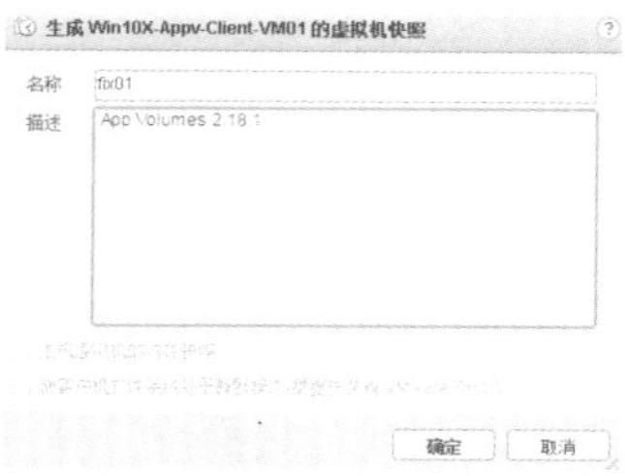

图 9-2-16　设置快照

9.2.2 创建 AppStacks

AppStacks 包含一个或多个应用程序，可以把应用程序例如 QQ、微信、Office 等软件打包在 AppStacks 中，本节介绍创建 AppStacks，并在 AppStacks 打包应用程序的方法。

（1）使用浏览器登录 App Volumes 管理界面，如图 9-2-17 所示。

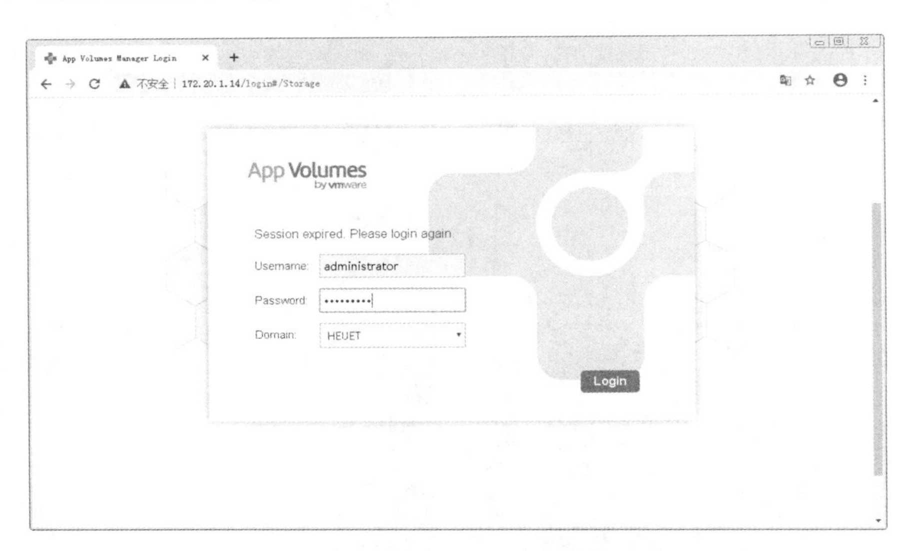

图 9-2-17　登录 App Volumes 管理界面

（2）在“VOLUMES→AppStacks”中单击“Create”按钮创建 AppStacks，如图 9-2-18 所示。

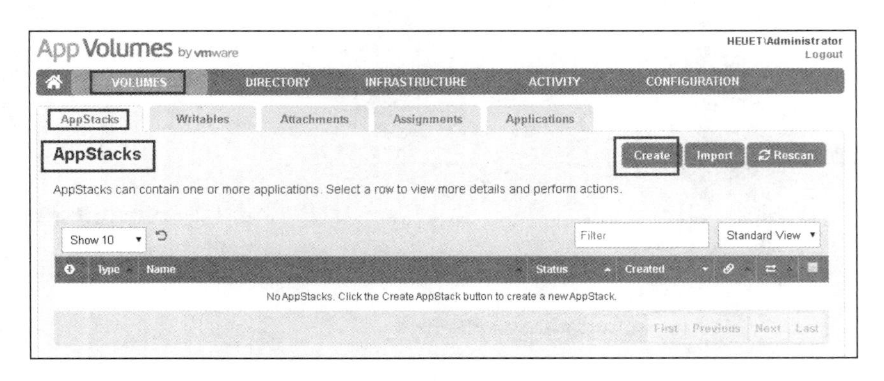

图 9-2-18　创建 AppStacks

（3）在“Create AppStack”对话框的“Name”文本框中输入一个名称，本示例为 AppStack-01，在“Template”下拉列表框中选择模板，然后单击“Create”按钮，如图 9-2-19 所示。

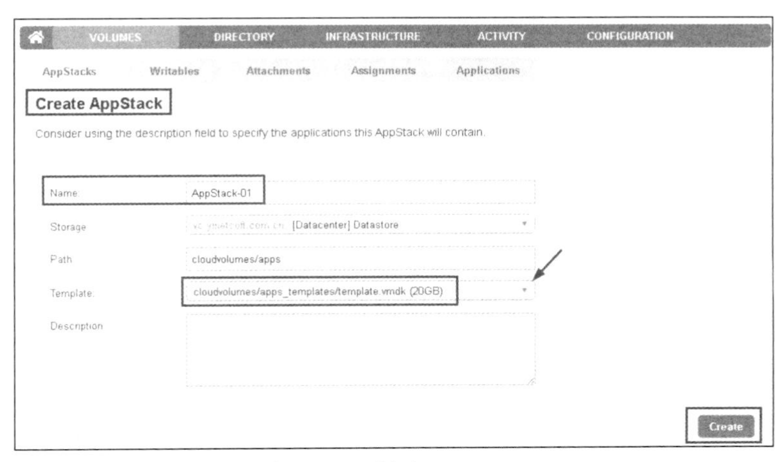

图 9-2-19 创建 AppStacks

（4）在“Confirm Create AppStack”对话框中选择“Perform in the background”单选按钮，如图 9-2-20 所示。

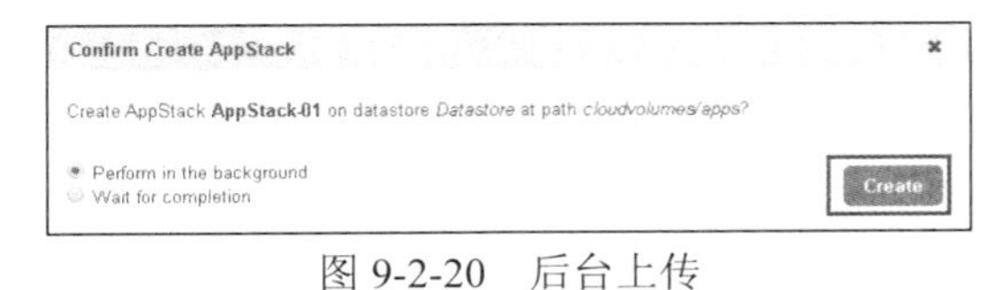

图 9-2-20 后台上传

（5）等 AppStacks 创建完成后，选中新创建的名为 AppStack-01 的 AppStacks，单击“Provision”按钮，如图 9-2-21 所示。

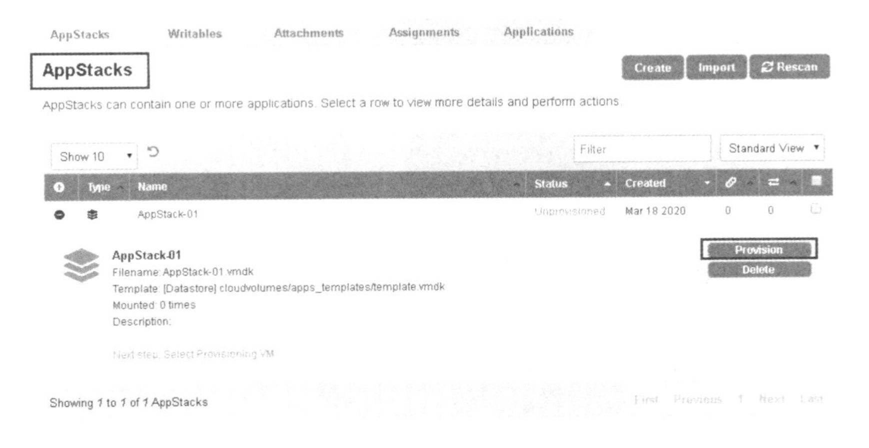

图 9-2-21 Provision

（6）在“Provision AppStack：AppStack-01”对话框，单击“Search”按钮，搜索安装 App Volumes Agent 的虚拟机，这就是在上一节中安装 App Volumes Agent 并创建快照的虚拟机。选择这台虚拟机，单击 Provision 按钮，如图 9-2-22 所示。

（7）在“Confirm Start Provisioning”对话框中单击“Start Provisioning”按钮，启动 App Volumes Agent 虚拟机，如图 9-2-23 所示。

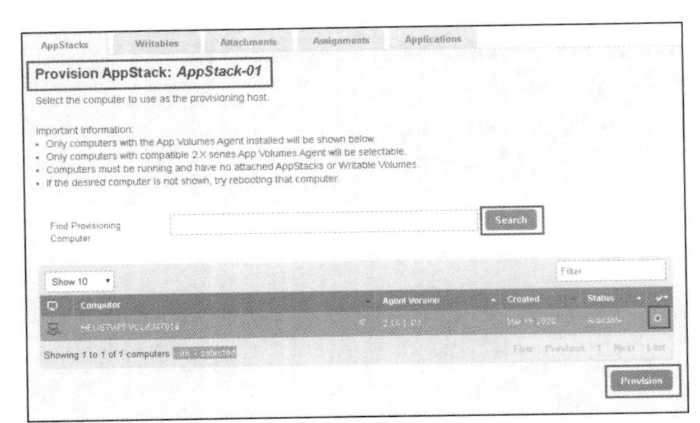

图 9-2-22　选中虚拟机

图 9-2-23　启动虚拟机

（8）打开安装了 App Volumes Agent 虚拟机的电源，以域管理员账户登录，可以看到有一个“VMware App Volumes”对话框（如图 9-2-24 所示），此时可以在这台虚拟机中安装应用程序，等所有应用程序安装完成后再单击“确定”按钮。

（9）打开资源管理器可以看到 C 盘可用空间只有 19.8 GB，如图 9-2-25 所示。

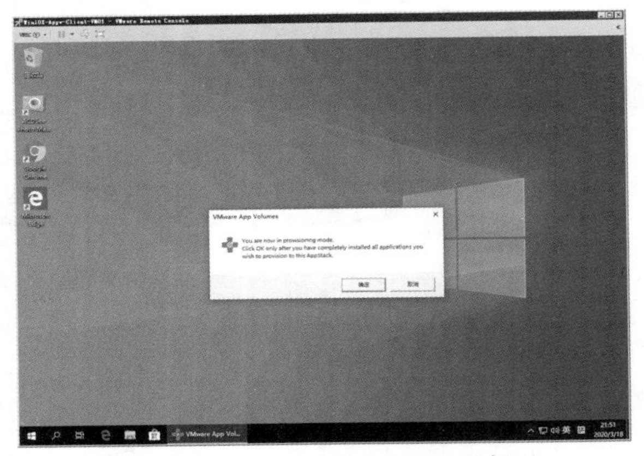

图 9-2-24　VMware App Volumes 提示

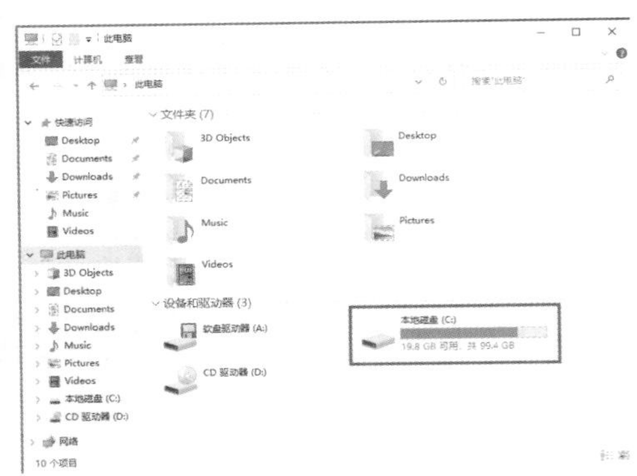

图 9-2-25　可用空间 19.8 GB

（10）打开“计算机管理→存储→磁盘管理”，可以看到有一个附加的 20 GB 的磁盘，这是 AppStack-01 附加的磁盘，如图 9-2-26 所示。

（11）然后在该虚拟机中安装需要的软件，例如微信、企业微信、QQ、Office，本示例中安装 Office 2016 与 Visio 2016，如图 9-2-27 所示。

（12）等需要的软件安装完成后，在“VMware App Volumes”对话框中单击“确定”按钮（如图 9-2-28 所示），然后单击“是”按钮确认，如图 9-2-29 所示。

（13）VMware App Volumes 分析完成（如图 9-2-30 所示），单击“确定”按钮，系统将重新启动。

（14）再次进入系统后，VMware App Volumes 提示设置成功，单击“确定”按钮，如

图 9-2-31 所示。

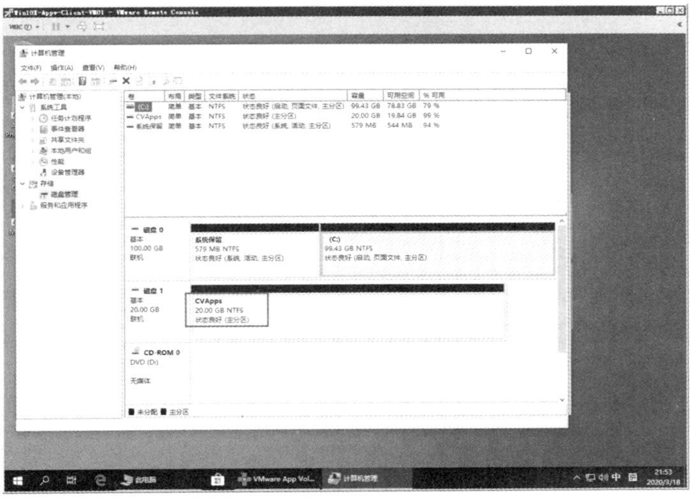

图 9-2-26　附加的磁盘

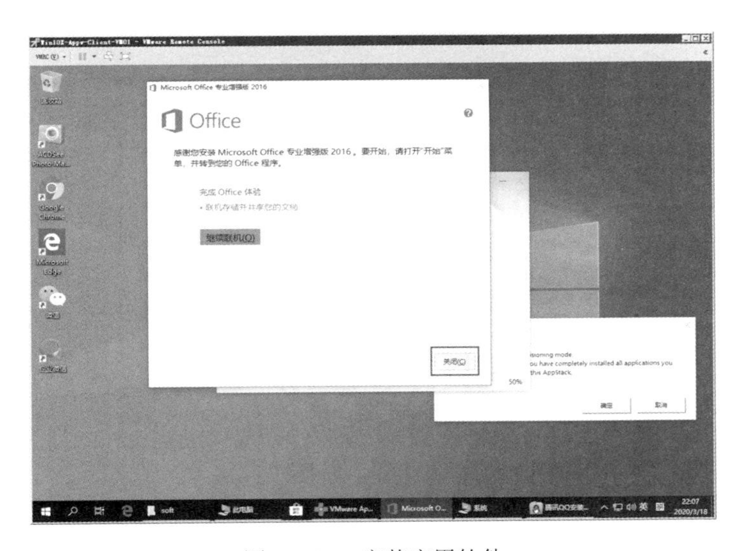

图 9-2-27　安装应用软件

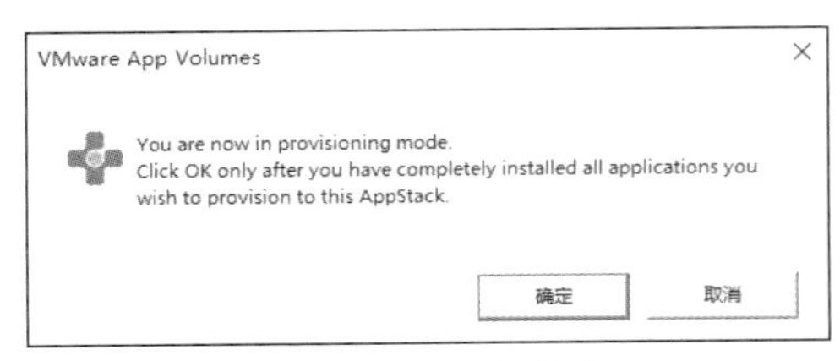

图 9-2-28　安装完成

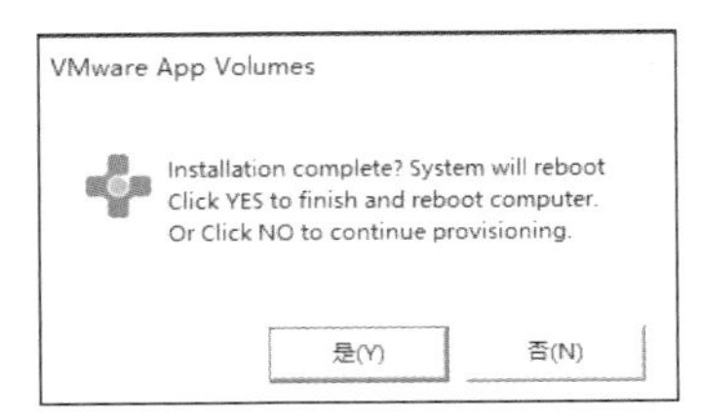

图 9-2-29　确认

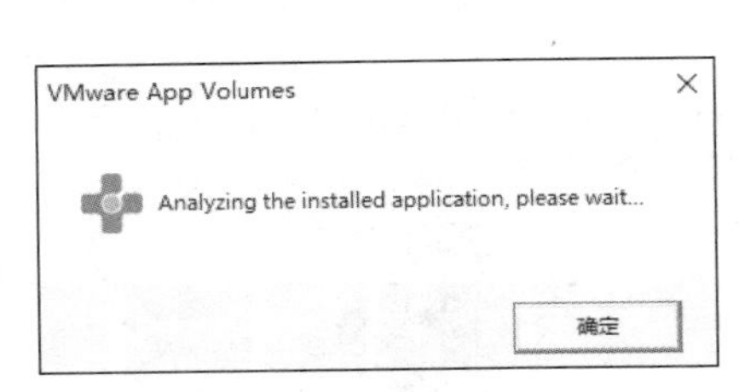

图 9-2-30　分析完成

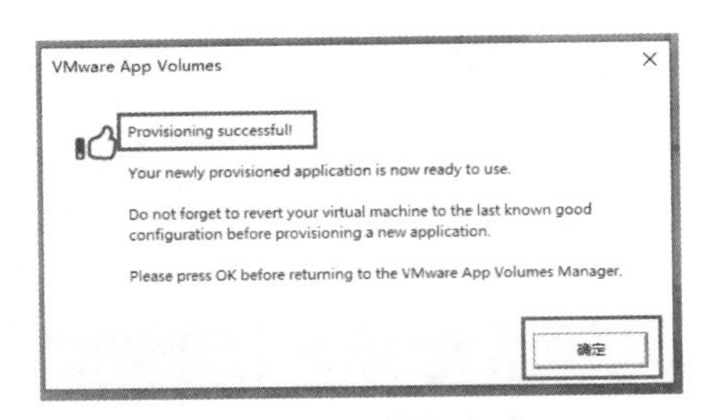

图 9-2-31　捕捉完成

如果要创建新的 AppStacks，需要将当前的虚拟机关机并恢复到原来的快照。

当创建 AppStacks 完成后，在“资源管理器”中可以看到虚拟机的硬盘可用空间恢复为原来大小（如图 9-2-32 所示），原来附加的 20 GB 的 AppStacks-01 的卷已经分离。

图 9-2-32　AppStacks 卷已经分离

9.2.3　将 AppStacks 分配给用户

在创建 AppStacks 之后，可以将其分配给虚拟机、域用户、域用户组。在本示例中将 AppStack-01 分配给用户“张三”。

（1）在“Volumes→AppStacks”中选择新 AppStack-01，单击“Assign”按钮，如图 9-2-33 所示。

（2）在“Assign AppStack：AppStack-01”对话框的“Search Active Directory”中输入 zhangsan，单击“Search”按钮搜索用户，搜索之后选中 HEUET\zhangsan 用户，然后单击“Assign”按钮将 AppStack-01 分配给张三用户，如图 9-2-34 所示。

图 9-2-33　分配

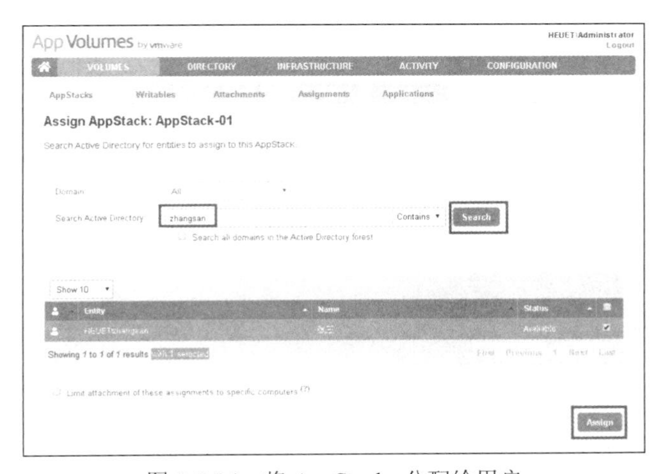

图 9-2-34　将 AppStacks 分配给用户

说明：AppStacks 可以分配给 Active Directory 域用户、用户组、添加到域中的计算机。

（3）在“Confirm Assign”对话框中选择“Attach AppStacks on next login or reboot”（用户在下次登录或重启之后附加）单选按钮，然后单击“Assign”按钮，如图 9-2-35 所示。

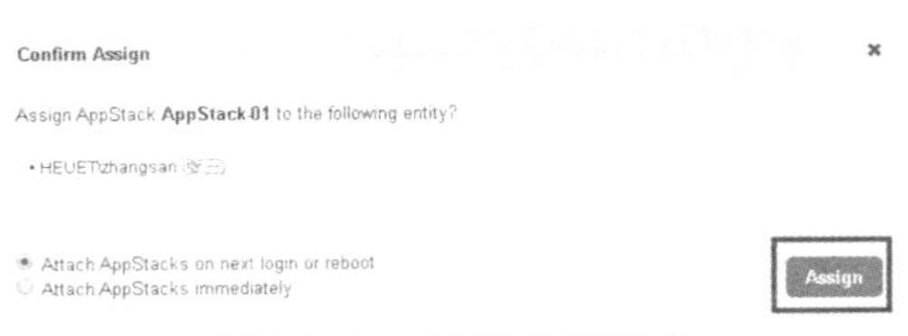

图 9-2-35　确认分配方式

9.2.4　重新生成即时克隆虚拟桌面

在前文创建的即时克隆的虚拟桌面中，虚拟机中安装了 Office 等应用程序。本节使用第 9.2.1 节中的父虚拟机为模板，重新生成即时虚拟机，重新生成的虚拟机默认没有

Office 等应用程序。

（1）登录 Horizon 控制台，在“清单→桌面”中单击名为“Instant-Win10X”的即时克隆桌面池，如图 9-2-36 所示。

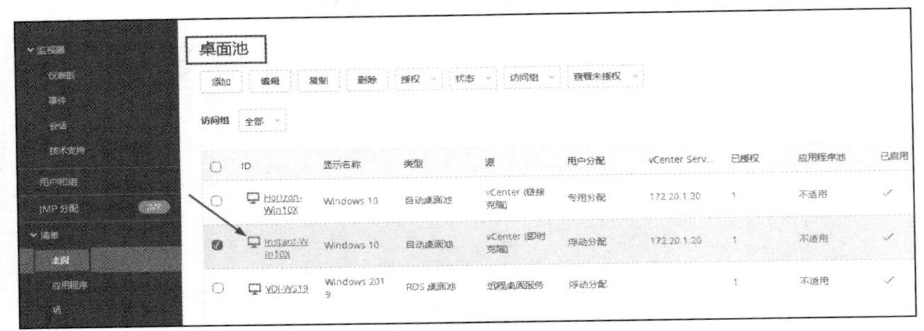

图 9-2-36　即时克隆桌面池

（2）进入即时克隆桌面池设置中，在“摘要→维护”中选择“计划”，如图 9-2-37 所示。

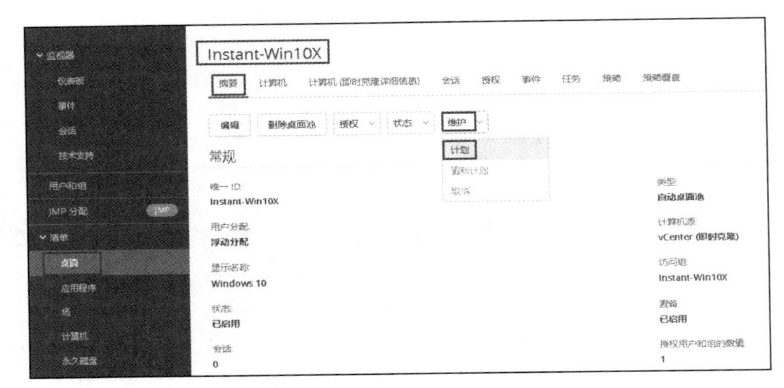

图 9-2-37　计划

（3）在“计划推送映像”对话框的“映像→vCenter 中的父虚拟机”选项中单击“更改”按钮，如图 9-2-38 所示。

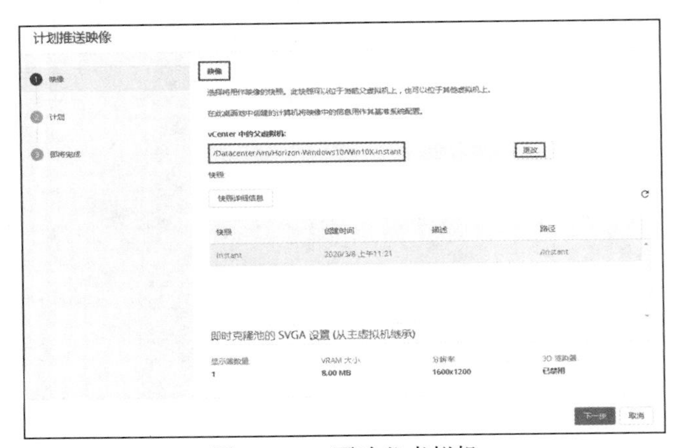

图 9-2-38　更改父虚拟机

（4）在“选择父虚拟机”对话框中选择名为 Win10X-Appv-Client-VM01 的虚拟机，这是前文安装 App Volumes Agent 代理的虚拟机，与创建 AppStacks 捕捉应用程序的是同一台虚拟机，如图 9-2-39 所示。

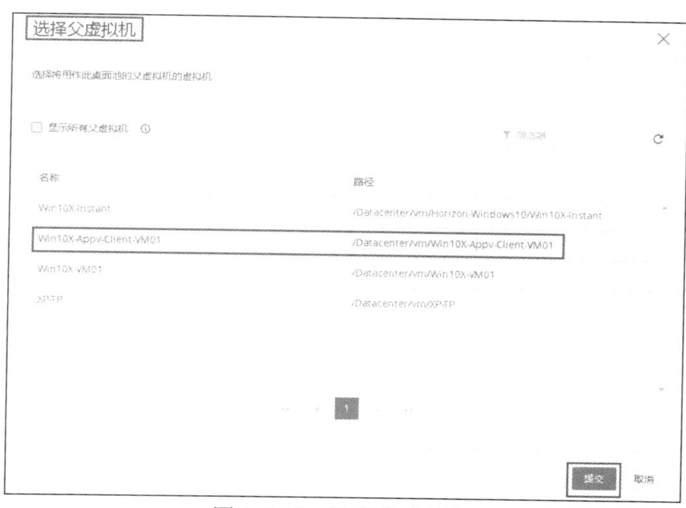

图 9-2-39　选择父虚拟机

（5）重新选择新的父虚拟机之后，在“快照”中选择新的快照，单击“下一步”按钮继续，如图 9-2-40 所示。

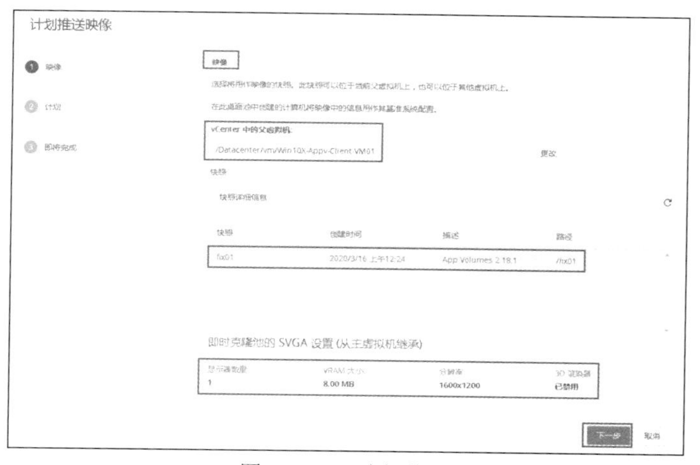

图 9-2-40　选择快照

（6）在“制定计划”对话框中指定此任务开始的时间，本示例中选择“强制用户注销”单选按钮，如图 9-2-41 所示。如果有用户正在使用即时克隆虚拟桌面，可以设置计划开始时间并选择“等待用户注销”单选按钮。

（7）在“即将完成”对话框中，显示了计划推送映像的信息，包括新的父虚拟机、快照、开始时间，检查无误之后单击“完成”按钮，如图 9-2-42 所示。

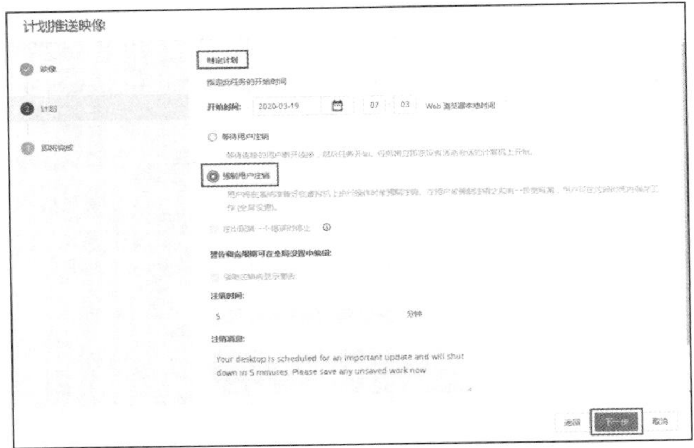

图 9-2-41　制定计划

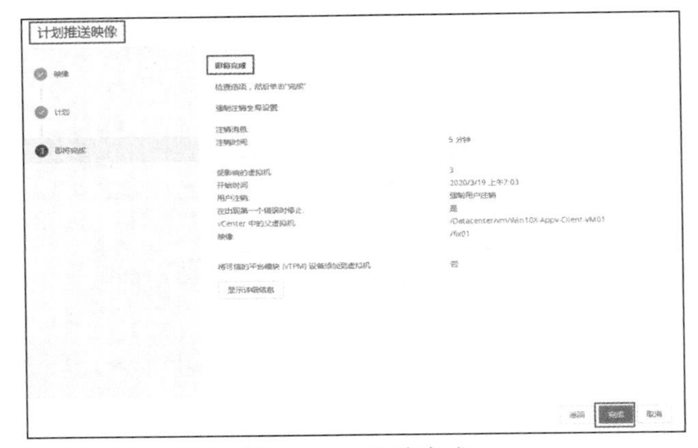

图 9-2-42　即将完成

（8）等待 Horizon 管理程序删除原来的即时克隆桌面，然后使用新的父虚拟机重新生成新的虚拟桌面。重新生成后在即时克隆桌面池的“vCenter Server”中可以看到当前桌面池中的父虚拟机、快照及状态，如图 9-2-43 所示。

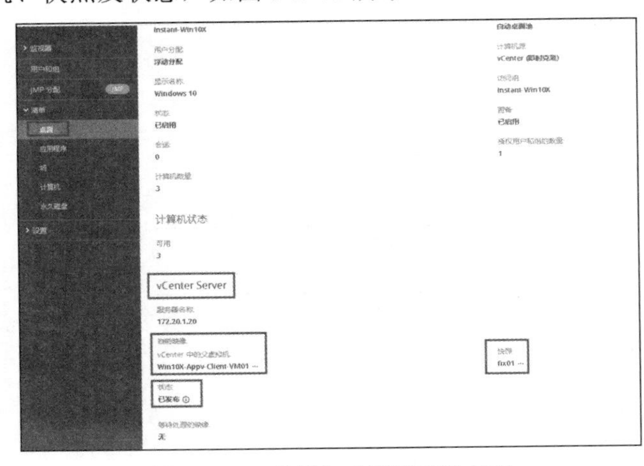

图 9-2-43　重新生成即时克隆桌面

9.2.5　客户端测试

在当前的实验环境中，即时克隆桌面池中的虚拟机只有 Windows 10 操作系统、输入法、浏览器、看图软件，没有安装 Office、微信等应用程序。即时克隆桌面池授权了两个用户，分别是张三、李四。为张三分配了 AppStack-01 包含的应用程序。在下面的测试中，使用李四的账户登录即时克隆虚拟桌面，虚拟机中没有 Office、微信等应用程序，使用张三登录则会包含 Office、微信等应用程序。下面测试这一功能。

（1）在客户端计算机登录 Horizon Client，使用李四的账户（lisi），如图 9-2-44 所示。

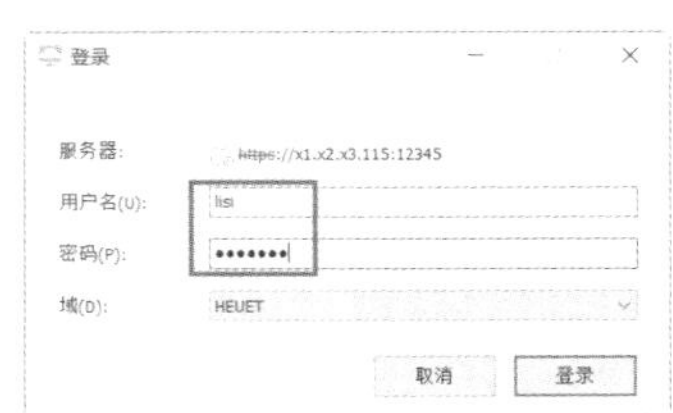

图 9-2-44　使用李四账户登录

（2）使用李四的账户登录到虚拟桌面之后，该虚拟机中没有 Office 等应用程序，如图 9-2-45 和图 9-2-46 所示。

图 9-2-45　桌面上软件图标

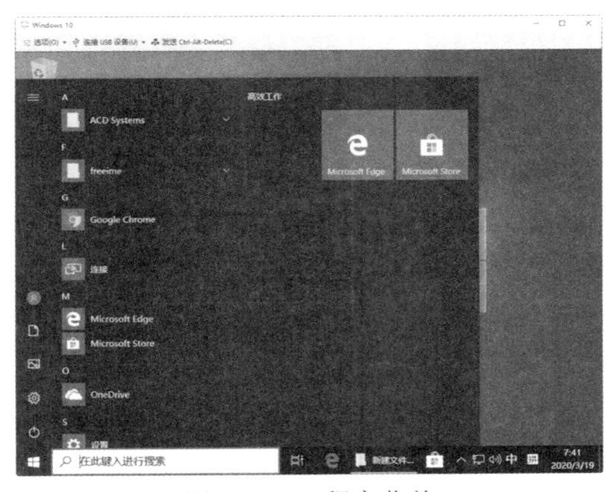

图 9-2-46　程序菜单

（3）注销李四的账户（如图 9-2-47 所示），使用张三的账户登录，如图 9-2-48 所示。

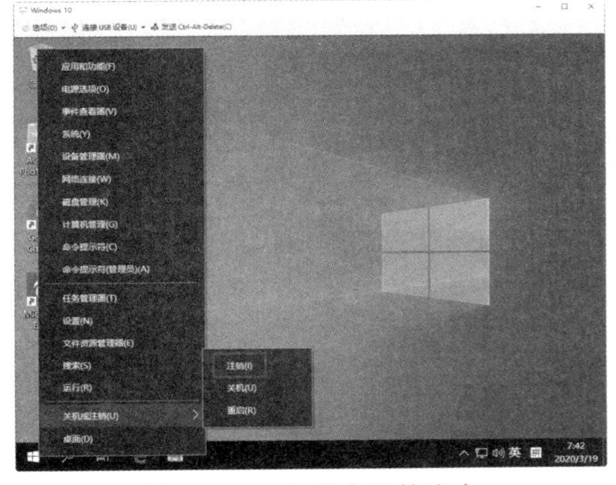

图 9-2-47　注销李四的账户

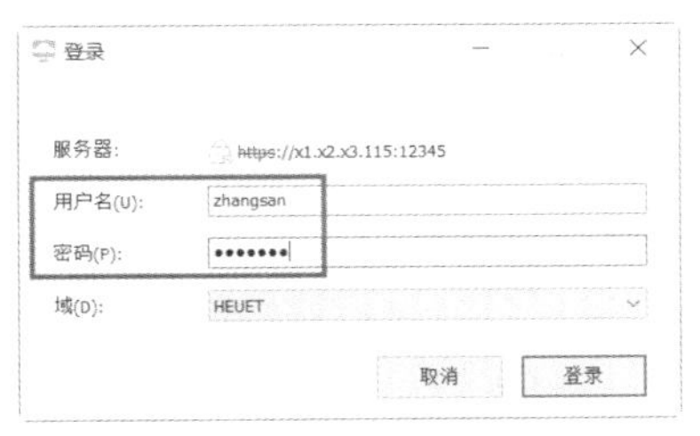

图 9-2-48　使用张三账户登录

（4）使用张三的账户登录之后，可以发现桌面上有添加的应用程序图标（如图 9-2-49 所示），打开“开始”菜单，可以看到安装好的 Office 2016 的应用程序图标，如图 9-2-50 所示。

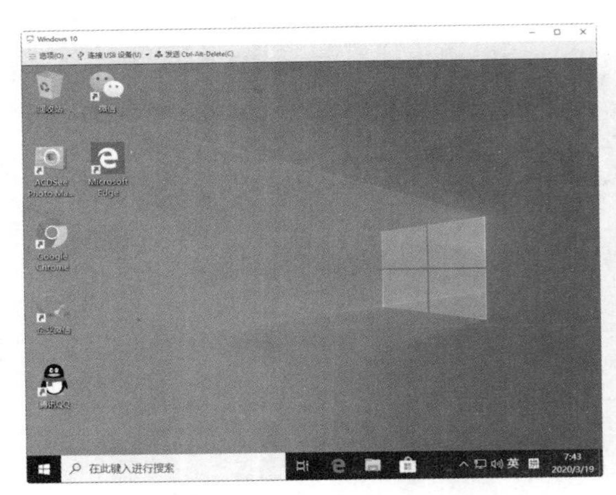

图 9-2-49　桌面应用程序图标

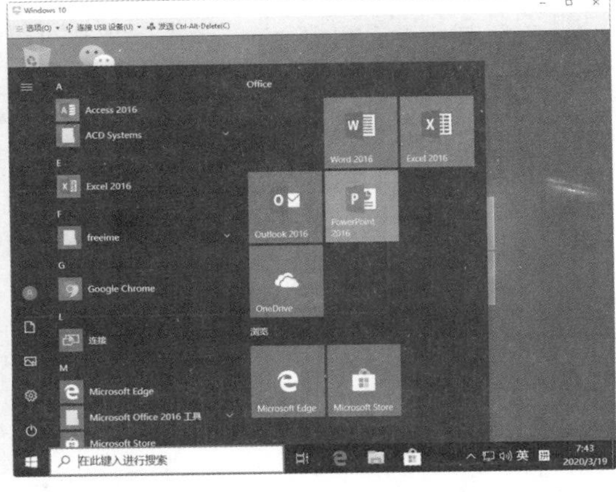

图 9-2-50　“开始”菜单中的应用程序

（5）打开“计算机管理→存储→磁盘管理”，可以看到附加了一个 20 GB 的名为 CVApps 的卷，这就是 AppStack-01 附加的 20 GB 的应用程序卷，捕捉打包的应用程序都在这个卷中，如图 9-2-51 所示。

（6）运行应用程序，例如 QQ，如图 9-2-52 所示。检查 AppStacks 附加的应用程序是否可用。可以尝试修改当前计算机的配置，例如将左下角的搜索框改成搜索图标。

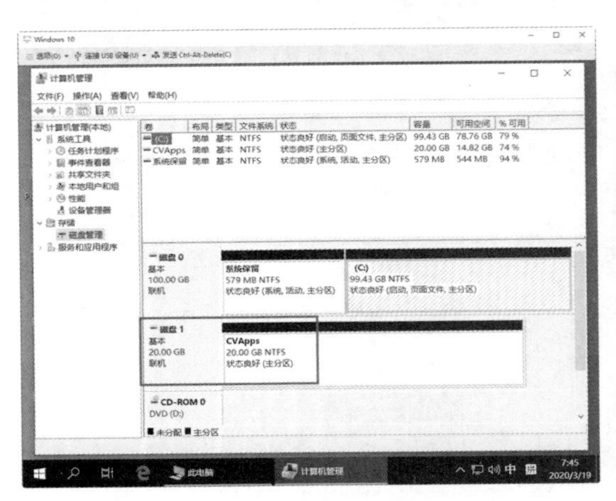

图 9-2-51　附加的应用程序卷

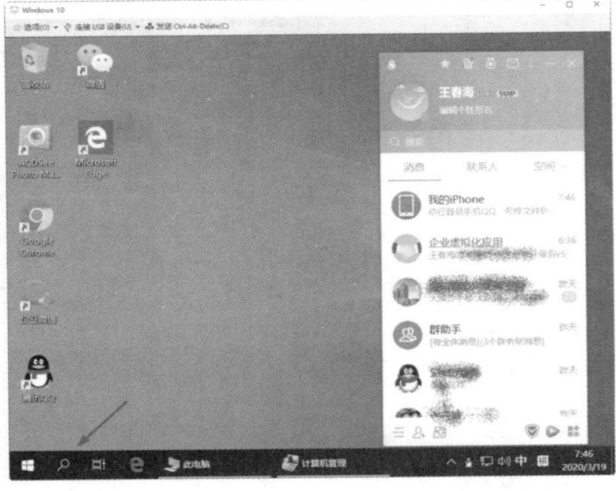

图 9-2-52　运行应用程序

（7）在修改系统配置之后，注销张三的虚拟桌面，因为是即时克隆的虚拟桌面，注销虚拟桌面之后该桌面将被删除。

（8）重新使用张三的账户登录，登录之后发现 AppStacks 附加的软件都在虚拟机中，但原来虚拟机的设置没有保留，即左下角仍然是搜索框，不是原来设置的搜索图标，如图 9-2-53 所示。

图 9-2-53　设置没有保存

经过上面测试，可以得知，使用 AppStacks 附加的应用程序可以分配给用户，但用户对计算机所做的设置，以及用户应用程序配置没有保存。如果要保存用户数据，可以使用 App Volumes 提供的可写卷。

9.2.6　为用户创建可写卷保存用户数据

使用可写卷，可以配置每个用户卷，用户可以在其中安装和配置自己的应用程序，并保留特定于其配置文件的数据。一个可写卷被分配给一个特定的用户，并可从任何计算机上对该用户使用。

可写卷是分配给特定用户的空白的 VMDK 或 VHD 文件。当用户向桌面进行身份验证时，它会装载到 VM。每个操作系统每个用户一次只能附加一个可写卷。例如，如果用户同时登录到 Windows 7 和 Windows 10，则一个卷将附加到 Windows 7 的用户上，另一个卷将附加到 Windows 10 的用户。

可写卷可以包含应用程序设置、用户配置文件、许可信息、配置文件和用户安装的应用程序等数据。

使用 App Volumes Manager，管理员可以创建、导入、编辑、展开和禁用可写卷。

在本示例中，为名为张三的用户创建可写卷，保存用户张三的配置。

（1）登录 App Volumes 管理界面，在“VOLUMES→Writables”中单击“Create”，如图 9-2-54 所示。

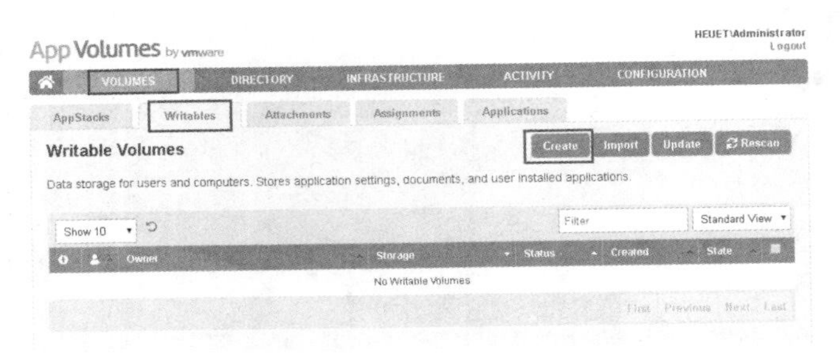

图 9-2-54　创建可写卷

（2）在“Create Writable Volume”对话框的“Search Active Directory”中输入要搜索的账户，例如 zhangsan，单击“Search”按钮，搜索到张三用户后用鼠标选中，在“Source Template”下拉列表中选择模板文件，本示例中选择 cloudvolumes/writable_templates/template_uia_plus_profile.vmdk（如图 9-2-55 所示）。选中“Limit the attachment of user writables to specific computers”复选框，使用限制选项可以指定计算机名称的前缀，在为指定的用户分配可写卷时，可写卷将仅以名称以前缀开头的名称连接到计算机。在本示例中，限制附加计算机名称前缀为 instant 开头的计算机。如果用户张三有多个虚拟桌面，则本次为张三分配的可写卷将只会分配给计算机名称前缀为 instant 开头的虚拟机，如图 9-2-56 所示。单击“创建”按钮。

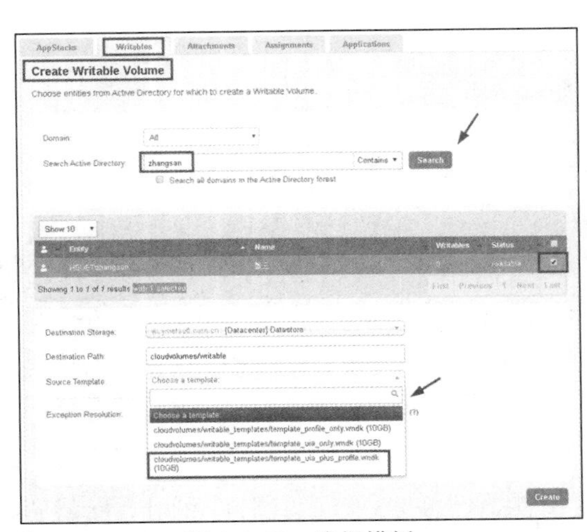

图 9-2-55　选择模板

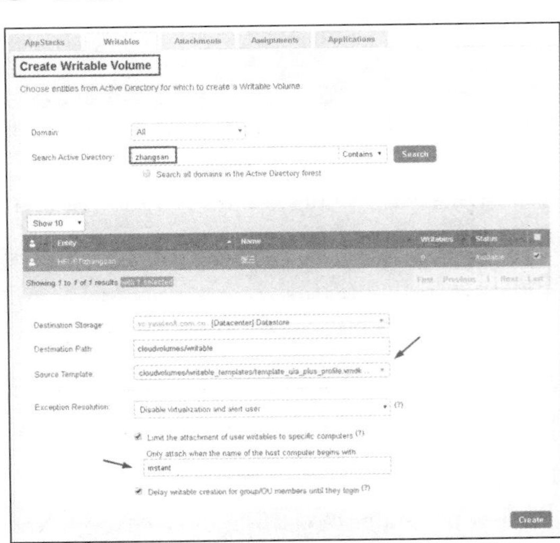

图 9-2-56　创建可写卷

选择组或组织单位时，将为当前每个成员创建一个可写卷。这些容器通常可以具有成百上千的成员。这可能会带来问题，因为一次创建大量卷可能会花费很长时间。每个成员也可能不需要可写卷。选中“Delay writable creation for group/OU members until they login”复选框，在推迟创建选项将推迟 writables 为用户组和 OU 成员的创建，直到下次登录。此选项仅影响组和组织单位。直接选择的用户和计算机实体仍将立即创建其卷。

（3）在“Confirm Create Writable Volumes”对话框中选择“Create volumes in the background”单选按钮，单击“Create”按钮，如图 9-2-57 所示。

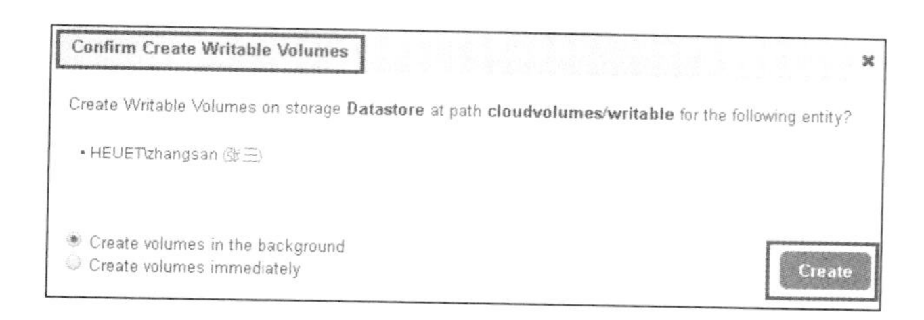

图 9-2-57　在后台创建可写卷

创建可写卷之后，使用张三用户登录进行验证。

9.2.7　测试可写卷

使用用户张三登录 Horizon Client，打开 Windows 10 的虚拟机，在“计算机管理→存储→磁盘管理”中可以看到，为张三用户附加了两个卷，一个是名为 CVWritables 的可写卷，另一个是名为 CVApps 的 AppStacks（封装了应用程序的共享卷），如图 9-2-58 所示。

对当前虚拟桌面及应用软件进行设置，例如修改搜索框为显示图标，为浏览器设置主页，如图 9-2-59 所示。

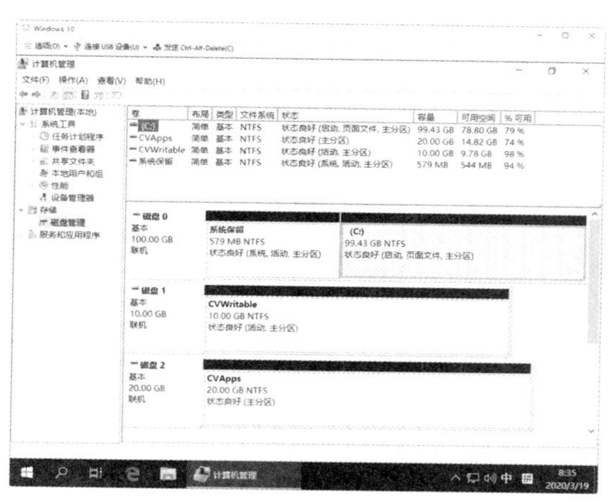

图 9-2-58　用户附加了可写卷

图 9-2-59　设置当前虚拟桌面

然后注销或关闭虚拟桌面，在 Horizon 控制台中可以看到该虚拟桌面正在被删除，如图 9-2-60 所示。

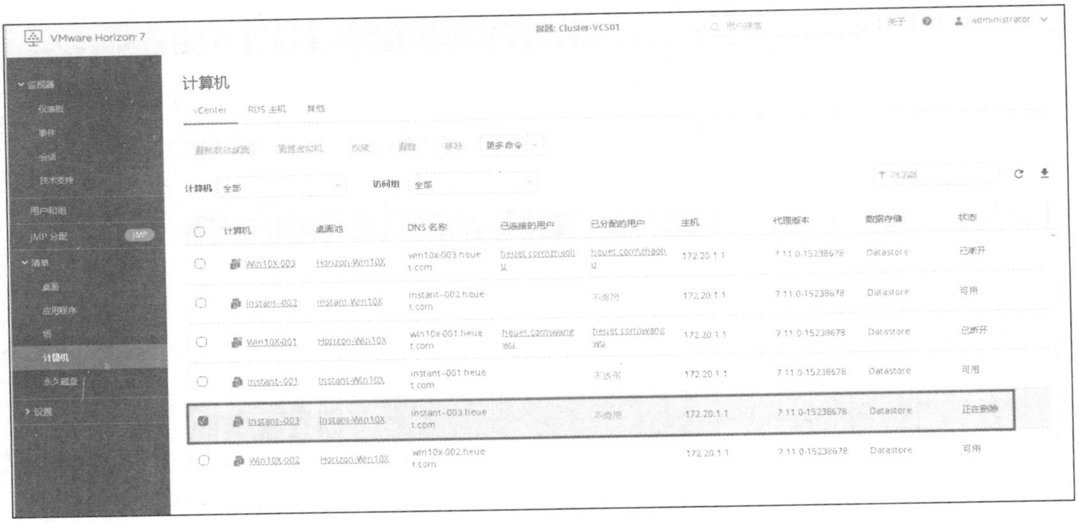

图 9-2-60　删除虚拟桌面

等虚拟桌面删除并重新生成新的桌面后，使用张三的用户登录进入虚拟桌面，可以看到虚拟桌面的设置被保存（在虚拟机桌面上有一个上次登录时创建的 PPT 文件），如图 9-2-61 所示。

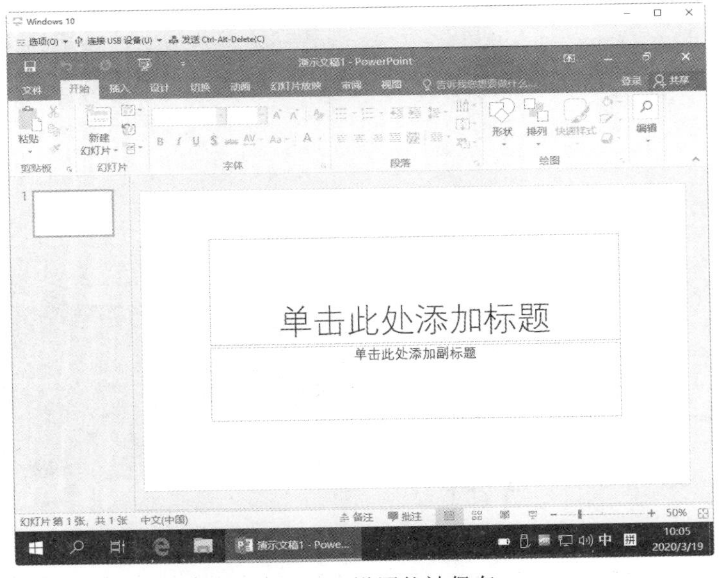

图 9-2-61　设置能被保存

再次打开 Horizon 控制台，可以看到名为张三（heuet\zhangsan）的用户重新连接到了新生成的桌面，如图 9-2-62 所示。

图 9-2-62　重新连接到新生成的桌面

9.2.8　更新 AppStack

管理员可以更新 AppStack，用来添加、删除和更新其中安装的应用程序。在更新 AppStack 时，App Volumes 将创建此 AppStack 的副本，并且更新的 AppStack 处于未配置状态。

在下面的操作中，更新 AppStack-01，将其中的 Office 2016 与 Visio 2016 更新到 Office 2019、Visio 2019。

（1）使用 vSphere Client 或 vSphere Web Client 登录到 vCenter Server，将安装 App Volumes Agent 的模板虚拟机恢复到原来的快照。在本示例中，右击 Win10X-Appv-Client-VM01，在弹出的快捷菜单中选择“快照→恢复为最新快照”命令，如图 9-2-63 所示。然后打开该虚拟机的电源。

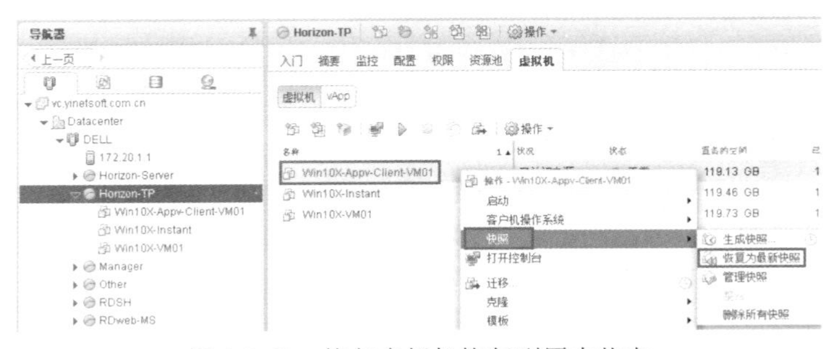

图 9-2-63　恢复虚拟机恢复到原来状态

（2）在 App Volumes Manager 控制台中，单击“VOLUMES→AppStacks”，选择要更新的 AppStack，本示例为 AppStack-01，选择 AppStack-01，单击“Update”按钮，如图 9-2-64 所示。

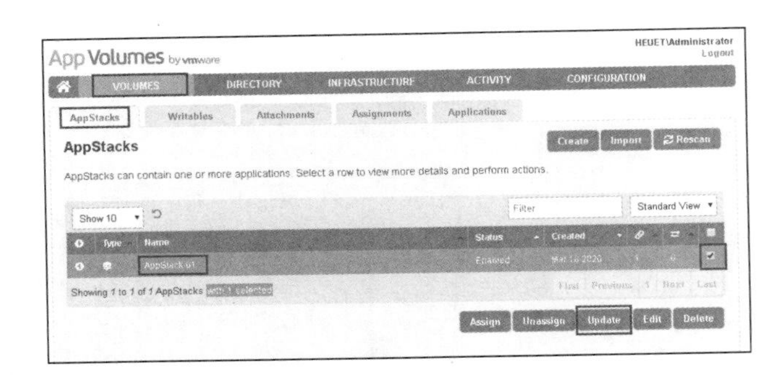

图 9-2-64　更新 AppStacks

（3）在“Update AppStack：AppStack-01”对话框中的 Name 处输入新的 AppStacks 的名称，本示例为 AppStack-01-update，单击“Update”按钮，如图 9-2-65 所示。

（4）在“Confirm Update AppStack”对话框中选择“Perform in the background”复选按钮，单击“Update”按钮，如图 9-2-66 所示。

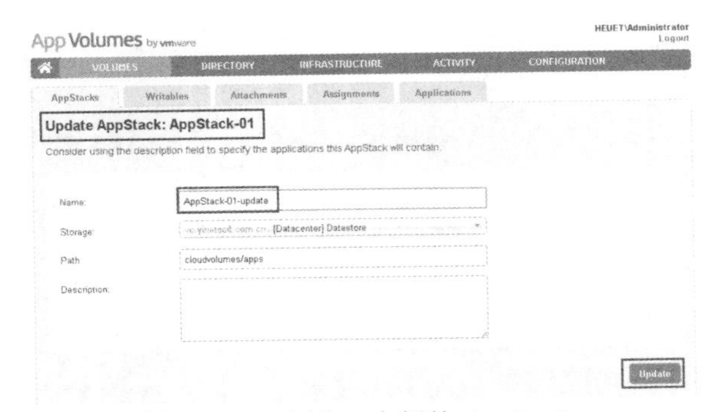

图 9-2-65　创建一个新的 AppStacks

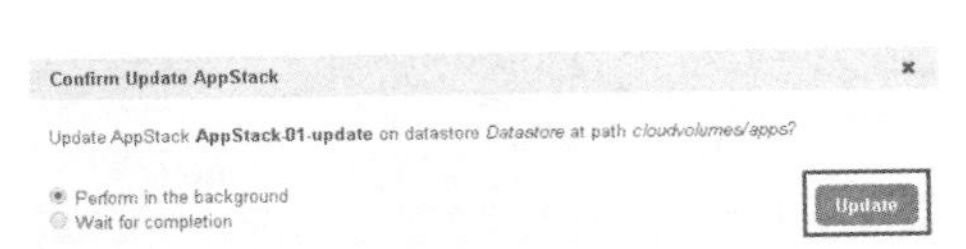

图 9-2-66　在后台上传

（5）在“AppStacks”选项卡中，选中新更新的 AppStack-01-update，单击“Provision”按钮，如图 9-2-67 所示。

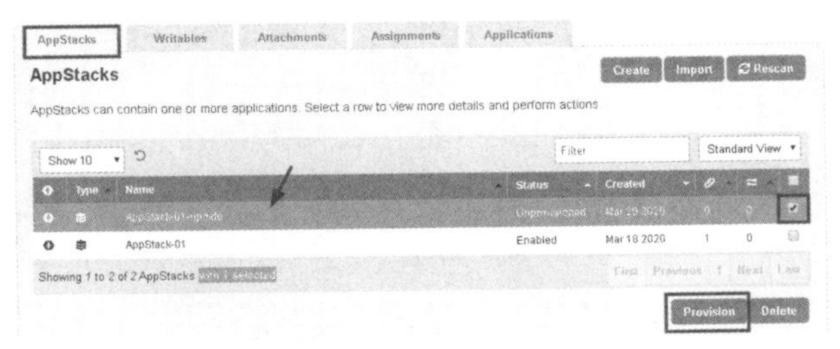

图 9-2-67　Provision

然后参照第 9.2.2 节“创建 AppStacks”的内容，将 AppStack-01-update 附加到 HEUET\APPVCLIENT01$的虚拟机，更新镜像。主要步骤如下。

（1）在“Provision AppStack：AppStack-01-update”对话框，单击“Search”按钮，

选择 HEUET\APPVCLIENT01$，单击“Provision”按钮，如图 9-2-68 所示。

AppStacks　Writables　Attachments　Assignments　Applications

Provision AppStack: *AppStack-01-update*

Select the computer to use as the provisioning host

Important Information
- Only computers with the App Volumes Agent installed will be shown below
- Only computers with compatible 2.X series App Volumes Agent will be selectable
- Computers must be running and have no attached AppStacks or Writable Volumes
- If the desired computer is not shown, try rebooting that computer

Find Provisioning Computer　Search

Show 10　Filter

Computer	Agent Version	Created	Status
HEUET\APPVCLIENT01$	2.18.1.4U	Mar 19 2020	Available
HEUET\INSTANT-002$	2.18.1.4U	Mar 19 2020	Available
HEUET\INSTANT--001$	2.18.1.4U	Mar 19 2020	Available
HEUET\INSTANT--003$	2.18.1.4U	Mar 19 2020	Available
HEUET\IT1716883063$	2.18.1.4U	Mar 19 2020	
HEUET\INSTANT--004$	2.18.1.4U	Mar 19 2020	

Showing 1 to 6 of 6 computers　with 1 selected

Provision

图 9-2-68　选中虚拟机

（2）在“Confirm Start Provisioning”对话框中单击“Start Provisioning”按钮，启动 App Volumes Agent 虚拟机。

（3）打开 Win10X-Appv-Client-VM01 虚拟机的控制台，以域管理员账户登录，可以看到“VMware App Volumes”对话框（如图 9-2-69 所示）。

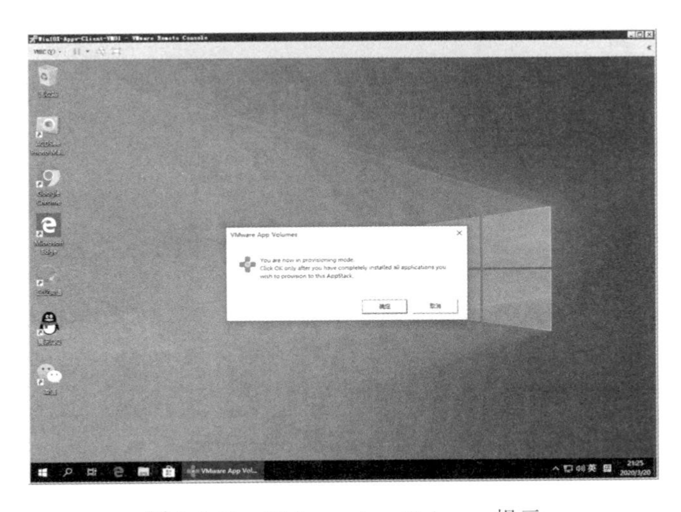

图 9-2-69　VMware App Volumes 提示

（4）在“控制面板→程序→程序和功能→卸载或更改程序”中，卸载 Office 2016 与 Visio 2016，如图 9-2-70 所示。

（5）卸载完 Office 2016 与 Visio 2016 后，安装 Office 2019 与 Visio 2019，如图 9-2-71

所示。

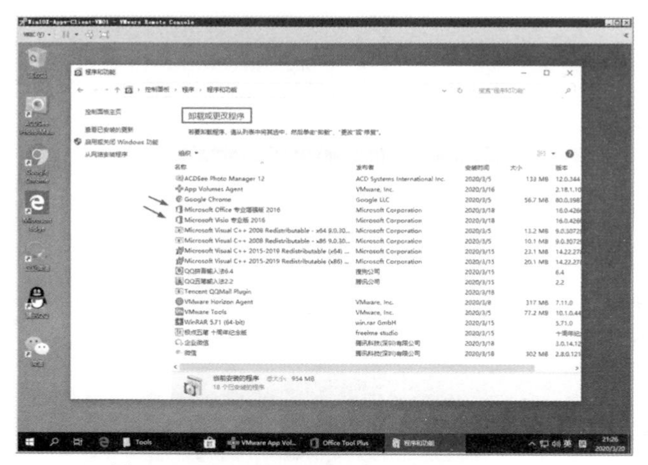

图 9-2-70　卸载 Office 2016 与 Visio 2016

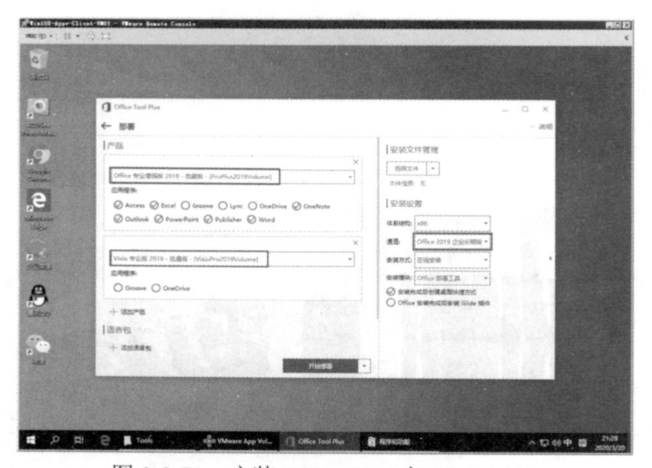

图 9-2-71　安装 Office 2019 与 Visio 2019

（6）安装完成后，使用 KMS 激活 Office 2019。如果有其他的软件需要更新，例如微信、企业微信、QQ 等，应一同更新。

（7）等需要的软件更新或安装完成后，在“VMware App Volumes”对话框中单击“确定”按钮，然后单击“是”按钮确认。VMware App Volumes 分析完成后，单击“确定”按钮，系统将重新启动。

（8）再次进入系统后，VMware App Volumes 提示设置成功，单击“确定”按钮，如图 9-2-72 所示。然后关闭虚拟机。

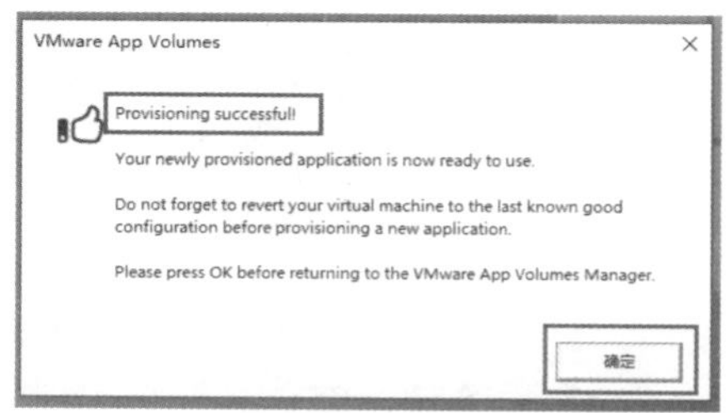

图 9-2-72　捕捉（软件更新）完成

此时有两个 AppStacks，名称分别是 AppStack-01、AppStack-01-update，其中

AppStack-01-update 还没有分配用户，这个 AppStacks 中是用户需要的新版本的软件。可以取消 AppStack-01 的分配，将更新软件后的 AppStack-01-update 分配给用户。

（1）选中 AppStack-01，单击“Unassign”按钮，取消对 AppStack-01 的分配，如图 9-2-73 所示。

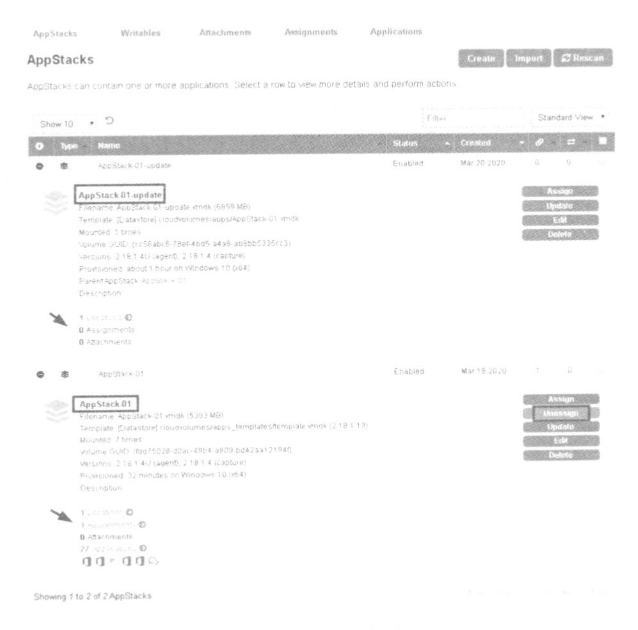

图 9-2-73　取消分配

（2）在“Unassign AppStack：AppStack-01”，选中分配的用户，单击“Unassign”按钮，在弹出的对话框中选择“Unassign”按钮，如图 9-2-74 所示。

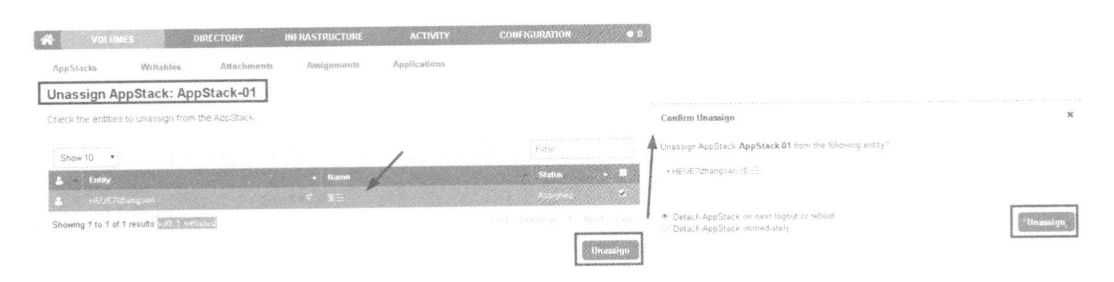

图 9-2-74　取消分配

（3）在“AppStacks”选项卡中选中 AppStack-01-update，单击“Assign”按钮，如图 9-2-75 所示。

（4）在“Assign AppStack：AppStack-01-update”对话框中，单击“Search”按钮搜索当前用户和用户组，当前选择“即时克隆组”，单击“Assign”按钮，如图 9-2-76 所示。

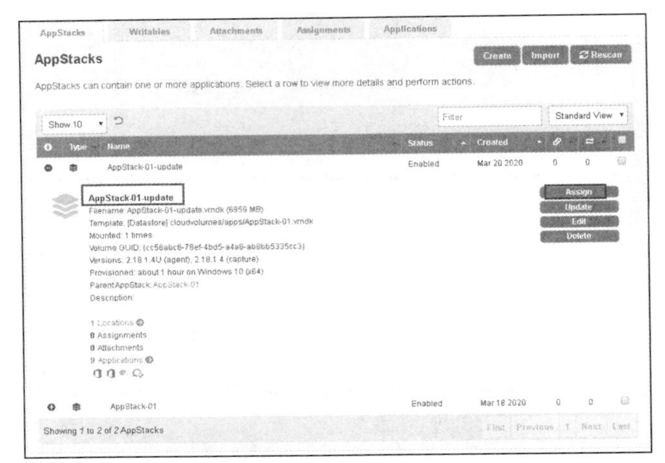

图 9-2-75　分配用户

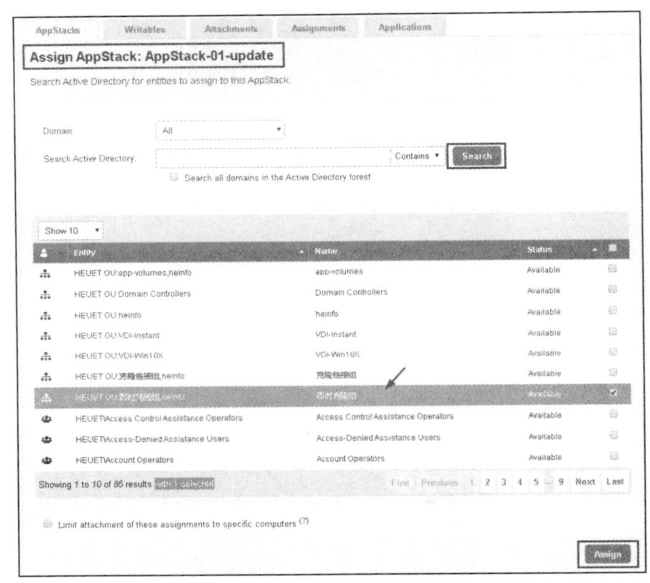

图 9-2-76　为 AppStacks 分配即时克隆用户组

（5）在“Confirm Assign”对话框中单击“Assign”按钮，如图 9-2-77 所示。

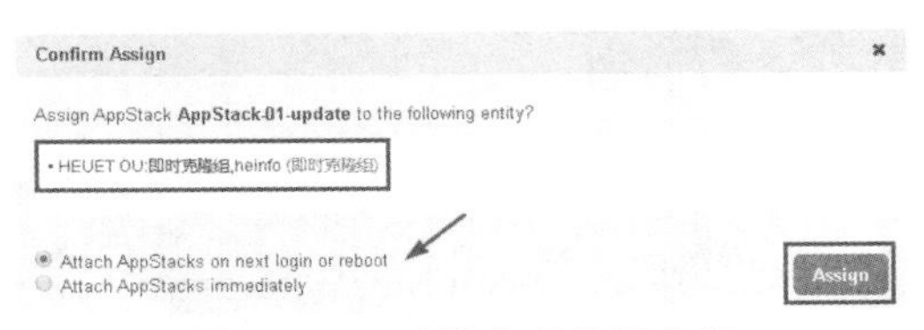

图 9-2-77　确认分配给用户组

在 Horizon Client 中，使用即时克隆用户组中的用户登录测试，例如使用李四登录，可以看到李四的虚拟桌面中已经添加了应用程序，并且 Office 版本是 2019，如图 9-2-78 所示。

图 9-2-78 应用程序及 Office 版本

9.2.9 扩展可写卷

默认情况下可写卷大小是 10 GB。如果需要增加可写卷的大小，可以参照如下的步骤进行。

（1）登录 App Volumes 管理控制台，在“VOLUMES→ Writables”选项卡中，选中要扩展的可写卷，本示例选择为用户张三分配的可写卷，单击“Expand”按钮，如图 9-2-79 所示。

（2）在“Confirm Expand”对话框的“New size (MB)”框中输入新的大小，本示例为 15 360（约 15 GB），如图 9-2-80 所示。说明，在扩展的时候，新的大小至少要比原来的大小增加 1 GB 的空间。

图 9-2-79 扩展

图 9-2-80 “Confirm Expand”对话框

（3）扩展可写卷需要一段时间。扩展完成后，在“Writables”中查看扩展后的可写卷，如图 9-2-81 所示，当前可写卷已经从 10 GB 扩展到 15 GB（约 15 357 MB）。

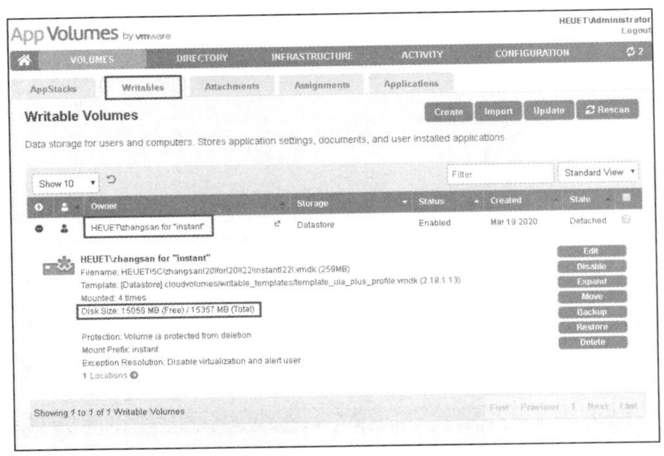

图 9-2-81　扩展完成

（4）使用张三的账户登录 Horizon 虚拟桌面，在“计算机管理→存储→磁盘管理”中，可以看到当前可写卷大小已经变为 15 GB，如图 9-2-82 所示。

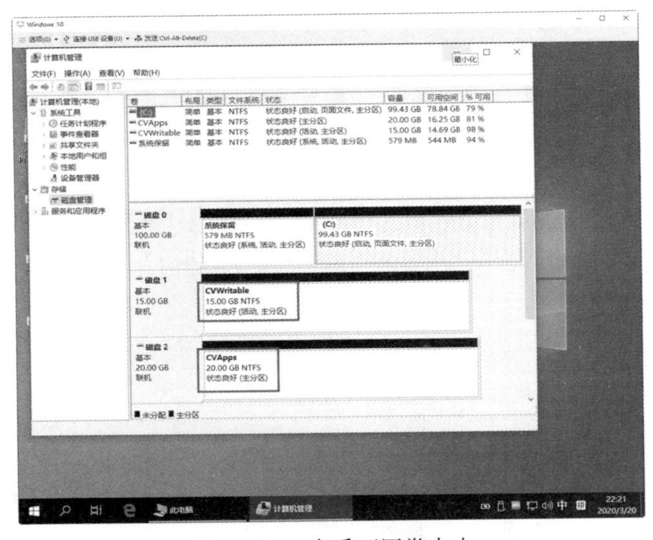

图 9-2-82　查看可写卷大小

9.3　安装配置 JMP Server

VMware JMP Server 是 VMware 新一代的桌面和应用交付平台，JMP 是即时管理平台 (Just-in-Time Management Platform) 的缩写。JMP 技术可以极速、灵活地交付个性化的虚拟桌面和远程应用，JMP 平台整合了即时克隆（Instant Clone）、应用快速交付（App

Volumes）和用户环境管理（User Environment Manager）等解决方案。

9.3.1　安装 JMP Server

启动前文准备好的 JMP Server 的虚拟机，以域管理员的方式登录，然后运行 JMP Server 的安装程序，主要步骤如下。

（1）以域管理员账户登录到 JMP Server 的虚拟机，进入系统后，检查 IP 地址是否是所规划的 IP 地址，本示例中 IP 地址为 172.20.1.13，DNS 为 172.20.1.11 与 172.20.1.12，如图 9-3-1 所示。

（2）在“控制面板→系统和安全→系统”中，查看当前计算机是否加入域，当前计算机名称是否是所规划的 JMPServer，如图 9-3-2 所示。

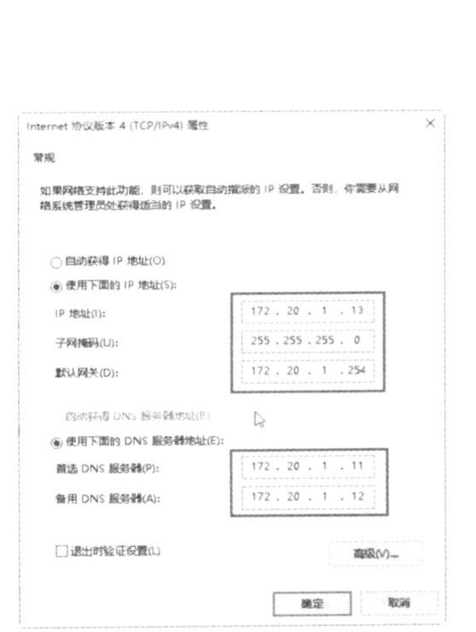

图 9-3-1　查看 IP 地址

图 9-3-2　查看计算机名

（3）运行 VMware JMP Server 安装程序，本示例中安装程序文件名为 VMware-Jmp-Installer-7.11.0-15231595.exe，大小为 103 MB。

（4）在“VMware JMP”对话框中单击“Next”按钮，如图 9-3-3 所示。

（5）在“License Agreement”对话框中接受许可协议，如图 9-3-4 所示。

（6）在“Allow HTTP Traffic on Port 80”对话框选中“Allow HTTP”复选框，如图 9-3-5 所示。

图 9-3-3　安装程序

（7）在“Database Server for JMP Server Platform Services”对话框中的“Database server that you are connecting to”文本框中输入 SQL Server 数据库服务器的名称或 IP 地址，本

示例中 SQL Server 的 IP 地址是 172.20.1.50，选择“Windows authentication credentials of current user（使用 Windows 身份验证）”单选按钮，单击“Browse”按钮，在弹出的对话框中选择为 VMware JMP Server 创建的数据库，本示例为 DB-JMPServer，单击“OK”按钮确认。取消“Enable SSL Connection”的选择，如图 9-3-6 所示。

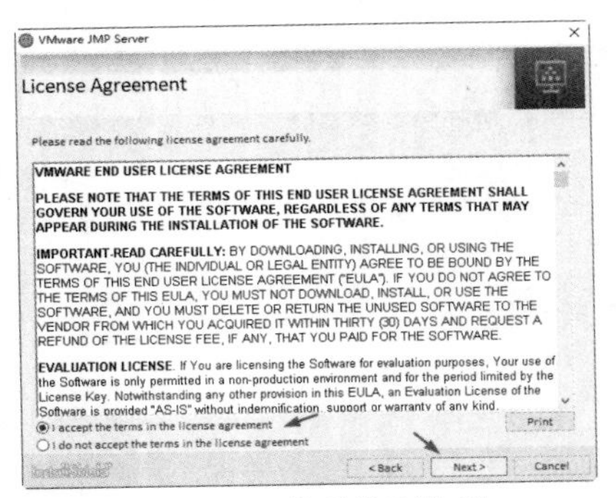

图 9-3-4　接受许可协议

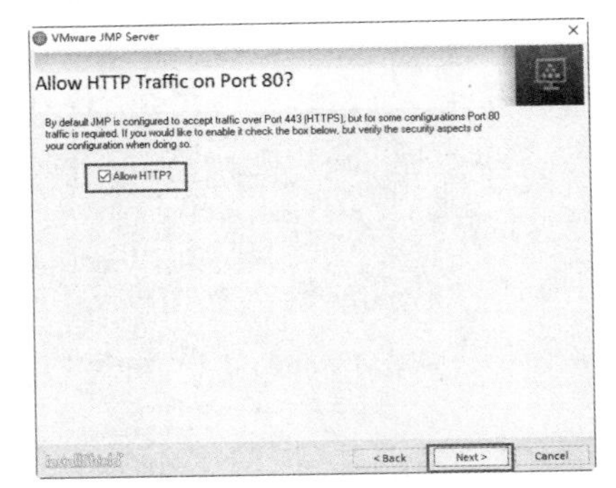

图 9-3-5　允许 HTTP

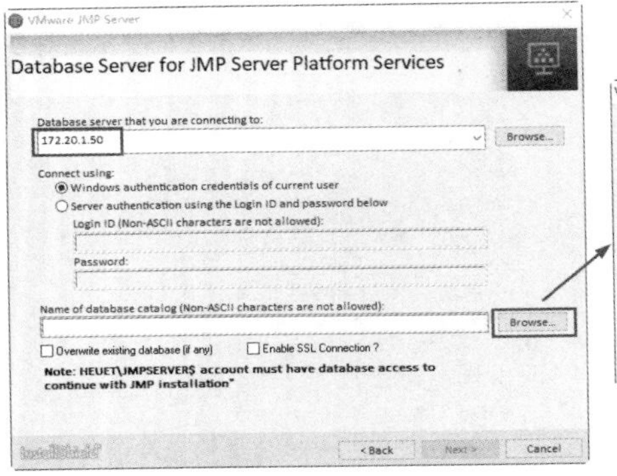

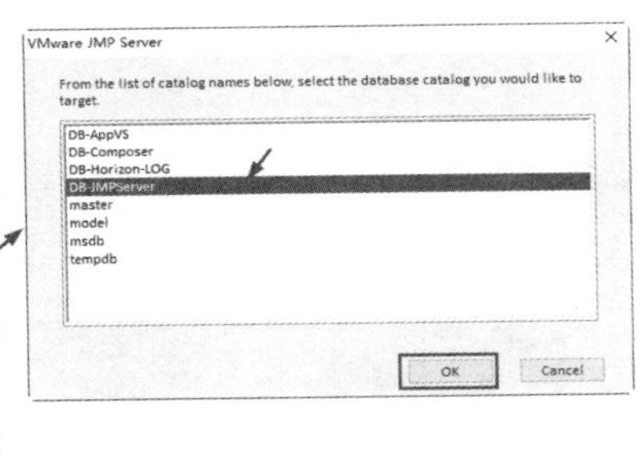

图 9-3-6　选择数据库

（8）在“Ready to Install the Program”对话框中单击“Install”按钮，如图 9-3-7 所示。

（9）开始安装 JMP Server，直到安装完成，如图 9-3-8 所示。

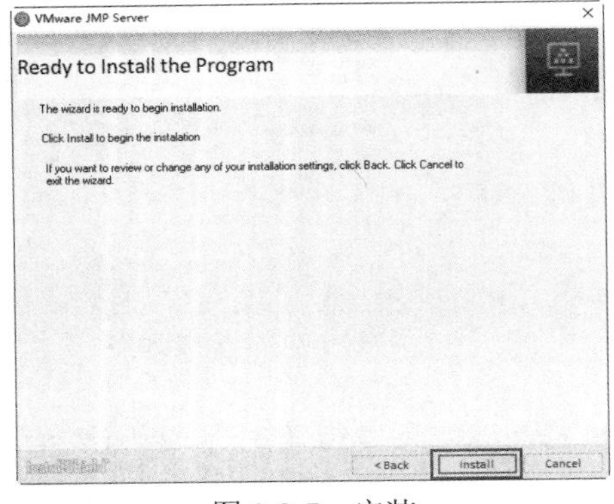

图 9-3-7　安装

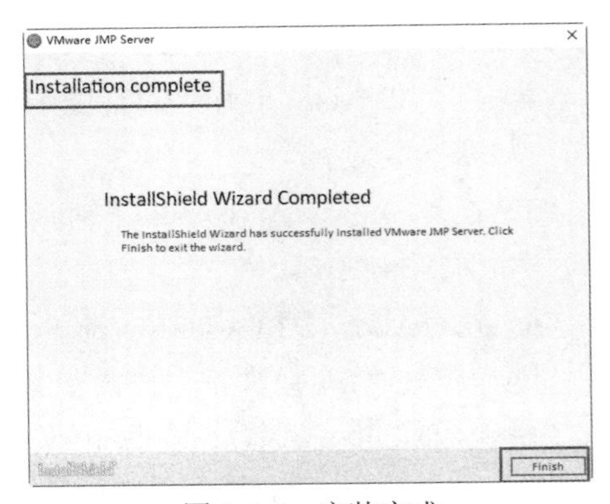

图 9-3-8　安装完成

安装完成后不需要重新启动计算机。

9.3.2　配置 JMP 服务器以使用 Horizon 连接服务器证书

为了使 JMP Server 验证与 Horizon Console 连接的 Horizon 7 连接服务器，必须将 JMP Server 配置为使用 Horizon 7 连接服务器证书。管理员需要将 Horizon 7 连接服务器证书导出到名为 Horizon.cert.pem 的证书文件中，并将此文件放置在 JMP Server 主文件夹中。

当前网络中有两台连接服务器，需要登录每一台连接服务器，并导出连接服务器证书，然后将其合并成一个文件。

（1）以管理员账户身份登录名为 vcs01.heuet.com 的连接服务器，运行 mmc，在“文件”菜单中选择“添加/删除管理单元”命令，如图 9-3-9 所示。

（2）在“添加或删除管理单元”中，在“可用的管理单元”下拉列表中双击“证书”，在弹出的“证书管理单元”中选择“计算机账户”，在“选择计算机”对话框中选择“本地计算机”，添加之后如图 9-3-10 所示。

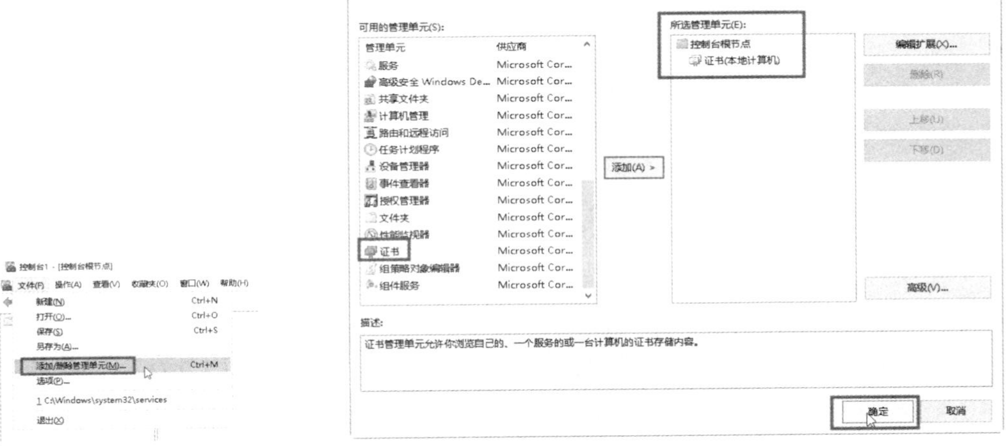

图 9-3-9　添加管理单元　　　　图 9-3-10　添加本地计算机证书

（3）展开“证书（本地计算机）→个人→证书”，选择 Horizon 连接服务器的证书，其“友好名称”显示为 vdm，右击，在弹出的快捷菜单中选择“所有任务→导出”命令，如图 9-3-11 所示。

（4）在“欢迎使用证书导出向导”对话框中单击“下一步”按钮。

（5）在“导出私钥”对话框中选中“不，不要导出私钥”单选按钮，如图 9-3-12 所示。

（6）在“导出文件格式”对话框中选择“Base64 编码 X.509” 单选按钮，如图 9-3-13 所示。

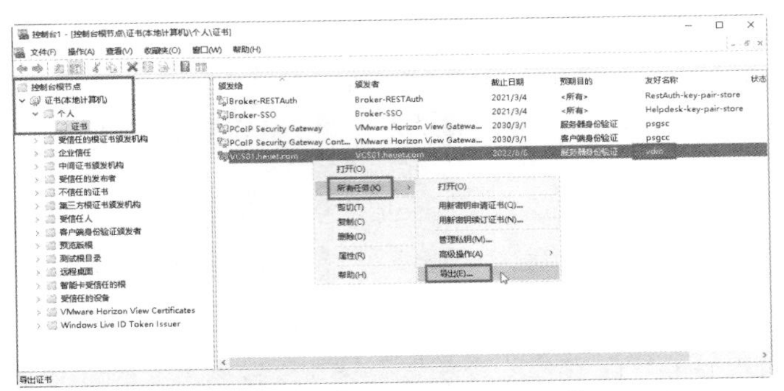

图 9-3-11　导出连接服务器证书

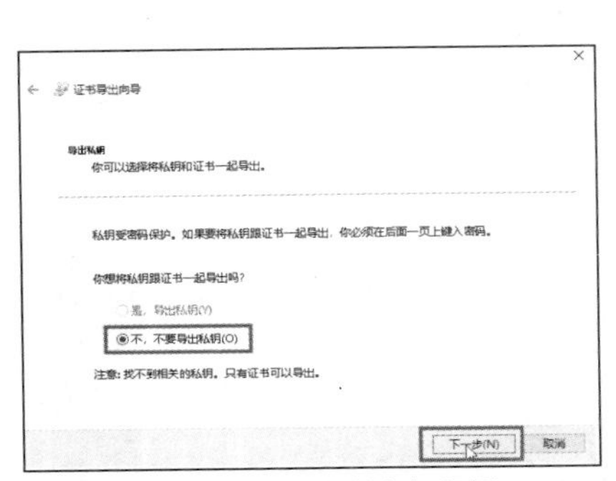

图 9-3-12　不要导出私钥

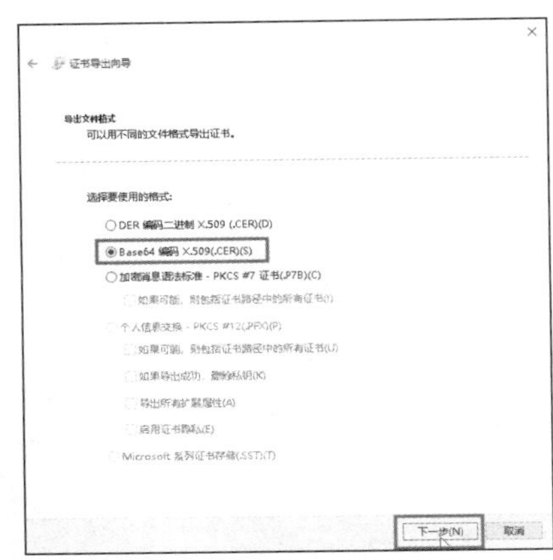

图 9-3-13　导出文件格式

（7）在“要导出的文件”中，指定要导出的文件名，本示例中文件名称为 horizon01.cert.pem.cer，如图 9-3-14 所示。

参照步骤（1）～（7），将另一台连接服务器也导出证书，导出的证书文件名为 horizon02.cert.pem.cer。

用记事本打开这两个文件，然后将这两个文件的内容复制到另一个新的文件中（如图 9-3-15 所示），保存文件名为 Horizon.cert.pem，注意：不要添加 TXT 的扩展名。

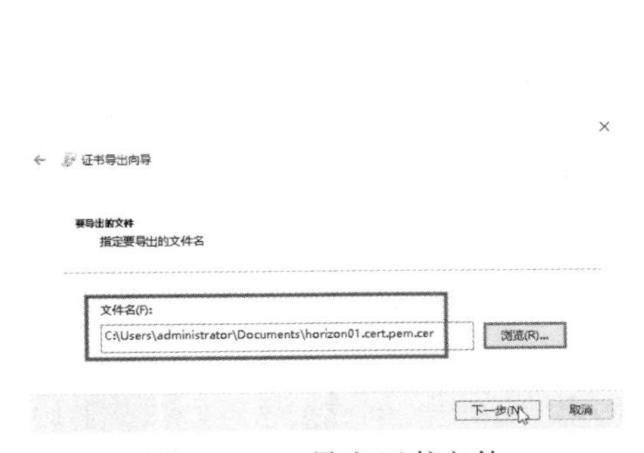

图 9-3-14　导出证书文件

图 9-3-15　将两个文件合并成一个文件

然后将 horizon.cert.pem 文件复制到 JMP 服务器的 C:\Program Files (x86)\VMware\JMP\com 文件夹中，如图 9-3-16 所示。

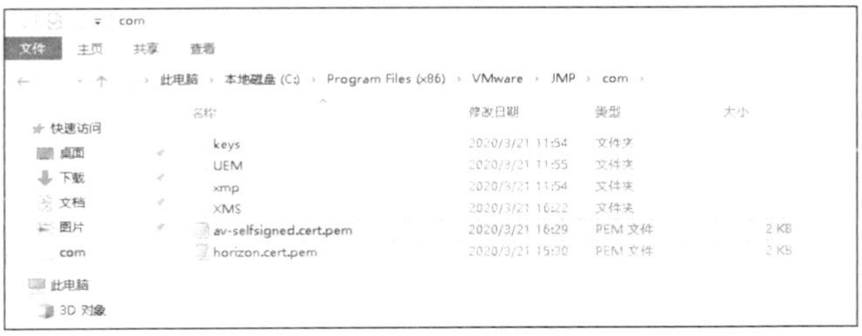

图 9-3-16　复制到 JMP Server 中

9.3.3　配置 JMP Server 以使用 App Volumes Manager 证书

如果使用 JMP Server 分配 App Volumes AppStack，应配置 JMP Server 实例并使用 App Volumes Manager 实例的证书，以便它可以与 App Volumes Manager 实例安全地通信。

为了实现此功能，需要将 App Volumes Manager 实例的自签名证书导出到名为 av-selfsigned.cert.pem 的证书文件中，JMP Server 才能使用它。如果 App Volumes Manager 使用的是 CA 签名的证书，应将 JMP Server 配置为使用组织的证书链文件 ca-chain.cert.pem 来认证 App Volumes Manager 实例。

（1）以管理员身份登录到 App Volumes Server 服务器上，在浏览器中输入 https://localhost/ login 以登录 JMP Server 服务器（也可以在网络中任何一台计算机上，使用浏览器访问 https://appvs.heuet.com/login 以登录 JMP Server 服务器），在登录之后，单击“证书错误→查看证书”（如图 9-3-17 所示），在弹出的“证书”对话框的“详细信息”选项卡中，单击“复制到文件”按钮，如图 9-3-18 所示。

图 9-3-17　查看证书

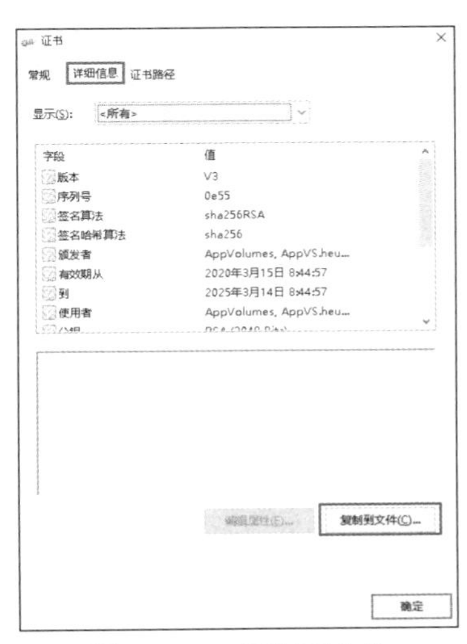

图 9-3-18　复制到文件

（2）在“欢迎使用证书导出向导”对话框中单击“下一步”按钮。

（3）在“导出文件格式”对话框中选择“Base64 编码 X.509”。

（4）在“要导出的文件”中，指定要导出的文件名，本示例中文件名称为 av-selfsigned.cert.pem，如图 9-3-19 所示。

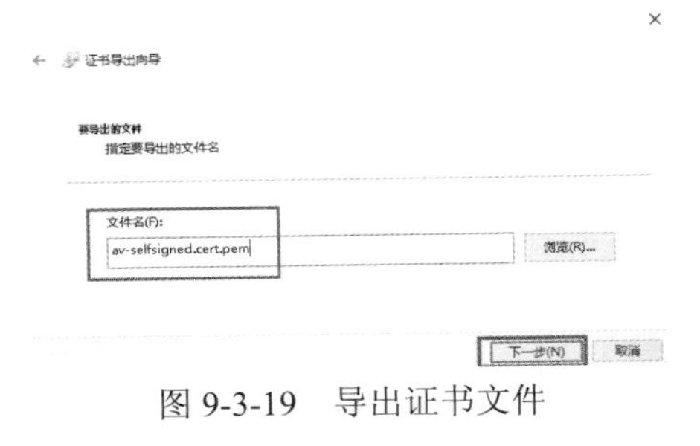

图 9-3-19　导出证书文件

说明：如果导出之后文件扩展名添加了.cer，应重命名，将扩展名.cer 去掉。需要在“资源管理器→查看”中显示文件扩展名才能看到文件的扩展名。

（5）将 av-selfsigned.cert.pem 文件复制到 JMP Server 服务器的 C:\Program Files（x86）\VMware\JMP\com\文件夹中，如图 9-3-20 所示。

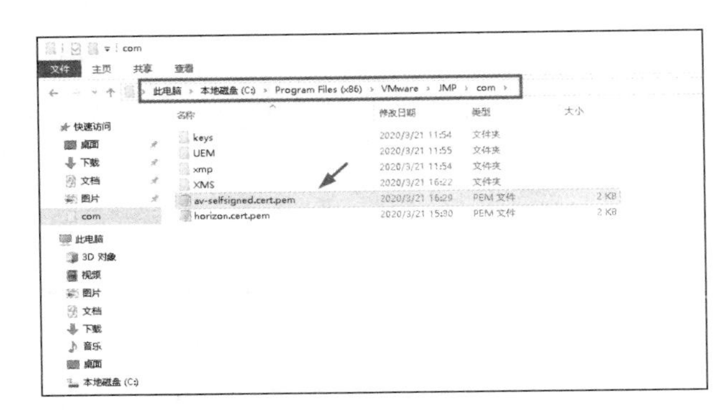

图 9-3-20　复制到文件夹

（6）在“服务”中重新启动 VMware JMP API Service、VMware JMP File Share Service、VMware JMP Platform Services 三个服务，如图 9-3-21 所示。

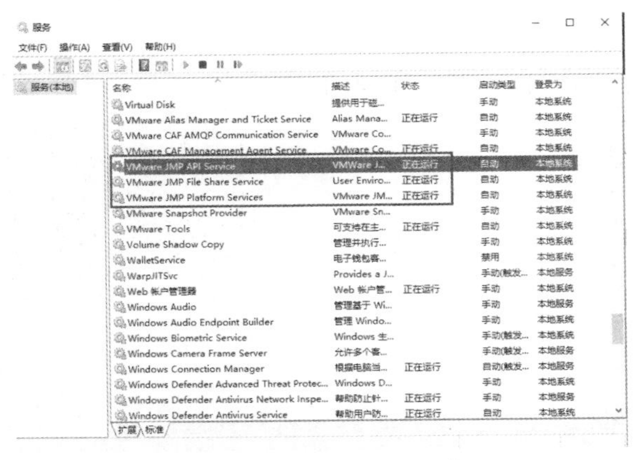

图 9-3-21　重启 JMP 服务

9.3.4 在 Horizon 控制台中添加 JMP Server

在安装 JMP Server、导出 Horizon 连接服务器证书以及 App Volumes 证书到 JMP Server 的 C:\Program Files(x86)\VMware\JMP\com 文件夹并重启 JMP Server 之后，在 Horizon 控制台中添加 JMP Server，主要步骤如下。

（1）使用浏览器，以域名的方式登录 Horizon 控制台，本示例中的登录地址为 https://vcs01.heuet.com/admin 或 https://vcs02.heuet.com:12345/admin。登录之后，在“设置→JMP 配置”中单击“添加 JMP Server”按钮，如图 9-3-22 所示。

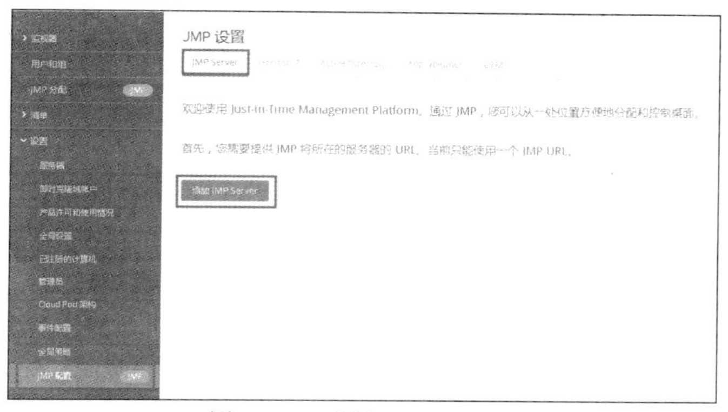

图 9-3-22　添加 JMP Server

（2）在“添加 JMP Server”对话框的“JMP Server URL”中输入 https://jmpserver.heuet.com，单击“保存”按钮（如图 9-3-23 所示），添加完成之后如图 9-3-24 所示。

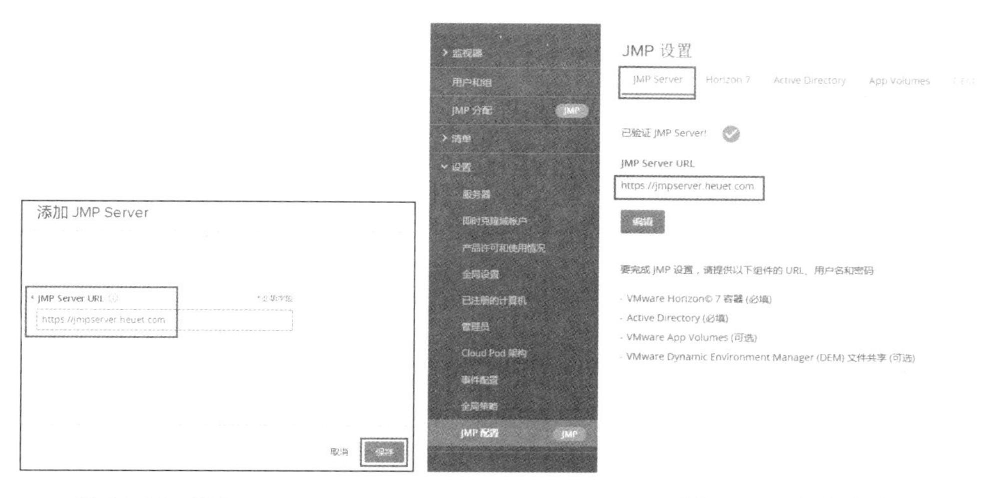

图 9-3-23　添加 JMP Server　　　　图 9-3-24　添加完成

（3）在“Horizon 7”选项卡中单击“添加凭据”链接，如图 9-3-25 所示。

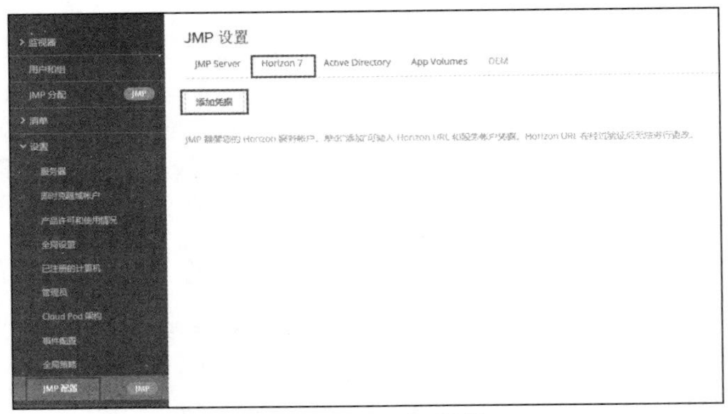

图 9-3-25　添加凭据

（4）在“编辑 Horizon”对话框中，输入服务账户用户名（本示例为 administrator）、密码、服务账户域（本示例为 heuet.com），单击“保存”按钮（如图 9-3-26 所示），完成添加，如图 9-3-27 所示。

图 9-3-26　编辑 Horizon 凭据　　　　图 9-3-27　完成添加

（5）在“Active Directory”选项卡中单击“添加”链接，如图 9-3-28 所示。

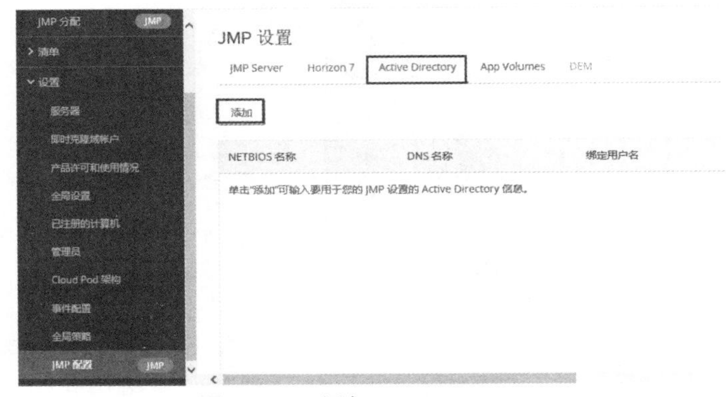

图 9-3-28　添加 Active Directory

（6）在“添加 Active Directory”对话框中，在“NETBIOS 名称”下拉列表中选择域的 NetBIOS 名称，本示例为 HEUET，在 DNS 域名中输入 Active Directory 域名，本示例为 heuet.com；在“协议”中选择“LDAP（非安全）”；在“绑定用户名”与“绑定密码”中输入 Administrator 账户及密码，单击“保存”按钮（如图 9-3-29 所示），完成添加，如图 9-3-30 所示。

图 9-3-29　添加 Active Directory

（7）在“App Volumes”选项卡中单击“添加”按钮，如图 9-3-31 所示。

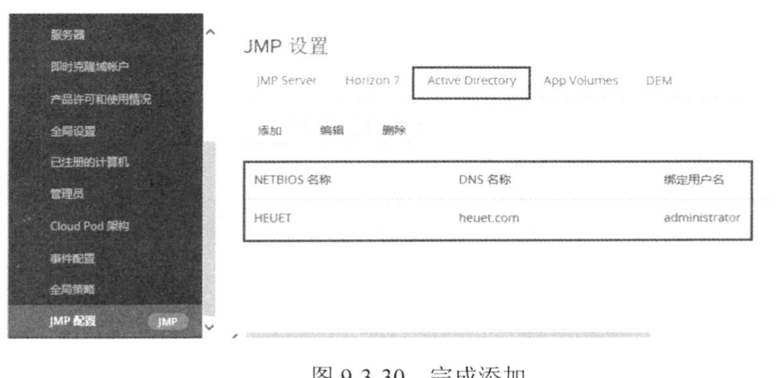

图 9-3-30　完成添加

图 9-3-31　添加 App Volumes

（8）在“添加 App Volumes 实例”对话框的“名称”中，输入一个名称，本示例为 appvs；在“App Volumes Server URL”列表中添加 App Volumes 服务器的管理 URL，本示例为 https://appvs.heuet.com；在“服务账户用户名”与“服务账户密码”中输入 App Volumes 的管理员账户与密码，然后单击“保存”按钮（如图 9-3-32 所示），完成添加，如图 9-3-33 所示。

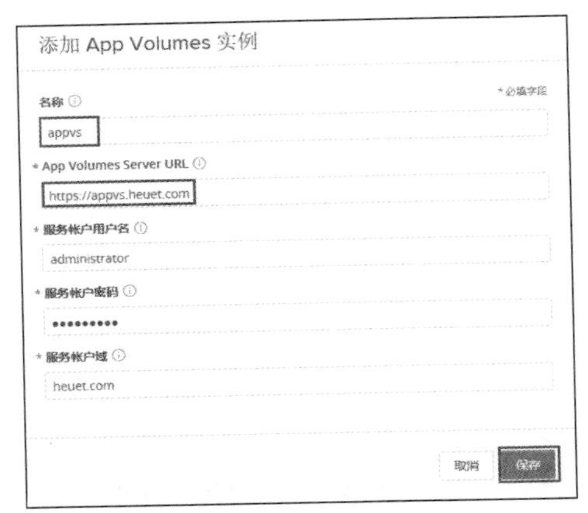

图 9-3-32　添加 App Volumes

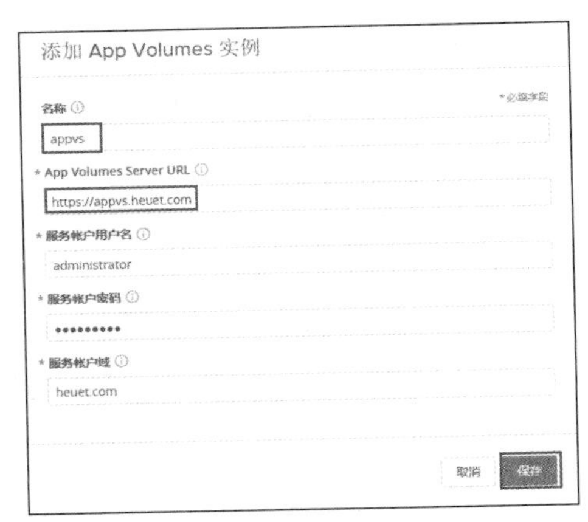

图 9-3-33　添加完成

9.3.5　使用 JMP Server 分配 AppStacks

接下来介绍使用 JMP Server 分配 AppStacks 的内容。为了避免互相冲突，管理员可以先在 App Volumes 中删除 AppStacks 分配的用户。

（1）登录 Horizon 控制台，在“监视器→JMP 分配”中单击“新建”按钮，如图 9-3-34 所示。

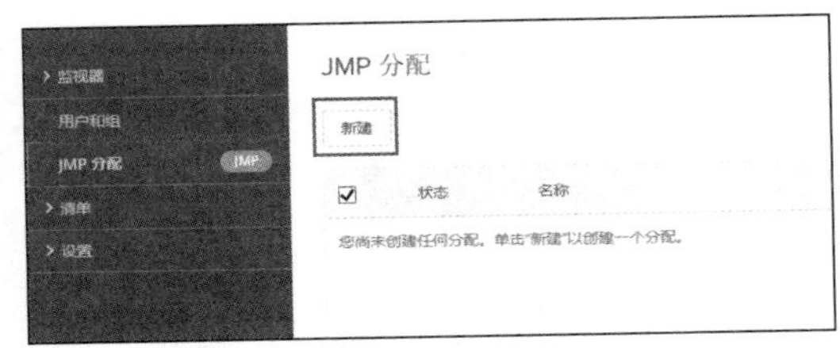

图 9-3-34　新建

（2）在“新建分配→用户”对话框中，输入要分配的用户或用户组（例如即时克隆），从搜索到的列表中选择（如图 9-3-35 所示），并将其添加到“已选择的用户/组”列表中，如图 9-3-36 所示。

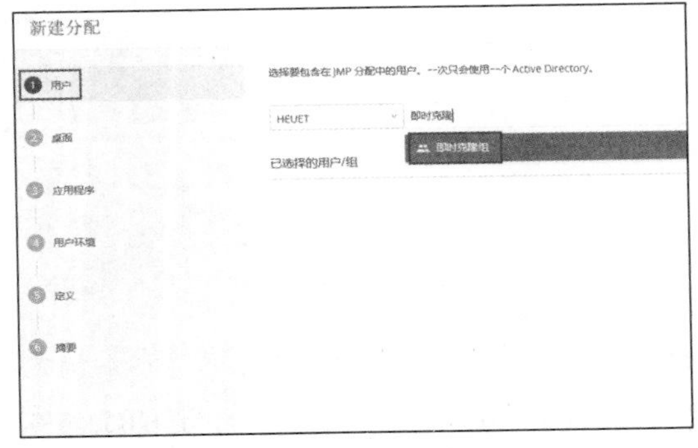

图 9-3-35　搜索用户或用户组

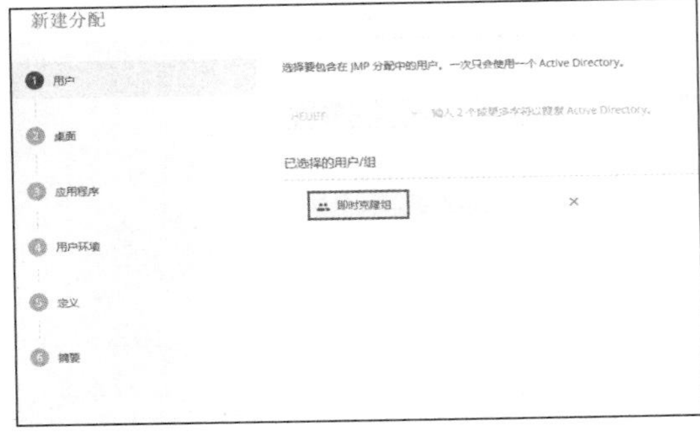

图 9-3-36　将搜索到的用户或用户组添加到列表

（3）在“桌面”中选择要包含在 JMP 分配中的桌面池，本示例选择“Instant-Win10X”，如图 9-3-37 所示。

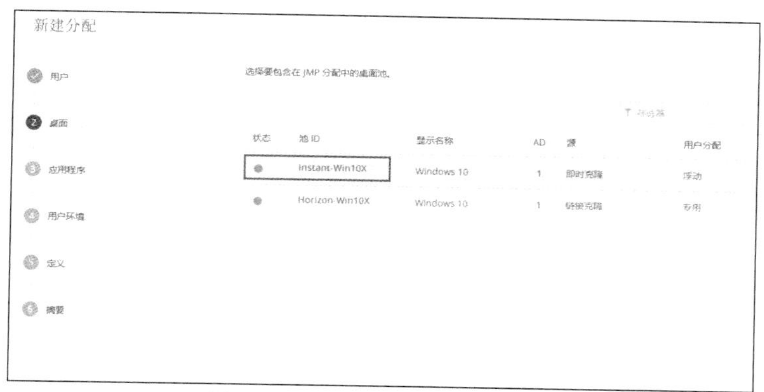

图 9-3-37　选择要包含的桌面池

（4）在“应用程序”对话框中选择要与 JMP 分配关联的 AppStacks，本示例中选择 AppStack-01-update，如图 9-3-38 所示。

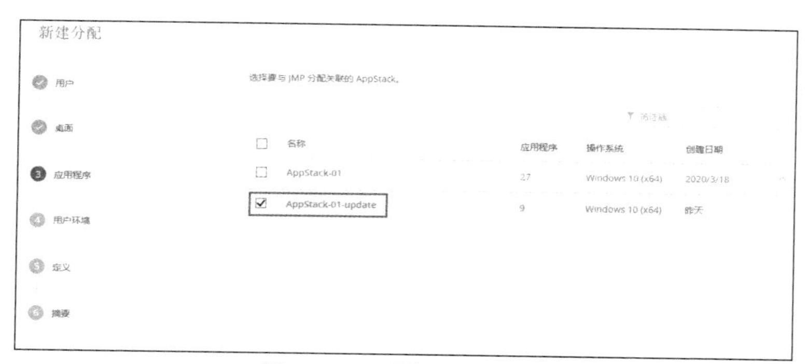

图 9-3-38　选择 AppStacks

（5）在“用户环境”选项卡中单击“跳过”按钮，如图 9-3-39 所示。

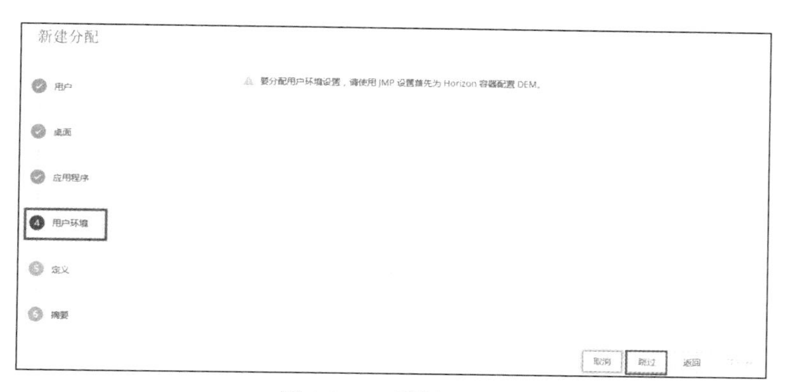

图 9-3-39　跳过 DEM

（6）在“定义”对话框中为新建 JMP 分配创建一个名称，本示例中选择默认名称，在“AppStack 连接”下拉列表中选择“下次登录时”，如图 9-3-40 所示。这样用户下次登录时将连接 AppStacks。

图 9-3-40　定义

（7）在“摘要”中显示了新建 JMP Server 分配的桌面池、用户或用户组、AppStack，检查无误之后单击“提交”按钮，如图 9-3-41 所示。

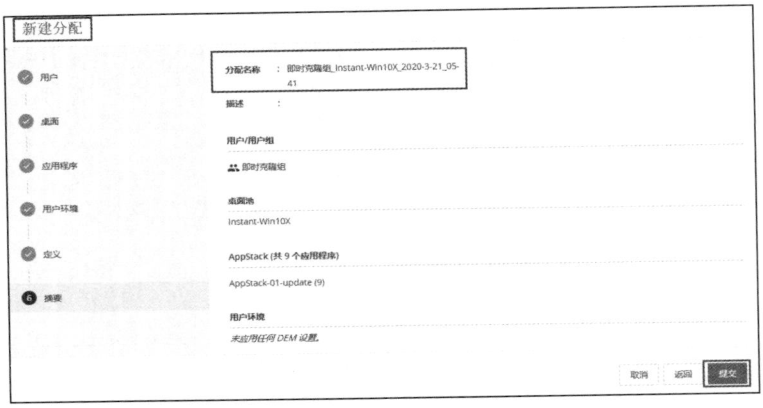

图 9-3-41　提交

新建 JMP 分配之后如图 9-3-42 所示。以后可以继续新建 JMP 分配，也可以编辑现有 JMP 分配，或者删除 JMP 分配。

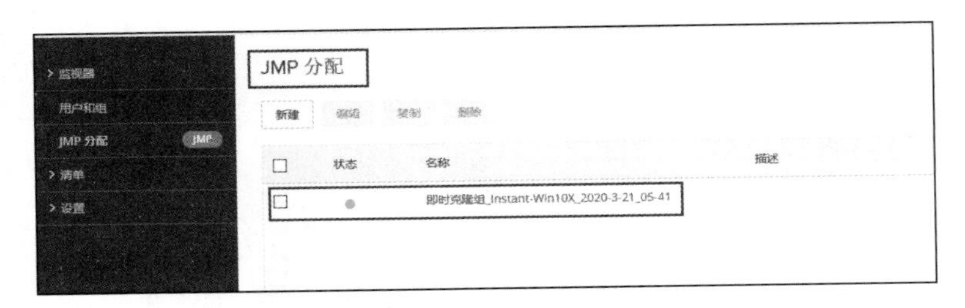

图 9-3-42　创建完成的 JMP 分配

说明： JMP 分配与 App Volumes 中分配 AppStack，可以实现相同的功能。建议只使用其中的一种方式进行分配。

第10章　Horizon 升级、替换证书与 UAG 使用

本章介绍 Horizon 7 的一些补充内容，包括 Horizon 版本升级、替换 Horizon 服务器证书、使用 Horizon 组策略管理模板，以及使用 VMware Unified Access Gateway 代替安全服务器对外提供访问的内容。

10.1　升级 Horizon

如果要升级 Horizon，需要注意如下的问题。

（1）查看并记录当前 Horizon 与 vSphere（vCenter Server、ESXi）的版本，查看当前的 Horizon 版本能否支持升级到目标版本，查看升级后的 Horizon 目标版本是否支持当前的 vSphere。这些可以通过在 VMware 官网查询 Horizon 与 ESXi 产品互操作列表得知是否满足升级条件。如表 10-1-1 所列，这是 Horizon 7.0.0～7.12.0 所支持的 ESXi 操作系统列表。第一列列出的是 ESXi 版本，第二列到最后一列是 Horizon 版本。

（2）升级 Horizon 版本之前，要查看当前 Horizon 所在的操作系统及数据库是否支持目标 Horizon 版本。这可以通过查看每个 Horizon 版本的系统支持文档得知。

下面通过几个具体的示例，介绍 Horizon 的升级方式。

示例 1：ESXi 版本为 5.0 U1，Horizon 版本为 7.0。可以将 Horizon 7.0.0 升级到 7.01、7.02、7.03，但不能直接升级到 7.10、7.20。如果想将 Horizon 7.0.0 升级到 7.10 或 7.20，需要先将 vCenter 升级到 5.5 U1～6.0 U3 之间的版本，然后再升级 ESXi 主机到对应的版本，再升级 Horizon 到 7.10 或 7.20。

示例 2：ESXi 版本为 6.0.0，Horizon 版本为 7.5.0。可以将 Horizon 版本直接升级到 7.6.0、7.7.0、7.8.0、7.9.0、7.10.0、7.11.0 的版本，但不能将 7.5.0 直接升级到 7.12.0 的版本。如果要将 7.5.0 升级到 7.12.0，必须先将 vCenter 与 ESXi 版本升级到 6.0.0 U1 及其之上的版本，再升级 Horizon 版本到 7.12.0。

vCenter 与 ESXi 的升级本书不做介绍，只介绍 Horizon 的升级。要升级 Horizon，可以按照如下的步骤和顺序进行操作。

（1）升级 View Composer 服务器。升级前检查当前 View Composer 所在的操作系统及数据库，是否支持升级后的 Horizon 版本。如果不支持，需要先升级操作系统及数据库。

（2）升级 Horizon 连接服务器。

（3）升级 Horizon 安全服务器。

（4）如果有 App Volumes 管理服务器，可以升级 App Volumes 服务器。

（5）如果有 JPM Server，可以升级 JMP Server。

（6）可选：更新模板虚拟机中 Horizon Agent、App Volumes Agent。更新代理后，关闭虚拟机，创建新的快照。

（7）可选：使用新的快照重构虚拟机。

在升级各服务器之前，建议对升级的服务器进行备份或创建快照。如果升级失败，可以通过备份恢复，如果是创建了快照，在失败之后恢复快照。对于加入域的服务器，从快照恢复之后，与域的信任关系创建失败，应该从域中脱离，然后重新加入域。

本节介绍从 Horizon 7.11.0 升级到 7.12.0 的方法和步骤。从升级的操作来看，升级 Horizon Composer、安全服务器、连接服务器，与新安装区别不大。Horizon 7.12.0 安装文件系统如表 10-1-2 所列。

表 10-1-1　Horizon 7 与 ESXi 产品互操作性列表

ESXi \ Horizon	7.12.0	7.11.0	7.10.1	7.10	7.9.	7.8	7.7	7.6	7.5.4	7.5.3	7.5.2	7.5.1	7.5.0	7.4.0	7.3.3	7.3.2	7.2.0	7.1.0	7.0.3	7.0.2	7.0.1	7
6.7 U3	Y	Y	Y	Y	Y	Y			Y	Y	Y											
6.7 U2	Y	Y	Y	Y	Y	Y	Y	Y	Y	Y	Y											
6.7 U1	Y	Y	Y	Y	Y	Y	Y	Y	Y	Y	Y	Y	Y									
6.7.0	Y	Y	Y	Y	Y	Y	Y	Y	Y	Y	Y	Y	Y	Y								
6.5 U3	Y	Y	Y	Y	Y	Y	Y	Y	Y	Y	Y	Y	Y	Y	Y	Y	Y	Y				
6.5 U2	Y	Y	Y	Y	Y	Y	Y	Y	Y	Y	Y	Y	Y	Y	Y	Y	Y	Y				
6.5 U1	Y	Y	Y	Y	Y	Y	Y	Y	Y	Y	Y	Y	Y	Y	Y	Y	Y	Y				
6.5.0	Y	Y	Y	Y	Y	Y	Y	Y	Y	Y	Y	Y	Y	Y	Y	Y	Y	Y	Y	Y		
6.0 U3	Y	Y	Y	Y	Y	Y	Y	Y			Y	Y	Y	Y	Y	Y	Y	Y	Y	Y	Y	Y
6.0.0 U2	Y	Y	Y	Y	Y	Y	Y	Y			Y	Y	Y	Y	Y	Y	Y	Y	Y	Y	Y	Y
6.0.0 U1	Y	Y	Y	Y	Y	Y	Y	Y			Y	Y	Y	Y	Y	Y	Y	Y	Y	Y	Y	Y
6.0.0		Y	Y	Y	Y	Y	Y	Y			Y	Y	Y	Y	Y	Y	Y	Y	Y	Y	Y	Y
5.5 U3								Y				Y	Y	Y	Y	Y	Y	Y	Y	Y	Y	Y
5.5 U2								Y				Y	Y	Y	Y	Y	Y	Y	Y	Y	Y	Y
5.5 U1																	Y	Y	Y	Y	Y	Y
5.1 U3																			Y	Y	Y	Y
5.1 U2																			Y	Y	Y	Y
5.1 U1																			Y	Y	Y	Y
5.0 U3																			Y	Y	Y	Y
5.0 U2																			Y	Y	Y	Y
5.0 U1																			Y	Y	Y	Y

表 10-1-2 Horizon 7.12 安装程序文件信息

文　件　名	大小/MB	用　　途
VMware-Horizon-Agent-Direct-Connection-x86-7.12.0-15805436.exe	19.4	32 位直连客户端代理
VMware-Horizon-Agent-Direct-Connection-x86_64-7.12.0-15805436.exe	34.1	64 位直连客户端代理
VMware-Horizon-Agent-x86-7.12.0-15805436.exe	178	32 位 Windows 代理
VMware-Horizon-Agent-x86_64-7.12.0-15805436.exe	244	64 位 Windows 代理
VMware-horizonagent-linux-x86_64-7.12.0-15765535.tar.gz	195	Linux 代理程序
VMware-Horizon-Connection-Server-x86_64-7.12.0-15770369.exe	296	连接服务器、安全服务器安装程序
VMware-Horizon-Extras-Bundle-5.4.0-15805437.zip	5.35	组策略文件
VMware-Jmp-Installer-7.12.0-15770369.exe	93.3	JMP Server 安装程序
VMware-viewcomposer-7.12.0-15747753.exe	45.6	Composer 服务器

10.1.1 升级 Composer 服务器

检查将要升级的 View Composer 服务器，在符合要求之后，运行 View Composer 的安装程序，开始升级，主要步骤如下。

（1）打开 View Composer 虚拟机控制台（或使用远程桌面登录），运行 View Composer 7.12.0 安装程序，如图 10-1-1 所示。

（2）在“License Agreement”对话框，接受许可协议。

（3）在“Destination Folder”对话框，保持默认文件夹。

（4）在“Database Information”对话框，保持默认值，系统会自动读取当前 ODBC 配置，如图 10-1-2 所示。

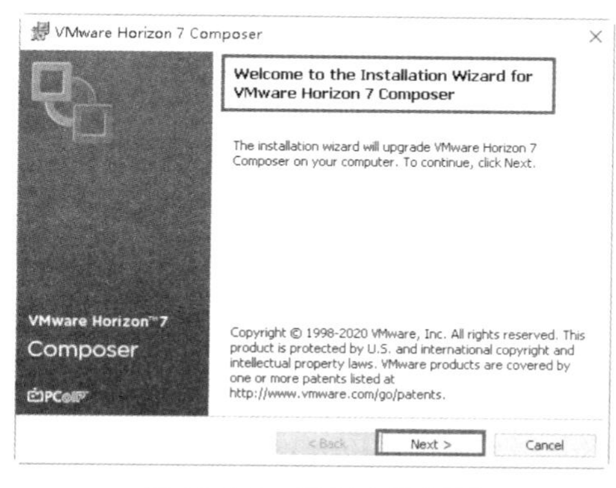

图 10-1-1 运行安装程序

图 10-1-2 数据库信息

（5）在“VMware Horizon 7 Composer Port Settings”对话框，保持默认值。

（6）之后开始安装，直到安装完成。如果出现“Error 1920”的错误信息（如图 10-1-3 所示），在“服务”中将 VMware Horizon 7 Composer 的服务账户改为本地 Administrator

（当前计算机没有加入域）或域管理员账户（本示例计算机加入域，域管理员账户为heuet\administrator），启动 VMware Horizon 7 Composer 服务，然后完成升级安装，如图 10-1-4 所示。根据提示，重新启动虚拟机。

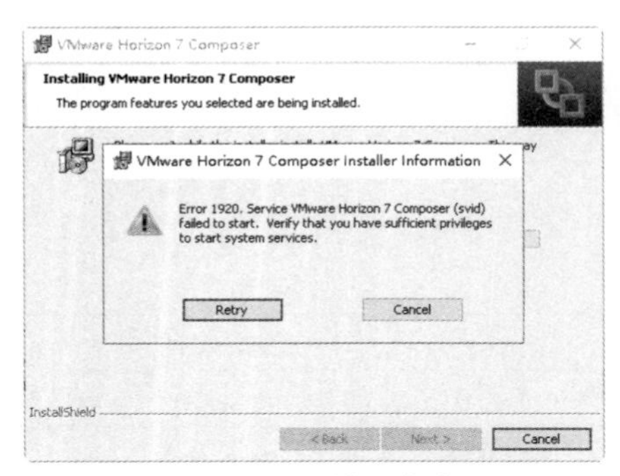

图 10-1-3　错误信息

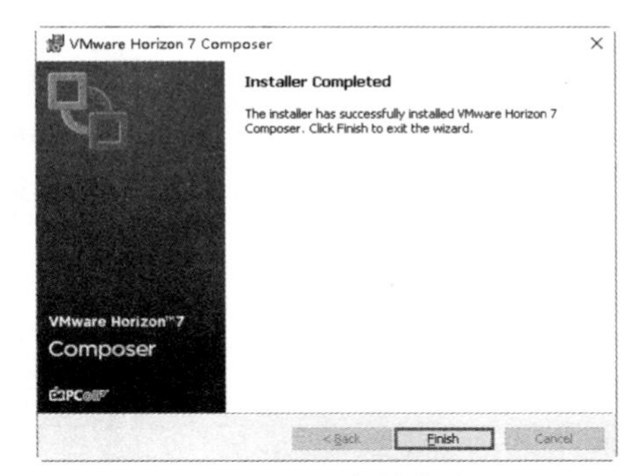

图 10-1-4　安装完成

10.1.2　复查 Composer 配置

在安装 View Composer 之后，证书会替换为默认的证书“Composer”。如果在安装 View Composer 后想使用新证书替换现有证书或默认的自签名证书，必须导入新证书并运行 SviConfig ReplaceCertificate 实用程序，以将新证书与 View Composer 使用的端口绑定。

在升级 View Composer 之后，登录 Horizon Administrator，复查 Composer 设置并接受新的证书，主要步骤如下。

（1）登录 Horizon Administrator，在“仪表板→View 组件→View Composer Server”中，单击 Composer 服务器的链接，如图 10-1-5 所示。

图 10-1-5　Composer 服务器

（2）在“View Composer Server 详细信息→不可信的证书”对话框中单击“验证”按钮，如图 10-1-6 所示。

（3）在“检测到无效的证书”对话框中单击“查看证书”按钮，如图 10-1-7 所示。

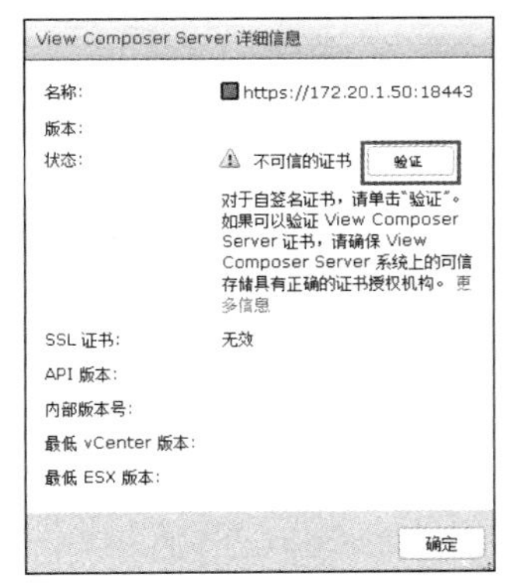

图 10-1-6　验证

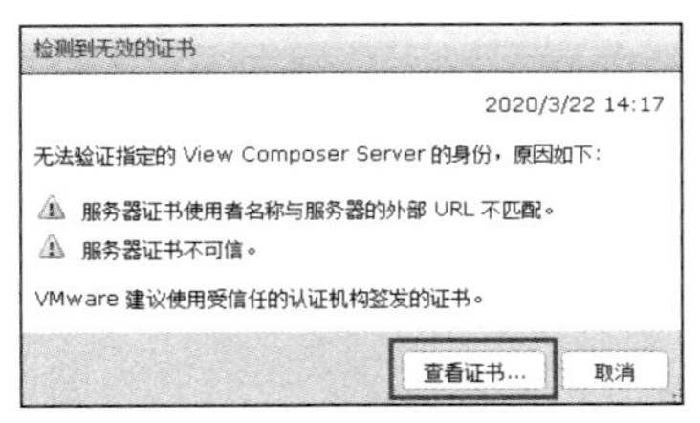

图 10-1-7　检测到无效的证书

（4）在“证书信息”对话框，查看证书名称、主题、有效期等参数，之后单击“接受”按钮，如图 10-1-8 所示。

（5）在“View Composer 详细信息”对话框，单击“确定”按钮，如图 10-1-9 所示。

图 10-1-8　接受证书

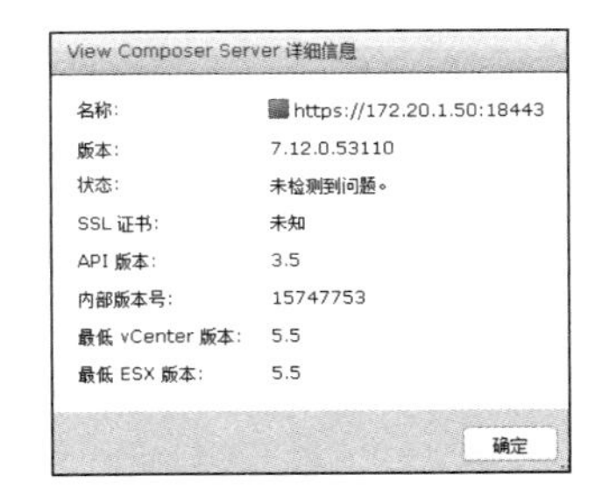

图 10-1-9　确定

（6）如果 Composer 虚拟机在升级前创建了快照，升级成功之后可以删除 Composer 虚拟机的快照，如图 10-1-10 所示。

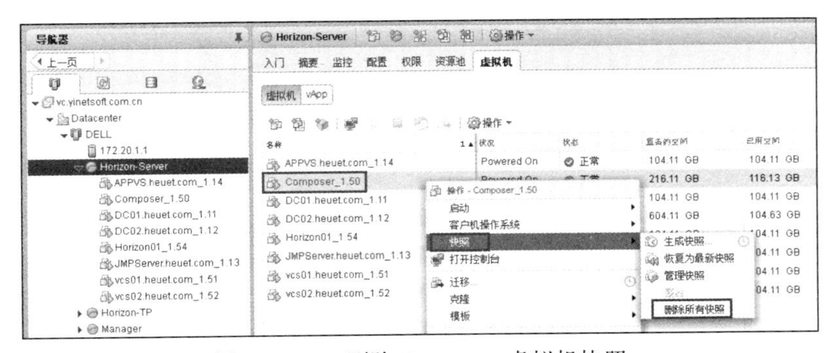

图 10-1-10　删除 Composer 虚拟机快照

10.1.3 升级连接服务器

在升级 View Composer 服务器完成之后，升级 View 连接服务器，主要步骤如下。

（1）升级第一台连接服务器。升级之前为连接服务器虚拟机创建快照，如图 10-1-11 和图 10-1-12 所示。

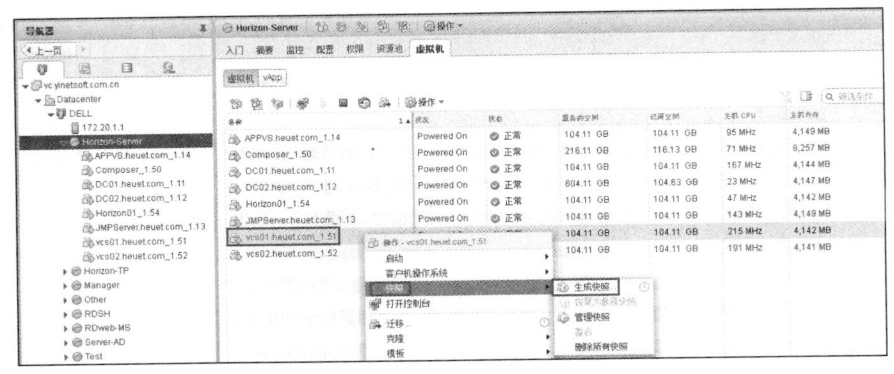

图 10-1-11　生成快照

（2）打开连接服务器虚拟机控制台，之后开始运行 VMware Horizon 7.12 连接服务器安装程序，开始升级，如图 10-1-13 所示。

（3）在“许可协议”对话框中接受许可协议。

（4）在“准备安装程序”对话框，单击“安装”按钮。

（5）开始安装，直到安装完成，如图 10-1-14 所示。

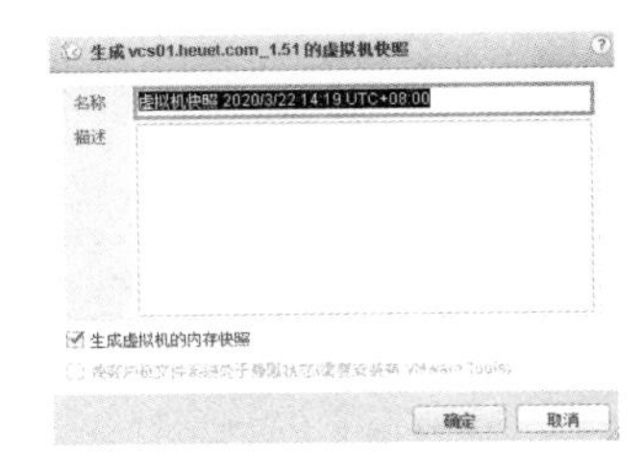

图 10-1-12　设置快照名称

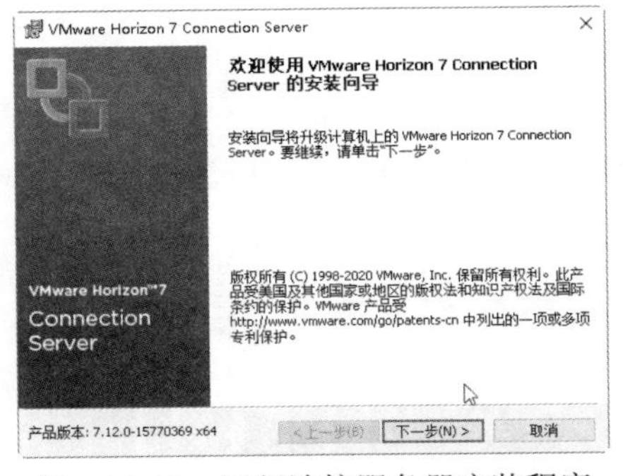

图 10-1-13　运行连接服务器安装程序

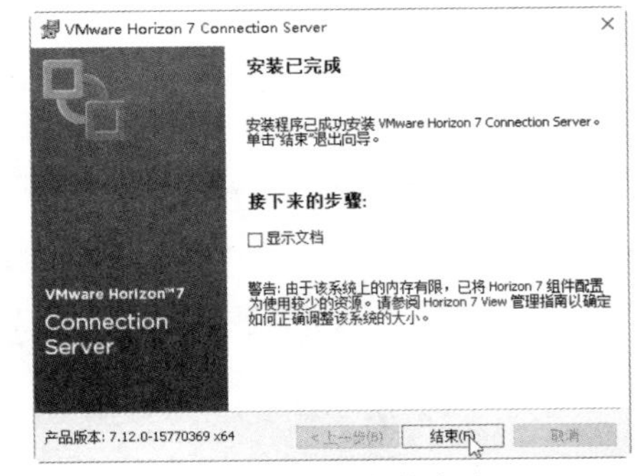

图 10-1-14　安装完成

（6）安装完成之后，不需要重新启动，在“服务”中刷新，检查 VMware Horizon View 相关服务都启动，升级完成。

升级完第一台连接服务器之后，重新登录 Horizon Administrator，在“View 配置→服务器→连接服务器”中可以看到升级后的 View 连接服务器的版本号，此处 VCS01 为

7.12.0-15770369，VCS02 为 7.11.0-15231595，如图 10-1-15 所示。

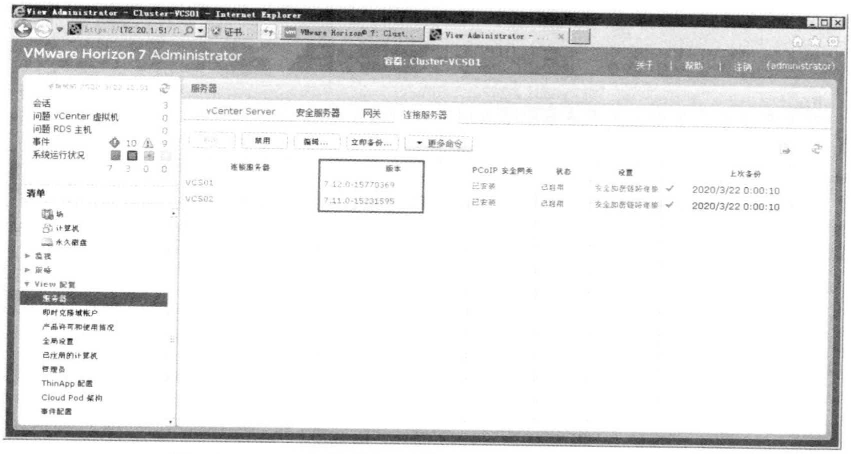

图 10-1-15　查看升级后的 View 连接服务器版本

参照步骤（1）～（5），升级网络中第 2 台连接服务器，升级完成后查看两台连接服务器的信息，如图 10-1-16 所示。

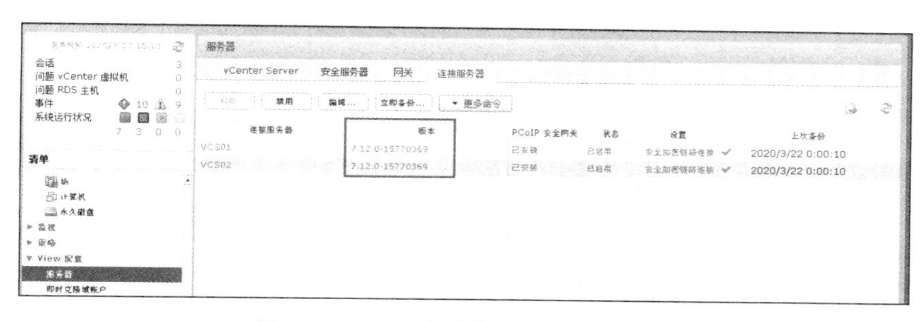

图 10-1-16　两台连接服务器升级完成

注意：如果是跨版本升级，例如从 View 6.x 升级到 7.x，或者从 7.x 升级到 8.x，还需要添加新的许可证。

升级完成后，删除两台连接服务器创建的快照。

10.1.4　升级安全服务器

如果有多个“安全服务器”，必须逐一升级每台安全服务器。本示例中有一台安全服务器，介绍这台安全服务器的升级步骤。同样，在升级安全服务器之前，为安全服务器虚拟机创建快照，在升级完成之后再删除快照。

在重新安装 View 安全服务器或升级安全服务器之前，必须在 Horizon Administrator 中指定升级安全服务器，并指定配置密码。

（1）登录 Horizon Administrator，在“View 配置→服务器→安全服务器”选项卡的列表中选择将要升级的安全服务器，然后单击“更多命令”，选择“准备升级或重新安装”，如图 10-1-17 所示。

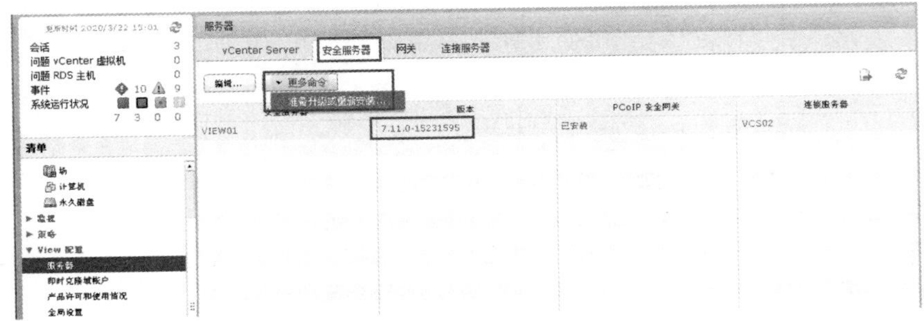

图 10-1-17　准备升级或重新安装

（2）在弹出的“警告”对话框中，单击“确定”按钮，如图 10-1-18 所示。

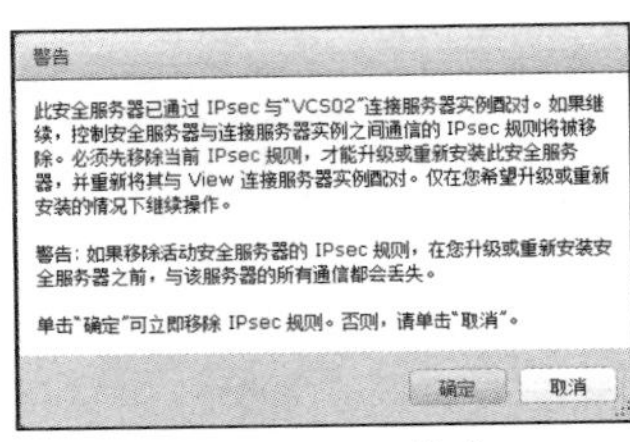

图 10-1-18　警告

（3）在“连接服务器”选项卡中，选中“VCS02”的连接服务器，然后单击“更多命令”，选择“指定安全服务器配对密码”，如图 10-1-19 所示。

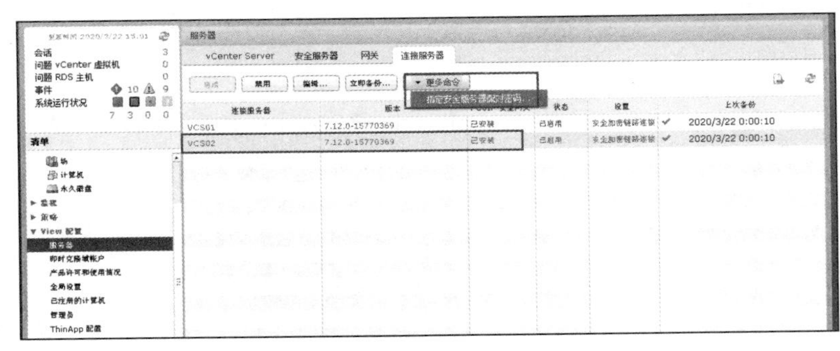

图 10-1-19　指定安全服务器配对密码

（4）在“指定安全服务器配对密码”对话框，为将要重新安装或升级安全服务器指定配置密码，如图 10-1-20 所示。请注意，此密码只能使用一次，如果你有多个安全服务器，请在升级每一个安全服务器中，一一指定。不能一次指定多个（次），如果指定多次，则以最后的密码为准。

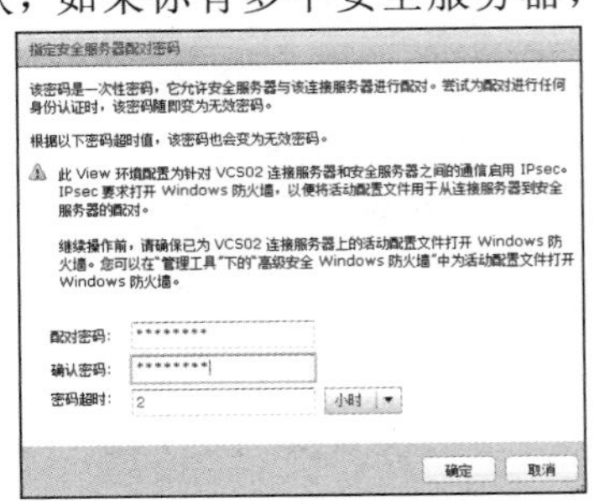

图 10-1-20　指定配对密码

在 Horizon Administrator 配置之后，即可以重新安装或升级 View 安全服务器，主要步骤如下。

（1）切换到 Horizon 安全服务器虚拟机，运行 Horizon 连接服务器（安全服务器与安全服务器是同一个安装程序）安装程序，如图 10-1-21 所示。

（2）在“配置的 Horizon 7 连接服务器”对话框，系统自动读取当前配置，并指定连接服务器的名称，如图 10-1-22 所示。

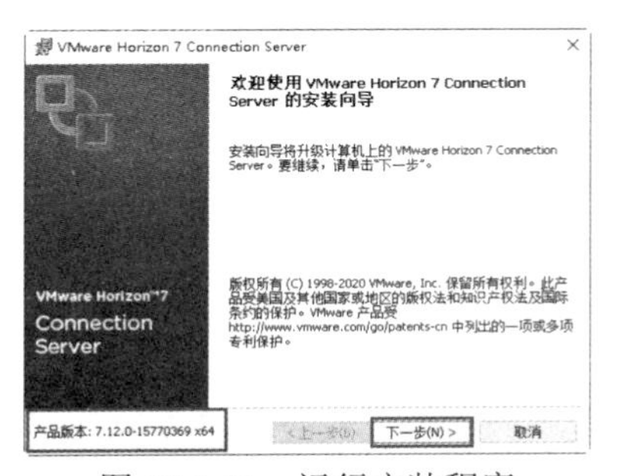

图 10-1-21　运行安装程序

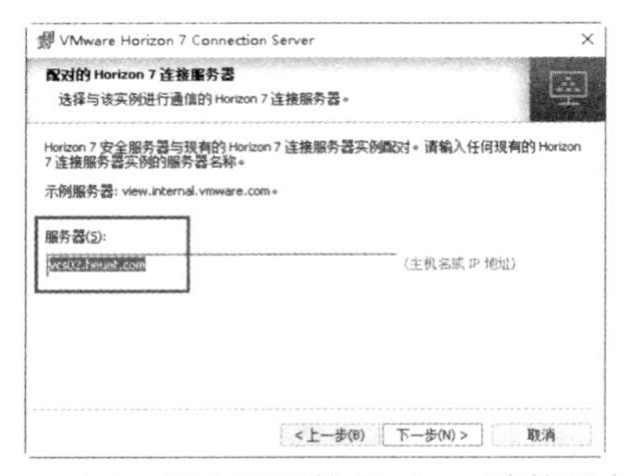

图 10-1-22　指定配置的 Horizon 连接服务器

（3）在“配置的 Horizon 7 连接服务器密码”对话框，输入在 Horizon Administrator 中为重新安装安全服务器指定的配对密码，如图 10-1-23 所示。

（4）在“指定安全服务器设置”对话框，会读取当前配置，如图 10-1-24 所示。一般情况下，不需要更改。

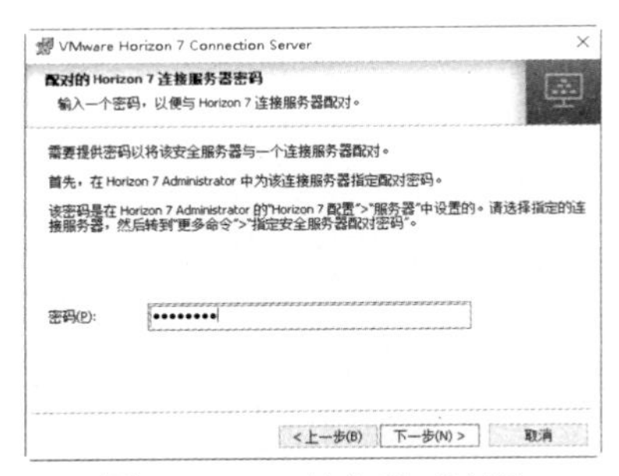

图 10-1-23　输入配对密码

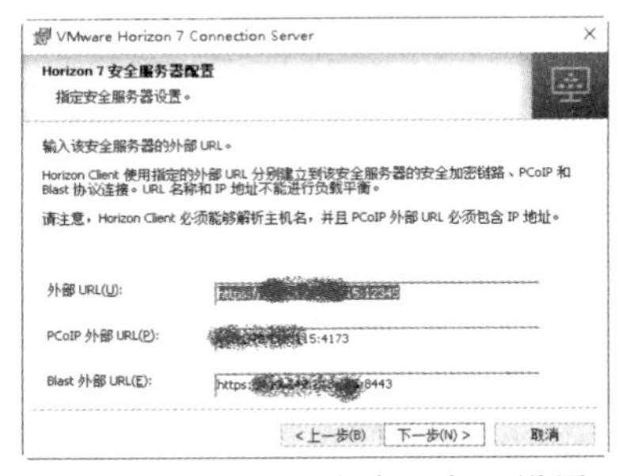

图 10-1-24　指定安全服务器设置

（5）在“防火墙配置”对话框，选择“自动配置 Windows 防火墙”单选按钮，如图 10-1-25 所示。

（6）开始安装，直到安装完成，如图 10-1-26 所示。

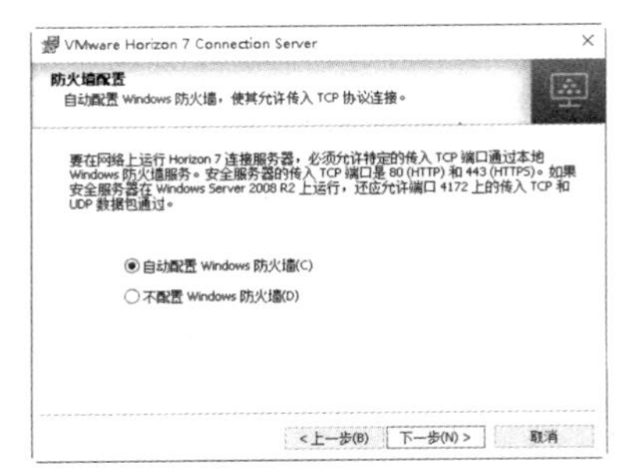

图 10-1-25　自动配置防火墙

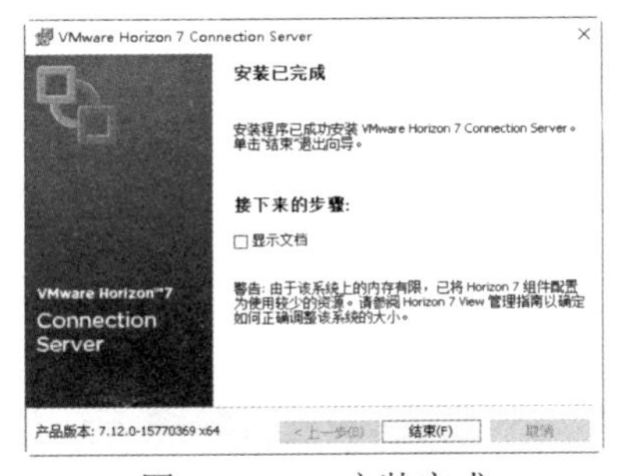

图 10-1-26　安装完成

安装完成之后，不需要重新启动。

如果有其他安全服务器，则参照上面的步骤，升级网络中其他的安全服务器，升级之后，在 Horizon Administrator 中查看安全服务器的版本，如图 10-1-27 所示。

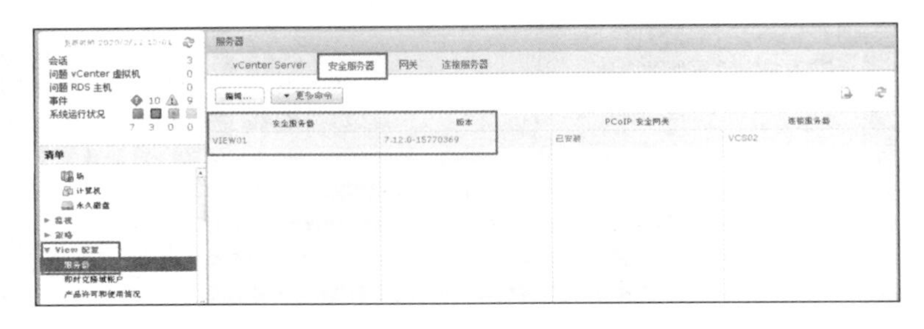

图 10-1-27　升级 View 安全服务器完成

10.1.5　升级过程中碰到的错误与解决方法

在安装 VMware Horizon 产品的过程中，有时会出现“安装程序无法继续。Microsoft Runtime DLL 安装程序未能完成安装”错误提示，如图 10-1-28 所示。

当出现这个提示时，不要关闭这个对话框，进入命令提示窗口，进入根目录，执行 dir vm*.msi /s 命令，搜索 VMware 安装程序所在的文件夹，如图 10-1-29 所示。

图 10-1-28　安装程序无法继续

图 10-1-29　搜索安装程序所在目录

然后打开搜索到的目录，运行里面的 vcredist_x64.exe 和 vcredist_x86.exe 两个程序，如图 10-1-30 所示。

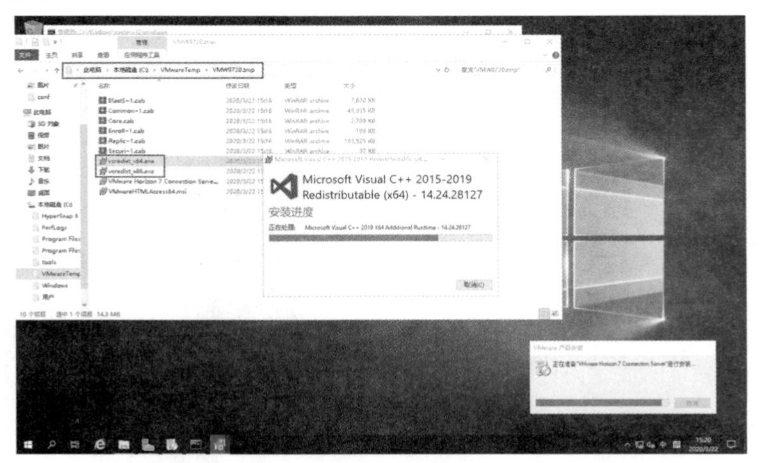

图 10-1-30　运行 Microsoft Visual C++ 2015—2019 Redistributable 程序

运行安装完 vcredist_x64.exe 和 vcredist_x86.exe 两个程序之后，再次重新运行 Horizon 安装程序，即可正常执行。

10.1.6　升级 App Volumes 管理服务器

升级 App Volumes 管理服务器，与安装 App Volumes 管理服务器过程相差不多。本节将 App Volumes 管理服务器从 2.18.1 升级到 2.18.2，主要步骤如下。

（1）在本示例中，将要升级 App Volumes 管理服务器的计算机为 AppVS，如图 10-1-31 所示。

（2）运行 App Volumes 管理服务器安装程序，如图 10-1-32 所示。

图 10-1-31　将要升级的服务器

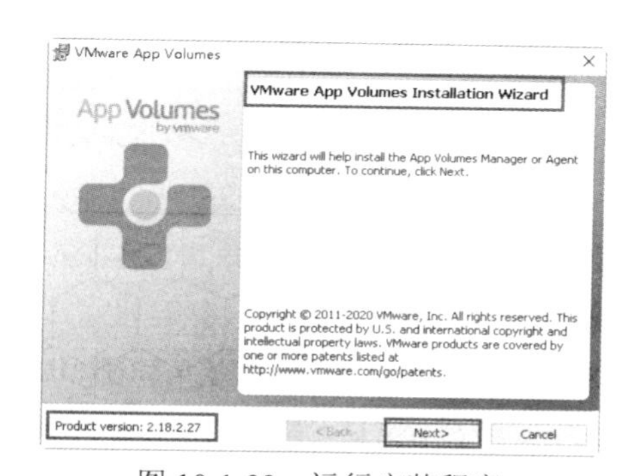

图 10-1-32　运行安装程序

（3）在“App Volumes Install Screen”中选择“Install App Volumes Manager”单选按钮，如图 10-1-33 所示。

（4）然后开始升级安装，直到安装完成，如图 10-1-34 所示。

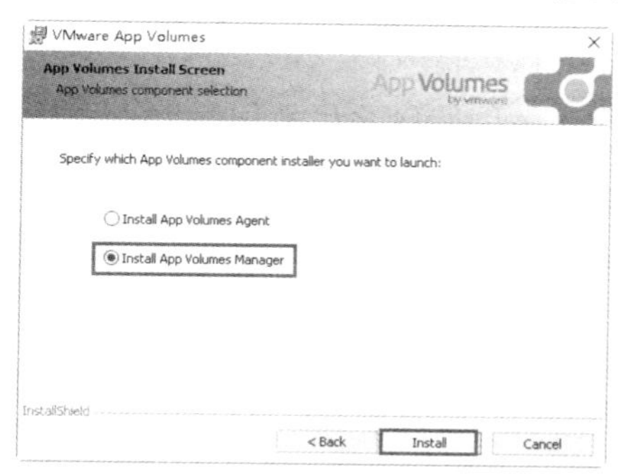

图 10-1-33　安装 App Volumes 管理器

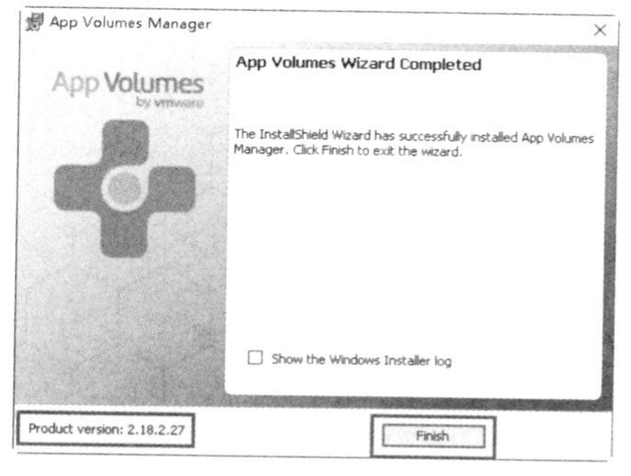

图 10-1-34　升级完成

10.1.7　升级 JMP Server 服务器

升级 JMP Server 服务器与全新安装 JMP Server 类似，主要步骤如下。

（1）在“控制面板→系统和安全→系统”中，查看当前计算机信息，如图 10-1-35 所示。

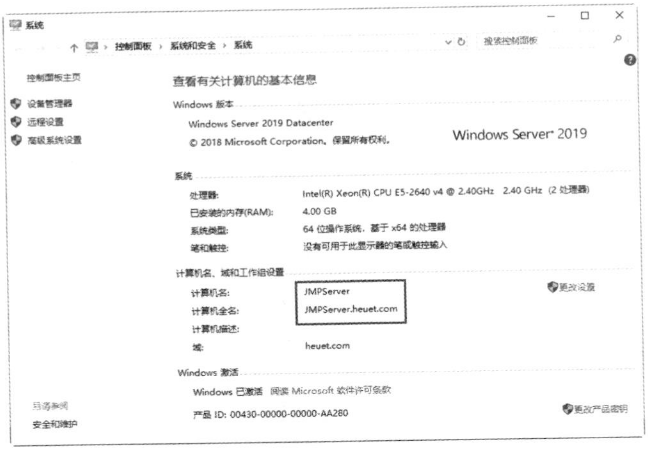

图 10-1-35　查看计算机名

（2）运行 VMware JMP Server 安装程序，本示例中安装程序文件名为 VMware-Jmp-Installer-7.12.0-15770369.exe，大小为 93.3 MB。

（3）在“JMP Upgrade”对话框单击“确定”按钮，如图 10-1-36 所示。

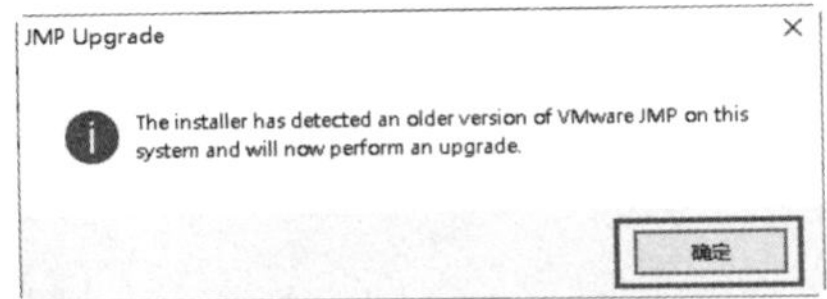

图 10-1-36　JMP 更新

（4）在“VMware JMP”对话框中单击“Next”按钮。

（5）在“License Agreement”对话框中接受许可协议。

（6）在“Database Server for JMP Server Platform Services”对话框中显示了数据库服务器的设置，不需要修改，单击“Next”按钮，如图 10-1-37 所示。

（7）在“Ready to Install the Program”对话框中单击“Install”按钮。

（8）开始升级安装 JMP Server，直到安装完成，如图 10-1-38 所示。

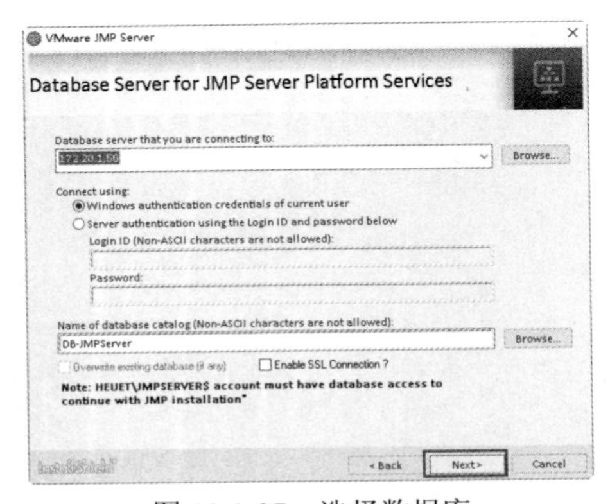

图 10-1-37　选择数据库

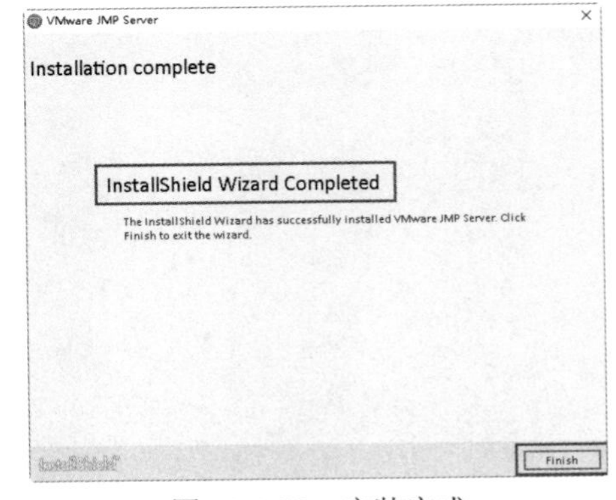

图 10-1-38　安装完成

安装完成后不需要重新启动计算机。

10.1.8　更新代理

在升级 Horizon 连接服务器、安全服务器、App Volumes 管理服务器之后，可以更新父虚拟机的 Horizon Agent 与 App Volumes Agent 程序。主要步骤如下。

（1）将 Horizon 父虚拟机恢复到快照时的状态，然后打开虚拟机的电源，安装 Horizon Agent 7.12 的安装程序，如图 10-1-39 所示。

（2）根据向导完成 Horizon Agent 的安装，如图 10-1-40 所示。

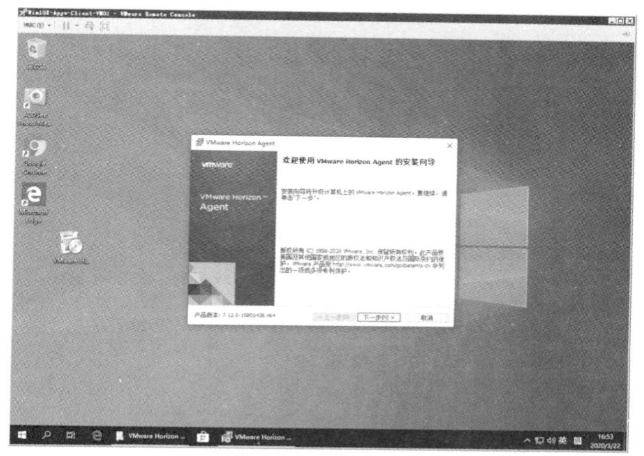

图 10-1-39　安装 Horizon Agent 7.12

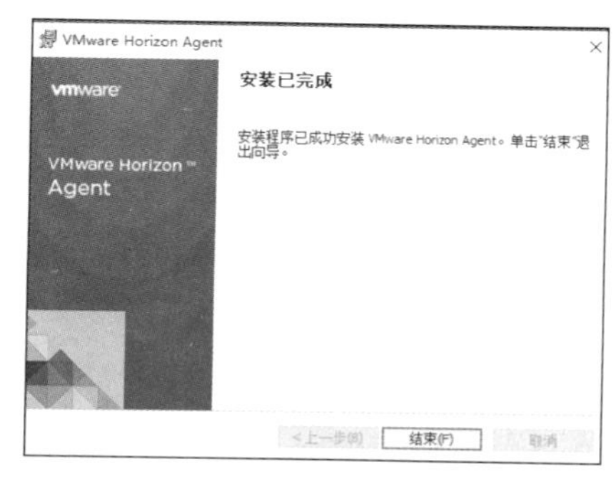

图 10-1-40　安装 Horizon Agent

（3）安装完 Horizon Agent 7.12 之后，先不要重新启动计算机。运行 App Volumes 安装程序，如图 10-1-41 所示。

（4）在“App Volumes Install Screen”对话框中选择“Install App Volumes Agent”单选按钮后单击“Install”按钮，如图 10-1-42 所示。

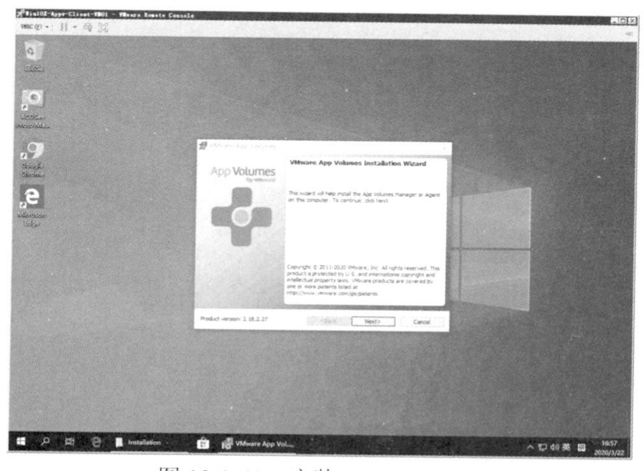

图 10-1-41　安装 App Volumes

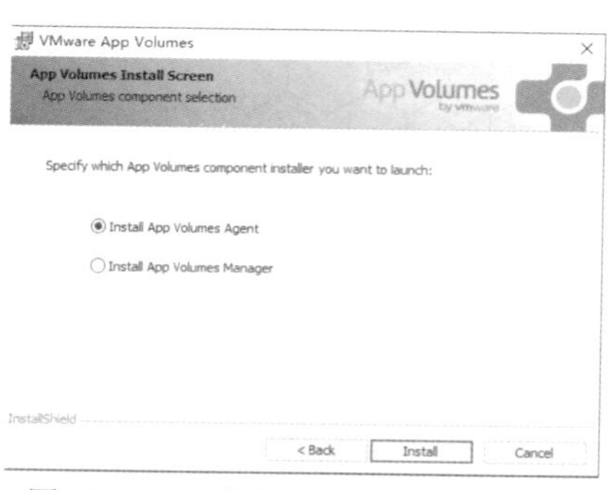

图 10-1-42　安装 App Volumes Agent

（5）安装完成后重新启动计算机。再次进入系统后，检查无误之后（如图 10-1-43 所示），关闭虚拟机。

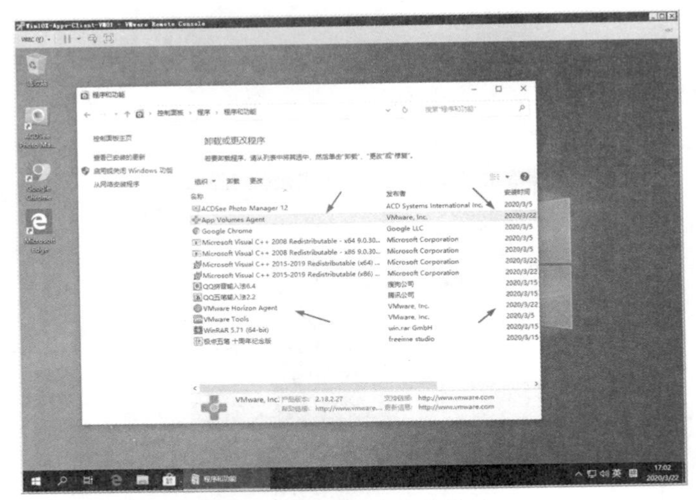

图 10-1-43　检查软件情况

（6）等虚拟机关闭之后，生成新的快照，如图 10-1-44 和图 10-1-45 所示。

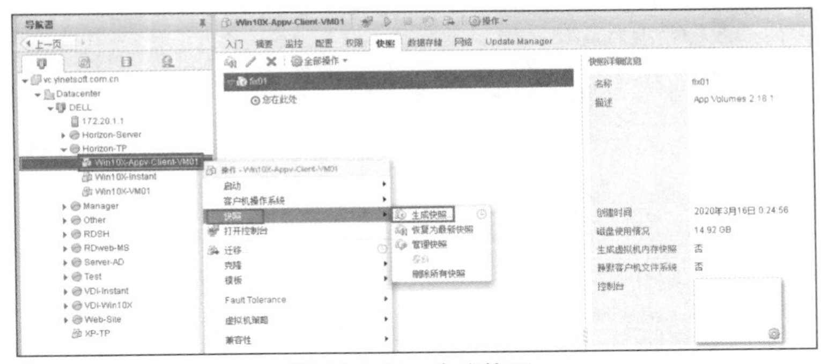

图 10-1-44　生成快照

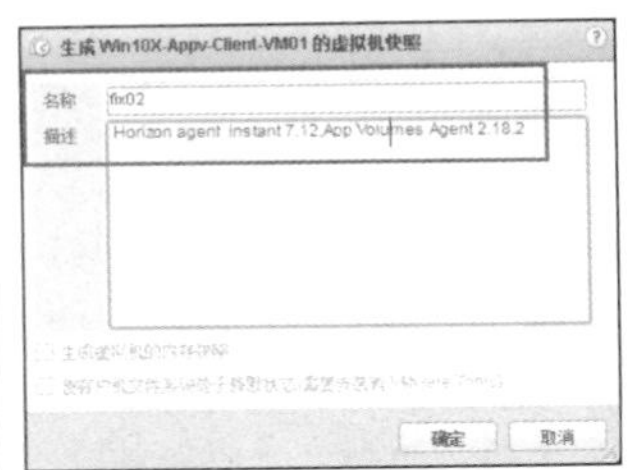

图 10-1-45　生成新的快照

可以从新的快照重构虚拟桌面，这里不再介绍。

10.2　为 Horizon 相关服务器替换证书

Horizon 相关的服务器，例如 Horizon Composer、Horizon 连接服务器、Horizon 安全服务器，在安装的时候会配置自签名的证书。这些证书可以用于测试，如果在生产环境中使用，需要替换默认的自签名证书。企业可以自建根证书服务器，或者从 Internet 相关服务商购买商业证书。本节以从阿里云申请免费证书为例，介绍替换 Horizon 相关服务器默认证书的方法。

10.2.1　从阿里云申请免费证书

在当前的实验环境中，Horizon 相关服务器有 1 台 Composer、2 台连接服务器、1 台安全服务器，需要为这 4 台服务器都需要申请证书。下面将在阿里云申请名为 composer.heuet.com、vcs01.heuet.com、vcs02.heute.com、view.heuet.com 的证书，主要步骤如下。

（1）登录阿里云管理界面的 SSL 证书模块，单击“购买证书”链接，如图 10-2-1 所示。

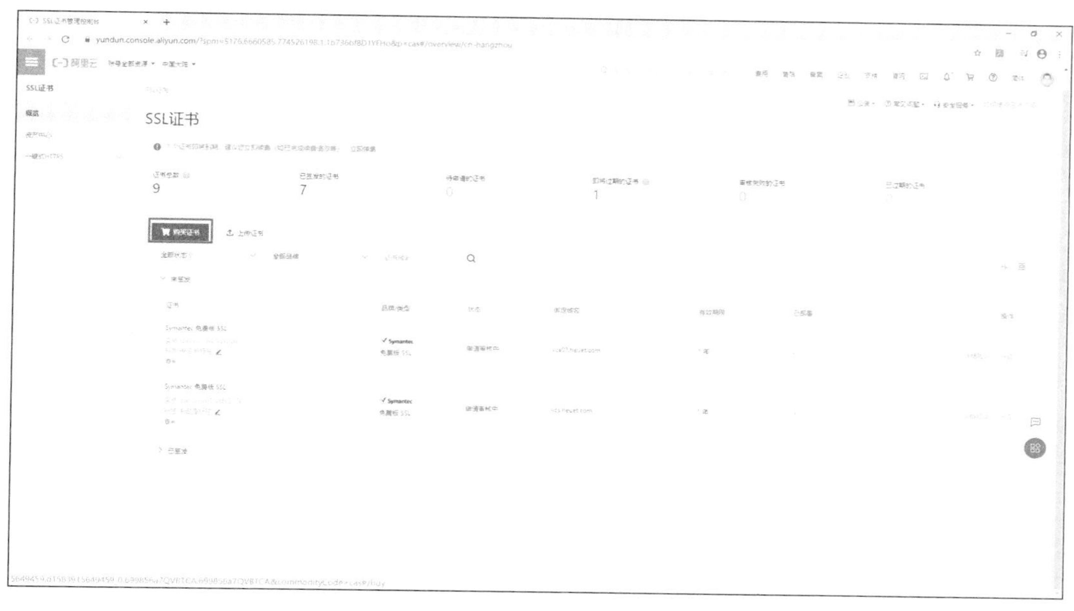

图 10-2-1　购买证书

（2）在证书购买页选择“免费版（个人）DV→Symantec→单域名（1 个域名）”，购买数量根据实际情况选择，本示例选择 10。购买时长选择 1 年，如图 10-2-2 所示。

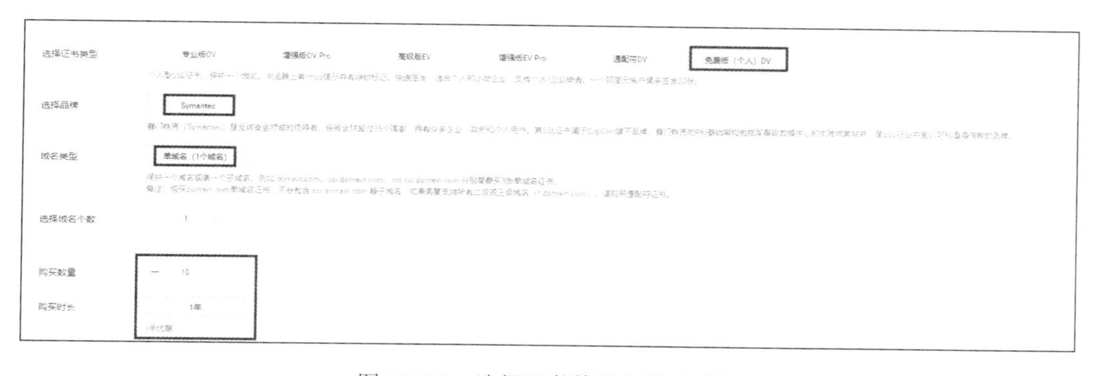

图 10-2-2　选择证书数量和购买时长

（3）在“参数配置”界面接受服务协议，如图 10-2-3 所示。

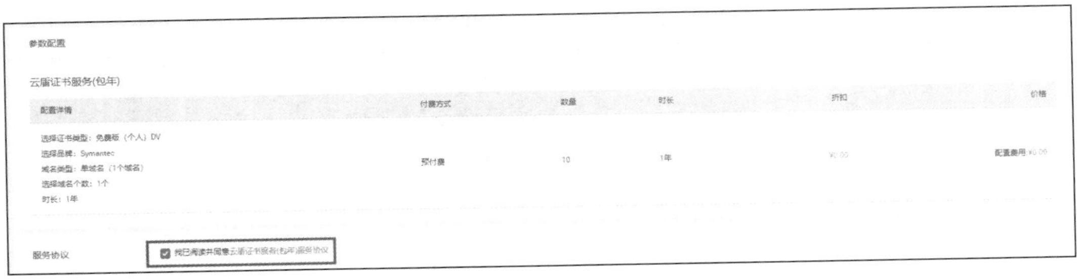

图 10-2-3　服务协议

（4）在“确认订单”界面单击“去支付”如图 10-2-4 所示。

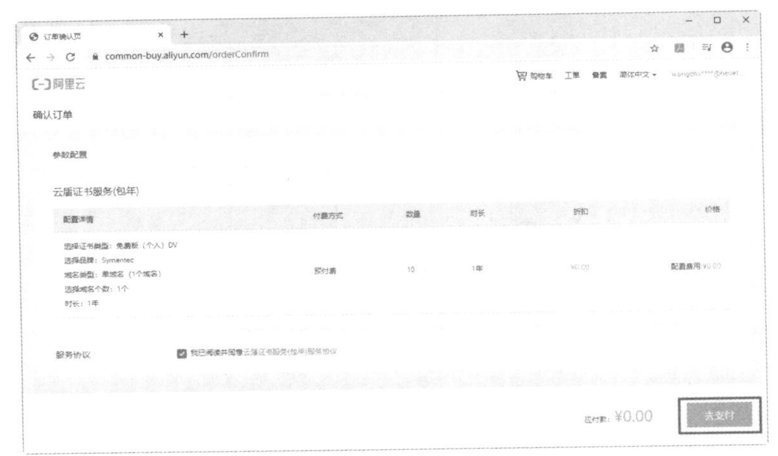

图 10-2-4　去支付

（5）支付成功后，单击“证书控制台”链接，如图 10-2-5 所示。

图 10-2-5　支付成功

（6）在证书控制台中，选择一个空白的证书，单击“证书申请”链接，如图 10-2-6 所示。

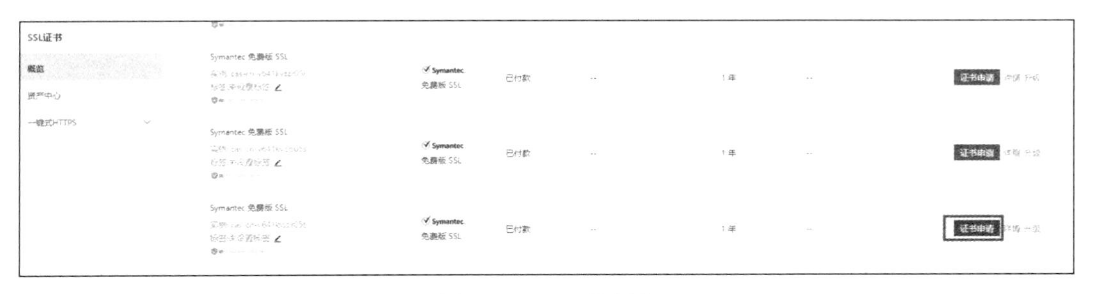

图 10-2-6　证书申请

（7）在“证书绑定域名”中输入要申请的证书名称，本示例为 vcs02.heuet.com；在“域名验证方式”中，如果当前申请证书的域名（heuet.com）是在阿里云申请的选择“自动 DNS 验证”，否则选择“手工 DNS 验证”单选按钮。在本示例中，选择“手工 DNS 验证”单选按钮，如图 10-2-7 所示。

图 10-2-7　手工 DNS 验证

（8）在“验证信息”界面查看并记录需要验证的信息，在当前的示例中 DNS 验证类型为 TXT，验证的主机记录名称为_dnsauth.vcs02、验证记录值为 20200323000000-tdpbzmdzcg9gecvchsz6fo9qtyhuloo1ryo0n79uprim6qfog，如图 10-2-8 所示。

（9）登录 heuet.com 的域名管理界面，创建 TXT 记录，主机名称为_dnsauth.vcs02，文本内容为 202003230000000tdpbzmdzcg-9gecvchsz6fo9qtyhuloo1ryo0n79uprim6qf-og，如图 10-2-9 所示。创建完成之后单击“立即生效”按钮。

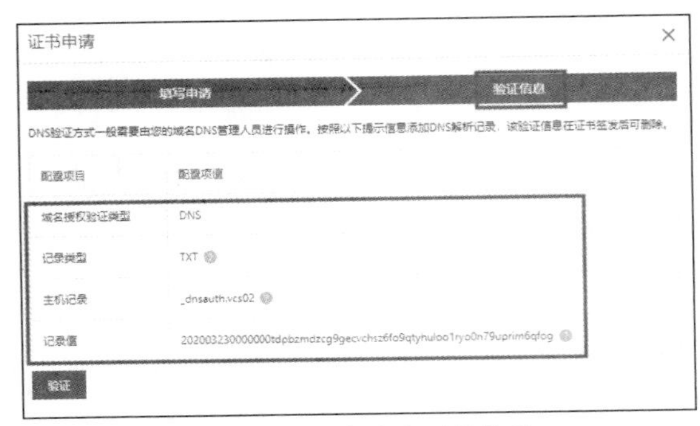

图 10-2-8　需要验证的信息

（10）切换到阿里云证书申请界面，单击“验证”按钮，如果提示“验证失败”，未检测到 DNS 配置记录（如图 10-2-10 所示），请等待几分钟，然后再单击“验证”按钮，直到提示“验证成功”的信息，单击“提交审核”按钮，如图 10-2-11 所示。

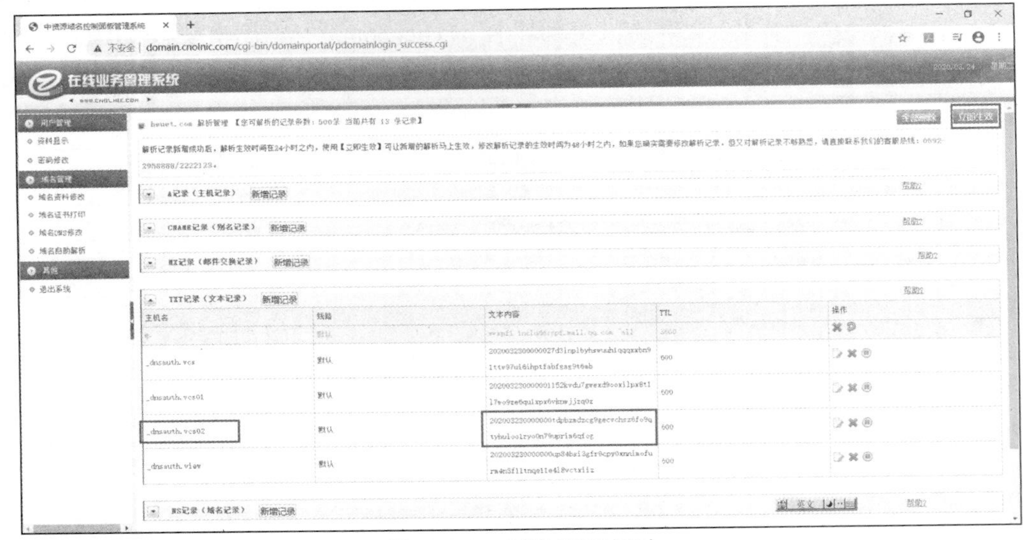

图 10-2-9　创建 TXT 记录

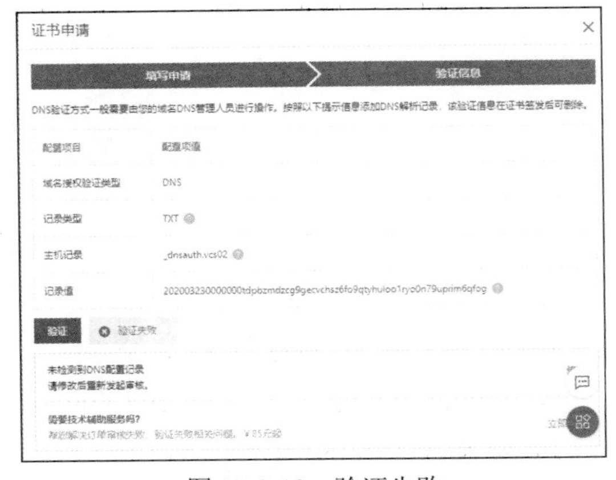

图 10-2-10　验证失败

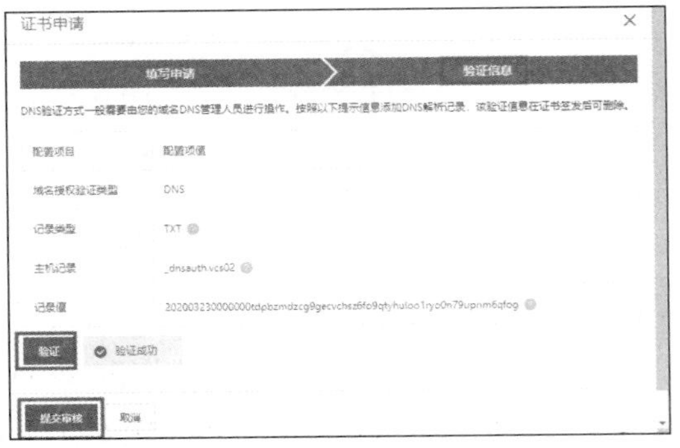

图 10-2-11　提交审核

（11）参照步骤（6）~（10），为 vcs01.heuet.com、composer.heuet.com、view.heuet.com 申请证书。审核通过之后，在“已签发”中，选择一个证书，单击“下载”链接，如图 10-2-12 所示。

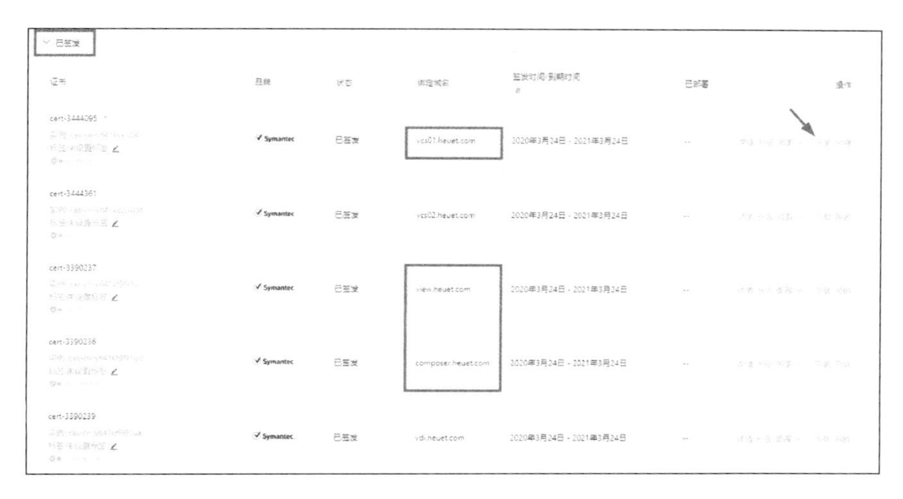

图 10-2-12　下载证书

（12）在“证书下载”界面中，下载 IIS 的证书，如图 10-2-13 所示。

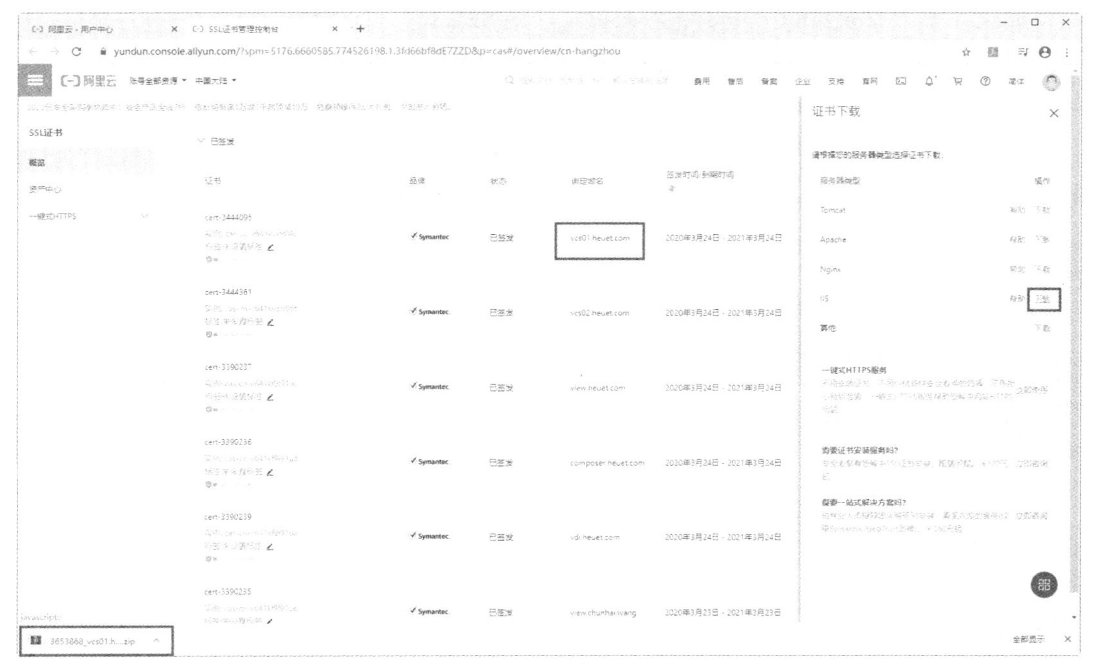

图 10-2-13　下载 IIS 证书

（13）将每个证书下载 IIS 类型的证书，下载之后复制（如图 10-2-14 所示），然后粘贴到安全服务器、连接服务器、Composer 服务器中备用。

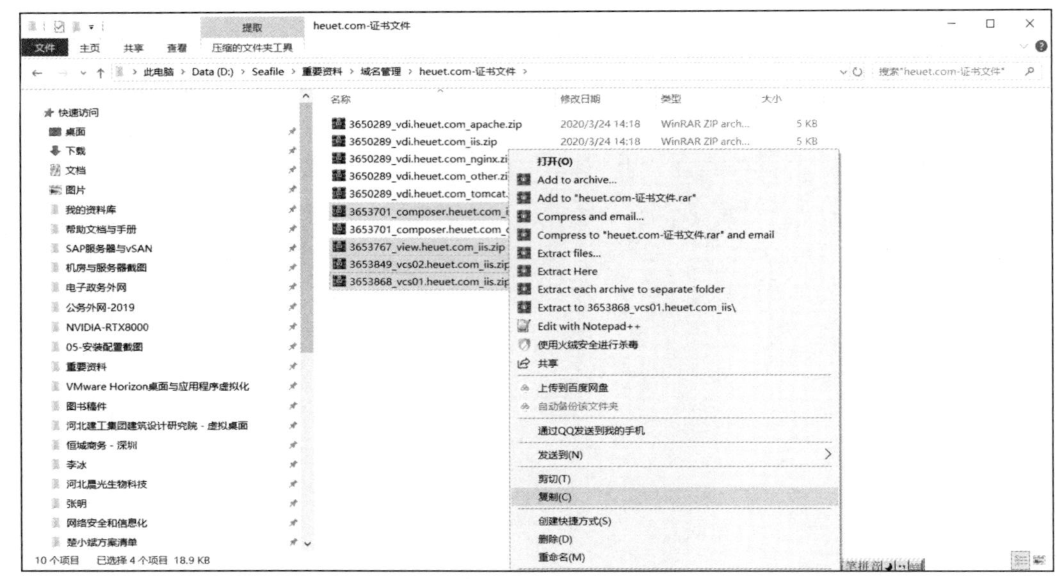

图 10-2-14　下载的证书

10.2.2　为 Horizon Composer Server 替换证书

如果在安装 Horizon Composer 后配置了新的 SSL 证书，则必须运行 SviConfig Replace Certificate 实用程序以替换绑定至 Horizon Composer 所用端口的证书。该实用程序可解除绑定现有证书，并可将新证书绑定至该端口。

如安装 Horizon Composer 之前在 Windows Server 计算机中安装了新证书，则不必运行 SviConfig Replace Certificate 实用程序。运行 Horizon Composer 安装程序时，可选择由 CA 签发的某个证书取代默认的自签发证书。安装过程中会将选择的证书绑定至 Horizon Composer 使用的端口。

（1）复制为 Composer 服务器申请的证书到 Composer 服务器，解压缩展开，有两个文件：一个是证书文件，本示例为 3653701_composer.heuet.com.pfx；另一个为文本文件，里面有证书导入密码，如图 10-2-15 所示。

图 10-2-15　解压缩下载的证书文件

（2）以管理员账户登录到 Composer 服务器，打开“证书（本地计算机）”证书管理单元，选中“证书（本地计算机）→个人→证书”，在右侧空白窗格中用鼠标右键单击，选择“所有任务→导入”命令，如图 10-2-16 所示。

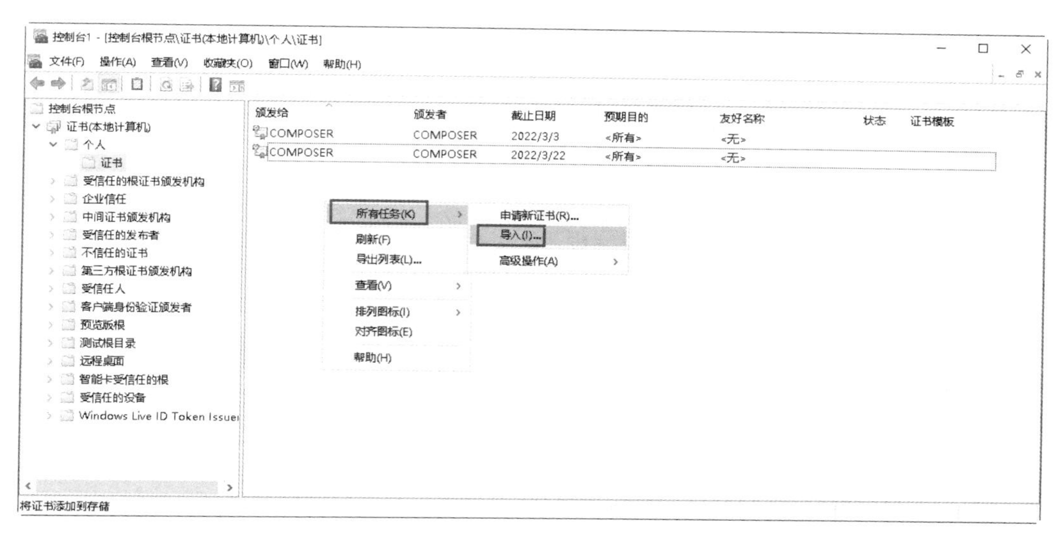

图 10-2-16　导入

（3）在“欢迎使用证书导入向导”对话框中单击“下一步”按钮，如图 10-2-17 所示。

（4）在“要导入的文件”中，选择解压缩展开的证书文件，本示例为 3653701_composer.heuet.com.pfx，如图 10-2-18 所示。

图 10-2-17　导入

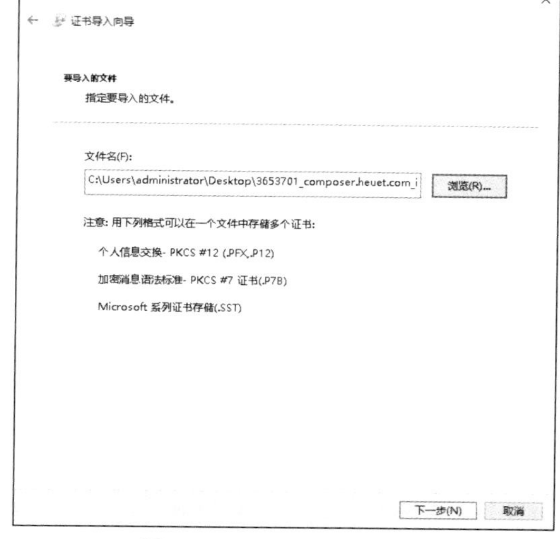

图 10-2-18　要导入的文件

（5）在“私钥保护”对话框中，输入证书导入密码，如图 10-2-19 所示。

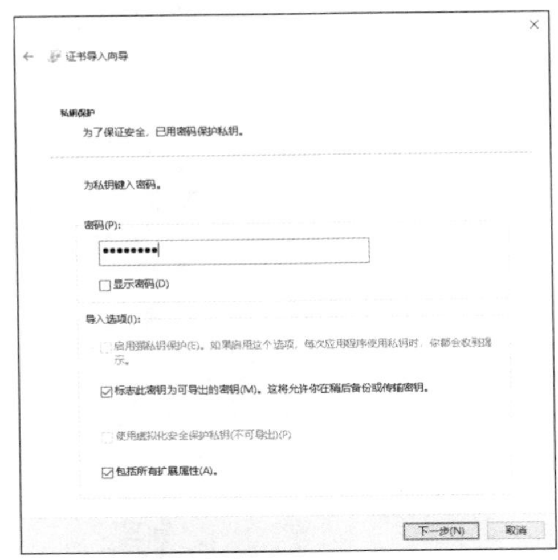

图 10-2-19　导入证书

（6）证书导入之后，证书的友好名称是 alias。用鼠标右键单击导入的证书，在弹出的快捷菜单中选择“属性”命令（如图 10-2-20 所示），在弹出的“composer.heuet.com 属性”对话框中将证书友好名称改为 vdm（如图 10-2-20 所示），单击“确定”按钮。

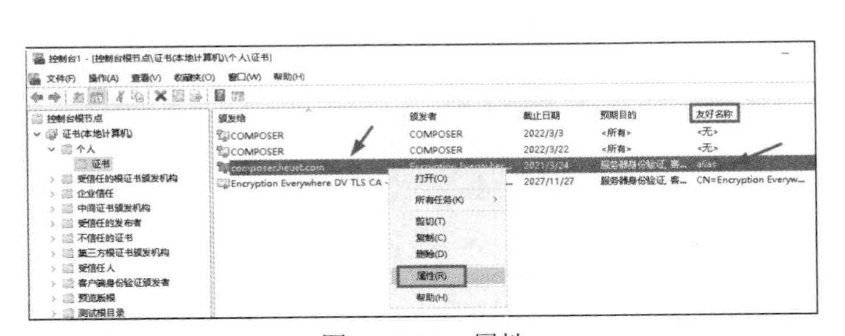

图 10-2-20　属性

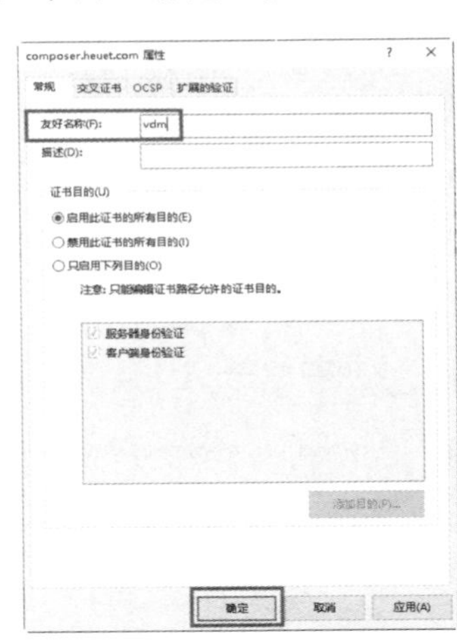

图 10-2-21　修改证书友好名称

（7）修改之后如图 10-2-22 所示。

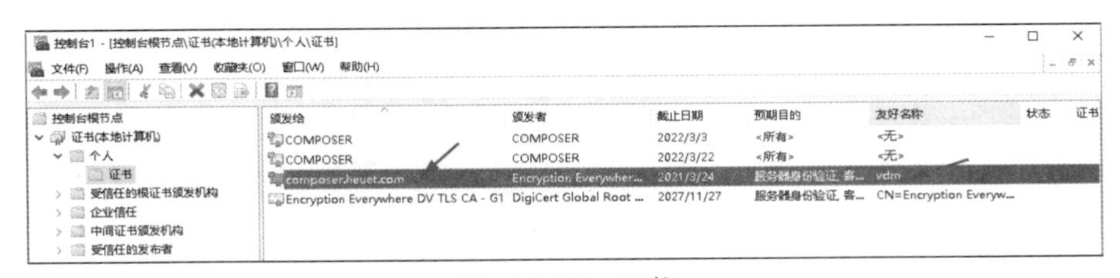

图 10-2-22　证书

要将现有证书或默认的自签发证书替换为新证书，则必须使用 SviConfig Replace Certificate 实用程序。SviConfig 在 C:\Program Files (x86)\VMware\Horizon Composer 文件夹中，需要在命令提示窗口中，进入该文件夹，再执行 SviConfig。

（1）打开“管理工具→服务”，停止 VMware Horizon 7 Composer 服务，如图 10-2-23 所示。

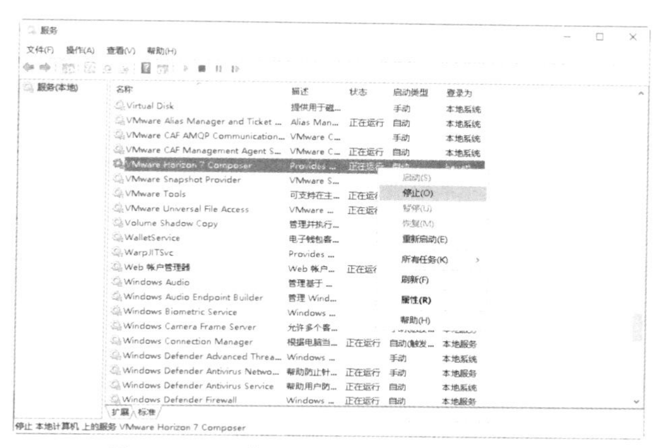

图 10-2-23　停止 Horizon Composer 服务

（2）打开命令窗口，执行以下命令进入 SviConfig 所在文件夹。

```
cd C:\Program Files (x86)\VMware\Horizon Composer
```

（3）执行以下命令。

```
sviconfig -operation=ReplaceCertificate -delete=false
```

（4）此时会弹出下面提示：

```
    C:\Program Files (x86)\VMware\VMware View Composer>sviconfig -operation=
replacecertificate -delete=false

    Select a certificate:

     1. Subject: C=US, S=CA, L=CA, O=VMware Inc., OU=VMware Inc., CN=COMPOSER,
E=support@vmware.com
        Valid from: 2020/3/3 21:15:44
        Valid to: 2022/3/3 21:15:44
        Thumbprint: 92D142722E53963E0144D41F217B316413131994

     2. Subject: C=US, S=CA, L=CA, O=VMware Inc., OU=VMware Inc., CN=COMPOSER,
E=support@vmware.com
        Valid from: 2020/3/22 14:02:13
        Valid to: 2022/3/22 14:02:13
        Thumbprint: 053DDA6A44C2D42E6C6C6074BB993DEDF03D3500

     3. Subject: CN=composer.heuet.com
```

```
    Valid from: 2020/3/24 8:00:00
    Valid to: 2021/3/24 20:00:00
    Thumbprint: 011099E1D4E4D7289A38F66DBF335EC1BC9AEA85

Enter choice (0-3, 0 to abort):3
```

（5）在“Enter choice (0-3, 0 to abort):”后输入数字选择要替换的证书，在此选择 3，然后开始替换证书，程序执行结果如下。

```
Unbind certificate from the port 18443 successfully.
Bind the new certificate to the port.
ReplaceCertificate operation completed successfully.
```

（6）程序执行过程如图 10-2-24 所示。

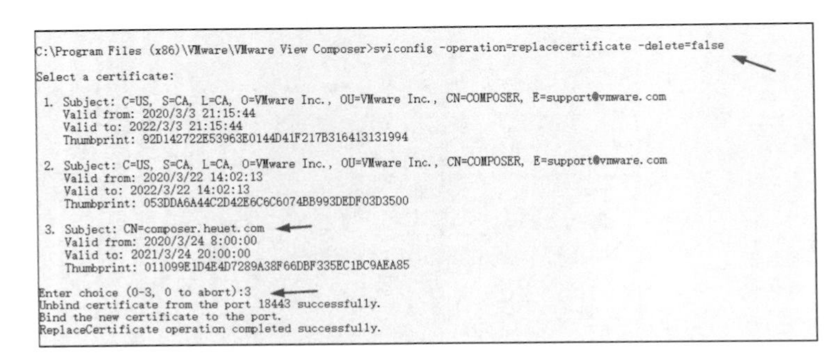

```
C:\Program Files (x86)\VMware\VMware View Composer>sviconfig -operation=replacecertificate -delete=false

Select a certificate:

 1. Subject: C=US, S=CA, L=CA, O=VMware Inc., OU=VMware Inc., CN=COMPOSER, E=support@vmware.com
    Valid from: 2020/3/3 21:15:44
    Valid to: 2022/3/3 21:15:44
    Thumbprint: 92D142722E53963E0144D41F217B316413131994

 2. Subject: C=US, S=CA, L=CA, O=VMware Inc., OU=VMware Inc., CN=COMPOSER, E=support@vmware.com
    Valid from: 2020/3/22 14:02:13
    Valid to: 2022/3/22 14:02:13
    Thumbprint: 053DDA6A44C2D42E6C6C6074BB993DEDF03D3500

 3. Subject: CN=composer.heuet.com
    Valid from: 2020/3/24 8:00:00
    Valid to: 2021/3/24 20:00:00
    Thumbprint: 011099E1D4E4D7289A38F66DBF335EC1BC9AEA85

Enter choice (0-3, 0 to abort):3
Unbind certificate from the port 18443 successfully.
Bind the new certificate to the port.
ReplaceCertificate operation completed successfully.
```

图 10-2-24　为 Horizon Composer 替换证书

（7）在“服务”中，启动 VMware Horizon 7 Composer 服务，如图 10-2-25 所示。

图 10-2-25　启动 Composer 服务

启动 VMware Horizon 7 Composer 服务之后，就完成了证书的替换。

10.2.3　替换 Horizon 连接服务器与安全服务器的证书

替换 Horizon 连接服务器与安全服务器的证书比较简单，只要在证书（本地计算机）管理单元导入申请的证书，然后删除 Horizon 连接服务器或安全服务器原来的证书，修改证书友好名称为 vdm，然后重新启动连接服务器或安全服务器就可以完成证书的替换。

（1）以管理员账户登录到 Horizon 连接服务器，本示例为 vcs01 的连接服务器，在“证书（本地计算机）→个人→证书”中，删除 Horizon 连接服务器安装时创建的自签名证书（证书的颁发者与证书名同名，导入从阿里云申请的证书，然后修改证书友好名称为 vdm，如图 10-2-26 所示。

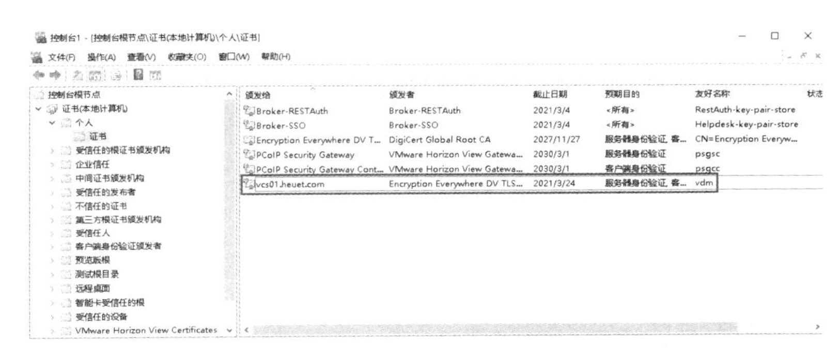

图 10-2-26　导入证书并修改友好名称

（2）在“服务”中重新启动 VMware Horizon View 连接服务器（如图 10-2-27 所示），就可以完成证书的替换。

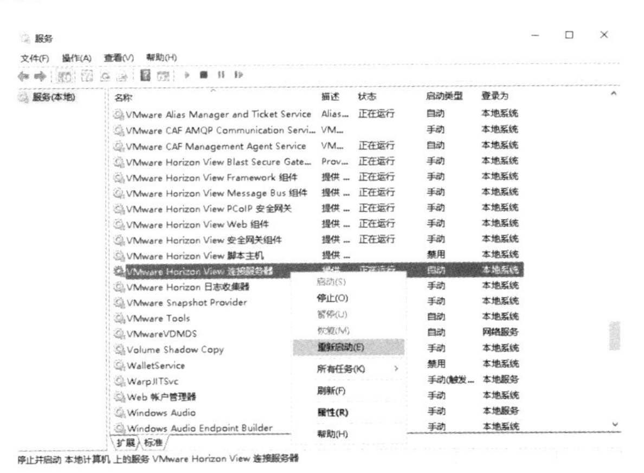

图 10-2-27　重新启动 Horizon 连接服务器

（3）登录到 vcs02.heuet.com 的连接服务器，在“证书（本地计算机）→个人→证书”中，删除 Horizon 连接服务器安装时创建的自签名证书（证书的颁发者与证书名同名，导入从阿里云申请的证书，然后修改证书友好名称为 vdm，如图 10-2-28 所示。

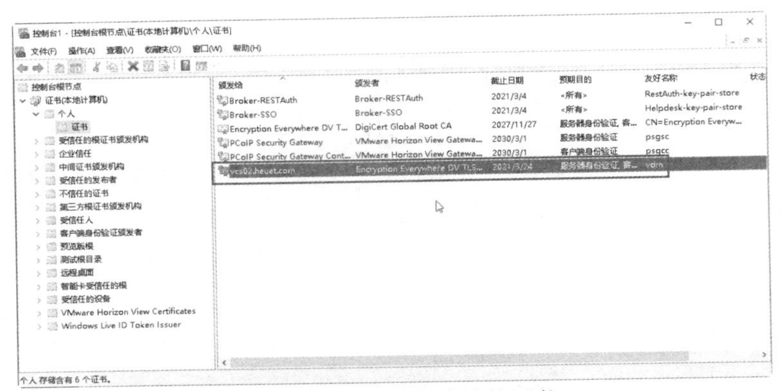

图 10-2-28　导入新申请的证书

在“服务”中重新启动 VMware Horizon View 连接服务器，就可以完成证书的替换。

（4）登录到安全服务器，在“证书（本地计算机）→个人→证书”中，删除 Horizon 连接服务器安装时创建的自签名证书（证书的颁发者与证书名同名，导入从阿里云申请的证书，然后修改证书友好名称为 vdm，如图 10-2-29 所示

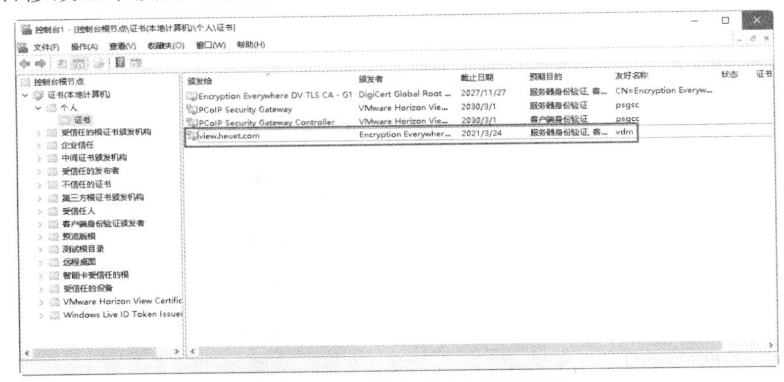

图 10-2-29　导入新申请的证书

（5）在“服务”中重新启动 VMware Horizon 7 安全服务器，就可以完成证书的替换。如图 10-2-30 所示。

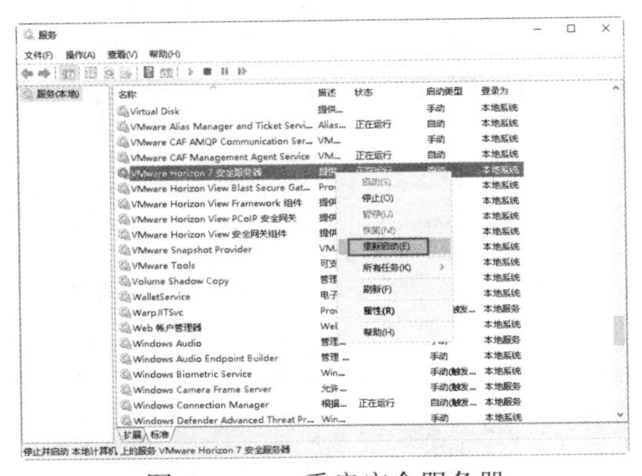

图 10-2-30　重启安全服务器

10.2.4　替换 JMPServer 服务器的证书

本节介绍替换 JMPServer 服务器证书的内容。本节仍然以使用阿里云证书为例。

（1）在阿里云申请名为 jmpserver.heuet.com 的证书，证书申请通过之后下载 Nginx 的证书，如图 10-2-31 所示。

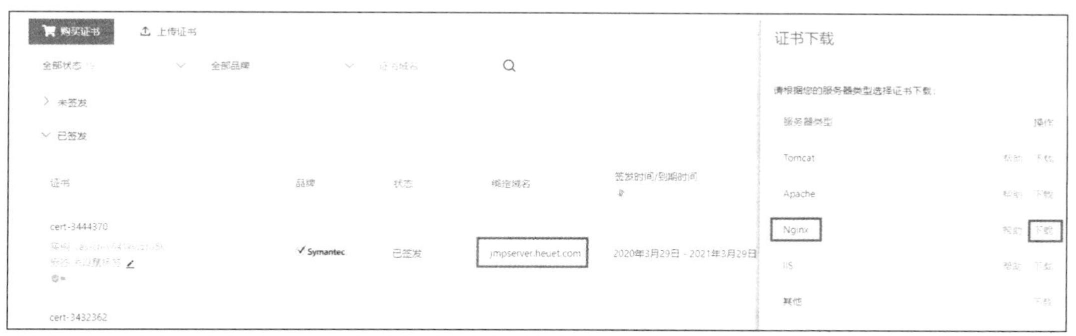

图 10-2-31　下载 jmpserver.heuet.com 的 Nginx 证书

（2）解压缩下载的文件，有两个文件，其中一个文件名为 3678522_jmpserver.heuet.com.key，另一个为 3678522_jmpserver.heuet.com.pem，将 3678522_jmpserver.heuet.com.key 重命名为 jmp_self_vmware.com.key，将 3678522_jmpserver.heuet.com.pem 重命名为 jmp_self_vmware.com.crt。然后将这两个文件复制到 C:\Program Files (x86)\VMware\JMP\com\XMS\nginx\conf\文件夹中，替换 JMP Server 自带的证书文件，在替换默认的证书文件之前，可以将其备份。

（3）在"服务"中重新启动 VMware JMP API Service、VMware JMP File Share Service、VMware JMP Platform Services 服务，如图 10-2-32 所示。

图 10-2-32　重新启动 JMP Server 相关服务

10.2.5 替换 App Volumes 管理服务器的证书

替换 App Volumes 管理服务器的证书的方式与替换 JMP Server 证书的方式类似，下面简要介绍。

（1）在阿里云申请名为 appvs.heuet.com 的证书，证书申请通过之后下载 Nginx 的证书。

（2）解压缩下载的文件，有两个文件，其中一个文件名为 3678610_appvs.heuet.com.key，另一个为 3678610_appvs.heuet.com.pem，将 3678610_appvs.heuet.com.key 重命名为 appvol_self_vmware.com.key，将 3678610_appvs.heuet.com.pem 重命名为 appvol_self_vmware.com.crt。然后将这两个文件复制到 C:\Program Files (x86)\CloudVolumes\Manager\nginx\conf\ 文件夹中，替换 App Volumes 管理服务器自带的证书文件，在替换默认的证书文件之前，可以将其备份。

如果无法替换 appvol_self_vmware.com.key 文件，可以修改 appvol_self_vmware.com.key 文件的安全属性，允许 Administrator 完全控制。

（1）在 C:\Program Files (x86)\CloudVolumes\Manager\nginx\conf\ 文件夹中用鼠标右键单击 appvol_self_vmware.com.key 文件，在弹出的快捷菜单中选择“属性”命令（如图 10-2-33 所示），在“安全”选项卡中可以看到当前 Administrators 为“读取和执行”权限，单击“高级”按钮，如图 10-2-34 所示。

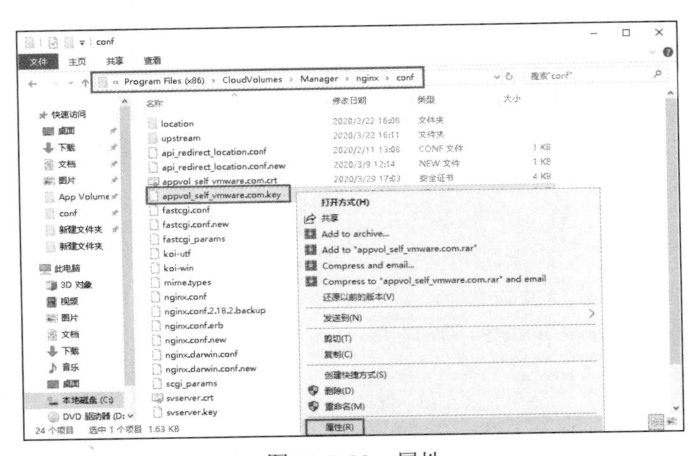

图 10-2-33 属性

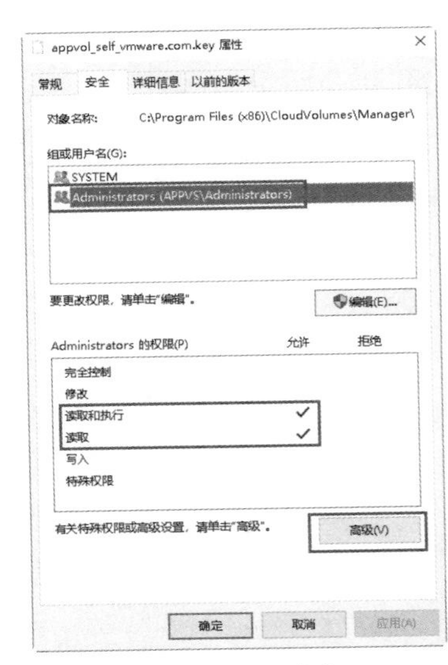

图 10-2-34 高级

（2）在“appvol_self_vmware.com.key 的高级安全设置”对话框中的“所有者”后面单击“更改”链接（如图 10-2-35 所示），在“选择用户、计算机、服务账户或组”对话框中输入 Administrator，单击“确定”按钮，如图 10-2-36 所示。

图 10-2-35　更改

图 10-2-36　更改为 Administrator

（3）在“appvol_self_vmware.com.key 的高级安全设置”对话框中单击“确定”按钮（如图 10-2-37 所示），返回到“appvol_self_vmware.com.key 属性”对话框，单击“编辑”按钮，如图 10-2-38 所示。

图 10-2-37　确定

图 10-2-38　编辑

（4）在“appvol_self_vmware.com.key 的权限”对话框中，单击 Administrators，在 Administrators 的权限中的“完全控制”后面选中允许（如图 10-2-39 所示），然后单击“确定”按钮返回到“appvol_self_vmware.com.key 属性”对话框，单击“确定”按钮完成设置，如图 10-2-40 所示。

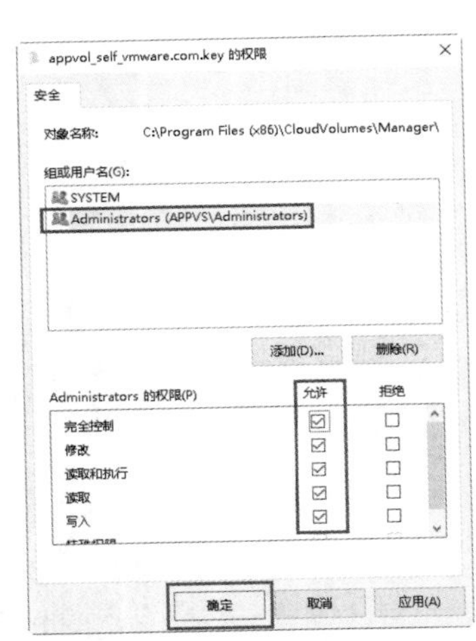

图 10-2-39　修改权限

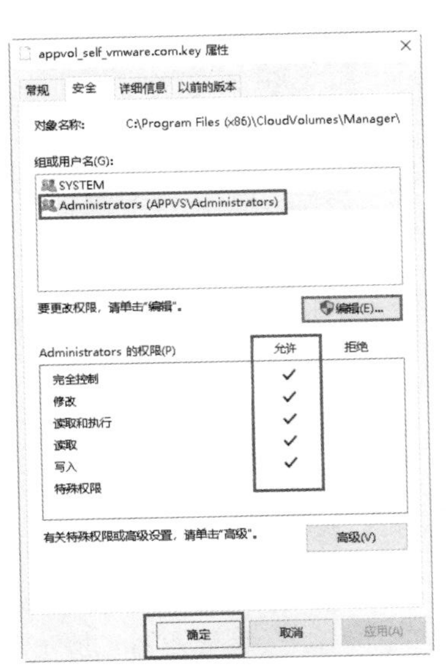

图 10-2-40　修改权限完成

经过上述设置之后，就可以替换 appvol_self_vmware.com.key。替换完成之后，再修改 appvol_self_vmware.com.key 的安全权限，允许 Administrators 有读取和执行的权限，如图 10-2-41 所示。

最后在“服务”中重新启动 App Volumes Manager 与 App Volumes PowerShell 服务，如图 10-2-42 所示。

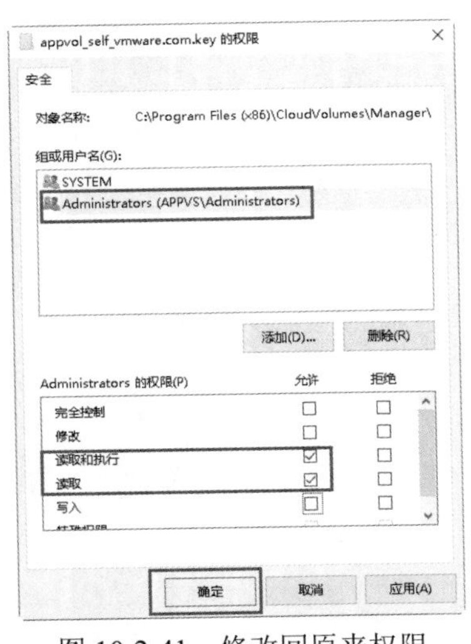

图 10-2-41　修改回原来权限

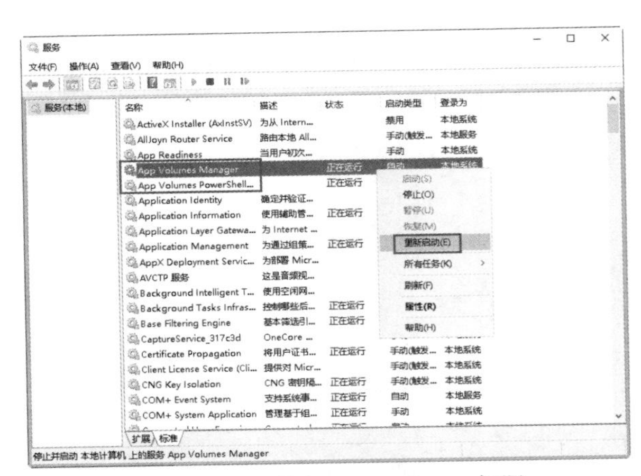

图 10-2-42　重启 App Volumes 权限

注意：在替换了 Horizon 连接服务器证书之后，需要导出 Horizon 证书，并重新导入 JMP 服务器中。关于这些内容，可以参见第 9.3.2 节和 9.3.3 节的内容。

10.2.6　替换证书之后测试

在替换 Horizon 安全服务器、连接服务器、Composer 服务器证书之后，可以在 Horizon 连接服务器管理控制台与客户端登录进入测试。

（1）登录 Horizon 控制台，本示例为 https://vcs01.heuet.com/admin，在出现管理界面之后可以查看证书的信息，如图 10-2-43 所示。

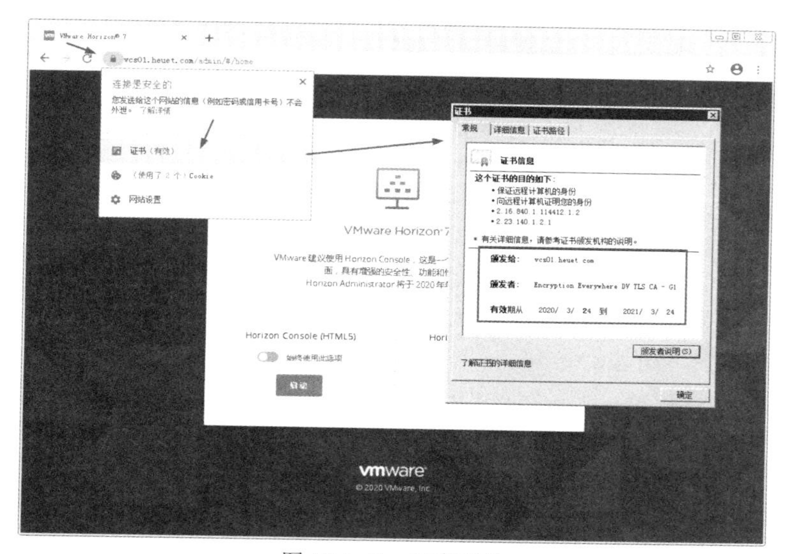

图 10-2-43　证书有效

（2）在“View 配置→服务器→连接服务器”中（如图 10-2-44 所示），编辑连接服务器的信息，将 vcs01 的连接服务器的信息从原来使用 IP 地址改为 vcs01.heuet.com 的域名（如图 10-2-45 所示），将 vcs02 的连接服务器的信息从原来使用 IP 地址改为 vcs02.heuet.com 的域名（如图 10-2-46 所示）。

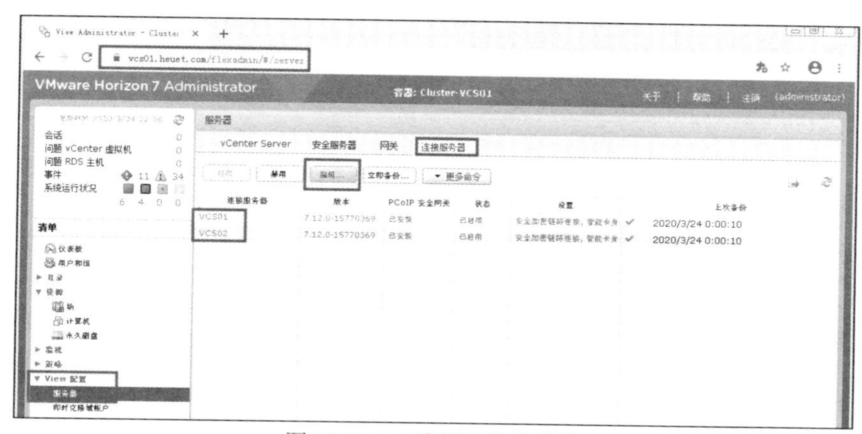

图 10-2-44　编辑连接服务器

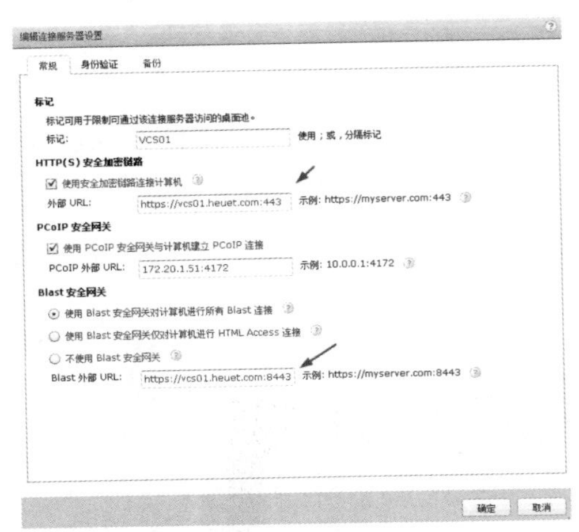

图 10-2-45　编辑 vcs01 的信息

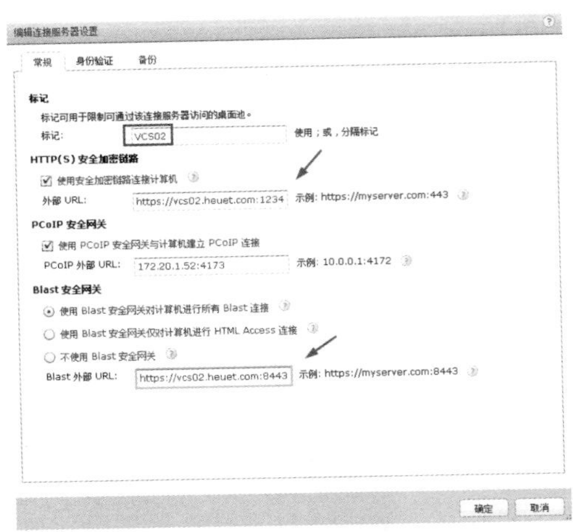

图 10-2-46　编辑 vcs02 的信息

（3）编辑安全服务器，将外部 URL 与 Blast 外部 URL 从原来使用 IP 地址改为使用域名，本示例为 view.heuet.com，如图 10-2-47 所示。

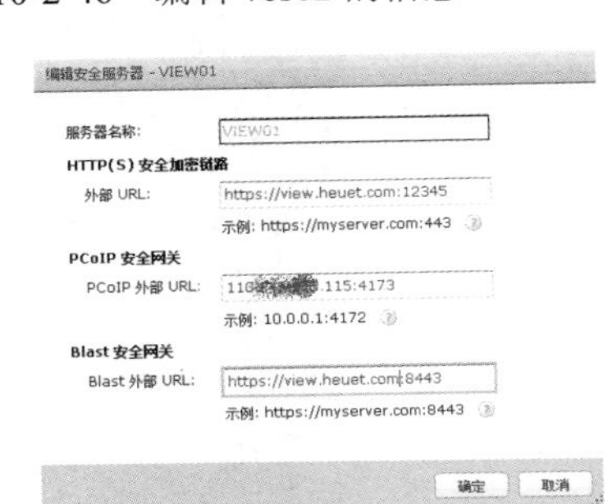

图 10-2-47　编辑安全服务器

（4）在“清单→仪表板”中可以看到，安全服务器、连接服务器、Composer 服务器等组件的颜色已经变成绿色，如图 10-2-48 所示。

客户端登录 Horizon 安全服务器时，图标也变成绿色，如图 10-2-49 所示。

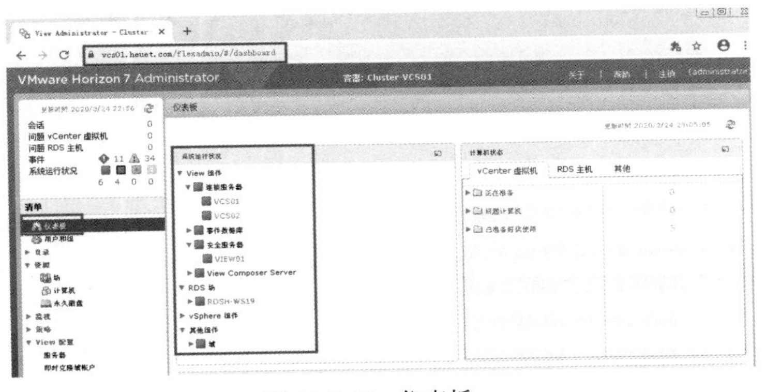

图 10-2-48　仪表板

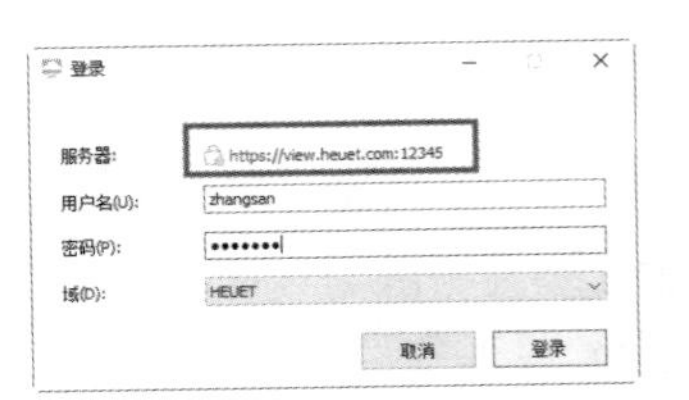

图 10-2-49　客户端登录

注意： 当前申请的证书 1 年有效，管理员应该在证书到期前重新申请证书，然后替换服务器的证书。如果证书过期将无法使用。

10.3　使用 Horizon 7 组策略管理模板文件

Horizon 7 提供了多个特定于组件的组策略管理 ADMX 模板文件。管理员可以将这些 ADMX 模板文件中的策略设置添加到 Active Directory 中的新 GPO 或现有 GPO，从而优化和保护远程桌面和应用程序。

为 Horizon 7 提供组策略设置的所有 ADMX 文件包含在 VMware-Horizon-Extras-Bundle-x.x.x-yyyyyyy.zip 中，其中 x.x.x 是版本，yyyyyyy 是内部版本号。本章以 Horizon 7.12 中提供的策略文件为例进行介绍，该策略文件压缩包文件名为 VMware-Horizon-Extras-Bundle-5.4.0-15805437.zip，压缩包内容如图 10-3-1 所示。

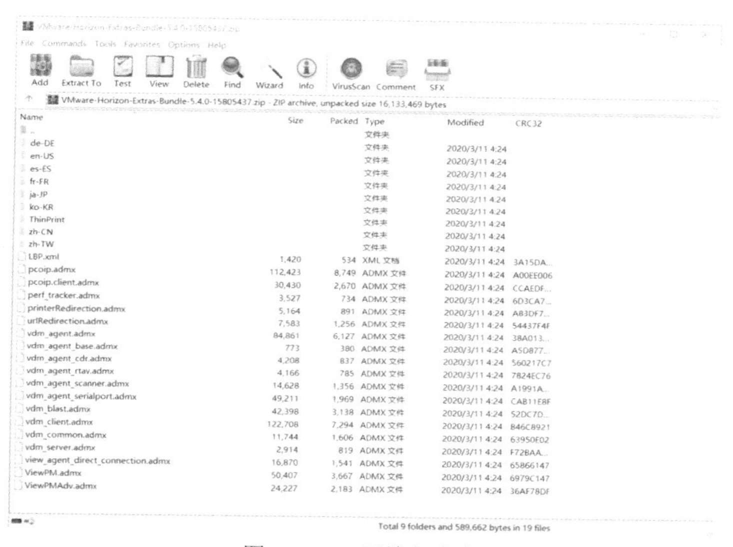

图 10-3-1　压缩包内容

Horizon 7 ADMX 模板文件同时包含计算机配置组策略和用户配置组策略。

计算机配置策略将设置应用于所有远程桌面的策略（无论哪个用户连接到桌面）。用户配置策略将设置应用于所有用户的策略（无论它们连接到哪个远程桌面或应用程序）。用户配置策略覆盖等效的计算机配置策略。Microsoft Windows 在桌面启动时和用户登录时应用策略。

10.3.1　将 ADMX 模板文件添加到 Active Directory

管理员可以将 Horizon 7 ADMX 文件中特定远程桌面功能的策略设置添加到 Active Directory 中的组策略对象（Group Policy Object，GPO）。

确认虚拟机桌面和 RDS 主机上安装了要应用其策略的远程桌面功能的安装选项。如果未安装该远程桌面功能，则组策略设置将无效。

为要对其应用组策略设置的远程桌面功能创建 GPO，并将其链接到包含虚拟机桌面或 RDS 主机的 OU。

确认要添加到 Active Directory 的 ADMX 模板文件的名称。解压缩 VMware-Horizon-Extras-Bundle-5.4.0-15805437.zip 文件，并将 ADMX 文件复制到 Active Directory 服务器。

（1）将.admx 文件复制到 Active Directory 服务器上的%systemroot%\PolicyDefinitions 文件夹中，本示例为两台 Active Directory 服务器的 c:\windows\ PolicyDefinitions 文件夹。

（2）将语言资源文件（en-US 和 zh-cn 子文件夹中的扩展名为.adml 文件）复制到 Active Directory 服务器的 c:\windows\ PolicyDefinitions 中的相应子文件夹。

（3）在 Active Directory 服务器上，为保存 Horizon 虚拟桌面计算机的 OU 或（和）Horizon 虚拟桌面用户所在的 OU，创建或编辑组策略。

VMware Horizon 提供 Horizon 代理、Horizon 客户端配置、Horizon 服务器等多个模板，Horizon 模板文件及说明如表 10-3-1 所列。

表 10-3-1 Horizon ADMX 模板文件

模板名称	模板文件	说明
VMware View Agent 配置	vdm_agent.admx	包含与 Horizon Agent 的身份验证和环境组件相关的策略设置
VMware Horizon Client 配置	vdm_client.admx	包含与 Horizon Client for Windows 相关的策略设置。 从连接服务器主机域外部连接的客户端不受应用于 Horizon Client 的策略的影响
VMware Horizon URL 重定向	urlRedirection.admx	包含与 URL 内容重定向功能相关的策略设置。如果将此模板添加到远程桌面池或应用程序池的 GPO，则在远程桌面或应用程序内单击的某些 URL 链接会被重定向到基于 Windows 的客户端，并在客户端浏览器中将其打开。如果此模板添加到客户端 GPO，则当用户在基于 Windows 的客户端系统中单击某些 URL 链接时，会在远程桌面或应用程序中打开该 URL
VMware View Server 配置	vdm_server.admx	包含与连接服务器相关的策略设置
VMware View 公共配置	vdm_common.admx	包含所有 Horizon 组件中的常见策略设置
PCoIP 会话变量	pcoip.admx	包含与 PCoIP 显示协议相关的策略设置
PCoIP 客户端会话变量	pcoip.client.admx	包含与影响 Horizon Client for Windows 的 PCoIP 显示协议相关的策略设置
用户配置管理	ViewPM.admx	包含与 Horizon Persona Management 相关的策略设置
VMware 虚拟打印重定向	printerRedirection.admx	包含执行以下操作的策略设置：禁用基于位置的打印、禁用打印设置持久性和为重定向的客户端打印机选择打印机驱动程序
基于位置的打印	LBP.xml	用于为每个基于位置的打印机定义 VMware 虚拟打印的转换规则的模板
查看 RTAV 配置	vdm_agent_rtav.admx	包含与实时音频-视频功能配合使用的网络摄像头相关的策略设置

续表

模板名称	模板文件	说　明
扫描仪重定向	vdm_agent_scanner.admx	包含与被重定向以用于已发布桌面和应用程序的扫描设备相关的策略设置
Serial COM	vdm_agent_serialport.admx	包含与被重定向以用于虚拟桌面的串行（COM）端口相关的策略设置
VMware Horizon 打印机重定向	vdm_agent_printing.admx	包含与筛选重定向的打印机相关的策略设置
View Agent Direct-Connection	view_agent_direct_connection.admx	包含与 View Agent Direct-Connection 插件相关的策略设置
VMware Horizon 性能跟踪器	perf_tracker.admx	包含与 VMware Horizon 性能跟踪器功能相关的策略设置
VMware Horizon Client 驱动器重定向	vdm_agent_cdr.admx	包含与客户端驱动器重定向功能相关的策略设置

10.3.2　使用 Horizon 模板策略

Active Directory 组策略针对计算机、用户进行配置，Horizon 提供的模板文件也是针对计算机与用户进行配置。在本示例中，以即时克隆虚拟机及即时克隆用户为例进行介绍。

（1）以域管理员账户登录到 Active Directory 域服务器，在“组策略管理”中，定位到 VDI-Instant 组织单位，用鼠标右键单击右侧的 Instant-GPO 组策略，在弹出的快捷菜单中选择“编辑”命令，如图 10-3-2 所示。

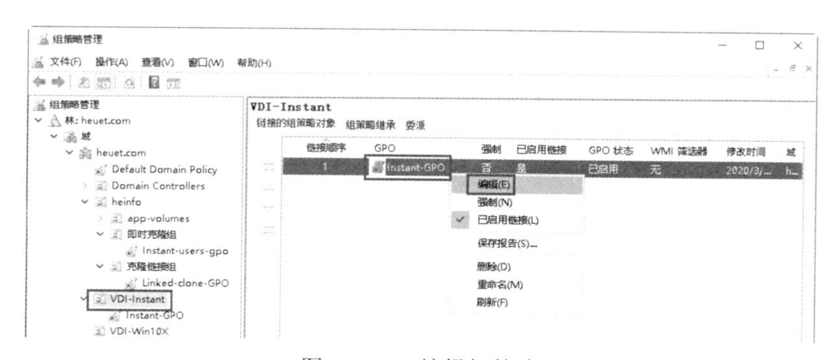

图 10-3-2　编辑组策略

（2）打开“组策略管理编辑器”，定位到“计算机配置→策略→管理模板”中，可以看到新增加了“PCoIP 会话变量、PCoIP 客户端会话变量、VMware Blast、VMware Horizon Client 配置、VMware Horizon URL 重定向、VMware Horizon 性能跟踪器、VMware Integrated Printing、VMware View Agent 配置、VMware View Server 配置、VMware View 公共配置”等组策略，这是针对加入该组织单位的计算机配置的策略，如图 10-3-3 所示。管理员可以根据需要进行修改。

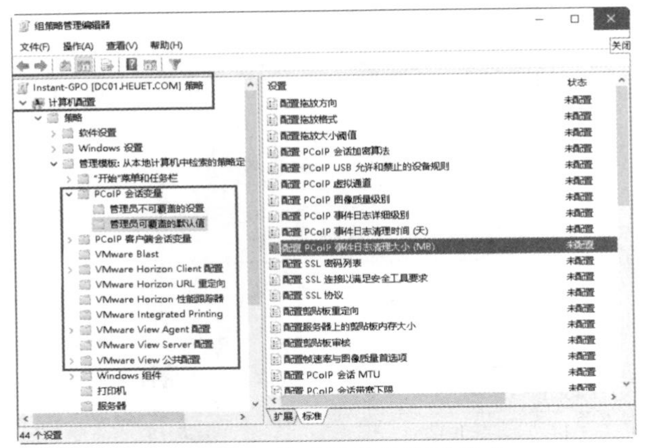

图 10-3-3　修改计算机配置策略

（3）在“组策略管理”中，定位到“即时克隆组”组织单位，用鼠标右键单击右侧的 Instant-users-gpo 组策略，在弹出的快捷菜单中选择“编辑”命令，如图 10-3-4 所示。

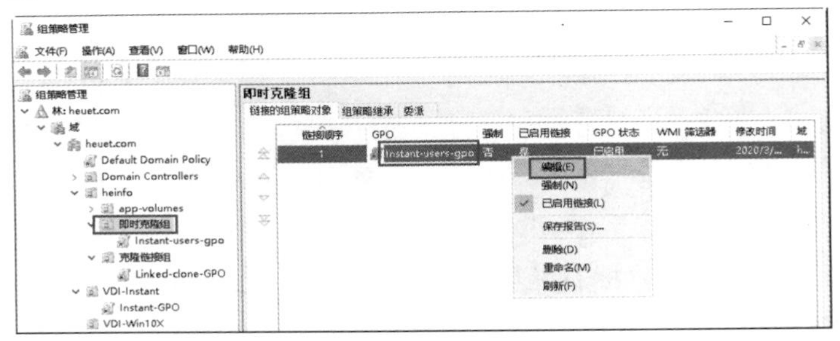

图 10-3-4　编辑用户组策略

（4）打开“组策略管理编辑器”，定位到“用户配置→策略→管理模板”中，可以看到增加了 VMware Horizon Client 配置、VMware Horizon URL 重定向、VMware View Agent 配置等组策略，这是针对使用该用户的配置的策略，如图 10-3-5 所示，管理员可以根据需要进行修改，具体操作不再介绍。

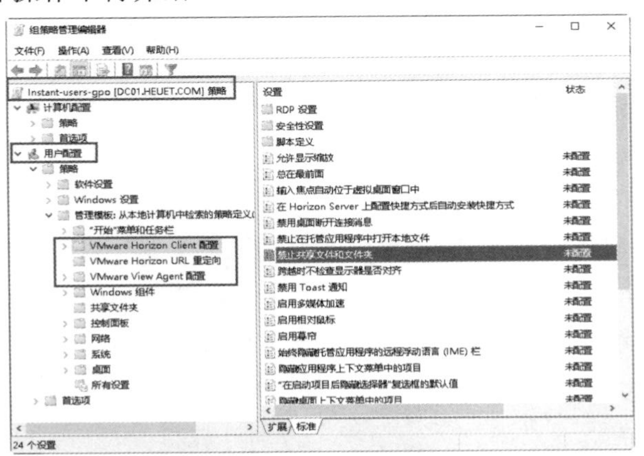

图 10-3-5　修改用户组策略

等组策略修改完成后，进入命令提示窗口，执行 gpupdate /force 命令更新组策略，如图 10-3-6 所示。受到影响的计算机与用户在下次登录或重新启动后生效。

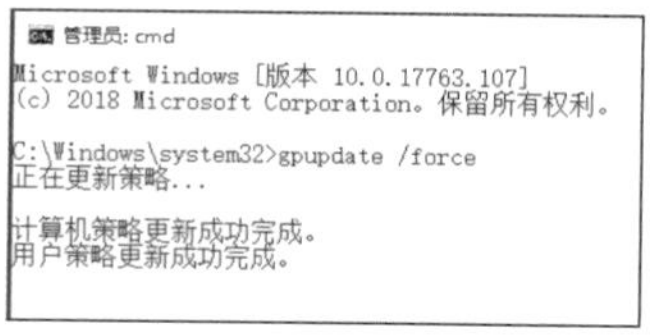

```
管理员: cmd
Microsoft Windows [版本 10.0.17763.107]
(c) 2018 Microsoft Corporation。保留所有权利。

C:\Windows\system32>gpupdate /force
正在更新策略...

计算机策略更新成功完成。
用户策略更新成功完成。
```

图 10-3-6 更新组策略

10.4 使用 VMware Unified Access Gateway 代替安全服务器

如果想通过 Internet 使用企业内部的虚拟桌面，有三种方式：

（1）在企业出口配置 VPN 服务器，Internet 用户通过 VPN 的方式登录到 Horizon 连接服务器以使用虚拟桌面。

（2）配置 Horizon 安全服务器，Internet 用户通过安全服务器使用虚拟桌面。

（3）配置 VMware Unified Access Gateway（简称 UAG），Internet 用户通过 UAG 使用虚拟桌面。

本节介绍 UAG 代替安全服务器使用虚拟桌面的内容。

10.4.1 VMware Unified Access Gateway 概述

对于要从企业防火墙外部访问远程桌面和应用程序的用户，Unified Access Gateway 用作一个安全网关。

使用 Unified Access Gateway 可以设计需要对组织的应用程序进行安全外部访问的 VMware Horizon、VMware Identity Manager 和 VMware AirWatch 部署。这些应用程序可能是 Windows 应用程序、软件即服务（Software as a Service，SaaS）应用程序以及桌面。Unified Access Gateway 通常部署在隔离区（Demilitarized Zone，DMZ）中。

Unified Access Gateway 将身份验证请求发送到相应的服务器，并丢弃任何未经过身份验证的请求。用户只能访问被授权访问的资源。Unified Access Gateway 还确保可以将经过身份验证的用户产生的通信只重定向到用户实际有权访问的桌面和应用程序资源。该保护级别包括具体检查桌面协议以及协调可能快速变化的策略和网络地址以准确地控制访问。

Unified Access Gateway 可作为公司受信任网络中用于连接的代理主机。这种设计禁止从面向公众的 Internet 中访问虚拟桌面、应用程序主机和服务器，从而提供一个额外的安全层。

Unified Access Gateway 支持 Horizon 7.5.0 及以后的版本。现在 VMware 推荐使用

Unified Access Gateway 代替安全服务器。VMware Unified Access Gateway 支持的 Horizon 7 版本如表 10-4-1 所列。

表 10-4-1　VMware Unified Access Gateway 支持的 Horizon 7 版本

Horizon 7	UAG												
	3.9.1	3.9	3.8	3.7.2	3.7	3.6	3.5	3.4	3.3.1	3.3	3.2.1	3.2	3.1
7.12.0	Y	Y	Y	Y		Y	Y	Y	Y	Y	Y	Y	Y
7.11.0	Y	Y	Y	Y		Y	Y	Y	Y	Y	Y	Y	Y
7.10.1	Y	Y	Y	Y		Y	Y	Y	Y	Y	Y	Y	Y
7.10.0	Y	Y	Y	Y		Y	Y	Y	Y	Y	Y	Y	Y
7.9.0	Y	Y	Y	Y	Y	Y	Y	Y	Y	Y	Y	Y	Y
7.8.0	Y	Y	Y	Y	Y	Y	Y	Y	Y	Y	Y	Y	Y
7.7.0	Y	Y	Y	Y	Y	Y	Y	Y	Y	Y	Y	Y	Y
7.6.0	Y	Y	Y	Y	Y	Y	Y	Y	Y	Y	Y	Y	Y
7.5.4	Y	Y	Y	Y	Y	Y	Y	Y	Y	Y	Y	Y	Y
7.5.3	Y	Y	Y	Y	Y	Y	Y	Y	Y	Y	Y	Y	Y
7.5.2	Y	Y	Y	Y	Y	Y	Y	Y	Y	Y	Y	Y	Y
7.5.1	Y	Y	Y	Y	Y	Y	Y	Y	Y	Y	Y	Y	Y
7.5.0	Y	Y	Y	Y	Y	Y	Y	Y	Y	Y	Y	Y	Y

说明：Horizon 安全服务器与 Unified Access Gateway 都可以为 Internet 提供虚拟桌面的使用，两者只需要选择其中一个产品即可。

10.4.2　Unified Access Gateway 系统与网络需求

Unified Access Gateway 设备的 OVF 软件包自动选择 Unified Access Gateway 所需的虚拟机配置。虽然在安装后可以更改这些设置，但建议不要将 CPU、内存或磁盘空间更改为小于默认 OVF 设置的值。Unified Access Gateway 虚拟设备的系统需求如下。

- CPU：最低要求为 2 000 MHz。
- 内存：最小内存为 4 GB。
- 磁盘空间：虚拟设备下载文件大小为 2.6 GB，精简置备的磁盘最低要求为 3.5 GB，厚置备的磁盘最低要求为 20 GB。

在部署 Unified Access Gateway 虚拟设备需要以下信息。

- 静态 IP 地址（推荐）。
- DNS 服务器的 IP 地址。
- root 用户的密码。
- admin 用户的密码。

- Unified Access Gateway 设备指向的负载平衡器的服务器实例的 URL。

10.4.3　Unified Access Gateway 实验环境介绍

为了介绍 Unified Access Gateway，本节准备了如下的实验环境，如图 10-4-1 所示。

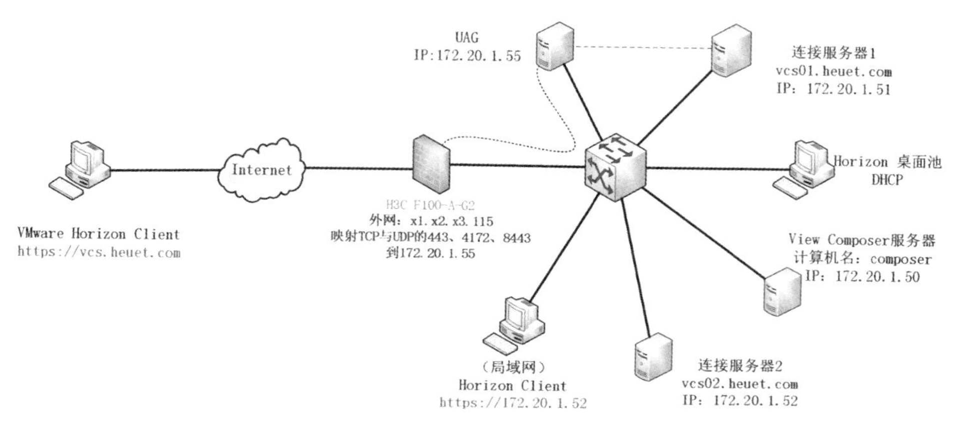

图 10-4-1　UAG 实验环境

在本示例中，用 IP 地址为 172.20.1.55 的 UAG 代替了原 IP 地址为 172.20.1.54 的安全服务器。原来 IP 地址为 172.20.1.54 的安全服务器与 IP 地址为 172.20.1.52 的连接服务器配置，在本示例中，防火墙（H3C F100-A-G2）映射 TCP 与 UDP 协议的 443、4172、8443 端口到 UAG 服务器 172.20.1.55，然后再连接到 172.20.1.51 的安全服务器。在本示例中，H3C F100-A-G2 防火墙映射端口到 172.20.1.55 的截图如图 10-4-2 所示。

H3C SecPath F100-A-G2　概览　监控　策略　对象　网络　系统

导航：安全策略　安全防护　NAT　NAT快速配置　NAT动态转换　NAT内部服务器　策略配置　服务器组

NAT内部服务器　新建　删除　开启　关闭　删除　按页面显示导出　172.20.1.55

接口	协议类型	映射备注	AC...	外网地址	外网端口	外网VRF	内部服务器地址	内部服务器...	内部服务器V...	反向地址转换	状态
Vlan2000	TCP（6）	Horizon_443		1[illegible]115-	443-	公网	172.20.1.55-	443-	公网	禁止	开启
Vlan2000	TCP（6）	Horizon_4172		1[illegible]115-	4172-	公网	172.20.1.55-	4172-	公网	禁止	开启
Vlan2000	TCP（6）	Horizon_8443		1[illegible]115-	8443-	公网	172.20.1.55-	8443-	公网	禁止	开启
Vlan2000	UDP（17）	Horizon_443...		1[illegible]115-	443-	公网	172.20.1.55-	443-	公网	禁止	开启
Vlan2000	UDP（17）	Horizon_417...		1[illegible]115-	4172-	公网	172.20.1.55-	4172-	公网	禁止	开启
Vlan2000	UDP（17）	Horizon_844...		1[illegible]115-	8443-	公网	172.20.1.55-	8443-	公网	禁止	开启

图 10-4-2　防火墙配置截图

下面介绍 Unified Access Gateway 的安装与配置。

10.4.4　部署 Unified Access Gateway 设备

本节以 UAG 3.9.0.0-15751318 版本为例进行介绍。

（1）使用 vSphere Client 或 vSphere Web Client 登录到 vCenter Server，用鼠标右键单击主机、群集或资源池，在弹出的快捷菜单中选择“部署 OVF 模板”命令，如图 10-4-3

所示。

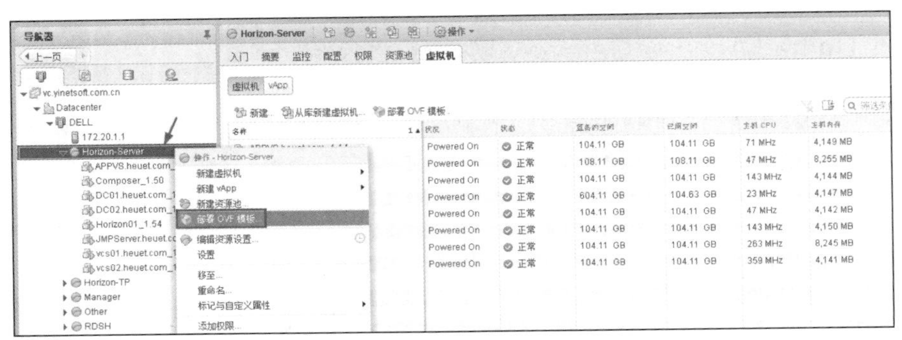

图 10-4-3 部署 OVF 模板

（2）在“选择模板”对话框中，单击“浏览”按钮，浏览选择 UAG 的 OVF 导入文件。在本示例中，部署的 UAG 的文件名为 euc-unified-access-gateway-3.9.0.0-15751318_OVF10.ova，大小为 2.87 GB，如图 10-4-4 所示。

（3）在“选择名称和位置”对话框中输入 OVF 的名称，在本示例中名称为 UAG-3.9.0.0-15751318_1.55，如图 10-4-5 所示。

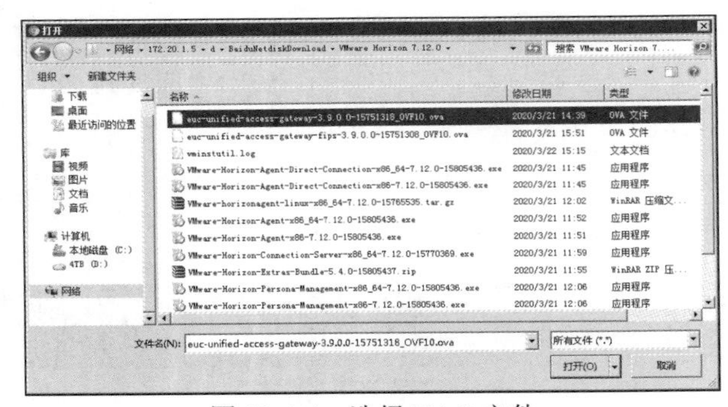

图 10-4-4 选择 UAG 文件

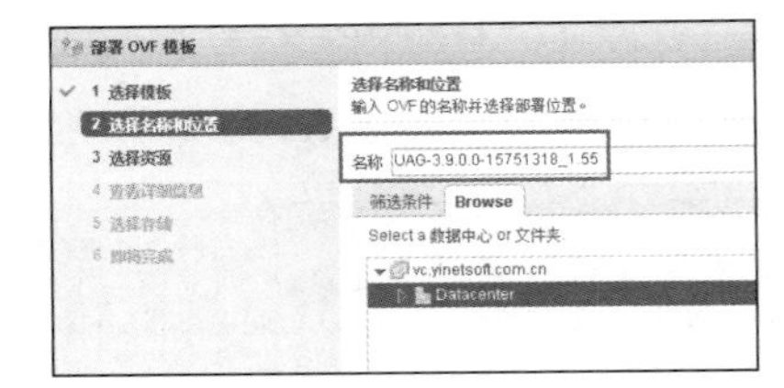

图 10-4-5 设置名称

（4）在“选择配置”对话框中选择“Single NIC”，如图 10-4-6 所示。

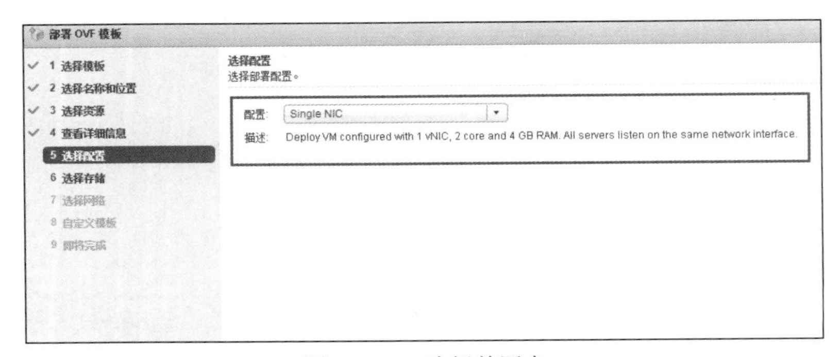

图 10-4-6 选择单网卡

在选择配置下拉列表中，可以使用一个、两个或三个网络接口，并且 Unified Access Gateway 要求每个接口具有单独的静态 IP 地址。

一个网络接口适用于概念证明（Proof Of Concept，POC）或测试。在使用一个网卡时，外部、内部和管理流量均位于同一子网中。

在使用两个网络接口时，外部流量位于一个子网中，内部和管理流量位于另一个子网中。

使用三个网络接口是最安全的选项。在使用三个网卡时，外部、内部和管理流量均位于自己的子网中。

UAG 的部署模式支持标准、大型、超大型等三种，在选择网卡时可以一同选择（默认为标准）。

①标准：对于支持多达 2 000 个 Horizon 连接且符合连接服务器容量要求的 Horizon 部署，建议使用此配置。对于支持多达 10 000 个并发连接的 Workspace ONE UEM 部署（移动用例），也建议使用此配置。使用此种配置模式时，虚拟机分配 2 个 vCPU、4 GB 内存。

②大型： Unified Access Gateway 需要支持超过 50 000 个并发连接的 Workspace ONE UEM 部署时，建议使用此配置。使用此配置模式时，虚拟机分配 4 个 vCPU、16 GB 内存。

③超大型：对于 Workspace ONE UEM 部署，建议使用此配置。此规模允许 Content Gateway、每应用隧道和代理，以及反向代理使用同一个 Unified Access Gateway 设备。使用此配置模式时，虚拟机分配 8 个 vCPU、32 GB 内存。

（5）在“选择存储”对话框中，共享存储设备时，如果要获得较好性能，可以选择“厚置备延迟置零”，使用 vSAN 存储时，选择“精简置备”，如图 10-4-7 所示。

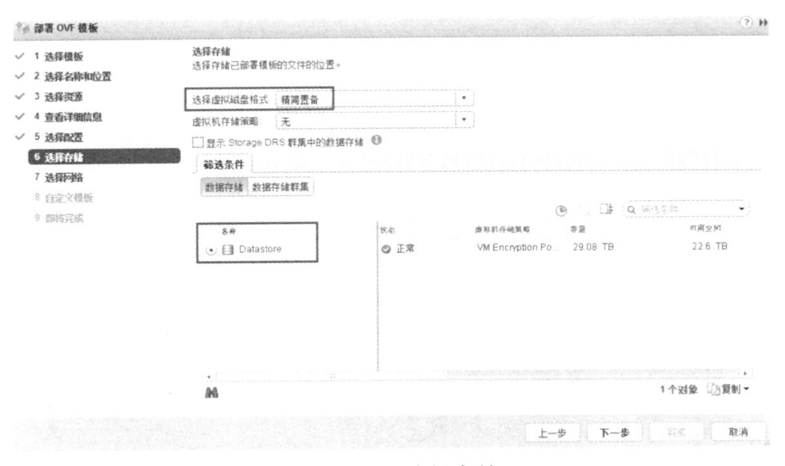

图 10-4-7　选择存储

（6）在“选择网络”中，选择 UAG 虚拟机所用的网络，如图 10-4-8 所示。无论是选择单网卡，还是双网卡、三网卡，都会有内部、外部、管理流量三个选项。在“目标网络”中选择 IP 地址网段为 172.20.1.0/24 的网络，本示例中此目标网络为 VM Network，如图 10-4-8 所示。

图 10-4-8　选择网络

（7）在“自定义模板”对话框中，在 IPMode for NIC 1(eth0）中选择 STATICV4；在 IPv4 Default Gateway 中输入网关地址，本示例为 172.20.1.254；在 NIC1（eth0）IPv4 address 中输入为 UAG 规划的 IP 地址，本示例为 172.20.1.55；在 NIC1（eth0）IPv4 netmask 中输入子网掩码，本示例为 25.255.255.0，如图 10-4-9 所示。在 DNS Search Domain 中输入域名，本示例为 heuet.com；在 DNS server address 中输入 DNS 服务器的地址，本示例为 172.20.1.11。如果不在此输入 DNS 域名和 DNS 服务器地址，也可以安装完成后进行配置。

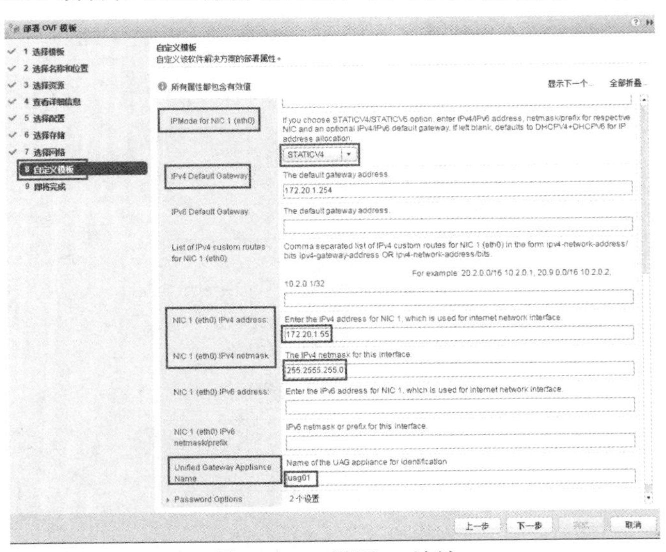

图 10-4-9　设置 IP 地址

（8）在 Password Options 中为 root 与 admin 账户设置密码，密码要求复杂性，即同时包括大写字母、小写字母、数字、特殊字符，并且长度至少为 8 位，如图 10-4-10 所示。

设置密码之后单击“下一步”按钮。

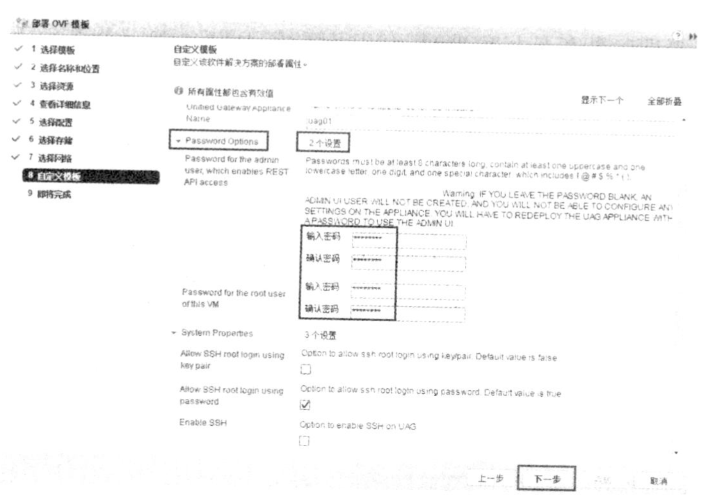

图 10-4-10　设置密码

（9）在“即将完成”对话框中显示了部署 UAG 的信息，检查无误之后单击“完成”按钮，如图 10-4-11 所示。

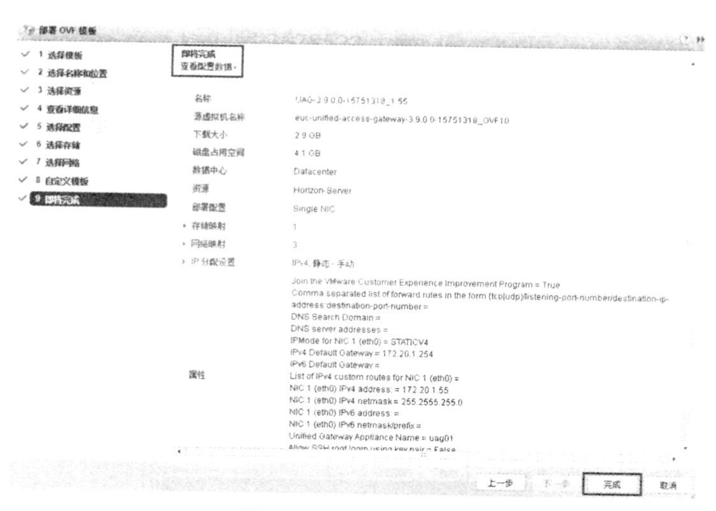

图 10-4-11　即将完成

（10）UAG 部署完成后，打开虚拟机的电源。等虚拟机启动后，打开控制台，如图 10-4-12 所示，然后移动光标到“Set Timezone”处按回车键。

（11）当前是 UTC 时区，需要改成北京时间。在“Please select a continent”中选择 5（亚洲，Asia），然后选择 9（中国，China），再选择 1（北京时间，BeijingTime）。

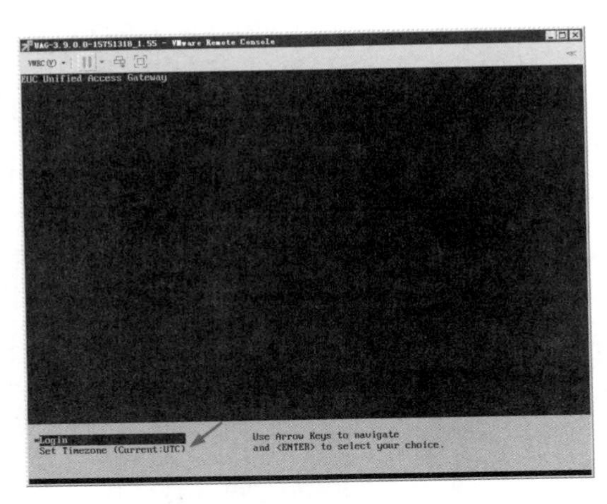

图 10-4-12　设置时区

10.4.5　配置 Unified Access Gateway

在部署好 UAG 以及设置时区之后，登录 UAG 配置界面进行设置。

（1）UAG 的配置地址是 https://UAG-IP:9443，本示例为 https://172.20.1.55:9443，输入管理员账号 admin 及密码登录，如图 10-4-13 所示。

（2）在“Unified Access Gateway 设备 v3.9”界面中的“手动配置”中单击“选择”按钮，如图 10-4-14 所示。

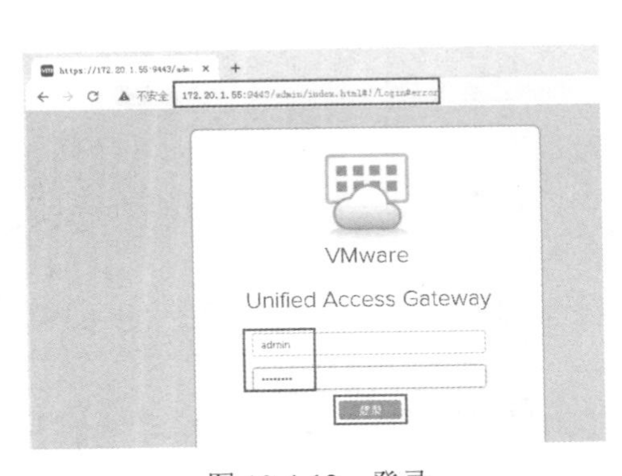

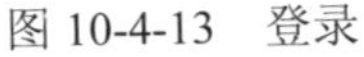

图 10-4-13　登录

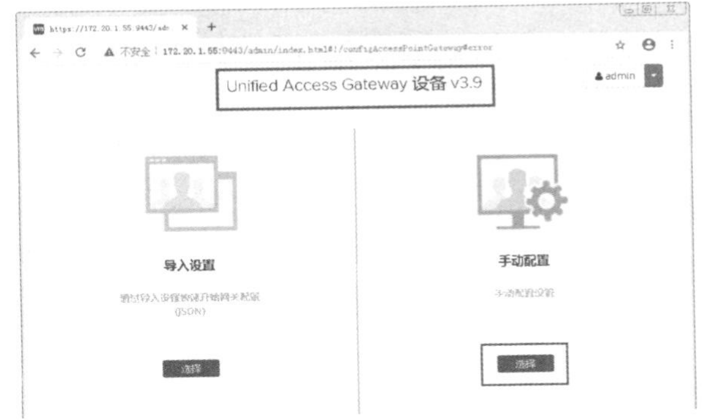

图 10-4-14　手动配置

（3）在“常规设置”中单击“Edge 服务设置”，单击“Horizon 设置”，如图 10-4-15 所示。

（4）在“Horizon 设置”对话框中启用 Horizon，然后进行配置。在本示例中，配置信息如下。

连接服务器 URL：https://vcs01.heuet.com:443。

连接服务器 URL 指纹：sha1=c5 06 4e 28 10 de a7 45 98 39 e2 3f 14 61 c8 a9 c7 04 9f be。

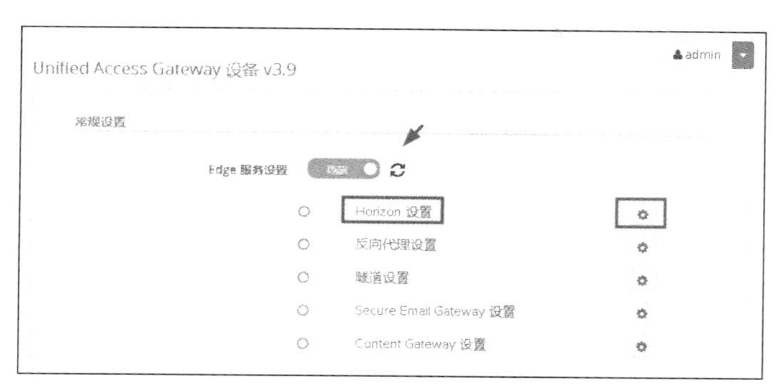

图 10-4-15　Horizon 设置

连接服务器 IP 模式：IPv4。

启用 PCOIP、禁用 PCOIP 旧版证书。

PCOIP 外部 URL：110.x2.x3.115:4172。

Blast 外部 RUL：https://vdi.heuet.com。

设置之后单击“保存”按钮，如图 10-4-16 所示。

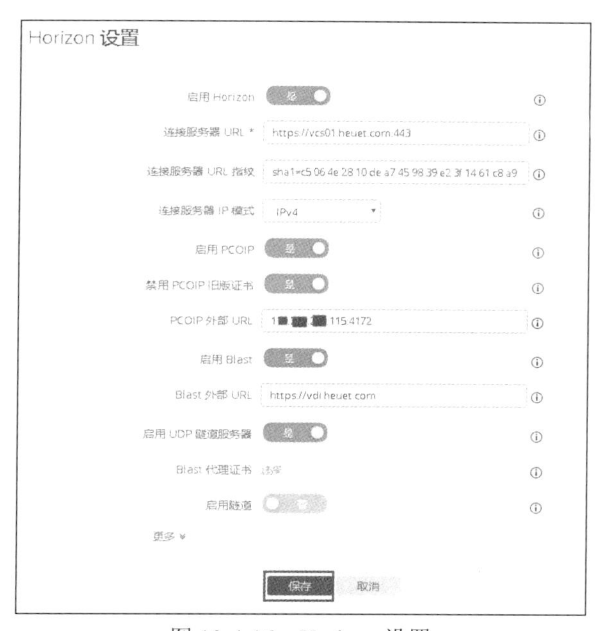

图 10-4-16　Horizon 设置

在本示例中，UAG 使用的连接服务器的域名是 https://vcs01.heuet.com。工作中需要将这个证书的 URL 指纹。获得 URL 指纹的方法如下。

在浏览器中输入 https://vcs01.heuet.com，单击证书前面的“锁”的图标，在弹出的对话框中单击“证书（有效）”链接（如图 10-4-17 所示），在“证书”对话框的“详细信息”选项卡中，在“指纹”中查看复制 URL 指纹，如图 10-4-18 所示。

图 10-4-17　证书

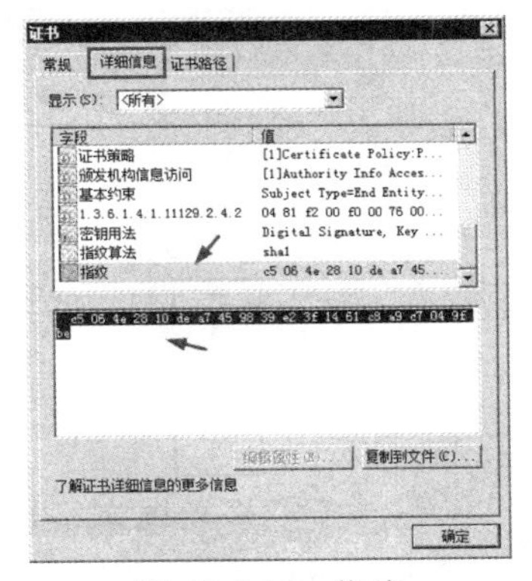

图 10-4-18　指纹

复制指纹之后，打开“记事本”，输入 sha1=，然后粘贴指纹，内容如图 10-4-19 所示。

然后将记事本中的内容全部复制，粘贴到图 10-4-16 所示界面“连接服务器 URL 指纹”中。

配置完成后，在“Edge 服务设置”中刷新，Horizon 设置中图标须是绿色，如图 10-4-20 所示。

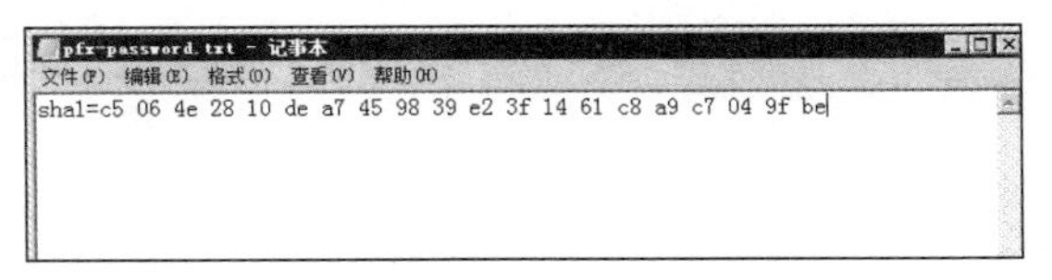

图 10-4-19　URL 指纹

图 10-4-20　Horizon 设置

在启用 Horizon 之后，需要在“高级设置”中配置 DNS 并上传 TLS 证书。

首先在阿里云中申请名为 vdi.heuet.com 的证书，下载 Nginx 证书，然后上传证书。

（1）在“高级设置”中单击“系统配置”（如图 10-4-21 所示），在“DNS”中添加 DNS 服务器，本示例为 172.20.1.11、172.20.1.12；在“DNS 搜索”中添加域名，本示例为 heuet.com。如果有 NTP 服务器应一同配置。配置完成后单击“保存”按钮，如图 10-4-22 所示。

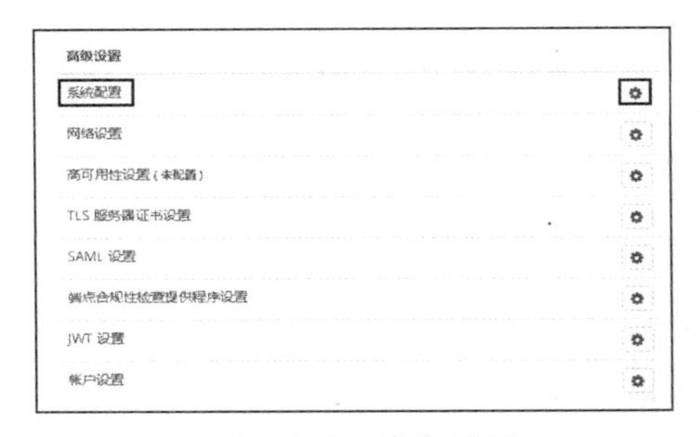

图 10-4-21　高级设置

（2）在“TLS 服务器证书设置”对话框中，将证书应用于 Internet 接口，证书类型选择 PEM，在专用密钥中单击“更改”链接，浏览选择 vdi.heuet.com 的专用密钥，本示例为 3650289_vdi.heuet.com.key；在证书链中单击“更改”链接，浏览选择证书链文件，本示例为 3650289_vdi.heuet.com.pem。单击“保存”按钮，如图 10-4-23 所示。

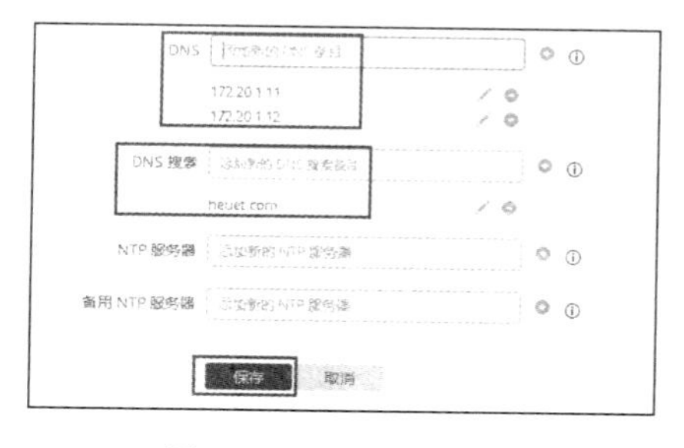

图 10-4-22　配置 DNS

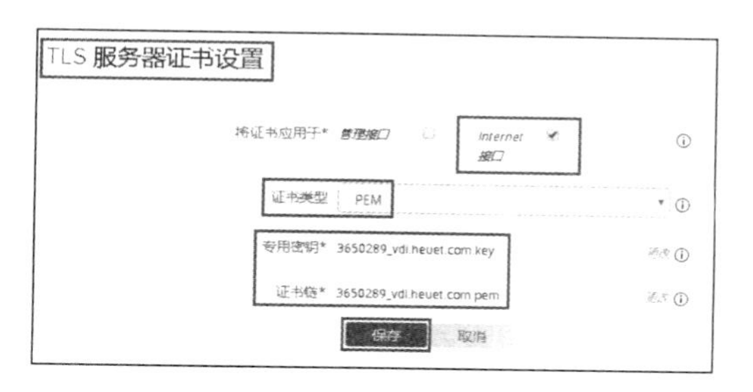

图 10-4-23　配置上传证书

配置完成修改 UAG 转发的连接服务器，在与其配对的连接服务器上禁用 PCoIP 与 Blast。

（1）登录 Horizon 控制台，在“设置→服务器→连接服务器”中，选择名为 VCS01 的连接服务器，选择“编辑”，如图 10-4-24 所示。

图 10-4-24　编辑

（2）在“编辑连接服务器设置”对话框中，取消 PCoIP 安全网关与 Blast 安全网关的选择，如图 10-4-25 所示。

图 10-4-25　不使用 PCoIP 安全网关和 Blast 安全网关

说明：如果要在 Unified Access Gateway 上启用 PCoIP 与 Blast 安全网关，需要在 Horizon 连接服务器实例上禁用安全网关（Blast 安全网关和 PCoIP 安全网关）。

（3）在“设置→服务器→网关”中，单击“注册”按钮，如图 10-4-26 所示。

图 10-4-26　注册

（4）在“注册网关”对话框中输入 Unified Access Gateway 安全网关对外提供的服务地址，本示例为 vdi.heuet.com，单击“确定”按钮，如图 10-4-27 所示。

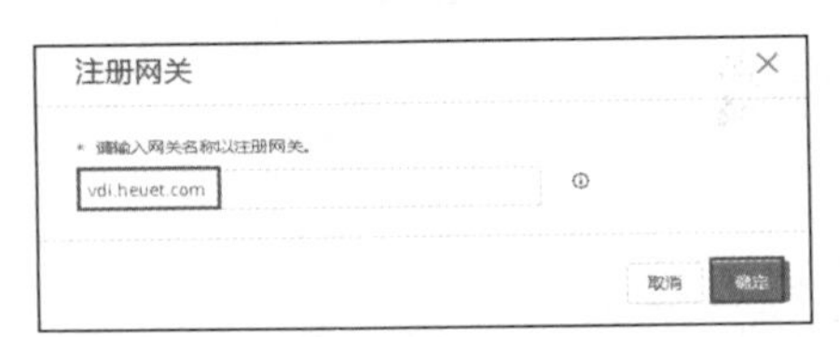

图 10-4-27　注册网关

（5）注册完成之后如图 10-4-28 所示。

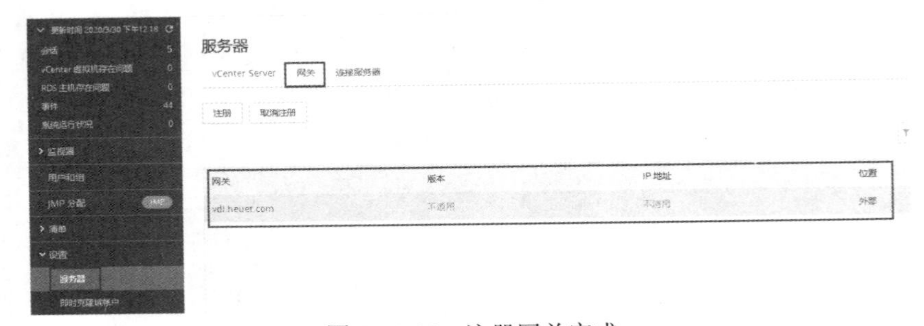

图 10-4-28　注册网关完成

经过上述配置，Horizon Client 就可以使用 Unified Access Gateway 来访问虚拟桌面。请读者自行测试，本书不再赘述。

10.4.6　Unified Access Gateway 与安全服务器配置对比

Unified Access Gateway 与安全服务器配置的不同之处有以下几点。

1. 不能使用 TCP 的 443 端口时的配置区别

如果运营商屏蔽了 TCP 的 443 端口，可以使用 443 以外的端口，例如使用 1443。在这种情况下，只需要在防火墙配置中，将防火墙外网 IP 地址的 TCP 的 1443 映射给 Unified Access Gateway 设备 IP 地址的 443 端口，Unified Access Gateway 设备与 Horizon 连接服务器仍然使用 TCP 的 443 端口。这是 Unified Access Gateway 与安全服务器配置不一样的地方。

如果使用 443 以外的端口，例如使用 1443，需要在防火墙上将 1443 映射给安全服务器同端口（1443），同时安全服务器与连接服务器需要修改配置文件使用 1443。

2. PCoIP 外部 URL 的配置区别

在 Unified Access Gateway 设备中的 Horizon 设置中，Blast 外部 URL 可以使用域名或 IP 地址，但 PCoIP 外部 URL 只能使用 IP 地址，不能使用域名。

Horizon 安全服务器配置中，PCoIP 外部 URL 地址可以使用域名。

所以，如果用户出口使用动态的 IP 地址，在使用域名绑定动态的 IP 地址时，在 Horizon 安全服务器中，PCoIP 外部 URL 可以使用域名来解析动态的 IP 地址，此时 Horizon 客户端可以使用 PCoIP 协议使用内网的虚拟桌面。但如果使用 Unified Access Gateway 设备代替安全服务器，Horizon 客户端只能使用 Blast 协议使用内网的虚拟桌面。图 10-4-29 是某用户 Unified Access Gateway 的“Horizon 设置”中，只启用 Blast 协议的配置截图。

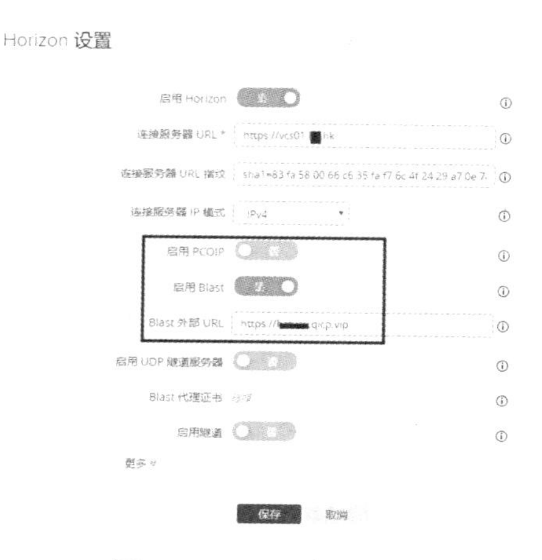

图 10-4-29　不启用 PCoIP

3. PCoIP 与 Blast 网关的配置位置不同

如果使用 Unified Access Gateway 设备，PCoIP 与 Blast 安全网关上移到 Unified Access Gateway 设备，在对应的 Horizon 连接服务器中不要指定 PCoIP 与 Blast 配置。

使用 Horizon 安全服务器，是将 Horizon Client 对 PCoIP 与 Blast 的服务转发到与安全服务器配对的连接服务器，所以需要在连接服务器上指定 PCoIP 与 Blast 配置。

附录 A　Autodesk 网络许可管理

Autodesk 产品可以使用序列号激活，也可以通过网络许可方式激活。本附录介绍 Autodesk 网络许可服务器安装配置等内容。

A.1　Autodesk 网络许可管理概述

“网络许可”功能允许位于同一 TCP/IP 网络上的多个用户共享对产品许可的访问权限。安装在一台或多台服务器上的 Network License Manager（NLM）可以控制对用户的许可分发。

当用户启动 Autodesk 产品时，该产品通过网络从许可服务器请求许可。如果许可可用，NLM 会为计算机和启动程序的用户指定许可验证，许可服务器上的可用许可数目也相应减少一个。

当用户退出产品时，返回到 NLM。如果在单台计算机上运行 Autodesk 产品的多个任务，则只使用一个许可。当最后一个任务关闭时，许可才被释放。

以下三项用于管理许可的分布和可用性：

（1）License Manager 守护程序：应用程序 lmgrd 或 lmgrd.exe 处理与 Autodesk 软件的初始联系，然后将连接传递给供应商守护程序。使用此方法，多家软件供应商可以使用一个 lmgrd 守护程序提供许可验证。lmgrd 守护程序可以根据需要启动和重新启动供应商守护程序。

（2）Autodesk 供应商守护程序：应用程序 adskflex 或 adskflex.exe 跟踪检出的 Autodesk 许可验证和使用它们的计算机。每个软件供应商都具有唯一的供应商守护程序，用来管理特定供应商的许可验证。注意：如果 adskflex 供应商守护程序因为某种原因而终止，则所有用户都将丢失许可验证，直到 lmgrd 重新启动供应商守护程序或导致终止的问题已被解决为止。

（3）许可文件：许可文件是以.lic 为扩展名的文本文件，用于授权在特定服务器硬件上使用网络许可验证。此文件可以通过 Autodesk Account 手动生成。

A.2　选择网络许可服务器模式

Autodesk 有三种服务器模式中可供选择：单一许可服务器模式、分布式许可服务器模式、冗余许可服务器模式。所有服务器模式均可包含 Windows、Mac OS X 和 Linux 服务器的任意组合。

A.2.1 单一许可服务器模式

单一许可服务器模式是最基本的可用配置。Network License Manager 仅安装在一个服务器上，这意味着所有许可管理和活动都局限于一个位置。单一许可文件表示服务器上可用的许可总数。单一许可服务模式优缺点如下。

（1）优点：由于所有许可管理都在一个服务器上进行，因此只有一个管理点和一个故障点。在三种许可服务器模式中，此配置需要的维护工作量最少。

（2）缺点：如果该单一许可服务器出现故障，在服务器恢复工作之前，Autodesk 产品将无法运行。

单一许可服务模式拓扑示意如图 A-1 所示。

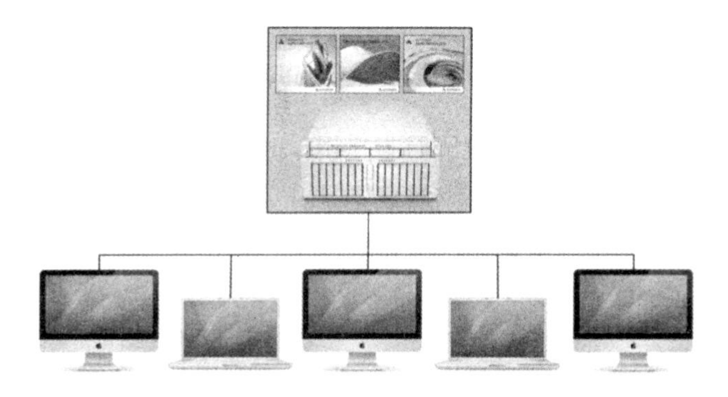

图 A-1 单一许可服务器模式

A.2.2 分布式许可服务器模式

在分布式许可服务器模式中，软件许可被划分在多个服务器上。每个服务器都包含一个唯一的许可文件，表示许可总数的一部分。Network License Manager 安装在每个服务器上，使所有许可活动和管理可以分布在最符合需求的服务器数中。构成分布式网络的服务器组称为“服务器池”。

分布式许可服务器模式优点如下。

（1）服务器可分布在广域网（WAN）范围内，而不必位于同一个子网中。

（2）当分布式服务器池中的一台服务器出现故障时，其他服务器中的许可仍然可用。

（3）需要替换分布式服务器池中的服务器时，不必重新建立整个服务器池。这比在冗余服务器池中替换服务器更容易，因为在冗余服务器池中替换服务器时必须重新激活整个服务器池。

分布式许可服务器模式缺点如下。

（1）如果分布式服务器池中的某台服务器出现故障，该服务器中的许可将不可用。

（2）该模式比其他模式需要更多时间来进行设置和维护。

分布式许可服务器模式拓扑示意如图 A-2 所示。

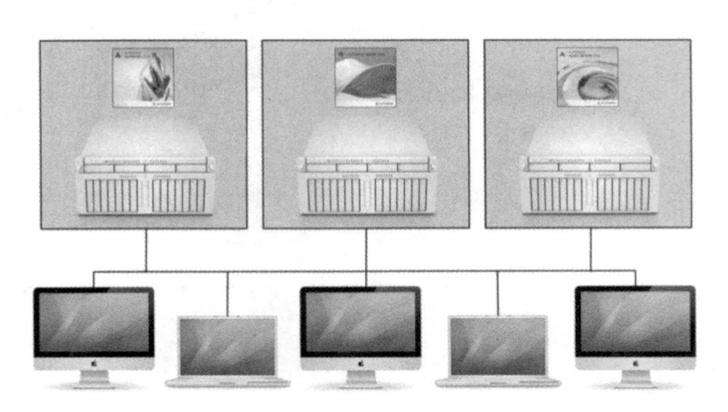

图 A-2　分布式许可服务器模式

A.2.3　冗余许可服务器模式

在冗余许可服务器模式中，所有软件的许可都配置在三个不同的服务器上。每个服务器都包含一个相同的许可文件，使所有软件许可在每个服务器上均可用。Network License Manager 安装在每个服务器上，只要这三个服务器中至少有两个服务器正常工作，便可监控和分发许可。在冗余许可服务器模式下，所有这三个服务器必须位于同一子网中并具有稳定的网络通信。

在冗余许可服务器模式下，如果三个服务器中有一个服务器出现故障，服务器池中管理的所有许可仍然可用。如果多台服务器出现故障，所有许可都将不可用。冗余服务器池不提供网络容错。如果更换三台服务器中的一台，则必须重新建立整个冗余服务器池。

冗余许可服务器模式拓扑示意如图 A-3 所示。

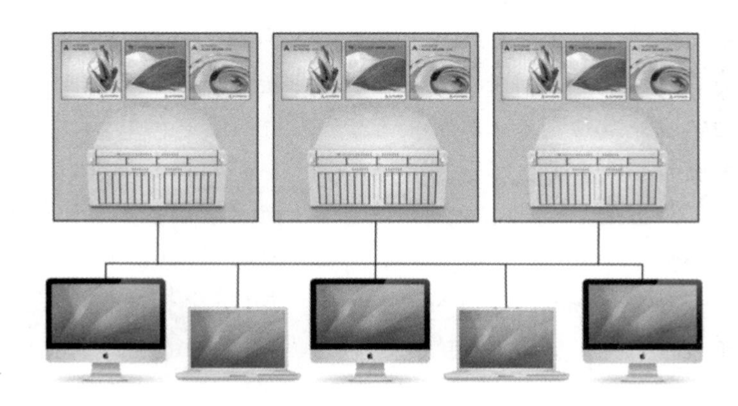

图 A-3　冗余许可服务器模式

A.3　获取网络许可文件

在申请网络许可文件时，需要提前规划采用的许可服务器模式。无论是单一许可服务器模式，还是分布式许可服务器模式或冗余许可服务器模式，都需要提前记录安装 Autodesk 许可证服务器软件（Network License Manager）计算机的名称和 MAC 地址。然后用计算机名称和 MAC 地址申请网络许可文件。本示例将分别演示这三种方式。

A.3.1　获得单一许可证

登录 Autodesk Account，在“所有产品和服务”中查看当前用户管理的产品，在当前示例中有 3ds Max、AutoCAD、Maya 等产品。在“查看下载”右侧单击“⋮”图标，在弹出的下拉列表中选择“生成网络许可文件”命令，如图 A-4 所示。

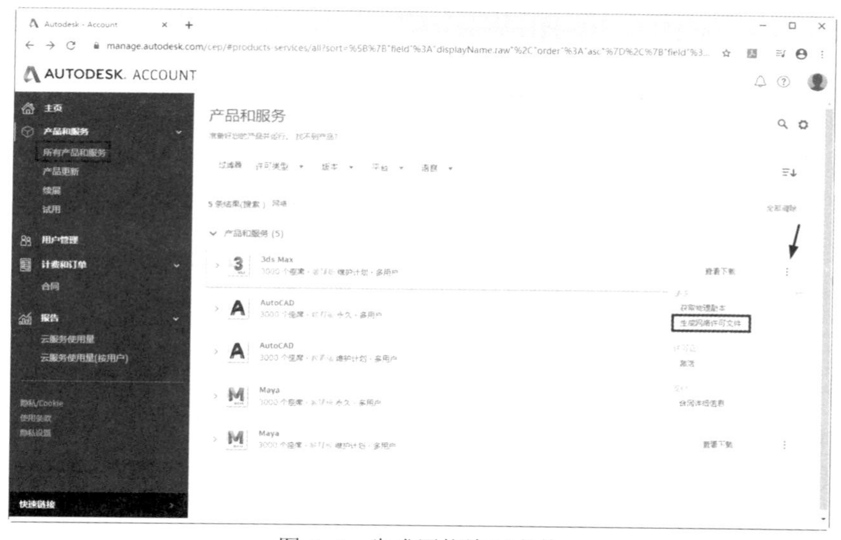

图 A-4　生成网络许可文件

在“生成网络许可文件”对话框选择许可服务器模式，可以根据需要选择单一服务器、冗余服务器或分布式服务器，如图 A-5 所示。

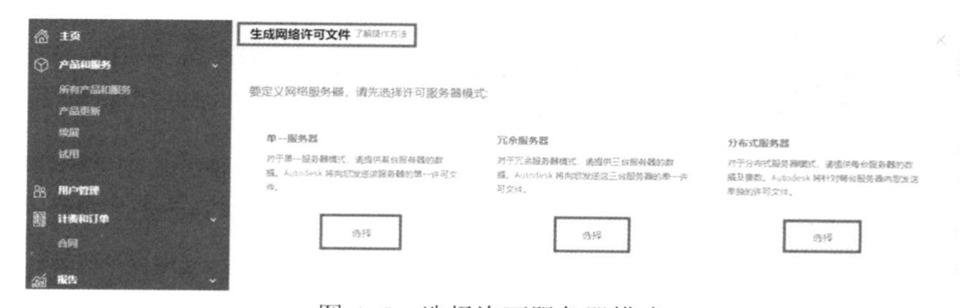

图 A-5　选择许可服务器模式

（1）选择单一许可服务器，在“服务器名称”中输入将要安装许可证服务器的计算机的名称，在“服务器 ID（MAC 地址）”中输入将要安装许可证服务器网卡的 MAC 地址，如图 A-6 所示。单击“选择并将产品添加到服务器”链接。

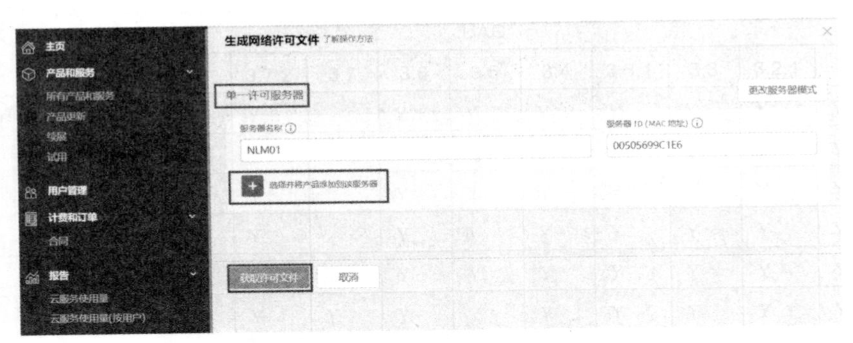

图 A-6　输入服务器信息

（2）在“选择一个或多个要添加到该许可服务器的产品”对话框选择要添加的产品，如图 A-7 所示。

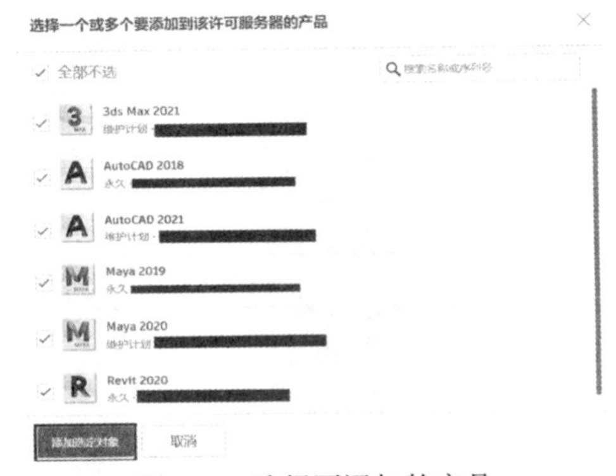

图 A-7　选择要添加的产品

（3）添加产品之后，单击“获取许可文件”按钮，如图 A-8 所示。

（4）在“获取网络许可文件”对话框中，单击“保存许可文件”，将获得的 License 文件保存到当前计算机，同时该许可将发送到用户电子邮箱。然后单击“发送并关闭”按钮，如图 A-9 所示。

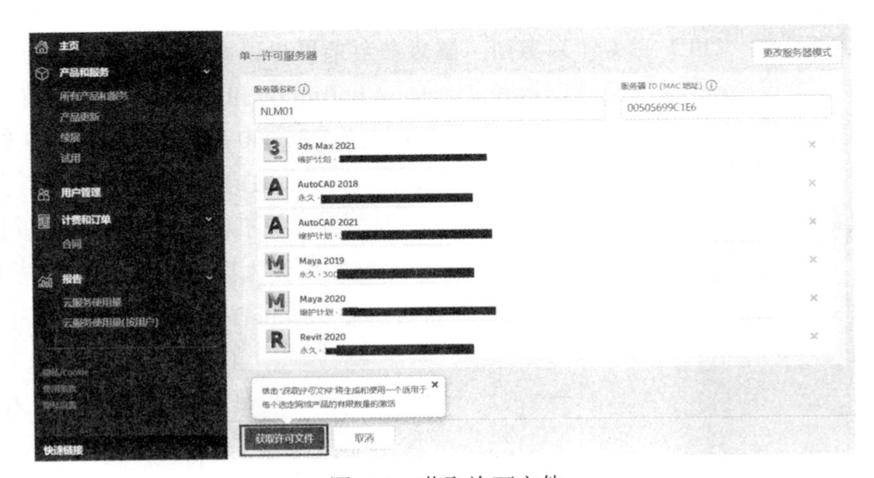

图 A-8　获取许可文件

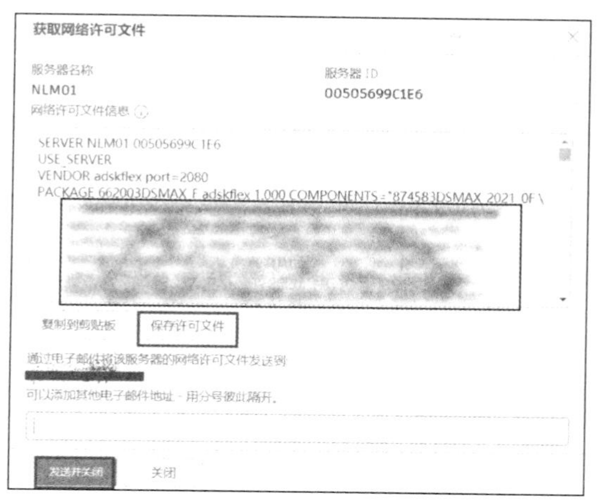

图 A-9　保存许可文件

将下载的许可文件保存备用。

A.3.2　获得冗余服务器许可证

获得冗余服务器许可证方式与获得单一许可证服务器类似。如果要配置冗余服务器方式部署，需要配置 3 台服务器，在申请之前获得每台服务器的计算机名称和对应的 MAC 地址。

（1）在“生成网络许可文件”对话框选择许可服务器模式，选择冗余服务器。

（2）在“冗余许可服务器”对话框中，依次输入主服务器、冗余服务器 1、冗余服务器 2 的计算机名称和 MAC 地址，如图 A-10 所示。然后单击“选择并将产品添加到该服务器”。

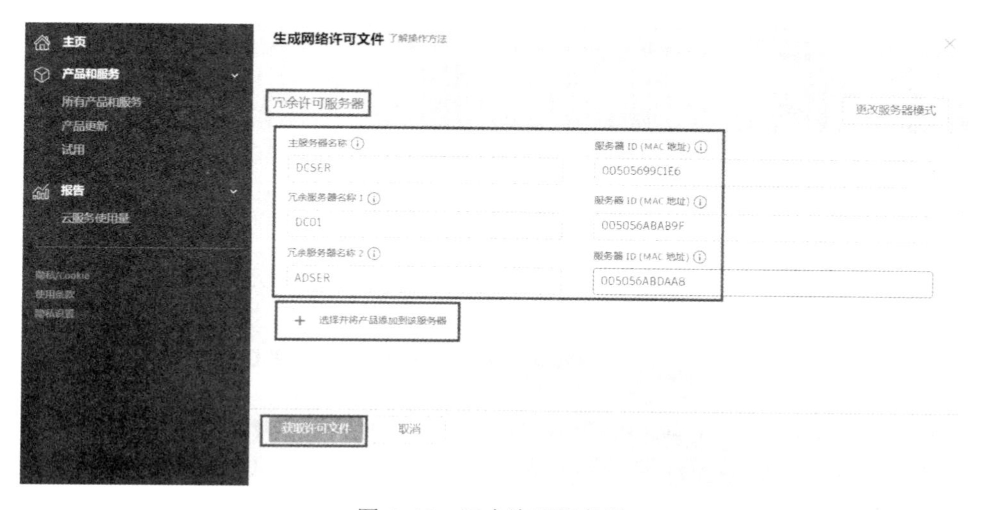

图 A-10　冗余许可服务器

（3）在“选择一个或多个要添加到该许可服务器的产品”对话框选择要添加的产品，这与获得单一许可证时相同。

（4）然后获得许可文件。冗余服务器许可证是一个文件（3 台服务器都使用同一个许可文件），在许可文件中包括了 3 台服务器的计算机名称、MAC 地址，以及添加的产品的密钥，如图 A-11 所示。单击“保存许可文件”，然后单击“发送并关闭”按钮。

获取网络许可文件
服务器名称 服务器 ID
DCSER 00505699C1E6
DC01 005056ABAB9F
ADSER 005056ABDAA8
网络许可文件信息
SERVER DCSER 00505699C1E6 27005
SERVER DC01 005056ABAB9F 27005
SERVER ADSER 005056ABDAA8 27005
USE_SERVER
VENDOR adskflex port=2080
INCREMENT 87242DSMAX_2020_0F adskflex 1.000 20-feb-2023 3000 \
VENDOR_STRING=educational:extendable SUPERSEDE DUP_GROUP=UH \
复制到剪贴板 保存许可文件
通过电子邮件将该服务器的网络许可文件发送到
可以添加其他电子邮件地址，用分号彼此隔开。
发送并关闭 关闭

图 A-11 冗余服务器许可证文件

A.3.3 获得分布式许可服务器许可证

对于分布式许可服务器，至少需要提供两台服务器。在申请分布式服务器之前，需要记录每台服务器的计算机名称和 MAC 地址。分布式许可每台只提供一部分许可。

（1）在“生成网络许可文件”对话框中设置许可服务器模式，此处选择分布式服务器。

（2）在“分布式许可服务器”中，单击“添加其他网络服务器”按钮，添加分布式服务器，本示例中一共配置 3 台分布式服务器。在服务器名称 1、服务器名称 2、服务器名称 3 中输入 3 台服务器的计算机名称和 MAC 地址，如图 A-12 所示。

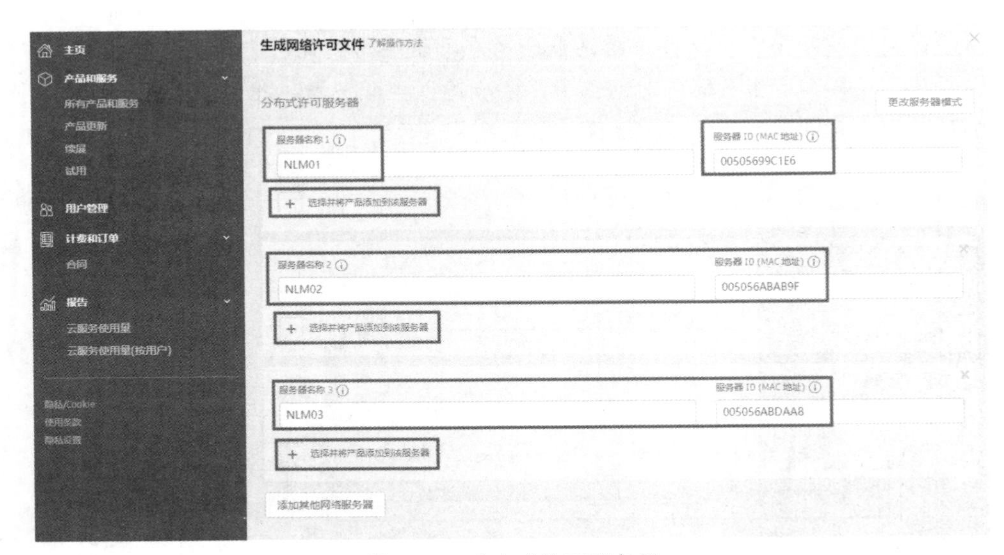

图 A-12 分布式许可服务器

（3）在每台服务器中添加许可的产品和数量，每台服务器添加的产品可以相同，也可以不同，每个产品的数量可以相同也可以不同，但 3 台服务器，同一个产品的许可数量之和不能超过该产品的许可总数。例如，购买了 100 个并发用户的 AutoCAD 2021，可以在第一台服务器分配 30 个许可，在第 2 台服务器分配 30 个许可，在第 3 台服务器分配 40 个许可，如图 A-13 所示。分配之后单击“获取许可文件”。

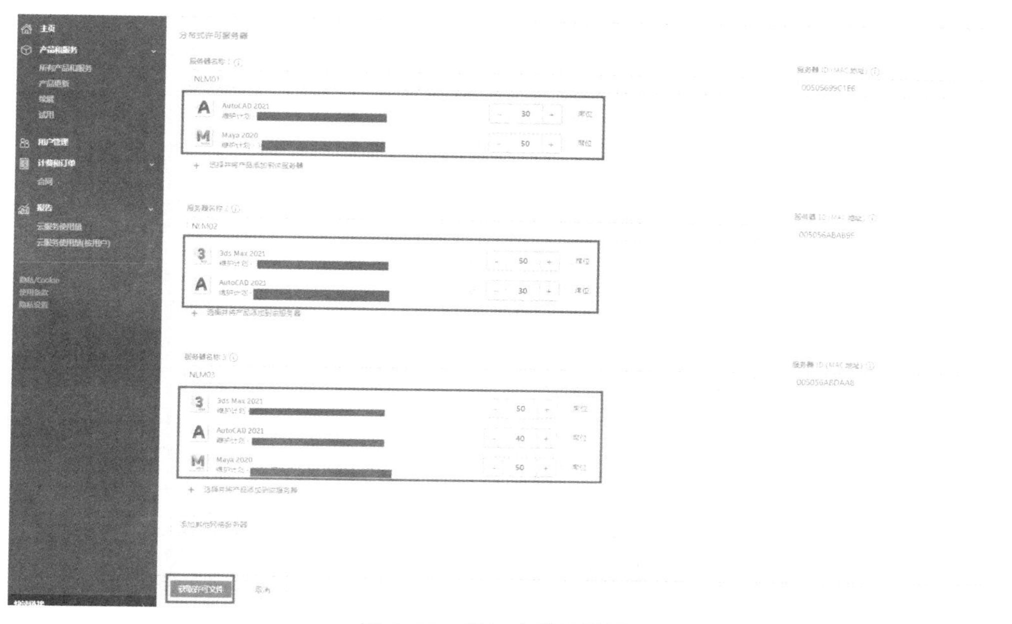

图 A-13　添加产品及数量

（4）分布式许可服务器，每台服务器的许可文件不同，需要分别保存。在“获取网络许可文件”中首先获得第一台冗余服务器的许可文件，单击“保存许可文件”按钮后，单击“发送并进入下一步”按钮（如图 A-14 所示），然后获得第 2 台冗余服务器的许可文件（如图 A-15 所示），之后再获得第 3 台冗余服务器的许可文件，如图 A-16 所示。

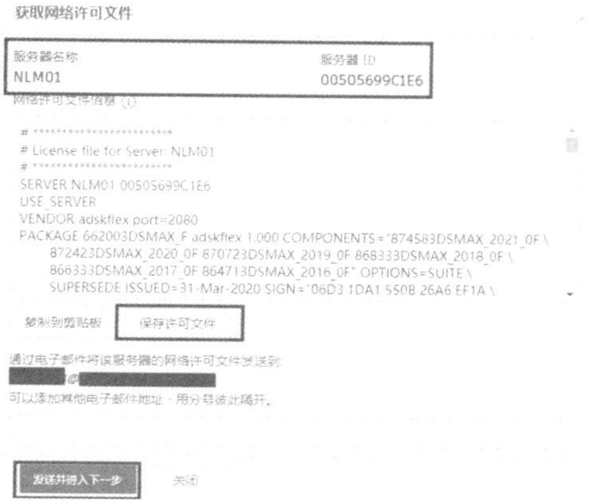

图 A-14　第 1 台服务器许可文件

图 A-15　第 2 台服务器许可文件

图 A-16　第 3 台服务器许可文件

保存 3 个许可文件以备用。

说明：冗余服务器许可文件只有一个，可以用于 3 台冗余服务器。分布式许可证文件每台服务器一个，只能使用指定的许可证文件，不能将许可证文件用于其他服务器。

A.4　使用许可证服务器

单一许可证服务器、冗余服务器许可证服务器和分布式许可证服务器，安装 Autodesk 许可证服务器的方法相同，只是选择的许可文件不同。本示例以单一许可证服务器的安装、配置使用为例进行介绍。本示例网络拓扑如图 A-17 所示。

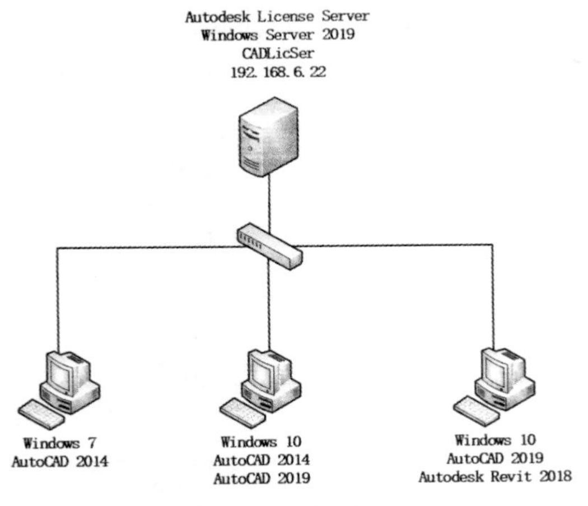

图 A-17　网络拓扑

A.4.1　安装单一许可证服务器

在当前示例中，Autodesk 许可证服务器安装在一台 Windows Server 2019 的虚拟机中。

（1）以管理员账户登录到服务器，查看系统信息，如图 A-18 所示。

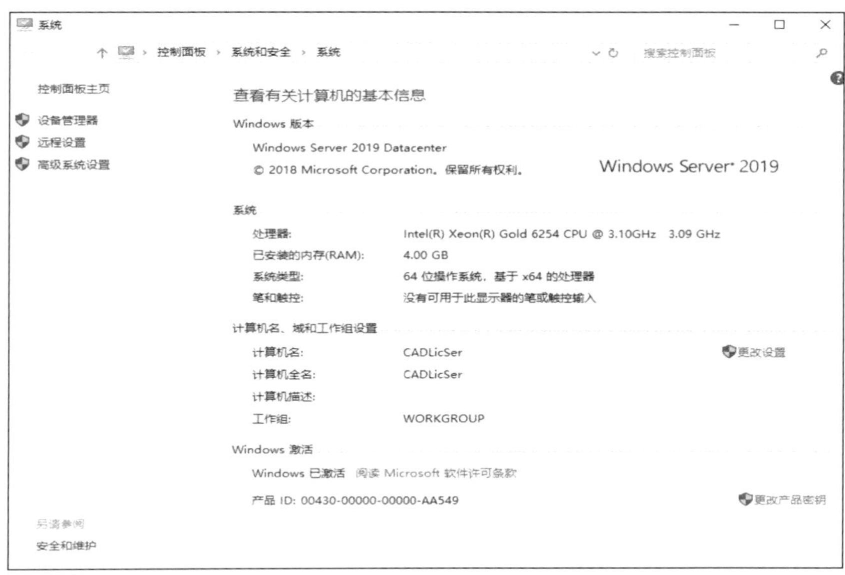

图 A-18　查看系统信息

（2）运行 Autodesk 安装程序，例如 Autodesk AutoCAD 2019，选择“安装工具和实用程序”，如图 A-19 所示。

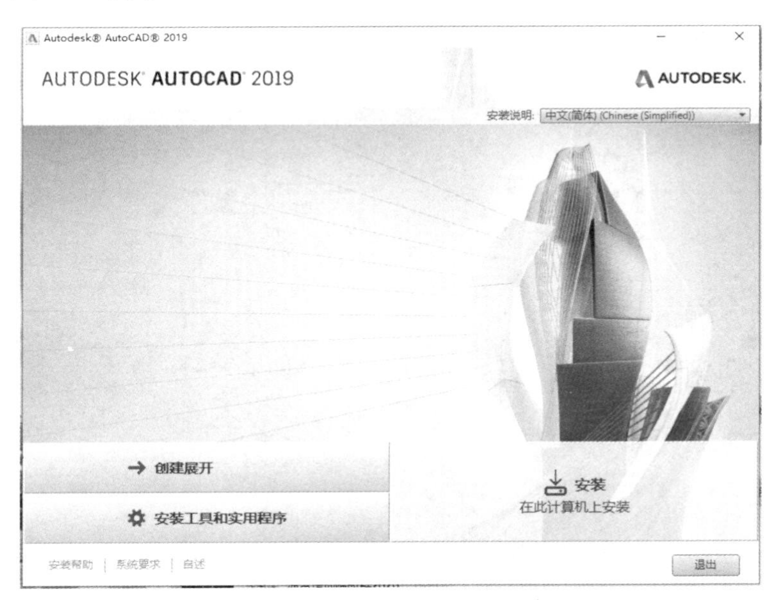

图 A-19　安装工具和实用程序

（3）在“安装→配置安装”对话框中，选择 Network License Manager、Autodesk CAD Manager Tools，如图 A-20 所示。

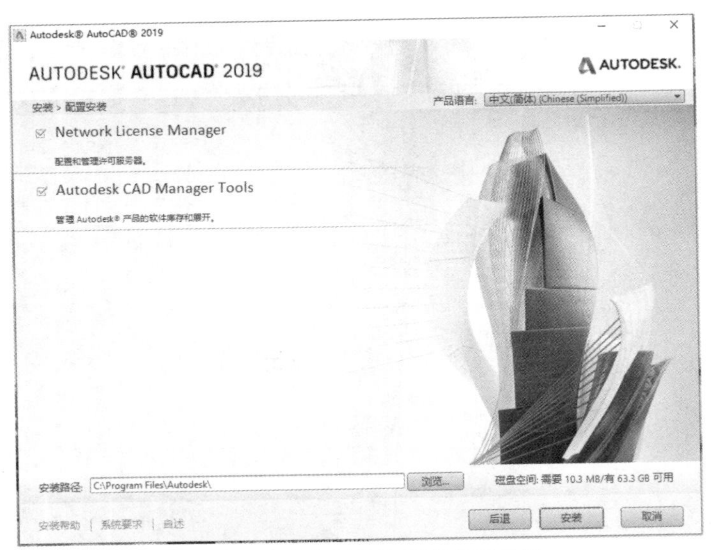

图 A-20　安装网络许可管理服务器

（4）安装完成后，双击桌面上的“LMTOOLS Utility”图标，进入网络许可服务程序。在“Config Services”选项卡中，在“Path to the lmgrd.exe file”中浏览 lmgrd.exe 程序的位置，默认为 C:\Autodesk\Network License Manager 文件夹，然后复制单一许可证服务器到当前计算机，在“Path to the license file”中浏览选择许可证文件，然后单击选择“Use Services”“Start Server at Power Up”复选框，单击“Save Service”按钮，如图 A-21 所示。

（5）在“Service/License File”选项卡中，单击选中“LMTOOLS ignores license file path environment variables”复选框，如图 A-22 所示。

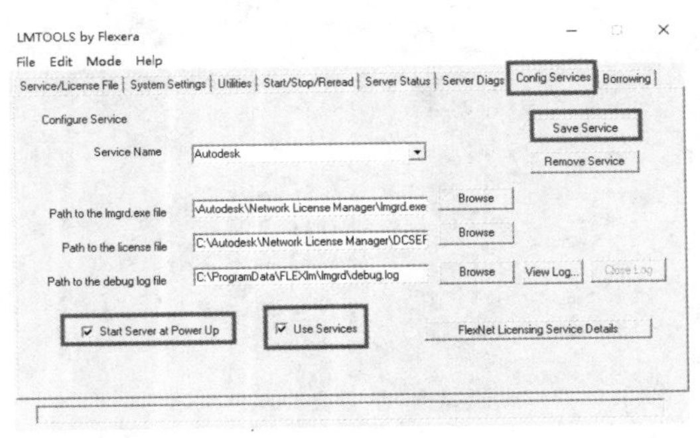

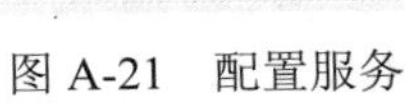
图 A-21　配置服务

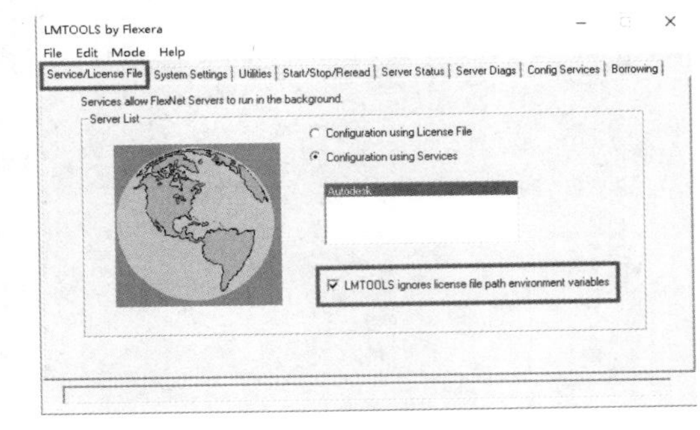

图 A-22　服务

（6）在“Start/Stop/Reread”选项卡中，单击“ReRead License File”按钮，然后再单击“Start Server”按钮，如图 A-23 所示。

（7）在防火墙中添加策略，开放 TCP 的 27000~27009 端口和 2080 端口。

（8）在“Server Status”选项卡中单击“Perform Status Enquiry”，信息结果框如有以下文字表示成功：license server UP (MASTER) v11.16.2，如图 A-24 所示。

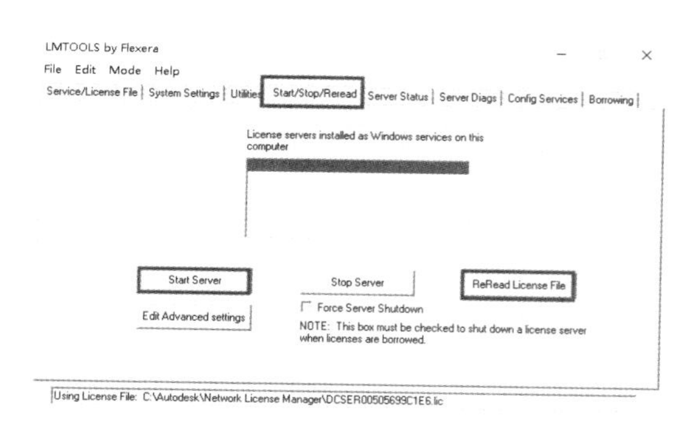

图 A-23　启动服务

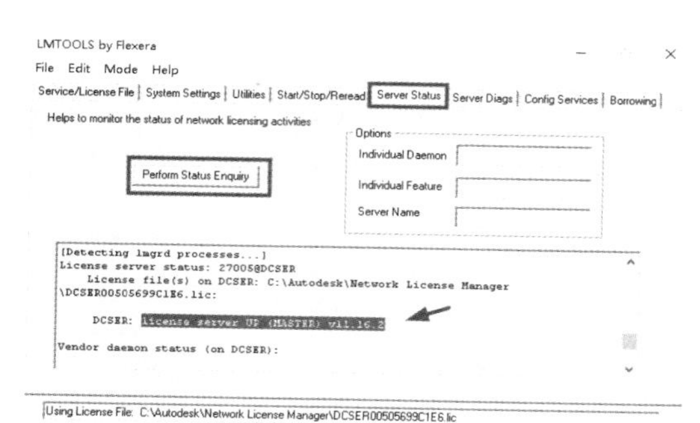

图 A-24　服务状态

（9）在“服务”窗口中看到 Autodesk 服务的状态为“正在运行”，如图 A-25 所示。

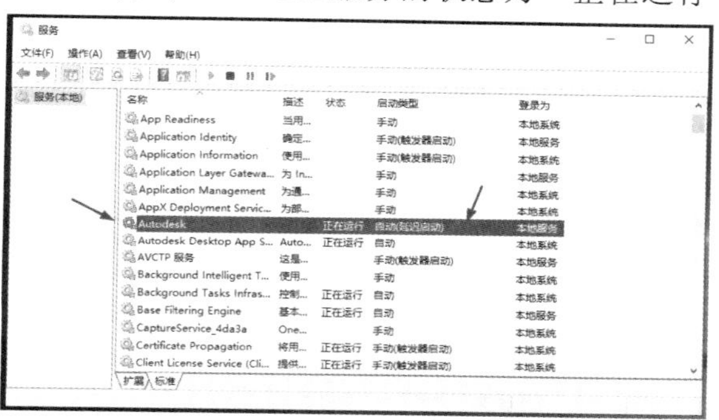

图 A-25　License Server 服务正在运行

A.4.2　Autodesk 产品安装

在配置好 Autodesk License Server 服务器之后，就可以在网络中的其他计算机上安装 Autodesk 产品了。在安装之前需要配置计算机的如下信息。

（1）在“控制面板→系统和安全→系统”中单击“高级系统设置”，如图 A-26 所示。

（2）在“系统属性→高级”中单击“环境变量”按钮，如图 A-27 所示。

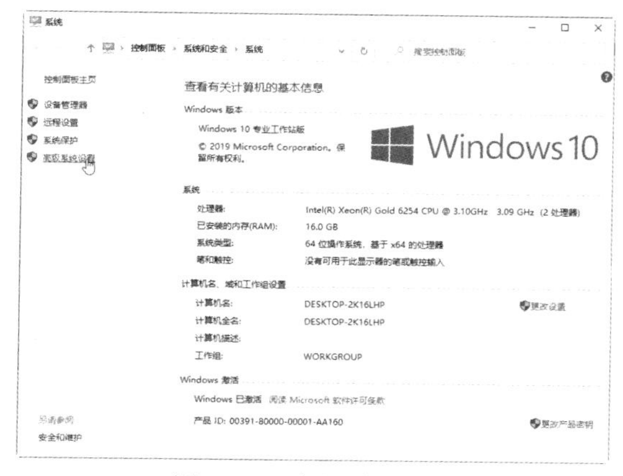

图 A-26　高级系统设置

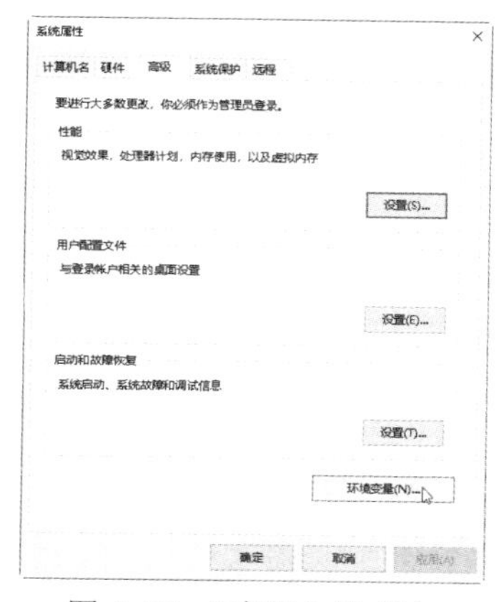

图 A-27　“高级”选项卡

（3）在“环境变量→系统变量”中单击“新建”按钮，如图 A-28 所示。

（4）在弹出的“编辑系统变量”对话框中，变量名为 ADSKFLEX_LICENSE_FILE，变量值为@cadlicser;@192.168.6.22，如图 A-29 所示。

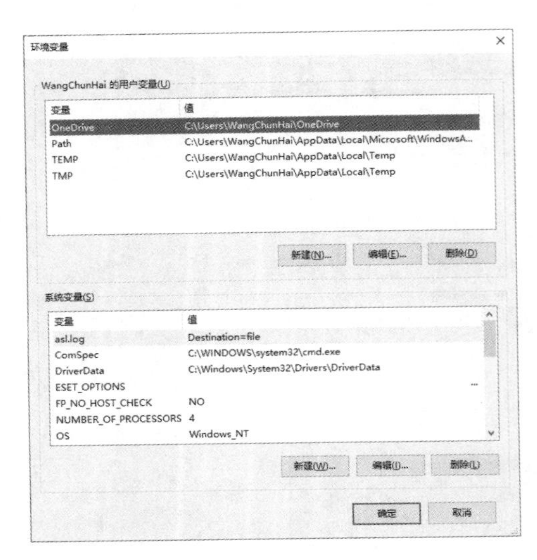

图 A-28　新建系统环境变量

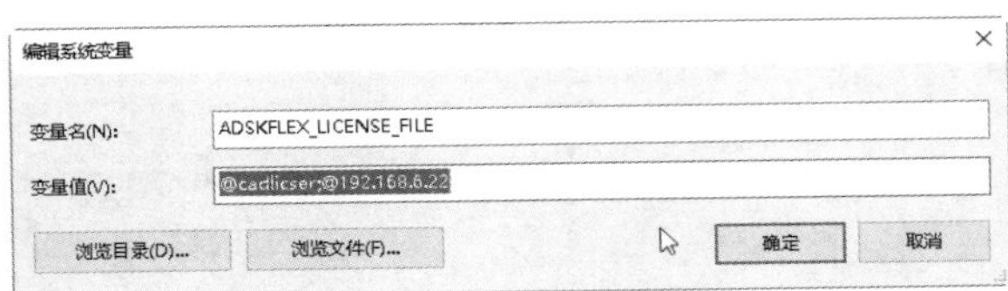

图 A-29　编辑系统变量

说明：在本示例中，License Server 服务器的计算机名称为 cadlicser，IP 地址为 192.168.6.22。

（5）修改 c:\windows\system32\drivers\etc\hosts 文件，添加如下一行，将 cadlicser 解析为对应的 IP 地址，如图 A-30 所示。

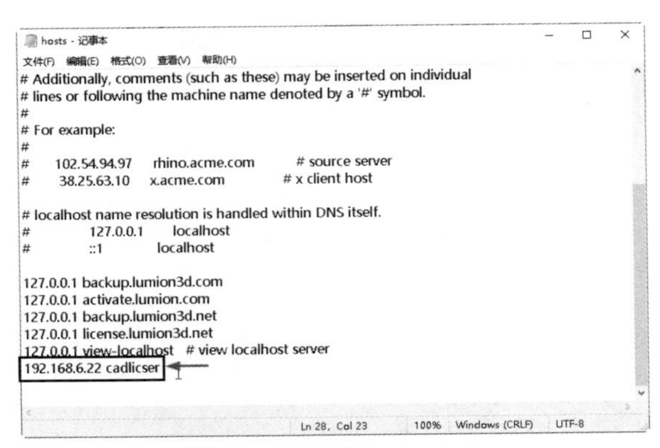

图 A-30　编辑 hosts 文件

在配置好环境变量、编辑好 hosts 文件之后，安装 Autodesk 产品。本示例中以安装 AutoCAD 2014 为例。

（1）运行 AutoCAD 2014 安装程序，在“许可类型”中选择“网络-使用我的网络中的许可”单选按钮，在“产品信息”中，序列号根据用户采购时的许可信息输入。序列号是 11 位数字，当中用短横线分开（示例 123-12345678），产品密钥为 001F1，在“网络许可”中选择“单一许可服务器”，在“输入要运行 Network License Manager 的服务器的名称”中输入 License Server 服务器的计算机名称，本示例为 cadlicser，如图 A-31 所示。

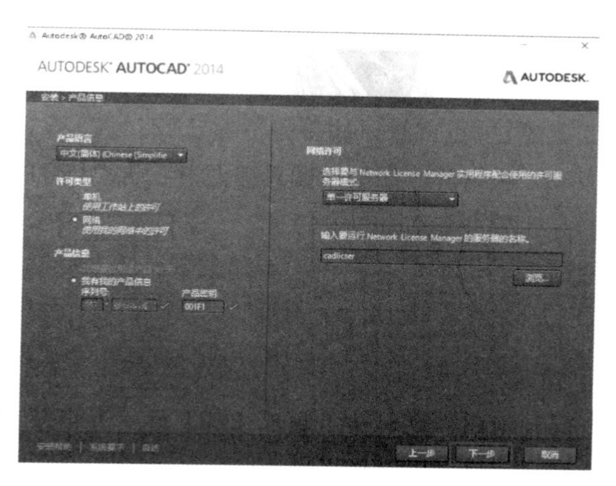

图 A-31　安装产品

说明：所有的 AutoCAD 2014 的产品密钥均为 001F1，其他不同产品的密钥可以在下列网站查到：

https://knowledge.autodesk.com/customer-service/download-install/activate/find-serial-number-product-key/product-key-look

产品密钥如图 A-32 和如图 A-33 所示。

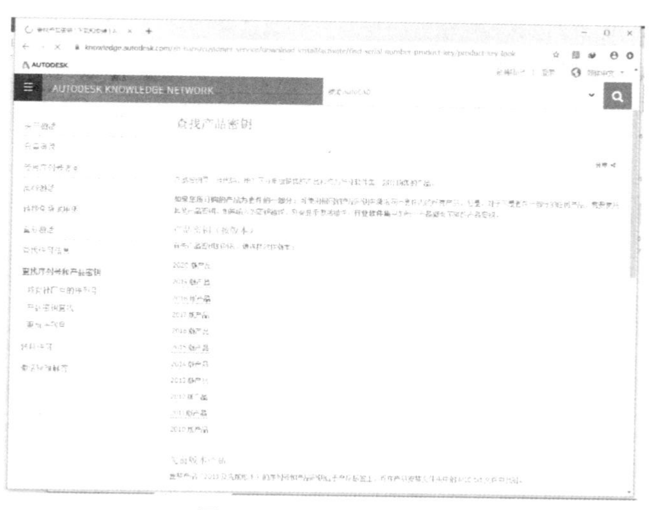

图 A-32　产品密钥界面

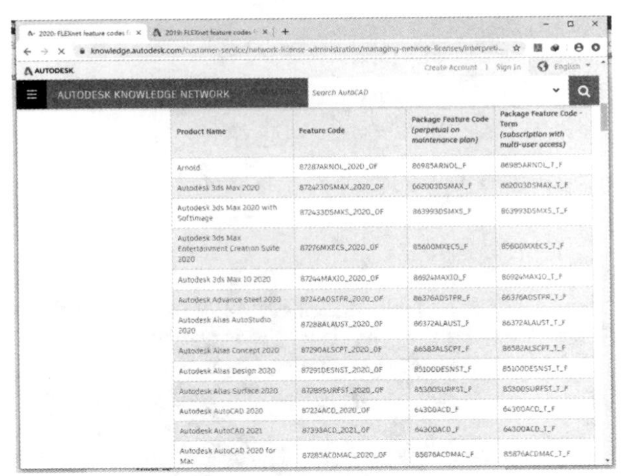

Product Name	Feature Code	Package Feature Code (perpetual on maintenance plan)	Package Feature Code - Term (subscription with multi-user access)
Arnold	87287ARNOL_2020_0F	86985ARNOL_F	86985ARNOL_T_F
Autodesk 3ds Max 2020	872423DSMAX_2020_0F	662003DSMAX_F	662003DSMAX_T_F
Autodesk 3ds Max 2020 with Softimage	872433DSMXS_2020_0F	863993DSMXS_F	863993DSMXS_T_F
Autodesk 3ds Max Entertainment Creation Suite 2020	87276MXECS_2020_0F	85600MXECS_F	85600MXECS_T_F
Autodesk 3ds Max IO 2020	87244MAXIO_2020_0F	86924MAXIO_F	86924MAXIO_T_F
Autodesk Advance Steel 2020	87246ADSTPR_2020_0F	86376ADSTPR_F	86376ADSTPR_T_F
Autodesk Alias AutoStudio 2020	87288ALAUST_2020_0F	86372ALAUST_F	86372ALAUST_T_F
Autodesk Alias Concept 2020	87290ALSCPT_2020_0F	86582ALSCPT_F	86582ALSCPT_T_F
Autodesk Alias Design 2020	87291DESNST_2020_0F	85100DESNST_F	85100DESNST_T_F
Autodesk Alias Surface 2020	87289SURFST_2020_0F	85300SURFST_F	85300SURFST_T_F
Autodesk AutoCAD 2020	87224ACD_2020_0F	64300ACD_F	64300ACD_T_F
Autodesk AutoCAD 2021	87393ACD_2021_0F	64300ACD_F	64300ACD_T_F
Autodesk AutoCAD 2020 for Mac	87285ACDMAC_2020_0F	85876ACDMAC_F	85876ACDMAC_T_F

图 A-33 Autodesk 2020 产品密钥

（2）运行对应的产品，选择使用网络许可即可激活，或者自动激活。下面是一些产品激活之后的许可信息，如图 A-34 至图 A-36 所示。

图 A-34 AutoCAD 2019

图 A-35 Revit 2018

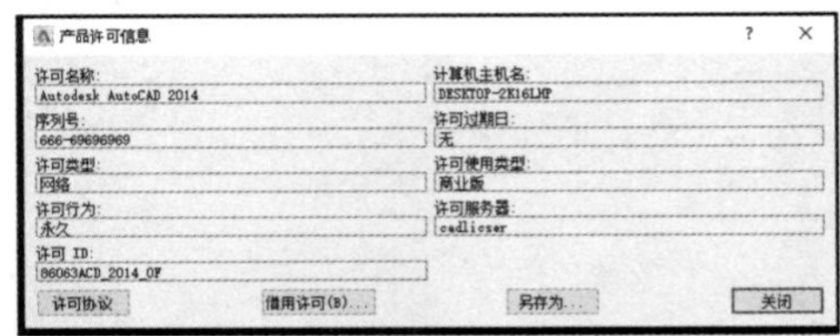

图 A-36 AutoCAD 2014 许可

附录 B　为 Horizon 虚拟桌面配置动态远程访问

本附录介绍使用动态域名、动态 IP 地址，通过安全服务器访问内网虚拟桌面的方法。

如果单位没有固定的 IP 地址，只有动态的 IP 地址，可以通过配置安全服务器+动态域名解析的方式实现，本附录将介绍这些内容。本附录图 B-1 所示的网络拓扑为例进行介绍。

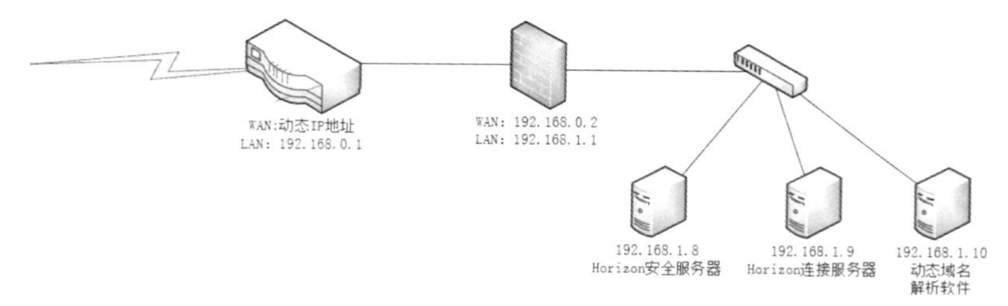

图 B-1　网络拓扑

B.1　检查路由器获得的是否为公网 IP 地址

登录宽带路由器，查看获得的 IP 地址是否是公网地址。登录路由器的配置界面，在“上网设置”或 WAN 端口中可看获得的 IP 地址，如图 B-2 所示。

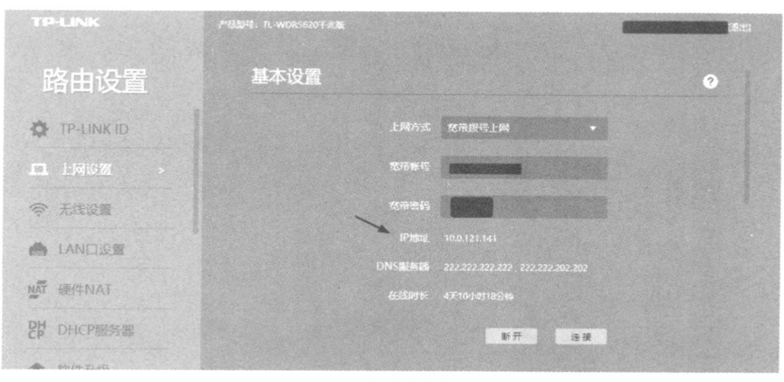

图 B-2　查看获得的 IP 地址

如果获得的是 10.0.0.0/8、172.16.0.0/12、192.168.0.0/16 等地址，则是私网地址。

如果不确定是否为公网 IP 地址，可登录 www.ip138.com，查看出口的 IP 地址，与图 B-1 中的 IP 地址是否是同一个，如果不是，表示你的宽带是私网地址。现在大多数的宽带用户获得的都是私网 IP 地址。

如果是私网地址则不行，你可以找运营商申请换成公网 IP 地址。

B.2 安装动态域名解析软件

在有了公网 IP 地址之后，需要申请一个动态域名，用动态域名来解析路由器的公网 IP 地址。有些路由器带动态域名解析软件，如果是这样，直接在路由器上启用这一个功能就可以了。如果路由器没有这个功能，可以申请一个动态域名，例如使用“花生壳”动态域名。

（1）使用花生壳注册一个免费的“壳域名”，如图 B-3 所示。这里注册了两个免费的壳域名，分别是 1p6716b131.iok.la 和 wangchunhai.51vip.biz，这两个域名都可以使用。

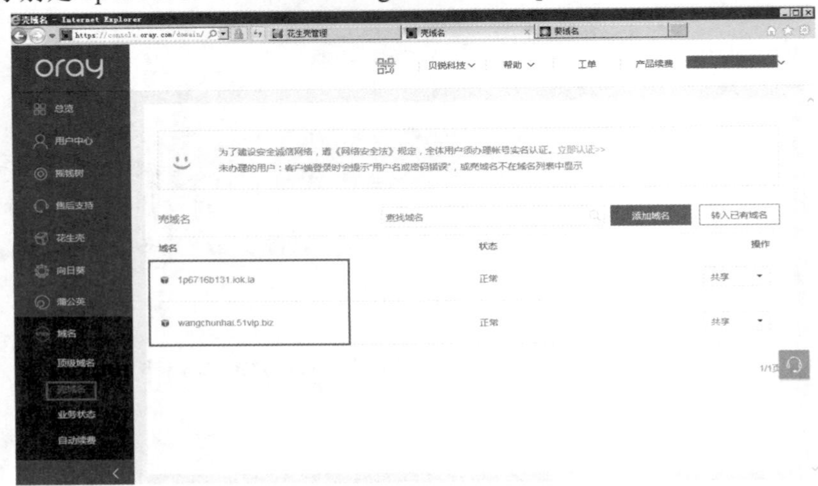

图 B-3　注册壳域名

（2）在网络中创建一台能访问 Internet 的虚拟机（本示例 IP 地址为 192.168.1.10），安装花生壳软件，使用账户与密码登录，登录之后在左下角即显示出口的公网 IP 地址，如图 B-4 所示。

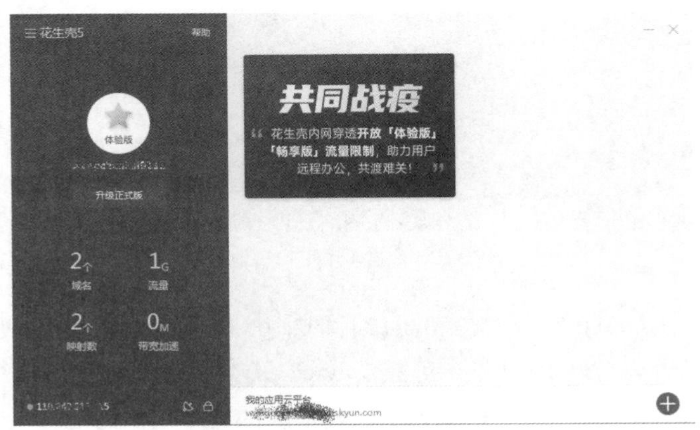

图 B-4　动态域名解析

只需要安装花生壳动态域名解析软件并登录即可。其他的不用再做配置。

B.3　为 Horizon 安全服务器映射端口

Horizon 安全服务器需要 TCP 的 443 与 8443 端口，如果要使用 PCoIP 协议访问虚拟桌面，还需要开放 TCP 与 UDP 的 4172 端口。但是大多数的情况下，443 端口是被关闭的，你可以修改成其他端口，本示例中使用 1443 端口。

在图 B-1 的示例中，网络中配置有防火墙。在这种情况下，你需要在路由器中将 Horizon 安全服务器使用的端口映射给防火墙，再由防火墙映射给 Horizon 安全服务器。如果没有防火墙，那路由器直接映射给 Horizon 安全服务器就可以。

天翼智能网关映射如图 B-5 所示。

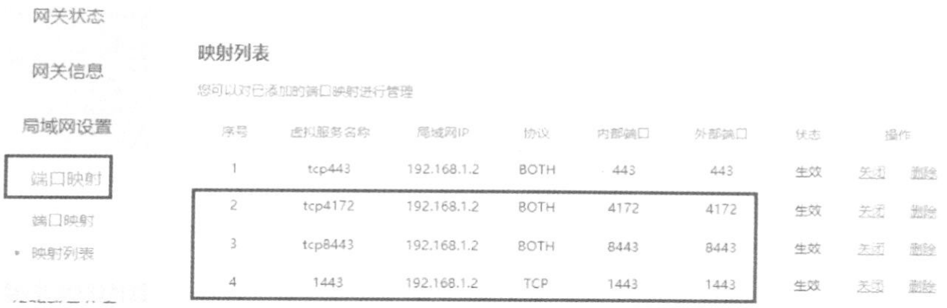

网关状态
网关信息
局域网设置
端口映射
端口映射
映射列表

映射列表

您可以对已添加的端口映射进行管理

序号	虚拟服务名称	局域网IP	协议	内部端口	外部端口	状态	操作
1	tcp443	192.168.1.2	BOTH	443	443	生效	关闭 删除
2	tcp4172	192.168.1.2	BOTH	4172	4172	生效	关闭 删除
3	tcp8443	192.168.1.2	BOTH	8443	8443	生效	关闭 删除
4	1443	192.168.1.2	TCP	1443	1443	生效	关闭 删除

图 B-5　网关映射到防火墙

防火墙再将 1443、4172、8443 映射给安全服务器虚拟机的 IP 地址。

B.4　配置安全服务器与连接服务器

因为修改了 443 端口，所以需要一同修改 Horizon 连接服务器、安全服务器的端口，从默认的 443 修改到 1443。

如果单位已经使用 Horizon 虚拟桌面，并且终端已经配置了 Horizon 连接服务器的 IP 地址，为了不影响员工在单位内部使用，需要再安装一台连接服务器与安全服务器配套使用。简单来说有以下几步。

（1）单位局域网中使用桌面，连接服务器的 IP 地址是 192.168.1.3，服务端口是默认的 443、4172、8443。

（2）为 Internet 新安装 Horizon 连接服务器，IP 地址为 192.168.1.9，安装时选择默认设置，使用 443、4172、8443 端口。安装完成后，将 443 端口修改为 1443 端口。本示例中 VCS01、VCS02 是原来安装的、用于局域网的连接服务器，VCS03 是新安装的用于 Internet 的连接服务器，如图 B-6 所示。

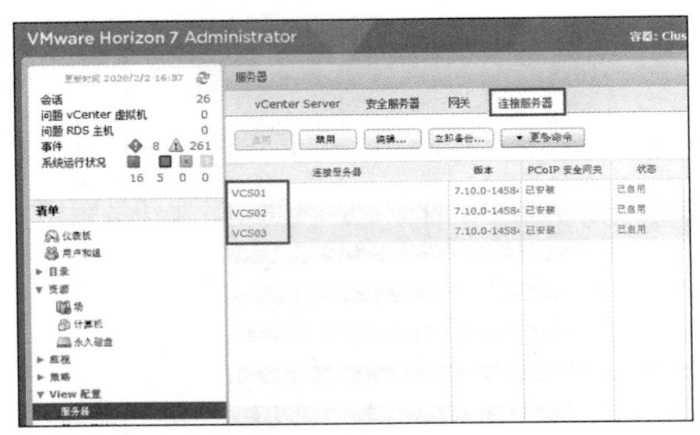

图 B-6　连接服务器

登录 https://192.168.1.9:1443/admin，修改连接服务器，编辑 VCS03 连接服务器，修改配置如图 B-7 所示。

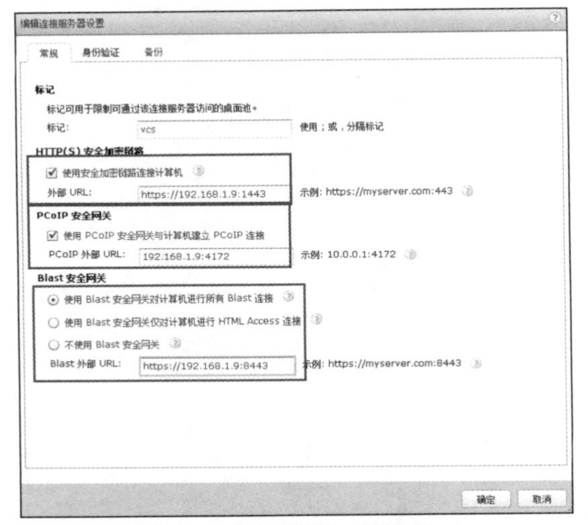

图 B-7　修改连接服务器配置

（3）为 Internet 新安装 Horizon 安全服务器，与 IP 地址为 192.168.1.9 的连接服务器进行配对使用。默认安装，安装完成后将 443 端口修改为 1443 端口。如图 B-8 所示，其中名为 VIEW 的安全服务器是新安装的，与名称为 VCS03 的连接服务器配对。

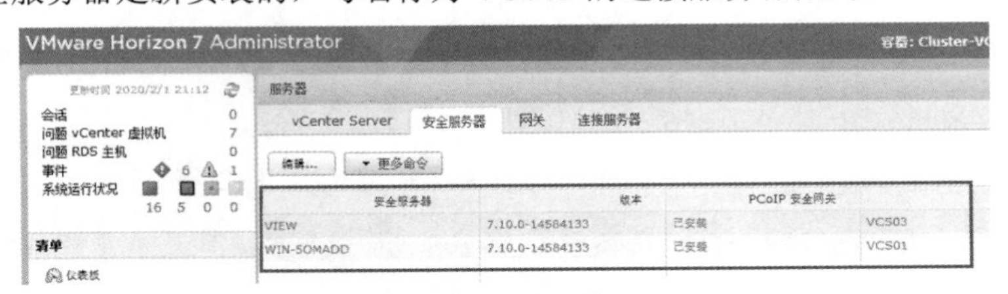

图 B-8　安全服务器

编辑与 VCS03 配对的安全服务器，将里面的 IP 地址全部用 wangchunhai.51vip.biz 域名代替，并且修改服务端口为 1443，如图 B-9 所示。

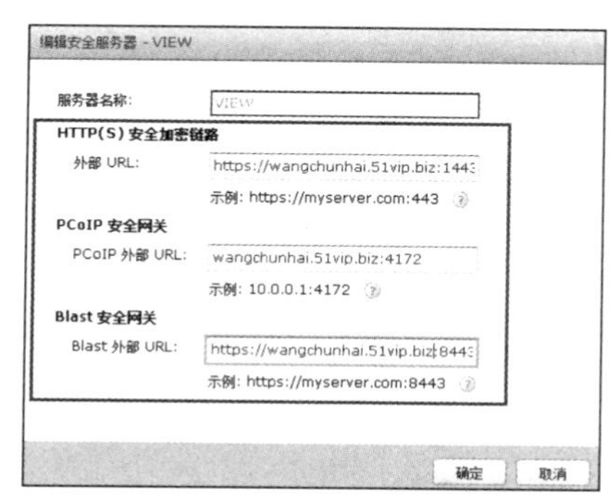

图 B-9　编辑安全服务器

B.5　客户端使用

Internet 用户使用 Horizon Client，在新建服务器界面中，输入 wangchunhai.51vip.biz:1443 或 https://wangchunhai.51vip.biz:1443，如图 B-10 所示。

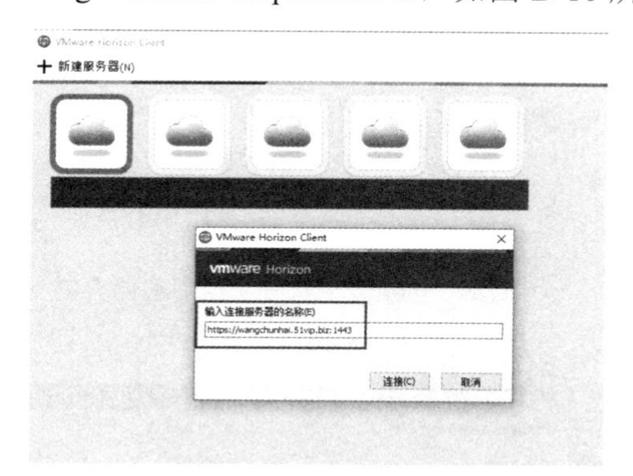

图 B-10　输入安全服务器的地址和端口

输入用户名密码即可登录到虚拟桌面，如图 B-11 和图 B-12 所示。

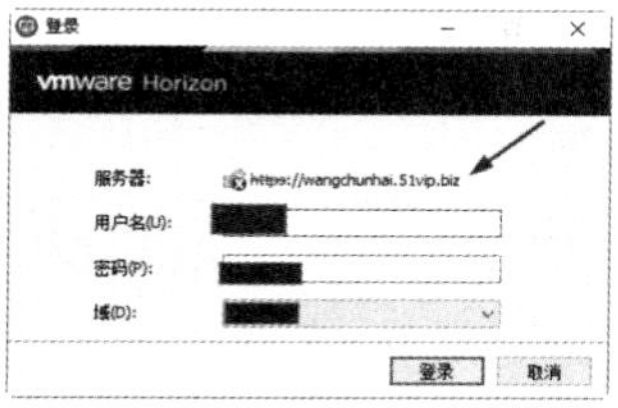

图 B-11　登录

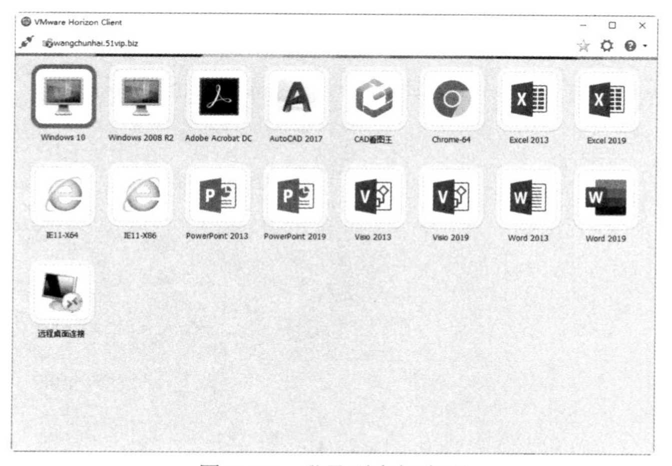

图 B-12　登录到虚拟桌面

附录 C　在 VMware Horizon 中使用协作功能

Horizon 7.4 版本增加了会话协作功能，使用户可与同事共享桌面并进行会话。本附录介绍这个功能。（当前测试版本为 Horizon 7.11.0）

C.1　需求简介

用户 1：W1（用户名 w1@msft.com）。

用户 2：TEST（用户名 test@msft.com）。

W1 在使用计算机遇到问题，或者 W1 想让 TEST 看一下报表（在 W1 的计算机上）时，可以使用“协作”功能。

C.2　实现方法

实现方法比较容易，主要步骤如下。

（1）用鼠标右键单击右下角的，在弹出的对话框中，输入 TEST 的账户 test@msft.com，按回车键，单击“复制键接”，可以将协作链接发给 TEST，如图 C-1 所示。

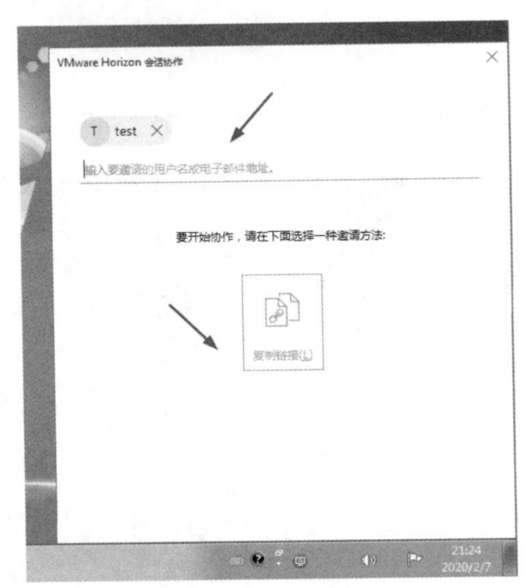

图 C-1　复制链接

复制链接内容如图 C-2 所示。

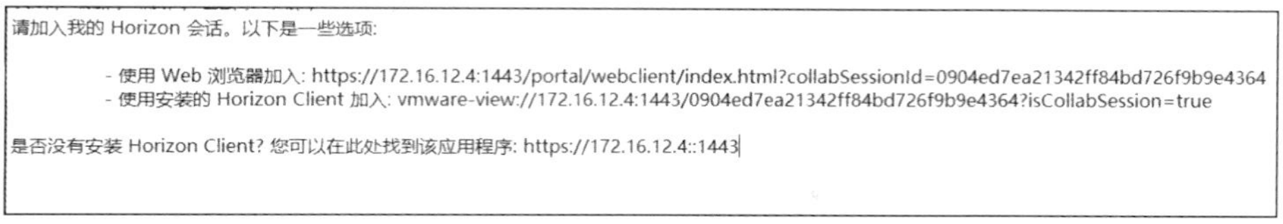

请加入我的 Horizon 会话。以下是一些选项:

- 使用 Web 浏览器加入: https://172.16.12.4:1443/portal/webclient/index.html?collabSessionId=0904ed7ea21342ff84bd726f9b9e4364
- 使用安装的 Horizon Client 加入: vmware-view://172.16.12.4:1443/0904ed7ea21342ff84bd726f9b9e4364?isCollabSession=true

是否没有安装 Horizon Client? 您可以在此处找到该应用程序: https://172.16.12.4::1443

图 C-2　复制链接内容

（2）TEST 登录 Horizon Client，会有 “W1 的协作桌面会话”图标，如图 C-3 所示。

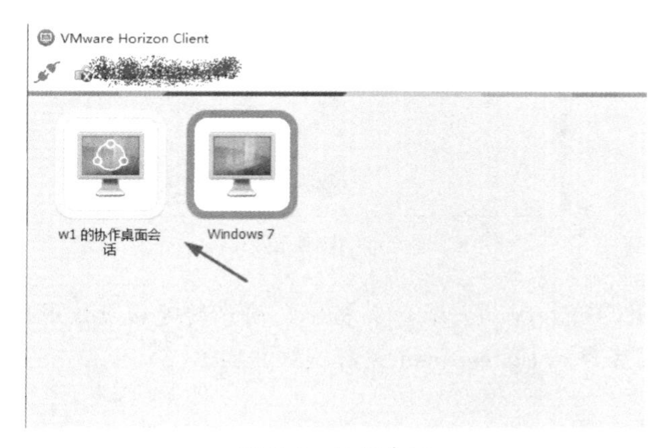

图 C-3　协作会话

（3）双击进入协作界面，就会看到 W1 的桌面，如图 C-4 所示。在协作状态下，TEST 可以看到 W1 的操作，但 TEST 不能操作 W1 的计算机。

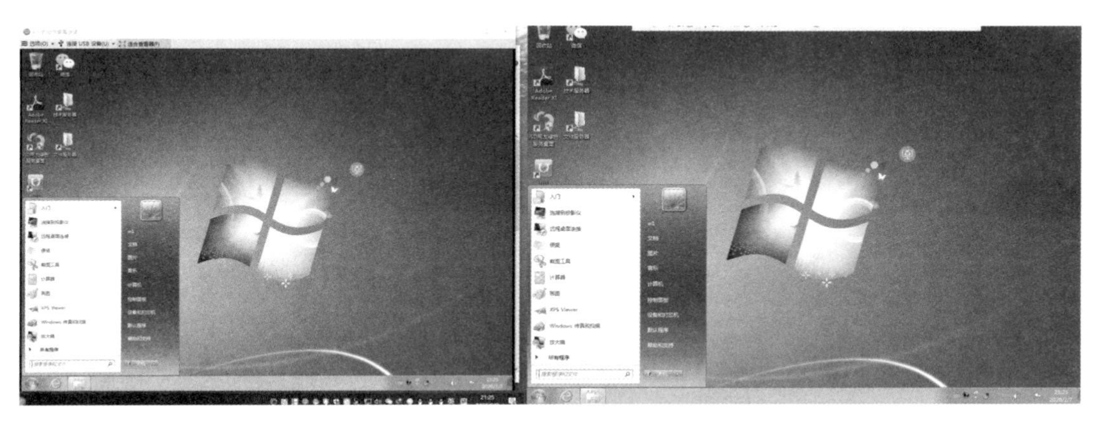

图 C-4　左侧是 test 看到的界面，右侧是 W1 操作的界面

（4）在 W1 的计算机可以看到 TEST 已经连接，如图 C-5 所示。单击“结束操作”，可以结束远程协作。

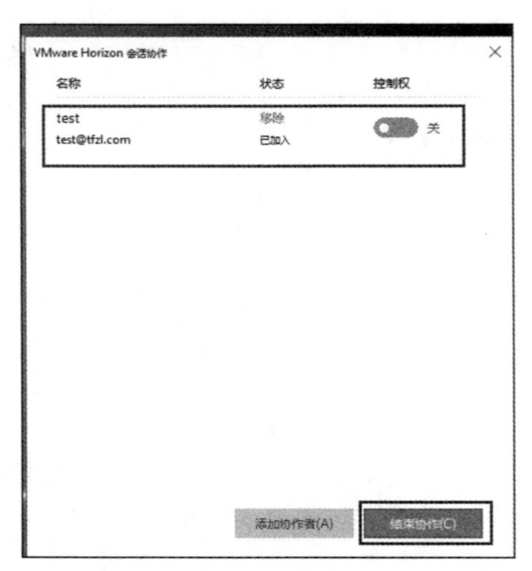

图 C-5　协作窗口

说明：在 Active Directory 用户和计算机中，用户的邮箱应该规范输入，例如 W1 的账户，其邮箱也要设置为 W1@msft.com（与域账户同名）。

附录 D　Horizon 8（Horizon 2006）简要介绍

2020 年 8 月，VMware 发布了 Horizon 8.0。从 Horizon 8.0 开始，VMware Horizon 用 YYMM 的格式命名软件版本，新的 Horizon 8 正式名称称为 Horizon 2006，表示 2020 年 6 月版本。

Horizon 2006 版本，无论是 Horizon Client，还是 Horizon Agent，都不再支持 Windows 7、Windows 8、Windows 8.1、Windows Server 2008 R2、Windows Server 2012（如图 D-1 所示）。如果你需要在 Windows 7、Windows 8、Windows 8.1 的操作系统安装 Horizon Client，只能安装 Horizon Client 2006 以前的版本。

如果你需要运行 Windows 7、Windows 8、Windows 8.1 的桌面虚拟机，或者 Windows Server 2008 R2 或 Windows Server 2012 的 RDS 应用程序，只能安装 Horizon Client 7.x 的版本。Horizon Client 2006 的上一个版本（Horizon Client 5.4.x、Horizon Client 5.3.x）可以登录 Horizon 2006 连接服务器，并且运行安装了 Horizon Agent 7.x 的 Windows 7 虚拟桌面。

图 D-1　Horizon 2006 不支持在低于 Windows 10 或 Windows 2012 R2 的操作系统上安装

View Composer 和链接克隆将会被弃用。在 Horizon 2006 中，Composer 安装包仍然存在并且可以继续使用，但在 Horizon 2006 的下一个版本（称为 Horizon 8.1）将会正式弃用（如图 D-2 所示）。在新的版本中是全版本可用的即时克隆。VMware Horizon　2006 许可证软件包中提供了即时克隆，包括标准版、高级版和企业版许可证软件包。

在置备大部分即时克隆桌面池和应用 Farm 时不再需要创建父虚拟机。以此来提升即时克隆池的可管理性并减少父虚拟机的内存占用。只有需要创建超大规模的桌面池时才会有父虚拟机生成。在创建或编辑桌面池或应用 Farm 设置时，“允许使用 HTML 访问桌面或应用”选项被移除，该功能默认被支持。

在查看用户桌面或应用会话时，管理员可看到用户 Horizon Client 版本，如图 D-3 所示。

从 Horizon 2006 开始，Horizon 连接服务器不再支持 Horizon 安全服务器（用 Unified Access Gateway 代替，简称 UAG）、不再支持基于 Flash 的 Horizon 控制台，不再支持本地 JMP 功能。Horizon 连接服务器也不再支持 Windows Server 2008 R2 和 Windows Server 2012 R2，只能在 Windows Server 2016 及更新的 Windows Server 操作系统上安装。

图 2　提示 Composer 安装包在 Horizon 8.1 之后不再提供

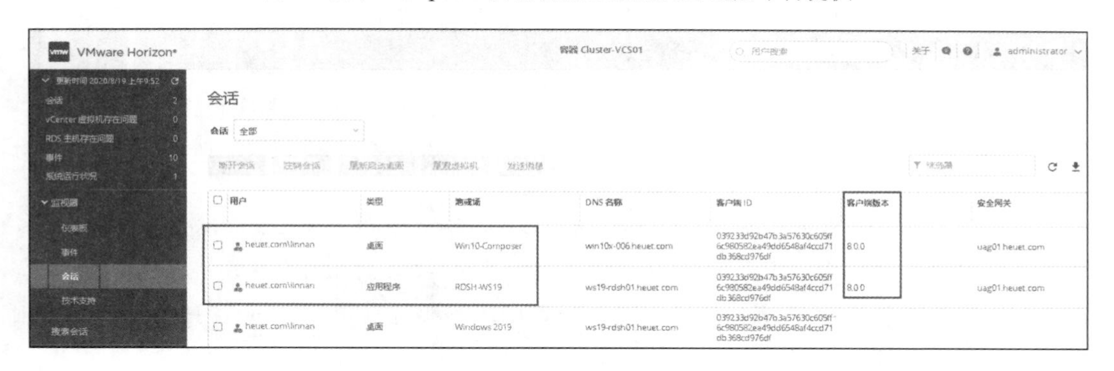

图 D-3　查看 Horizon Client 版本

从 Horizon 2006 开始，桌面水印作为正式功能加入。如果要启用水印功能，只需要在 Active Directory 域服务器上导入 Horizon 组策略（Horizon 2006 版本的组策略压缩包文件名是 VMware-Horizon-Extras-Bundle-2006-8.0.0-16531419.zip），将压缩包解压缩展开到 C:\Windows\PolicyDefinitions 文件夹，在组策略编辑器中，修改 Horizon 用户的组策略，然后在“用户配置→策略→管理模板→VMware View Agent 配置→水印”中双击“水印配置”，如图 D-4 所示。

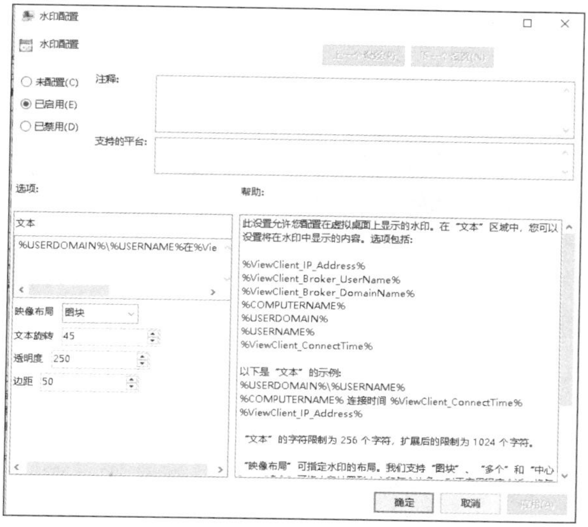

图 D-4　水印配置

在“文本”区域中设置将在水印中显示的内容。选项包括：

```
%ViewClient_IP_Address%
%ViewClient_Broker_UserName%
%ViewClient_Broker_DomainName%
%COMPUTERNAME%
%USERDOMAIN%
%USERNAME%
%ViewClient_ConnectTime%
```

在“透明度”中设置显示文本的透明度，可选值为 1～255，数字越大，水印越清晰。图 D-5 是水印透明度为 255 时的截图。

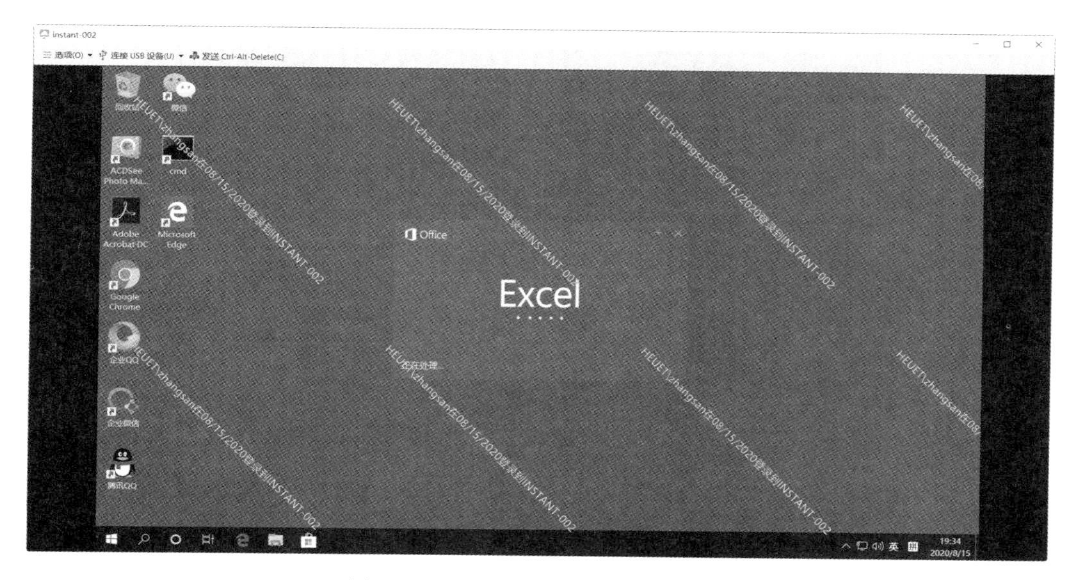

图 D-5　水印透明度为 255 时的效果

将水印透明度设置为 10 及以下的时候，屏幕显示不明显，如图 D-6 所示。但如果用手机拍照之后，将图形放大，可以看到水印的信息。

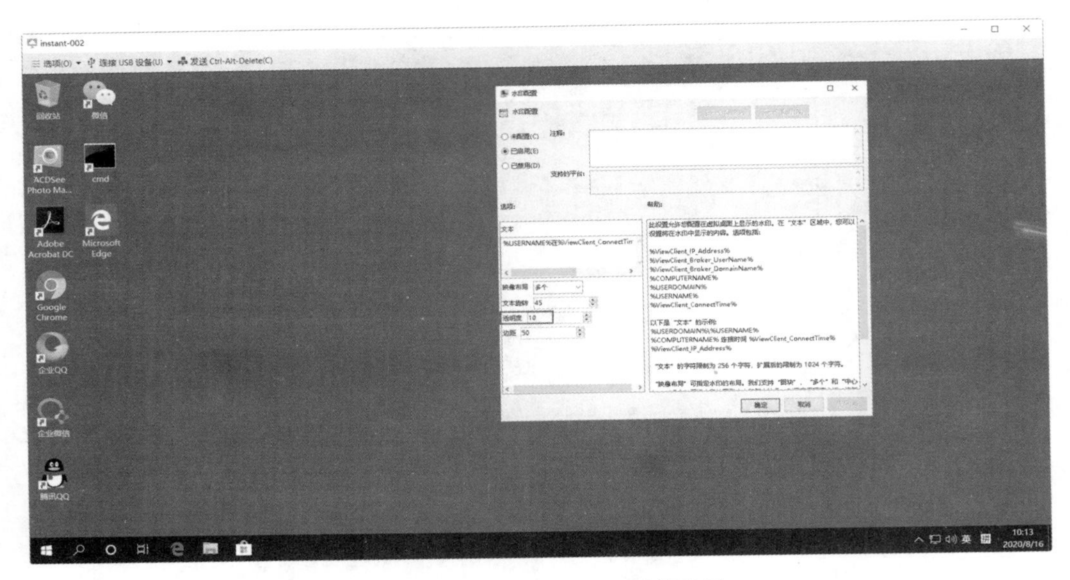

图 D-6　水印透明度为 10 时的效果

Horizon Agent 支持 Linux 共享桌面和应用发布，新支持的系统包括 RHEL/CentOS 7.8、RHEL/CentOS 8.2、SLES 12.x SP5，Horizon Agent 不再支持 SLED/SLES 12.x SP1 and SP2、RHEL/CentOS 6.x、NeoKylin 6 Update 1 等 Linux 操作系统。

本书介绍的是 Horizon 7.11.0/7.12.0 的内容，但按照本书的操作，将 Horizon 7.11 升级到 Horizon 2006，以前安装配置 Horizon 2006，创建 Windows 10 的即时克隆的虚拟机，相关操作与 Horizon 7.11、Horizon 7.12 版本是相同的。所以本书同样也可以作为 Horizon 8.0 的参考书。